费马大定理的一万个初等证明

$$x^n + y^n = z^n\ ?$$

汤兴华　叶琼伟　著

A

云南出版集团公司
云南科技出版社
·昆明·

图书在版编目（CIP）数据

费马大定理的一万个初等证明/汤兴华, 叶琼伟著.
－－昆明：云南科技出版社, 2015.6
ISBN 978-7-5416-9174-4

Ⅰ.①费… Ⅱ.①汤… ②叶… Ⅲ.①费马最后定理
－研究 Ⅳ.①O156

中国版本图书馆CIP数据核字(2015)第152857号

责任编辑：欧阳鹏　张　磊
责任印制：翟　苑
责任校对：叶水金
封面设计：王婳一

云南出版集团公司

云南科技出版社出版发行

（昆明市环城西路609号云南新闻出版大楼　邮政编码：650034）

云南大学出版社印刷厂　印刷　　全国新华书店经销

开本：787mm×1092mm　1/16　　印张：33.125　　字数：530千字

2015年7月1第1版　　　2015年7月第1次印刷

印数：1~1000　　定价：68.00元

吾 爱 吾 师　 吾 更 爱 真 理

(序 言)

作为一种激将法, 希望本序言确实能够激起"我们一定要维持一个水平"的陈省身先生 (本序言成文时, 陈省身先生尚未去世)、王元先生、杨乐先生、单墫先生、孙琦先生等各位先贤师长们的拍案而起, 哪怕是指着鼻子骂娘也行。一句话, "邀将不如激将", 激将各位先生, 使先生们从"绝对不信, 不肖一顾", 转而"有了疑惑, 怒目相视", 继而"大吃一惊, 刮目相看"! 事实上, 本书给出了可以证明费马大定理的二十万个以上的载体公式, 如果将此二十万个以上的载体公式之证明也一、一给出, 则本书要有近八十册之多, 当然不可能, 也没有必要那样做, 因此本书打出的旗号为《费马大定理的一万个初等证明》, 这是数学史上空前的"大手笔", 光天化日、众目睽睽之下, 敢于挑战上述各位先生乃至于全世界的数学泰斗和顶级的数学大师, 不必讳言, 其目的当然是希望引起上述泰斗大师们和相关人士的关注和思考。

作者要与陈省身先生争"一个道理"。这个道理就是"我能相信, 费马大定理不能用初等方法证明。这种努力是徒劳的"的反面, 即**"我能肯定, 费马大定理一定能用初等方法证明, 这种努力岂能徒劳? 这种努力决不可能徒劳!"**

一、大师们的主观臆断

话从何说起呢? 还是引证文献[8]吧 (好在有个文献[8], 谢天谢地!)。

"陈省身教授说: '我能相信, 费马大定理不能用初等方法证明。这种努力是徒劳的。'

…… 　…… 　…… 　…… 　…… 　……

中国第一批理学博士现为南京师范大学数学系主任的单墫教授专攻数论, 曾拜师于王元, 功力不可谓不深。但在他为中国青年出版社写的一本小册子《趣味数论》的结尾中写到: 本书的作者还必须在此郑重声明, 如果哪位数学爱好者坚持要解决这个问题 (费马猜想), 务必请他别把解答寄来, 因为作者不够资格来判定如此伟大、如此艰难的工作的正确性。

所幸的是前几年中国科学院数学研究所所长杨乐专门在《文汇报》上撰文指出目前国内无人 (包括陈景润在内) 搞哥德巴赫猜想和黎曼猜想。另外数学所绝不受理宣布证明了这几个猜想的论文 (大部分论文是各级各类政府官员"推荐"的, 在这里数学不承认权力)。如不服, 可向国外投稿, 世界著名数学杂志有200家之多。"

难得杨乐先生能够断言"目前国内无人 (包括陈景润在内) 搞哥德巴赫猜想和黎曼猜想", 中国有九百六十万平方公里之大, 有十几亿人口, 难道杨乐先生对此作了全国性的普查?

"第三类证明者是政治狂徒, …历史有惊人的相似之处, 在中国这片大地上出现过许多类似费马大定理被"爱好者"证明的事件。我们可以给读者展示一个小小的缩影, 即中国历史上的三分角家及方圆家的悲喜剧。这对那些狂热的爱好者及不负责的报纸记者都是值得借鉴的。

...今日之纯理科学，已达高远之域，未具有基本学识及相当修养者，断难望有徒恃灵感即可成功之事。否则将徒耗时间、精力，终归失败。

...数论前辈四川大学的柯召和孙琦教授...曾有一个总结：'目前，有不少数学爱好者在搞弗马大定理，有的还写成了论文，宣布他们'证明'了弗马大定理。我们也看过一些这类稿子，但毫无例外都是错的。这些稿子，大部分是运用整数的整除性质，也有的证明连初等数论都没有用到，仅仅用二项式公式展开一下，就给出了'证明'。这些同志不了解弗马大定理的历史，也不了解数学研究的复杂性和艰巨性。初等方法，固然能够创造出很高的技巧，并且至今还能解决一些困难问题，但是，我们觉得弗马大定理并不属于这样的问题。300多年来，成百上千的人（其中包括许多极为优秀的数学家）运用过各种各样的方法都没有成功。可以说，打算用初等的方法证明弗马大定理是不可能成功的。'

那些只读了几本初等数论书就以为可以解决大猜想，仿佛数学史从来没有存在过，仿佛哲学只是一门白痴的艺术，这种对前贤毫无敬畏之心的狂妄简直令人愤怒。

另外，王元教授在另一篇写给中学生的关于评论数论经典问题的科普文章中，语重心长地对数论爱好者说：'最后我还想说几句说过多次而某些人可能不爱听的话。那就是研究经典的数论问题之前，必须首先对整个近代数学有相当的了解与修养，对前人的工作要熟习。在这个基础上认真研究，才可能有效。由于某些片面的宣传，使一些人误解为解决上述著名数论问题就是研究数论的唯一目的，就是摘下数学皇冠上的明珠，就是为国争光。只要我们能破除迷信，敢于拼搏就可以成功。这就难怪有些人在专攻这些问题之前甚至连大学数学基础课也没学过，初等数论书也没有念过，更不用说对这些问题的历史成果有所了解了。他们往往把一些错误的东西误认为是正确的，以为把问题'解决'了。这样做不仅没有好处，反而是很有害的。这些年来，在这方面不知浪费了多少人的宝贵光阴，实在令人痛心，我衷心希望他们从走过的弯路中，认真总结经验，端正看法，有所反思，有所更改。'..."。

以上均引之文献[8]。文献[8]中，此类文字特多，无法全部引用，并且本文引用的部分，段落之次序也与原文不尽一致。

倒不是其他地方见不到此类文字，其实作者陆陆续续地读过不少。只是文献[8]对此类文字做了整理和汇编，令作者方便了不少。

此外，陈景润先生在他的小册子《初等数论》中也写道"根据多年来的经验，数论中的不少世界著名难题，例如哥德巴赫猜想，费尔马大定理等，具有初中毕业程度的同志们，经过自学都能明白其意思，但是对于它们的困难程度却了解得很少，甚至没有了解，以至于许多同志，特别是许多青年同志，盲目地将许多精力浪费在用一些初等数论的办法去证明这些世界著名难题，而不知道要想解决这些世界著名难题，首先需要学习许多非常高深的数论论文，还要经过多年刻苦钻研，然后才有可能从事这方面的研究工作。我认为在最近几十年，关于哥德巴赫猜想、费尔马大定理等世界著名难题是不可能只用初等数论方法而得到证明的。所以希望青年同志们不要走入歧途，不要浪费时间和精力。"

必须指出，费马大定理，哥德巴赫猜想都是数论中的非常简单的问题。几百年来，称它们为"难题"，是因为大师们只习惯于使"牛刀"，把事情愈弄愈复杂。面对不必使牛刀的"鸡"，大师们反倒无计可施，不知从何下手。如果能洞察问题的本质，杀"鸡"就简简单单一些，不使牛刀，事情可能不至于延误至今（当然"牛刀"也能杀"鸡"；不过，"牛刀杀鸡"自然复杂一点）。

这里，陈景润先生还有一个令人诧异、令人匪疑所思、百思不得其解的有关时间方面的予言"我认为在最近几十年..."，这个"最近几十年"是如何计算得来的？

陈省身先生以"我能相信"为根据得出"费马大定理不能用初等方法证明"之结论；

陈景润先生以"我认为"为根据得出"关于哥德巴赫猜想、费尔马大定理等世界著名难题是不可能只用初等数论方法而得到证明的"之结论；

柯召和孙琦教授以"我们觉得"为根据得出"可以说，打算用初等的方法证明弗马大定理是不可能成功的"之结论。

作者对这等结论实在感到迷惘、感到迷雾重重、感到迷惑不解，也实在感到遗憾！

作者自以为多多少少懂一点数学，懂一点数论，多多少少读过并研究过一些数学方面的专著和论文，从来只知道任何数学命题的证明都只能以定理或已知的结论为根据，从来不知道"我能相信"、"我认为"，"我们觉得"等等可以作为根据来证明数学命题！

"我能相信"、"我认为"，"我们觉得"等等的背景充其量也只不过是一种经验而已。经验对于某些问题的判定可能有效（注意，也仅仅是"某些"和"可能"而已）但是决不能以经验作为根据来证明数学命题！必须指出，弗马大定理等经典的数论问题"能用初等方法证明"或"不能用初等方法证明"，本身就是一个数学命题，俩者孰真孰假的判定决不能以经验作为根据，这难道还有疑义吗？！如果数学命题的证明可以以"我能相信"、"我认为"，"我们觉得"等等为根据，数学这个风度翩翩，凡事井井有条、井然有序的天之骄子岂不变成了一个无法无度，哪儿有酒那里醉，哪儿有地那里睡的醉汉胡涂虫了吗？如此还有数学可言吗？

更有甚者，文献[8]对用初等方法证明大定理等问题的探索者的诽谤达到了一个莫名其妙、令人发指的程度："那些只读了几本初等数论书就以为可以解决大猜想，仿佛数学史从来没有存在过，仿佛哲学只是一门白痴的艺术，这种对前贤毫无敬畏之心的狂妄简直令人愤怒。"

数学史上对使用简单便捷的方法证明数学难题的高度评价的赞美之词比比皆是，例如：

许纯舫先生的《中算家的几何研究》写道："演段算法是中国数学的一大特色，就是把图形

3

割成几段，或推演而成同样几个，移补凑合，藉此而得问题解答的方法。这种算法导源于汉赵君卿的弦图，前面已经说过，中算家对于求积、开方、级数以及二次和三次方程等解法的研究，可说完全依赖着演段，才能获得成功。近世几何学中利用图形证明代数计算公式的方法，实际上就是演段的一类。它能显出图形和数字间相关的道理，这样按图索解，即使很艰深的问题，也不难迎刃而解了。"

前苏联大数学家辛钦说："希尔伯特定理的完全初等证明，到1942年才被年轻的苏联学者Ю·B·林尼克找到。现在，你们已经明白，初等并不意味着简单。林尼克找到了华林问题的初等证法，正如你们将要看到的，很不简单。"

解决问题的方法，当然是愈简单愈好，难道是愈复杂愈好不成？

陈省身先生说"我们一定要维持一个水平"，此一说不但让人感到一付"此路是我开，此树是我栽"的霸占一方的面目，而且大有自以为高人一等、装腔作势，借此吓唬人的味道！

请问陈省身先生：您说的"我们"有哪些先生？又此一说中的"水平"是什么样的"水平"？为什么要维持这样的"水平"？如何维持这样的"水平"？陈省身先生：您这里说的"水平"，实在不是一个高"水平"，而是一个难登大雅之堂的"水平"，是一个小肚鸡肠的"水平"！

"名言"——"我们一定要维持一个水平"，一定不会名垂青史，只可能在人间留下一个让大家取笑的笑柄！

请问杨乐大所长：您说"…如不服，可向国外投稿，世界著名数学杂志有200家之多"；如果国外也"绝不受理"，并且还"不服"，那么应当向宇宙中哪个星球投稿？哪个星球著名数学杂志有2000家、20000、200000之多？

從文献[8]的一段文字的字里行间可以理出一个"源"和由此而来的"流"。

"多年来，成百上千的人（其中包括许多极为优秀的数学家）运用过各种各样的方法都没有成功"是"源"，而"我们一定要维持一个水平"、"我能相信，费马大定理不能用初等方法证明。这种努力是徒劳的"、"可以说，打算用初等的方法证明弗马大定理是不可能成功的"、"那些只读了几本初等数论书就以为可以解决大猜想"、"特别是许多青年同志，盲目地将许多精力浪费在用一些初等数论的办法去证明这些世界著名难题"、"我认为在最近几十年，关于哥德巴赫猜想、费尔马大定理等世界著名难题是不可能只用初等数论方法而得到证明的"等等都是"流"。

事实上，"300多年来，成百上千的人（其中包括许多极为优秀的数学家）运用过各种各样的方法都没有成功"就只能说明"300多年来"，"成百上千的人"、"许多极为优秀的数学家"，"没有成功"；难道还能由此说明"费马大定理不能用初等方法证明"？这里的"没有成功"与"不能用初等方法证明"之间根本上就没有一点一滴的联系！因为前人"没有成功"，所以后人

"也不可能成功"，什么逻辑?

二、"我能相信"的可靠程度

仅凭数学家的直觉得到的"我能相信"之不可靠，数学史上不乏先例，高斯和黎曼都曾今"我能相信"对于相当大的 x，$Li(x) > \pi(x)$，这个不等号对于目前世界第一大的素数表依然成立。但是1914年，Littlewood就证明了 $Li(x) > \pi(x)$ 有无穷多处下面不等式将变号，

$$x_0 < x_1 < x_2 < \cdots < x_n \to \infty$$；1933年，Skewes借助于黎曼猜想又证明了 x_0 的上界大得无从想象。1986年，Te Riele向世界公布了他的计算结果，在 $6.62 \times 10^{370} \to 6.69 \times 10^{370}$ 的范围内有 10^{180} 个相邻整数 x 使 $Li(x) < \pi(x)$。

费马曾今"我能相信"费马数 $F(n)$ 都是素数，此后不久就被证明他的"我能相信"不可靠。

三、一个令人笑掉大牙的奇谈怪论

一个有趣又可笑的事情是文献[8]花了大力气、连篇累牍，用大量文字以"三等分角"、"化圆为方"的不可能为依据来证明不可能"用初等方法证明大定理"，真可以说煞有介事、煞费苦心。

作者以为，必须严肃地指出，将"三等分角"、"化圆为方"之类的问题与"用初等方法证明大定理"相提并论，是一个十分低级、十分无知的错误。前者是被证明过的"不可能"问题，请问文献[8]的作者先生3个W(who、when、where)，迄今为止，古今中外谁证明过"费马大定理不能用初等方法证明"?

柯召、孙琦教授的"打算用初等的方法证明弗马大定理是不可能成功的"，"仅仅用二项式公式展开一下，就给出了'证明'"一说，作者不敢苟同。事实上，"二项式"、"杨辉三角"、"费马小定理"、"配方"等都是互相联系、彼此相通的数学原理，只要其中之一能够证明大定理，其余者当然也不例外，本书中就有"二项式与费马大定理的证明"、"杨辉三角与费马大定理的证明"、"费马小定理与费马大定理的证明"、"配方与费马大定理的证明"四章。

作者青少年时代，就了解了哥德巴赫猜想与费马猜想两大命题。当时就认定费马猜想只是一个简单的问题，一定可以由"加法"得到证明。

只要观察 $x^n + y^n = z^n$ 等号的两端就立刻知道，命题只不过是说：关于 x 的一批数的和与关于 y 的一批数的和无法与关于 z 的一批数的和相等(这个"一批"来自 n)。这是因为 x^n，y^n 与 z^n 都是幂运算，而幂运算其实就是简单的乘法运算，乘法运算其实就是加法运算。并且等号两端的加法只涉及到四个数，即 x，y，z 和一个作为约束的 n，因此这个加法看起来似乎比一般的加法还会来得容易一些。正是这个真知灼见，让作者有信心坚持了四十年的努力和拼搏。

向他人学习，研读他人的著作和文章，重要的是不可被他人的思路和方法束缚。如果只是一味地跟随他人的思路和方法，亦步亦趋，小打小闹小改进，一定不可能有大出息。

文献[8]在如何面对权威之言时，也有一句值得欣赏的很理性的话："权威之说，如无充分理由，故可不必轻信，但也不必无故轻疑。"

然而文献[8]对权威之言"我能相信，费马大定理不能用初等方法证明。这种努力是徒劳的"一说时，岂止"轻信"？简直就是见到了祖宗，立刻跪倒在地，一叫爹、二叫娘，三呼老爷子！难道说"我能相信，费马大定理不能用初等方法证明"一说有"充分理由"吗？

今日之毕昇——名人王选先生说过："不要过分崇拜名人。"

崇洋不可媚外，崇名不可媚名。一旦得了"媚"病，那就肯定是"既想做婊子，又想立牌坊"，十分下贱，甚至于下流，下下流！

四、追根溯源，事出有因

还是引证文献吧。

"有很多数学家为了费马大定理绞尽了脑汁，但是到现在为止，我们还只知道 $2 < n < 100000$ 时的结果"——文献[22]。

"费马大定理可算是数论中的喜马拉雅山顶峰"——文献[17]。

"我们在医学上已经从体液进展到基因切片，我们已经识别出许多基本粒子，我们已经把人类送上了月球，可是在数论中费马大定理仍然未被证明"——文献[17]。

"如果有人要问，20世纪，在数学界里影响最大，最为轰动的事件是什么？在数学科学取得众多新的重大成果中，最具标志性的成果是什么？数学家们会普遍的认为是费马大定理的证明，而且非它莫属！"——文献[16]。

"从那时起（1637年），三百多年来，许多优秀的数学家都曾为求得证明而努力，但至今尚未成功"——文献[1]。

"费马的论断被广为传知，并在三百多年里使一代代数学家为了寻找它的证明而伤透了脑筋"——文献[16]。

"这个看起来简单又很深奥的定理的源头跟人类文明自身一样古老"——文献[23]。

"哥德巴赫猜想可以说是尽人皆知了。可是还有一个猜想比哥德巴赫猜想更古老、更重要、对整个数学的推动左右也更大，这就是费马大定理……，几乎所有的最优秀的数学家都考虑过，但是都没有攻下来"——文献[20]。

"一代又一代最优秀的数学家都曾研究过它，……，由于当时费马声称他已解决了这个问题，但是他没有公布结果，于是留下了这个数学难题中少有的千古之谜"——文献[24]。

以上都是大师们的话。不过，其中不少大师并未由此推断出："我能相信，费马大定理不能用初等方法证明。这种努力是徒劳的"一类说法。

"我们在医学上已经从体液进展到基因切片，我们已经识别出许多基本粒子，我们已经把人类送上了月球，可是在数论中费马大定理仍然未被证明"——文献[17]。

作者以为，"我们在医学上已经从体液进展到基因切片，我们已经识别出许多基本粒子，我们已经把人类送上了月球，可是在数论中费马大定理仍然未被证明，是因为人们对费马大定理研究分析得还很不够、还很不透、还很不深入"；

"费马大定理可算是数论中的喜马拉雅山顶峰"——文献[17]。

作者以为，"费马大定理只不过是数论中的一个普通问题"；"喜马拉雅山顶峰"只有一个，而数论中的未被证明的问题则多之又多，例如奇完全数的存在性问题是世界数学界公认的数论中的顶级大难题之一，历时两千多年，至今未能解决。难道说"喜马拉雅山顶峰"之上还有更高的"顶峰"？把一件事情，非要说到无与伦比的地步，似乎不如此就不过瘾，简直是一种病态，一种恶习！

"这个看起来简单又很深奥的定理的源头跟人类文明自身一样古老"——文献[23]。

作者以为，"费马大定理这个看起来简单的定理并不深奥，就是一个普通的数论问题，它的源头只不过是人类文明自身中的一草一木"；

"从那时起（1637年），三百多年来，许多优秀的数学家都曾为求得证明而努力，但至今尚未成功"——文献[1]。

作者以为，"三百多年来，许多优秀的数学家都曾为求得证明而努力，但至今尚未成功，是因为没有悟出其中并不复杂的玄机"；

"一代又一代最优秀的数学家都曾研究过它，…，由于当时费马声称他已解决了这个问题，但是他没有公布结果，于是留下了这个数学难题中少有的千古之谜"——文献[24]。

作者以为，"一代又一代最优秀的数学家都曾研究过它，…，由于当时费马声称他已解决了这个问题，但是他没有公布结果，于是留下了这个千古之谜"，此事深深地让作者感到遗憾。

五、请出大师——辛钦

1. 辛钦和他的《数论的三颗明珠》

王志雄先生是文献[9]的翻译者，他在译者序言中，这样介绍数学泰斗辛钦和他的明珠之作：

《数论的三颗明珠》的作者是苏联著名数学家辛钦（A·Я·ХИНЧИН，1894——1959），他在数论与概率论方面都有杰出的贡献；在撰写通俗读物方面也很有特色。

《数论的三颗明珠》也是很有影响的一本读物。在国外，已被翻译成英、德等多种文字。它是可谓雅俗共赏的佳作，从数学大师到中学生都能从中获得教益。

2.一段数论史

每个整数都可以用不超过四个平方数之和表出，这几乎是人所尽知的事。此命题最初为高斯、欧拉等人独立证明，因此不少文献中也将它称之为"欧拉定理"。

为此，辛钦叙述道："实际上，这个猜测早在十八世纪已被华林提出，但解决它很不容易，到本世纪初（1907年）希尔伯特才完全证明了华林猜测的正确性。希尔伯特的证明不但在形式关系上很累赘，并需要很复杂的解析理论（多重积分），而且在思想方法上也很难理解。"

显然，辛钦在肯定希尔伯特的证明的同时，也对其"形式关系上很累赘"、"并需要很复杂的解析理论"和"在思想方法上也很难理解"表示了遗憾。

大约在十五年之后，英国数学家哈代和李特伍德与前苏联数学家维拉格拉多夫给希尔伯特定理又一个证明。辛钦评价道："和希尔伯特的证明一样，这个证明是解析的，形式上很繁，但它的逻辑方法明显，思路简单，因而显得更为优越。"

显然，辛钦对上述三位大师的证明的"逻辑方法明显"，"思路简单"给予了肯定；然而也对证明的"形式上很繁"表示了不满。

辛钦，随即写下了一段见解透彻、真切，一针见血的至理名言："但是。当我们的科学是涉及到华林问题这样完全初等的问题时，那么就应该给它一个解答，这个解答不必利用超出初等数论范围的概念和方法。"

辛钦说："希尔伯特定理的完全初等证明，到1942年才被年轻的苏联学者Ю·В·林尼克找到。现在，你们已经明白，初等并不意味着简单。林尼克找到了华林问题的初等证法，正如你们将要看到的，很不简单。"

显然，辛钦对林尼克的证明是完全肯定的，并且指出了"初等并不意味着简单"。

希尔伯特、哈代、李特伍德、维拉格拉多夫都是世界上顶级数学大师。

辛钦并没有因为他们对华林问题证明的繁难，而下结论"华林问题不可能有初等证明的方法"，而且强调了对于"初等问题"应当给出"初等数论范围内的概念和方法"。

上善若水，厚德载物，上善若水，厚德载物！

在这里，辛钦的说教清楚、透彻，准确、不凡，声如洪钟！震聋发愦！

在这里，辛钦的眼光明亮、高远，深沉、睿智，光透纸背，照亮征程！

类似的例子在数学史上不甚枚举。一个看来极其简单的常用不等式——AG 不等式

$$\sqrt[n]{a_1 a_2 \cdots a_n} \le \frac{a_1 + a_2 + \cdots + a_n}{n}$$ 就有着上百种证明方法，不同的思路，不同的方法，不同的

难易程度，不同的可读性，可能相去甚远，自不待言。其中不乏文献[25]推荐的柯西的精彩之作。难道说，费马大定理的证明就"当且仅当只有一种方法"？"当且仅当就只能杀鸡用牛刀"？

有谁证明过？又有谁能证明？

人类的科学史不就是一部一代一代人不屈不挠地努力，取得了一个又一个成就，一步比一步辉煌的历史吗？

六、一个有趣的对比

华林猜想	费马猜想
十八世纪初华林提出了猜想：	十六世纪费马提出了猜想：
$n = a^2 + b^2 + c^2 + d^2$	$x^n + y^n = z^n (n \geq 3)$ 无解
华林自己没有给出猜想的证明	费马称，给出了猜想的证明
华林猜想是一个初等问题	费马猜想其实也是一个初等问题
1907年希尔伯特等人用解析方法	1995年怀尔斯综合应用近代数
证明了华林猜想	学知识证明了费马猜想
辛钦说：当我们的科学是涉及到华林问题这样完全初等的问题时，那么就应该给它一个解答，这个解答不必利用超出初等数论范围的概念和方法。	陈省身说：我能相信，费马大定理不能用初等方法证明。

行文至此，作者猛然想到四个故事。

第一个故事：

《水浒》第九回说到林教头与洪教头比武(比棒，棒者枪之父也)一事，林教头的棒法是真傢伙，炉火纯青；而洪教头的棒法则是真真假假，不那么地道了。

有比较才能看出区别，看起来：

"当我们的科学是涉及到华林问题这样完全初等的问题时，那么就应该给它一个解答，这个解答不必利用超出初等数论范围的概念和方法。"是林教头的棒法，真傢伙，炉火纯青；

"我能相信，费马大定理不能用初等方法证明。"是洪教头的棒法，真真假假，不那么地道。

第二个故事：

《六祖法宝坛经》上的两个偈语：阿难陀与阿难弟讲经。

阿难弟讲"身是菩提树，心如明镜台，时时勤拂拭，勿使惹尘埃。"

阿难陀讲"菩提本无树，明镜也非台，本来无一物，何处惹尘埃。"

佛祖评说，就得道论，阿难弟离真经还差一步，而阿难陀才是悟出了真道理，阿迷陀佛！

有比较才能看出区别，看起来：

"我能相信，费马大定理不能用初等方法证明。"离真经还差一步，然而，差之毫厘，失之千里，此失大矣！

"当我们的科学是涉及到华林问题这样完全初等的问题时，那么就应该给它一个解答，这个解答不必利用超出初等数论范围的概念和方法"才是悟出了真道理。

真不知道，如果辛钦读了"我能相信，费马大定理不能用初等方法证明"一说，有何想法和评价？

真不知道，陈省身读了"当我们的科学是涉及到华林问题这样完全初等的问题时，那么就应该给它一个解答，这个解答不必利用超出初等数论范围的概念和方法。"作何感想？

第三个故事：

"我正在城楼观山景，耳闻得城外乱纷纷，军旗招展空翻影，却原来是司马发来的兵..."，一个家喻户晓的故事《三国演义》中的"空城计"。

诸葛亮的"空城计"吓跑了自以为熟读兵书的司马懿，以空城而退大兵，不可谓不高明。

有比较才能看出区别，看起来：

"当我们的科学是涉及到华林问题这样完全初等的问题时，那么就应该给它一个解答，这个解答不必利用超出初等数论范围的概念和方法。"是诸葛亮的计谋，真傢伙，炉火纯青；

"我能相信，费马大定理不能用初等方法证明。"是司马懿的无知，真真假假，不那么地道。

第四个故事：

《说岳全传》中的岳飞与梁王比枪法。看起来：

"当我们的科学是涉及到华林问题这样完全初等的问题时，那么就应该给它一个解答，这个解答不必利用超出初等数论范围的概念和方法。"是岳飞的枪法，真傢伙，炉火纯青；

"我能相信，费马大定理不能用初等方法证明。"是梁王的枪法，真真假假，不那么地道。

林教头与洪教头比棒，林教头大胜，洪教头大败，这是意料之中的事情。

阿难与阿难弟讲经，阿难弟不如阿难，这是意料之中的事情。

诸葛亮与司马懿斗法，诸葛亮吓跑了司马懿，这是意料之中的事情。

岳飞与梁王比枪法，岳飞大胜，梁王大败，这是意料之中的事情。

"当我们的科学是涉及到华林问题这样完全初等的问题时，那么就应该给它一个解答，这个解答不必利用超出初等数论范围的概念和方法"与"我能相信，费马大定理不能用初等方法证明"比试，当然是辛钦的话令人信服，而陈省身的话令人贻笑大方，这是意料之中的事情。

从1945——1997，从辛钦到陈省身，历史在这里似乎拐了一个小小的弯。历史上从来都有惊人的相似之处。历史上真真假假的事还少吗？历史的发展不可能沿着一条直线，而总是"之"之形地迂回前进的。不过，有一点可以肯定，历史总是前进的！

您见过黄河吗？您见过壶口瀑布吗？

九曲黄河，黄河九曲。然，九曲而不悔。一心向着大海、一路马不停蹄，咆哮、怒吼，如电闪、如雷鸣，狂涛万丈、怒不可遏，排山倒海、雷霆万钧，无势可阻、无力可挡，汇身大海，涌起一轮红日！

京剧《空城计》中，诸葛亮有一句唱词："我诸葛怎敢比前辈的先生。"

诸葛亮对姜子牙不敬耶？敬耶？自然是敬。

吾爱吾师，吾更爱真理，**吾爱吾师，吾更爱真理！**

七、高处有高处的不足

为什么几百年来，众多数学家，其中不乏学科的领军人物，都没有能够找到费马大定理的初等证明呢？

其实道理也不复杂。

一群站在高山之巅的人，虽然登高望远，一览群山小，确实饱览了蓝天白云的冰晶玉洁，领略了高山之巅常人不能一见的奇妙胜景，然而却不能见到半山腰、山脚下的小花小草。

高处不胜寒，高处一定有高处视线不及的地方。

殊不知，半山腰上，山脚之下的小花小草中也深藏奇珍异宝。灵芝并不生长在雪山冰川之颠，如果不仔细地看，兰花似乎也只是一株毫不起眼的小草，难道不正是如此吗？

八、了却一件三百余年的公案

费马在发现并证明大定理时，写下了这样的一段话："一个立方数不能分拆为两个立方数，一个四次方数不能分拆为两个四次方数，一般说来，除平方之外，任何次幂都不能分拆为两个同次幂，我已找到了一个奇妙的证明，但书边写不下。"

此言当然为所有关心大定理的人和企图证明大定理的数学家们注意。因此，介绍大定理的文献几乎无一不提到费马的上述叙述。

然而嗣后的三百多年时间里，由于很多数学家，乃至世界的顶级数学大师，都在大定理的证明面前碰了钉子，于是就留下了一个三百多年来的公案。

文献[16]这样说："但从这一论断在1670年公诸于世起，一代代的数学家，包括像瑞士的数学家欧拉、德国数学家高斯、法国数学家柯西，勒贝格这样一些各领风骚上百年的数学大师在内，以各种不同的方法尝试证明费马大定理，但都没有成功。"

正因为如此，有相当部分的介绍大定理的文献都有如下的说法：

"其实，费马当年根本就没有证明过他的猜想，或者费马的证明根本上就是错的。"很多人甚至一些大家也据此得出了上面的推断。

作者在证明大定理的同时也注意过文献中关于费马其人的很多介绍。

事实上，作者认定，费马当时确确实实对大定理有过一个"奇妙的证明"，此认定的理由是很过硬的。

文献[16]写道："费马没有政治野心，尽力避开议会中的混战，而把公务以外的时间和精力都用到了他所钟爱的数学上，并在数学的众多领域取得了杰出的成就，被世人誉为'业余数学之王'。"

费马站在微分学的先驱者行列之中，神采奕奕；费马站在近代数论开拓者队伍的前列，舞动着大旗；费马是在数论中占有重要一席的费马小定理的发明人而受到后人的尊敬；费马是概率论的创始人之一而脍炙人口…；费马在数学中的成就尽人皆知。

在人品上，费马堪称典范。费马是一个避开尘埃，淡泊名利的人；费马出身贵族，官运亨通，但却品德高尚，不染世俗，费马是一个很诚实的人。

费马是法兰西民族的优秀儿子，一个佼佼者，一个杰出的代表。

文献[7]中有关于费马极度诚实的一段文字："费马为人诚实，名声极好，因而确实有人深信他有过一个证法。费马平生只有过一次谬误，他曾认为 $2^{2^x}+1$ 恒能得出素数，但对许多x值来说，费马数确实是合数。但即便是这些例外的情况也只能加强他的'诚实信誉'。因为费马曾公开宣布他未能找到一个证法来支持他的信念。"

关于上述有多得多的内容还可以叙述。总而言之，相信费马确实有过一个对大定理"奇妙证明"之理由显然要充分、过硬的多。

以上就是作者为什么要借本书为费马正名，了却三百多年来的一件公案的初衷。

358年之后，英国人怀尔斯给出了大定理的一个证明，轰动了全世界。然而，怀尔斯的证明，不能为费马正名。费马当年的证明方法肯定不可能与怀尔斯的证明方法相同。而本书却不同，费马小定理本来就是费马本人的杰作，难道费马大定理不正是费马本人从费马小定理中悟出来的吗？这样的可能性极大极大。作者甚至认为本书中的证明，其中就有费马的那个"奇妙的证明"（本书中就有一章"费马小定理与费马大定理的初等证明"）。

九、章太炎的"精神病"

作者的工作，曾今被人讥笑为"精神病"。

文献[37]有这样一段说事，题目为《章太炎自认"精神病"》：

"民主革命家章太炎平生特立独行，有人称他为疯子，有"精神病"。他知道后，不以为耻，还赞成对方的说法，自认是"精神病"。在日本东京加入同盟会时，章太炎即席发表演讲，说："大凡非常的议论，不是'精神病'的人断不能想，就是能想，亦不能说；遇着艰难困苦的时候，不是'精神病'的人断不能百折不回，孤行己意。所以古来有大学问成大事业的必得精神病，才能做到。为这缘故，兄弟承认自己有精神病，也愿诸位同志人人个个都有一两分精神病。近来传说某某有'精神病'，某某也有'精神病'，兄弟看来，不怕有精神病，只怕富贵利禄当面出现的时候，那精神病立刻好了，这才是要不得呢！"

作者当然不敢自比太炎先生，然而对于这样一类的"精神病"，兄弟我也只能"自认"了，正是这样的"精神病"支撑了作者几十年，苦苦追求、上下求索，苦行憎似地"读经悟道"（读书做题"）。

十、敬请指教

作者坚信本书的面世之日，就是"我能相信，费马大定理不能用初等方法证明。这种努力是徒劳的"之"名言"，曲终谢幕之时！

"百密一疏"可以说是人们思维中的一个普遍规律，作者一介草根，当然更是不能例外。本书中的疏漏、错误在所难免，迄望各位师长及有识人士不吝指教。

本书的出版受"云南省高校电子商务创新与创业重点实验室（云教科2014[16]"和"国家自然科学基金项目（71162005）"的支持。

在本书出版之际，作者要特别感谢我国计算数学学科带头人，德高望重的老前辈莫孜中教授，是他满腔热情、始终如一地关心和支持作者的研究，并且在百忙之中审查了书稿。

在本书出版之际，作者还要感谢当年我的两个研究生，如今的好友宴建学副教授和黄红伟高级工程师，他们对于作者的研究给予了很多支持和帮助。

对于云南科技出版社编辑欧阳鹏先生和张磊先生对于本书出版的支持和所做的工作，作者也在此一并致谢了。

作者
二零零五年十月于云南昆明

记号、予备知识、导读与说明

一、记号与记号的约定

为了叙述的方便和简洁，同时也为了阅读的方便，我们首先对全书使用的记号作如下的约定：

1. 书中的所有字母，不论大小写均表示正整数。字母 p 表示奇素数，字母 n 表示奇数。在不同的章节中，同一字母的含义自然不尽相同。在同一个证明中，一字母表示一个量；反之，则不尽然，视具体情况而定，这一点请读者特别注意。

2. 一个记号约定以后，如无必要，以后不再约定。

3. 对奇数成立的命题，对奇素数自然也成立；反之，对奇素数 p 成立的性质对奇数 n 未必都能成立，这也是需要注意的。

4. 我们将很快证明，对 x 的任意次幂 x^n 而言，其一定可以分拆为 x 项的一个连续奇数和，今后如无必要，我们将 x^n 与其对应的连续奇数和视为一体，均以 x^n 称呼之。

5. 为方便计，行文中我们有时将"费马大定理"称之为"大定理"。

6. 对于数论中最常见的一般知识，例如费马小定理，同余式的性质，数论函数等等，我们将直接引用，不再进一步交代，也不注明出处。而对于一些不常谋面的知识点，尤其是一般教科书中未曾提及过的知识点，不再证明，但给出参考文献，说明其出处。

7. 本书中某些证明会重复出现（此种情况并不太多），这主要由于三个原因：

A. 强调某个方法的重要性，B. 突出某种载体（往往是一个公式）的重要性，C. 为了连贯性。

二、有关大定理的提法

事实上，不同的文献中有关大定理的提法也不尽相同，本书有关大定理的提法中，不引入负数，严格遵从文献[5]的提法，即当 $n \geq 3$ 时，$x^n + y^n = z^n$，$x > 0$，$y > 0$，$z > 0$ 无整数解。

又本书中"考察公式 $x^p + y^p = z^p \cdots$"、"对于公式 $x^p + y^p = z^p \cdots$"、"由公式 $x^p + y^p = z^p \cdots$"等等写法，事实上应当是"如果公式 $x^p + y^p = z^p$ 可能成立，则考察公式 $x^p + y^p = z^p \cdots$"、"如果公式 $x^p + y^p = z^p$ 可能成立则对于公式 $x^p + y^p = z^p \cdots$"、"如果公式 $x^p + y^p = z^p$ 可能成立，则由公式 $x^p + y^p = z^p \cdots$"等等，其余亦不例外，但

是为了方便，我们都省略了"如果公式 $x^p + y^p = z^p$ 可能成立"这句话，请读者不要误会。

三、$x^n + y^n$ 与 $y^n - x^n$ 的上界、下界和两个法则

1．$x^n + y^n$ 的上界及下界（式中 n 表奇数）

易知 $y^n < x^n + y^n < (x+y)^n$，因此我们称 $(x+y)^n$ 与 y^n 是 $x^n + y^n$ 的上界和下界。于是若有一个 z 存在，使等式 $x^n + y^n = z^n$ 可能成立，则必有 $x^n < y^n < z^n < (x+y)^n$，自然也有 $x < y < z < x+y$，我们称此为 **T** 法则。

2．$y^n - x^n$ 的下界及上界（式中 n 表奇数）

易知 $(y-x)^n < y^n - x^n < y^n$，因此我们称 $(y-x)^n$ 与 y^n 是 $y^n - x^n$ 的下界与上界。于是若有一个 z 存在，使等式 $y^n - x^n = z^n$ 可能成立，则必有 $(y-x)^n < z^n < y^n$，自然也有 $y - x < z < y$，我们称此为 **H** 法则。

需要特别强调一点：$x^n + y^n$ 的上界 $(x+y)^n$、$y^n - x^n$ 的下界 $(y-x)^n$，和两个法则和马上就要提及的 x 约束，在大定理的证明中有着举足轻重的作用。

四、x^n 的连续奇数和的标准分拆

x^n 的连续奇数和分拆及其得出的两个规则和一个约束是本书对大定理证明的重要理论依据，我们首先证明 x^n 的连续奇数和的标准分拆。

众所周知 $x^2 = 1 + 3 + 5 + \cdots + 2x - 1$(A)，此即是说，$x^2$ 是一个 x 项的连续奇数和。

事实上，x^n 也完全有类似的性质，它也是一个 x 项的连续奇数和。

证：$x^n = x^{n-1} \times x = (x^{n-1} + x^{n-1} + \cdots + x^{n-1}) - x^2 + x^2$

$= (x^{n-1} + x^{n-1} + \cdots + x^{n-1}) - (x + x + \cdots + x) + (1 + 3 + \cdots + 2x - 1)$

注意到以上式中三个括号中均有 x 项，故有：

$x^n = x^{n-1} - x + 1 + x^{n-1} - x + 3 + \cdots + x^{n-1} + x - 1$(B)

显然（A）是（B）当 $n = 2$ 时的特例。

（B）式证明了 x^n 是一个 x 项的连续奇数和，并且 x 项的平均值为 x^{n-1}，而 x^{n-1} 一定

位于连续奇数和的正中间，因此以后我们将 x^{n-1} 简称为均值或中值，而将 x 称为其项数。

有趣的是当 x 为偶数时，x^{n-1} 并不显现，而是隐藏在中间两项之间。看几个例子：

$3^3 = 7+9+11$，共三项，均值为 3^2，$4^5 = 253+255+257+259$ 共四项，均值为 4^4，

$9^6 = 50041+50043+\cdots+50057$，共九项，均值为 9^5

$10^{10} = 999999991+999999993+\cdots+1000000099$，共十项，均值为 10^9。

其实，x^n 的连续奇数和的标准分拆还有另一个证明，不过要对 x 分奇偶加以讨论，下面给出两个例子说明此种证法的思路，

$4^4 = 4^3 \times 4 = 4^3+4^3+4^3+4^3+0 = 4^3+4^3+4^3+4^3-3-1+1+3$

$= 61+63+65+67$，

$5^5 = 5^4 \times 5 = 5^4+5^4+5^4+5^4+5^4+0 = 5^4+5^4+5^4+5^4+5^4-4-2+0+2+4$

$= 621+623+625+627+629$。

需要说明的有三点：

第一．x^n 可表为 x 项的连续奇数和，只是数型 $m \times n (m > n)$ 的一个特例，事实上，对于 $m \times n (m > n)$，且 m,n 同奇或同偶时，$m \times n (m > n)$ 也一定是一个连续奇数和。

证：$m \times n = (m+m+\cdots+m)-n^2+n^2$

$= (m+m+\cdots+m)-(n+n+\cdots+n)+(1+3+2n-1)$

$= m-n+1+m-n+3+\cdots+m+n-1$（C）

显然，当 m,n 同奇或同偶时，（C）是一个 n 项的连续奇数和，而当 m,n 一奇一偶时，（C）一定是一个 n 项的连续偶数和。由是可知，形如 $2(2n-1)$ 的数必不能拆分为一个连续奇数和。例如 $359^7+115435^7, 11321^{11}+104473^{11}$，如此等等。

第二．当 n 有 k 种和分拆时，则 x^n 一定有 k 个不同的连续奇数和的形式。

例如：$5 = 1+4 = 2+3$ 则 $3^5 = 79+81+83$ 及

$3^5 = 19+21+23+25+27+29+31+33+35$。

然而对于 x^n 而言，其中以 $x^n = x^{n-1} \times x$ 的连续奇数和为最清楚，最简单，最符合我们

的习惯，因此我们称它是 x^n 的连续奇数和的标准形式，也由此可知后面的 q 公式和 g 公式分别是 $x^n + y^n$ 和 $y^n - x^n$ 的标准分拆。以后只要涉及到连续奇数和或连续偶数和的分拆问题，总是指标准分拆而言，这一点请特别注意。

第三. 为了讨论的方便，以后我们将一个连续奇数和的中值记为 C，而将其项数记为 K。

设 $c_1 \times k_1$ 及 $c_2 \times k_2$ 为两个标准分拆下的连续奇数和，当仅当 $c_1 = c_2$ 且 $k_1 = k_2$ 时，

$c_1 \times k_1 = c_2 \times k_2$，即两者的项数与均值都相等时，它们方才相等；同样，对于 $x^n = x \times x^{n-1}$ 及 $y^n = y \times y^{n-1}$，当仅当 $x = y$ 或者说 $x^{n-1} = y^{n-1}$ 时两者才相等，换句话说，两个标准分拆下的连续奇数和，当仅当中值与项数皆对应相等时两者才相等，当然此时两者的所有对应项也.一一对应相等，.以后我们称它为"X 约束"。

五、$x^p + y^p = (x+y)q$ 及 $y^p - x^p = (y-x)g$ 的连续奇数和的标准分拆

熟知 $x^p + y^p = (x+y)q$，式中 $q = x^{n-1} - x^{n-2}y + x^{n-3}y^2 - \cdots - xy^{n-2} + y^{n-1}$，

$y^p - x^p = (y-x)g$，式中 $g = x^{n-1} + x^{n-2}y + x^{n-3}y^2 + \cdots + xy^{n-2} + y^{n-1}$，于是

$x^p + y^p = q - (x+y) + 1 + q - (x+y) + 3 + q - (x+y) + 5 + \cdots + q + (x+y) - 1$，

$y^p - x^p = g - (y-x) + 1 + g - (y-x) + 3 + g - (y-x) + 5 + \cdots + g + (y-x) - 1$。

六、关于 $x+y$、$y-x$ 的奇、偶性

当 $x+y$ 为偶数时，$x^p + y^p$ 的标准分拆是一个首项为 $x+y$，中值为 q 的连续偶数和，

当 $y-x$ 为偶数时，$y^p - x^p$ 的标准分拆是一个首项为 $y-x$，中值为 g 的连续偶数和，

显然此时 $x^p + y^p = z^p$ 与 $y^p - x^p = z^p$ 都无解。

基于上述，大定理的证明可以只讨论 $x+y$、$y-x$ 为奇数时的情况，不过为了对比和讨论的深入，本书一般也不如此假设，只设定 $(x, y) = 1$，并且 $y > x$。

华东师范大学出版社（数学教学），1982 年第三期有若书先生的一篇介绍大定理的文章《费尔马大定理》，其中有一个讨论 $x^3 + y^3$ 的例子，若书先生有下面的叙述：

"假设 $(x，y，z)$ 满足 $x^3 + y^3 = z^3$，而且两两互素，$x，y$ 必是奇数。"

在这里，若书先生断言大定理只需要就 x 和 y 为两个奇数的情况进行讨论，文中未见交

代断言的理由，此事困扰和误导了作者很多年，作者认为此断言是不对的，是没有根据的。

七、两个公式、两个等式与两个规则

1. 关于 q 的两个等式与一个规则

将 $x^n + y^n = (x+y) \times q$ 变形可得 $q = y^{n-1} - x \times t = x^{n-1} + y \times t$，式中 $t = \dfrac{y^{n-1} - x^{n-1}}{x+y}$，

由此立知 $x^{n-1} + y \le q \le y^{n-1} - x$，式中等号仅在 $p=3$，$y-x=1$ 时成立，我们称

$q = y^{n-1} - x \times t$ 为 q 式一，称 $q = x^{n-1} + y \times t$ 为 q 式二；很明显 $q < z^{p-1}$，我们称它为 q 规

则。由此不难证明一个重要的不等式 $q - (x+y) < z^{p-1} - z$。

2. 关于 g 的两个等式与一个规则

将 $y^n - x^n = (y-x) \times q$ 变形可得 $g = y^{n-1} + x \times t = x^{n-1} + y \times t$，式中 $t = \dfrac{y^{n-1} - x^{n-1}}{y-x}$，

由此立知 $g > y^{p-1}$，我们称 $g = y^{n-1} + x \times t$ 为 g 式一，称 $g = x^{n-1} + y \times t$ 为 g 式二，很明显

$g > z^{p-1}$ 我们称它为为 g 规则。由此不难证明一个重要的不等式 $g - (y-x) > z^{p-1} - z$。

易知，q 和 g 有两个基本特点：

1. 不论 $x+y$ 或 $y-x$ 是奇是偶，q 和 g 总为奇；

2. q 和 g 是一个代数素式，即在实数范围内无法将其分解为两个或更多个次数较低的多项式的乘积。

八、关于公式 $x^p + y^p = (x+y)q$ 和 $y^p - x^p = (y-x)g$

事实上，就证明大定理而言，$x^p + y^p = (x+y)q$ 和 $y^p - x^p = (y-x)g$ 两式是完全

等价的，这是因为 $y^p - x^p = (x+y)q - 2x^p$ 而 $x^p + y^p = (y-x)g + 2x^p$ 看一个例子：

$2^3 + 3^3 = 35 = 5 \times 7$，则 $3^3 - 2^3 = 35 - 16 = 1 \times 19$。但是两者必竟是两个不同的公式，因

此本书证明大定理时，既利用公式 $x^p + y^p = (x+y)q$ 证明 $x^p + y^p = z^p$ 无解，有时也利用

公式 $y^p - x^p = (y-x)g$ 证明 $y^p - x^p = z^p$ 无解。

九、关于连续奇数和的四个定理及四个推论(同步原理)

定理一. 设有两个连续奇数和 $A = a_1 + a_2 + \cdots + a_n + a_{n+1}$，$B = a_1 + a_2 + \cdots + a_n$ 若

$B = c \times n$，$A = c_{n+1} \times (n+1)$ 则 $c_{n+1} = c_n + 1$，这就是说：$A = (c+1) \times (n+1)$。

定理一其实就是说，将一个连续奇数和延长 1 项，则均值与项数均增加 1。

推论一：将一个连续奇数和延长 r 项，则均值与项数均增加 r。

定理二. 设有两个连续奇数和 $B = a_1 + a_2 + \cdots + a_n + a_{n+1}$，$A = a_1 + a_2 + \cdots + a_n$ 若

$B = c_{n+1} \times (n+1)$，$A = c_n \times n$ 则 $c_{n+1} = c_n - 1$，这就是说：$A = (c_{n+1} - 1) \times n$。

定理二其实就是说，将一个连续奇数和由尾部去掉 1 项，则均值与项数均减少 1。

推论二：将一个连续奇数和由尾部去掉 r 项，则均值与项数均减少 r。

定理三. 设有两个连续奇数和 $B = a_1 + a_2 + \cdots + a_n$，$A = a_2 + \cdots + a_n$ 若

$B = c_n \times n$，$A = c_{n+1} \times (n-1)$ 则 $c_{n+1} = c_n + 1$，这就是说：$A = (c_n + 1) \times (n-1)$。

定理三其实就是说，将一个连续奇数和由头部去掉 1 项，则均值加 1 而项数减少 1。

推论三：将一个连续奇数和由头部去掉 r 项，则均值加 r 而项数减少 r。

定理四. 设有两个连续奇数和 $B = a_1 + a_2 + \cdots + a_n$，$A = a_0 + a_1 + a_2 + \cdots + a_n$ 若

$B = c_n \times n$，$A = c_{n-1} \times (n+1)$ 则 $c_{n+1} = c_n - 1$，这就是说：$A = (c_n - 1) \times (n+1)$。

定理四其实就是说，将一个连续奇数和由头部增加 1 项，则均值减少 1 而项数增加 1。

推论四：将一个连续奇数和由头部增加 r 项，则均值减少 r 而项数增加 r。

四个定理及四个推论的证明都非常简单，留给读者，也请读者自己给出例子。

我们把以上性质都称之为"同步原理"（"同步增加"，"同步减少"，"同步增加与减少"，"同步减少与增加"）。

十、关于"无穷递降法"的三个注记

与数学归纳法相比，无穷递降法的应用比较困难，因此文献中能见到的例子也并不太多。

事实上，"无穷递降法"应当在何时应用、如何应用却远不如数学中的其它常用的方法那么明确、简单和易行。

有文献警告说，使用"无穷递降法"必须非常慎重："然而使用此种办法必须谨慎小心，因为在羊肠小径的两侧都能长眠着一些不幸的数学家们的骸骨，他们企图穿越小径，可是对它的制约未能给予足够注意"，并进一步指出："为什么数学中的某些关系可以用直接证法，某些则非得用类似无限递降法之类的巧妙推理，此事尚不清楚"（见文献[7]）。

不同的文献都只是介绍了无穷递降法的不同的侧面，因此作者认为需要对不同文献中关

于无穷递降法概念的叙述进行整理，给出"注记"，有一个明确的描述，以便用它证明大定理时，明确、简单、易行和有效。

关于无穷递降法，文献[5]中华罗庚先生有一个 $n=4$ 时用无穷递降法对大定理的初等证明，华罗庚先生如下叙述：

"此法乃 Fermat 所创之无穷递降法（Metlode d'infinite decent）。其证法之逻辑步骤如次：

（1）若一命题 $P(n)$ 对若干正整数为真，则在此诸 n 中，必有一最小者。

（2）若 $P(n)$ 为真，则有一正整数 $n_0 < n$，使 $P(n_0)$ 亦真。

若此二步已证，则命题 $P(n)$ 决不真实。"

在同一章节中，华罗庚先生以讨论不定方程 $x^2 + y^2 + z^2 = 3xyz$ 为例，对于无穷递降法又做了如下之补充：

注意：此亦一递降法也，幸有一解 $x = y = z = 1$，无法再降，故 Fermat 之"无穷递降法"有两种用法：一可用以证明无解，一可用以证明有无穷个解也。

事实上，事情并不止此，在其它文献中，作者还见到用"无穷递降法"证明不定方程有唯一解以及有有限个解的例子，这里举出三例。

第一例：试定出（并证明）方程 $a^2 + b^2 + c^2 = a^2b^2$ 的所有整数解答。

作者写道："此即'无穷递降法'应用之一例。故仅仅当 $a = b = c = 0$ 时方为可能，此为唯一解。"

第二例：不定方程 $x^4 + y^4 = 2z^2$，$(x, y) = 1$ 仅有整数解 $x = \pm 1$，$y = \pm 1$。

第三例：不定方程 $x^4 + 6x^2y^2 + y^4 = z^2$，$(x, y) = 1$ 仅有整数解 $x = \pm 1, y = 0$ 和 $x = 0, y = \pm 1$（第二例、第三例均是"有限个解"的例子，引自文献[1]。

综上所述作者得到"无穷递降法"的三个注记。

注记一：

"无穷递降法"证明命题 $f(n)$ 无解之逻辑步骤为：

（1）命题 $f(n)$ 对一批正整数 $n = n_0, n_1, n_2 \cdots$，为真，则在此诸 n 中，必有一最小者 n_0。

（2）若另有正整数 $m < n_0$ 推得 $f(m)$ 亦真，则与 n_0 为最小者矛盾，故命题 $f(n)$ 不真。

注记二：

"无穷递降法"证明命题 $f(n)$ 有解之逻辑步骤为：

（1）命题 $f(n)$ 对一批正整数 $n = n_0, n_1, n_2 \cdots$，为真，则在此诸 n 中，必有一最小者 n_0。

（2）若 $f(n_1)$ 不真而 $f(n_0)$ 确真，但 n_0 不可再降，则 n_0 为命题 $f(n)$ 为真的唯一解；若有不止一个 n_0 存在，则命题 $f(n)$ 可有若干个解。

注记三：

"无穷递降法"证明命题 $f(n)$ 有无穷多解之逻辑步骤为：

（1）命题 $f(n)$ 对一批正整数 $n = n_0, n_1, n_2 \cdots$，为真，则在此诸 n 中，必有一最小者 n_0。

（2）当 n 逐步减少直至 n_0 使 $f(n_0)$ 成立，而此时 n_0 无法再降，则 n_0 为命题 $f(n)$ 的最小正整数解。

十一、关于演段及 z^n 的几何背景

我国著名的数学教育大家许纯舫先生在文献（10）中有一段至理名言："演段算法是中国数学的一大特色，就是把图形割成几段，或推演而成同样几个，移补凑合，藉此而得问题解答的方法。这种算法导源于汉赵君卿的弦图，前面已经说过，中算家对于求积、开方、级数以及二次和三次方程等解法的研究，可说完全依赖着演段，才能获得成功。近世几何学中利用图形证明代数计算公式的方法，实际上就是演段的一类。它能显出图形和数字间相关的道理，这样按图索解，即使很艰深的问题，也不难迎刃而解了。"

不知从何年何月起，也不知是源自中国数学家还是外国数学家，我们从来都是将 z^2 称之为"平方数"，z^3 称之为"立方数"，这是因为它们的几何背景使然。由于我们生活在三维空间中，我们无法见到 z^4、z^5、$\cdots$ 这样的"立方体"，于是只好依据数学的逻辑，将它们称之为 4 次超立方体，5 次超立方体 $\cdots$，然而正是这个"超立方体"遮住了我们的视线达三百八十多年！

矩形在我们生活的三维世界中随处可见，对于 z^p 而言，不论 p 如何取值，z^p 的几何背景一定是一个矩形。设 $p = r + s\,(s > r)$，则 $z^p = z^r \times z^s$，于是我们看到 z^p 的几何背景为：$z^p = \boxed{}$。

上式右端长方形的长为 z^s 而宽为 z^r（这里顺便交代一句，今后我们将字母标在线段的一旁，这表示该线段的长度，而将字母标在矩形的内部则表示该矩形的面积）。只有当 $p=3$ 时，z^p 的几何背景才是唯一的，当 $p>3$ 之后，只要 p 有几种和分拆，则 z^p 的几何背景便有几个不同的矩形。

"不论 p 如何取值，z^p 的几何背景总是一个矩形"之一说就是一把钥匙，它能够打开费马大定理这把锁。其实，这把钥匙实在很简单，自然大定理这把锁也肯定不复杂。

事实上，三维空间中的一个立体在二维空间中的投影是一个平面图形；二维空间中的一个平面图形在一维空间中的投影是一段几何线段。由此不难得知 x^n 的几何背景在三维空间中是一个立体的体积；在二维空间中是一个图形的面积；在一维空间中是一段线段的长度，以上事实一经点破，不会有任何异议。事实上由于我们生活在三维空间中，对三维空间中的各种几何体，几何图形及几何线段都非常熟悉。因此，它们都可以作为 x^n 的几何背景的材料，对大定理给出证明。

十二、大定理的两种基本情形

熟知 $x^p + y^p = (x+y)q$，因此大定理可区分为两种情形：

1. 当 $x+y \neq 0 (\bmod p)$ 时，$(x+y, q) = 1$，此谓之大定理的第一种情形；

2. 当 $x+y = 0 (\bmod p)$ 时，$(x+y, q) = p$，此谓之大定理的第二种情形。

文献[1]说："一般来讲，初等方法往往仅能解决费马大定理的第一种情形。"

对于大定理的第二种情形 $(x+y, q) = p$ 本书给出了一个很简单的证明。

十三、关于不等式与等式的互相转换

不等式与等式是一对矛盾，它们可以互相转化，一般地有两种转化办法。

1. 对于不等式 $m > n$，则必有 $m = wn - r$ $(w \geq 1, 0 \leq r < n)$，

事实上，如不对 w 进行约束，则不定方程 $m = wn - r$ 有无穷多个解。因此我们按例取 w 的最小值。

需要说明的是，等式 $m = wn - r$ 中，用的是"去余"的思想，即去掉 wn 对模 m 的余

数 r；由此立知必有 $m = w_1 n + r_1$ 成立，这里用的是"补余"的思想，即补足 $w_1 n$ 对模 m 的余数 r_1；显然 $w_1 = w - 1$，$r_1 = n - r$。今后，为方便计，我们一般都记为 $m = wn - r$ 与 $m = wn + r$，当然等式 $m = wn - r$ 与 $m = wn + r$ 中的两个 w 是不相同的，两个 r 也是不相同的，例如 $12 > 5$，$12 = 3 \times 5 - 3$，$12 = 2 \times 5 + 2$。

2．对于不等式 $m > n$，则必有 $m = n + r$，（显然 $r = m - n$）。

十四、关于 z^p、$x^p + y^p$、$y^p - x^p$ 的数学模型

"数型"，又简称"型"，就是指某一类数的数学模型。名著文献[15]关于"型的理论"一节很值得一读，在数论的研究中引进了"型"的概念，实际上就是为某种类型的数建立了一个判别准则。

文献[15]指出："关于型的理论的全部工作之目的，已如前述，就是要建立数论中的一些定理"，"在十九世纪的数论中，型的理论成为一个主要的课题"。因此可以说，本书对大定理的的证明，都是先建立数学模型，然后再以模型为载体证明大定理。

十五、两组相悖的约束

第一组相悖的约束：

$x^p + y^p = z^p$ 若可能成立，则 $y < z < x + y$，是一个 T 法则给出的约束；事实上此约束对于 $x^n + y^n = z^n$ 而言，不论 $n(n > 1)$ 取何值，一概如此。

$x^p + y^p = (x + y) \times q$ 是 $x^p + y^p$ 唯一的分解公式，当然也是对 $x^p + y^p$ 的一个约束。

然而以上两个对 $x^p + y^p = z^p$ 可能成立都法定的约束却是相悖的，其结果就只能是 $x^p + y^p = z^p$ 无解。

第二组相悖的约束：

$x^p + y^p = z^p$ 若可能成立，则 $y < z < x + y$，是一个 T 法则给出的的约束；

$x^p + y^p = z^p$ 若可能成立，则 $z = x + y$，是一个 X 约束给出的约束。

然而以上的两个约束却是相悖的，其结果就只能是 $x^p + y^p = z^p$ 无解。

必须强调的是利用此两组相悖的约束都能证明大定理，然而在证题思路上两者却完全不同，前者利用的是 $y < z < x + y$ 与 $x^p + y^p = (x + y) \times q$ 相悖的数学原理，而后者则是利用

$y < z < x + y$ 与 $z = x + y$ 相悖的数学原理，这一点务请读者明察。

当然对于 $y^p - x^p = z^p$ 也是如此。

还有一点需要说明，对于 $x^2 + y^2$ 而言，不论 $x^2 + y^2 = z^2$ 成立与否，T 法则毫无疑问都成立，然而当 $x^2 + y^2 = z^2$ 成立时，X 约束则以另一种面目出现；事实上此时 X 约束面对的是等式 $z^2 = z^2$。

十六、关于《因子组合与费马大定理初等证明》

本书中原来有一章《因子组合与费马大定理的初等证明》，因其篇幅特大，大到本书无法承受，故将其删除。今将该章所使用的八十一组载体公式开列如下，平均每一组载体公式都可以给出费马定理的一百二十个余个初等证明，因此八十一组载体公式一共可以给出大定理的超过一万个证明。

1. 公式 $(x+y)q = w_1(q+x+y) - r$，$(x+y)q = w_1(q+x+y) + r$，

$(x+y)q = w_1(q-(x+y)) - r$，$(x+y)q = w_1(q-(x+y)) + r$。

2. 公式 $(x+y)q = w(x+y) - r$，$(x+y)q = w(x+y) + r$，$(x+y)q = wq - r$，

$(x+y)q = wq + r$，$(y-x)g = w(y-x) - r$，$(y-x)g = w(y-x) + r$，

$(y-x)g = wg - r$，$(y-x)g = wg + r$。

3. 公式 $(x+y)q = w_1(x+y) + w_2 q - r$，$(x+y)q = w_1(x+y) + w_2 q + r$

$(y-x)g = w_1(y-x) + w_2 g - r$，$(y-x)g = w_1(y-x) + w_2 g + r$。

4. 公式 $w_1(x+y)q - r = w(x+y)$，$w_1(x+y)q + r = w(x+y)$，

$w_1(x+y)q - r = wq$，$w_1(x+y)q + r = wq$，$w_1(y-z)g - r = w(y-x)$，

$w_1(y-z)g + r = w(y-x)$，$w_1(y-z)g - r = wg$，$w_1(y-z)g + r = wg$。

5. 公式 $w(q-(x+y)) - r = q + (x+y)$，$w(q-(x+y)) + r = q + (x+y)$，

$w(g-(y-x)) - r = g + (y-x)$，$w(g-(y-x)) + r = g + (y-x)$。

6. 公式 $(x+y)q = w_3(w_1 q - w_2(x+y)) - r$，$(x+y)q = w_3(w_1 q - w_2(x+y)) + r$，

$(y-x)g = w_3(w_1 g - w_2(y-x)) - r$，$(y-x)g = w_3(w_1 g - w_2(y-x)) + r$。

7. 公式 $(x+y)q = w_3(w_1(x+y)-w_2q)-r$，$(x+y)q = w_3(w_1(x+y)-w_2q)+r$，

$(y-x)g = w_3(w_1(y-x)-w_2g)-r$，$(y-x)g = w_3(w_1(y-x)-w_2g)+r$。

8. 公式 $w_1(x+y)q-r = w(2(x+y)+q)$，$w_1(x+y)q+r = w(2(x+y)+q)$，

$w_1(y-x)g-r = w(2(y-x)+g)$，$w_1(y-x)g+r = w(2(y-x)+g)$。

9. 公式 $w_1(x+y)q-r = w((x+y)+2q)$，$w_1(x+y)q+r = w((x+y)+2q)$，

$w_1(y-x)g-r = w((y-x)+2g)$，$w_1(y-x)g+r = w((y-x)+2g)$。

10. 公式 $w_1(x+y)q-r = w(3(x+y)+q)$，$w_1(x+y)q+r = w(3(x+y)+q)$，

$w_1(y-x)g-r = w(3(y-x)+g)$，$w_1(y-x)g+r = w(3(y-x)+g)$。

11. 公式 $w_1(x+y)q-r = w((x+y)+3q)$，$w_1(x+y)q+r = w((x+y)+3q)$，

$w_1(y-x)g-r = w((y-x)+3g)$，$w_1(y-x)g+r = w((y-x)+3g)$。

12. 公式 $w_1(x+y)q-r = w(x+y)+q$，$w_1(x+y)q+r = w(x+y)+q$，

$w_1(y-x)g-r = w(y-x)+g$，$w_1(y-x)g+r = w(y-x)+g$。

13. 公式 $w_1(x+y)q-r = (x+y)+wq$，$w_1(x+y)q+r = (x+y)+wq$，

$w_1(y-x)g-r = (y-x)+wg$，$w_1(y-x)g+r = (y-x)+wg$。

14. 公式 $w_1(x+y)q-r = w(q-(x+y))$，$w_1(x+y)q+r = w(q-(x+y))$，

$w_1(y-x)g-r = w(g-(y-x))$，$w_1(y-x)g+r = w(g-(y-x))$。

15. 公式 $w_1(x+y)q-r = w(x+y+q)$，$w_1(x+y)q+r = w(x+y+q)$，

$w_1(y-x)g-r = w(y-x+g)$，$w_1(y-x)g+r = w(y-x+g)$。

16. 公式 $w(2q-(x+y)) = w_1(x+y)q-r$，$w(2q-(x+y)) = w_1(x+y)q+r$，

$w(2g-(y-x)) = w_1(y-x)g-r$，$w(2g-(y-x)) = w_1(y-x)g+r$。

17. 公式 $w_1(x+y)q-r = q^{x+y}$，$w_1(x+y)q+r = q^{x+y}$，

$w_1(y-x)g-r = g^{y-x}$，$w_1(y-x)g+r = g^{y-x}$。

18. 公式 $w_1(x+y)q-r=(x+y)^q$，$w_1(x+y)q+r=(x+y)^q$，

$w_1(y-x)g-r=(y-x)^g$，$w_1(y-x)g+r=(y-x)^g$。

19. 公式 $w\dfrac{q-r}{x+y}=w_1(x+y)q-r$，$w\dfrac{q-r}{x+y}=w_1(x+y)q+r$，

$w\dfrac{g-r}{y-x}=w_1(y-x)g-r$，$w\dfrac{g-r}{y-x}=w_1(y-x)g+r$。

20. 公式 $w\dfrac{q-r}{x+y}=w_1(x+y)q-r$，$w\dfrac{q-r}{x+y}=w_1(x+y)q+r$，

$w\dfrac{g-r}{y-x}=w_1(y-x)g-r$，$w\dfrac{g-r}{y-x}=w_1(y-x)g+r$。

21. 公式 $w_1(x+y)q-r=w(x+y)+q$，$w_1(x+y)q+r=w(x+y)+q$，

$w_1(y-x)g-r=w(y-x)+g$，$w_1(y-x)g+r=w(y-x)+g$。

22. 公式 $w_1(w(x+y)+q)-r=(x+y)q$，$w_1(w(x+y)+q)+r=(x+y)q$，

$w_1(w(y-x)+g)-r=(y-x)g$，$w_1(w(y-x)+g)+r=(y-x)g$。

23. 公式 $w_1(x+y)q-r=w(x+y)-q$，$w_1(x+y)q-r=w(x+y)+q$，

$w_1(y-x)g-r=w(y-x)-g$，$w_1(y-x)g+r=w(y-x)-g$。

24. 公式 $w_1(w(x+y)-q)-r=(x+y)q$，$w_1(w(x+y)-q)+r=(x+y)q$，

$w_1(w(y-x)-g)-r=(y-x)g$，$w_1(w(y-x)-g)+r=(y-x)g$。

25. 公式 $w_1(x+y+q+w)-r=(x+y)q$，$w_1(x+y+q+w)+r=(x+y)q$，

$w_1(y-x+g+w)-r=(y-x)g$，$w_1(y-x+g+w)+r=(y-x)g$。

26. 公式 $w_1(x+y)q-r=x+y+q+w$，$w_1(x+y)q+r=x+y+q+w$，

$w_1(y-x)g-r=y-x+g+w$，$w_1(y-x)g+r=y-x+g+w$。

27. 公式 $w_1(w-(x+y+q))-r=(x+y)q$，$w_1(w-(x+y+q))+r=(x+y)q$，

$w_1(w-(y-x+g))-r=(y-x)g$，$w_1(w-(y-x+g))+r=(y-x)g$。

28. 公式 $w_1(x+y)q-r=w-(x+y+q)$，$w_1(x+y)q+r=w-(x+y+q)$，

$w_1(y-x)g-r=w-(y-x+g)$，$w_1(y-x)g+r=w-(y-x+g)$。

29. 公式 $w_1(x+y+wq)-r=(x+y)q$，$w_1(x+y+wq)+r=(x+y)q$，

$w_1(y-x+wg)-r=(y-x)g$，$w_1(y-x+wg)+r=(y-x)g$。

30. 公式 $w_1(x+y)q-r=x+y+wq$，$w_1(x+y)q+r=x+y+wq$，

$w_1(y-x)g-r=y-x+wg$，$w_1(y-x)g-r=y+x+wg$。

31. 公式 $w_1(wq-(x+y))-r=(x+y)q$，

$w_1(wq-(x+y))+r=(x+y)q$，$w_1(wg-(y-x))-r=(y-x)g$，

$w_1(wg-(y-x))+r=(y-x)g$。

32. 公式 $wq-(x+y)=w_1(x+y)q-r$，$wq-(x+y)=w_1(x+y)q+r$，

$wg-(y-x)=w_1(y-x)g-r$，$wg-(y-x)=w_1(y-x)g+r$。

33. 公式 $w_1(x+y-q+w)-r=(x+y)q$，$w_1(x+y-q+w)+r=(x+y)q$，

$w_1(y-x-g+w)-r=(y-x)q$，$w_1(y-x-g+w)+r=(y-x)q$。

34. 公式 $x+y-q+w=w_1(x+y)q-r$，$x+y-q+w=w_1(x+y)q+r$，

$y-x-g+w=w_1(y-x)g-r$，$y-x-g+w=w_1(y-x)g+r$。

35. 公式 $w_1(w-(x+y-q))-r=(x+y)q$，$w_1(w-(x+y-q))+r=(x+y)q$，

$w_1(w-(y-x-g))-r=(y-x)g$，$w_1(w-(y-x-g))+r=(y-x)g$。

36. 公式 $w-(x+y-q)=w_1(x+y)q-r$，$w-(x+y-q)=w_1(x+y)q-r$，

$w-(y-x-g)=w_1(y-x)g-r$，$w-(y-x-g)=w_1(y-x)g+r$。

37. 公式 $w_1(q-(x+y)+w)-r=(x+y)q$，$w_1(q-(x+y)+w)+r=(x+y)q$，

$w_1(g-(y-x)+w)-r=(y-x)g$，$w_1(g-(y-x)+w)+r=(y-x)g$。

38. 公式 $q-(x+y)+w=w_1(x+y)q-r$，$q-(x+y)+w=w_1(x+y)q+r$，

$g-(y-x)+w=w_1(y-x)g-r$，$g-(y-x)+w=w_1(y-x)g+r$。

39. 公式 $w_1(w-(q-(x+y)))-r=(x+y)q$，$w_1(w-(q-(x+y)))+r=(x+y)q$，

$w_1(w-(g-(y-x)))-r=(y-x)g$，$w_1(w-(g-(y-x)))+r=(y-x)g$。

40. 公式 $w-(q-(x+y))=w_1(x+y)q-r$，$w-(q-(x+y))=w_1(x+y)q+r$，

$w-(g-(y-x))=w_1(y-x)g-r$，$w-(g-(y-x))=w_1(y-x)g+r$。

41. 公式 $w_1(x+y)q-r=q^{x+y}$，$w_1(x+y)q+r=q^{x+y}$，

$w_1(y-x)g-r=g^{y-x}$，$w_1(y-x)g+r=g^{y-x}$。

42. 公式 $w(x+y)q=w_1q^{x+y}-r$，$w(x+y)q=w_1q^{x+y}+r$，

$w(y-x)g=w_1g^{y-x}-r$，$w(y-x)g=w_1g^{y-x}+r$。

43. 公式 $w_1(x+y)q-r=(x+y)^q$，$w_1(x+y)q+r=(x+y)^q$，

$w_1(y-x)g-r=(y-x)^g$，$w_1(y-x)g+r=(y-x)^g$。

44. 公式 $w_1(x+y)q-r=(x+y)^q$，$w_1(x+y)q+r=(x+y)^q$，

$w_1(y-x)g-r=(y-x)^g$，$w_1(y-x)g+r=(y-x)^g$。

45. 公式 $w_1(w+(x+y)q)-r=q^{x+y}$，$w_1(w+(x+y)q)+r=q^{x+y}$，

$w_1(w+(y-x)g)-r=g^{y-x}$，$w_1(w+(y-x)g)+r=g^{y-x}$。

46. 公式 $w_1(w+(x+y)q)-r=q^{x+y}$，$w_1(w+(x+y)q)+r=q^{x+y}$，

$w_1(w+(y-x)g)-r=g^{y-x}$，$w_1(w+(y-x)g)+r=g^{y-x}$。

47. 公式 $w_1(w+(x+y)q)-r=(x+y)^q$，$w_1(w+(x+y)q)+r=(x+y)^q$，

$w_1(w+(y-x)g)-r=(y-x)^g$，$w_1(w+(y-x)g)+r=(y-x)^g$。

48. 公式 $w+(x+y)q=w_1(x+y)^q-r$，$w+(x+y)q=w_1(x+y)^q+r$，

$w+(y-x)g=w_1(y-x)^g-r$，$w+(y-x)g=w_1(y-x)^g+r$。

49. 公式 $(x+y)q=w(q-(x+y))-r$，$(x+y)q=w(q-(x+y))+r$，

$(y-x)g = w(g-(y-x))-r$, $(y-x)g = w(g-(y-x))+r$ 。

50. 公式 $(x+y)q = w_1(w(x+y)-q)-r$, $(x+y)q = w_1(w(x+y)-q)+r$,

$(y-x)g = w_1(w(y-x)-g)-r$, $(y-x)g = w_1(w(y-x)-g)+r$ 。

51. 公式 $q^{x+y} = w(x+y)q-r$, $q^{x+y} = w(x+y)q+r$,

$g^{y-x} = w(y-x)g-r$, $g^{y-x} = w(y-x)g+r$ 。

52. 公式 $(x+y)^q = w(x+y)q-r$, $(x+y)^q = w(x+y)q+r$,

$(y-x)^g = w(y-x)g-r$, $(y-x)^g = w(y-x)g+r$ 。

53. 公式 $(x+y)q = w\dfrac{q-r}{x+y}-r_1$, $(x+y)q = w\dfrac{q-r}{x+y}+r_1$,

$(y-x)g = w\dfrac{g-r}{y-x}-r_1$, $(y-x)g = w\dfrac{g-r}{y-x}+r_1$ 。

54. 公式 $(x+y)q = w_1(\dfrac{w(x+y)-r}{q})-r_1$, $(x+y)q = w_1(\dfrac{w(x+y)-r}{q})+r_1$,

$(y-x)g = w_1(\dfrac{w(y-x)-r}{g})-r_1$, $(y-x)g = w_1(\dfrac{w(y-x)-r}{g})+r_1$ 。

55. 公式 $(x+y)q = w(x+y+q)-r$, $(x+y)q = w(x+y+q)+r$,

$(y-x)q = w(y-x+g)-r$, $(y-x)q = w(y-x+g)+r$ 。

56. 公式 $(x+y)q = w(3(x+y)+q)-r$, $(x+y)q = w(3(x+y)+q)+r$,

$(y-x)g = w(3(y-x)+g)-r$, $(y-x)g = w(3(y-x)+g)+r$ 。

57. 公式 $(x+y)q = w(2(x+y)+q)-r$, $(x+y)q = w(2(x+y)+q)+r$,

$(y-x)g = w(2(y-x)+g)-r$, $(y-x)g = w(2(y-x)+g)+r$ 。

58. 公式 $(x+y)q = w((x+y)+2q)-r$, $(x+y)q = w((x+y)+2q)+r$,

$(y-x)g = w((y-x)+2g)-r$, $(y-x)g = w((y-x)+2g)+r$ 。

59. 公式 $(x+y)q = w(x+y-1)(x+y+q)-r$,

$(x+y)q = w(x+y-1)(x+y+q)+r$ ，

$(y-x)g = w(y-x-1)(y-x+g)-r$ ，$(y-x)g = w(y-x-1)(y-x+g)+r$ 。

60. 公式 $(x+y)q = w(q+(x+y-1)(x+y))-r$ ，

$(x+y)q = w(q+(x+y-1)(x+y))+r$ ，

$(y-x)g = w(g+(y-x-1)(y-x))-r$ ，$(y-x)g = w(g+(y-x-1)(y-x))+r$ 。

61. 公式 $(x+y)q = w((x+y-k)q+k(x+y))-r$ ，

$(x+y)q = w((x+y-k)q+k(x+y))+r$ ，$(y-x)g = w((y-x-k)g+k(y-x))-r$ ，

$(y-x)g = w((y-x-k)g+k(y-x))+r$ 。

62. 公式 $(x+y)q = w(kq+(x+y-k)(x+y))-r$ ，

$(x+y)q = w(kq+(x+y-k)(x+y))+r$ ，$(y-x)g = w(kg+(y-x-k)(y-x))-r$ ，

$(y-x)g = w(kg+(y-x-k)(y-x))+r$ 。

63. 公式。$(x+y)q = w((x+y-1)q+(x+y))-r$ ，

$(x+y)q = w((x+y-1)q+(x+y))+r$ ，$(y-x)g = w((y-x-1)g+(y-x))-r$ ，

$(y-x)g = w((y-x-1)g+(y-x))+r$ 。

64. 公式 $w(x+y)q-r = (q-1)(x+y)+q$ ，$w(x+y)q+r = (q-1)(x+y)+q$ ，

$w(y-x)g-r = (g-1)(y-x)+g$ ，$w(y-x)g+r = (g-1)(y-x)+g$ 。

65. 公式 $w_2(q+w(x+y)+w_1)-r = (x+y)q$ ，

$w_2(q+w(x+y)+w_1)+r = (x+y)q$ ，

$w_2(g+w(y-x)+w_1)-r = (y-x)g$ ，$w_2(g+w(y-x)+w_1)+r = (y-x)g$ 。

66. 公式 $q+w(x+y)+w_1 = w_2(x+y)q-r$ ，$q+w(x+y)+w_1 = w_2(x+y)q+r$ ，

$g+w(y-x)+w_1 = w_2(y-x)g-r$ ，$g+w(y-x)+w_1 = w_2(y-x)g+r$ 。

67. 公式 $w_2(q+w(x+y)-w_1)-r = (x+y)q$ ，

$w_2(q+w(x+y)-w_1)+r=(x+y)q$，

$w_2(g+w(y-x)-w_1)-r=(y-x)g$，　$w_2(g+w(y-x)-w_1)+r=(y-x)g$。

68. 公式 $q+w(x+y)-w_1=w_2(x+y)q-r$，　$q+w(x+y)-w_1=w_2(x+y)q+r$，

$g+w(y-x)-w_1=w_2(y-x)g-r$，　$g+w(y-x)-w_1=w_2(y-x)g+r$。

69. 公式 $w_4(w_1q+w_2(x+y)-w_3)-r=(x+y)q$，

$w_4(w_1q+w_2(x+y)-w_3)+r=(x+y)q$，　$w_4(w_1g+w_2(y-x)-w_3)-r=(y-x)g$，

$w_4(w_1g+w_2(y-x)-w_3)+r=(y-x)g$。

70. 公式 $w_1q+w_2(x+y)-w_3=w_4(x+y)q-r$，

$w_1q+w_2(x+y)-w_3=w_4(x+y)q+r$，　$w_1g+w_2(y-x)-w_3=w_4(y-x)g-r$，

$w_1g+w_2(y-x)-w_3=w_4(y-x)g+r$。

71. 公式 $w_2(q-w(x+y)+w_1)-r=(x+y)q$，

$w_2(q-w(x+y)+w_1)+r=(x+y)q$，

$w_2(g-w(y-x)+w_1)-r=(y-x)g$，　$w_2(g-w(y-x)+w_1)+r=(y-x)g$。

72. 公式 $q-w(x+y)+w_1=w_2(x+y)q-r$，　$q-w(x+y)+w_1=w_2(x+y)q+r$，

$g-w(y-x)+w_1=w_2(y-x)g-r$，　$g-w(y-x)+w_1=w_2(y-x)g+r$。

73. 公式 $w(w_1(x+y)+w_2q+w_3)-r=(x+y)q$，

$w(w_1(x+y)+w_2q+w_3)+r=(x+y)q$，　$w(w_1(y-x)+w_2g+w_3)-r=y-x)g$，

$w(w_1(y-x)+w_2g+w_3)+r=y-x)g$。

74. 公式 $w_1(x+y)+w_2q+w_3=w(x+y)q-r$，

$w_1(x+y)+w_2q+w_3=w(x+y)q+r$，　$w_1(y-x)+w_2g+w_3=w(y-x)g-r$，

$w_1(y-x)+w_2g+w_3=w(y-x)g+r$。

75. 公式 $w_2(w(x+y)-q-w_1)-r=(x+y)q$，

$$w_2(w(x+y)-q-w_1)+r=(x+y)q ,$$

$$w_2(w(y-x)-g-w_1)-r=(y-x)g , \quad w_2(w(y-x)-g-w_1)+r=(y-x)g 。$$

76. 公式 $w(x+y)-q-w_1=w_2(x+y)q-r$ ， $w(x+y)-q-w_1=w_2(x+y)q+r$ ，

$$w(y-x)-g-w_1=w_2(y-x)g-r , \quad w(y-x)-g-w_1=w_2(y-x)g+r 。$$

77. 公式 $w(w_1(x+y)+w_2q-w_3)-r=(x+y)q ,$

$$w(w_1(x+y)+w_2q-w_3)+r=(x+y)q , \quad w(w_1(y-x)+w_2g-w_3)-r=(y-x)g ,$$

$$w(w_1(y-x)+w_2g-w_3)+r=(y-x)g 。$$

78. 公式 $w_1(x+y)+w_2q-w_3=w(x+y)q-r ,$

$$w_1(x+y)+w_2q-w_3=w(x+y)q+r , \quad w_1(y-x)+w_2g-w_3=w(y-x)g-r ,$$

$$w_1(y-x)+w_2g-w_3=w(y-x)g+r 。$$

79. 公式 $w(w_1q-w_2(x+y)+w_3)-r=(x+y)q ,$

$$w(w_1q-w_2(x+y)+w_3)+r=(x+y)q , \quad w(w_1g-w_2(y-x)+w_3)-r=(y-x)g ,$$

$$w(w_1g-w_2(y-x)+w_3)+r=(y-x)g 。$$

80. 公式 $w_1q-w_2(x+y)+w_3=w(x+y)q-r ,$

$$w_1q-w_2(x+y)+w_3=w(x+y)q+r , \quad w_1g-w_2(y-x)+w_3=w(y-x)g-r ,$$

$$w_1g-w_2(y-x)+w_3=w(y-x)g+r 。$$

81. 公式 $(x+y)q=w(p+x+y+q)-r$ ， $(x+y)q=w(p+x+y+q)+r$ ，

$$(y-x)q=w(p+y-x+g)-r , \quad (y-x)q=w(p+y-x+g)+r 。$$

十七、关于《因子大组合与费马大定理的初等证明》

本书中原来有一章《因子大组合与费马大定理的初等证明》，因其篇幅特大，大到本书无法承受，故将其删除。今将该章所使用的公式开列如下。

x^p+y^p 有两个因子： $x+y$ 和 q ，于是我们有下列的两组不等式：

第一组， $(x+y)^q>(x+y)q$ ， $(x+y)^q>(x+y)+q$ ， $(x+y)^q>q-(x+y)$ ，

$(x+y)^q > (x+y)$，$(x+y)^q > q$，$(x+y)^q > xq$，$(x+y)^q > yq$，

$(x+y)^q > x^q$，$(x+y)^q > y^q$，$(x+y)^q > (y-x)$。

将以上不等式的右端分别记为：a，b，c，d，e，f，g，h，i，j。

第二组，$q^{x+y} > (x+y)q$，$q^{x+y} > (x+y)+q$，$q^{x+y} > q-(x+y)$，

$q^{x+y} > (x+y)$，$q^{x+y} > q$，$q^{x+y} > xq$，$q^{x+y} > yq$，$q^{x+y} > x^q$，$q^{x+y} > y^q$，

$q^{x+y} > (y-x)$。

将以上不等式的右端分别记为：a，b，c，d，e，f，g，h，i，j。

于是由第一组不等式可得公式：

$10(x+y)^q - r = a+b+c+d+e+f+g+h+i+j$，

于是由第二组不等式可得公式：

$10q^{x+y} - r = a+b+c+d+e+f+g+h+i+j$，

以上每一组公式皆可以给出大定理的两万五千余个证明。

此外，由 $y^p - x^p$ 的两个因子：$y-x$ 和 g 也可以得到类似的二十个公式，于是又有大定理的五千余个个证明。

十八、关于《不等式链与费马大定理的初等证明》

以下由不等式链得到的公式皆可作为证明大定理的载体，它们可以给出大定理的五千余个证明。

$$\frac{(x+y)q}{2} - r = \frac{2x^p y^p}{(x+y)q} \text{与} (x+y)q - r = \frac{2x^p y^p}{(x+y)q}，$$

$$\frac{(x+y)q}{2} - r = \frac{2xyq}{x+y} \text{与} (x+y)q - r = \frac{2xyq}{x+y}，$$

$$\frac{(x+y)q}{2} - r = \sqrt{(x+y)q} \text{与} (x+y)q - r = \sqrt{(x+y)q}，$$

$$\frac{(x+y)q}{2} - r = \sqrt[p]{(x+y)q} \text{与} (x+y)q - r = \sqrt[p]{(x+y)q}，$$

$$\sqrt{(x+y)q} - r = \frac{2x^p y^p}{(x+y)q} \text{与} (x+y)q - r = \frac{2x^p y^p}{(x+y)q}，$$

33

$$\sqrt{(x+y)q} - r = \frac{2xyq}{x+y} \text{ 与 } (x+y)q - r = \frac{2xyq}{x+y},$$

$$(x+y) + q - r = 2(x+y) \text{ 与 } (x+y) + q - r = x+y,$$

$$(x+y)q - r = \frac{q}{x+y} \text{ 与 } (x+y) + q - r = \frac{q}{x+y},$$

$$(x+y)q - r = \frac{x+y}{q} \text{ 与 } (x+y) + q - r = \frac{x+y}{q},$$

$$(x+y)q - r = (x+y) + q \text{ 与 } \frac{(x+y)q}{2} - r = (x+y) + q,$$

$$(x+y)q - r = q - (x+y) \text{ 与 } \frac{(x+y)q}{2} - r = q - (x+y),$$

$$(x+y) + q - r = \frac{q}{2} \text{ 与 } (x+y) + q - r = q, \text{ 如此等等。}$$

十九、关于一些简单的条件

本书中使用的公式，其证明都可以在书中找到。

本书中的一些公式是附带有约束条件的，例如条件：n 为奇数，$x \geq 2$，$p \geq 5$ 等等，我们在证明它们的时候给出了这些条件，而在使用它们时，就不再提及了，而对于一些一目了然的约束条件，我们在证明和使用它们时都没有提及，又在同一个证明的几个式子中，都给出了一个 z^p 或 z^n，然而它们并不相同等等，这些问题请读者特别注意。

二十、关于大定理的应用

熟知公式 $x^p + y^p = (x+y)q$，因此 $x+y$，q 是 $x^p + y^p$ 的两个因子，事实上随着 x、y、p 的取值变化，q 更是变化多端，让人眼花缭乱，难以捉摸，例如 $2^3 + 3^3 = 5 \times 7$，

于是 $q = 7 = \frac{35}{5} = 2^2 + 3^2 - 2 \times 3 \times 1 = 3^2 - 2^2 + 2 \times 1 = 1 + 2 \times 3 = -1 + 2 \times 4 = 3^2 - 2 \times 1$

$= 2^2 + 3 \times 1 = 35 - 28 = 5 + 2 = \cdots$，

我们称其为费马因子 q 的数字特征，令我们感兴趣的是数字特征在信息加密、数字签名、有第三方见证的电子商务系统设计等等方面都有重要的应用，作者将在《费马因子的数字特征在信息技术中的应用》一书中介绍。有兴趣的读者可参考文献[26]，文献[34]，文献[35]等。

二十一、关于证明大定理的其它载体

证明大定理的载体还有很多，读者可参考文献[28]、文献[29]、文献[30]、文献[31]等。

目 录

第一章 公式 $x^p + y^p = (x+y)q$ 与费马大定理的初等证明 ‖ 1

第二章 公式 $y^p - x^p = (y-x)g$ 与费马大定理的初等证明 ‖ 18

第三章 漏孔与费马大定理的证明 ‖ 33

第四章 平方差与费马大定理的证明 ‖ 42

第五章 又平方差与费马大定理的证明 ‖ 45

第六章 再平方差与费马大定理的证明 ‖ 46

第七章 首位数与费马大定理的证明 ‖ 48

第八章 尾数与费马大定理的证明 ‖ 50

第九章 "同步"与费马大定理的证明 ‖ 51

第十章 又"同步"与费马大定理的证明 ‖ 53

第十一章 再"同步"与费马大定理的证明 ‖ 54

第十二章 "升值"、"升幂"与费马大定理的证明 ‖ 55

第十三章 "平方情"与费马大定理的证明 ‖ 58

第十四章 "显见"与费马大定理的证明（一） ‖ 60

第十五章 "显见"与费马大定理的证明（二） ‖ 61

第十六章 "显见"、"隐见"与费马大定理的证明（一） ‖ 61

第十七章 "显见"、"隐见"与费马大定理的证明（二） ‖ 63

第十八章 "显见"与费马大定理的证明 ‖ 63

第十九章 "显见"、"隐见"与费马大定理的证明 ‖ 64

第二十章 费马大定理的两种情况与费马大定理的证明 ‖ 65

第二十一章 q 一式与费马大定理的证明 ‖ 67

第二十二章 q 二式与费马大定理的证明 ‖ 72

第二十三章 z^p 的数学模型与费马大定理的证明 ‖ 77

第二十四章 z^p 的数学模型与费马大定理的证明 ‖ 78

第二十五章 z^p 的数学模型与费马大定理的证明 ‖ 79

第二十六章 z^p 的数学模型与费马大定理的证明 ‖ 80

第二十七章 z^p 的数学模型与费马大定理的证明   ∥   82

第二十八章 本原形、相似形与费马大定理的证明   ∥   84

第二十九章 又本原形、相似形与费马大定理的证明   ∥   85

第三十章 $2q$ 与费马大定理的证明   ∥   86

第三十一章 因子 p^r 与费马大定理的证明   ∥   87

第三十二章 二项式定理与费马大定理的证明   ∥   89

第三十三章 2、p 与费马大定理的证明   ∥   91

第三十四章 配方与费马大定理的证明   ∥   93

第三十五章 一个一目了然的恒等式与费马大定理的证明   ∥   95

第三十六章 "为什么"与费马大定理的初等证明   ∥   97

第三十七章 费马大定理的自我证明   ∥   100

第三十八章 费马小定理与费马大定理的证明   ∥   102

第三十九章 杨辉三角与费马大定理的证明   ∥   104

第四十章 q_{n+2}、q_n 与费马大定理的初等证明   ∥   123

第四十一章 q_n、q_{n+2} 与费马大定理的初等证明   ∥   125

第四十二章 T 演段图 (A) 与费马大定理的证明   ∥   126

第四十三章 T 演段图 (B) 与费马大定理的证明   ∥   135

第四十四章 演段与费马大定理的初等证明   ∥   136

第四十五章 又演段与费马大定理的初等证明   ∥   176

第四十六章 再演段与费马大定理的证明   ∥   206

第四十七章 奇数和约束与费马大定理的证明   ∥   215

第四十八章 $(z^{p-1} - z + 1) > 1$ 与费马大定理的初等证明   ∥   217

第四十九章 z^p 的拆分与费马大定理的初等证明   ∥   218

第五十章 因子与费马大定理的证明   ∥   219

第五十一章 z^p 的重组与费马大定理的初等证明   ∥   220

第五十二章 矢量与费马大定理的初等证明   ∥   221

第五十三章　直线方程与费马大定理的初等证明 ‖ 222

第五十四章　圆方程与费马大定理的初等证明 ‖ 224

第五十五章　椭圆与费马大定理的初等证明 ‖ 227

第五十六章　$p=1$、无穷递降法与费马大定理的证明 ‖ 229

第五十七章　$q=1$、无穷递降法与费马大定理的证明 ‖ 244

第五十八章　直角三角形与费马大定理的初等证明 ‖ 258

第五十九章　两个公式与费马大定理的初等证明 ‖ 276

第六十章　项数与费马大定理的证明 ‖ 278

第六十一章　中值与费马大定理的初等证明 ‖ 280

第六十二章　最大公约数与费马大定理的初等证明 ‖ 284

第六十三章　最小公倍数与费马大定理的初等证明 ‖ 285

第六十四章　演段图的拆叠与费马大定理的初等证明 ‖ 286

第六十五章　长方体的的拆叠与费马大定理的初等证明 ‖ 289

第六十六章　线段的拆叠与费马大定理的初等证明 ‖ 292

第六十七章　拆项与费马大定理的初等证明 ‖ 295

第六十八章　因子与费马大定理的证明 ‖ 297

第六十九章　拆中值与费马大定理的初等证明 ‖ 298

第七十章　类三角数与费马大定理的初等证明 ‖ 302

第七十一章　又类三角数与费马大定理的初等证明 ‖ 304

第七十二章　"覆盖"与费马大定理的证明 ‖ 305

第七十三章　又"覆盖"与费马大定理的证明 ‖ 306

第七十四章　"割补"与费马大定理的证明 ‖ 307

第七十五章　又"割补"与费马大定理的证明 ‖ 309

第七十六章　再"割补"与费马大定理的证明 ‖ 310

第七十七章　类小定理一与费马大定理的初等证明 ‖ 316

第七十八章　$1+2t$ 与费马大定理的初等证明 ‖ 332

第七十九章　开关运算器与费马大定理的初等证明 ‖ 341

第八十章　交集与费马大定理的初等证明 ‖ 342

第八十一章　F 恒等式与费马大定理的初等证明 ‖ 345

第八十二章　排列与费马大定理的初等证明　‖　348

第八十三章　复数与费马大定理的初等证明　‖　350

第八十四章　二阶矩阵与费马大定理的初等证明　‖　352

第八十五章　二阶行列式与费马大定理的初等证明　‖　355

第八十六章　对数与费马大定理的初等证明　‖　358

第八十七章　阶乘与费马大定理的初等证明　‖　362

第八十八章　$4p$ 式与费马大定理的初等证明　‖　364

第八十九章　特征幂与费马大定理的证明　‖　366

第九十章　特征值 $J(x^n)$ 及 $JJ(x^n)$ 与费马大定理的初等证明　‖　368

第九十一章　特征平方差与费马大定理的初等证明　‖　369

第九十二章　特征平方和与费马大定理的初等证明　‖　371

第九十三章　前特征数 $SQ(x^n)$、后特征数 $SH(x^n)$ 与费马大定理的初等证明　‖　372

第九十四章　不等式与费马大定理的初等证明　‖　373

第九十五章　分拆约束与费马大定理的初等证明　‖　374

第九十六章　又分拆约束与费马大定理的初等证明　‖　379

第九十七章　$6pt$ 式与费马大定理的初等证明　‖　380

第九十八章　穷举与费马大定理的初等证明　‖　415

第九十九章　q 的升值与费马大定理的初等证明　‖　417

第一百章　其它问题　‖　419

第一百零一章　游戏与费马大定理的初等证明　‖　458

第一章 公式 $x^p + y^p = (x+y)q$ 与费马大定理的初等证明

公式 $x^p + y^p = (x+y)q$、T 法则与费马大定理的第一个证明

一、大定理的证明

考察公式 $x^p + y^p = (x+y) \times q$，由 T 法则知 $y < z < x + y$

于是 $x^p + y^p > z \times q$，由此立知 $x^p + y^p = z^p$ 无解，证毕。

二、一个例子

$27^3 + 59^3 = 225062 = 86 \times 2617$，又 $59 < z_i = 60$，62，$\cdots$，$84 < 86$，

于是 $27^3 + 59^3 = 225062 > (84 \times 2617 = 219828)$

注意，84 是符合 T 法则中的最大者。

公式 $x^p + y^p = (x+y)q$、T 法则、X 约束与费马大定理的第二个证明

考察公式 $x^p + y^p = (x+y) \times q$，X 约束要求 $z = x + y$，然此明显与 T 法则相悖，由 T

法则知 $z < x + y$，于是 $x^p + y^p > z \times q$，于是 $x^p + y^p = z^p$ 只能无解，证毕。

公式 $x^p + y^p = (x+y)q$、q 规则与费马大定理的第三个证明

一、大定理的证明

考察公式 $x^p + y^p = (x+y) \times q$，由 q 规则知 $q < z^{p-1}$，

于是 $x^p + y^p < (x+y) \times z^{p-1}$，由此立知 $x^p + y^p = z^p$ 无解，证毕。

二、一个例子

$27^5 + 59^5 = 729273206 = 86 \times 8479921$

又 $59^5 < 27^5 + 59^5 < 86^5$，于是 $59 < z_i = 60$，62，$\cdots 84 < 86$

故 $27^5 + 59^5 = 729273206 = 86 \times 8479921 < (86 \times 60^4 = 1114560000)$，

注意，60 是符合 q 规则中的最小者。

公式 $x^p + y^p = (x+y)q$、q 规则、X 约束与费马大定理的第四个证明

考察公式 $x^p + y^p = (x+y) \times q$，X 约束要求 $q = z^{p-1}$，然此明显与 q 规则相悖，由 q

规则知 $q < z^{p-1}$，于是 $x^p + y^p < (x+y)z^{p-1}$，由此立知 $x^p + y^p = z^p$ 只能无解，证毕。

公式 $x^p + y^p = (x+y)q$、T法则、q 规则与费马大定理的第五个证明

考察公式 $x^p + y^p = (x+y) \times q$，由 T 法则知 $z < x+y$，由 q 规则知 $q < z^{p-1}$，

于是 $x^p + y^p \neq z \times z^{p-1}$，由此立知 $x^p + y^p = z^p$ 无解，证毕。

公式 $x^p + y^p = (x+y)q$、T法则、q 规则、X 约束与费马大定理的第六个证明

考察公式 $x^p + y^p = (x+y) \times q$，X 约束要求 $z = x+y$ 及 $q = z^{p-1}$ 然此明显与 T 法则和

q 规则相悖，由 T 法则知 $z < x+y$，由 q 规则知 $q < z^{p-1}$，于是 $x^p + y^p \neq z \times z^{p-1}$，

由此立知 $x^p + y^p = z^p$ 无解，证毕。

公式 $x^p + y^p = (x+y)q$、无穷递降法与费马大定理的第七个证明

考察公式 $x^p + y^p = (x+y) \times q$，当 $p=1$，$x = x_0$ 时有 $q=1$，

于是可得 $x_0^{\ 1} + y^1 = (x_0 + y)^1$，注意此时 p 已无法再降，由无穷下降法之注记二可知

$x_0^{\ 1} + y^1 = (x_0 + y)^1$，是不定方程 $x^p + y^p = z^p$ 当 $p=1$，$x = x_0$ 时之唯一解，证毕。

公式 $x^p + y^p = (x+y)q$、无穷递降法、X 约束与费马大定理的第八个证明

考察公式 $x^p + y^p = (x+y) \times q$，当 $p=1$，$x = x_0$ 时 $q=1$，

于是可得 $x_0^{\ 1} + y^1 = (x_0 + y)^1$，此事说明了：X 约束要求 $z = x+y$ 及 $q = z^{p-1}$，当 $p \geq 3$ 时，

X 约束无法得到满足，然当 $p=1$ 时，$q=1$，X 约束得到满足。注意此时 p 已无法再降，

由无穷下降法之注记二可知 $x_0^{\ 1} + y^1 = (x_0 + y)^1$ 是不定方程 $x^p + y^p = z^p$ 当 $p=1$，

$x = x_0$ 时之唯一解，证毕。

公式 $x^p + y^p = (x+y)q$、无穷递降法与费马大定理的第九个证明

考察公式 $x^p + y^p = (x+y) \times q$，当 $p=1$，$y = y_0$ 时有 $q=1$，

于是可得 $x^1 + y_0^{\ 1} = (x + y_0)^1$，注意此时 p 已无法再降，由无穷下降法之注记二可知

$x^1 + y_0^{\ 1} = (x + y_0)^1$，是不定方程 $x^p + y^p = z^p$ 当 $p=1$，$y = y_0$ 时之唯一解，证毕。

公式 $x^p + y^p = (x+y)q$、无穷递降法、X 约束与费马大定理的第十个证明

考察公式 $x^p + y^p = (x+y) \times q$，当 $p=1$，$y=y_0$ 时必有 $q=1$，

于是可得 $x^1 + y_0^{\,1} = (x+y_0)^1$，此事说明了：X 约束要求 $z=x+y$ 及 $q=z^{p-1}$，当 $p \geq 3$ 时，

X 约束无法得到满足，然当 $p=1$ 时，$q=1$，X 约束得到满足。注意此时 p 已无法再降，

由无穷下降法之注记二可知 $x^1 + y_0^{\,1} = (x+y_0)^1$ 是不定方程 $x^p + y^p = z^p$ 当 $p=1$，

$y=y_0$ 时之唯一解，证毕。

公式 $x^p + y^p = (x+y)q$、无穷递降法与费马大定理的第十一个证明

考察公式 $x^p + y^p = (x+y) \times q$，当 $p=1$ 时有 $q=1$，即 $x^1 + y^1 = (x+y)^1$

注意此时 p 已无法再降，由无穷下降法之注记二可知 $x^1 + y^1 = (x+y)^1$，

是不定方程 $x^p + y^p = z^p$ 之唯一解，证毕。

公式 $x^p + y^p = (x+y)q$、无穷递降法、X 约束与费马大定理的第十二个证明

一、大定理的证明

考察公式 $x^p + y^p = (x+y) \times q$，当 $p=1$ 时有 $q=1$，即 $x^1 + y^1 = (x+y)^1$，

X 约束要求 $z=x+y$ 及 $q=z^{p-1}$，当 $p \geq 3$ 时，X 约束无法得到满足，然当 $p=1$ 时，$q=1$，

X 约束得到满足。注意此时 p 已无法再降，由无穷下降法之注记二可知 $x^1 + y^1 = (x+y)^1$，

是不定方程 $x^p + y^p = z^p$ 之唯一解，证毕。

二、一个充分而深刻的佐证

当 $p \geq 3$ 时，X 约束无法得到满足，当 $p=1$ 时，$q=1$，X 约束得到满足的基本事实，充分佐证了本书有关无穷下降法的三个注记的正确性。

公式 $x^p + y^p = (x+y)q$、无穷递降法与费马大定理的第十三个证明

考察公式 $x^p + y^p = (x+y) \times q$，当 $q=1$，$x=x_0$ 时 $p=1$，

于是可得 $x_0^{\,1} + y^1 = (x_0+y)^1$，注意此时 q 已无法再降，由无穷下降法之注记二可知

$x_0^{\,1} + y^1 = (x_0+y)^1$，是不定方程 $x^p + y^p = z^p$ 当 $q=1$，$x=x_0$ 时之唯一解，证毕。

公式 $x^p + y^p = (x+y)q$、无穷递降法、X 约束与费马大定理的第十四个证明

考察公式 $x^p + y^p = (x+y) \times q$，当 $q=1$，$x = x_0$ 时 $p=1$，

于是可得 $x_0^1 + y^1 = (x_0 + y)^1$，此事说明了：X 约束要求 $z = x+y$ 及 $q = z^{p-1}$，当 $p \geq 3$ 时，

X 约束无法得到满足，然当 $q=1$ 时，$p=1$，X 约束得到满足。注意此时 q 已无法再降，

由无穷下降法之注记二可知 $x_0^1 + y^1 = (x_0 + y)^1$ 是不定方程 $x^p + y^p = z^p$ 当 $q=1$，

$x = x_0$ 时之唯一解，证毕。

公式 $x^p + y^p = (x+y)q$、无穷递降法与费马大定理的第十五个证明

考察公式 $x^p + y^p = (x+y) \times q$，当 $q=1$，$y = y_0$ 时有 $p=1$，

于是可得 $x^1 + y_0^1 = (x + y_0)^1$，注意此时 q 已无法再降，由无穷下降法之注记二可知

$x^1 + y_0^1 = (x + y_0)^1$，是不定方程 $x^p + y^p = z^p$ 当 $q=1$，$y = y_0$ 时之唯一解，证毕。

公式 $x^p + y^p = (x+y)q$、无穷递降法、X 约束与费马大定理的第十六个证明

考察公式 $x^p + y^p = (x+y) \times q$，当 $q=1$，$y = y_0$ 时必有 $p=1$，

于是可得 $x^1 + y_0^1 = (x + y_0)^1$，此事说明了：X 约束要求 $z = x+y$ 及 $q = z^{p-1}$，当 $p \geq 3$ 时，

X 约束无法得到满足，然当 $q=1$ 时，$p=1$，X 约束得到满足。注意此时 q 已无法再降，

由无穷下降法之注记二可知 $x^1 + y_0^1 = (x + y_0)^1$ 是不定方程 $x^p + y^p = z^p$

当 $q=1$，$y = y_0$ 时之唯一解，证毕。

公式 $x^p + y^p = (x+y)q$、无穷递降法与费马大定理的第十七个证明

考察公式 $x^p + y^p = (x+y) \times q$，当 $q=1$ 时，$p=1$，即 $x^1 + y^1 = (x + y)^1$

注意此时 q 已无法再降，由无穷下降法之注记二可知 $x^1 + y^1 = (x + y)^1$，

是不定方程 $x^p + y^p = z^p$ 当 $q=1$ 时之唯一解，证毕。

公式 $x^p + y^p = (x+y)q$、无穷递降法、X 约束与费马大定理的第十八个证明

一、大定理的证明

考察公式 $x^p + y^p = (x+y) \times q$，当 $q=1$ 时有 $p=1$，即 $x^1 + y^1 = (x+y)^1$，

X 约束要求 $z = x+y$ 及 $q = z^{p-1}$，当 $p \geq 3$ 时，X 约束无法得到满足，当 $q=1$ 时 $p=1$，

X 约束得到满足。注意此时 q 已无法再降，由无穷下降法之注记二可知 $x^1 + y^1 = (x+y)^1$，

是不定方程 $x^p + y^p = z^p$ 当 $q=1$ 时之唯一解，证毕。

二、一个充分而深刻的佐证

当 $p \geq 3$ 时，X 约束无法得到满足，当 $q=1$ 时， $p=1$，X 约束得到满足的基本事实，

充分佐证了本书有关无穷下降法的三个注记的正确性。

公式 $x^p + y^p = (x+y)q$、无穷递降法与费马大定理的第十九个证明

考察公式 $x_0^p + y^p = (x_0 + y)q$，当 $p=q=1$ 时立得 $x_0^1 + y^1 = (x_0 + y)^1$，

注意此时 p 与 q 皆已无法再降，由无穷下降法之注记二可知 $x_0^1 + y^1 = (x_0 + y)^1$，是不定

方程 $x^p + y^p = z^p$ 当 $p=q=1$ 时之唯一解，证毕。

公式 $x^p + y^p = (x+y)q$、无穷递降法、X 约束与费马大定理的第二十个证明

考察公式 $x_0^p + y^p = (x_0 + y)q$，当 $p=q=1$ 时立得 $x_0^1 + y^1 = (x_0 + y)^1$，

此事说明了：X 约束要求 $z = x+y$ 及 $q = z^{p-1}$，当 $p \geq 3$ 时，X 约束无法满足，然当 $p=q=1$

时，X 约束得到满足。注意此时 p 与 q 皆已无法再降，由无穷下降法之注记二可知

$x_0^1 + y^1 = (x_0 + y)^1$ 是不定方程 $x^p + y^p = z^p$ 当 $p=q=1$ 时之唯一解，证毕。

公式 $x^p + y^p = (x+y)q$、无穷递降法与费马大定理的第二十一个证明

考察公式 $x^p + y_0^p = (x + y_0)q$，当 $p=q=1$ 时立得 $x^1 + y_0^1 = (x + y_0)^1$，

注意此时 p 与 q 皆已无法再降，由无穷下降法之注记二可知 $x^1 + y_0^1 = (x + y_0)^1$，是不定

方程 $x^p + y^p = z^p$ 当 $p=q=1$ 时之唯一解，证毕。

公式 $x^p + y^p = (x+y)q$、无穷递降法、X 约束与费马大定理的第二十二个证明

考察公式 $x^p + y_0^p = (x + y_0)q$，当 $p=q=1$，立得 $x^1 + y_0^1 = (x + y_0)^1$，

此事说明了:X 约束要求 $z = x + y$ 及 $q = z^{p-1}$,当 $p \geq 3$ 时,X 约束无法满足,然当 $p = q = 1$ 时,X 约束得到满足。注意此时 p 与 q 皆已无法再降,由无穷下降法之注记二可知 $x^1 + y_0^{\ 1} = (x + y_0)^1$ 是不定方程 $x^p + y^p = z^p$ 当 $p = q = 1$ 时之唯一解,证毕。

公式 $x^p + y^p = (x + y)q$、无穷递降法与费马大定理的第二十三个证明

考察公式 $x^p + y^p = (x + y) \times q$,当 $p = q = 1$ 时,立得 $x^1 + y^1 = (x + y)^1$

注意此时 p 与 q 皆已无法再降,由无穷下降法之注记二可知 $x^1 + y^1 = (x + y)^1$,是不定方程 $x^p + y^p = z^p$ 当 $q = 1$ 时之唯一解,证毕。

公式 $x^p + y^p = (x + y)q$、无穷递降法、X 约束与费马大定理的第二十四个证明

一、大定理的证明

考察公式 $x^p + y^p = (x + y) \times q$,当 $p = q = 1$ 时立得 $x^1 + y^1 = (x + y)^1$,

X 约束要求 $z = x + y$ 及 $q = z^{p-1}$,当 $p \geq 3$ 时,X 约束无法得到满足,当 $p = q = 1$ 时,X 约束得到满足。注意此时 p 与 q 皆已无法再降,由无穷下降法之注记二可知 $x^1 + y^1 = (x + y)^1$,是不定方程 $x^p + y^p = z^p$ 当 $p = q = 1$ 时之唯一解,证毕。

二、一个充分而深刻的佐证

当 $p \geq 3$ 时,X 约束无法得到满足,当 $p = q = 1$ 时 X 约束得到满足的基本事实,充分佐证了本书有关无穷下降法的三个注记的正确性。

公式 $x^p + y^p = (x + y)q$、代数素式与费马大定理的第二十五个证明

一、大定理的证明

若 $x^p + y^p = z^p$ 可能成立,则代数式 $x^p + y^p$ 与代数式 z^p 应当有相同的性质,但此明显不可能。$x^p + y^p = (x + y) \times q$ 中,q 为一代数素式或伪代数素式,而 $z^p = z \times z^{p-1}$ 中 z^{p-1} 是一个非代数素式,由此可知 $x^p + y^p = z^p$ 无解,证毕。

二、玄机所在

以上证明,实际上揭露了一个 $x^p + y^p = z^p$ 无解的又一个玄机:

第一 $x^p + y^p = (x + y) \times q$ 中,q 是一个代数素式或伪代数素式;

第二 $z^p = z \times z^{p-1}$ 中 z^{p-1} 是一个非代数素式式。

代数素式与非代数素式不可能相等，其结果就只能是 $x^p + y^p = z^p$ 无解。

公式 $x^p + y^p = (x+y)q$、代数素式、X 约束与费马大定理的第二十六个证明

若 $x^p + y^p = z^p$ 可能成立，则代数式 $x^p + y^p$ 与代数式 z^p 应当有相同的性质，即 X 约束得到满足，然此不可能。$x^p + y^p = (x+y) \times q$ 中，q 为一代数素式或伪代数素式，而 $z^p = z \times z^{p-1}$ 中 z^{p-1} 是一个非代数素式，由此 $x^p + y^p = z^p$ 只能无解，证毕。

公式 $x^p + y^p = (x+y)q$、无理式与费马大定理的第二十七个证明

若 $x^p + y^p = z^p$ 可能成立，则代数式 $x^p + y^p$ 与代数式 z^p 应当有相同的性质，但此明显不可能。$x^p + y^p = (x+y) \times q$ 中，q 为一代数素式或伪代数素式，因此 $\sqrt[p]{(x+y)q}$ 是一个无理式，而 $\sqrt[p]{z^p}$ 是一个整式，由此可知 $x^p + y^p = z^p$ 无解，证毕。

公式 $x^p + y^p = (x+y)q$、无理式、X 约束与费马大定理的第二十八个证明

若 $x^p + y^p = z^p$ 可能成立，则代数式 $x^p + y^p$ 与代数式 z^p 应当有相同的性质，即 X 约束得到满足，但此明显不可能。$x^p + y^p = (x+y) \times q$ 中，q 为一代数素式或伪代数素式，因此 $\sqrt[p]{(x+y)q}$ 是一个无理式，而 $\sqrt[p]{z^p}$ 是一个整式，由此可知 $x^p + y^p = z^p$ 无解，证毕。

公式 $x^p + y^p = (x+y)q$、无理式与费马大定理的第二十九个证明

若 $x^p + y^p = z^p$ 可能成立，则代数式 $x^p + y^p$ 与代数式 z^p 应当有相同的性质，但此明显不可能。$x^p + y^p = (x+y) \times q$ 中，q 为一代数素式或伪代数素式，因此 $\sqrt[p-1]{q}$ 是一个无理式，而 $z^p = zz^{p-1}$ 中 $\sqrt[p-1]{z^{p-1}}$ 是一个整式，由此可知 $x^p + y^p = z^p$ 无解，证毕。

公式 $x^p + y^p = (x+y)q$、无理式、X 约束与费马大定理的第三十个证明

若 $x^p + y^p = z^p$ 可能成立，则代数式 $x^p + y^p$ 与代数式 z^p 应当有相同的性质，即 X 约束得到满足，但此明显不可能。$x^p + y^p = (x+y) \times q$ 中，q 为一代数素式或伪代数素式，因此 $\sqrt[p-1]{q}$ 是一个无理式，而 $z^p = zz^{p-1}$ 中 $\sqrt[p-1]{z^{p-1}}$ 是一个整式，

由此可知 $x^p + y^p = z^p$ 无解，证毕。

公式 $x^p + y^p = (x+y)q$、长方体、T 法则与费马大定理的第三十一个证明

从三维空间感知等式 $x^p + y^p = (x+y) \times q$ 可知

$$(x+y)q = \boxed{} \qquad （图 A）$$

上式右端长方体的底面积为 $(x+y)q$ 而高为 1。由 T 法则知 $y < z < x+y$，于是 $zq \neq$ 图 A，

由此立知 $x^p + y^p = z^p$ 无解，证毕。

公式 $x^p + y^p = (x+y)q$、长方体、T 法则、X 约束与费马大定理的第三十二个证明

从三维空间感知等式 $x^p + y^p = (x+y) \times q$ 可知

$$(x+y)q = \boxed{} \qquad （图 A）$$

上式右端长方体的底面积 $(x+y)q$ 而高为 1。X 约束要求 $z = x+y$，此不可能。由 T 法则知

$y < z < x+y$，于是 $zq \neq$ 图 A，由此立知 $x^p + y^p = z^p$ 无解,证毕。

公式 $x^p + y^p = (x+y)q$、长方体、q 规则与费马大定理的第三十三个证明

从三维空间感知等式 $x^p + y^p = (x+y) \times q$ 可知

$$(x+y)q = \boxed{} \qquad （图 A）$$

上式右端长方体的底面积为 $(x+y)q$ 而高为 1。由 q 规则知 $q < z^{p-1}$，

于是 $(x+y)z^{p-1} \neq$ 图 A，由此立知 $x^p + y^p = z^p$ 无解,证毕。

公式 $x^p + y^p = (x+y)q$、长方体、q 规则、X 约束与费马大定理的第三十四个证明

从三维空间感知等式 $x^p + y^p = (x+y) \times q$ 可知

$$(x+y)q = \boxed{} \qquad （图 A）$$

上式右端长方体的底面积为 $(x+y)q$ 而高为 1。X 约束要求 $q = z^{p-1}$，然此明显与 q 规

则相悖，由 q 规则知 $q < z^{p-1}$，于是 $(x+y)z^{p-1} \neq$ 图 A，

由此立知 $x^p + y^p = z^p$ 无解，证毕。

公式 $x^p + y^p = (x+y)q$、长方体、T 法则、q 规则与费马大定理的第三十五个证明

从三维空间感知等式 $x^p + y^p = (x+y)\times q$ 可知

$(x+y)q = $ ┌─────────────────────────────┐ （图 A）

上式右端长方体的底面积为 $(x+y)q$ 而高为 1。由 T 法则知 $z < x+y$，由 q 规则知 $q < z^{p-1}$，于是 $zz^{p-1} \neq$ 图 A，由此立知 $x^p + y^p = z^p$ 无解,证毕。

公式 $x^p + y^p = (x+y)q$、长方体、T 法则、q 规则、X 约束与大定理的第三十六个证明

从三维空间感知等式 $x^p + y^p = (x+y)\times q$ 可知

$(x+y)q = $ ┌─────────────────────────────┐ （图 A）

上式右端长方体的底面积为 $(x+y)q$ 而高为 1。X 约束要求 $z = x+y$ 及 $q = z^{p-1}$，然此明显与 T 法则和 q 规则相悖，由 T 法则知 $z < x+y$，由 q 规则知 $q < z^{p-1}$，于是 $zz^{p-1} \neq$ 图 A，由此立知 $x^p + y^p = z^p$ 无解,证毕。

公式 $x^p + y^p = (x+y)q$、演段、T 法则与费马大定理的第三十七个证明

从二维空间感知等式 $x^p + y^p = (x+y)\times q$ 可知

$(x+y)q = $ ┌─────────────────────────────┐ （图 A）

上式右端长方形的长为 $(x+y)q$ 而宽为 1,由 T 法则知 $y < z < x+y$。于是 $zq \neq$ 图 A，由此.立知 $x^p + y^p = z^p$ 无解,证毕。

公式 $x^p + y^p = (x+y)q$、演段、T 法则、X 约束与费马大定理的第三十八个证明

从二维空间感知等式 $x^p + y^p = (x+y)\times q$ 可知

$(x+y)q = $ ┌─────────────────────────────┐ （图 A）

上式右端长方形的长为 $(x+y)q$ 而宽为 1。X 约束要求 $z = x+y$，此不可能。由 T 法则知 $y < z < x+y$，于是 $zq \neq$ 图 A，由此.立知 $x^p + y^p = z^p$ 无解,证毕。

公式 $x^p + y^p = (x+y)q$、演段、q 规则与费马大定理的第三十九个证明

从二维空间感知等式 $x^p + y^p = (x+y) \times q$ 可知

$(x+y)q =$ ┌────────────────────────┐（图 A）

上式右端长方形的长为 $(x+y)q$ 而宽为 1。由 q 规则知 $q < z^{p-1}$，于是 $(x+y)z^{p-1} \neq$ 图 A，由此.立知 $x^p + y^p = z^p$ 无解，证毕。

公式 $x^p + y^p = (x+y)q$、演段、q 规则、X 约束与费马大定理的第四十个证明

从二维空间感知等式 $x^p + y^p = (x+y) \times q$ 可知

$(x+y)q =$ ┌────────────────────────┐（图 A）

上式右端长方形的长为 $(x+y)q$ 而宽为 1。X 约束要求 $q < z^{p-1}$，此不可能。由 q 规则知 $q < z^{p-1}$，于是 $(x+y)z^{p-1} \neq$ 图 A，由此.立知 $x^p + y^p = z^p$ 无解，证毕。

公式 $x^p + y^p = (x+y)q$、演段、T 法则、q 规则与费马大定理的第四十一个证明

从二维空间感知等式 $x^p + y^p = (x+y) \times q$ 可知

$(x+y)q =$ ┌────────────────────────┐（图 A）

上式右端长方形的长为 $(x+y)q$ 而宽为 1。由 T 法则知 $z < x+y$，由 q 规则知 $q < z^{p-1}$，于是 $zz^{p-1} \neq$ 图 A，由此.立知 $x^p + y^p = z^p$ 无解,证毕。

公式 $x^p + y^p = (x+y)q$、演段、T 法则、q 规则、X 约束与费马大定理的第四十二个证明

从二维空间感知等式 $x^p + y^p = (x+y) \times q$ 可知

$(x+y)q =$ ┌────────────────────────┐（图 A）

上式右端长方形的长为 $(x+y)q$ 而宽为 1。X 约束要求 $z = x+y$ 及 $q = z^{p-1}$，然此明显与 T 法则和 q 规则相悖，由 T 法则知 $z < x+y$，由 q 规则知 $q < z^{p-1}$，于是 $zz^{p-1} \neq$ 图 A，由此.立知 $x^p + y^p = z^p$ 无解，证毕。

公式 $x^p + y^p = (x+y)q$、线段、T 法则与费马大定理的第四十三个证明

从一维空间感知等式 $x^p + y^p = (x+y)q$ 可知

$(x+y)q =$ —————————————————————（图 A）

上式右端线段的长度为 $(x+y)q$。由 T 法则知 $y < z < x+y$，于是 $zq \neq$ 图 A，

由此立知 $x^p + y^p = z^p$ 无解,证毕。

公式 $x^p + y^p = (x+y)q$、线段、T 法则、X 约束与费马大定理的第四十四个证明

从一维空间感知等式 $x^p + y^p = (x+y)q$ 可知

$(x+y)q =$ —————————————————————（图 A）

上式右端线段的长度为 $(x+y)q$。X 约束要求 $z = x+y$，此不可能,

由 T 法则知 $y < z < x+y$，于是 $zq \neq$ 图 A，由此立知 $x^p + y^p = z^p$ 无解,证毕。

公式 $x^p + y^p = (x+y)q$、线段、q 规则与费马大定理的第四十五个证明

从一维空间感知等式 $x^p + y^p = (x+y)q$ 可知

$(x+y)q =$ —————————————————————（图 A）

上式右端线段的长度为 $(x+y)q$。由 q 规则知 $q < z^{n-1}$，于是 $(x+y)z^{p-1} \neq$ 图 A，

由此立知 $x^p + y^p = z^p$ 无解,证毕。

公式 $x^p + y^p = (x+y)q$、线段、q 规则、X 约束与费马大定理的第四十六个证明

从一维空间感知等式 $x^p + y^p = (x+y)q$ 可知

$(x+y)q =$ —————————————————————（图 A）

上式右端线段的长度为 $(x+y)q$。X 约束要求 $q = z^{p-1}$，然此不可能。

由 q 规则知 $q < z^{p-1}$，于是 $(x+y)z^{p-1} \neq$ 图 A，由此立知 $x^p + y^p = z^p$ 无解,证毕。

公式 $x^p + y^p = (x+y)q$、线段、T 法则、q 规则与费马大定理的第四十七个证明

从一维空间感知等式 $x^p + y^p = (x+y)q$ 可知

$(x+y)q=$ ——————————————————————————————（图 A）

上式右端线段的长度为 $(x+y)q$。由 T 法则知 $z<x+y$，由 q 规则知 $q<z^{n-1}$，

于是 $zz^{p-1}\neq$ 图 A，由此立知 $x^{p}+y^{p}=z^{p}$ 无解,证毕。

公式 $x^{p}+y^{p}=(x+y)q$、线段、T 法则、q 规则、X 约束与费马大定理的第四十八个证明

从一维空间感知等式 $x^{p}+y^{p}=(x+y)q$ 可知

$(x+y)q=$ ——————————————————————————————（图 A）

上式右端线段的长度为 $(x+y)q$。X 约束要求 $z=x+y$ 及 $q=z^{p-1}$，然此明显与 T 法则和

q 规则相悖，由 T 法则知 $z<x+y$，由 q 规则知 $q<z^{p-1}$，于是 $zz^{p-1}\neq$ 图 A，

由此立知 $x^{p}+y^{p}=z^{p}$ 无解,证毕。

公式 $x^{p}+y^{p}=(x+y)q$、商与费马大定理的第四十九个证明

若 $x^{p}+y^{p}=z^{p}$ 可能成立，则代数式 $x^{p}+y^{p}$ 与代数式 z^{p} 应当有相同的性质，但此明

显不可能。考察 $x^{p}+y^{p}=(x+y)q$ 及 $x^{p}+y^{p}=z^{p}$，由 q 规则知 $q<z^{p-1}$，

于是 $\dfrac{q}{x+y}\neq\dfrac{z^{p-1}}{x+y}$，由此立知 $x^{p}+y^{p}=z^{p}$ 无解，证毕。

公式 $x^{p}+y^{p}=(x+y)q$、商、X 约束与费马大定理的第五十个证明

对于 $x^{p}+y^{p}=z^{p}$ 可能成立，X 约束要求 $q=z^{p-1}$，然此明显不可能，

考察 $x^{p}+y^{p}=(x+y)q$ 及 $x^{p}+y^{p}=z^{p}$，由 q 规则知 $q<z^{p-1}$，于是 $\dfrac{q}{x+y}\neq\dfrac{z^{p-1}}{x+y}$，

由此立知 $x^{p}+y^{p}=z^{p}$ 无解，证毕。

公式 $x^{p}+y^{p}=(x+y)q$、整除、r 与费马大定理的第五十一个证明

若 $x^{p}+y^{p}=z^{p}$ 可能成立，则代数式 $x^{p}+y^{p}$ 与代数式 z^{p} 应当有相同的性质，但此明

显不可能。考察 $x^{p}+y^{p}=(x+y)q$ 及 $x^{p}+y^{p}=z^{p}$，易知：存在一个 r

使 $q-r=0(\bmod x+y)(0<r<x+y)$，显然 $z^{p-1}-r\neq0(\bmod z)(0<r<x+y)$，

由此立知 $x^p + y^p = z^p$ 无解，证毕。

公式 $x^p + y^p = (x+y)q$、整除、r、X 约束与费马大定理的第五十二个证明

对于 $x^p + y^p = z^p$ 可能成立，X 约束要求 $q = z^{p-1}$，然此明显不可能，

考察 $x^p + y^p = (x+y)q$ 及 $x^p + y^p = z^p$，易知：存在一个 r

使 $q - r = 0 (\text{mod } x+y)(0 < r < x+y)$，显然 $z^{p-1} - r \neq 0 (\text{mod } z)(0 < r < x+y)$，

由此立知 $x^p + y^p = z^p$ 无解，证毕。

公式 $x^p + y^p = (x+y)q$、整除、r 与费马大定理的第五十三个证明

若 $x^p + y^p = z^p$ 可能成立，则代数式 $x^p + y^p$ 与代数式 z^p 应当有相同的性质，但此明显不可能。考察 $x^p + y^p = (x+y)q$ 及 $x^p + y^p = z^p$，易知：存在一个 r

使 $q + r = 0 (\text{mod } x+y)(0 < r < x+y)$，显然 $z^{p-1} + r \neq 0 (\text{mod } z)(0 < r < x+y)$，

由此立知 $x^p + y^p = z^p$ 无解，证毕。

公式 $x^p + y^p = (x+y)q$、整除、r、X 约束与费马大定理的第五十四个证明

对于 $x^p + y^p = z^p$ 可能成立，X 约束要求 $q = z^{p-1}$，然此明显不可能，

考察 $x^p + y^p = (x+y)q$ 及 $x^p + y^p = z^p$，易知存在一个 r：

使 $q + r = 0 (\text{mod } x+y)(0 < r < x+y)$，显然 $z^{p-1} + r \neq 0 (\text{mod } z)(0 < r < x+y)$，

由此立知 $x^p + y^p = z^p$ 无解，证毕。

公式 $x^p + y^p = (x+y)q$、q、T 法则、q 规则与费马大定理的第五十五个证明

由 $x^p + y^p = (x+y)q$ 可知 $q = \dfrac{x^p + y^p}{x+y}$，此说明 q 是和 $x^p + y^p$ 对于项数 $x+y$ 的

算术平均值；而 $z^{p-1} = \dfrac{z^p}{z}$，此说明 z^{p-1} 是和 z^p 对于项数 z 的算术平均值。两个算术平均值要相等，则必需：第一项数要相等；第二均值要相等。

由 T 法则知 $y < z < x+y$，由 q 规则知 $q < z^{p-1}$，由此立知 $x^p + y^p = z^p$ 无解，证毕。

公式 $x^p + y^p = (x+y)q$、q、T 法则、q 规则、X 约束与定理的第五十六个证明

对于算术平均值 $q = \dfrac{x^p + y^p}{x + y}$ 及 $z^{p-1} = \dfrac{z^p}{z}$，由 T 法则知 $y < z < x + y$，由 q 规则

知 $q < z^{p-1}$，此即是说 X 约束无法得到满足，由此立知 $x^p + y^p = z^p$ 无解，证毕。

公式 $x^p + y^p = (x+y)q$、算术平均值、T 法则与费马大定理的第五十七个证明

设 $d = \dfrac{x+y+q}{2}$，此说明 d 是和 $x+y$ 和 q 的算术平均值。由 T 法则知 $y < z < x + y$，

于是 $d \neq \dfrac{z+q}{2}$，由此立知 $x^p + y^p = z^p$ 只能无解，证毕。

公式 $x^p + y^p = (x+y)q$、算术平均值、T 法则、X 约束与费马大定理的第五十八个证明

对于算术平均值 $d = \dfrac{x+y+q}{2}$，X 约束要求 $z = x + y$，然此明显与 T 法则相悖，由 T

法则知 $y < z < x + y$，于是 $d \neq \dfrac{z+q}{2}$，由此立知 $x^p + y^p = z^p$ 只能无解，证毕。

公式 $x^p + y^p = (x+y)q$、算术平均值、q 规则与费马大定理的第五十九个证明

对于算术平均值 $d = \dfrac{x+y+q}{2}$，由 q 规则知 $q < z^{p-1}$，于是 $d \neq \dfrac{x+y+z^{p-1}}{2}$

由此立知 $x^p + y^p = z^p$ 无解，证毕。

公式 $x^p + y^p = (x+y)q$、算术平均值、q 规则、X 约束与费马大定理的第六十个证明

对于算术平均值 $d = \dfrac{x+y+q}{2}$，X 约束要求 $q = z^{p-1}$，然此明显与 q 规则相悖由 q 规

则知 $q < z^{p-1}$，于是 $d \neq \dfrac{x+y+z^{p-1}}{2}$，由此立知 $x^p + y^p = z^p$ 无解，证毕。

公式 $x^p + y^p = (x+y)q$、算术平均值、T 法则、q 规则与费马大定理的第六十一个证明

对于算术平均值 $d = \dfrac{x+y+q}{2}$，由 T 法则知 $y < z < x + y$，由 q 规则知 $q < z^{p-1}$，于

是 $d \neq \dfrac{z+z^{p-1}}{2}$，由此立知 $x^p + y^p = z^p$ 无解，证毕。

公式 $x^p + y^p = (x+y)q$、算术平均值、T 法则、q 规则、X 约束与定理的第六十二个证明

对于算术平均值 $d = \dfrac{x+y+q}{2}$，X 约束要求 $y < z < x + y$，$q = z^{p-1}$，然此明显与 T

14

法则及 q 规则相悖，由 T 法则知 $y < z < x + y$，由 q 规则知 $q < z^{p-1}$，于是 $d \neq \dfrac{z + z^{p-1}}{2}$，

由此立知 $x^p + y^p = z^p$ 无解，证毕。

公式 $z^p = zz^{p-1}$、算术平均值、T 法则与费马大定理的第六十三个证明

设 $d = \dfrac{z + z^{p-1}}{2}$，此说明 d 是和 z 和 z^{p-1} 的算术平均值。由 T 法则知 $y < z < x + y$，

于是 $d \neq \dfrac{x + y + z^{p-1}}{2}$，由此立知 $x^p + y^p = z^p$ 只能无解，证毕。

公式 $z^p = zz^{p-1}$、算术平均值、T 法则、X 约束与费马大定理的第六十四个证明

对于算术平均值 $d = \dfrac{z + z^{p-1}}{2}$，X 约束要求 $z = x + y$，然此明显与 T 法则相悖，由 T

法则知 $y < z < x + y$，于是 $d \neq \dfrac{x + y + z^{p-1}}{2}$，由此立知 $x^p + y^p = z^p$ 只能无解，证毕。

公式 $z^p = zz^{p-1}$、算术平均值、q 规则与费马大定理的第六十五个证明

对于算术平均值 $d = \dfrac{z + z^{p-1}}{2}$，由 q 规则知 $q < z^{p-1}$，于是 $d \neq \dfrac{z + q}{2}$

由此立知 $x^p + y^p = z^p$ 无解，证毕。

公式 $z^p = zz^{p-1}$、算术平均值、q 规则、X 约束与费马大定理的第六十六个证明

对于算术平均值 $d = \dfrac{z + z^{p-1}}{2}$，X 约束要求 $q = z^{p-1}$，然此明显与 q 规则相悖由 q 规则

知 $q < z^{p-1}$，于是 $d \neq \dfrac{z + q}{2}$，由此立知 $x^p + y^p = z^p$ 无解，证毕。

公式 $z^p = zz^{p-1}$、算术平均值、T 法则、q 规则与费马大定理的第六十七个证明

对于算术平均值 $d = \dfrac{z + z^{p-1}}{2}$，由 T 法则知 $y < z < x + y$，由 q 规则知 $q < z^{p-1}$，于是

$d \neq \dfrac{x + y + q}{2}$，由此立知 $x^p + y^p = z^p$ 无解，证毕。

公式$z^p = zz^{p-1}$、算术平均值、T 法则、q 规则、X 约束与定理的第六十八个证明

对于算术平均值$d = \dfrac{z + z^{p-1}}{2}$，X 约束要求$y < z < x + y$，$q = z^{p-1}$，然此明显与 T

法则及 q 规则相悖，由 T 法则知$y < z < x + y$，由 q 规则知$q < z^{p-1}$，于是$d \neq \dfrac{x + y + q}{2}$，

由此立知$x^p + y^p = z^p$无解，证毕。

公式$x^p + y^p = (x + y)q$、h、T 法则与费马大定理的第六十九证明

一. 调和平均值

记$\dfrac{1}{h} = \dfrac{1}{2}\left(\dfrac{1}{a} + \dfrac{1}{b}\right)$，即$h = \dfrac{2}{\dfrac{1}{a} + \dfrac{1}{b}} = \dfrac{2ab}{a + b}$，式中$h$称为$a,b$的调和平均值。

二. 大定理的证明

由$x^p + y^p = (x + y)q$，可得x^p和y^p的调和平均值为$h = \dfrac{2x^p y^p}{(x + y)q}$。

由 T 法则知$y < z < x + y$，于是$h \neq \dfrac{2x^p y^p}{zq}$，由此立知$x^p + y^p = z^p$无解，证毕。

公式$x^p + y^p = (x + y)q$、h、T 法则、X 约束与费马大定理的第七十个证明

对于$h = \dfrac{2x^p y^p}{(x + y)q}$，X 约束要求$z = x + y$，然此明显与 T 法则相悖，由 T 法则知

$y < z < x + y$，于是$h \neq \dfrac{2x^p y^p}{zq}$，由此立知$x^p + y^p = z^p$无解，证毕。

公式$x^p + y^p = (x + y)q$、h、q 规则与费马大定理的第七十一证明

对于$h = \dfrac{2x^p y^p}{(x + y)q}$，由 q 规则知$q < z^{p-1}$，于是$h \neq \dfrac{2x^p y^p}{(x + y)z^{p-1}}$，

由此立知$x^p + y^p = z^p$无解，证毕。

公式$x^p + y^p = (x + y)q$、h、q 规则、X 约束与费马大定理的第七十二证明

对于$h = \dfrac{2x^p y^p}{(x + y)q}$，X 约束要求$q = z^{p-1}$，然此明显与 q 规则相悖，

由 q 规则知 $q < z^{p-1}$ 于是 $h \neq \dfrac{2x^p y^p}{(x+y)z^{p-1}}$，由此立知 $x^p + y^p = z^p$ 无解，证毕。

公式 $x^p + y^p = (x+y)q$、h、T 法则、q 规则与费马大定理的第七十三证明

对于 $h = \dfrac{2x^p y^p}{(x+y)q}$，由 T 法则知 $y < z < x+y$，由 q 规则知 $q < z^{p-1}$，

于是 $h \neq \dfrac{2x^p y^p}{zz^{p-1}}$，由此立知 $x^p + y^p = z^p$ 无解，证毕。

公式 $x^p + y^p = (x+y)q$、h、T 法则、q 规则、X 约束与费马大定理的第七十四证明

对于 $h = \dfrac{2x^p y^p}{(x+y)q}$，X 约束要求 $z = x+y$ 及 $q = z^{p-1}$，然此明显与 T 法则和 q 规则悖，

由 T 法则知 $y < z < x+y$，由 q 规则知 $q < z^{p-1}$ 于是 $h \neq \dfrac{2x^p y^p}{zz^{p-1}}$，

由此立知 $x^p + y^p = z^p$ 无解，证毕。

公式 $x^p + y^p = (x+y)q$、调和平均值、T 法则与费马大定理的第七十五个证明

由 $(x+y)q = xq + yq$，可得 xq 和 yq 和的调和平均值为 $h = \dfrac{2xyq^2}{(x+y)q} = \dfrac{2xyq}{x+y}$，

由 T 法则知 $y < z < x+y$，于是 $h \neq \dfrac{2xyq}{z}$，由此立知 $x^p + y^p = z^p$ 无解，证毕。

公式 $x^p + y^p = (x+y)q$、调和平均值、T 法则、X 约束与费马大定理的第七十六个证明

对于 $h = \dfrac{2xyq}{x+y}$，X 约束要求 $z = x+y$ 然此明显与 T 法则相悖，由 T 法则

知 $y < z < x+y$，于是 $h \neq \dfrac{2xyq}{z}$，由此立知 $x^p + y^p = z^p$ 只能无解，证毕。

公式 $x^p + y^p = (x+y)q$、调和平均值、q 规则与费马大定理的第七十七个证明

对于 $h = \dfrac{2xyq}{x+y}$，由 q 规则知 $q < z^{p-1}$，于是 $h \neq \dfrac{2xyz^{p-1}}{x+y}$，

由此立知 $x^p + y^p = z^p$ 只能无解，证毕。

公式 $x^p + y^p = (x+y)q$、调和平均值、q 规则、X 约束与费马大定理的第七十八个证明

对于 $h = \dfrac{2xyq}{x+y}$，X 约束要求 $q = z^{p-1}$，然此明显与 q 规则相悖，由 q 规则知 $q < z^{p-1}$，

于是 $h \neq \dfrac{2xyz^{p-1}}{x+y}$，由此立知 $x^p + y^p = z^p$ 只能无解，证毕。

公式 $x^p + y^p = (x+y)q$、调和平均值、T 法则、q 规则与大定理的第七十九个证明

对于 $h = \dfrac{2xyq}{x+y}$，由 T 法则知 $y < z < x+y$，由 q 规则知 $q < z^{p-1}$，于是 $h \neq \dfrac{2xyz^{p-1}}{z}$，

由此立知 $x^p + y^p = z^p$ 无解，证毕。

公式 $x^p + y^p = (x+y)q$、调和平均值、T 法则、q 规则、X 约束与定理的第八十个证明

对于 $h = \dfrac{2xyq}{x+y}$，X 约束要求 $z = x+y$ 及 $q = z^{p-1}$，然此明显与 T 法则

和 q 规则相悖，由 T 法则知 $y < z < x+y$，由 q 规则知 $q < z^{p-1}$，于是 $h \neq \dfrac{2xyz^{p-1}}{z}$，

由此立知 $x^p + y^p = z^p$ 只能无解，证毕。

第二章 公式 $y^p - x^p = (y-x)g$ 与费马大定理的初等证明

公式 $y^p - x^p = (y-x)g$、H 法则与费马大定理的第一个证明

一、大定理的证明

熟知公式 $y^p - x^p = (y-x)g$，由 H 法则知 $y - x < z < y$，于是 $y^p - x^p \neq zg$，

由此立知 $y^p - x^p = z^p$ 无解，证毕。

二、一个例子

$14^3 - 11^3 = 1413 = 3 \times 471$，此时 $3 < z_i < 14$ 即 $z_i = 5$，7，$\cdots$，13，

于是 $14^3 - 11^3 = 1413 < 5 \times 471 = 2355$。

注意，5 是符合 H 法则中的最小者。

公式 $y^p - x^p = (y-x)g$、H 法则、X 约束与费马大定理的第二个证明

熟知公式 $y^p - x^p = (y-x)g$，X 约束要求 $y-x = z$，然此明显与 H 法则相悖，由 H 法则知 $y-x < z$，于是 $y^p - x^p < zg$，由此立知 $y^p - x^p = z^p$ 无解，证毕。

公式 $y^p - x^p = (y-x)g$、g 规则与费马大定理的第三个证明

一、大定理的证明

熟知公式 $y^p - x^p = (y-x)g$，由 g 规则知 $g > z^{p-1}$，于是 $y^p - x^p > (y-x)z^{p-1}$ 由此立知 $y^p - x^p = z^p$ 无解，证毕。

二、一个例子

$14^3 - 11^3 = 1413 = 3 \times 471$，此时 $z^{p-1}_i = \cdots$，465，467，469，

于是 $14^3 - 11^3 = 1413 > 3 \times 469 = 1407$。

注意，469 是符合 g 规则中的最大者。

公式 $y^p - x^p = (y-x)g$、g 规则、X 约束与费马大定理的第四个证明

熟知公式 $y^p - x^p = (y-x)g$，X 约束要求 $g = z^{p-1}$，然此明显与 g 规则相悖，由 g 规则知 $g > z^{p-1}$，于是 $y^p - x^p > (y-x)z^{p-1}$，由此立知 $y^p - x^p = z^p$ 无解，证毕。

公式 $y^p - x^p = (y-x)g$、H 法则、g 规则与费马大定理的第五个证明

熟知公式 $y^p - x^p = (y-x)g$，由 H 法则知 $y-x < z$，由 g 规则知 $g > z^{p-1}$，于是 $y^p - x^p \neq zz^{p-1}$，由此立知 $y^p - x^p = z^p$ 无解，证毕。

公式 $y^p - x^p = (y-x)g$、H 法则、g 规则、X 约束与费马大定理的第六个证明

熟知公式 $y^p - x^p = (y-x)g$，X 约束要求 $y-x = z$ 及 $g = z^{p-1}$，然此明显与 H 法则和 g 规则相悖，由 H 法则知 $y-x < z$，由 g 规则知 $g > z^{p-1}$，于是 $y^p - x^p \neq zz^{p-1}$，由此立知 $y^p - x^p = z^p$ 无解，证毕。

公式 $y^p - x^p = (y-x)g$、无穷递降法与费马大定理的第七个证明

考察公式 $y^p - x_0^{\ p} = (y-x_0)g$，当 $p = 1$，时有 $g = 1$，即 $y^1 - x_0^{\ 1} = (y-x_0)^1$，

注意此时 p 已无法再降，由无穷下降法之注记二可知 $y^1 - x_0^{\ 1} = (y - x_0)^1$ 是不定方程当 $y^p - x^p = z^p$ 当 $p = 1$ 时的唯一解，证毕。

公式 $y^p - x^p = (y-x)g$、无穷递降法、X 约束与费马大定理的第八个证明

考察公式 $y^p - x_0^{\ p} = (y - x_0)g$，当 $p = 1$ 时 $g = 1$，即 $y^1 - x_0^{\ 1} = (y - x_0)^1$，

X 约束要求 $z = x + y$ 及 $q = z^{p-1}$，当 $p \geq 3$ 时，X 约束无法得到满足，当 $p = 1$ 时 $g = 1$，X 约束得到满足。注意此时 p 已无法再降，由无穷下降法之注记二可知 $y^1 - x_0^{\ 1} = (y - x_0)^1$ 是不定方程当 $y^p - x_0^{\ p} = z^p$ 当 $p = 1$ 时的唯一解，证毕。

公式 $y^p - x^p = (y-x)g$、无穷递降法与费马大定理的第九个证明

考察公式 $y_0^{\ p} - x^p = (y - x)g$，当 $p = 1$ 时有 $g = 1$，即 $y_0^{\ 1} - x^1 = (y_0 - x)^1$，

注意此时 p 已无法再降，由无穷下降法之注记二可知 $y_0^{\ 1} - x^1 = (y_0 - x)^1$ 是不定方程 $y_0^{\ p} - x^p = z^p$ 当 $p = 1$ 时的唯一解，证毕。

公式 $y^p - x^p = (y-x)g$、无穷递降法、X 约束与费马大定理的第十个证明

考察公式 $y_0^{\ p} - x^p = (y - x)g$，当 $p = 1$ 时 $g = 1$，即 $y_0^{\ 1} - x^1 = (y_0 - x)^1$，

X 约束要求 $y_0 - x = z$ 及 $g = z^{p-1}$，当 $p \geq 3$ 时，X 约束无法得到满足，当 $p = 1$ 时 $g = 1$，X 约束得到满足。注意此时 p 已无法再降，由无穷下降法之注记二可知 $y_0^{\ 1} - x^1 = (y_0 - x)^1$ 是不定方程当 $y_0^{\ p} - x^p = z^p$ 当 $p = 1$ 时的唯一解，证毕。

公式 $y^p - x^p = (y-x)g$、无穷递降法与费马大定理的第十一个证明

考察公式 $y^p - x^p = (y - x)g$，当 $p = 1$ 时有 $g = 1$，即 $y^1 - x^1 = (y - x)^1$，

注意此时 p 已无法再降，由无穷下降法之注记二可知 $y^1 - x^1 = (y - x)^1$ 是不定方程 $y^p - x^p = z^p$ 当 $p = 1$ 时的唯一解，证毕。

公式 $y^p - x^p = (y-x)g$、无穷递降法、X 约束与费马大定理的第十二个证明

一、大定理的证明

考察公式 $y^p - x^p = (y-x)g$，当 $p=1$ 时有 $g=1$，即 $y^1 - x^1 = (y-x)^1$，

X 约束要求 $z = x+y$ 及 $q = z^{p-1}$，当 $p \geq 3$ 时，X 约束无法得到满足，然当 $p=1$ 时，$g=1$，

X 约束得到满足。注意此时 p 已无法再降，由无穷下降法之注记二可知 $y^1 - x^1 = (y-x)^1$ 是

不定方程 $y^p - x^p = z^p$ 当 $p=1$ 时的唯一解，证毕。

二、一个充分而深刻的佐证

当 $p \geq 3$ 时，X 约束无法得到满足，当 $p=1$ 时，$g=1$，X 约束得到满足的基本事实，

充分佐证了本书有关无穷下降法的三个注记的正确性。

公式 $y^p - x^p = (y-x)g$、无穷递降法与费马大定理的第十三个证明

考察公式 $y^p - x_0^p = (y-x_0)g$，当 $g=1$ 时 $p=1$，即 $y^1 - x_0^1 = (y-x_0)^1$，

注意此时 g 已无法再降，由无穷下降法之注记二可知 $y^1 - x_0^1 = (y-x_0)^1$ 是不定方程当

$y^p - x^p = z^p$ 当 $g=1$ 时的唯一解，证毕。

公式 $y^p - x^p = (y-x)g$、无穷递降法、X 约束与费马大定理的第十四个证明

考察公式 $y^p - x_0^p = (y-x_0)g$，当 $g=1$ 时 $p=1$，即 $y^1 - x_0^1 = (y-x_0)^1$，

X 约束要求 $z = x+y$ 及 $q = z^{p-1}$，当 $p \geq 3$ 时，X 约束无法得到满足，当 $p=1$ 时 $g=1$，

X 约束得到满足。注意此时 g 已无法再降，由无穷下降法之注记二可知 $y^1 - x_0^1 = (y-x_0)^1$

是不定方程当 $y^p - x_0^p = z^p$ 当 $g=1$ 时的唯一解，证毕。

公式 $y^p - x^p = (y-x)g$、无穷递降法与费马大定理的第十五个证明

考察公式 $y_0^p - x^p = (y-x)g$，当 $g=1$ 时 $p=1$，即 $y_0^1 - x^1 = (y_0-x)^1$，

注意此时 g 已无法再降，由无穷下降法之注记二可知 $y_0^1 - x^1 = (y_0-x)^1$ 是不定方程

$y_0^p - x^p = z^p$ 当 $g=1$ 时的唯一解，证毕。

公式 $y^p - x^p = (y-x)g$、无穷递降法、X 约束与费马大定理的第十六个证明

考察公式 $y_0{}^p - x^p = (y-x)g$，当 $g=1$ 时有 $p=1$，即 $y_0{}^1 - x^1 = (y_0 - x)^1$，

X 约束要求 $y_0 - x = z$ 及 $g = z^{p-1}$，当 $p \geq 3$ 时，X 约束无法得到满足，当 $p=1$ 时

$g=1$，X 约束得到满足。注意此时 g 已无法再降，由无穷下降法之注记二可知

$y_0{}^1 - x^1 = (y_0 - x)^1$ 是不定方程当 $y^p - x_0{}^p = z^p$ 当 $g=1$ 时的唯一解，证毕。

公式 $y^p - x^p = (y-x)g$、无穷递降法与费马大定理的第十七个证明

考察公式 $y^p - x^p = (y-x)g$，当 $g=1$ 时有 $p=1$，即 $y^1 - x^1 = (y-x)^1$，

注意此时 g 已无法再降，由无穷下降法之注记二可知 $y^1 - x^1 = (y-x)^1$ 是不定方程

$y^p - x^p = z^p$ 当 $g=1$ 时的唯一解，证毕。

公式 $y^p - x^p = (y-x)g$、无穷递降法、X 约束与费马大定理的第十八个证明

一、大定理的证明

考察公式 $y^p - x^p = (y-x)g$，当 $g=1$ 时 $p=1$，即 $y^1 - x^1 = (y-x)^1$，

X 约束要求 $z = x+y$ 及 $q = z^{p-1}$，当 $p \geq 3$ 时，X 约束无法得到满足，然当 $p=1$ 时，

$g=1$，X 约束得到满足。

注意此时 g 已无法再降，由无穷下降法之注记二可知 $y^1 - x^1 = (y-x)^1$ 是不定方程

$y^p - x^p = z^p$ 当 $g=1$ 时的唯一解，证毕。

二、一个充分而深刻的佐证

当 $p \geq 3$ 时，X 约束无法得到满足，当 $g=1$ 时 $p=1$，X 约束得到满足的基本事实，充

分佐证了本书有关无穷下降法的三个注记的正确性。

公式 $y^p - x^p = (y-x)g$、代数素式与费马大定理的第十九个证明

一、大定理的证明

若 $y^p - x^p = z^p$ 可能成立，则代数式 $y^p - x^p$ 与代数式 z^p 应当有相同的性质，但此明

显不可能。

$y^p - x^p = (y-x)g$ 中，g 为一代数素式或伪代数素式，而 $z^p = z \times z^{p-1}$ 中 z^{p-1} 决不是一个代数素式，由此立知 $y^p - x^p = z^p$ 无解，证毕。

二、玄机所在

以上证明，实际上揭露了一个 $y^p - x^p = z^p$ 无解的又一个玄机：

第一 $y^p - x^p = (y-x)g$ 中，g 是一个代数素式或伪代数素式；

第二 $z^p = z \times z^{p-1}$ 中 z^{p-1} 是一个非代数素式。

代数素式与非代数素式不可能相等，其结果就只能是 $y^p - x^p = z^p$ 无解。

公式 $y^p - x^p = (y-x)g$、代数素式、X 约束与费马大定理的第二十个证明

对于 $y^p - x^p = z^p$，X 约束要求 $q = z^{p-1}$，但此明显不可能。$y^p - x^p = (y-x)g$ 中，g 为一代数素式或伪代数素式，而 $z^p = z \times z^{p-1}$ 中 z^{p-1} 决不是一个代数素式，代数素式与非代数素式不可能相等，于是 $(y-x)g \neq (y-x)z^{p-1}$，由此立知 $y^p - x^p = z^p$ 无解，证毕。

公式 $y^p - x^p = (y-x)g$、幂、H 法则与费马大定理的第二十一个证明

对于 $y^p - x^p = (y-x)g$，设 $t = g^{y-x}$，由 H 法则知 $z > y - x$，于是 $t \neq g^z$，由此立知 $y^p - x^p = z^p$ 无解，证毕。

公式 $y^p - x^p = (y-x)g$、幂、H 法则、X 约束与费马大定理的第二十二个证明

对于 $y^p - x^p = (y-x)g$，设 $t = g^{y-x}$，X 约束要求 $z = y - x$，然此明显与 H 法则相悖，由 H 法则知 $z > y - x$，于是 $t \neq g^z$，由此立知 $y^p - x^p = z^p$ 无解，证毕。

其余的四个证明，请读者完成，又利用 $t = (y-x)^g$ 为载体也可以给出大定理的六个证明，也请读者考虑。

公式 $y^p - x^p = (y-x)g$、无理式与费马大定理的第二十三个证明

$y^p - x^p = (y-x)g$ 中，g 为一代数素式或伪代数素式，于是 $\sqrt[p]{(y-x)g}$ 是一个无理式，而 $\sqrt[p]{z^p}$ 是一个整式，由此立知 $y^p - x^p = z^p$ 无解，证毕。

公式 $y^p - x^p = (y-x)g$、无理式、X 约束与费马大定理的第二十四个证明

对于 $y^p - x^p = (y-x)g$，X 约束要求 $q = z^{p-1}$，但此明显不可能。$\sqrt[p]{(y-x)g}$ 是一个无理式，而 $\sqrt[p]{z^p}$ 是一个整式，X 约束无法满足，由此立知 $y^p - x^p = z^p$ 无解，证毕。

公式 $y^p - x^p = (y-x)g$、无理式与费马大定理的第二十五个证明

$y^p - x^p = (y-x)g$ 中，g 为一代数素式或伪代数素式，于是 $\sqrt[p]{g}$ 是一个**无理式**，而 $\sqrt[p-1]{z^{p-1}}$ 是一个整式，由此立知 $y^p - x^p = z^p$ 无解，证毕。

公式 $y^p - x^p = (y-x)g$、无理式、X 约束与费马大定理的第二十六个证明

对于 $y^p - x^p = (y-x)g$，X 约束要求 $q = z^{p-1}$，但此明显不可能。$\sqrt[p]{g}$ 是一个无理式，而 $\sqrt[p-1]{z^{p-1}}$ 是一个整式，X 约束无法满足，由此立知 $y^p - x^p = z^p$ 无解，证毕。

公式 $y^p - x^p = (y-x)g$、长方体、H 法则与费马大定理的第二十七个证明

从三维空间感知等式 $y^p - x^p = (y-x)g$ 可知

$$y^p - x^p = \boxed{} \qquad (\text{图 A})$$

上式右端长方体的底面积为 g 而高为 $y-x$。

由 H 法则知 $z > y-x$，于是 $zg \neq$ 图 A，由此立知 $y^p - x^p = z^p$ 无解，证毕。

公式 $y^p - x^p = (y-x)g$、长方体、H 法则、X 约束与费马大定理的第二十八个证明

从三维空间感知等式 $y^p - x^p = (y-x)g$ 可知

$$y^p - x^p = \boxed{} \qquad (\text{图 A})$$

上式右端长方体的底面积为 g 而高为 $y-x$。

X 约束要求 $z = y-x$，然此明显与 H 法则相悖，由 H 法则知 $z > y-x$，于是 $zg \neq$ 图 A，由此立知 $y^p - x^p = z^p$ 无解，证毕。

公式 $y^p - x^p = (y-x)g$、长方体、g 规则与费马大定理的第二十九个证明

从三维空间感知等式 $y^p - x^p = (y-x)g$ 可知

$$y^p - x^p = \boxed{} \qquad (\text{图 A})$$

上式右端长方体的底面积为 g 而高为 $y-x$。

由 g 规则知 $g > z^{p-1}$，于是 $(y-x)z^{p-1} \neq$ 图 A，由此立知 $y^p - x^p = z^p$ 无解，证毕。

公式 $y^p - x^p = (y-x)g$、长方体、g 规则、X 约束与费马大定理的第三十个证明

从三维空间感知等式 $y^p - x^p = (y-x)g$ 可知

$$y^p - x^p = \boxed{}$$（图 A）

上式右端长方体的底面积为 g 而高为 $y-x$。

X 约束要求 $g = z^{p-1}$，然此明显与 H 法则相悖，由 g 规则知 $g > z^{p-1}$，

于是 $(y-x)z^{p-1} \neq$ 图 A，由此立知 $y^p - x^p = z^p$ 无解，证毕。

公式 $y^p - x^p = (y-x)g$、长方体、H 法则、g 规则与费马大定理的第三十一个证明

从三维空间感知等式 $y^p - x^p = (y-x)g$ 可知

$$y^p - x^p = \boxed{}$$（图 A）

上式右端长方体的底面积为 g 而高为 $y-x$。由 H 法则知 $z > y-x$，由 g 规则知 $g > z^{p-1}$，

于是 $zz^{p-1} \neq$ 图 A，由此立知 $y^p - x^p = z^p$ 无解，证毕。

公式 $y^p - x^p = (y-x)g$、长方体、H 法则、g 规则、X 约束与大定理的第三十二个证明

从三维空间感知等式 $y^p - x^p = (y-x)g$ 可知

$$y^p - x^p = \boxed{}$$（图 A）

上式右端长方体的底面积为 g 而高为 $y-x$。X 约束要求 $z = y-x$ 及 $g = z^{p-1}$，然此明显

与 H 法则和 g 规则相悖，由 H 法则知 $z > y-x$，由 g 规则知 $g > z^{p-1}$，于是 $zz^{p-1} \neq$ 图 A，

由此立知 $y^p - x^p = z^p$ 无解，证毕。

公式 $y^p - x^p = (y-x)g$、演段、H 法则与费马大定理的第三十三个初等证明

从二维空间感知等式 $y^p - x^p = (y-x)g$ 可知

$$y^p - x^p = \boxed{}$$（图 A）

上式右端长方形的长为 g 而宽为 $y-x$。

由 H 法则知 $z > y-x$，于是 $zg \neq$ 图 A，由此立知 $y^p - x^p = z^p$ 无解，证毕。

公式 $y^p - x^p = (y-x)g$、演段、H 法则、X 约束与费马大定理的第三十四个初等证明

从二维空间感知等式 $y^p - x^p = (y-x)g$ 可知

$$y^p - x^p = \boxed{} \quad （图 A）$$

上式右端长方形的长为 g 而宽为 $y-x$。X 约束要求 $z = y-x$，然此明显与 H 法则相悖，由 H 法则知 $z > y-x$，于是 $zg \neq$ 图 A，由此立知 $y^p - x^p = z^p$ 无解，证毕。

公式 $y^p - x^p = (y-x)g$、演段、g 规则与费马大定理的第三十五个初等证明

从二维空间感知等式 $y^p - x^p = (y-x)g$ 可知

$$y^p - x^p = \boxed{} \quad （图 A）$$

上式右端长方形的长为 g 而宽为 $y-x$。由 g 规则知 $g > z^{p-1}$，于是 $(y-x)z^{p-1} \neq$ 图 A，由此立知 $y^p - x^p = z^p$ 无解，证毕。

公式 $y^p - x^p = (y-x)g$、演段、g 规则、X 约束与费马大定理的第三十六个初等证明

从二维空间感知等式 $y^p - x^p = (y-x)g$ 可知

$$y^p - x^p = \boxed{} \quad （图 A）$$

上式右端长方形的长为 g 而宽为 $y-x$。X 约束要求 $g = z^{p-1}$，然此明显与 g 规则相悖，由 g 规则知 $g > z^{p-1}$，于是 $(y-x)z^{p-1} \neq$ 图 A，由此立知 $y^p - x^p = z^p$ 无解，证毕。

公式 $y^p - x^p = (y-x)g$、演段、H 法则、g 规则与费马大定理的第三十七个证明

从二维空间感知等式 $y^p - x^p = (y-x)g$ 可知

$$y^p - x^p = \boxed{} \quad （图 A）$$

上式右端长方形的长为 g 而宽为 $y-x$。由 H 法则知 $z > y-x$，由 g 规则知 $g > z^{p-1}$，于是 $zz^{p-1} \neq$ 图 A，由此立知 $y^p - x^p = z^p$ 无解，证毕。

公式 $y^p - x^p = (y-x)g$、演段、H 法则、g 规则、X 约束与大定理的第三十八个证明

从二维空间感知等式 $y^p - x^p = (y-x)g$ 可知

$y^p - x^p = $ [长方形图] （图 A）

上式右端长方形的长为 g 而宽为 $y - x$。X 约束要求 $z = y - x$ 及 $g = z^{p-1}$，然此明显与 H 法则和 g 规则相悖，由 H 法则 $z > y - x$，由 g 规则知 $g > z^{p-1}$，于是 $zz^{p-1} \neq$ 图 A，由此立知 $y^p - x^p = z^p$ 无解，证毕。

公式 $y^p - x^p = (y-x)g$、线段、H 法则与费马大定理的第三十九个证明

从一维空间感知等式 $y^p - x^p = (y-x)g$ 可知

$y^p - x^p = $ —————————————————————— （图 A）

上式右端线段的长度为 $(y-x)g$。由 H 法则知 $z > y - x$，于是 $zg \neq$ 图 A，由此立知 $y^p - x^p = z^p$ 无解，证毕。

公式 $y^p - x^p = (y-x)g$、线段、H 法则、X 约束与费马大定理的第四十个证明

从一维空间感知等式 $y^p - x^p = (y-x)g$ 可知

$y^p - x^p = $ —————————————————————— （图 A）

上式右端线段的长度为 $(y-x)g$。X 约束要求 $z = y - x$，然此明显与 H 法则相悖，由 H 法则知 $z > y - x$，于是 $zg \neq$ 图 A，由此立知 $y^p - x^p = z^p$ 无解，证毕。

公式 $y^p - x^p = (y-x)g$、线段、g 规则与费马大定理的第四十一个证明

从一维空间感知等式 $y^p - x^p = (y-x)g$ 可知

$y^p - x^p = $ —————————————————————— （图 A）

上式右端线段的长度为 $(y-x)g$。由 g 规则知 $g > z^{p-1}$，于是 $(y-x)z^{p-1} \neq$ 图 A，由此立知 $y^p - x^p = z^p$ 无解，证毕。

公式 $y^p - x^p = (y-x)g$、线段、g 规则、X 约束与费马大定理的第四十二个证明

从一维空间感知等式 $y^p - x^p = (y-x)g$ 可知

$y^p - x^p = $ —————————————————————— （图 A）

上式右端线段的长度为 $(y-x)g$。X 约束要求 $g=z^{p-1}$，然此明显与 g 规则相悖，由 g 规则知 $g>z^{p-1}$，于是 $(y-x)z^{p-1}\neq$ 图 A，由此立知 $y^p-x^p=z^p$ 无解，证毕。

公式 $y^p-x^p=(y-x)g$、线段、H 法则、g 规则与费马大定理的第四十三个证明

从一维空间感知等式 $y^p-x^p=(y-x)g$ 可知

$$y^p-x^p=\rule{8cm}{0.4pt}\qquad\text{（图 A）}$$

上式右端线段的长度为 $(y-x)g$。由 H 法则知 $z>y-x$ 由 g 规则知 $g>z^{p-1}$，

于是 $zz^{p-1}\neq$ 图 A，由此立知 $y^p-x^p=z^p$ 无解，证毕。

公式 $y^p-x^p=(y-x)g$、线段、H 法则、g 规则、X 约束与大定理的第四十四个证明

从一维空间感知等式 $y^p-x^p=(y-x)g$ 可知

$$y^p-x^p=\rule{8cm}{0.4pt}\qquad\text{（图 A）}$$

上式右端线段的长度为 $(y-x)g$。X 约束要求 $z=y-x$ 及 $g=z^{p-1}$，然此明显与 H 法则和 g 规则相悖，由 H 法则知 $z>y-x$，由 g 规则知 $g>z^{p-1}$，

于是 $zz^{p-1}\neq$ 图 A，由此立知 $y^p-x^p=z^p$ 无解，证毕。

公式 $y^p-x^p=(y-x)g$、商与费马大定理的第四十五个证明

若 $y^p-x^p=z^p$ 可能成立，则代数式 y^p-x^p 与代数式 z^p 应当有相同的性质，但此明显不可能。考察 $y^p-x^p=(y-x)g$ 及 $y^p-x^p=z^p$，由 g 规则知 $g>z^{p-1}$，

于是 $\dfrac{g}{y-x}\neq\dfrac{z^{p-1}}{y-x}$，由此立知 $y^p-x^p=z^p$ 无解，证毕。

公式 $y^p-x^p=(y-x)g$、商、X 约束与费马大定理的第四十六个证明

若 $y^p-x^p=z^p$ 可能成立，X 约束要求 $g=z^{p-1}$，但此明显不可能。

考察 $y^p-x^p=(y-x)g$ 及 $y^p-x^p=z^p$，由 g 规则知 $g>z^{p-1}$，于是 $\dfrac{g}{y-x}\neq\dfrac{z^{p-1}}{y-x}$，由此立知 $y^p-x^p=z^p$ 无解，证毕。

公式 $y^p - x^p = (y-x)g$ 、d 、H 法则、g 规则与费马大定理的第四十七个证明

熟知 $g = \dfrac{y^p - x^p}{y - x}$，此说明 g 是差 $y^p - x^p$ 对于项数 $y - x$ 的算术平均值；而 $z^{p-1} = \dfrac{z^p}{z}$，

此说明 z^{p-1} 是 z^p 对于项数 z 的算术平均值。

两个算术平均值要相等，则必需：第一项数要相等；第二均值要相等。

然由 H 法则知 $z > y - x$，由 g 规则知 $g > z^{p-1}$，由此立知 $y^p - x^p = z^p$ 无解，证毕。

公式 $y^p - x^p = (y-x)g$ 、d 、H 法则、g 规则、X 约束与定理的第四十八个证明

熟知 $g = \dfrac{y^p - x^p}{y - x}$，此说明 g 是差 $y^p - x^p$ 对于项数 $y - x$ 的算术平均值；而 $z^{p-1} = \dfrac{z^p}{z}$，

此说明 z^{p-1} 是 z^p 对于项数 z 的算术平均值。两个算术平均值要相等，则必需：第一项数要相等；第二均值要相等。此即是说 X 约束要得到满足，然此不可能。由 H 法则知 $z > y - x$，由 g 规则知 $g > z^{p-1}$，由此立知 $y^p - x^p = z^p$ 无解，证毕。

公式 $y^p - x^p = (y-x)g$ 、d 、H 法则与费马大定理的第四十九个证明

熟知 $y^p - x^p = (y-x)g$ 设 $d = \dfrac{y - x + g}{2}$，此说明 d 是 $y - x$ 和 g 的算术平均值。由 H 法则知 $z > y - x$，于是 $d \neq \dfrac{z + g}{2}$，由此立知 $y^p - x^p = z^p$ 无解，证毕。

公式 $y^p - x^p = (y-x)g$ 、d 、H 法则、X 约束与费马大定理的第五十个证明

对于 $d = \dfrac{y - x + g}{2}$，X 约束要求 $z = y - x$，然此明显与 H 法则相悖，由 H 法则知 $z > y - x$，于是 $d \neq \dfrac{z + g}{2}$，由此立知 $y^p - x^p = z^p$ 只能无解，证毕。

公式 $y^p - x^p = (y-x)g$ 、d 、g 规则与费马大定理的第五十一个证明

对于 $d = \dfrac{y - x + g}{2}$，由 g 规则知 $g > z^{p-1}$，于是 $d \neq \dfrac{y - x + z^{p-1}}{2}$，

由此立知 $y^p - x^p = z^p$ 无解，证毕。

公式 $y^p - x^p = (y-x)g$ 、d 、g 规则、X 约束与费马大定理的第五十二个证明

对于 $d = \dfrac{y - x + g}{2}$，X 约束要求 $g = z^{p-1}$，然此明显与 g 规则相悖，由 g 规则

知 $g > z^{p-1}$，于是 $d \neq \dfrac{y-x+z^{p-1}}{2}$，由此立知 $y^p - x^p = z^p$ 只能无解，证毕。

公式 $y^p - x^p = (y-x)g$、d、H 法则、g 规则与费马大定理的第五十三个证明

对于 $d = \dfrac{y-x+g}{2}$，由 H 法则知 $z > y-x$，由 g 规则知 $g > z^{p-1}$，

于是 $d \neq \dfrac{z+z^{p-1}}{2}$，由此立知 $y^p - x^p = z^p$ 无解，证毕。

公式 $y^p - x^p = (y-x)g$、d、H 法则、g 规则、X 约束与费马大定理的第五十四个证明

对于 $d = \dfrac{y-x+g}{2}$，X 约束要求 $z = y-x$ 及 $g = z^{p-1}$，然此明显与 H 法则和 g 规则相

悖，由 H 法则知 $z > y-x$，由 g 规则知 $g > z^{p-1}$，于是 $d \neq \dfrac{z+z^{p-1}}{2}$，

由此立知 $y^p - x^p = z^p$ 无解，证毕。

公式 $y^p - x^p = (y-x)g$、h、H 法则与费马大定理的第五十五证明

一、调和平均值

由调和平均值之定义可得 y^p 和 $-x^p$ 的调和平均值为 $h = \dfrac{-2x^p y^p}{(y-x)g}$。

二、大定理的证明

对于 $h = \dfrac{-2x^p y^p}{(y-x)g}$，由 H 法则知 $z > y-x$，于是 $h \neq \dfrac{-2x^p y^p}{zg}$，

由此立知 $y^p - x^p = z^p$ 无解，证毕。

公式 $y^p - x^p = (y-x)g$、h、H 法则、X 约束与费马大定理的第五十六个证明

对于 $h = \dfrac{-2x^p y^p}{(y-x)g}$，X 约束要求 $z = y-x$，然此明显与 H 法则相悖，

由 H 法则知 $z > y-x$，于是 $h \neq \dfrac{-2x^p y^p}{zg}$，由此立知 $y^p - x^p = z^p$ 无解，证毕。

公式 $y^p - x^p = (y-x)g$、h、g 规则与费马大定理的第五十七证明

对于 $h = \dfrac{-2x^p y^p}{(y-x)g}$，由 g 规则知 $g > z^{p-1}$，于是 $h \neq \dfrac{-2x^p y^p}{(y-x)z^{p-1}}$，

由此立知 $y^p - x^p = z^p$ 无解，证毕。

公式 $y^p - x^p = (y-x)g$、h、g 规则、X 约束与费马大定理的第五十八证明

对于 $h = \dfrac{-2x^p y^p}{(y-x)g}$，X 约束要求 $g = z^{p-1}$，然此明显与 g 规则相悖，

由 g 规则知 $g > z^{p-1}$，于是 $h \neq \dfrac{-2x^p y^p}{(y-x)z^{p-1}}$，由此立知 $y^p - x^p = z^p$ 无解，证毕。

公式 $y^p - x^p = (y-x)g$、h、H 法则、g 规则与费马大定理的第五十九证明

对于 $h = \dfrac{-2x^p y^p}{(y-x)g}$，由 H 法则知 $z > y - x$，由 g 规则知 $g > z^{p-1}$，

于是 $h \neq \dfrac{-2x^p y^p}{zz^{p-1}}$，由此立知 $y^p - x^p = z^p$ 无解，证毕。

公式 $y^p - x^p = (y-x)g$、h、H 法则、g 规则、X 约束与费马大定理的第六十证明

对于 $h = \dfrac{-2x^p y^p}{(y-x)g}$，X 约束要求 $z = y-x$ 及 $g = z^{p-1}$，然此明显与 H 法则和 g 规则悖，

由 H 法则知 $z > y - x$，由 g 规则知 $g > z^{p-1}$，于是 $h \neq \dfrac{-2x^p y^p}{zz^{p-1}}$，

由此立知 $y^p - x^p = z^p$ 无解，证毕。

公式 $y^p - x^p = (y-x)g$、h、H 法则与费马大定理的第六十一个证明

一、调和平均值

由调和平均值之定义可得 yg 和 $-xg$ 的的调和平均值为 $h = \dfrac{-2xyg^2}{(y-x)g} = \dfrac{-2xyg}{y-x}$。

二、大定理的证明

对于 $h = \dfrac{-2xyg}{y-x}$，由 H 法则知 $z > y-x$，于是 $h \neq \dfrac{-2xyg}{z}$，

由此立知 $y^p - x^p = z^p$ 无解，证毕。

公式 $y^p - x^p = (y-x)g$、h、H 法则、X 约束与费马大定理的第六十二个证明

对于 $h = \dfrac{-2xyg}{y-x}$，X 约束要求 $z = y - x$，然此明显与 H 法则相悖，由 H 法则

知 $z > y - x$，于是 $h \neq \dfrac{-2xyg}{z}$，由此立知 $y^p - x^p = z^p$ 无解，证毕。

公式 $y^p - x^p = (y-x)g$、调和平均值、g 规则与费马大定理的第六十三个证明

对于 $h = \dfrac{-2xyg}{y-x}$，由 g 规则知 $g > z^{p-1}$，于是 $h \neq \dfrac{-2xyz^{p-1}}{y-x}$，

由此立知 $y^p - x^p = z^p$ 只能无解，证毕。

公式 $y^p - x^p = (y-x)g$、h、g 规则、X 约束与费马大定理的第六十四个证明

对于 $h = \dfrac{-2xyg}{y-x}$，X 约束要求 $g = z^{p-1}$，然此明显与 g 规则相悖，由 g 规则知 $g > z^{p-1}$，

于是 $h \neq \dfrac{-2xyz^{p-1}}{y-x}$，由此立知 $y^p - x^p = z^p$ 只能无解，证毕。

公式 $y^p - x^p = (y-x)g$、h、H 法则、g 规则与费马大定理的第六十五个证明

对于 $h = \dfrac{-2xyg}{y-x}$，由 H 法则知 $z > y - x$，由 g 规则知 $g > z^{p-1}$，于是 $h \neq \dfrac{-2xyz^{p-1}}{z}$。

由此立知 $y^p - x^p = z^p$ 无解，证毕。

公式 $y^p - x^p = (y-x)g$、h、H 法则、g 规则、X 约束与费马大定理的第六十六个证明

对于 $h = \dfrac{-2xyg}{y-x}$，X 约束要求 $z = y - x$ 及 $g = z^{p-1}$，然此明显与 H 法则及 g 规则相悖，

由 H 法则知 $z > y - x$，由 g 规则知 $g > z^{p-1}$，于是 $h \neq \dfrac{-2xyz^{p-1}}{z}$。

由此立知 $y^p - x^p = z^p$ 无解，证毕。

第三章 漏孔与费马大定理的证明

本章的证明是一场重头戏！本章的证明深层次地揭示了不定方程 $x^n + y^n = z^n$ 当 $n = 2$ 时可能有解，而当 $n \geq 3$ 时无解的奥秘，内容不但奇特而又极其简单，极其深刻；本章的方法对于 $n(n \geq 3)$ 之 $x^n + y^n = z^n$ 无解之证明一网打尽。

本章揭露了一个重要事实，即"重孔"、"无孔"与"有孔"的区别，这是作者的一个重大发现，也是本书第一次披露的。

本章中的字母 $n(n \geq 2)$ 表示自然数，当然特别声明者除外。

漏孔与费马大定理的第一个证明

一、连续奇数和间的孔

先看一个事实，即 x^2，x^3，x^4 与连续奇数和的对应关系之间的区别：

熟知 x^2 是连续奇数和的一个有序覆盖。

$1^2 = 1$，$2^2 = 1 + 3$，$3^2 = 1 + 3 + 5$，$4^2 = 1 + 3 + 5 + 7$，$5^2 = 1 + 3 + 5 + 7 + 9$ 等等；

由 $(x+1)^2 - (x+1) + 1 - (x^2 + x - 1) = 2$ 可知 x^3 是连续奇数和的一个有序划分。

$1^3 = 1$，$2^3 = 3 + 5$，$3^3 = 7 + 9 + 11$，$4^3 = 13 + 15 + 17 + 19$，

$5^3 = 21 + 23 + 25 + 27 + 29$ 等等；

观察 x^4

$1^4 = 1$，$2^4 = 7 + 9$，$3^4 = 25 + 27 + 29$，$4^4 = 61 + 63 + 65 + 67$，

$5^4 = 121 + 123 + 125 + 127 + 129$ 等等。

这就是说，对于 x^4 而言，x^4 的末项与 $(x+1)^4$ 的首项远不是两个相邻的奇数，其间有相当多的连续奇数，我们把这些连续奇数称为 x^4 与 $(x+1)^4$ 之间的奇数漏孔，简称为"孔"。也就是说，x^4（$x = 1$，2，3，4，$5 \ldots$）将连续奇数和分成为一个又一个互不相交的子集，并且 x 愈大，则 x^4 与 $(x+1)^4$ 之间的奇数漏孔愈多。以上重孔、无孔与有孔的区别已经透露了不定方程 $x^n + y^n = z^n$ 当 $n = 2$ 时可能有解，而当 $n \geq 3$ 时无解的基本信息了。

二、孔的计算公式

记 x^n 与 $(x+r)^n$ 之间的孔的个数为 $K(x，x+r，n)$，孔的中值为 $C(x，x+r，n)$，

孔的和为 $S(x，x+r，n)$。

易知：$K(x,x+r,n)=\dfrac{1}{2}((x+r)^{n-1}-x^{n-1}-2x-r)$ （K式）

$C(x,x+r,n)=\dfrac{1}{2}((x+r)^{n-1}+x^{n-1}-r)$ （C式）

$S(x,x+r,n)=C(x，x+r，n)\times K(x，x+r，n)$ （S式）

三、一个有趣而深刻的事实

在（K式）中，令 $N=2$，$r=1$，则 $K(n,n+1,2)=-x$，

这就很生动的刻画了对于 $n=2$ 而言，x^2 与 $(x+1)^2$ 之间有 $-x$ 个孔，即有 x 个奇数互相重叠，就是说 x^2（$x=1，2，3，4，5\ldots$）是连续奇数和的有序覆盖；

又在（K式）中，令 $n=3$，$r=1$，则 $K(n,n+1,3)=0$，

这又很生动的刻画了对于 $n=3$ 而言，x^3 与 $(x+1)^3$ 之间有 0 个孔，即无孔的事实，也就是说 x^3（$x=1，2，3，4，5\ldots$）是连续奇数和的一个有序划分；

又由（K式），当 $n=4，5，6\cdots$，$r=1$ 时，可得 $K(1,2,4)=2$，$K(1,2,5)=6$，

$K(2,3,4)=7$，$K(2,3,6)=104$，$K(5,6,6)=2322$ 等等，等等。

这又进一步生动地刻画了 $n\geq4$ 时 x^n 与 $(x+1)^n$ 之间有孔，即连续奇数和被划分为一个又一个互不相交的子集的情形，并且子集之间的距离随着 x 及 n 的增大爆炸性地增大。

四、大定理的证明

先看两个例子：

例1. $(1+3+5)$，$(1+3+5+7)$，$(1+3+5+7+9)$，

此例是说，对于 $x^2+y^2=z^2$ 而言，有三个连续奇数和 x^2，y^2，z^2 存在，使

$(y-r_1)^2+y^2=(y+r_2)^2$ 成立，本例中 $y=4$，$r_1=1$，$r_2=1$；

例2. $(1+3+\cdots+15)$，$(1+3+\cdots+29)$，$(1+3+\cdots+33)$，

此例是说，对于 $x^2 + y^2 = z^2$ 而言，有三个连续奇数和 x^2，y^2，z^2 存在，使 $(y - r_1)^2 + y^2 = (y + r_2)^2$ 成立，本例中 $y = 15$，$r_1 = 7$，$r_2 = 2$。

换言之，对于 $x^2 + y^2 = z^2$ 而言，三个连续奇数和 x^2，y^2，z^2 "形影不离"，伴随在 y^2 一前一后的是两个完全平方数之连续奇数和 x^2 和 z^2。

如果 $x^n + y^n = z^n$ 可能成立，则也应有 $(y - r_1)^n + y^n = (y + r_2)^n$ 的例子存在，也就是说三个连续奇数和 x^n，y^n，z^n "形影不离"，然此明显不可能。

由前面关于漏孔的讨论可知，对于任何一个 y 而言，以下三者形影不离：

$S(y - r_1, y, n)$，y^n，$S(y, y + r_2, n)$，并且 $S(y - r_1, y, n) + y^n + S(y, y + r_2, n) = S$。

有意思的是：$S(y - r_1, y, n)$，y^n，$S(y, y + r_2, n)$ 也是三个连续奇数和，当然 S 也是一个被三者有序划分的连续奇数和，然而 $S(y - r_1, y, n)$，$S(y, y + r_2, n)$ 明显不是完全的 n 次方幂，进一步向 $S(y - r_1, y, n)$，y^n，$S(y, y + r_2, n)$ 两端看可知与 y^n 形影不离永远是它的 "前漏孔" 和它的 "后漏孔"，即 "y^n 的前漏孔"，y^n，"y^n 的后漏孔" 形影不离；又当 $n > 3$ 时，$(y - r)^n + y^n \ll S(y - r, y, n)$ 及 $y^n + (y + r)^n \ll S(y, y + r, n)$，

由此立知 $(y - r)^n + y^n = z_1^n$ 无解及 $y^n + (y + r)^n = z_2^n$ 无解，也即 $x^n + y^n = z^n$ 无解。

例子：取 $y = 5$，$r_1 = 3$，$r_2 = 2$，$n = 4$

则 $2^4 = 7 + 9$，$5^4 = 121 + 123 + 125 + 127 + 129 = 625$，

$7^4 = 337 + 339 + 341 + 343 + 345 + 347 + 349$，三者之间的孔一清二楚，并且：

$S(2, 5, 4) = 11 + 13 + \cdots + 119 = 65 \times 55 = 3575$，

$S(5, 7, 4) = 131 + 133 + \cdots + 335 = 233 \times 103 = 23999$，

$S = 11 + 13 + \cdots + 335 = 173 \times 163 = 28199 = 3575 + 625 + 23999$。

再看例子：

$2^5 + 3^5 = 5 \times 55 = 51 + 53 + 55 + 57 + 59$，

注意，2^5 与 3^5 之间有孔，并且 $S(2, 3, 5) = 19 + 21 + \cdots + 75 + 77 = 48 \times 30 = 1440$；

$$((15+17)+72)+((79+81+83)-72)=104+171=5\times55=51+53+55+57+59 \text{。}$$

例中有一处明显的"割补",割补的结果一方面补上了漏孔，另一方面得到了一个连续奇数和，当然此结果早在意料之中。

事实上，当 $x+y$ 为奇数时 $x^n+y^n=(x+y)q$，此时 x^n 是一个连续奇数和， y^n 是一个连续奇数和， $(x+y)q$ 是一个连续奇数和，三个连续奇数和 x^n， y^n 及 $(x+y)q$ 形影不离，而不可能有一个连续奇数和 z^n 存在，使 x^n， y^n 及 z^n 形影不离。

五、又一个有趣的事实

由孔的计算公式易知 $x\to\infty$ 时 $\dfrac{x^n+(x+r)^n}{S(x,x+r,n)}\to0$ 及 $n\to\infty$ 时 $\dfrac{x^n+(x+r)^n}{S(x,x+r,n)}\to0$。

于是我们有下面的三个"微乎其微"：

1. $x\to\infty$ 时， x^n 及 $(x+r)^n$ 的和与它们之间的孔的和相比较，简直就是微乎其微，

2. $n\to\infty$ 时， x^n 及 $(x+r)^n$ 的和与它们之间的孔的和相比较，简直就是微乎其微，

3. $x\to\infty$ 与 $n\to\infty$ 时， x^n 及 $(x+r)^n$ 的和与它们之间的孔的和相比较，简直更是微乎其微。

换句话说，我们有下面的三个与上面的三个"微乎其微"等价的三个"几乎一模一样大"：

1. $x\to\infty$ 时， $S(x,x+r,n)$ 与 S 相比较，几乎一模一样大，

2. $n\to\infty$ 时， $S(x,x+r,n)$ 与 S 相比较，几乎一模一样大，

3. $x\to\infty$ 与 $n\to\infty$ ， $S(x,x+r,n)$ 与 S 相比较，更是几乎一模一样大。

看两个例子：

1. $5^5=621+623+625+627+629=3125$ ，

$6^5=1291+1293+1295+1297+1299+1301=7776$ ， $5^5+6^5=10901$ ，

$S(5,6,5)=631+633+\cdots+1287+1289=658\times319=209902$ ，

$$\frac{5^5+(5+1)^5}{S(5,5+1,5)}=\frac{10901}{209902}\approx0.052 \text{。}$$

2. $5^6=3121+3123+3125+3127+3129=17125$ ，

$6^6 = 7771 + 7773 + 7775 + 7777 + 7779 + 7781 = 46656$，$5^6 + 6^6 = 63781$，

$S(5,6,6) = 3131 + 3133 + \cdots + 7767 + 7769 = 5450 \times 2320 = 12644000$，

$$\frac{5^6 + (5+1)^6}{S(5,5+1,6)} = \frac{63781}{12644000} \approx 0.00050。$$

以上两例中 $x = 5$ 和 $x + 1 = 6$（此时 r 取值已最小，即 $r = 1$）只不过是两个很小并且只相差1的数，又 $n = 5$ 和 $n = 6$，其值也很小，根本说不上 $x \to \infty$，$n \to \infty$，更说不上 $x \to \infty$ 与 $n \to \infty$，然而 $\frac{x^n + (x+r)^n}{S(x, x+r, n)} \to 0$ 之一说端倪已然呈现，即 $\frac{x^n + (x+r)^n}{S(x, x+r, n)} \to 0$ 之趋势已经十分明显。

六、更为奇特的一个有趣的事实

前已述及，对于任何一个 y 而言，以下三者形影不离：

$S(y - r_1, y, n)$，y^n，$S(y, y + r_2, n)$，并且 $S(y - r_1, y, n) + y^n + S(y, y + r_2, n) = S$，

S 是一个被三者有序划分的连续奇数和。

如果将目光向此三者的两端扫一扫，一个更为奇特而壮观的有趣场景就立刻呈现在我们面前：

$\cdots S(y-2, y-1, n), (y-1)^n, S(y-1, y, n), y^n, S(y, y+1, n), (y+1)^n, S(y+1, y+2, n) \cdots$

式中 $\cdots, (y-1)^n, y^n, (y+1)^n, \cdots$ 就像无边无际的浩瀚宇宙中的一棵又一棵小星星，向我们眨着眼睛，频频招手！

随着 n 的不断增大，小星星愈来愈小、愈来愈少！

随着 y 的不断增大，小星星也愈来愈小、愈来愈少！

随着 n 和 y 同时不断增大，小星星更是愈来愈小、愈来愈少！

一个多么美妙的数学宇宙的夜空啊，神秘得令人难以忘怀。

作者用了近四十年的时间，付出了难以想象的精力考察、研究这个美妙而神秘的夜空，看出了其深处费马大定理的奥秘。

虚拟的数学宇宙的奥秘与真实的物理宇宙的奥秘一样令人神往，令淘宝者心甘情愿地呕心沥血，付出毕生的精力！

探索数学宇宙的奥秘真是其累无比！探索数学宇宙的奥秘又真是其乐无穷！

漏孔、"三无解"与费马大定理的第二个证明

一、公式

由孔的计算公式:

$$K(x,x+r,n)=\frac{1}{2}((x+r)^{n-1}-x^{n-1}-2x-r)\ (K\text{式})$$

$$C(x,x+r,n)=\frac{1}{2}((x+r)^{n-1}+x^{n-1}-r)\ (C\text{式})$$

$$S(x,x+r,n)=C(x,x+r,n)\times K(x,x+r,n)\ (S\text{式})\ \text{可有例子:}\ 2^5=15+17,$$

$3^5=79+81+83$,$4^5=1024$;又 $S(2,3,5)=19+\cdots+77=48\times30=1440$。

于是 $2^5+3^5+4^5=32+243+1024=1299<1440$,

$2^5+3^5=32+243=275=1440-1165$,

$2^5+4^5=32+1024=1056=1440-384$,

$3^5+4^5=243+1024=1267=1440-173$,

由此例并顾及孔的计算公式立知当 $x\geq2$ 时 $x^p+(x+1)^p+(x+2)^p<S(x,x+1,p)$,

这里为何就可以将一个例子转化为公式呢?其中当然有一点玄机,请读者考虑。

于是 $x^p+(x+1)^p=z^p$ 无解、$x^p+(x+2)^p=z^p$ 无解、$(x+1)^p+(x+2)^p=z^p$ 无解。

由此立知 $x^p+y^p=z^p$ 无解。

漏孔、"三无解"、T法则与费马大定理的第三个证明

一、公式

由不等式 $x^p+(x+1)^p+(x+2)^p<S(x,x+1,p)$ 立得公式

$$x^p+(x+1)^p=S(x,x+1,p)-d_1,\quad x^p+(x+2)^p=S(x,x+1,p)-d_2,$$

$$(x+1)^p+(x+2)^p=S(x,x+1,p)-d_3,$$

二、大定理的证明

对于 $(x+y)q=S(x,y,p)-d_1(y=x+1)$,$(x+y)q=S(x,y,p)-d_2(y=x+2)$,

$(m+n)q=S(x,x+1,p)-d_3(x+1=m,x+2=n)$,由 T 法则知 $z<x+y$ 及 $z<m+n$,

于是 $zq\neq S(x,y,p)-d_1(y=x+1)$,$zq\neq S(x,y,p)-d_2(y=x+2)$,

$$zq \neq S(x, x+1, p) - d_3(x+1 = m, x+2 = n)，$$

由此立知 $(x+y)q = z_1^p(y = x+1)$ 无解，$(x+y)q = z_2^p(y = x+2)$ 无解，

$(m+n)q = z_3^p(x+1 = m, x+2 = n)$ 无解；并由此立知 $(x+y)q = z^p$ 无解，证毕。

漏孔、"三无解"、T 法则、X 约束与费马大定理的第四个证明

对于 $(x+y)q = S(x, y, p) - d_1(y = x+1)$，$(x+y)q = S(x, y, p) - d_2(y = x+2)$，

$(m+n)q = S(x, x+1, p) - d_3(x+1 = m, x+2 = n)$，X 约束要求 $z = x+y$ 及 $z = m+n$ 然

此明显与 T 法则相悖，由 T 法则知 $z < x+y$ 及 $z < m+n$，

于是 $zq \neq S(x, y, p) - d_1(y = x+1)$，$zq = S(x, y, p) - d_2(y = x+2)$，

$$zq = S(x, x+1, p) - d_3(x+1 = m, x+2 = n)，$$

由此立知 $(x+y)q = z_1^p(y = x+1)$ 无解，$(x+y)q = z_2^p(y = x+2)$ 无解，

$(m+n)q = z_3^p(x+1 = m, x+2 = n)$ 无解；并由此立知 $(x+y)q = z^p$ 无解，证毕。

漏孔、"三无解"、q 规则与费马大定理的第五个证明

对于 $(x+y)q = S(x, y, p) - d_1(y = x+1)$，$(x+y)q = S(x, y, p) - d_2(y = x+2)$，

$(m+n)q = S(x, x+1, p) - d_3(x+1 = m, x+2 = n)$，由 q 规则知 $q < z^{p-1}$，

于是 $(x+y)z^{p-1} \neq S(x, y, p) - d_1(y = x+1)$，$(x+y)z^{p-1} \neq S(x, y, p) - d_2(y = x+2)$，

$$(m+n)z^{p-1} \neq S(x, x+1, p) - d_3(x+1 = m, x+2 = n)，$$

由此立知 $(x+y)q = z_1^p(y = x+1)$ 无解，$(x+y)q = z_2^p(y = x+2)$ 无解，

$(m+n)q = z_3^p(x+1 = m, x+2 = n)$ 无解；并由此立知 $(x+y)q = z^p$ 无解，证毕。

漏孔、"三无解"、q 规则、X 约束与费马大定理的第六个证明

对于 $(x+y)q = S(x, y, p) - d_1(y = x+1)$，$(x+y)q = S(x, y, p) - d_2(y = x+2)$，

$(m+n)q = S(x, x+1, p) - d_3(x+1 = m, x+2 = n)$，X 约束要求 $q = z^{p-1}$，然此明显与 q

规则相悖，由 q 规则知 $q < z^{p-1}$，于是 $(x+y)z^{p-1} \neq S(x, y, p) - d_1(y = x+1)$，

$$(x+y)z^{p-1} \neq S(x, y, p) - d_2(y = x+2)，$$

$$(m+n)z^{p-1} \neq S(x, x+1, p) - d_3(x+1=m, x+2=n),$$

由此立知 $(x+y)q = z_1{}^p(y=x+1)$ 无解，$(x+y)q = z_2{}^p(y=x+2)$ 无解，

$(m+n)q = z_3{}^p(x+1=m, x+2=n)$ 无解；并由此立知 $(x+y)q = z^p$ 无解，证毕。

漏孔、"三无解"、T 法则、q 规则与费马大定理的第七个证明

对于 $(x+y)q = S(x, y, p) - d_1(y=x+1)$，$(x+y)q = S(x, y, p) - d_2(y=x+2)$，

$(m+n)q = S(x, x+1, p) - d_3(x+1=m, x+2=n)$，由 T 法则知 $z < x+y$ 及 $z < m+n$

由 q 规则知 $q < z^{p-1}$，于是 $zz^{p-1} \neq S(x, y, p) - d_1(y=x+1)$，

$zz^{p-1} \neq S(x, y, p) - d_2(y=x+2)$，$zz^{p-1} \neq S(x, x+1, p) - d_3(x+1=m, x+2=n)$，

由此立知 $(x+y)q = z_1{}^p(y=x+1)$ 无解，$(x+y)q = z_2{}^p(y=x+2)$ 无解，

$(m+n)q = z_3{}^p(x+1=m, x+2=n)$ 无解；并由此立知 $(x+y)q = z^p$ 无解，证毕。

漏孔、"三无解"、T 法则、q 规则、X 约束与费马大定理的第八个证明

对于 $(x+y)q = S(x, y, p) - d_1(y=x+1)$，$(x+y)q = S(x, y, p) - d_2(y=x+2)$，

$(m+n)q = S(x, x+1, p) - d_3(x+1=m, x+2=n)$，X 约束要求 $z = x+y$ 及 $z = m+n$

及 $q = z^{p-1}$，然此明显与 T 法则和 q 规则相悖，由 T 法则知 $z < x+y$ 及 $z < m+n$

由 q 规则知 $q < z^{p-1}$，于是 $zz^{p-1} \neq S(x, y, p) - d_1(y=x+1)$，

$zz^{p-1} \neq S(x, y, p) - d_2(y=x+2)$，$zz^{p-1} \neq S(x, x+1, p) - d_3(x+1=m, x+2=n)$，

由此立知 $(x+y)q = z_1{}^p(y=x+1)$ 无解，$(x+y)q = z_2{}^p(y=x+2)$ 无解，

$(m+n)q = z_3{}^p(x+1=m, x+2=n)$ 无解；并由此立知 $(x+y)q = z^p$ 无解，证毕。

漏孔、"五无解"与费马大定理的第九个证明

先看一个例子：例子：$2^5 = 15 + 17$，$3^5 = 243$，$4^5 = 1024$，

$5^5 = 621 + 623 + 625 + 627 + 629$，$S(2, 5, 5) = 19 + \cdots + 619 = 319 \times 301 = 96019$，

我们有 $2^5 + 3^5 + 4^5 + 5^5 = 4424 \ll 96019$。

$2^5 + 3^5 = 275 = 96019 - 95744$，$2^5 + 4^5 = 1056 = 96019 - 94963$，

$2^5 + 5^5 = 3157 = 96019 - 92862$，$3^5 + 4^5 = 1267 = 96019 - 94952$，

$3^5 + 5^5 = 3368 = 96019 - 92651$，$4^5 + 5^5 = 4149 = 96019 - 91870$，

于是立刻可以断言 $x^p + (x+1)^p + (x+2)^p + (x+3)^p << S(x, x+3, p)$，

这里为何就可以将一个例子转化为公式呢？其中当然有一点玄机，请读者考虑。

于是 $x^p + (x+1)^p = z^p$ 无解、$x^p + (x+2)^p = z^p$ 无解、$(x+1)^p + (x+2)^p = z^p$ 无解，

$(x+1)^p + (x+3)^p = z^p$ 无解，$(x+2)^p + (x+3)^p = z^p$ 无解。并由此立知 $(x+y)q = z^p$ 无解，证毕。余下的六大证明留给读者吧。

漏孔、"十无解"与费马大定理的第十个证明

先看一个例子：$2^5 = 32$，$3^5 = 79 + 81 + 83$，$4^5 = 253 + 255 + 257 + 259$，

$5^5 = 3125$，$6^5 = 7776$，

$S(3,4,5) = 85 + \cdots + 251 = 168 \times 84 = 14112$，我们有

$2^5 + 3^5 + 4^5 + 5^5 + 6^5 = 12200 < 14112$。

$2^5 + 3^5 = 275 = 14112 - 13837$，$2^5 + 4^5 = 1056 = 14112 - 13056$，

$2^5 + 5^5 = 3157 = 14112 - 10955$，$2^5 + 6^5 = 7808 = 14112 - 6304$

$3^5 + 4^5 = 1267 = 14112 - 12845$，$3^5 + 5^5 = 3368 = 14112 - 10744$，

$3^5 + 6^5 = 8019 = 14112 - 6093$，$4^5 + 5^5 = 4149 = 14112 - 9963$，

$4^5 + 6^5 = 8800 = 14112 - 5312$，$5^5 + 6^5 = 10901 = 14112 - 3211$，

于是立刻可以断言 $x^p + (x+1)^p + (x+2)^p + (x+3)^p + (x+4)^p << S(x+1, x+2, p)$，

这里为何就可以将一个例子转化为公式呢？其中当然有一点玄机，请读者考虑。

于是 $x^p + (x+1)^p = z^p$ 无解、$x^p + (x+2)^p = z^p$ 无解、$x^p + (x+3)^p = z^p$ 无解、

$x^p + (x+4)^p = z^p$ 无解；$(x+1)^p + (x+2)^p = z^p$ 无解，$(x+1)^p + (x+3)^p = z^p$ 无解，

$(x+1)^p + (x+4)^p = z^p$ 无解；$(x+2)^p + (x+3)^p = z^p$ 无解，

$(x+2)^p + (x+4)^p = z^p$ 无解；$(x+3)^p + (x+4)^p = z^p$ 无解。并由此立知 $(x+y)q = z^p$

无解，证毕。余下的六大证明留给读者吧。

漏孔、"十无解"与费马大定理的第十一个证明

先看一个例子：$2^5 = 15 + 17$，$3^5 = 243$，$4^5 = 253 + 255 + 257 + 259 = 1024$，

$5^5 = 3125$，$6^5 = 7776$，

$S(2,4,5) = 19 + \cdots + 251 = 135 \times 117 = 15795$，于是我们有

$2^5 + 3^5 + 4^5 + 5^5 + 6^5 = 32 + 243 + 1024 + 3125 + 7776 = 12200 \ll 15795$，式中记号
"$\ll$"表示记号的左边比记号的右边小得多。于是立刻可以断言

$$x^p + (x+1)^p + (x+2)^p + (x+3)^p + (x+4)^p \ll S(x, x+2, p)，$$

这里为何就可以将一个例子转化为公式呢？其中当然有一点玄机，请读者考虑。

于是 $x^p + (x+1)^p = z^p$ 无解、$x^p + (x+2)^p = z^p$ 无解、$x^p + (x+3)^p = z^p$ 无解、

$x^p + (x+4)^p = z^p$ 无解；$(x+1)^p + (x+2)^p = z^p$ 无解，$(x+1)^p + (x+3)^p = z^p$ 无解，

$(x+1)^p + (x+4)^p = z^p$ 无解，$(x+2)^p + (x+3)^p = z^p$ 无解，$(x+2)^p + (x+4)^p = z^p$ 无

解，$(x+3)^p + (x+4)^p = z^p$ 无解。并由此立知 $(x+y)q = z^p$ 无解，证毕。

余下的六大证明留给读者吧。

最后需要说明的是，利用漏孔公式演变得到的不等式还有很多，它们都可以作为证明大
定理的载体，作者由此得到大定理的证明五千有余，有兴趣者，不妨考虑。

第四章 平方差与费马大定理的证明

本章首先为 x^p 建立数学模型，然后以此为据证明大定理，本章的重点在于借此强调数学
模型在数论研究中的重要性，因此只给出了大定理的两个证明。

平方差与费马大定理的第一个证明

一、公式

由恒等式：$m \times n = (\frac{m+n}{2})^2 - (\frac{m-n}{2})^2$ 可知，如果 $m, n (m > n)$ 且 m, n 同奇或同偶，

则必有 a, b 存在，使 $m \times n = (\frac{m+n}{2})^2 - (\frac{m-n}{2})^2 = a^2 - b^2$。

事实上，对于 x^p 而言，只要 p 有一组和分拆，则 x^p 必有一组平方差的表示方式。

例如：$7 = 0+7 = 1+6 = 2+5 = 3+4$，则 $5^7 = 5^6 \times 5 = 5^2 \times 5^5 = 5^4 \times 5^3$，

$$5^7 = (\frac{5^7+1}{2})^2 - (\frac{5^7-1}{2})^2 = 39063^2 - 39062^2，$$

$$5^7 = (\frac{5^6+5}{2})^2 - (\frac{5^6-5}{2})^2 = 7815^2 - 7810^2，$$

$$5^7 = (\frac{5^5+5^2}{2})^2 - (\frac{5^5-5^2}{2})^2 = 1575^2 - 1550^2，$$

$$5^7 = (\frac{5^4+5^3}{2})^2 - (\frac{5^4-5^3}{2})^2 = 375^2 - 250^2。$$

当底数为偶数时，例如 $x=4$ 则 4^p 与 1 一偶一奇。但易知，对于任何偶数 x 必有 $4|x^p$。

于是 $x^p = (\frac{x^p+4}{4})^2 - (\frac{x^p-4}{4})^2$。

熟知 $x^p + y^p = (x+y)q$，

于是得公式 $x^p + y^p = \frac{1}{2}((x+y)q+1)^2 - \frac{1}{2}((x+y)q-1)^2$。

二、证明

对于 $x^p + y^p = \frac{1}{2}((x+y)q+1)^2 - \frac{1}{2}((x+y)q-1)^2$，由 T 法则知 $z < x+y$，

于是 $x^p + y^p \neq \frac{1}{2}(zq+1)^2 - \frac{1}{2}((x+y)q-1)^2$，由此立知 $x^p + y^p = z^p$ 无解，证毕。

读者不难看出，以公式 $x^p + y^p = \frac{1}{2}(q+(x+y))^2 - \frac{1}{2}(q-(x+y))^2$ 及由它演变得到的其它等式为载体可以给出大定理的证明多达五千个以上。

平方差与费马大定理的第二个证明

一、公式

熟知 $y^p - z^p = (y-x)g$，

于是得公式 $y^p - x^p = \frac{1}{2}((y-x)g+1)^2 - \frac{1}{2}((y-x)g-1)^2$。

二、证明

对于 $y^p - x^p = \frac{1}{2}((y-x)g+1)^2 - \frac{1}{2}((y-x)g-1)^2$，由 H 法则知 $g > y-x$，

于是 $y^p - x^p \neq \frac{1}{2}(zg+1)^2 - \frac{1}{2}((y-x)g-1)^2$，由此立知 $y^p - x^p = z^p$ 无解，证毕。

读者不难看出，以公式 $y^p - x^p = \frac{1}{2}((y-x)g+1)^2 - \frac{1}{2}((y-x)g-1)^2$ 及由它演变得到的其它等式为载体可以给出大定理的证明多达五千个以上。

关于数型

$x^p = a^2 - b^2$ 是关于 x^p 的一个数型，数型是数论研究中的一种研究思想的体现。

名著文献[15] 的关于"型的理论"一节很值得一读，在数论的研究中引进了"型"的概念，实际上就是为某种类型的数建立了一个判别准则。

本书中：x^n 一定可以分拆为一个连续奇数和；x^n 的几何背景；$x^p = x^{r+s} = x^r \times x^s$ 中的关于 x^p 的判别条件等等，其实也都是为证明大定理而建立的数学模型，自然也是一个整数是否可以表示为 x^p 的判别准则。

文献[15] 指出："关于型的理论的全部工作之目的，已如前述，就是要建立数论中的一些定理。"文献[15] 还继续说："在十九世纪的数论中，型的理论成为一个主要的课题"。

文献[18] 是英国的《自修数学》小丛书中的一本，书名就叫做《数型》，是写给只具有初步数学知识的人看的。但是，整套丛书却都很精彩，非常通俗，又不乏深刻，可读性很强。真值得向青少年朋友们推荐；甚至具有相当数学修养的人也值得一读。

文献[18] 一开头就有一段精彩的叙述：

"多少年来，人们一直对数学模型发生兴趣，古代埃及人和希腊人在他们的建筑艺术中，广泛应用了几何图形。阿拉伯人、印度人及希腊人用数学模型进行工作，有些人甚至把神秘的力量归因于某些数的组合。当今的数学家及科学家则在实验室及一些问题的数据中寻找趋势或规律，因为这种发现，常常能导出重要的概念。甚至有人说，数学就是模型的研究。有一点可以肯定，通过研究一些揭示特殊模型的数之间的关系，你的确能获知数学领域中的许多内容，同时在这过程中，你还会有很大的乐趣"。

其实，在我们古老文明的中国，上述研究同样也不乏其例：杨辉三角、关于勾股定理的二十一种"演段"，孙子定理，堆垛公式，开方术，祖冲之的密率，乃至于"百钱百鸡"问题，中国幻方等等，等等，都是"数型"中具有代表性的例子，它们无不秀出了中算家和古代劳动人民的数学才能和极具技巧的推演功力。至于近代，"数型"在大师们的著作中更是不甚枚举，华罗庚先生的知名的"堆垒素数"就是精彩的一例。

文献[7]中有一段精彩的见解："平方数及其性质一直深深地吸引住数学家，因此总是有人试图把一切关系转化为平方关系"。

记得《封神榜》中说过，姜子牙认定蓝宝石能够破邪避瘟，给世人带来福祉。

平方数真是算术中的一颗光亮灿灿、熠熠生辉的蓝宝石啊！

第五章 又平方差与费马大定理的证明

"平方差"与大定理的确是"冤家路窄，不时地狭路相逢"！

需要交代的是以公式 $(x+y)q = (\frac{q+(x+y)}{2})^2 - (\frac{q-(x+y)}{2})^2$ 及由它变换得到的不等式为载体至少可以给出大定理的五千多个证明（本书的样稿中就是如此），事实上，本书的样稿原来有大定理的十万个以上的证明，成书时实在感到"吃不消"，只好大刀阔斧地删除了又删除，便成了现在这付模样。本章以公式 $(x+y)q = (\frac{q+(x+y)}{2})^2 - (\frac{q-(x+y)}{2})^2$ 为载体给出大定理的六个证明，算是留个种吧！

平方差、T 法则与费马大定理的第一个证明

易知公式 $(x+y)q = (\frac{q+(x+y)}{2})^2 - (\frac{q-(x+y)}{2})^2$，由 T 法则知 $z < x+y$，

于是 $zq \neq (\frac{q+(x+y)}{2})^2 - (\frac{q-(x+y)}{2})^2$，由此立知 $x^p + y^p = z^p$ 无解，证毕。

平方差、T 法则、X 约束与费马大定理的第二个证明

对于 $(x+y)q = (\frac{q+(x+y)}{2})^2 - (\frac{q-(x+y)}{2})^2$，X 约束要求 $z = x+y$，由 T 法则知 $z < x+y$，于是 $zq \neq (\frac{q+(x+y)}{2})^2 - (\frac{q-(x+y)}{2})^2$，由此立知 $x^p + y^p = z^p$ 无解，证毕。

平方差、q 规则与费马大定理的第三个证明

对于 $(x+y)q = (\frac{q+(x+y)}{2})^2 - (\frac{q-(x+y)}{2})^2$，由 q 规则知 $q < z^{p-1}$，

于是 $(x+y)z^{p-1} \neq (\frac{q+(x+y)}{2})^2 - (\frac{q-(x+y)}{2})^2$，由此立知 $x^p + y^p = z^p$ 无解，证毕。

平方差、q 规则、X 约束与费马大定理的第四个证明

对于 $(x+y)q = (\frac{q+(x+y)}{2})^2 - (\frac{q-(x+y)}{2})^2$，X 约束要求 $q = z^{p-1}$，

由 q 规则知 $q < z^{p-1}$，于是 $(x+y)z^{p-1} \neq (\frac{q+(x+y)}{2})^2 - (\frac{q-(x+y)}{2})^2$，

由此立知 $x^p + y^p = z^p$ 无解，证毕。

平方差、T 法则、q 规则与费马大定理的第五个证明

对于 $(x+y)q = (\frac{q+(x+y)}{2})^2 - (\frac{q-(x+y)}{2})^2$，由 T 法则知 $z < x+y$，由 q 规则知

$q < z^{p-1}$，于是 $zz^{p-1} \neq (\frac{q+(x+y)}{2})^2 - (\frac{q-(x+y)}{2})^2$，故立知 $x^p + y^p = z^p$ 无解，证毕。

平方差、**T** 法则、q 规则、**X** 约束与费马大定理的第六个证明

对于 $(x+y)q = (\frac{q+(x+y)}{2})^2 - (\frac{q-(x+y)}{2})^2$，X 约束要求 $z = x+y$ 及 $q = z^{p-1}$，

此明显与 T 法则和 q 规则相悖，由 T 法则知 $z < x+y$，由 q 规则知 $q < z^{p-1}$，

于是 $zz^{p-1} \neq (\frac{q+(x+y)}{2})^2 - (\frac{q-(x+y)}{2})^2$，由此立知 $x^p + y^p = z^p$ 无解，证毕。

显然 $(x+y)q = (\frac{(x+y)q+1}{2})^2 - (\frac{(x+y)q-1}{2})^2$，由此式也可以证明大定理。

第六章 再平方差与费马大定理的证明

"平方差"与大定理的确是"冤家路窄，此地再一次狭路相逢"！

需要交代的是以公式 $z^p = (\frac{z^{p-1}+z}{2})^2 - (\frac{z^{p-1}-z}{2})^2$ 及由它变换得到的不等式为载体

至少可以给出大定理的五千多个证明（本书的样稿中就是如此），事实上，本书的样稿原来

有大定理的十万个以上的证明，成书时实在感到"吃不消"，只好大刀阔斧地删了又删，便

成了现在这付模样。

再平方差、T 法则与费马大定理的第一个证明

易知公式 $z^p = (\frac{z^{p-1}+z}{2})^2 - (\frac{z^{p-1}-z}{2})^2$，由 T 法则知 $z < x+y$，

于是 $z^p \neq (\frac{z^{p-1}+x+y}{2})^2 - (\frac{z^{p-1}-z}{2})^2$，由此立知 $x^p + y^p = z^p$ 无解，证毕。

再平方差、T 法则、**X** 约束与费马大定理的第二个证明

对于 $z^p = (\frac{z^{p-1}+z}{2})^2 - (\frac{z^{p-1}-z}{2})^2$，X 约束要求 $z = x+y$，由 T 法则知 $z < x+y$，

于是 $z^p \neq (\frac{z^{p-1}+x+y}{2})^2 - (\frac{z^{p-1}-z}{2})^2$，由此立知 $x^p + y^p = z^p$ 无解，证毕。

再平方差、q 规则与费马大定理的第三个证明

对于 $z^p = (\frac{z^{p-1}+z}{2})^2 - (\frac{z^{p-1}-z}{2})^2$，由 q 规则知 $q < z^{p-1}$，

于是 $z^p \neq (\frac{q+z}{2})^2 - (\frac{z^{p-1}-z}{2})^2$，由此立知 $x^p + y^p = z^p$ 无解，证毕。

再平方差、q 规则、X 约束与费马大定理的第四个证明

对于 $z^p = (\frac{z^{p-1}+z}{2})^2 - (\frac{z^{p-1}-z}{2})^2$，X 约束要求 $q = z^{p-1}$，

由 q 规则知 $q < z^{p-1}$，于是 $z^p \neq (\frac{q+z}{2})^2 - (\frac{z^{p-1}-z}{2})^2$，

由此立知 $x^p + y^p = z^p$ 无解，证毕。

再平方差、T 法则、q 规则与费马大定理的第五个证明

对于 $z^p = (\frac{z^{p-1}+z}{2})^2 - (\frac{z^{p-1}-z}{2})^2$，由 T 法则知 $z < x+y$，由 q 规则知

$q < z^{p-1}$，于是 $z^p \neq (\frac{q+x+y}{2})^2 - (\frac{z^{p-1}-z}{2})^2$，故立知 $x^p + y^p = z^p$ 无解，证毕。

再平方差、T 法则、q 规则、X 约束与费马大定理的第六个证明

对于 $z^p = (\frac{z^{p-1}+z}{2})^2 - (\frac{z^{p-1}-z}{2})^2$，X 约束要求 $z = x+y$ 及 $q = z^{p-1}$，

此明显与 T 法则和 q 规则相悖，由 T 法则知 $z < x+y$，由 q 规则知 $q < z^{p-1}$，

于是 $z^p \neq (\frac{q+x+y}{2})^2 - (\frac{z^{p-1}-z}{2})^2$，由此立知 $x^p + y^p = z^p$ 无解，证毕。

最后，需要交代一点，以 $z^p = (\frac{z^{p-1}+z}{2})^2 - (\frac{z^{p-1}-z}{2})^2$ 为载体证明大定理和

以 $(x+y)q = (\frac{q+(x+y)}{2})^2 - (\frac{q-(x+y)}{2})^2$ 为载体证明大定理明表面上看似没有本质的

区别，其实不然，公式 $(x+y)q = (\frac{q+(x+y)}{2})^2 - (\frac{q-(x+y)}{2})^2$ 来源于

公式 $x^p + y^p = (x+y)q$，而公式 $z^p = (\frac{z^{p-1}+z}{2})^2 - (\frac{z^{p-1}-z}{2})^2$ 则来源于一个假设的等式

$x^p + y^p = z^p$，它们的"遗传基因"不一样，也就是说它们的"DNA"不一样，这就像孙悟空和六耳弥猴一样，六耳弥猴如若不服，可去做"亲子监定"，哈哈！

第七章 首位数与费马大定理的证明

本章以首位数为载体证明大定理，证明十分清楚、十分简单。

一、x^n 的尾数周期表

n \ x	0	1	2	3	4	5	6	7	8	9
1	0	1	2	3	4	5	6	7	8	9
2	0	1	4	9	6	5	6	9	4	1
3	0	1	8	7	4	5	6	3	2	9
4	0	1	6	1	6	5	6	1	6	1
5	0	1	2	3	4	5	6	7	8	9

表（A）

表（A）用同余式来表示即是：$x^{4t+r} = x^r \pmod{10}$ 式（A）。

于是立刻想到，由欧拉函数可以很方便地证得式（A）。不过作者以为用表的形式给出尾数的规律，则更加直观，只要知道 x^n 的含义就能一看就懂，由表立知三个事实：

1.当 $n = 2$ 时，x^2 的尾数决不可能是 2，3，7，8 四个数；

2.当 $n = 5$ 时，x^5 的尾数走完了一个周期，回到了 $n = 1$ 状态，即又回到是数码 $0 \cdots 9$ 的一个顺序排列。这是极其重要的一点，由此立刻悟知，$x^5 + y^5 = z^5$ 一定无解，此外对于 $p > 5$ 时，$p = 4t + 5$ 的所有素数为指数时 $x^p + y^p = z^p$ 也一概无解。

3.当 $n = 3$ 时，其尾数不过是 $n = 5$（也即 $n = 1$）时的十个数码的一个不完全的顺序排

列。这又是极其重要的一点，由此也立刻悟知，$x^3 + y^3 = z^3$ 一定无解，此外对于 $p > 3$ 时，$p = 4t + 3$ 的所有素数为指数时 $x^p + y^p = z^p$ 也一概无解。由此可知对于任意一个数，其首位数也只可能是十个数码的一个排列（事实上，其任何一位数也都如此）。

二、$x^5 + y^5 = z^5$ 无解的证明

看一个例子：$27^3 + 59^3 = 225062$，其首位数为 2，于是立知与 275 最近的，并且首位数也为 2 的两个数只有 225061 与 225062，而 $225061 < 225062 < 225063$。此时如果 $2^5 + 3^5 = z^5$ 能够成立，则必然有 $225061 < z^5 < 225063$，并且 z^5 的首位数也必须是 2。

由 T 法则和由尾数周期表立知，对于此时的 z^5 而言，其首位数不可能再为 2，

由此可见 $2^5 + 3^5 = z^5$ 无解。

设 $x^5 + y^5 = (x+y)q$ 的首位数为 t，于是立知与 $(x+y)q$ 最近的，并且首位数也为 t 的两个数只有 $(x+y)q - 1$ 与 $(x+y)q + 1$，而 $(x+y)q - 1 < (x+y)q < (x+y)q + 1$。此时如果 $x^5 + y^5 = z^5$ 能够成立，则必然有 $(x+y)q - 1 < z^5 < (x+y)q + 1$，并且 z^5 的首位数也必须为 t。由 T 法则知 $z < x + y$，于是由尾数周期表立知，对于 $y < z < x + y$ 中的 z^5 而言，其首位数不可能再为 t，由此可见 $x^5 + y^5 = z^5$ 无解，证毕。

三、$x^3 + y^3 = z^3$ 无解的证明

对于 $x^3 + y^3 = z^3$，其首位数只能是 0,1,2,3,4,5,6,7,8,9 之一，于是以 $x^5 + y^5 = z^5$ 为模版，如法炮制，显然不难得到 $x^3 + y^3 = z^3$ 无解的证明。

最后我们交代一点，如果当 $n = 5$ 时，x^5 的尾数不是走完了一个周期，命题 $x^n + y^n = z^n (n \geq 3)$ 时无解自然就要改写为 $x^n + y^n = z^n (n \geq 3)$ 时在一定的条件下有解。

同样的道理，如果当 $n = 3$ 时，x^3 的尾数不是十个数码的一个不完全的顺序排列，那么事情就大不一样了，命题 $x^n + y^n = z^n (n \geq 3)$ 时无解自然就要改写为 $x^n + y^n = z^n (n \geq 3)$ 时在一定的条件下有解。

x^2 的尾数之特点与 x^3 的尾数之特点与 x^5 的尾数之特点决定了 $x^2 + y^2 = z^2$ 在一定的

条件下有解，而 $x^n + y^n = z^n (n \geq 3)$ 时无解。

有趣的是对于大定理 $x^n + y^n = z^n (n \geq 3)$ 时无解的证明，我们原本面对的是三个无穷大，n 有无穷多个，x 有无穷多个，y 有无穷多个，易知只要证明 $n = p$ 及 $n = 4$ 这两种情况便可以了，本章又进一步给出只要证明 $n = 3$ 及 $n = 5$ 这两种情况便可以了，而证明 $n = 3$ 及 $n = 5$ 这两种情况要比证明 $n = p$ 及 $n = 4$ 这两种情况简单得多得多。

第八章 尾数与费马大定理的证明

两个数相等其尾数必相等，似乎不值得一提。在阅读本章之前，谁也不会相信，这也能导致大定理的证明。然而本证明却是一个十分清楚、十分简单的证明。

一、x^n 的尾数周期表

n \\ x	0	1	2	3	4	5	6	7	8	9
1	0	1	2	3	4	5	6	7	8	9
2	0	1	4	9	6	5	6	9	4	1
3	0	1	8	7	4	5	6	3	2	9
4	0	1	6	1	6	5	6	1	6	1
5	0	1	2	3	4	5	6	7	8	9

表（A）

二、$x^5 + y^5 = z^5$ 无解的证明

看一个例子：$27^3 + 59^3 = 225062$，其尾位数为 2，于是立知与 275 最近的，并且尾位数也为 2 的两个数只有 225061 与 225063，而 $225061 < 225062 < 225063$。此时如果 $2^5 + 3^5 = z^5$ 能够成立，则必然有 $225061 < z^5 < 225063$，并且 z^5 的尾位数也必须是 2。

由 T 法则和由尾数周期表立知，对于此时的 z^5 而言，其尾位数不可能再为 2，

由此可见 $2^5 + 3^5 = z^5$ 无解。由此例如法炮制，显然可以得到证明：

设 $x^5 + y^5 = (x + y)q$ 的尾数为 t，于是立知与 $(x + y)q$ 最近的，并且尾数也为 t 的两

50

个数只有 $(x+y)q-10$ 与 $(x+y)q+10$ ，而 $(x+y)q-10<(x+y)q<(x+y)q+10$ 。此时如果 $x^5+y^5=z^5$ 能够成立，则必然有 $(x+y)q-10<z^5<(x+y)q+10$ ，并且 z^5 的尾数也必须为 t 。由 T 法则知 $z<x+y$ ，于是由尾数周期表立知对于

$(x+y)q-10<z^5<(x+y)q+10$ 中的每一个 z^5 而言，其尾数不可能再为 t ，由此可见 $x^5+y^5=z^5$ 无解，证毕。

三、$x^3+y^3=z^3$ 无解的证明

对于 $x^3+y^3=z^3$ ，其尾数只能是 $0,1,2,3,4,5,6,7,8,9$ 中的一个，于是以 $x^5+y^5=z^5$ 为模版，如法炮制，显然不难得到 $x^3+y^3=z^3$ 无解的证明。

最后我们交代一点，如果当 $n=5$ 时，x^5 的尾数不是走完了一个周期，命题 $x^n+y^n=z^n(n\geq 3)$ 时无解自然就要改写为 $x^n+y^n=z^n(n\geq 3)$ 时在一定的条件下有解。

同样的道理，如果当 $n=3$ 时，x^3 的尾数不是十个数码的一个不完全的顺序排列，那么事情就大不一样了，命题 $x^n+y^n=z^n(n\geq 3)$ 时无解自然就要改写为 $x^n+y^n=z^n(n\geq 3)$ 时在一定的条件下有解。

x^2 的尾数之特点与 x^3 的尾数之特点与 x^5 的尾数之特点决定了 $x^2+y^2=z^2$ 在一定的条件下有解，而 $x^n+y^n=z^n(n\geq 3)$ 时无解。

有趣的是对于大定理 $x^n+y^n=z^n(n\geq 3)$ 时无解的证明，我们原本面对的是三个无穷大，n 有无穷多个，x 有无穷多个，y 有无穷多个，易知只要证明 $n=p$ 及 $n=4$ 这两种情况便可以了，本章又进一步给出只要证明 $n=3$ 及 $n=5$ 这两种情况便可以了，而证明 $n=3$ 及 $n=5$ 这两种情况要比证明 $n=p$ 及 $n=4$ 这两种情况简单得多得多。

第九章 "同步"与费马大定理的证明

本章的证明再次揭秘了不定方程 $x^n+y^n=z^n$ 当 $n=2$ 时可能有解，而当 $n\geq 3$ 时一定无解的数学原理。

"同步"与费马大定理的第一个证明

一、不定方程 $x^n + y^n = z^n$ 当 $n=2$ 时可能有解

看一个例子：由同步原理可知 5^2 应由 4^2 增加一项得到，即 $5^2 = 4^2 + 9 = 4^2 + 3^2$。

又由同步原理可知 5^2 应由 3^2 增加二项得到，即 $5^2 = 3^2 + 7 + 9 = 3^2 + 4^2$。

事实上，只要是 $x^2 + y^2 = z^2$ 者无不如此。

二、大定理的证明

证：若 $x^n + y^n = z^n$（$n \geq 3$ 时）可能成立，则"同步原理"也必适用，即 z^n 可由 x^n 或 y^n 延长若干项得到，但此不可能。

当 $n \geq 3$ 时，$z^{n-1} - x^{n-1} > z - x$，$z^{n-1} - y^{n-1} > z - y$，即 z^n 不可能由 x^n 或 y^n 延长若干项得到。简言之，对于 $n \geq 3$ 而言，"同步原理"是不适用的。

综上所述，不定方程 $x^n + y^n = z^n$ 当 $n=2$ 时，可能有解，而 $n \geq 3$ 时一定无解，证毕。

"同步"与费马大定理的第二个证明

一、不定方程 $y^n - x^n = z^n$ 当 $n=2$ 时可能有解

看一个例子：由同步原理可知 4^2 应由 5^2 去掉一项得到，即 $4^2 = 5^2 - 9 = 5^2 - 3^2$。

又由同步原理可知 3^2 应由 5^2 去掉二项得到，即 $3^2 = 5^2 - (7+9) = 5^2 - 4^2$。

事实上，只要是 $y^n - x^n = z^n$ 者无不如此。

二、大定理的证明

证：若 $y^n - x^n = z^n$（$n \geq 3$ 时）可能成立，则"同步原理"也必适用，即 x^n 或 y^n 可由 z^n 去掉若干项得到，但此不可能。

当 $n \geq 3$ 时，$z^{n-1} - x^{n-1} > z - x$，$z^{n-1} - y^{n-1} > z - y$，即 x^n 或 y^n 不可能由 z^n 去掉若干项得到。简言之，对于 $n \geq 3$ 而言，"同步原理"是不适用的。

综上所述，不定方程 $y^n - x^n = z^n$ 当 $n=2$ 时，可能有解，而 $n \geq 3$ 时一定无解，证毕。

第十章 又"同步"与费马大定理的证明

本章首先由例子 $3^2 + 4^2 = 5^2$ 引入"同步删除"之慨念，然后据此证明大定理。

一、例子

例一． $3^2 + 4^2 = 5^2$，于是 $1+3+5+1+3+5+7-18 = 1+3+5+7+9-18$，

于是 $(1)+3+(5)+1+3+(5+7)-18 = (1+3+5)+7+(9)-18$，

于是我们得到 $3^1 + 4^1 = (3+4)^1$。

不必多言，以上两例想说的意思是十分明显的，其实，对于任何一个 $x^2 + y^2 = z^2$，当然无不如此，其玄机就在于"同步"！易知此时的"同步"是对三个连续奇数和进行"同步删除"。

事实上，任何一个对于 $x^2 + y^2 = z^2$ 的"同步删除"的例子都可以佐证我们对"无穷递降法"的三个注记的正确性。

二、大定理的证明

如果 $x^p + y^p = z^p$ 可能成立，当然也应当有此"同步删除"之一说，然此不可能。

由于"漏孔"的原因，使得 x^p，y^p，z^p 三个连续奇数和的所有项都风马牛不相及，并且 y^p 的连续奇数和的首项远大于 x^p 的连续奇数和的末项，z^p 的连续奇数和的首项远大于 y^p 的连续奇数和的末项，z^p 的连续奇数和的首项更是远远大于 x^p 的连续奇数和的末项，因此不可能对 x^p 删除若干项和对 y^p 删除若干项使之与符合 T 法则的 z 所对应的 z^p 删除若干项相等；换句话说，只可能对 x^p 删除若干项和对 y^p 删除若干项使之与 $(x+y)q$ 删除若干项相等；再换句话说，只可能对 x^p 删除若干项和对 y^p 删除若干项和从 $(x+y)q$ 删除若干项使之成为 $x^1 + y^1 = (x+y)^1$，由此立知 $x^p + y^p = z^p$ 无解，证毕。

例 1． $2^3 + 3^3 = 5 \times 7$，于是 $2^3 + 3^3 - 30 = 5 \times 7 - 30$，

于是 $2^3 - 6 + 3^3 - 24 = 5 \times 7 - 30$，我们得到 $2^1 + 3^1 = 5^1 = (2+3)^1$。

例 2． $8^3 + 15^3 = 23 \times 169$，于是 $(8^3 - 504) + (15^3 - 3360) = 23 \times 169 - 3864$，

我们得到 $8^1 + 15^1 = 23^1 = (8+15)^1$。

第十一章 再"同步"与费马大定理的证明

本章首先由例子 $3^2+4^2=5^2$ 及 $8^2+15^2=17^2$ 引入"同步插入"之慨念，然后据此证明大定理。

一、两个例子

例一． $3^1+4^1=(3+4)^1$，于是 $3^1+4^1+18=(3+4)^1+18$，

于是 $3^1+4^1+(6+12)=(3+4)^1+18$，于是 $(3^1+6)+(4^1+12)=(7)^1+18$，

于是我们得到 $3^2+4^2=5^2$。

例二． $8^1+15^1=(8+15)^1$，于是 $8^1+15^1+266=(8+15)^1+266$，

于是 $8^1+15^1+(56+210)=(8+15)^1+266$，于是 $(8^1+56)+(15^1+210)=(23)^1+266$，

于是我们得到 $8^2+15^2=17^2$。

不必多言，以上两例想说的意思是十分明显的，其实，对于任何一个 $x^2+y^2=z^2$，当然无不如此，其玄机就在于"同步"！易知此时的"同步"并不是对三个连续奇数和的同步延长，而是对三个相关的三者进行同步插入。

细看例一就更明白同步插入的意思了。

例一． $3^1+4^1=(3+4)^1$，于是 $3^1+4^1+18=(3+4)^1+18$，

于是 $1+(3)+5+4+12=1+3+5+(7)+9$，注意： $4+12=4^2=1+3+5+7$。

二、大定理的证明

如果 $x^p+y^p=z^p$ 可能成立，当然也应当有此"同步插入"之一说，然此不可能。

由于"漏孔"的原因，使得 x^p，y^p，z^p 三个连续奇数和的所有项都风马牛不相及，并且 y^p 的连续奇数和的首项远大于 x^p 的连续奇数和的末项，z^p 的连续奇数和的首项远大于 y^p 的连续奇数和的末项，z^p 的连续奇数和的首项更是远远大于 x^p 的连续奇数和的末项，因此不可能对 x^p 中的某一项插入若干项和对 y^p 中的某一项插入若干项使之成为 z^p；换句话说，只可能对 x 插入若干项和对 y 插入若干项使之与 $(x+y)^1$ 插入若干项使之成为

$x^p+y^p=(x+y)q$，由此立知 $x^p+y^p=z^p$ 无解，证毕。

例1． $2^1+3^1=(2+3)^1=5^1$，于是 $2^1+3^1+30=5^1+30$，

于是 $(2^1+6)+(3^1+24)=5^1+30$，我们得到 $2^3+3^3=35=5\times 7$。

例 2. $8^1+15^1=(8+15)^1=23^1$，于是 $8^1+15^1+3864=23^1+3864$，

于是 $(8^1+504)+(15^1+3360)=23^1+3864$，我们得到 $8^3+15^3=23^1=23\times 169$。

三、话说玄机

对于 x^2，y^2，$z^2(x<y<z)$ 而言，它们都是首项为1的连续奇数和，z^2 中包含 y^2 的所有项，y^2 中包含 x^2 的所有项，z^2 中更是包含 x^2 的所有项，故对于 x^2 或 y^2 进行同步延长，都可以得到 z^2，对于 x^2 和 y^2 进行同步插入，也可以得到 z^2。

而对于 x^p，y^p，$z^p(x<y<z)$ 而言，三者之间互不可见，自然便无此"延长"与"插入"之一说了。

作者说过，$x^2+y^2=z^2$ 有条件地有解，而 $x^p+y^p=z^p$ 一定无解，是因为两者之间有本质的区别，其实对于任意的 x^2 而言，其都是一个自1开始的连续奇数和，并且 x 每增大1，x^2 的中值与项数也只不过增大1。

而对于任意的 x^p 而言，其不是一个自1开始的连续奇数和，并且随着 x 取值增大，x^p 的首项之值增大很快，这就是两者之间最重要的本质的区别之一，本书中有相当多的对大定理的证明，其依据盖源于此。$x^p+y^p=z^p$ 一定无解，根源就在于 x^p 中无"1"并且 x 取值不同，x^p 的首项之值也大不同，真是缺"1"不可啊！

第十二章 "升值"、"升幂"与费马大定理的证明

本章先建立"升值"、"升幂"，"降值"、"降幂"的概念，然后利用之证明大定理。

"升值"、"升幂"与费马大定理的第一个证明

一、"升值"与"升幂"

我们称：

$x^n\to y^n(y>x)$ 谓之"升值"，因为此时指数不变而底数之值有所增加。

$x^n\to x^m(m>n)$ 谓之"升幂"，因为此时底数不变而指数之值有所增加。

式中记号"→"读作"演变为"，当然"演变"必须"有理"而不是"乱变"。

三个事实

1. 熟知 x^2 是连续奇数和的一个有序覆盖。

2. 熟知 x^3 是连续奇数和的一个有序划分。

3. 熟知 x^n（$n = 4$，5，$6\ldots$）将连续奇数和划分成为一个又一个互不相交的子集，并且 x 愈大，n 愈大，则 x^n 与 $(x+r)^n$ 之间的奇数漏孔愈多。

二、大定理的证明

1. 由第一个事实可知对于 x^2 而言，其可以升值，即 $(x+r)^2$ 可由 x^2 增加 r 项得到，例如 $5^2 = (1+3+5) + (7+9) = 3^2 + 4^2 = (1+3+5+7) + 9 = 4^2 + 3^2$，

事实上，只要是 $x^2 + y^2 = z^2$ 者无不如此。x^2 可以升值就是不定方程 $x^n + y^n = z^n$，当 $n = 2$ 时，可能有解的理论依据。

还有一点必须提及，即不论 x 取何值，x^2 之首项必为 1，这一点也是不定方程 $x^n + y^n = z^n$，当 $n = 2$ 时，可能有解的另一个理论依据。

2. 由第二个事实可知对于 x^3 而言，x^3 与 $(x+r)^3 (r \geq 1)$ 之首项必不相同，故当 $(x, y) = 1 (y = x + r)$ 时，x^3 既不可能升幂，也不可能升值。

因此不定方程 $x^3 + y^3 = z^3$，一定无解。

需要注意的是当 $(x, y) \neq 1$ 时 x^3 可能升值，这一点由第二个事实不难明白。看一个例子：$7 + 9 + 11 + 13 + 15 + 17 + 19 + 21 + 23 + 25 + 27 + 29 = 18 \times 12 = 216 = 6^3$，这就是说 6^3 是由 3^3 延长 9 项而得到的，这是一个"升值"的例子。然而此时 $(3，6) = 3$。事情至此已经十分清楚了，若 $y > x$ 且 $(x，y) = 1$，则绝对不可能如此得到 $x^n \to y^n$。

3. 由第三个事实可知对于 $x^n (n \geq 4)$ 而言，x^4 与 $(x+r)^4 (r \geq 1)$ 之首项必不相同，并且其间有很多漏孔，故可以肯定 $x^n (n \geq 4)$ 增加 r 项既不可能升幂，也不可能升值。

因此不定方程 $x^n + y^n = z^n (n \geq 4)$ 时，也一定无解。

56

"降值"与"降幂"与费马大定理的第二个证明

一、"降值"与"降幂"

我们称

$y^n \to x^n\,(y>x)$ 谓之"降值",因为此时指数不变而底数之值有所减少。

$x^m \to x^n\,(m>n)$ 谓之"降幂",因为此时底数不变而指数之值有所减少。

式中记号"→"读作"演变为"。

三个事实

1. 熟知 x^2 是连续奇数和的一个有序覆盖。

2. 熟知知 x^3 是连续奇数和的一个有序划分。

3. 熟知 x^n（$n=4$，5，$6\ldots$）将连续奇数和划分成为一个又一个互不相交的子集，

并且 x 愈大，n 愈大，则 x^n 与 $(x+r)^n$ 之间的奇数漏孔愈多。

二、大定理的证明

1. 由第一个事实可知对于 x^2 而言，其可能降值，即 x^2 可由 $(x+r)^2$ 减少 r 项得到，例

如
$$3^2 = (1+3+5+7+9)-(7+9) = 5^2-4^2,$$
$$4^2 = (1+3+5+7+9)-9 = 5^2-3^2$$

事实上，只要是 $y^2-x^2=z^2$ 者无不如此。x^2 可以降值就是不定方程 $y^2-x^2=z^2$，当

$n=2$ 时，可能有解的理论依据。

还有一点必须提及，即不论 x 取何值，x^2 之首项必为 1，这一点也是不定方程

$y^2-x^2=z^2$，当 $n=2$ 时，可能有解的另一个理论依据。

2. 由第二个事实可知对于 x^3 而言，x^3 与 $(x+r)^3(r\geq 1)$ 之首项必不相同，故当

$(x,y)=1$ 时，x^3 既不可能降幂，也不可能降值，因此不定方岑程 $y^3-x^3=z^3$，一定无解。

需要注意的是当 $(x,y)\neq 1$ 时 x^3 可能降值，这一点由第二个事实不难明白。看一个例子：

$$3^3 = (7+9+11+13+15+17+19+21+23+25+27+29)$$
$$-(13+15+17+19+21+23+25+27+29) = 6^3-21\times 9$$

，这就是说 3^3 是由 6^3 减少 9

项而得到的，这是一个"降值"的例子。然而此时 $(3，6)=3$。事情至此已经十分清楚了，

若 $y > x$ 且 $(x, y) = 1$，则绝对不可能如此得到 $y^n \to x^n$。

3. 由第三个事实可知对于 $x^n (n \geq 4)$ 而言，x^4 与 $(x + r)^4 (r \geq 1)$ 之首项必不相同，并且其间有很多漏孔故 $x^n (n \geq 4)$ 肯定既不可能降幂，也不可能降值。

因此不定方程 $y^n - x^n = z^n \ (n \geq 4)$ 时，也一定无解。

第十三章 "平方情"与费马大定理的证明

本章先建立 x^n 的几何背景图演化过程的"平方情"，然后利用之证明大定理。

"平方情"与费马大定理的第一个证明

一、割舍不了的"平方情"

有一首歌唱的是"人鬼不了情"，对于 x^n 而言，它与"鬼"没有什么不了情，而却有一段割舍不了的"平方情"！

看一看 x^n 的演化过程：

当 n 为奇数时，$x^n = x \times x^{(\frac{n-1}{2})^2}$，此时 $x^n = \square + \square + \cdots + \square$ 图（A）

上式右端为 x 个正方形面积之和；每个正方形的边长为 $x^{\frac{n-1}{2}}$，其面积为 $(x^{\frac{n-1}{2}})^2$。

当 n 减 1，则 x^n 降幂一次，此时 $n-1$ 为偶数，我们有：

$$x^{n-1} = x^{(\frac{n-1}{2})^2} = \square \quad \text{图（} B \text{）}$$

上式右端为一个正方形，其边长为 $x^{\frac{n-1}{2}}$，而面积为 $x^{(\frac{n-1}{2})^2}$，等等，等等。

于是，当 $x^n \to x^{n-1} \to x^{n-2} \to x^{n-3} \to \cdots \to x^2$ 时，则它们的几何背景便在图（A）与图（B）之间不断地一次又一次地互相转换；即由 x 个正方形的面积和，合并成一个正方形，又由一个正方形分拆为 x 个正方形的面积和。总而言之，离不开"正方形"，离不开"平方数"，浓浓的"平方情"无法割舍。

二、大定理的证明

对于 $x^p + y^p = (x + y)q$ 而言，其几何背景对正方形冷眼相看，无一点平方恋情。

由此可知不定方程 $x^p + y^p = z^p$ 一定无解。

需要说明的是当 x，y 取某些值时 $(x+y)q$ 的几何背景图可为 $x+y$ 个正方形的面积

和，例如：$3^3 + 8^3 = 11 \times 49$，$5^3 + 8^3 = 13 \times 49$，然此与彼之"平方情"并不一样。

"平方情"与费马大定理的第二个证明

一、割舍不了的"平方情"

有一首歌唱的是"人鬼不了情"，对于 x^n 而言，真是有一段割舍不了的"平方情"！

看一看 x^n 的演化过程：

当 n 为奇数时，$x^n = x \times x^{(\frac{n-1}{2})^2}$，此时 $x^n = \boxed{} + \boxed{} + \cdots + \boxed{}$ 图（A）

上式右端为 x 个正方形面积之和；每个正方形的边长为 $x^{\frac{n-1}{2}}$，其面积为 $(x^{\frac{n-1}{2}})^2$。

当 n 减 1，则 x^n 降幂一次，此时 $n-1$ 为偶数，我们有：

$$x^{n-1} = x^{(\frac{n-1}{2})^2} = \boxed{} \quad \text{图（B）}$$

上式右端为一个正方形，其边长为 $x^{\frac{n-1}{2}}$，而面积为 $x^{(\frac{n-1}{2})^2}$，等等，等等。

于是，当 $x^n \rightarrow x^{n-1} \rightarrow x^{n-2} \rightarrow x^{n-3} \rightarrow \cdots \rightarrow x^2$ 时，则它们的几何背景便在上面两图之间不断地一次又一次地互相转换；即由 x 个正方形的面积和，合并成一个正方形，又由一个正方形分拆为 x 个正方形的面积和。总而言之，离不开"正方形"，离不开"平方数"。

二、大定理的证明

对于 $y^p - x^p = (y-x)g$ 而言，其几何背景对正方形冷眼相看，无一点平方恋情。

由此可知不定方程 $y^p - x^p = z^p$ 一定无解。

需要说明的是当 x，y 取某些值时 $(y-x)g$ 的几何背景图可为 $y-x$ 个正方形的面积

和，例如：$5^3 - 3^3 = 2 \times 49$，然此与彼之"平方情"并不一样。

第十四章 "显见"与费马大定理的证明（一）

本章利用 $x^2 + y^2 = z^2$ 先建立"显见"之概念，然后利用之证明大定理。

一、$x^2 + y^2 = z^2$ 成立的几何背景

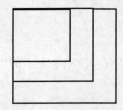

图中最小的正方形面积表示 x^2，次大的正方形面积表示 y^2，最大的正方形面积表示 z^2。当然 y^2 中显见 x^2，z^2 中显见 y^2，并且 z^2 通过 y^2 又显见 x^2。

二、$x^p + y^p = z^p$ 可能成立应有的几何背景

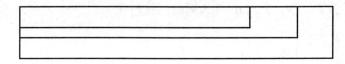

图中最小的长方形面积表示 x^p，次大的长方形面积表示 y^p，最大的长方形面积表示 z^p。当然也应当 y^p 中显见 x^p，z^p 中显见 y^p，并且 z^p 通过 y^p 又显见 x^p，然而此不可能。

三、大定理的证明

对于 $x^p + y^p = (x + y)q$ 由平均值原理可知 $x^{p-1} < q < y^{p-1}$。

于是等式 $x^p + y^p = (x + y)q$ 的几何背景是

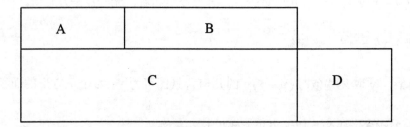

图中 A 的面积为 x^p 其两条边分别为 x 与 x^{p-1}，$C + D$ 的面积为 y^p 其两条边分别为 y 与 y^{p-1}，$A + B + C$ 的面积为 $(x + y)q$ 其两条边分别为 $x + y$ 与 q，显然 $A + B + C$ 中无法显见 $C + D$，由此立知 $x^p + y^p = z^p$ 无解，证毕。

第十五章 "显见"与费马大定理的证明（二）

考察下图：

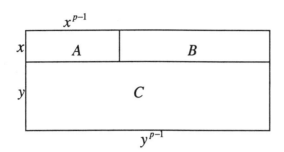

图中 A 的面积表示 x^p，其两条边边分别为 x 与 x^{p-1}，图中 C 的面积表示 y^p，其两条边分别为 y 与 y^{p-1}，显然只有在 $A+B+C$ 中才能显见 A 和 C，注意 $A+B+C > A+C$，并且 $A+B+C$ 是能覆盖 $A+C$ 的最小长方形，由 z^p 的模型（B）立知 $x^p + y^p = z^p$ 无解，证毕。

第十六章 "显见"、"隐见"与费马大定理的证明（一）

本章利用 $3^2 + 4^2 = 5^2$ 建立"显见"、"隐见"的概念，然后据此证明大定理，其思路奇特而有趣。

一、看例子 $3^2 + 4^2 = 5^2$

考察 $3^2 + 4^2 = 5^2$，下面的三个条件是一眼可见并且缺一不可：

1. $3 < 4 < 5$；

2. 3^2，4^2，5^2 都是一个连续奇数和，它们的几何背景都是一个正方形；

3. 5^2 只能由 4^2 增加一项或者由 3^2 增加二项而得到。

于是上面的三个条件确定了一个几何事实：

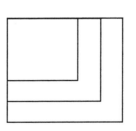

图中最小的正方形面积表示 3^2，次大的正方形面积表示 4^2，最大的正方形面积表示 5^2。

几何背景肯定了在 5^2 中可以见到 4^2，在 4^2 中可以见到 3^2，当然 5^2 也通过 4^2 见到了 3^2，这些是一眼就能看到的。此"见"是指原模原样地看到，故谓之为"显见"。事实上，

在 5^2 中还可以再一次见到 4^2，不过相对于"显见"而言这是"隐见"，如图(A)所示。

图中最小的正方形面积表示 3^2，最大的正方形面积表示 5^2，

阴影部分所示的面积即为在 5^2 中"隐见"的 4^2。

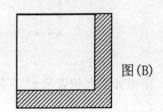

图(A)

同理在 5^2 中也可以"隐见" 3^2，如图(B)所示

图中最小的正方形面积表示 4^2，最大的正方形面积表示 5^2，阴

影部分所示的面积即为在 5^2 中"隐见"的 3^2。

图(B)

这里以 $3^2 + 4^2 = 5^2$ 的几何背景来叙述"显见"与"隐见"

的概念，当然是为了避免冗长而又不易表达清楚的叙述。

事实上任何一组勾股数都无不如此，对 $x^2 + y^2 = z^2$ 而言，都一定能在 z^2 中显见 y^2，

并且又能够隐见到 y^2，也一定能在 z^2 中显见 x^2，并且又能够隐见到 x^2。

二、大定理的证明

由 $x^{p-1} < q < y^{p-1}$ 可知等式 $x^p + y^p = (x+y)q$ 的几何背景是

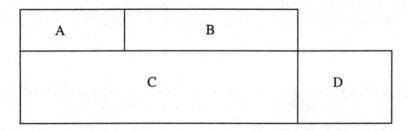

图中 A 的面积为 x^p，其两条边分别为 x 与 x^{p-1}，$C+D$ 的面积为 y^p，其两条边分别

为 y 与 y^{p-1}，$A+B+C$ 的面积为 $(x+y)q$，其两条边分别为 $x+y$ 与 q。显然在 $(x+y)q$

中不能显见 y^p，当然更谈不上"隐见" y^p 了。由此立知 $x^p + y^p = z^p$ 无解，证毕。

第十七章 "显见"、"隐见"与费马大定理的证明（二）

考察下图：

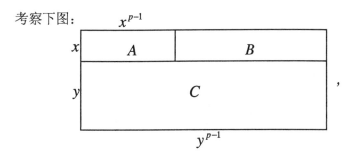

图中 A 的面积表示 x^p，其两条边边分别为 x 与 x^{p-1}，图中 C 的面积表示 y^p，其两条边分别为 y 与 y^{p-1}，显然只有在 $A+B+C$ 中才能显见 A 和 C，并且易知 $A+B+C$ 又通过 C 隐见 A；注意 $A+B+C>A+C$，并且 $A+B+C$ 是能覆盖 $A+C$ 的最小矩形，由 z^p 的模型（B）立知 $x^p+y^p=z^p$ 无解，证毕。

少时写过的作文"观钱塘江大潮"立时在脑海中涌现：

"钱潮在规模上虽不能与大海、大洋中的大潮相比，然而从中却可以看到它比之更甚的咆哮、奔腾、怒不可遏、压倒一切的气势，这种气势是中国的，这种气势是中华民族的！"

数学是一个容不得半点矛盾的和谐王国。一个命题若能与以往的已知事实和谐相处，则必为真；一个命题只要与以往已知的事实有一点相悖，则必然不真。数学中的已知事实，恰如钱江潮一样地怒涛汹涌，它一方面接纳着一朵又一朵真、善、美的新浪花；另一方面又拒绝着一团又一团假、恶、丑的污泥浊水。

第十八章 "显见"与费马大定理的初等证明

本章以公式 $x^2+y^2=z^2$ 的模型讨论"显见"，然后用比较法证明大定理，思路可谓"别出心裁"，既简单又有效。

一、显见

熟知当 $x=2mn$，$y=m^2-n^2$，$z=m^2+n^2$ 时，它们是一组勾股弦数，我们称它们为 $x^2+y^2=z^2$ 的模型（A），作者一直认定由 $x^2+y^2=z^2$ 出发用比较法一定可以证明大定理，由此可以肯定模型（A）中应当隐藏着一个大定理的证明。

由连续奇数和的分拆公式立知下面的三个连续奇数和：

连续奇数和一。$(z=m^2+n^2)^2=1+3+5+\cdots+2(m^2+n^2)-1$，

连续奇数和二。$(z=m^2-n^2)^2=1+3+5+\cdots+2(m^2-n^2)-1$，

连续奇数和三。$(2mn)^2=1+3+5+\cdots+2(2mn)-1$。

显然 $2(m^2+n^2)>2(m^2-n^2)>2mn$，于是在连续奇数和一中可以显见连续奇数和二，在连续奇数和一中可以显见连续奇数和三，在连续奇数和二中可以显见连续奇数和三。

例子：在模型（A）中令 $m=4$，$n=1$，则 $x=8$，$y=15$，$z=17$，$8^2+15^2=17^2$。

$8^2=1+3+\cdots+15$，$15^2=1+3+\cdots+29$，$17^2=1+3+\cdots+31$。

二、大定理的证明

如果 $x^p+y^p=z^p$ 可能成立，当然也应当有此显见一说，即在 z^p 中显见 y^p，在 z^p 中显见 x^p，即在 y^p 中显见 x^p，然此不可能。

考察公式 $x^p+y^p=(x+y)q$，由平均值原理可知 $x^{p-1}<q<y^{p-1}$，于是在 $(x+y)q$ 中只可能显见 x^p，而不可能显见 y^p，由此立知 $x^p+y^p=z^p$ 无解，证毕。

第十九章 "显见隐见"与费马大定理的初等证明

本章以公式 $x^2+y^2=z^2$ 的模型讨论"显见隐见"，然后用比较法证明大定理，思路可谓"别出心裁"，既简单又有效。

一、显见隐见

熟知当 $x=2mn$，$y=m^2-n^2$，$z=m^2+n^2$ 时，它们是一组勾股弦数，我们称它们为 $x^2+y^2=z^2$ 的模型（A）。

由连续奇数和的分拆公式立知下面的三个连续奇数和：

连续奇数和一。$(z=m^2+n^2)^2=1+3+5+\cdots+2(m^2+n^2)-1$，

连续奇数和二。$(z=m^2-n^2)^2=1+3+5+\cdots+2(m^2-n^2)-1$，

连续奇数和三。$(2mn)^2=1+3+5+\cdots+2(2mn)-1$。

显然 $2(m^2+n^2)>2(m^2-n^2)>2mn$，又 $(m^2+n^2)^2-(m^2-n^2)^2=(2mn)^2$

64

于是在连续奇数和一中可以显见连续奇数和二,并且在连续奇数和一中又可以隐见连续奇数和二。

二、大定理的证明

如果 $x^p + y^p = z^p$ 可能成立,当然也应当有此显见、隐见一说,即在 z^p 中可以显见 y^p,在 z^p 中又可以隐见 y^p,然此不可能。

考察公式 $x^p + y^p = (x+y)q$,由平均值原理可知 $x^{p-1} < q < y^{p-1}$,于是在 $(x+y)q$ 中只可能显见 x^p,而不可能显见 y^p,当然就更谈不上可能隐见 y^p 了,

由此立知 $x^p + y^p = z^p$ 无解,证毕。

第二十章 费马大定理的两种情况与费马大定理的证明

本章的证明真正是"高手对决"、"鲍丁解牛"、"一招锁喉",简单、明了,直捣黄龙!

费马大定理的两种情况与费马大定理的第一个证明

一、费马大定理的两种情况

对于 $x^p + y^p = (x+y)q$ 而言,其两个因子 $x+y$ 与 q 之关系只可能有两种情况:

1. $(x+y, q) = 1$,我们将其称为大定理的第一种情况。

2. $(x+y, q) = p$,我们将其称为大定理的第二种情况。

我国初等数论大家柯召、孙琦先生在小册子《谈谈不定方程》(上海教育出版社 1980 年 8 月第一版)中曾断言:初等数论只能解决大定理的第一种情况;此一小册子,作者拜读久矣,几乎耳熟能详,然不知道此断言有何依据?此断言真令作者久思不解,难以信服。如今,作者能够断定此一说只是一种主观臆断,并非有什么依据。

二、费马大定理的第二种情况之证明

由杨辉三角的第 p 行可得公式

$x^p + y^p = (x+y)^p - pxyt(A)$ 式,于是 $q = \dfrac{(x+y)^p - pxyt}{x+y}$,由于 $(x+y, xy) = 1$,因此

必然有 $t = (x+y)t_1$,于是 $q = (x+y)^{p-1} - pxyt_1(B)$ 式。

例子:$2^3 + 3^3 = 5 \times 7$,$7 = 25 - 3 \times 2 \times 3 \times 1$;$2^5 + 3^5 = 5 \times 55$,$55 = 625 - 5 \times 2 \times 3 \times 19$。

由 (B) 式立刻看出 (A) 式中原来隐藏的一个秘密：如果 $x+y$ 含因子 $p^r (r \geq 1)$ 则 q 含因子 p，此时 $x^p + y^p$ 一定含因子 p^{r+1}，其中 p^r 来源于 $x+y$，其中 p 来源于 q；这就是费马大定理的第二种情况，证毕。

三、大定理的证明

由大定理的两种情况立知，对公式 $x^p + y^p = (x+y)q$ 中的两个因子 $x+y$ 与 q 而言，不可能出现 $x+y = m^p$ 并且 $q = n^p$ 的情况，由此立知 $x^p + y^p = z^p$ 无解，证毕。

柯召、孙琦先生在小册子《初等数论100例》（上海教育出版社1980年5月第一版）中对费马大定理的第二种情况也有一个证明（比本证明似乎复杂一点），如果两位先生能够由此进一步对 $x+y$、q 及 $x^p + y^p$ 含因子 p 的情况做分析，世界上第一个证明大定理的人可能就不是英国人，而是中国人！两位先生未能进一步由此得到大定理的证明，实在令作者惋惜了又惋惜。

费马大定理的两种情况与费马大定理的第二个证明

一、费马大定理的两种情况

对于 $y^p - x^p = (y-x)g$ 而言，其两个因子 $y-x$ 与 g 之关系只可能有两种情况：

1. $(y-x, g) = 1$，我们将其称为大定理的第一种情况。

2. $(y-x, g) = p$，我们将其称为大定理的第二种情况。

二、费马大定理的第二种情况之证明

由公式 $y^p - x^p = (y-x)^p + pxyt (A)$ 式，立得 $g = \dfrac{(y-x)^p + pxyt}{y-x}$，

由于 $(y-x, xy) = 1$，因此必然有 $t = (y-x)t_1$，于是 $g = (y-x)^{p-1} + pxyt_1 (B)$ 式。

例子：$3^3 - 2^3 = 1 \times 19$，$19 = 1 + 3 \times 2 \times 3 \times 1$；$3^5 - 2^5 = 1 \times 211$，$211 = 1 + 5 \times 2 \times 3 \times 7$。

由 (B) 式立刻看出 (A) 式中原来隐藏的一个秘密：如果 $y-x$ 含因子 $p^r (r \geq 1)$ 则 g 含因子 p，此时 $y^p - x^p$ 一定含因子 p^{r+1}，其中 p^r 来源于 $y-x$，其中 p 来源于 g；这也就是费马大定理的第二种情况，证毕。

三、大定理的证明

由大定理的两种情况立知，对公式 $y^p - x^p = (y - x)g$ 中的两个因子 $y - x$ 与 g 而言，不可能出现 $y - x = m^p$ 并且 $g = n^p$ 的情况，由此立知 $y^p - x^p = z^p$ 无解，证毕。

本证明完整了大定理的两种情况。事实上，如果只就 $x^p + y^p = (x + y)q$ 讨论大定理的两种情况，问题只讨论了一半，作者的这一断言的正确性可以从下面的一个例子中看出来：$3^3 - 2^3 = 1 \times 19$，请问对于 $x^p + y^p = (x + y)q$ 而言可能有 $x^p + y^p = 1 \times q$ 这种情况出现吗？，事实上，两者的区别远非此一处，本书中对大定理的很多证明都是一方面证明 $x^p + y^p = z^p$ 无解，另一方面又证明 $y^p - x^p = z^p$ 无解，其理由也就在这里。我们再一次伸明对于大定理的证明，必须一证明 $x^p + y^p = z^p$ 无解，二又证明 $y^p - x^p = z^p$ 无解，方可认为是完整的、完美无缺的。

第二十一章 q 一式与费马大定理的证明
q 一式、T 法则与费马大定理的第一个证明
一、公式

由公式 $x^p + y^p = (x + y)q$ 及 $q = x^{p-1} + yt(t = \dfrac{y^{p-1} - x^{p-1}}{x + y})$ 可得公式

$w(x + y + q) - r = (x + y)(x^{p-1} + yt)$。

例子：$2^5 + 3^5 = 275 = 5 \times 55$，$t = \dfrac{3^4 - 2^4}{2 + 3} = 13$，$5 \times (2 + 3 + 55) - 25 = 5 \times (16 + 3 \times 13)$。

二、大定理的证明

对于 $w(x + y + q) - r = (x + y)(x^{p-1} + yt)$，由 T 法则知 $z < x + y$，

于是 $w(z + q) - r \neq (x + y)(x^{p-1} + yt)$，由此立知 $x^p + y^p = z^p$ 无解，证毕。

q 一式、T 法则、X 约束与费马大定理的第二个证明

对于 $w(x + y + q) - r = (x + y)(x^{p-1} + yt)$，X 约束要求 $z = x + y$，然此明显与 T 法则相悖，由 T 法则知 $z < x + y$，于是 $w(z + q) - r \neq (x + y)(x^{p-1} + yt)$，

由此立知 $x^p + y^p = z^p$ 无解，证毕。

q 一式、T 法则与费马大定理的第三个证明

对于 $w(x+y+q) - r = (x+y)(x^{p-1}+yt)$，由 T 法则知 $z < x+y$，

于是 $w(x+y+q) - r \neq z(x^{p-1}+yt)$，由此立知 $x^p + y^p = z^p$ 无解，证毕。

q 一式、T 法则、X 约束与费马大定理的第四个证明

对于 $w(x+y+q) - r = (x+y)(x^{p-1}+yt)$，X 约束要求 $z = x+y$，然此明显与 T 法则

相悖，由 T 法则知 $z < x+y$，于是 $w(x+y+q) - r \neq z(x^{p-1}+yt)$，

由此立知 $x^p + y^p = z^p$ 无解，证毕。

q 一式、T 法则与费马大定理的第五个证明

对于 $w(x+y+q) - r = (x+y)(x^{p-1}+yt)$，由 T 法则知 $z < x+y$，

于是 $w(z+q) - r \neq z(x^{p-1}+yt)$，由此立知 $x^p + y^p = z^p$ 无解，证毕。

q 一式、T 法则、X 约束与费马大定理的第六个证明

对于 $w(x+y+q) - r = (x+y)(x^{p-1}+yt)$，X 约束要求 $z = x+y$，然此明显与 T 法则

相悖，由 T 法则知 $z < x+y$，于是 $w(z+q) - r \neq z(x^{p-1}+yt)$，

由此立知 $x^p + y^p = z^p$ 无解，证毕。

q 一式、q 规则、与费马大定理的第七个证明

对于 $w(x+y+q) - r = (x+y)(x^{p-1}+yt)$，由 q 规则知 $q < z^{p-1}$，

于是 $w(x+y+z^{p-1}) - r \neq (x+y)(x^{p-1}+yt)$，由此立知 $x^p + y^p = z^p$ 无解，证毕。

q 一式、q 规则、X 约束与费马大定理的第八个证明

对于 $w(x+y+q) - r = (x+y)(x^{p-1}+yt)$，X 约束要求 $q = z^{p-1}$，然此明显与 q 规则

相悖，由 q 规则知 $q < z^{p-1}$，于是 $w(x+y+z^{p-1}) - r \neq (x+y)(x^{p-1}+yt)$，

由此立知 $x^p + y^p = z^p$ 无解，证毕。

q 一式、T 法则、q 规则与费马大定理的第九个证明

对于 $w(x+y+q) - r = (x+y)(x^{p-1}+yt)$，由 T 法则知 $z < x+y$，由 q 规则知

$q < z^{p-1}$，于是 $w(z + z^{p-1}) - r \neq (x + y)(x^{p-1} + yt)$，由此立知 $x^p + y^p = z^p$ 无解，证毕。

q 一式、T 法则、q 规则、X 约束与费马大定理的第十个证明

对于 $w(x + y + q) - r = (x + y)(x^{p-1} + yt)$，X 约束要求 $z = x + y$ 及 $q = z^{p-1}$ 然此明显

与 T 法则和 q 规则相悖，由 T 法则知 $z < x + y$，由 q 规则知 $q < z^{p-1}$，

于是 $w(z + z^{p-1}) - r \neq (x + y)(x^{p-1} + yt)$，由此立知 $x^p + y^p = z^p$ 无解，证毕。

q 一式、T 法则、q 规则与费马大定理的第十一个证明

对于 $w(x + y + q) - r = (x + y)(x^{p-1} + yt)$，由 T 法则知 $z < x + y$，由 q 规则知

$q < z^{p-1}$，于是 $w(x + y + z^{p-1}) - r \neq z(x^{p-1} + yt)$，由此立知 $x^p + y^p = z^p$ 无解，证毕。

q 一式、T 法则、q 规则、X 约束与费马大定理的第十二个证明

对于 $w(x + y + q) - r = (x + y)(x^{p-1} + yt)$，X 约束要求 $z = x + y$ 及 $q = z^{p-1}$ 然此明显

与 T 法则和 q 规则相悖，由 T 法则知 $z < x + y$，由 q 规则知 $q < z^{p-1}$，

于是 $w(x + y + z^{p-1}) - r \neq z(x^{p-1} + yt)$，由此立知 $x^p + y^p = z^p$ 无解，证毕。

q 一式、T 法则、q 规则与费马大定理的第十三个证明

对于 $w(x + y + q) - r = (x + y)(x^{p-1} + yt)$，由 T 法则知 $z < x + y$，由 q 规则知

$q < z^{p-1}$，于是 $w(z + z^{p-1}) - r \neq z(x^{p-1} + yt)$，由此立知 $x^p + y^p = z^p$ 无解，证毕。

q 一式、T 法则、q 规则、X 约束与费马大定理的第十四个证明

对于 $w(x + y + q) - r = (x + y)(x^{p-1} + yt)$，X 约束要求 $z = x + y$ 及 $q = z^{p-1}$，然此明

显与 T 法则和 q 规则相悖，由 T 法则知 $z < x + y$，由 q 规则知 $q < z^{p-1}$，

于是 $w(z + z^{p-1}) - r \neq z(x^{p-1} + yt)$，由此立知 $x^p + y^p = z^p$ 无解，证毕。

q 一式、T 法则与费马大定理的第十五个证明

对于 $w(x + y + q) + r = (x + y)(x^{p-1} + yt)$，由 T 法则知 $z < x + y$，

于是 $w(z + q) + r \neq (x + y)(x^{p-1} + yt)$，由此立知 $x^p + y^p = z^p$ 无解，证毕。

q 一式、T 法则、X 约束与费马大定理的第十六个证明

对于 $w(x + y + q) + r = (x + y)(x^{p-1} + yt)$，X 约束要求 $z = x + y$，然此明显与 T 法则

相悖，由 T 法则知 $z < x + y$，于是 $w(z + q) + r \neq (x + y)(x^{p-1} + yt)$，

由此立知 $x^p + y^p = z^p$ 无解，证毕。

q 一式、T 法则与费马大定理的第十七证明

对于 $w(x + y + q) + r = (x + y)(x^{p-1} + yt)$，由 T 法则知 $z < x + y$，

于是 $w(x + y + q) + r \neq z(x^{p-1} + yt)$，由此立知 $x^p + y^p = z^p$ 无解，证毕。

q 一式、T 法则、X 约束与费马大定理的第十八个证明

对于 $w(x + y + q) + r = (x + y)(x^{p-1} + yt)$，X 约束要求 $z = x + y$，然此明显与 T 法则

相悖，由 T 法则知 $z < x + y$，于是 $w(x + y + q) + r \neq z(x^{p-1} + yt)$，

由此立知 $x^p + y^p = z^p$ 无解，证毕。

q 一式、T 法则与费马大定理的第十九个证明

对于 $w(x + y + q) + r = (x + y)(x^{p-1} + yt)$，由 T 法则知 $z < x + y$，

于是 $w(z + q) + r \neq z(x^{p-1} + yt)$，由此立知 $x^p + y^p = z^p$ 无解，证毕。

q 一式、T 法则、X 约束与费马大定理的第二十个证明

对于 $w(x + y + q) + r = (x + y)(x^{p-1} + yt)$，X 约束要求 $z = x + y$，然此明显与 T 法则

相悖，由 T 法则知 $z < x + y$，于是 $w(z + q) - r \neq z(x^{p-1} + yt)$，

由此立知 $x^p + y^p = z^p$ 无解，证毕。

q 一式、q 规则、与费马大定理的第二十一个证明

对于 $w(x + y + q) + r = (x + y)(x^{p-1} + yt)$，由 q 规则知 $q < z^{p-1}$，

于是 $w(x + y + z^{p-1}) + r \neq (x + y)(x^{p-1} + yt)$，由此立知 $x^p + y^p = z^p$ 无解，证毕。

q 一式、q 规则、X 约束与费马大定理的第二十二个证明

对于 $w(x + y + q) + r = (x + y)(x^{p-1} + yt)$，X 约束要求 $q = z^{p-1}$，然此明显与 q 规则

相悖，由 q 规则知 $q < z^{p-1}$，于是 $w(x + y + z^{p-1}) + r \neq (x + y)(x^{p-1} + yt)$，

由此立知 $x^p + y^p = z^p$ 无解，证毕。

q 一式、T 法则、q 规则与费马大定理的第二十三个证明

对于 $w(x+y+q)+r=(x+y)(x^{p-1}+yt)$，由 T 法则知 $z<x+y$，由 q 规则知 $q<z^{p-1}$，于是 $w(z+z^{p-1})+r\neq(x+y)(x^{p-1}+yt)$，由此立知 $x^p+y^p=z^p$ 无解，证毕。

q 一式、T 法则、q 规则、X 约束与费马大定理的第二十四个证明

对于 $w(x+y+q)+r=(x+y)(x^{p-1}+yt)$，X 约束要求 $z=x+y$ 及 $q=z^{p-1}$ 然此明显与 T 法则和 q 规则相悖，由 T 法则知 $z<x+y$，由 q 规则知 $q<z^{p-1}$，

于是 $w(z+z^{p-1})+r\neq(x+y)(x^{p-1}+yt)$，由此立知 $x^p+y^p=z^p$ 无解，证毕。

q 一式、T 法则、q 规则与费马大定理的第二十五个证明

对于 $w(x+y+q)+r=(x+y)(x^{p-1}+yt)$，由 T 法则知 $z<x+y$，由 q 规则知 $q<z^{p-1}$，于是 $w(x+y+z^{p-1})+r\neq z(x^{p-1}+yt)$，由此立知 $x^p+y^p=z^p$ 无解，证毕。

q 一式、T 法则、q 规则、X 约束与费马大定理的第二十六个证明

对于 $w(x+y+q)+r=(x+y)(x^{p-1}+yt)$，X 约束要求 $z=x+y$ 及 $q=z^{p-1}$ 然此明显与 T 法则和 q 规则相悖，由 T 法则知 $z<x+y$，由 q 规则知 $q<z^{p-1}$，

于是 $w(x+y+z^{p-1})+r\neq z(x^{p-1}+yt)$，由此立知 $x^p+y^p=z^p$ 无解，证毕。

q 一式、T 法则、q 规则与费马大定理的第二十七个证明

对于 $w(x+y+q)+r=(x+y)(x^{p-1}+yt)$，由 T 法则知 $z<x+y$，由 q 规则知 $q<z^{p-1}$，于是 $w(z+z^{p-1})+r\neq z(x^{p-1}+yt)$，由此立知 $x^p+y^p=z^p$ 无解，证毕。

q 一式、T 法则、q 规则、X 约束与费马大定理的第二十八个证明

对于 $w(x+y+q)+r=(x+y)(x^{p-1}+yt)$，X 约束要求 $z=x+y$ 及 $q=z^{p-1}$ 然此明显与 T 法则和 q 规则相悖，由 T 法则知 $z<x+y$，由 q 规则知 $q<z^{p-1}$，

于是 $w(z+z^{p-1})+r\neq z(x^{p-1}+yt)$，由此立知 $x^p+y^p=z^p$ 无解，证毕。

q 一式、T 法则与费马大定理的第二十九个证明

对于 $w(x+y+q)+r=(x+y)(x^{p-1}+yt)$，式中 $t=\dfrac{y^{p-1}-x^{p-1}}{x+y}$，

由 T 法则知 $z < x+y$，于是 $t \neq \dfrac{y^{p-1}-x^{p-1}}{z}$，由此立知 $x^p + y^p = z^p$ 无解，证毕。

q 一式、T 法则、X 约束与费马大定理的第三十个证明

对于 $w(x+y+q)+r=(x+y)(x^{p-1}+yt)$，式中 $t=\dfrac{y^{p-1}-x^{p-1}}{x+y}$，

X 约束要求 $z=x+y$ 然此明显与 T 法则相悖，由 T 法则知 $z < x+y$，

于是 $t \neq \dfrac{y^{p-1}-x^{p-1}}{z}$，由此立知 $x^p + y^p = z^p$ 无解，证毕。

事实上，以 q 一式为载体给出大定理的证明远非三十个。

又关于大定理的证明

易知 $w(y-x+g)-r=(y-x)(x^{p-1}+yt)$ 及 $w(y-x+g)+r=(y-x)(x^{p-1}+yt)$，

于是以此两个公式为载体又可以给出大定理的很多证明是显而易见的，有兴趣的读者可如法炮制。

第二十二章 q 二式与费马大定理的证明

q 二式、T 法则与费马大定理的第一个证明

一、公式

由公式 $x^p + y^p = (x+y)q$ 及 $q=y^{p-1}-xt(t=\dfrac{y^{p-1}-x^{p-1}}{x+y})$ 可得公式

$w(x+y+q)-r=(x+y)(y^{p-1}-xt)$。

例子：$2^5 + 3^5 = 275 = 5 \times 55$，$t=\dfrac{3^4-2^4}{2+3}=13$，$5 \times (2+3+55)-25=5 \times (81-2 \times 13)$。

二、大定理的证明

对于 $w(x+y+q)-r=(x+y)(y^{p-1}-xt)$，由 T 法则知 $z < x+y$，

于是 $w(z+q)-r \neq (x+y)(y^{p-1}-xt)$，由此立知 $x^p + y^p = z^p$ 无解，证毕。

q 二式、T 法则、X 约束与费马大定理的第二个证明

对于 $w(x+y+q)-r=(x+y)(y^{p-1}-xt)$，X 约束要求 $z=x+y$，然此明显与 T 法则

相悖，由 T 法则知 $z<x+y$，于是 $w(z+q)-r\neq(x+y)(y^{p-1}-xt)$，

由此立知 $x^p+y^p=z^p$ 无解，证毕。

q 二式、T 法则与费马大定理的第三个证明

对于 $w(x+y+q)-r=(x+y)(y^{p-1}-xt)$，由 T 法则知 $z<x+y$，

于是 $w(x+y+q)-r\neq z(y^{p-1}-xt)$，由此立知 $x^p+y^p=z^p$ 无解，证毕。

q 二式、T 法则、X 约束与费马大定理的第四个证明

对于 $w(x+y+q)-r=(x+y)(y^{p-1}-xt)$，X 约束要求 $z=x+y$，然此明显与 T 法则

相悖，由 T 法则知 $z<x+y$，于是 $w(x+y+q)-r\neq z(y^{p-1}-xt)$，

由此立知 $x^p+y^p=z^p$ 无解，证毕。

q 二式、T 法则与费马大定理的第五个证明

对于 $w(x+y+q)-r=(x+y)(y^{p-1}-xt)$，由 T 法则知 $z<x+y$，

于是 $w(z+q)-r\neq z(y^{p-1}-xt)$，由此立知 $x^p+y^p=z^p$ 无解，证毕。

q 二式、T 法则、X 约束与费马大定理的第六个证明

对于 $w(x+y+q)-r=(x+y)(y^{p-1}-xt)$，X 约束要求 $z=x+y$，然此明显与 T 法则

相悖，由 T 法则知 $z<x+y$，于是 $w(z+q)-r\neq z(y^{p-1}-xt)$，

由此立知 $x^p+y^p=z^p$ 无解，证毕。

q 二式、q 规则、与费马大定理的第七个证明

对于 $w(x+y+q)-r=(x+y)(y^{p-1}-xt)$，由 q 规则知 $q<z^{p-1}$，

于是 $w(x+y+z^{p-1})-r\neq(x+y)(y^{p-1}-xt)$，由此立知 $x^p+y^p=z^p$ 无解，证毕。

q 二式、q 规则、X 约束与费马大定理的第八个证明

对于 $w(x+y+q)-r=(x+y)(y^{p-1}-xt)$，X 约束要求 $q=z^{p-1}$，然此明显与 q 规则

相悖，由 q 规则知 $q<z^{p-1}$，于是 $w(x+y+z^{p-1})-r\neq(x+y)(y^{p-1}-xt)$，

由此立知 $x^p + y^p = z^p$ 无解，证毕。

q 二式、T 法则、q 规则与费马大定理的第九个证明

对于 $w(x+y+q)-r=(x+y)(y^{p-1}-xt)$，由 T 法则知 $z<x+y$，由 q 规则知

$q<z^{p-1}$，于是 $w(z+z^{p-1})-r \neq (x+y)(y^{p-1}-xt)$，由此立知 $x^p+y^p=z^p$ 无解，证毕。

q 二式、T 法则、q 规则、X 约束与费马大定理的第十个证明

对于 $w(x+y+q)-r=(x+y)(y^{p-1}-xt)$，X 约束要求 $z=x+y$ 及 $q=z^{p-1}$ 然此明显

与 T 法则和 q 规则相悖，由 T 法则知 $z<x+y$，由 q 规则知 $q<z^{p-1}$，

于是 $w(z+z^{p-1})-r \neq (x+y)(y^{p-1}-xt)$，由此立知 $x^p+y^p=z^p$ 无解，证毕。

q 二式、T 法则、q 规则与费马大定理的第十一个证明

对于 $w(x+y+q)-r=(x+y)(y^{p-1}-xt)$，由 T 法则知 $z<x+y$，由 q 规则知

$q<z^{p-1}$，于是 $w(x+y+z^{p-1})-r \neq z(y^{p-1}-xt)$，由此立知 $x^p+y^p=z^p$ 无解，证毕。

q 二式、T 法则、q 规则、X 约束与费马大定理的第十二个证明

对于 $w(x+y+q)-r=(x+y)(y^{p-1}-xt)$，X 约束要求 $z=x+y$ 及 $q=z^{p-1}$ 然此明显

与 T 法则和 q 规则相悖，由 T 法则知 $z<x+y$，由 q 规则知 $q<z^{p-1}$，

于是 $w(x+y+z^{p-1})-r \neq z(y^{p-1}-xt)$，由此立知 $x^p+y^p=z^p$ 无解，证毕。

q 二式、T 法则、q 规则与费马大定理的第十三个证明

对于 $w(x+y+q)-r=(x+y)(y^{p-1}-xt)$，由 T 法则知 $z<x+y$，由 q 规则知

$q<z^{p-1}$，于是 $w(z+z^{p-1})-r \neq z(y^{p-1}-xt)$，由此立知 $x^p+y^p=z^p$ 无解，证毕。

q 二式、T 法则、q 规则、X 约束与费马大定理的第十四个证明

对于 $w(x+y+q)-r=(x+y)(y^{p-1}-xt)$，X 约束要求 $z=x+y$ 及 $q=z^{p-1}$ 然此明显

与 T 法则和 q 规则相悖，由 T 法则知 $z<x+y$，由 q 规则知 $q<z^{p-1}$，

于是 $w(z+z^{p-1})-r \neq z(y^{p-1}-xt)$，由此立知 $x^p+y^p=z^p$ 无解，证毕。

q 二式、T 法则与费马大定理的第十五个证明

对于 $w(x+y+q)+r=(x+y)(y^{p-1}-xt)$，由 T 法则知 $z<x+y$，

于是 $w(z+q)+r \neq (x+y)(y^{p-1}-xt)$，由此立知 $x^p+y^p=z^p$ 无解，证毕。

q 二式、T 法则、X 约束与费马大定理的第十六个证明

对于 $w(x+y+q)+r=(x+y)(y^{p-1}-xt)$，X 约束要求 $z=x+y$，然此明显与 T 法则

相悖，由 T 法则知 $z<x+y$，于是 $w(z+q)+r \neq (x+y)(y^{p-1}-xt)$，

由此立知 $x^p+y^p=z^p$ 无解，证毕。

q 二式、T 法则与费马大定理的第十七证明

对于 $w(x+y+q)+r=(x+y)(y^{p-1}-xt)$，由 T 法则知 $z<x+y$，

于是 $w(x+y+q)+r \neq z(y^{p-1}-xt)$，由此立知 $x^p+y^p=z^p$ 无解，证毕。

q 二式、T 法则、X 约束与费马大定理的第十八个证明

对于 $w(x+y+q)+r=(x+y)(y^{p-1}-xt)$，X 约束要求 $z=x+y$，然此明显与 T 法则

相悖，由 T 法则知 $z<x+y$，于是 $w(x+y+q)+r \neq z(y^{p-1}-xt)$，

由此立知 $x^p+y^p=z^p$ 无解，证毕。

q 二式、T 法则与费马大定理的第十九个证明

对于 $w(x+y+q)+r=(x+y)(y^{p-1}-xt)$，由 T 法则知 $z<x+y$，

于是 $w(z+q)+r \neq z(y^{p-1}-xt)$，由此立知 $x^p+y^p=z^p$ 无解，证毕。

q 二式、T 法则、X 约束与费马大定理的第二十个证明

对于 $w(x+y+q)+r=(x+y)(y^{p-1}-xt)$，X 约束要求 $z=x+y$，然此明显与 T 法则

相悖，由 T 法则知 $z<x+y$，于是 $w(z+q)-r \neq z(y^{p-1}-xt)$，

由此立知 $x^p+y^p=z^p$ 无解，证毕。

q 二式、q 规则、与费马大定理的第二十一个证明

对于 $w(x+y+q)+r=(x+y)(y^{p-1}-xt)$，由 q 规则知 $q<z^{p-1}$，

于是 $w(x+y+z^{p-1})+r \neq (x+y)(y^{p-1}-xt)$，由此立知 $x^p+y^p=z^p$ 无解，证毕。

q 二式、q 规则、X 约束与费马大定理的第二十二个证明

对于 $w(x+y+q)+r=(x+y)(y^{p-1}-xt)$，X 约束要求 $q=z^{p-1}$，然此明显与 q 规则

相悖，由 q 规则知 $q < z^{p-1}$，于是 $w(x+y+z^{p-1})+r \neq (x+y)(y^{p-1}-xt)$，由此立知 $x^p + y^p = z^p$ 无解，证毕。

q 二式、T 法则、q 规则与费马大定理的第二十三个证明

对于 $w(x+y+q)+r = (x+y)(y^{p-1}-xt)$，由 T 法则知 $z < x+y$，由 q 规则知 $q < z^{p-1}$，于是 $w(z+z^{p-1})+r \neq (x+y)(y^{p-1}-xt)$，由此立知 $x^p+y^p = z^p$ 无解，证毕。

q 二式、T 法则、q 规则、X 约束与费马大定理的第二十四个证明

对于 $w(x+y+q)+r = (x+y)(y^{p-1}-xt)$，X 约束要求 $z = x+y$ 及 $q = z^{p-1}$ 然此明显与 T 法则和 q 规则相悖，由 T 法则知 $z < x+y$，由 q 规则知 $q < z^{p-1}$，于是 $w(z+z^{p-1})+r \neq (x+y)(y^{p-1}-xt)$，由此立知 $x^p+y^p = z^p$ 无解，证毕。

q 二式、T 法则、q 规则与费马大定理的第二十五个证明

对于 $w(x+y+q)+r = (x+y)(y^{p-1}-xt)$，由 T 法则知 $z < x+y$，由 q 规则知 $q < z^{p-1}$，于是 $w(x+y+z^{p-1})+r \neq z(y^{p-1}-xt)$，由此立知 $x^p+y^p = z^p$ 无解，证毕。

q 二式、T 法则、q 规则、X 约束与费马大定理的第二十六个证明

对于 $w(x+y+q)+r = (x+y)(y^{p-1}-xt)$，X 约束要求 $z = x+y$ 及 $q = z^{p-1}$ 然此明显与 T 法则和 q 规则相悖，由 T 法则知 $z < x+y$，由 q 规则知 $q < z^{p-1}$，于是 $w(x+y+z^{p-1})+r \neq z(y^{p-1}-xt)$，由此立知 $x^p+y^p = z^p$ 无解，证毕。

q 二式、T 法则、q 规则与费马大定理的第二十七个证明

对于 $w(x+y+q)+r = (x+y)(y^{p-1}-xt)$，由 T 法则知 $z < x+y$，由 q 规则知 $q < z^{p-1}$，于是 $w(z+z^{p-1})+r \neq z(y^{p-1}-xt)$，由此立知 $x^p+y^p = z^p$ 无解，证毕。

q 二式、T 法则、q 规则、X 约束与费马大定理的第二十八个证明

对于 $w(x+y+q)+r = (x+y)(y^{p-1}-xt)$，X 约束要求 $z = x+y$ 及 $q = z^{p-1}$ 然此明显与 T 法则和 q 规则相悖，由 T 法则知 $z < x+y$，由 q 规则知 $q < z^{p-1}$，于是 $w(z+z^{p-1})+r \neq z(y^{p-1}-xt)$，由此立知 $x^p+y^p = z^p$ 无解，证毕。

事实上以 q 二式为载体给出大定理的证明远非二十八个。

易知 $w(y-x+g)-r = (y-x)(y^{p-1}+xt)$ 及 $w(y-x+g)-r = (y-x)(y^{p-1}+xt)$，

于是以此两个公式为载体又可以给出大定理的很多证明，有兴趣的读者可如法炮制。

第二十三章 z^p 的数学模型一与费马大定理的证明

本章首先为 z^p 建立数学模型，然后据此证明大定理，其思路奇特而有趣。

一、关于完全方幂 z^p 的数学模型

若 $z>1$，$p>1$，称 z^p 为一个完全方幂。设 $z = r+s(s>r>0)$，

则 $z^p = z \times z^{p-1} = (r+s) \times z^{p-1} = r \times z^{p-1} + s \times z^{p-1}$。又设 $r = a^{p-1}$，$s = b^{p-1}$，

则 $z^p = a^{p-1}z^{p-1} + b^{p-1}z^{p-1} = (az)^{p-1} + (bz)^{p-1} = x^{p-1} + y^{p-1}$ $(az=x$，$bz=y)$(a)，

显然(a)是关于完全方幂 z^p 的一个数学模型。

二、大定理的证明

考察不定方程 $x^p + y^p = z^p$(b)

比较(a)式与(b)式，可知有两点明显地相悖：

第一(a)式中 $(x,y) \neq 1$，而(b)式中 $(x,y)=1$；

第二(a)式中，等号两边的指数不同，而(b)式中，等号两边的指数相同。

此两点相悖，说明了(b)式与 z^p 的模型(a)式不符。于是不定方程 $x^n + y^n = z^n$ 无解，证毕。

三、关于 $n=2$

当 $n=2$ 时，$x^2 + y^2 = z^2$ 可能有整数解，请注意以下一个例子就足够了：

1. $5^2 = 5 \times (1+4) = 5 \times 1 + 5 \times 4 = (5 \times 1 + 4) + (5 \times 4 - 4) = 3^2 + 4^2$，

   $5^2 = 5 \times (2+3) = 5 \times 2 + 5 \times 3 = (5 \times 2 - 1) + (5 \times 3 + 1) = 3^2 + 4^2$。

2. $17^2 = 17(1+16) = 17 \times 1 + 17 \times 14 = (17 \times 1 + 47) + (17 \times 16 - 47) = 8^2 + 15^2$，

   $17^2 = 17(2+15) = 17 \times 2 + 17 \times 15 = (17 \times 2 + 30) + (17 \times 15 - 30) = 8^2 + 15^2$，等等。

3. $8^2 = 8 \times (1+7) = 8 \times 1 + 8 \times 7 = (8 \times 1 + 20) + (8 \times 7 - 20) = 28 + 6^2$，

$$8^2 = 8 \times (2+6) = 8 \times 2 + 8 \times 6 = (8 \times 2 - 1) + (8 \times 6 + 1) = 15 + 7^2 ,$$

$$8^2 = 8 \times (2+6) = 8 \times 2 + 8 \times 6 = (8 \times 2 + 23) + (8 \times 6 - 23) = 39 + 5^2 ,$$

$$8^2 = 8 \times (4+4) = (8 \times 4 + 16) + (8 \times 4 - 16) = 48 + 4^2 = 7^2 + 4^2 - 1 = 6^2 + 4^2 + 12 \text{ 等等。}$$

四、玄机所在

以上证明，实际上揭露了一个 $x^p + y^p = z^p$ 当 ($n \geq 3$ ， $(x,y)=1$) 时无解，而 $x^2 + y^2 = z^2$ 可能有解的玄机，请读者考虑。

五、一个重要的佐证

以上对 $x^p + y^p = z^p (n \geq 3 ，(x,y)=1)$ 时无解，而 $x^2 + y^2 = z^2$ 可能有解的讨论充分佐证了本书对无穷下降法的三个注记正确性。

当 $n = 1$ 时，两个带根本性的矛盾得到了统一：

1. $x^p + y^p = z^p (n \geq 3 ，(x,y)=1)$ 时无解，而 $x^2 + y^2 = z^2$ 可能有解的矛盾得到了统一，此时 n 已无法再降，因此 $x^1 + y^1 = (x+y)^1$ 是不定方程 $x^n + y^n = z^n$ 的唯一解。

2. x 规则要求 $z = x + y$，T 法则要求 $z < x + y$ 的矛盾得到了统一，此时 $z = x + y$。

一个数学命题是否正确，一定可以从不同的角度、不同的方面得到佐证。

模型 $a^n = b^{n-1} + c^{n-1}$ 十分简单，然而讨论大定理 $x^p + y^p = z^p$，却是有的放矢。

第二十四章 z^p 的数学模型二与费马大定理的证明

本章首先为 z^p 建立又一个数学模型，然后据此证明大定理。

一、关于完全方幂 z^p 的数学模型

若 $z > 1$，$n > 1$，称 z^p 为一个完全方幂。

设 $z = s - r(s > r > 0)$，则 $z^p = z \times z^{p-1} = (s-r) \times z^{p-1} = s \times z^{p-1} - r \times z^{p-1}$，

又设 $s = a^{p-1}$，$r = b^{p-1}$，则 $z^p = a^{p-1} z^{p-1} - b^{p-1} z^{p-1} = y^{p-1} - x^{p-1}$ (a)。

显然(a)是一个关于完全方幂 z^p 的又一个数学模型。

二、大定理的证明

考察不定方程 $y^p - x^p = z^p$ （b），比较(a)式与(b)式，可知有两点明显地相悖：

第一(a)式中 $(y^{p-1}, x^{p-1}) \neq 1$，而(b)式中 $(y^p, x^p) = 1$；

第二(a)式中 等号两边的指数不同，而(b)式中等号两边的指数相同。

此两点相悖，说明了(b)式与 z^p 的模型(a)式不符，于是不定方程 $y^p - x^p = z^p$ 无解，证毕。

其余的讨论，留给读者吧。

第二十五章 z^p 的数学模型三与费马大定理的证明

本章首先为 z^n 建立又一个数学模型，然后据此证明大定理。

一、关于完全方幂 z^n 的数学模型

若 $z > 1$，$n > 1$ 称 z^n 为一个完全方幂。

此时恒有 $z^n = zz^{n-1} = (z+r) + (z^n - (z+r))$ (a)，显然(a)是关于完全方幂 z^n 的又一个数学模型。

二、关于 $x^2 + y^2 = z^2$

在(a)式中取 $n = 2$，可得 $z^2 = zz^1 = (z+r) + (z^2 - (z+r))$ （b）

显然(b)是关于完全方幂 z^2 的一个数学模型。

事实上，当 $z + r = x^2$ 时，如果 $z^2 - (z+r) = y^2$，则 x，y，z 便是一个直角三角形。

需知，对于任意一个 z，$z + r = x^2$ 是一定可以做到的，问题在于此时 $z^2 - (z+r) = y^2$ 是否成立，因此 $x^2 + y^2 = z^2$ 肯定是有条件的。例如当 $z = 5$ 时，$5 + 4 = 3^2$，

$5^2 - (5+4) = 4^2$，则3，4，5便是一个直角三角形。又例如当 $z = 17$ 时，$17 + 47 = 8^2$，

$17^2 - (17+47) = 15^2$，则8，15，17便是一个直角三角形。事实上，易知只要 $x = 2mn$，

$y = m^2 - n^2$，$z = m^2 + n^2$，$z + r = x^2$ 及 $z^2 - (z+r) = y^2$ 就都能成立。

三、关于 $x^p + y^p = z^p$

在(a)式中取 $n = p$ ，可得 $z^p = zz^{p-1} = (z+r) + (z^p - (z+r))$ (c)

显然(c)是关于完全方幂 z^p 的一个数学模型。

事实上，当 $z+r = x^p$ 时，如果 $z^p - (z+r) = y^p$ ，则就有 $x^p + y^p = z^p$ 。

需知，对于任意一个 z ，$z+r = x^p$ 是一定可以做到的，问题在于此时 $z^p - (z+r) = y^p$ 不可能成立，这是因为对于任意的 $x < y < z$ ，z^p 中不能包容 x^p ，y^p 中也不能包容 x^p ，z^p 中也不能包容 y^p 。（注意，对于任意的 $x < y < z$ ，z^2 中能包容 x^2 ，y^2 中也能包容 x^2 ，z^2 中又能包容 y^2 。）由此立知 $x^p + y^p = z^p$ 无解，证毕。

看一个例子：取 $z = 5$ ，则 $5 + 22 = 27 = 3^3$ 而 $5^3 - (5 + 22) = 98$ ，$\sqrt[3]{98} \approx 4.6$ 。

事实上，当 $z+r = x^p$ 时 $z^p - (z+r) = y^p$ 不可能成立是一目了然的，其证明方法远非一种。

同样的方法可证 $y^p - x^p = z^p$ 无解。

第二十六章 公式(A)与费马大定理的证明

本章首先推导出一个公式，然后据此证明大定理。

公式(A)、T法则与费马大定理的第一个证明

一、公式

由公式 $x^p + y^p = (x+y)^p - pxyt_1$ 及公式 $x^p + y^p = (x+y)q$ 可得公式

$(x+y)^p = (x+y)q + pxy(x+y)t$ ，它的几何背景为：

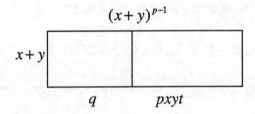

由此几何背景可得公式 $q + pxyt = (x+y)^{p-1}$ (A) 。

例子：$2^3 + 3^3 = 5 \times 7$ ，$7 + 3 \times 2 \times 3 \times 1 = 5^2 = 25$ ，

$2^5 + 5^5 = 7 \times 451$，$451 + 5 \times 2 \times 5 \times 39 = 7^4 = 2401$。

二、大定理的第一个证明

对于 $q + pxyt = (x+y)^{p-1}$，由 T 法则知 $z < x+y$，于是 $q + pxyt \neq z^{p-1}$，

由此立知 $x^p + y^p = z^p$ 无解，证毕。

公式 (A)、T 法则、X 约束与费马大定理的第二个证明

对于 $q + pxyt = (x+y)^{p-1}$，X 约束要求 $z = x+y$，但此明显与 T 法则相悖，由 T 法则

知 $z < x+y$，于是 $q + pxyt \neq z^{p-1}$，由此立知 $x^p + y^p = z^p$ 无解，证毕。

公式 (A)、q 规则与费马大定理的第三个证明

对于 $q + pxyt = (x+y)^{p-1}$，由 q 规则知 $q < z^{p-1}$，于是 $z^{p-1} + pxyt \neq (x+y)^{p-1}$，

由此立知 $x^p + y^p = z^p$ 无解，证毕。

公式 (A)、q 规则、X 约束与费马大定理的第四个证明

对于 $q + pxyt = (x+y)^{p-1}$，X 约束要求 $q = z^{p-1}$，但此明显与 q 规则相悖，由 q 规则知

$q < z^{p-1}$，于是 $z^{p-1} + pxyt \neq (x+y)^{p-1}$，由此立知 $x^p + y^p = z^p$ 无解，证毕。

公式 (A)、T 法则、q 规则与费马大定理的第五个证明

对于 $q + pxyt = (x+y)^{p-1}$，由 T 法则知 $z < x+y$，由 q 规则知 $q < z^{p-1}$，于是

$z^{p-1} + pxyt \neq z^{p-1}$，由此立知 $x^p + y^p = z^p$ 无解，证毕。

公式 (A)、T 法则、q 规则、X 约束与费马大定理的第六个证明

对于 $q + pxyt = (x+y)^{p-1}$，X 约束要求 $z = x+y$ 及 $q = z^{p-1}$，但此明显与 T 法则和 q 规

则相悖，由 T 法则知 $z < x+y$，由 q 规则知 $q < z^{p-1}$，于是 $z^{p-1} + pxyt \neq z^{p-1}$，

由此立知 $x^p + y^p = z^p$ 无解，证毕。

公式 (AA) 与费马大定理的证明

由公式 (A) 不难知道与之对应的公式 (AA)，公式 (AA) 与 $y^p - x^p = (y-x)g$ 有关，

请读者给出公式(AA)并证明大定理。

第二十七章 公式(B)与费马大定理的证明

公式(B)、H法则与费马大定理的第一个证明

一、公式

由公式$y^p - x^p = (y-x)^p + pxyt_1$及公式$y^p - x^p = (y-x)g$可得公式

$(y-x)^p + pxy(y-x) = (y-x)g$，它的几何背景为：

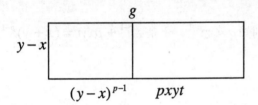

由此几何背景可得公式$g = (y-x)^{p-1} + pxyt(B)$。

例子：$5^3 - 2^3 = 3 \times 39$，$39 = 9 + 3 \times 2 \times 5 \times 1$，

$5^5 - 2^5 = 3 \times 1031$，$1031 = 81 + 5 \times 2 \times 5 \times 19$。

二、大定理的证明

对于$g = (y-x)^{p-1} + pxyt$，由H法则知$z > y-x$，于是$g \neq z^{p-1} + pxyt$，

由此立知$x^p + y^p = z^p$无解，证毕。

公式(B)、H法则、X约束与费马大定理的第二个证明

对于$g = (y-x)^{p-1} + pxyt$，X约束要求$z = y-x$，但此明显与H法则相悖，由H法

则知$z > y-x$，于是$g \neq z^{p-1} + pxyt$，由此立知$x^p + y^p = z^p$无解，证毕。

公式(B)、g规则与费马大定理的第三个证明

对于$g = (y-x)^{p-1} + pxyt$，由g规则知$g > z^{p-1}$，于是$z^{p-1} \neq (y-x)^{p-1} + pxyt$，

由此立知$x^p + y^p = z^p$无解，证毕。

公式(B)、g 规则、X 约束与费马大定理的第四个证明

对于 $g = (y-x)^{p-1} + pxyt$，X 约束要求 $g = z^{p-1}$，但此明显与 g 规则相悖，由 g 规则知 $g > z^{p-1}$，于是 $z^{p-1} \neq (y-x)^{p-1} + pxyt$，由此立知 $x^p + y^p = z^p$ 无解，证毕。

公式(B)、H 法则、g 规则与费马大定理的第五个证明

对于 $g = (y-x)^{p-1} + pxyt$，由 H 法则知 $z > y - x$，由 g 规则知 $g > z^{p-1}$，于是 $z^{p-1} \neq z^{p-1} + pxyt$，由此立知 $x^p + y^p = z^p$ 无解，证毕。

公式(B)、H 法则、g 规则、X 约束与费马大定理的第六个证明

对于 $g = (y-x)^{p-1} + pxyt$，X 约束要求 $z = y - x$ 及 $g = z^{p-1}$，但此明显与 H 法则和 g 规则相悖，由 H 法则知 $z > y - x$，由 g 规则知 $g > z^{p-1}$，于是 $z^{p-1} \neq z^{p-1} + pxyt$，由此立知 $x^p + y^p = z^p$ 无解，证毕。

公式(B)、g 规则与费马大定理的第七个证明

对于 $g = (y-x)^{p-1} + pxyt$，由 g 规则知 $g > z^{p-1}$，由此可知 $z^{p-1} = (y-x)^{p-1} + r$，于是 $r \neq pxyt$，由此立知 $x^p + y^p = z^p$ 无解，证毕。

公式(B)、g 规则、X 约束与费马大定理的第八个证明

对于 $g = (y-x)^{p-1} + pxyt$，X 约束要求 $g = z^{p-1}$，但此与 g 规则相悖，由 g 规则知 $g > z^{p-1}$，由此可知 $z^{p-1} = (y-x)^{p-1} + r$，于是 $r \neq pxyt$，由此立知 $x^p + y^p = z^p$ 无解。

公式(B)、H 法则与费马大定理的第九个证明

对于 $g = (y-x)^{p-1} + pxyt$，由 H 法则知 $z > y - x$，由此可知 $g = z^{p-1} + r$，于是 $r \neq pxyt$，由此立知 $x^p + y^p = z^p$ 无解，证毕。

公式(B)、H 法则、X 约束与费马大定理的第十个证明

对于 $g = (y-x)^{p-1} + pxyt$，X 约束要求 $z = y - x$，但此与 H 法则相悖，由 H 法则知 $z > y - x$，由此可知 $g = z^{p-1} + r$，于是 $r \neq pxyt$，由此立知 $x^p + y^p = z^p$ 无解。

第二十八章 本原形、相似形与费马大定理的证明

$x^2 + y^2 = z^2$ 有条件地有解，而 $x^p + y^p = z^p$ 一定无解，原因一定是两者之间必有本质的区别。本章从众所周知的 $x^2 + y^2 = z^2$ 中的本原三角形与相似三角形切入，证明对于 $x^p + y^p = z^p$ 而言不可能有"本原形"与"相似形"之一说（注意：如果 $x^p + y^p = z^p$ 有解，它就一定也应该有此"本原形"与"相似形"之一说！）从而证明 $x^p + y^p = z^p$ 无解。

必须说明的是 $x^2 + y^2 = z^2$ 与 $x^p + y^p = z^p$ 之间的本质的区别远非一处，事实上，一处区别就是一个切入点，就必然有一个大定理的证明，本书中的"显见"、"显见"与"隐见"、多个"数学模型"、"漏孔"、"同步"、"连续奇数和约束"及"因子 p^r"等等对大定理的证明无不如此，换句话说，它们都是从不同的角度找到了两者间的一处区别。

本原形、相似形与费马大定理的第一个证明

一、本原三角形与相似三角形

熟知本原三角形、相似三角形之慨念。例如：$3^2 + 4^2 = 5^2$ 被称呼为本原三角形，而 $2^2(3^2 + 4^2) = 2^2 \times 5^2$，此即 $6^2 + 8^2 = 10^2$，于是 $6^2 + 8^2 = 10^2$ 被称呼为相似三角形。

二、大定理的证明

若 $x^p + y^p = z^p$ 可能成立，自然也必定有此"本原形"与"相似形"之一说，然此不可能。对于大定理的第一种情形，$k^p(x^p + y^p) = k^p(x + y)q$；对于大定理的第二种情形，$k^p(x^p + y^p) = k^p p^r mn$，式中 $r \geq 2$，$(m，n) = 1$，$mp^{r-1} = x + y$，$np = q$；而 $k^p z^p = (kz)^p (z < x + y)$。由此立知 $x^p + y^p = z^p$ 无解，证毕。

三、例子

例子：$2^3 + 3^3 = 5 \times 7$，于是 $2^3(2^3 + 3^3) = 4^3 + 6^3 = 2^3 \times 5 \times 7$；又 $4^3 + 5^3 = 9 \times 21$，于是 $7^3(4^3 + 5^3) = 7^3 \times 3^2 \times 2 \times 7$ 而 $7^3 \times 7^3 = (7 \times 7)^3$，注意：本例取 $z = 7$，这是因为 $5 < 7 < 9$。

本原形、相似形与费马大定理的第二个证明

一、本原三角形与相似三角形

熟知本原三角形、相似三角形之慨念。例如：$5^2 - 4^2 = 3^2$ 被称呼为本原三角形，而

$2^2(5^2-4^2)=2^2\times3^2$，此即$10^2-8^2=6^2$，于是$10^2-8^2=6^2$被称呼为相似三角形。

二、大定理的证明

若$y^p-x^p=z^p$可能成立，自然也必定有此"本原形"与"相似形"之一说，然此不可能。对于大定理的第一种情形，$k^p(y^p-x^p)=k^p(y-x)g$；对于大定理的第二种情形，$k^p(y^p-x^p)=k^p p^r mn$，式中$r\geq2$，$(m，n)=1$，$mp^{r-1}=y-x$，$np=g$；而$k^p z^p=(kz)^p$。由此立知$y^p-x^p=z^p$无解，证毕。

三、例子

例子：$3^3-2^3=1\times19$，于是$2^3(3^3-2^3)=6^3-4^3=2^3\times1\times19$；又$7^3-4^3=3\times93$，于是$2^3(7^3-4^3)=2^3 3^2\times1\times31$而$2^3\times5^3=(2\times5)^3$，注意：本例取$z=5$，这是因为$3<5<7$。

第二十九章 又本原形、相似形与费马大定理的证明
又本原形、相似形与费马大定理的第一个证明

一、本原三角形与相似三角形

$3^2+4^2=5^2(A)$，$6^2+8^2=10^2(B)$；我们称（A）为本原三角形，称（B）为与（A）相似的相似三角形，注意，（B）是与（A）相似的最小的相似三角形。

二、最小相似性原理

毫无疑问，与一个本原三角形相似的最小的相似三角形只能有一个，此时相似系数$K=2$，我们称此为最小相似性原理。

三、大定理的证明

若$x^p+y^p=z^p$可能成立，也必然应有此"本原形"与"最小相似形"之一说，然此不可能。

对于x^p+y^p，我们准备了下面两个代数式让你二选一选择其中哪一个是x^p+y^p的最小相似形：第一$2^p(x+y)q(B)$，第二$2^p z^p(y<z<x+y)(C)$。

毫无疑问，只能选择(B)，理由有两条：

一，$x^p + y^p = 2^p(x+y)q$，二，在所有的 $K^p(x+y)q$ 中，相似系数 $K=2$ 为最小。

由此立知 $x^p + y^p = z^p$ 无解，证毕。

也许有人会有疑问：如果 $(x+y)q = z^p$，则 $2^p z^p (y < z < x+y)(C)$ 不同样是 $x^p + y^p$ 的最小相似形吗？事实上，由 $2^p(x+y)q(B)$ 及 $2^p z^p (y < z < x+y)(C)$ 两式已经可以看出 $(x+y)q \neq z^p$。

又本原形、相似形与费马大定理的第二个证明

若 $y^p - x^p = z^p$ 可能成立，自然也必定有上面之"本原形"与"最小相似形"之一说，然此不可能。由上述的最小相似性原理可知，我们只可能有等式

$2^p(y^p - x^p) = 2^p(y-x)g$，由此立知 $y^p - x^p = z^p$ 无解，证毕。

第三十章　$2q$ 与费马大定理的证明

由公式 $q = x^{p-1} + yt = y^{p-1} - xt$（式中 $t = \dfrac{y^{p-1} - x^{p-1}}{x+y}$），可知

$$q = \frac{1}{2}(x^{p-1} + y^{p-1} + (y-x)t),$$

于是我们有公式 $x^p + y^p = \dfrac{1}{2}(x+y)(x^{p-1} + y^{p-1} + (y-x)t)$。

例子：$2^3 + 3^3 = 5 \times 7$，$t = \dfrac{3^2 - 2^2}{2+3} = 1$，$7 = 2^2 + 3 \times 1 = 3^2 - 2 \times 1$。

$2q$、T 法则与费马大定理的第一个证明

对于 $x^p + y^p = \dfrac{1}{2}(x+y)(x^{p-1} + y^{p-1} + (y-x)t)$，由 T 法则知 $z < x+y$，

于是 $x^p + y^p \neq \dfrac{1}{2}z(x^{p-1} + y^{p-1} + (y-x)t)$，由此立知 $x^p + y^p = z^p$ 无解，证毕。

$2q$、T 法则、X 约束与费马大定理的第二个证明

对于 $x^p + y^p = \dfrac{1}{2}(x+y)(x^{p-1} + y^{p-1} + (y-x)t)$，X 约束要求 $z = x+y$，然此明显与 T 法则相悖，由 T 法则知 $z < x+y$，于是 $x^p + y^p \neq \dfrac{1}{2}z(x^{p-1} + y^{p-1} + (y-x)t)$，

由此立知 $x^p + y^p = z^p$ 无解，证毕。

$2q$、q 规则与费马大定理的第三个证明

对于 $x^p + y^p = \frac{1}{2}(x+y)(x^{p-1} + y^{p-1} + (y-x)t)$，由 q 规则知

$\frac{1}{2}(x^{p-1} + y^{p-1} + (y-x)t) < z^{p-1}$，于是 $x^p + y^p \neq (x+y)z^{p-1}$，显然 $x^p + y^p = z^p$ 无解。

$2q$、q 规则、X 约束与费马大定理的第四个证明

对于 $x^p + y^p = \frac{1}{2}(x+y)(x^{p-1} + y^{p-1} + (y-x)t)$，

X 约束要求 $\frac{1}{2}(x^{p-1} + y^{p-1} + (y-x)t) = z^{p-1}$，然此明显与 q 规则相悖，

由 q 规则知 $\frac{1}{2}(x^{p-1} + y^{p-1} + (y-x)t) < z^{p-1}$，于是 $x^p + y^p \neq (x+y)z^{p-1}$，

由此立知 $x^p + y^p = z^p$ 无解，证毕。

$2q$、T 法则、q 规则与费马大定理的第五个证明

对于 $x^p + y^p = \frac{1}{2}(x+y)(x^{p-1} + y^{p-1} + (y-x)t)$，由 T 法则知 $z < x + y$，

由 q 规则知 $\frac{1}{2}(x^{p-1} + y^{p-1} + (y-x)t) < z^{p-1}$，于是 $x^p + y^p \neq zz^{p-1}$，

由此立知 $x^p + y^p = z^p$ 无解，证毕。

$2q$、T 法则、q 规则、X 约束与费马大定理的第六个证明

对于 $x^p + y^p = \frac{1}{2}(x+y)(x^{p-1} + y^{p-1} + (y-x)t)$，

X 约束要求 $z = x + y$ 及 $\frac{1}{2}(x^{p-1} + y^{p-1} + (y-x)t) = z^{p-1}$，然此明显与 T 法则和 q 规则相

悖，由 T 法则知 $z < x + y$，由 q 规则知 $\frac{1}{2}(x^{p-1} + y^{p-1} + (y-x)t) < z^{p-1}$，

于是 $x^p + y^p \neq zz^{p-1}$，由此立知 $x^p + y^p = z^p$ 无解，证毕。

第三十一章 因子 p^r 与费马大定理的证明

因子 p^r 与费马大定理的第一个证明

一、$x^p + y^p$ 与因子 p^r

若 $x^p + y^p = z^p$ 可能成立，则代数式 $x^p + y^p$ 与代数式 z^p 应当有完全一样的性质，然此不可能。考察 $x^p + y^p = (x+y)q$，易证：

对于大定理的第一种情形，$x^p + y^p$ 不含因子 p；

对于大定理的第二种情形，$x^p + y^p$ 含因子 $p^r (r \geq 2)$，其中因子 p^{r-1} 来自 $x+y$，因子 p 来自 q。

例子：$2^3 + 3^3 = 5 \times 7$，显然 $2^3 + 3^3$ 不含因子 3；$1^3 + 5^3 = 6 \times 21$，显然 $1^3 + 5^3$ 含因子 3^2，其中 1 个 3 来自 6，另 1 个 3 来自 21；$4^3 + 5^3 = 9 \times 21$，显然 $4^3 + 5^3$ 含因子 3^3，其中 3^2 来自 9，而 3 来自 21。

二、大定理的证明

对于 z^p 而言，显然要么 z^p 不含因子 p，要么 z^p 含因子 $p^m (m \geq p)$。

例子：5^3 不含因子 3；6^3 含因子 3^3；9^3 含因子 3^9。

由此立知 $x^p + y^p = z^p$ 无解，证毕。

因子 p^r 与费马大定理的第二个证明

一、$y^p - x^p$ 与因子 p^r

若 $y^p - x^p = z^p$ 可能成立，则代数式 $y^p - x^p$ 与代数式 z^p 应当有完全一样的性质，然此不可能。考察 $y^p - x^p = (y-x)g$，易证：

对于大定理的第一种情形，$y^p - x^p$ 不含因子 p；

对于大定理的第二种情形，$y^p - x^p$ 含因子 $p^r (r \geq 2)$，其中因子 p^{r-1} 来自 $y-x$，因子 p 来自 g。

例子：$3^3 - 2^3 = 1 \times 19$，显然 $3^3 - 2^3$ 不含因子 3；$5^3 - 2^3 = 3 \times 39$，显然 $5^3 - 2^3$ 含因子 3^2，其中 1 个 3 来自 3，另 1 个 3 来自 39；$11^3 - 2^3 = 9 \times 147$，显然 $11^3 - 2^3$ 含因子 3^3，其中 3^2 来自 9，而 3 来自 147。

二、大定理的证明

对于 z^p 而言,显然要么 z^p 不含因子 p,要么 z^p 含因子 $p^m (m \geq p)$。

例子:5^3 不含因子 3;6^3 含因子 3^3;9^3 含因子 3^9。

由此立知 $y^p - x^p = z^p$ 无解,证毕。

第三十二章 二项式定理与费马大定理的证明
二项式定理与费马大定理的第一个证明

一、二项式定理与完全方幂

1. 设 $y^p = (a+b)^p$ 式中 $a > b$,$a = mb$,m 为有理数,

由此得 $y^p = (a+b)^p = (m+1)^p b^p$,于是

$$(a+b)^p = C_p^0 a^p + C_p^1 a^{p-1}b + C_p^2 a^{p-2}b^2 + \cdots + C_p^{p-1}ab^{p-1} + C_p^p b^p \quad (A)。$$

综观上式可知式中可以分离出三个数列:

C_p^0,C_p^1,$C_p^2 \cdots$,C_p^p,其和为 2^p;

a^p,a^{p-1},$a^{p-2} \cdots$,a^1,a^0,这是一个等比数列;

b^0,b^1,$b^2 \cdots$,b^{p-1},b^p,这也是一个等比数列;

以上这三个数列是 y^p 这个完全的 p 次方幂必备的三个条件,我们称其为条件 R;

$y^p = (m+1)^p b^p$ 是 y^p 这个完全的 p 次方幂必备的又一个条件 R_1。

例如 $3 = \dfrac{3}{2} \times 2$,于是 $5^3 = (3+2)^3 = (\dfrac{3}{2}+1)^3 \times 2^3$。

2. 设 $x^p = (a-b)^p$ 式中 $a > b$,$a = mb$,m 为有理数,

则 $x^p = (a-b)^p = (m-1)^p b^p$,于是

$$(a-b)^p = C_p^0 a^p - C_p^1 a^{p-1}b + C_p^2 a^{p-2}b^2 - \cdots + C_p^{p-1}ab^{p-1} - C_p^p b^p \quad (B)。$$

式中可以分离出三个数列:

C_p^0,C_p^1,$C_p^2 \cdots$,C_p^p,其和为 2^p;

a^p,a^{p-1},$a^{p-2} \cdots$,a^1,a^0,这是一个等比数列;

b^0，$-b^1$，$b^2\cdots$，b^{p-1}，$-b^p$，这也是一个等比数列；

以上这三个数列是 x^p 这个完全的 p 次方幂必备的三个条件，我们称其为条件 S。

$x^p = (m-1)^p b^p$ 是 x^p 这个完全的 p 次方幂必备的又一个条件 S_1。

例子：$7 = \dfrac{7}{2} \times 2$，于是 $5^3 = (7-2)^3 = (\dfrac{7}{2}-1)^3 \times 2^3$。

二、大定理的证明

由 $y^p = (a+b)^p = (m+1)^p b^p$，$x^p = (a-b)^p = (m-1)^p b^p$ 可得：

$$x^p + y^p = (m-1)^p b^p + (m+1)^p b^p = ((m-1)^p + (m+1)^p)b^p，$$

由此立知 $x^p + y^p = z^p$ 无解，证毕。

2. 例子

$$(a+b)^3 + (a-b)^3 = 6ab^2 + 2a^3 = a^3 + 3ab^2 + 3ab^2 + a^3 \qquad (C)$$

比较 (C) 与 (R) 立知 $x^p + y^p = z^p$ 无解。

设 $a = mb$，则 $(a+b)^3 + (a-b)^3 = ((m+1)^3 + (m-1)^3)b^3 \qquad (C_1)$

比较 (C_1) 与 (R_1) 立知 $x^3 + y^3 = z^3$ 无解。

二项式定理与费马大定理的第二个证明

一、证明

由 $y^p = (a+b)^p = (m+1)^p b^p$，$x^p = (a-b)^p = (m-1)^p b^p$ 可得：

$$y^p - x^p = (m+1)^p b^p - (m-1)^p b^p = ((m+1)^p + (m-1)^p)b^p，$$

由此立知 $y^p - x^p = z^p$ 无解，证毕。

二、例子

$$(a+b)^3 - (a-b)^3 = 6a^2b + 2b^3 = b^3 + 3a^2b + 3a^2b + b^3 \qquad (D)$$

比较 (D) 与 (S) 立知 $y^3 - x^3 = z^p$ 无解。

设 $a = mb$，则 $(a+b)^3 - (a-b)^3 = ((m+1)^3 - (m-1)^3)b^3 \qquad (D_1)$

比较 (D_1) 与 (S_1) 立知 $y^3 - x^3 = z^p$ 无解。

二项式定理与费马大定理的第三个证明

$x^4 + y^4 = z^4$ 无解的证明，占据了大定理证明的半壁江山，今利用二项式定理证明它。

令 $y = a + b$，$x = a - b$ 于是 $(a+b)^4 = a^4 + 4a^3b + 6a^2b^2 + 4ab^3 + b^4$ 及

$(a-b)^4 = a^4 - 4a^3b + 6a^2b^2 - 4ab^3 + b^4$，又令 $a = mb$，由此可得

$x^4 + y^4 = 2a^4 + 12a^2b^2 + 2b^4 = 2m^4b^4 + 12m^2b^4 + 2b^4 = 2(m^4 + 6m^2 + 1)b^4$，由前述

可知 $x^4 + y^4 = z^4$ 无解。关于 $x^4 + y^4 = z^4$ 无解的证明，作者得到了五十多个。

二项式定理与费马大定理的第四个证明

本证明利用二项式定理证明 $y^4 - x^4 = z^4$ 无解。

令 $y = a + b$，$x = a - b$ 于是 $(a+b)^4 = a^4 + 4a^3b + 6a^2b^2 + 4ab^3 + b^4$ 及

$(a-b)^4 = a^4 - 4a^3b + 6a^2b^2 - 4ab^3 + b^4$，又令 $a = mb$，由此可得

$y^4 - x^4 = 8a^3b + 8ab^3 = 8m^3b^4 + 8mb^4 = 8(m^3 + m)b^4$，由前述可知 $y^4 - x^4 = z^4$ 无解。

关于 $y^4 - x^4 = z^4$ 无解的证明，作者也得到了五十多个。

第三十三章 2、p 与费马大定理的证明

熟知，在全部的素数中仅有 2 是一个偶素数，而其后的素数则无一例外地是奇素数 p。

然而就是这一点决定了 $x^2 + y^2 = z^2$ 可能有解，而 $x^p + y^p = z^p$ 则一定无解！

2、p 与费马大定理的第一个证明

一、两个重要的举例

例 1. 由杨辉三角的第二行可知 $x^2 + y^2 = (x + y)^2 - 2xy$，

于是 $3^2 + 4^2 = (3+4)^2 - 2 \times 3 \times 4 = 49 - 24 = 25 = 5^2$。此例提示：当 x，y 满足一定的

条件时，$(x + y)^2 - 2xy$ 便是一个完全平方数。

例 2. 由杨辉三角的第 p 行可知 $x^p + y^p = (x + y)^p - pxyt$，

于是 $3^3 + 4^3 = (3+4)^3 - 3 \times 3 \times 4 \times 7 = 343 - 252 = 91 = (\sqrt[3]{91})^3$。此例提示：不论 x，y 如何取值，$(x+y)^p - pxyt$ 有可能都不是一个完全的 p 次方数。

二、证明

1. "当 x，y 满足一定的条件时，$(x+y)^2 - 2xy$ 便是一个完全平方数" 是显而易见的。

事实上，当 $x = 2mn$，$y = m^2 - n^2$ 时，我们有 $(2mn)^2 + (m^2 - n^2)^2 = (m^2 + n^2)^2$。

2. "不论 x，y 如何取值，$(x+y)^p - pxyt$ 有可能都不是一个完全的 p 次方数。"也是显而易见的。

对于 $(x+y)q$ 而言，由于 q 是一个代数素式或伪代数素式，因此 $\sqrt[p]{(x+y)q}$ 必不可能是一个完全的 p 次方数，而 $(x+y)^p - pxyt = (x+y)q$，于是立知 $(x+y)^p - pxyt$ 也必不可能是一个完全的 p 次方数，证毕。

2、p 与费马大定理的第二个证明

熟知，在全部的素数中仅有 2 是一个偶素数，而其后的素数则无一例外地是奇素数 p。然而就是这一点决定了 $y^2 - x^2 = z^2$ 可能有解，而 $y^p - x^p = z^p$ 则一定无解！

一、两个重要的举例

例 1. 由杨辉三角的第二行可知 $y^2 - x^2 = (y-x)^2 - 2x^2 + 2xy$，

于是 $5^2 - 3^2 = (5-3)^2 - 2 \times 2^2 + 2 \times 3 \times 5 = 4 - 8 + 30 = 16 = 4^2$。此例提示：当 x，y 满足一定的条件时，$(y-x)^2 - 2x^2 + 2xy$ 便是一个完全平方数。

例 2. 由杨辉三角的第 p 行可知 $y^p - x^p = (y-x)^p + pxyt$，

于是 $4^3 - 3^3 = (4-3)^3 + 3 \times 3 \times 4 = 1 + 36 = 37 = (\sqrt[3]{37})^3$。此例提示：不论 x，y 如何取值，$(y-x)^p + pxyt$ 有可能都不是一个完全的 p 次方数。

二、证明

1. "当 x，y 满足一定的条件时，$(y-x)^2 - 2x^2 + 2xy$ 便是一个完全平方数" 是显而易见的。事实上，当 $x = 2mn$，$y = m^2 + n^2$ 时，我们有

$$(m^2 + n^2 - 2mn)^2 - 2 \times (2mn)^2 + 2 \times 2mn \times (m^2 + n^2) = (m^2 - n^2)^2 。$$

2. "不论 x，y 如何取值，$(y-x)^p + pxyt$ 有可能都不是一个完全的 p 次方数。"也是显而易见的。对于 $(y-x)g$ 而言，由于 g 是一个代数素式或伪代数素式，因此 $\sqrt[p]{(y-x)g}$ 必不可能是一个完全的 p 次方数，而 $(y-x)^p + pxyt = (y-x)g$，于是立知 $(y-x)^p + pxyt$ 也必不可能是一个完全的 p 次方数，证毕。

第三十四章 配方与费马大定理的证明
配方与费马大定理的第一个证明

一、关于配方

1. 最大公指

由算术基本定理可知，对于任意整数 $N = p_1^{a_1} p_2^{a_2} \cdots p_n^{a_n}$（式中 $p_1, p_2, \cdots p_n$ 为素数）；记 $a = (a_1, a_2, \cdots a_n)$，我们称 a 为 N 的最大公指数，简称最大公指。

2. 关于最大公指配方的一个定理

设 $N = p_1^{a_1} p_2^{a_2} \cdots p_n^{a_n}$，并且 N 不是一个完全方幂，则 $N = (p_1^{b_1} p_2^{b_2} \cdots p_n^{b_n})^a$，式中 $(b_1, b_2, \cdots b_n) = 1$。我们称此定理为最大公指配方定理，简称配方定理。

证明：显然 $ab_1 = a_1, ab_2 = a_2, \cdots ab_n = a_n$，由 a 为 N 的最大公指立知 $(b_1, b_2, \cdots b_n) = 1$，证毕。

显然如果：

1. $(a_1, a_2, \cdots a_n) = 1$，则 $N = (p_1^{a_1} p_2^{a_2} \cdots p_n^{a_n})^1$；

2. $a_1, a_2, \cdots a_n$ 中有一个或一个以上者为1，则 $N = (p_1^{a_1} p_2^{a_2} \cdots p_n^{a_n})^1$。

二、例子：

1. $3^6 \times 5^{12} \times 11^{18} = (3^3 \times 5^6 \times 11^9)^2 = (3^2 \times 5^4 \times 11^6)^3 = (3 \times 5^2 \times 11^3)^6$。

式中只有 $3^6 \times 5^{12} \times 11^{18} = (3 \times 5^2 \times 11^3)^6$ 为定理所言。

2. $3 \times 11^6 \times 13^3 \times 19^2 = (3 \times 11^6 \times 13^3 \times 19^2)^1$；

3. $5^3 \times 7^4 \times 11^6 = (5^3 \times 7^4 \times 11^6)^1$。

三、大定理的证明

$x^p + y^p = (x+y)q$，显然 $x+y$ 与 q 的最大公指为 1，

由配方定理立知 $x^p + y^p = z^p$ 无解，证毕。

配方与费马大定理的第二个证明

由配方定理可知，如果 $(a_1, a_2, \cdots a_n) = 1$，则 $N = (p_1^{a_1} p_2^{a_2} \cdots p_n^{a_n})^1$。

$y^p - x^p = (y-x)g$，显然 $y-x$ 与 g 的最大公指为 1，由此立知 $y^p - x^p = z^p$ 无解，证毕。

关于公式重组与费马大定理证明

一、关于公式重组及例子

熟知 $x^p + y^p = (x+y)q$，对其进行公式重组后可得公式：

$$(x+y)(x+y)^{p-1} = (x+y)q + (x+y+q) + r(A)，$$

$$(x+y)(x+y)^{p-1} = (x+y)q - (x+y+q) + r(B)。$$

例子：

1. $2^2 + 3^3 = 5 \times 7$，于是 $125 = 35 + 12 + 78$，

2. $2^5 + 5^5 = 7 \times 451$，于是 $16807 = 3157 + 458 + 13192$。

3. $2^2 + 3^3 = 5 \times 7$，于是 $125 = 35 - 12 + 102$，

4. $2^5 + 5^5 = 7 \times 451$，于是 $16807 = 3157 - 458 + 14108$。

熟知 $y^p - x^p = (y-x)g$，对其进行公式重组后可得公式：

$$(y-x)(y-x)^{p-1} = (y-x)g - (y-x+g) - r(C)。$$

$$(y-x)(y-x)^{p-1} = (y-x)g + (y-x+g) - r(D)。$$

例子：

5. $5^5 - 2^5 = 3 \times 1031$，于是 $243 = 3093 - 1034 - 1816$，

6. $4^3 - 1^3 = 3 \times 21$，于是 $27 = 63 - 24 - 12$。

7. $5^5 - 2^5 = 3 \times 1031$，于是 $243 = 3093 + 1034 - 3884$，

8. $4^3 - 1^3 = 3 \times 21$，于是 $27 = 63 + 24 - 60$。

二、关于大定理的证明

由公式 (A)，(B)、(C)，(D) 及它们再重组给出大定理的五千多个证明并非难事。

第三十五章 一个一目了然的恒等式与费马大定理的证明

一、$x^3 + y^3 = z^3$ 无解的证明

$x^3 + y^3 = (\sqrt[3]{x^3 + y^3})^3$，此恒等式的意思就是说体积为 x^3 的立方体与体积为 y^3 的立方体的体积之和是一个体积为 $(\sqrt[3]{x^3 + y^3})^3$ 的立方体，显然体积为 $(\sqrt[3]{x^3 + y^3})^3$ 的立方体的边长为 $\sqrt[3]{x^3 + y^3} = \sqrt[3]{(x+y)q}$，式中 $q = x^2 - xy + y^2$。注意到 $(x+y)q$ 是 $x^3 + y^3$ 的唯一分解式，并且 q 是一个代数素式或伪代数素式，即 q 最多只有一个因子 3，由此可知 $\sqrt[3]{x^3 + y^3} = \sqrt[3]{(x+y)q}$ 只可能是一个无理式，而 $\sqrt[3]{z^3}$ 显然不是一个无理式，于是不定方程 $x^3 + y^3 = z^3$ 一定无解，证毕。

二、$x^3 + y^3$ 时 q 的一个性质

对于 $x^3 + y^3 = (x+y)q$ 而言 $q = x^2 - xy + y^2$，于是易知当 x，y 取某些值时，q 可为一平方数或四次方数，并且这样的例子是成对出现的。

例如：$3^3 + 8^3 = 539 = 11 \times 49$，$49 = 3^2 + 8^2 - 3 \times 8 = 7^2$；

$\qquad 5^3 + 8^3 = 637 = 13 \times 49$，$49 = 5^2 + 8^2 - 5 \times 8 = 7^2$。

又例如：$16^3 + 55^3 = 170471 = 71 \times 2401$，$2401 = 16^2 + 55^2 - 16 \times 55 = 49^2 = 7^4$；

$21^3 + 56^3 = 184877 = 77 \times 2401$，$2401 = 21^2 + 56^2 - 21 \times 56 = 49^2 = 7^4$，如此等等。

事实上，由 $x^p + y^p = (x+y)q$ 及 $y^p - x^p = (y-x)g$ 引出的类似以上的有趣事实真是不胜枚举，作者将在"无穷乐趣的费马数"一书中叙述。

三、$x^p + y^p = z^p$ 无解的证明

$x^p + y^p = (\sqrt[p]{x^p + y^p})^p$，此恒等式的意思就是说体积为 x^p 的超立方体与体积为 y^p

的超立方体的体积之和是一个体积为 $(\sqrt[p]{x^p+y^p})^p$ 的超立方体，显然体积为 $(\sqrt[p]{x^p+y^p})^p$ 的超立方体的边长为 $\sqrt[p]{x^p+y^p}=\sqrt[p]{(x+y)q}$，式中

$q=x^{p-1}-x^{p-2}y+x^{p-3}y^2-\cdots+y^{p-1}$。注意到 $(x+y)q$ 是 x^p+y^p 的唯一分解式，且 q 是一个代数素式或伪代数素式，即 q 最多只有一个因子 p，由此可知 $\sqrt[p]{x^p+y^p}=\sqrt[p]{(x+y)q}$ 只可能是一个无理式，而 $\sqrt[p]{z^p}$ 显然不是一个无理式，因此不定方程 $x^p+y^p=z^p$ 一定无解，证毕。

四、关于 $x^2+y^2=z^2$

当 x，y，z 不是一组勾股数时，显然只能有 $x^2+y^2=(\sqrt[2]{x^2+y^2})^2$；当 x，y，z 是一组勾股数时，我们有 $x^2+y^2=z^2=(\sqrt{z^2})^2$。

五、很有意思的两件事情

1. 恒等式 $x^p+y^p=(\sqrt[p]{x^p+y^p})^p$ 一目了然，可谓是最简单的恒等式之一了，用它证明费马大定理，可能在很多人的意料之外吧！

2. 本证明划清了三件事情的界限：

第一，对于 $x^1+y^1=(x+y)^1$ 而言，它无条件地成立；

第二，对于 $x^2+y^2=z^2$ 而言，它有条件地成立；

第三，对于 $x^p+y^p=z^p$ 而言，它无条件地不成立。

一个一目了然的恒等式与费马大定理的第二个证明

一、$y^3-x^3=z^3$ 无解的证明

$y^3-x^3=(\sqrt[3]{y^3-x^3})^3$，此恒等式的意思就是说体积为 y^3 的立方体与体积为 x^3 的立方体的体积之差是一个体积为 $(\sqrt[3]{y^3-x^3})^3$ 的立方体，显然体积为 $(\sqrt[3]{y^3-x^3})^3$ 的立方体的边长为 $\sqrt[3]{y^3-x^3}=\sqrt[3]{(y-x)g}$，式中 $g=x^2+xy+y^2$。注意到 $(y-x)g$ 是 y^3-x^3 的唯一分解式，并且 g 是一个代数素式或伪代数素式，即 g 最多只有一个因子 3，由此可知 $\sqrt[3]{y^3-x^3}=\sqrt[3]{(y-x)g}$ 只可能是一个无理式，而 $\sqrt[3]{z^3}$ 显然不是一个无理式，于是不定方程

$y^3 - x^3 = z^3$ 一定无解，证毕。

二、$y^p - x^p = z^p (p > 3)$ 无解的证明

$y^p - x^p = (\sqrt[p]{y^p - x^p})^p$，此恒等式的意思就是说体积为 y^p 的超立方体与体积为 x^p 的超立方体的体积之差是一个体积为 $(\sqrt[p]{y^p - x^p})^p$ 的超立方体，显然体积为 $(\sqrt[p]{x^p + y^p})^p$ 的超立方体的边长为 $\sqrt[p]{y^p - x^p} = \sqrt[p]{(y-x)g}$，式中

$q = x^{p-1} + x^{p-2}y + x^{p-3}y^2 + \cdots + y^{p-1}$。注意到 $(y-x)g$ 是 $y^p - x^p$ 的唯一分解式，且 g 是一个代数素式或伪代数素式，即 g 最多只有一个因子 p，由此可知 $\sqrt[p]{y^p - x^p} = \sqrt[p]{(y-x)g}$ 只可能是一个无理式，而 $\sqrt[p]{z^p}$ 显然不是一个无理式，因此不定方程 $y^p - x^p = z^p$ 一定无解，证毕。

三、关于 $y^2 - x^2 = z^2$

当 x，y，z 不是一组勾股数时，显然只能有 $y^2 - x^2 = (\sqrt[2]{y^2 - x^2})^2$；当 x，y，z 是一组勾股数时，我们有 $y^2 - x^2 = z^2 = (\sqrt{z^2})^2$。

四、很有意思的两件事情

1. 恒等式 $y^p - x^p = (\sqrt[p]{y^p - x^p})^p$ 一目了然，可谓是最简单的恒等式之一了，用它证明费马大定理，可能在很多人的意料之外吧！

2. 本证明划清了三件事情的界限：

第一，对于 $y^1 - x^1 = (y-x)^1$ 而言，它无条件地成立；

第二，对于 $y^2 - x^2 = z^2$ 而言，它有条件地成立；

第三，对于 $y^p - x^p = z^p$ 而言，它无条件地不成立。

第三十六章 "为什么"与费马大定理的初等证明

本证明的特点是并不复杂，但却不乏深刻。

一、"为什么"在哪里？

我们已知两个事实：$x^1 + y^1 = z^1 (z = x + y)$ 无条件地有解，即不论 x、y 如何取值，$x^1 + y^1 = z^1 (z = x + y)$ 一定有解；$x^2 + y^2 = z^2$ 有条件地有解，即 x、y 取某些特定值时 $x^2 + y^2 = z^2$ 有解，其实我们早已知道当 $x = 2mn$，$y = m^2 - n^2$，$y = m^2 + n^2$ 时 $x^2 + y^2 = z^2$ 有解。

现在问一个"为什么"，如果 $x^p + y^p = z^p$ 无条件地无解也的确是一个事实，那么"为什么"？当然这个"为什么"就是大定理的证明。

二、"为什么"在这里

我们用一个公式将 $x^1 + y^1 = z^1 (z = x + y)$、$x^2 + y^2 = z^2$ 及 $x^p + y^p = z^p$ 拿捏在一起。公式：$x^n + y^n = (x + y)^n - nxyt$ 式中 n 表素数。(A)

当 $n = 1$，$t = 0$ 时，(A)式便是 $x^1 + y^1 = z^1 (z = x + y)$；

当 $n = 2$，$t = 1$ 时，(A)式便是 $x^2 + y^2 = (x + y)^2 - 2xy$；

当 $n = p$，$t > 1$ 时，(A)式便是 $x^p + y^p = (x + y)^p - pxyt$。

一个例子：

$3^1 + 4^1 = 7^1 (7 = 3 + 4)$；$3^2 + 4^2 = (3 + 4)^2 - 2 \times 3 \times 4$；

$5^2 + 12^2 = 13^2$；$5^2 + 12^2 = (5 + 12)^2 - 2 \times 5 \times 12$。易知对于 $x^2 + y^2 = z^2$ 而言，自然无不如此，其玄机就在于对于任何一个 t 而言，t^2 一定是一个从1开始的连续奇数和。

$3^3 + 4^3 = (3 + 4)^3 - 3 \times 3 \times 4 \times 7 = 91 = 7 + 9 + 11 + 13 + 15 + 17 + 19$，91是一个连续奇数和，但是其首项不是1。

于是大定理的证明立即浮出了水面，"千呼万唤始出来，出来立即露华侬！""为什么"就在这里！

三、大定理的证明

再看例子 $3^3 + 4^3 = (3 + 4)^3 - 3 \times 3 \times 4 \times 7 = 91$，如果 $3^3 + 4^3 = z^3$ 成立，则必有 $4 < z < 7$，并且 z 为奇数，于是取 $z = 5$。

进一步计算可得：$91 - 3^3 = 64$，$91 - 5^3 = -34$，$91 - 7^3 = -252$。

计算结果说明91与 5^3 最接近。注意5符合两个条件：第一。$4 < 5 < 7$，即5是符合T

法则，第二．5是一个奇数，即5与3^3+4^3的奇偶性相同，而3与7只不过是与3^3+4^3的奇偶性相同，然而不符合T法则，并且3^3和7^3与91的接近程度也不及5^3。

基于以上的分析，我们有证明：对于任何一个t而言，t^p一定不是一个从1开始的连续奇数和。并且$p \geq 5$时$(x+y)^p \gg x^p + y^p$，并且易证p愈大、x与y相差愈大，则$(x+y)^p \gg x^p + y^p$之情况愈甚！于是$(x+y)^p - (x^p + y^p) \gg z^p - (x^p + y^p)$，由此立知$x^p + y^p = z^p$无解，证毕。

进一步看例子：$1^5 + 2^5 = 33$，$(1+2)^5 = 243$；$1^7 + 2^7 = 129$，$(1+2)^7 = 2187$；$1^5 + 3^5 = 244$，$(1+3)^5 = 16384$。

又$2^5 + 3^5 = 275 = 5 \times 55$，符合T法则的$z = 5$，显然$7^5 - 275 \gg 5^5 - 275$。

如法炮制，可证明$y^p - x^p = z^p$无解。

由证明结果易知，对于$x^p + y^p$而言，一定存在一个a使$a^p < x^p + y^p < (a+1)^p$；对于$y^p - x^p$而言，也一定存在一个$a$使$a^p < y^p - x^p < (a+1)^p$。

由q的性质易知，对于q而言，也一定存在一个a使$a^p < q < (a+1)^p$；

由g的性质易知，对于g而言，也一定存在一个a使$a^p < g < (a+1)^p$；

当然以上四个不等式中的a是不相同的，此a非彼a。

例子：

$3^3 + 7^3 = 370 = 10 \times 37$，$343 = 7^3 < 370 < 8^3 = 512$，$27 = 3^3 < 37 < 4^3 = 64$；

$2^5 + 5^5 = 3175 = 5 \times 451$，$3125 = 5^5 < 3157 < 6^5 = 7776$，$243 = 3^5 < 451 < 4^5 = 1024$；

$13^3 - 4^3 = 2133 = 9 \times 237$，$1728 = 12^3 < 2133 < 13^3 = 2197$，$216 = 6^3 < 237 < 7^3 = 343$；

$11^5 - 3^5 = 160808 = 8 \times 20101$，$100000 = 10^5 < 160808 < 11^5 = 161052$，$16807 = 7^5 < 20101 < 8^5 = 32768$；

作者在几千个算例中得到了若干类有趣的例子，内容十分丰富，例如 q 或 g 可以是平方数或四次方数等等及其它，作者将在以后的专著中介绍。

例如：$5^3 + 8^3 = 637 = 13 \times 49$，$3^3 + 8^3 = 539 = 11 \times 49$，$5^3 - 3^3 = 98 = 2 \times 49$；

$16^3 + 55^3 = 170471 = 71 \times 2401$，$39^3 + 55^3 = 225694 = 94 \times 2401$，

$39^3 - 16^3 = 55223 = 23 \times 2401$ 等等。

第三十七章 费马大定理的自我证明

本章就 $x^p + y^p = (x+y) \times q$，$y^p - x^p = (y-x) \times g$ 本身证明大定理，故称之为"大定理的自我证明"。

第一个自我证明

由 $x^p + y^p = (x+y) \times q$ 可知：

1，当 $x+y$ 为奇数时，$x^p + y^p$ 是一个项数为 $x+y$，中值为 q 的连续奇数和。

2，当 $x+y$ 为偶数时，$x^p + y^p$ 是一个项数为 $x+y$，中值为 q 的连续偶数和。

于是，就项数为 $x+y$ 而言，我们有以下的两个"有且仅有"：

一，有且仅有 $(x+y) \times w$，且（$w \neq q$，$w > x+y$）时其方才是一个项数为 $x+y$，中值为 w 的连续奇数和或连续偶数和。例如 $(x+y)^p$，而 $x^p + y^p < (x+y)^p$。

二，有且仅有 $(x+y)q$，是一个项数为 $x+y$，中值为 q 的连续奇数和或连续偶数和。

由此立知 $x^p + y^p = z^p$ 无解，证毕。

第二个自我证明

由 $y^p - x^p = (y-x) \times g$ 可知：

1，当 $y-x$ 为奇数时，$y^p - x^p$ 是一个项数为 $y-x$，中值为 g 的连续奇数和。

2，当 $y-x$ 为偶数时，$y^p - x^p$ 是一个项数为 $y-x$，中值为 g 的连续偶数和。

于是，就项数为 $x+y$ 而言，我们有以下的两个"有且仅有"：

一，有且仅有 $(y-x) \times w$，且（$w \neq g$，$w > y-x$）时其方才是一个项数为 $y-x$，中值为 w 的连续奇数和或连续偶数和。例如 $(y-x)^p$，而 $y^p - x^p > (y-x)^p$。

二，有且仅有$(y-x)g$，是一个项数为$y-x$，中值为g的连续奇数和或连续偶数和。

由此立知$y^p-x^p=z^p$无解，证毕。

第三个自我证明

由$x^p+y^p=(x+y)\times q$可知：

1.，当$x+y$为奇数时，x^p+y^p是一个项数为$x+y$，中值为q的连续奇数和。

2.，当$x+y$为偶数时，x^p+y^p是一个项数为$x+y$，中值为q的连续偶数和。

于是，就中值为q而言，我们有以下的两个"有且仅有"：

一，有且仅有$w\times q$且（$w\neq x+y$，$w<q$）时其方才是一个项数为w，中值为q的连续奇数和或连续偶数和，

二，有且仅有$(x+y)q$是一个项数为$x+y$，中值为q的连续奇数和或连续偶数和，

由此立知$x^p+y^p=z^p$无解，证毕。

第四个自我证明

由$y^p-x^p=(y-x)\times g$可知：

1. 当$y-x$为奇数时，y^p-x^p是一个项数为$y-x$，中值为g的连续奇数和。

2. .当$y-x$为偶数时，y^p-x^p是一个项数为$y-x$，中值为g的连续偶数和。

于是，就中值为g而言，我们有以下的两个"有且仅有"：

一，有且仅有$w\times g$且（$w\neq y-x$，$w<g$）时其方才是一个项数为w，中值为g的连续奇数和或连续偶数和，

二，有且仅有$(y-x)g$是一个项数为$y-x$，中值为g的连续奇数和或连续偶数和，

由此立知$y^p-x^p=z^p$无解，证毕。

第五个自我证明

由$x^p+y^p=(x+y)\times q$可知：

1，当$x+y$为奇数时，x^p+y^p是一个项数为$x+y$，中值为q的连续奇数和。

2，当$x+y$为偶数时，x^p+y^p是一个项数为$x+y$，中值为q的连续偶数和。

于是，就项数为$x+y$，中值为q而言，我们有以下的一个"有且仅有"和"不可能"：

一，有且仅有$x^p+y^p=(x+y)\times q$才是一个项数为$x+y$，中值为q的连续奇数和或，

连续偶数和。换句话说 $x^p + y^p = (x+y) \times q$ 是唯一的一个项数为 $x + y$，中值为 q 的连奇数和或连续偶数和，

二，z^p 是一个项数为 z，中值为 z^{p-1} 的连续奇数和或连续偶数和。换句话说 z^p 不可能是一个项数为 $x + y$，中值为 q 的连续奇数和或连续偶数和，

由此立知 $x^p + y^p = z^p$ 无解，证毕。

第六个自我证明

由 $y^p - x^p = (y-x) \times g$ 可知：

1，. 当 $y - x$ 为奇数时，$y^p - x^p$ 是一个项数为 $y - x$，中值为 g 的连续奇数和。

2，当 $y - x$ 为偶数时，$y^p - x^p$ 是一个项数为 $y - x$，中值为 g 的连续偶数和。

于是，就项数为 $x + y$，中值为 q 而言，我们有以下的一个"有且仅有"和"不可能"：

一，有且仅有 $(y-x)g$ 是一个项数为 $y - x$，中值为 g 的连续奇数和或连续偶数和。换句话说 $(y-x)g$ 是唯一的一个项数为 $y - x$，中值为 g 的连续奇数和或连续偶数和，

二，z^p 是一个项数为 z，中值为 z^{p-1} 的连续奇数和或连续偶数和。换句话说 z^p 不可能是一个项数为 $y - x$，中值为 g 的连续奇数和或连续偶数和，

由此立知 $y^p - x^p = z^p$ 无解，证毕。

第三十八章 费马小定理与费马大定理的证明
费马小定理、T法则与费马大定理的第一个证明

一、公式

由费马小定理知 $x^p - x = 0 (\mathrm{mod}\, p)$，$y^p - y = 0 (\mathrm{mod}\, p)$，于是立得公式

$(x+y)q = x + y + tp$。

例子：1. $2^3 + 3^3 = 5 \times 7 = 5 + 10 \times 3$，2. $2^5 + 3^5 = 5 \times 55 = 5 + 90 \times 3$。

二、大定理的证明

对于 $(x+y)q = x + y + tp$，由 T 法则知 $z < x + y$，于是 $zq \neq x + y + tp$，

由此立知 $x^p + y^p = z^p$ 无解，证毕。

费马小定理、T 法则、X 约束与费马大定理的第二个证明

对于 $(x+y)q = x+y+tp$，X 约束要求 $z = x+y$，，但此明显与 T 法则相悖，由 T 法则

知 $z < x+y$，于是 $zq \neq x+y+tp$，由此立知 $x^p + y^p = z^p$ 无解，证毕。

费马小定理、T 法则与费马大定理的第三个证明

对于 $(x+y)q = x+y+tp$，由 T 法则知 $z < x+y$，于是 $(x+y)q \neq z+tp$，

由此立知 $x^p + y^p = z^p$ 无解，证毕。

费马小定理、T 法则、X 约束与费马大定理的第四个证明

对于 $(x+y)q = x+y+tp$，X 约束要求 $z = x+y$，，但此明显与 T 法则相悖，由 T 法则

知 $z < x+y$，于是 $(x+y)q \neq z+tp$，由此立知 $x^p + y^p = z^p$ 无解，证毕。

费马小定理、q 规则与费马大定理的第五个证明

对于 $(x+y)q = x+y+tp$，由 q 规则知 $q < z^{p-1}$，于是 $(x+y)z^{p-1} \neq x+y+tp$，

由此立知 $x^p + y^p = z^p$ 无解，证毕。

费马小定理、q 规则、X 约束与费马大定理的第六个证明

对于 $(x+y)q = x+y+tp$，X 约束要求 $q = z^{p-1}$，但此明显与 q 规则相悖，由 q 规则

知 $q < z^{p-1}$，于是 $(x+y)z^{p-1} \neq x+y+tp$，由此立知 $x^p + y^p = z^p$ 无解，证毕。

费马小定理、T 法则、q 规则与费马大定理的第七个证明

对于 $(x+y)q = x+y+tp$，由 T 法则知 $z < x+y$，由 q 规则知 $q < z^{p-1}$，

于是 $zz^{p-1} \neq x+y+tp$，由此立知 $x^p + y^p = z^p$ 无解，证毕。

费马小定理、T 法则、q 规则、X 约束与费马大定理的第八个证明

对于 $(x+y)q = x+y+tp$，X 约束要求 $z = x+y$ 及 $q = z^{p-1}$，但此明显与 T 法则和 q 规

则相悖，由 T 法则知 $z < x+y$，由 q 规则知 $q < z^{p-1}$，于是 $zz^{p-1} \neq x+y+tp$，

由此立知 $x^p + y^p = z^p$ 无解，证毕。

费马小定理、T 法则、q 规则与费马大定理的第九个证明

对于 $(x+y)q = x+y+tp$，由 T 法则知 $z < x+y$，由 q 规则知 $q < z^{p-1}$，

于是 $(x+y)z^{p-1} \neq z+tp$，由此立知 $x^p + y^p = z^p$ 无解，证毕。

费马小定理、T 法则、q 规则、X 约束与费马大定理的第十个证明

对于 $(x+y)q = x+y+tp$，X 约束要求 $z = x+y$ 及 $q = z^{p-1}$，但此明显与 T 法则和 q 规

则相悖，由 T 法则知 $z < x+y$，由 q 规则知 $q < z^{p-1}$，于是 $(x+y)z^{p-1} \neq z+tp$，

由此立知 $x^p + y^p = z^p$ 无解，证毕。

费马小定理、T 法则、q 规则与费马大定理的第十一个证明

对于 $(x+y)q = x+y+tp$，由 T 法则知 $z < x+y$，由 q 规则知 $q < z^{p-1}$，

于是 $zz^{p-1} \neq z+tp$，由此立知 $x^p + y^p = z^p$ 无解，证毕。

费马小定理、T 法则、q 规则、X 约束与费马大定理的第十二个证明

对于 $(x+y)q = x+y+tp$，X 约束要求 $z = x+y$ 及 $q = z^{p-1}$，但此明显与 T 法则和 q 规

则相悖，由 T 法则知 $z < x+y$，由 q 规则知 $q < z^{p-1}$，于是 $zz^{p-1} \neq z+tp$，

由此立知 $x^p + y^p = z^p$ 无解，证毕。

如法炮制可由**费马小定理**证明 $y^p - x^p = z^p$ 无解。

第三十九章 杨辉三角与费马大定理的证明

下面的证明也许又出乎读者的意料，杨辉三角对于具有初步数学知识的人都不陌生。因此，也许有人一看到本章的题目就会哑然失笑，大呼：简直是胡扯！把风马牛不相及的两回事扯在一起，只有傻瓜、白痴才会这样做。难道说近四百年来那些大大的数学家都是吃干饭的吗？

作者绝不敢亵渎先贤，也不敢藐视当今的师长。只是"百密一疏"不是不可能的。而且登高者越是登高，就越有"会当凌绝顶，一览群山小"的感觉，自然就很难欣赏到山脚下虽不甚起眼，但却也神秘莫测、很有研究价值的灵芝小草了。

杨辉三角与费马大定理的第一个证明

一、公式

由杨辉三角的第 p 行可得公式 $x^p + y^p = (x+y)q = (x+y)^p - pxyt$。

二、大定理的证明

当 x，y 一奇一偶时，$(x+y)q$ 是一个中值为 q，项数为 $x+y$ 的连续奇数和，于是 $(x+y)^p - pxyt$ 也就是一个中值为 q，项数为 $x+y$ 的连续奇数和。

如果 $x^p + y^p = z^p$ 有解，则 z^p 也必需是一个中值为 q，项数为 $x+y$ 的连续奇数和，然由 T 法则知 $z < x+y$，由 q 规则知 $q < z^{p-1}$，于是 "z^p 也必需是一个中值为 q，项数为 $x+y$ 的连续奇数和" 之一说不可能成立，即 $(x+y)^p - pxyt \neq z^p$，

由此立知 $x^p + y^p = z^p$ 无解，证毕。

本证明中还有一点值得注意的，即当 x，y 一奇一偶时，$(x+y)^p$ 也是一个项数为 $x+y$ 的连续奇数和，这里其实暗藏着问题的玄机，看一个例子：

$$3 \times 2 \times 3 \times 5 = (2+3)^3 - (2^2 + 3^3) = (21+23+25+27+29) - (3+5+7+9+11)$$

$$= (21-3) + (23-5) + (25-7) + (27-9) + (29-11) = 18+18+18+18+18$$

$$= 5 \times 18 = 3 \times 2 \times 3 \times 5，这等例子与 x^p + y^p = (x+y)^p - pxyt 如胶似漆，永远牢牢绑定，$$

显然只要是 $x^p + y^p = (x+y)^p - pxyt$ 必定如此，不可能有例外。

二．一个重要的佐证

对于 $x^p + y^p = (x+y)^p - pxyt$，当 $p=1$ 时 $t=0$，于是 $x^1 + y^1 = (x+y)^1$，注意 1 是 p 的最小值，即此时 p 已无法再降，故 $x^1 + y^1 = (x+y)^1$ 是不定方程 $x^n + y^n = z^n$ 的唯一解，由此可以佐证本书关于无穷下降法之注记二的正确无误。

杨辉三角唱道："没有花香，没有树高，我是一棵无人不知的小草，从不寂寞从不烦恼，你看我的伙伴遍及天涯海角，春风呀春风你把我吹绿，阳光呀阳光你把我照耀，河流呀山川你哺育了我，大地呀母亲把我紧紧拥抱。"

对于大定理的证明，杨辉三角的确是一棵山脚下只露出了草状头部的灵芝！

杨辉三角与费马大定理的第二个证明

一、公式

由杨辉三角的第 p 行可得公式 $y^p - x^p = (y-x)g = (y-x)^p + pxyt$。

二、大定理的证明

当 x，y 一奇一偶时，$(y-x)g$ 是一个中值为 g 项数为 $y-x$ 的连续奇数和，于是 $(y-x)^p + pxyt$ 也就是一个中值为 g 项数为 $y-x$ 的连续奇数和。

如果 $y^p - x^p = z^p$ 有解，则 z^p 也必需是一个中值为 g 项数为 $y-x$ 的连续奇数和，然由 H 法则知 $z > y-x$，由 g 规则知 $g > z^{p-1}$，于是 "z^p 也必需是一个中值为 g 项数为 $y-x$ 的连续奇数和" 之一说不可能成立，即 $(y-x)^p + pxyt \neq z^p$，

由此立知 $y^p - x^p = z^p$ 无解，证毕。

杨辉三角、T 法则与费马大定理的第三个证明

一、公式

$(x+y)^p$ 是一个项数均为 $x+y$ 的连续奇数和，由此得公式：

$(x+y)^p - (x+y)q = (x+y)((x+y)^{p-1} - q)$，看两个例子：

1. $2^3 + 3^3 = 35 = 5 \times 7$，于是 $5^3 - 5 \times 7 = 5 \times (25 - 7)$；

2. $2^5 + 5^5 = 3157 = 7 \times 451$，于是 $7^5 - 7 \times 451 = 7 \times (2401 - 451)$。

二、大定理的证明

由 T 法则知 $z < x+y$，于是 $z^p - (x+y)q \neq (x+y)((x+y)^{p-1} - q)$

由此立知 $x^p + y^p = z^p$ 无解，证毕。

杨辉三角、T 法则、X 约束与费马大定理的第四个证明

对于 $(x+y)^p - (x+y)q = (x+y)((x+y)^{p-1} - q)$，X 约束要求 $z = x+y$，

然此明显与 T 法则相悖，由 T 法则知 $z < x+y$，

于是 $z^p - (x+y)q \neq (x+y)((x+y)^{p-1} - q)$，由此立知 $x^p + y^p = z^p$ 无解，证毕。

杨辉三角、T 法则与费马大定理的第五个证明

对于 $(x+y)^p - (x+y)q = (x+y)((x+y)^{p-1} - q)$，由 T 法则知 $z < x+y$，

于是 $(x+y)^p - zq \neq (x+y)((x+y)^{p-1} - q)$，由此立知 $x^p + y^p = z^p$ 无解，证毕。

杨辉三角、T 法则、X 约束与费马大定理的第六个证明

对于 $(x+y)^p - (x+y)q = (x+y)((x+y)^{p-1} - q)$，X 约束要求 $z = x+y$，

然此明显与 T 法则相悖，由 T 法则知 $z < x + y$，

于是 $(x+y)^p - zq \neq (x+y)((x+y)^{p-1} - q)$，由此立知 $x^p + y^p = z^p$ 无解，证毕。

杨辉三角、T 法则与费马大定理的第七个证明

对于 $(x+y)^p - (x+y)q = (x+y)((x+y)^{p-1} - q)$，由 T 法则知 $z < x + y$，

于是 $(x+y)^p - (x+y)q \neq z((x+y)^{p-1} - q)$，由此立知 $x^p + y^p = z^p$ 无解，证毕。

杨辉三角、T 法则、X 约束与费马大定理的第八个证明

对于 $(x+y)^p - (x+y)q = (x+y)((x+y)^{p-1} - q)$，X 约束要求 $z = x + y$，

然此明显与 T 法则相悖，由 T 法则知 $z < x + y$，

于是 $(x+y)^p - (x+y)q \neq z((x+y)^{p-1} - q)$，由此立知 $x^p + y^p = z^p$ 无解，证毕。

杨辉三角、T 法则与费马大定理的第九个证明

对于 $(x+y)^p - (x+y)q = (x+y)((x+y)^{p-1} - q)$，由 T 法则知 $z < x + y$，

于是 $(x+y)^p - (x+y)q \neq (x+y)(z^{p-1} - q)$，由此立知 $x^p + y^p = z^p$ 无解，证毕。

杨辉三角、T 法则、X 约束与费马大定理的第十个证明

对于 $(x+y)^p - (x+y)q = (x+y)((x+y)^{p-1} - q)$，X 约束要求 $z = x + y$，

然此明显与 T 法则相悖，由 T 法则知 $z < x + y$，

于是 $(x+y)^p - (x+y)q \neq (x+y)(z^{p-1} - q)$，由此立知 $x^p + y^p = z^p$ 无解，证毕。

杨辉三角、T 法则与费马大定理的第十一个证明

对于 $(x+y)^p - (x+y)q = (x+y)((x+y)^{p-1} - q)$，由 T 法则知 $z < x + y$，

于是 $z^p - zq \neq (x+y)((x+y)^{p-1} - q)$，由此立知 $x^p + y^p = z^p$ 无解，证毕。

杨辉三角、T 法则、X 约束与费马大定理的第十二个证明

对于 $(x+y)^p - (x+y)q = (x+y)((x+y)^{p-1} - q)$，X 约束要求 $z = x + y$，

然此明显与 T 法则相悖，由 T 法则知 $z < x + y$，

于是 $z^p - zq \neq (x+y)((x+y)^{p-1} - q)$，由此立知 $x^p + y^p = z^p$ 无解，证毕。

杨辉三角、T 法则与费马大定理的第十三个证明

对于 $(x+y)^p - (x+y)q = (x+y)((x+y)^{p-1} - q)$，由 T 法则知 $z < x + y$，

于是 $z^p - (x+y)q \neq z((x+y)^{p-1} - q)$，由此立知 $x^p + y^p = z^p$ 无解，证毕。

杨辉三角、T 法则、X 约束与费马大定理的第十四个证明

对于 $(x+y)^p - (x+y)q = (x+y)((x+y)^{p-1} - q)$，X 约束要求 $z = x+y$，

然此明显与 T 法则相悖，由 T 法则知 $z < x+y$，

于是 $z^p - (x+y)q \neq z((x+y)^{p-1} - q)$，由此立知 $x^p + y^p = z^p$ 无解，证毕。

杨辉三角、T 法则与费马大定理的第十五个证明

对于 $(x+y)^p - (x+y)q = (x+y)((x+y)^{p-1} - q)$，由 T 法则知 $z < x+y$，

于是 $z^p - (x+y)q \neq (x+y)(z^{p-1} - q)$，由此立知 $x^p + y^p = z^p$ 无解，证毕。

杨辉三角、T 法则、X 约束与费马大定理的第十六个证明

对于 $(x+y)^p - (x+y)q = (x+y)((x+y)^{p-1} - q)$，X 约束要求 $z = x+y$，

然此明显与 T 法则相悖，由 T 法则知 $z < x+y$，

于是 $z^p - (x+y)q \neq (x+y)(z^{p-1} - q)$，由此立知 $x^p + y^p = z^p$ 无解，证毕。

杨辉三角、T 法则与费马大定理的第十七个证明

对于 $(x+y)^p - (x+y)q = (x+y)((x+y)^{p-1} - q)$，由 T 法则知 $z < x+y$，

于是 $(x+y)^p - zq \neq z((x+y)^{p-1} - q)$，由此立知 $x^p + y^p = z^p$ 无解，证毕。

杨辉三角、T 法则、X 约束与费马大定理的第十八个证明

对于 $(x+y)^p - (x+y)q = (x+y)((x+y)^{p-1} - q)$，X 约束要求 $z = x+y$，

然此明显与 T 法则相悖，由 T 法则知 $z < x+y$，

于是 $(x+y)^p - zq \neq z((x+y)^{p-1} - q)$，由此立知 $x^p + y^p = z^p$ 无解，证毕。

杨辉三角、T 法则与费马大定理的第十九个证明

对于 $(x+y)^p - (x+y)q = (x+y)((x+y)^{p-1} - q)$，由 T 法则知 $z < x+y$，

于是 $(x+y)^p - zq \neq (x+y)(z^{p-1} - q)$，由此立知 $x^p + y^p = z^p$ 无解，证毕。

杨辉三角、T 法则、X 约束与费马大定理的第二十个证明

对于 $(x+y)^p - (x+y)q = (x+y)((x+y)^{p-1} - q)$，X 约束要求 $z = x+y$，

然此明显与 T 法则相悖，由 T 法则知 $z < x+y$，

于是 $(x+y)^p - zq \neq (x+y)(z^{p-1}-q)$，由此立知 $x^p + y^p = z^p$ 无解，证毕。

杨辉三角、T法则与费马大定理的第二十一个证明

对于 $(x+y)^p - (x+y)q = (x+y)((x+y)^{p-1}-q)$，由 T 法则知 $z < x+y$，

于是 $(x+y)^p - (x+y)q \neq z(z^{p-1}-q)$，由此立知 $x^p + y^p = z^p$ 无解，证毕。

杨辉三角、T法则、X约束与费马大定理的第二十二个证明

对于 $(x+y)^p - (x+y)q = (x+y)((x+y)^{p-1}-q)$，X 约束要求 $z = x+y$，

然此明显与 T 法则相悖，由 T 法则知 $z < x+y$，

于是 $(x+y)^p - (x+y)q \neq z(z^{p-1}-q)$，由此立知 $x^p + y^p = z^p$ 无解，证毕。

杨辉三角、T法则与费马大定理的第二十三个证明

对于 $(x+y)^p - (x+y)q = (x+y)((x+y)^{p-1}-q)$，由 T 法则知 $z < x+y$，

于是 $z^p - zq \neq z((x+y)^{p-1}-q)$，由此立知 $x^p + y^p = z^p$ 无解，证毕。

杨辉三角、T法则、X约束与费马大定理的第二十四个证明

对于 $(x+y)^p - (x+y)q = (x+y)((x+y)^{p-1}-q)$，X 约束要求 $z = x+y$，

然此明显与 T 法则相悖，由 T 法则知 $z < x+y$，

于是 $z^p - zq \neq z((x+y)^{p-1}-q)$，由此立知 $x^p + y^p = z^p$ 无解，证毕。

杨辉三角、T法则与费马大定理的第二十五个证明

对于 $(x+y)^p - (x+y)q = (x+y)((x+y)^{p-1}-q)$，由 T 法则知 $z < x+y$，

于是 $z^p - (x+y)q \neq z(z^{p-1}-q)$，由此立知 $x^p + y^p = z^p$ 无解，证毕。

杨辉三角、T法则、X约束与费马大定理的第二十六个证明

对于 $(x+y)^p - (x+y)q = (x+y)((x+y)^{p-1}-q)$，X 约束要求 $z = x+y$，

然此明显与 T 法则相悖，由 T 法则知 $z < x+y$，

于是 $z^p - (x+y)q \neq z(z^{p-1}-q)$，由此立知 $x^p + y^p = z^p$ 无解，证毕。

杨辉三角、T法则与费马大定理的第二十七个证明

对于 $(x+y)^p - (x+y)q = (x+y)((x+y)^{p-1}-q)$，由 T 法则知 $z < x+y$，

于是 $(x+y)^p - zq \neq z(z^{p-1}-q)$，由此立知 $x^p + y^p = z^p$ 无解，证毕。

杨辉三角、T法则、X约束与费马大定理的第二十八个证明

对于 $(x+y)^p - (x+y)q = (x+y)((x+y)^{p-1} - q)$，X约束要求 $z = x+y$，

然此明显与T法则相悖，由T法则知 $z < x+y$，

于是 $(x+y)^p - zq \neq z(z^{p-1} - q)$，由此立知 $x^p + y^p = z^p$ 无解，证毕。

杨辉三角、T法则与费马大定理的第二十七个证明

对于 $(x+y)^p - (x+y)q = (x+y)((x+y)^{p-1} - q)$，由T法则知 $z < x+y$，

于是 $z^p - zq \neq z(z^{p-1} - q)$，由此立知 $x^p + y^p = z^p$ 无解，证毕。

杨辉三角、T法则、X约束与费马大定理的第二十八个证明

对于 $(x+y)^p - (x+y)q = (x+y)((x+y)^{p-1} - q)$，X约束要求 $z = x+y$，

然此明显与T法则相悖，由T法则知 $z < x+y$，

于是 $z^p - zq \neq z(z^{p-1} - q)$，由此立知 $x^p + y^p = z^p$ 无解，证毕。

杨辉三角、q规则与费马大定理的第二十九个证明

对于 $(x+y)^p - (x+y)q = (x+y)((x+y)^{p-1} - q)$，由 q 规则知 $q < z^{p-1}$，

于是 $(x+y)^p - (x+y)z^{p-1} \neq (x+y)((x+y)^{p-1} - q)$，由此立知 $x^p + y^p = z^p$ 无解，证毕。

杨辉三角、q规则、X约束与费马大定理的第三十个证明

对于 $(x+y)^p - (x+y)q = (x+y)((x+y)^{p-1} - q)$，X约束要求 $q = z^{p-1}$，

然此明显与 q 规则相悖，由 q 规则知 $q < z^{p-1}$，

于是 $(x+y)^p - (x+y)z^{p-1} \neq (x+y)((x+y)^{p-1} - q)$，由此立知 $x^p + y^p = z^p$ 无解，证毕。

杨辉三角、q规则与费马大定理的第三十一个证明

对于 $(x+y)^p - (x+y)q = (x+y)((x+y)^{p-1} - q)$，由 q 规则知 $q < z^{p-1}$，

于是 $(x+y)^p - (x+y)q \neq (x+y)((x+y)^{p-1} - z^{p-1})$，由此立知 $x^p + y^p = z^p$ 无解，证毕。

杨辉三角、q规则、X约束与费马大定理的第三十二个证明

对于 $(x+y)^p - (x+y)q = (x+y)((x+y)^{p-1} - q)$，X约束要求 $q = z^{p-1}$，

然此明显与 q 规则相悖，由 q 规则知 $q < z^{p-1}$，

于是 $(x+y)^p - (x+y)q \neq (x+y)((x+y)^{p-1} - z^{p-1})$，由此立知 $x^p + y^p = z^p$ 无解，证毕。

杨辉三角、q 规则与费马大定理的第三十三个证明

对于 $(x+y)^p - (x+y)q = (x+y)((x+y)^{p-1} - q)$，由 q 规则知 $q < z^{p-1}$，

于是 $(x+y)^p - (x+y)z^{p-1} \neq (x+y)((x+y)^{p-1} - z^{p-1})$，

由此立知 $x^p + y^p = z^p$ 无解，证毕。

杨辉三角、q 规则、X 约束与费马大定理的第三十四个证明

对于 $(x+y)^p - (x+y)q = (x+y)((x+y)^{p-1} - q)$，X 约束要求 $q = z^{p-1}$，

然此明显与 q 规则相悖，由 q 规则知 $q < z^{p-1}$，

于是 $(x+y)^p - (x+y)z^{p-1} \neq (x+y)((x+y)^{p-1} - z^{p-1})$，

由此立知 $x^p + y^p = z^p$ 无解，证毕。

杨辉三角、T 法则、q 规则与费马大定理的第三十五个证明

对于 $(x+y)^p - (x+y)q = (x+y)((x+y)^{p-1} - q)$，由 T 法则知 $z < x+y$，由 q 规则

知 $q < z^{p-1}$，于是 $z^p - (x+y)z^{p-1} \neq (x+y)((x+y)^{p-1} - q)$，

由此立知 $x^p + y^p = z^p$ 无解，证毕。

杨辉三角、T 法则、q 规则、X 约束与费马大定理的第三十六个证明

对于 $(x+y)^p - (x+y)q = (x+y)((x+y)^{p-1} - q)$，X 约束要求 $z = x+y$ 及 $q = z^{p-1}$，

然此明显与 T 法则和 q 规则相悖，由 T 法则知 $z < x+y$，由 q 规则知 $q < z^{p-1}$，

于是 $z^p - (x+y)z^{p-1} \neq (x+y)((x+y)^{p-1} - q)$，由此立知 $x^p + y^p = z^p$ 无解，证毕。

杨辉三角、T 法则、q 规则与费马大定理的第三十七个证明

对于 $(x+y)^p - (x+y)q = (x+y)((x+y)^{p-1} - q)$，由 T 法则知 $z < x+y$，由 q 规则

知 $q < z^{p-1}$，于是 $(x+y)^p - zz^{p-1} \neq (x+y)((x+y)^{p-1} - q)$，

由此立知 $x^p + y^p = z^p$ 无解，证毕。

杨辉三角、T 法则、q 规则、X 约束与费马大定理的第三十八个证明

对于 $(x+y)^p - (x+y)q = (x+y)((x+y)^{p-1} - q)$，X 约束要求 $z = x+y$ 及 $q = z^{p-1}$，

然此明显与 T 法则和 q 规则相悖，由 T 法则知 $z < x + y$，由 q 规则知 $q < z^{p-1}$，

于是 $(x+y)^p - zz^{p-1} \neq (x+y)((x+y)^{p-1} - q)$，由此立知 $x^p + y^p = z^p$ 无解，证毕。

杨辉三角、T 法则、q 规则与费马大定理的第三十九个证明

对于 $(x+y)^p - (x+y)q = (x+y)((x+y)^{p-1} - q)$，由 T 法则知 $z < x + y$，由 q 规则知 $q < z^{p-1}$，于是 $(x+y)^p - (x+y)z^{p-1} \neq z((x+y)^{p-1} - q)$，

由此立知 $x^p + y^p = z^p$ 无解，证毕。

杨辉三角、T 法则、q 规则、X 约束与费马大定理的第四十个证明

对于 $(x+y)^p - (x+y)q = (x+y)((x+y)^{p-1} - q)$，X 约束要求 $z = x + y$ 及 $q = z^{p-1}$，

然此明显与 T 法则和 q 规则相悖，由 T 法则知 $z < x + y$，由 q 规则知 $q < z^{p-1}$，

于是 $(x+y)^p - (x+y)z^{p-1} \neq z((x+y)^{p-1} - q)$，由此立知 $x^p + y^p = z^p$ 无解，证毕。

杨辉三角、T 法则、q 规则与费马大定理的第三十九个证明

对于 $(x+y)^p - (x+y)q = (x+y)((x+y)^{p-1} - q)$，由 T 法则知 $z < x + y$，由 q 规则知 $q < z^{p-1}$，于是 $(x+y)^p - (x+y)z^{p-1} \neq (x+y)(z^{p-1} - q)$，

由此立知 $x^p + y^p = z^p$ 无解，证毕。

杨辉三角、T 法则、q 规则、X 约束与费马大定理的第四十个证明

对于 $(x+y)^p - (x+y)q = (x+y)((x+y)^{p-1} - q)$，X 约束要求 $z = x + y$ 及 $q = z^{p-1}$，

然此明显与 T 法则和 q 规则相悖，由 T 法则知 $z < x + y$，由 q 规则知 $q < z^{p-1}$，

于是 $(x+y)^p - (x+y)z^{p-1} \neq (x+y)(z^{p-1} - q)$，由此立知 $x^p + y^p = z^p$ 无解，证毕。

杨辉三角、T 法则、q 规则与费马大定理的第四十一个证明

对于 $(x+y)^p - (x+y)q = (x+y)((x+y)^{p-1} - q)$，由 T 法则知 $z < x + y$，由 q 规则知 $q < z^{p-1}$，于是 $z^p - zz^{p-1} \neq (x+y)((x+y)^{p-1} - q)$，

由此立知 $x^p + y^p = z^p$ 无解，证毕。

杨辉三角、T 法则、q 规则、X 约束与费马大定理的第四十二个证明

对于 $(x+y)^p - (x+y)q = (x+y)((x+y)^{p-1} - q)$，X 约束要求 $z = x + y$ 及 $q = z^{p-1}$，

然此明显与 T 法则和 q 规则相悖，由 T 法则知 $z < x + y$，由 q 规则知 $q < z^{p-1}$，

于是 $z^p - zz^{p-1} \neq (x+y)((x+y)^{p-1} - q)$，由此立知 $x^p + y^p = z^p$ 无解，证毕。

杨辉三角、T 法则、q 规则与费马大定理的第四十一个证明

对于 $(x+y)^p - (x+y)q = (x+y)((x+y)^{p-1} - q)$，由 T 法则知 $z < x + y$，由 q 规则

知 $q < z^{p-1}$，于是 $z^p - (x+y)z^{p-1} \neq z((x+y)^{p-1} - q)$，

由此立知 $x^p + y^p = z^p$ 无解，证毕。

杨辉三角、T 法则、q 规则、X 约束与费马大定理的第四十二个证明

对于 $(x+y)^p - (x+y)q = (x+y)((x+y)^{p-1} - q)$，X 约束要求 $z = x + y$ 及 $q = z^{p-1}$，

然此明显与 T 法则和 q 规则相悖，由 T 法则知 $z < x + y$，由 q 规则知 $q < z^{p-1}$，

于是 $z^p - (x+y)z^{p-1} \neq z((x+y)^{p-1} - q)$，由此立知 $x^p + y^p = z^p$ 无解，证毕。

杨辉三角、T 法则、q 规则与费马大定理的第四十三个证明

对于 $(x+y)^p - (x+y)q = (x+y)((x+y)^{p-1} - q)$，由 T 法则知 $z < x + y$，由 q 规则

知 $q < z^{p-1}$，于是 $z^p - (x+y)z^{p-1} \neq (x+y)(z^{p-1} - q)$，

由此立知 $x^p + y^p = z^p$ 无解，证毕。

杨辉三角、T 法则、q 规则、X 约束与费马大定理的第四十四个证明

对于 $(x+y)^p - (x+y)q = (x+y)((x+y)^{p-1} - q)$，X 约束要求 $z = x + y$ 及 $q = z^{p-1}$，

然此明显与 T 法则和 q 规则相悖，由 T 法则知 $z < x + y$，由 q 规则知 $q < z^{p-1}$，

于是 $z^p - (x+y)z^{p-1} \neq (x+y)(z^{p-1} - q)$，由此立知 $x^p + y^p = z^p$ 无解，证毕。

杨辉三角、T 法则、q 规则与费马大定理的第四十五个证明

对于 $(x+y)^p - (x+y)q = (x+y)((x+y)^{p-1} - q)$，由 T 法则知 $z < x + y$，由 q 规则

知 $q < z^{p-1}$，于是 $(x+y)^p - zz^{p-1} \neq z((x+y)^{p-1} - q)$，

由此立知 $x^p + y^p = z^p$ 无解，证毕。

杨辉三角、T 法则、q 规则、X 约束与费马大定理的第四十六个证明

对于 $(x+y)^p - (x+y)q = (x+y)((x+y)^{p-1} - q)$，X 约束要求 $z = x + y$ 及 $q = z^{p-1}$，

然此明显与T法则和q规则相悖，由T法则知$z < x + y$，由q规则知$q < z^{p-1}$，

于是$(x+y)^p - zz^{p-1} \neq z((x+y)^{p-1} - q)$，由此立知$x^p + y^p = z^p$无解，证毕。

杨辉三角、T法则、q规则与费马大定理的第四十七个证明

对于$(x+y)^p - (x+y)q = (x+y)((x+y)^{p-1} - q)$，由T法则知$z < x + y$，由q规则知$q < z^{p-1}$，于是$(x+y)^p - zz^{p-1} \neq (x+y)(z^{p-1} - q)$，

由此立知$x^p + y^p = z^p$无解，证毕。

杨辉三角、T法则、q规则、X约束与费马大定理的第四十八个证明

对于$(x+y)^p - (x+y)q = (x+y)((x+y)^{p-1} - q)$，X约束要求$z = x + y$及$q = z^{p-1}$，

然此明显与T法则和q规则相悖，由T法则知$z < x + y$，由q规则知$q < z^{p-1}$，

于是$(x+y)^p - zz^{p-1} \neq (x+y)(z^{p-1} - q)$，由此立知$x^p + y^p = z^p$无解，证毕。

杨辉三角、T法则、q规则与费马大定理的第四十九个证明

对于$(x+y)^p - (x+y)q = (x+y)((x+y)^{p-1} - q)$，由T法则知$z < x + y$，由q规则知$q < z^{p-1}$，于是$(x+y)^p - (x+y)z^{p-1} \neq z(z^{p-1} - q)$，

由此立知$x^p + y^p = z^p$无解，证毕。

杨辉三角、T法则、q规则、X约束与费马大定理的第五十个证明

对于$(x+y)^p - (x+y)q = (x+y)((x+y)^{p-1} - q)$，X约束要求$z = x + y$及$q = z^{p-1}$，

然此明显与T法则和q规则相悖，由T法则知$z < x + y$，由q规则知$q < z^{p-1}$，

于是$(x+y)^p - (x+y)z^{p-1} \neq z(z^{p-1} - q)$，由此立知$x^p + y^p = z^p$无解，证毕。

杨辉三角、T法则、q规则与费马大定理的第五十一个证明

对于$(x+y)^p - (x+y)q = (x+y)((x+y)^{p-1} - q)$，由T法则知$z < x + y$，由q规则知$q < z^{p-1}$，于是$z^p - zz^{p-1} \neq z((x+y)^{p-1} - q)$，由此立知$x^p + y^p = z^p$无解，证毕。

杨辉三角、T法则、q规则、X约束与费马大定理的第五十二个证明

对于$(x+y)^p - (x+y)q = (x+y)((x+y)^{p-1} - q)$，X约束要求$z = x + y$及$q = z^{p-1}$，

然此明显与T法则和q规则相悖，由T法则知$z < x + y$，由q规则知$q < z^{p-1}$，

于是 $z^p - zz^{p-1} \neq z((x+y)^{p-1} - q)$，由此立知 $x^p + y^p = z^p$ 无解，证毕。

杨辉三角、T 法则、q 规则与费马大定理的第五十三个证明

对于 $(x+y)^p - (x+y)q = (x+y)((x+y)^{p-1} - q)$，由 T 法则知 $z < x+y$，由 q 规则

知 $q < z^{p-1}$，于是 $z^p - (x+y)z^{p-1} \neq z(z^{p-1} - q)$，由此立知 $x^p + y^p = z^p$ 无解，证毕。

杨辉三角、T 法则、q 规则、X 约束与费马大定理的第五十四个证明

对于 $(x+y)^p - (x+y)q = (x+y)((x+y)^{p-1} - q)$，X 约束要求 $z = x+y$ 及 $q = z^{p-1}$，

然此明显与 T 法则和 q 规则相悖，由 T 法则知 $z < x+y$，由 q 规则知 $q < z^{p-1}$，

于是 $z^p - (x+y)z^{p-1} \neq z(z^{p-1} - q)$，由此立知 $x^p + y^p = z^p$ 无解，证毕。

杨辉三角、T 法则、q 规则与费马大定理的第五十五个证明

对于 $(x+y)^p - (x+y)q = (x+y)((x+y)^{p-1} - q)$，由 T 法则知 $z < x+y$，由 q 规则

知 $q < z^{p-1}$，于是 $(x+y)^p - zz^{p-1} \neq z(z^{p-1} - q)$，由此立知 $x^p + y^p = z^p$ 无解，证毕。

杨辉三角、T 法则、q 规则、X 约束与费马大定理的第五十六个证明

对于 $(x+y)^p - (x+y)q = (x+y)((x+y)^{p-1} - q)$，X 约束要求 $z = x+y$ 及 $q = z^{p-1}$，

然此明显与 T 法则和 q 规则相悖，由 T 法则知 $z < x+y$，由 q 规则知 $q < z^{p-1}$，

于是 $(x+y)^p - zz^{p-1} \neq z(z^{p-1} - q)$，由此立知 $x^p + y^p = z^p$ 无解，证毕。

杨辉三角、T 法则、q 规则与费马大定理的第五十七个证明

对于 $(x+y)^p - (x+y)q = (x+y)((x+y)^{p-1} - q)$，由 T 法则知 $z < x+y$，由 q 规则

知 $q < z^{p-1}$，于是 $z^p - zz^{p-1} \neq z(z^{p-1} - q)$，由此立知 $x^p + y^p = z^p$ 无解，证毕。

杨辉三角、T 法则、q 规则、X 约束与费马大定理的第五十八个证明

对于 $(x+y)^p - (x+y)q = (x+y)((x+y)^{p-1} - q)$，X 约束要求 $z = x+y$ 及 $q = z^{p-1}$，

然此明显与 T 法则和 q 规则相悖，由 T 法则知 $z < x+y$，由 q 规则知 $q < z^{p-1}$，

于是 $z^p - zz^{p-1} \neq z(z^{p-1} - q)$，由此立知 $x^p + y^p = z^p$ 无解，证毕。

杨辉三角、T 法则、q 规则与费马大定理的第五十九个证明

对于 $(x+y)^p - (x+y)q = (x+y)((x+y)^{p-1} - q)$，由 T 法则知 $z < x+y$，由 q 规则

知 $q < z^{p-1}$，于是 $z^p - (x+y)q \neq (x+y)((x+y)^{p-1} - z^{p-1})$，由此立知 $x^p + y^p = z^p$ 无解，证毕。

杨辉三角、T 法则、q 规则、X 约束与费马大定理的第六十个证明

对于 $(x+y)^p - (x+y)q = (x+y)((x+y)^{p-1} - q)$，X 约束要求 $z = x+y$ 及 $q = z^{p-1}$，

然此明显与 T 法则和 q 规则相悖，由 T 法则知 $z < x+y$，由 q 规则知 $q < z^{p-1}$，

于是 $z^p - (x+y)q \neq (x+y)((x+y)^{p-1} - z^{p-1})$，由此立知 $x^p + y^p = z^p$ 无解，证毕。

杨辉三角、T 法则、q 规则与费马大定理的第六十一个证明

对于 $(x+y)^p - (x+y)q = (x+y)((x+y)^{p-1} - q)$，由 T 法则知 $z < x+y$，由 q 规则

知 $q < z^{p-1}$，于是 $(x+y)^p - zq \neq (x+y)((x+y)^{p-1} - z^{p-1})$，

由此立知 $x^p + y^p = z^p$ 无解，证毕。

杨辉三角、T 法则、q 规则、X 约束与费马大定理的第六十二个证明

对于 $(x+y)^p - (x+y)q = (x+y)((x+y)^{p-1} - q)$，X 约束要求 $z = x+y$ 及 $q = z^{p-1}$，

然此明显与 T 法则和 q 规则相悖，由 T 法则知 $z < x+y$，由 q 规则知 $q < z^{p-1}$，

于是 $(x+y)^p - zq \neq (x+y)((x+y)^{p-1} - z^{p-1})$，由此立知 $x^p + y^p = z^p$ 无解，证毕。

杨辉三角、T 法则、q 规则与费马大定理的第六十三个证明

对于 $(x+y)^p - (x+y)q = (x+y)((x+y)^{p-1} - q)$，由 T 法则知 $z < x+y$，由 q 规则

知 $q < z^{p-1}$，于是 $(x+y)^p - (x+y)q \neq z((x+y)^{p-1} - z^{p-1})$，

由此立知 $x^p + y^p = z^p$ 无解，证毕。

杨辉三角、T 法则、q 规则、X 约束与费马大定理的第六十四个证明

对于 $(x+y)^p - (x+y)q = (x+y)((x+y)^{p-1} - q)$，X 约束要求 $z = x+y$ 及 $q = z^{p-1}$，

然此明显与 T 法则和 q 规则相悖，由 T 法则知 $z < x+y$，由 q 规则知 $q < z^{p-1}$，

于是 $(x+y)^p - (x+y)q \neq z((x+y)^{p-1} - z^{p-1})$，由此立知 $x^p + y^p = z^p$ 无解，证毕。

杨辉三角、T 法则、q 规则与费马大定理的第六十五个证明

对于 $(x+y)^p - (x+y)q = (x+y)((x+y)^{p-1} - q)$，由 T 法则知 $z < x+y$，由 q 规则

知 $q < z^{p-1}$，于是 $(x+y)^p - (x+y)q \neq (x+y)(z^{p-1} - z^{p-1})$，

由此立知 $x^p + y^p = z^p$ 无解，证毕。

杨辉三角、T 法则、q 规则、X 约束与费马大定理的第六十六个证明

对于 $(x+y)^p - (x+y)q = (x+y)((x+y)^{p-1} - q)$，X 约束要求 $z = x+y$ 及 $q = z^{p-1}$，

然此明显与 T 法则和 q 规则相悖，由 T 法则知 $z < x+y$，由 q 规则知 $q < z^{p-1}$，

于是 $(x+y)^p - (x+y)q \neq (x+y)(z^{p-1} - z^{p-1})$，由此立知 $x^p + y^p = z^p$ 无解，证毕。

杨辉三角、T 法则、q 规则与费马大定理的第六十七个证明

对于 $(x+y)^p - (x+y)q = (x+y)((x+y)^{p-1} - q)$，由 T 法则知 $z < x+y$，由 q 规则

知 $q < z^{p-1}$，于是 $z^p - zq \neq (x+y)((x+y)^{p-1} - z^{p-1})$，

由此立知 $x^p + y^p = z^p$ 无解，证毕。

杨辉三角、T 法则、q 规则、X 约束与费马大定理的第六十八个证明

对于 $(x+y)^p - (x+y)q = (x+y)((x+y)^{p-1} - q)$，X 约束要求 $z = x+y$ 及 $q = z^{p-1}$，

然此明显与 T 法则和 q 规则相悖，由 T 法则知 $z < x+y$，由 q 规则知 $q < z^{p-1}$，

于是 $z^p - zq \neq (x+y)((x+y)^{p-1} - z^{p-1})$，由此立知 $x^p + y^p = z^p$ 无解，证毕。

杨辉三角、T 法则、q 规则与费马大定理的第六十九个证明

对于 $(x+y)^p - (x+y)q = (x+y)((x+y)^{p-1} - q)$，由 T 法则知 $z < x+y$，由 q 规则

知 $q < z^{p-1}$，于是 $z^p - (x+y)q \neq z((x+y)^{p-1} - z^{p-1})$，

由此立知 $x^p + y^p = z^p$ 无解，证毕。

杨辉三角、T 法则、q 规则、X 约束与费马大定理的第七十个证明

对于 $(x+y)^p - (x+y)q = (x+y)((x+y)^{p-1} - q)$，X 约束要求 $z = x+y$ 及 $q = z^{p-1}$，

然此明显与 T 法则和 q 规则相悖，由 T 法则知 $z < x+y$，由 q 规则知 $q < z^{p-1}$，

于是 $z^p - (x+y)q \neq z((x+y)^{p-1} - z^{p-1})$，由此立知 $x^p + y^p = z^p$ 无解，证毕。

杨辉三角、T 法则、q 规则与费马大定理的第七十一个证明

对于 $(x+y)^p - (x+y)q = (x+y)((x+y)^{p-1} - q)$，由 T 法则知 $z < x+y$，由 q 规则

知 $q < z^{p-1}$，于是 $z^p - (x+y)q \neq (x+y)(z^{p-1} - z^{p-1})$，

由此立知 $x^p + y^p = z^p$ 无解，证毕。

杨辉三角、T 法则、q 规则、X 约束与费马大定理的第七十二个证明

对于 $(x+y)^p - (x+y)q = (x+y)((x+y)^{p-1} - q)$，X 约束要求 $z = x+y$ 及 $q = z^{p-1}$，

然此明显与 T 法则和 q 规则相悖，由 T 法则知 $z < x+y$，由 q 规则知 $q < z^{p-1}$，

于是 $z^p - (x+y)q \neq (x+y)(z^{p-1} - z^{p-1})$，由此立知 $x^p + y^p = z^p$ 无解，证毕。

杨辉三角、T 法则、q 规则与费马大定理的第七十三个证明

对于 $(x+y)^p - (x+y)q = (x+y)((x+y)^{p-1} - q)$，由 T 法则知 $z < x+y$，由 q 规则

知 $q < z^{p-1}$，于是 $(x+y)^p - zq \neq z((x+y)^{p-1} - z^{p-1})$，

由此立知 $x^p + y^p = z^p$ 无解，证毕。

杨辉三角、T 法则、q 规则、X 约束与费马大定理的第七十四个证明

对于 $(x+y)^p - (x+y)q = (x+y)((x+y)^{p-1} - q)$，X 约束要求 $z = x+y$ 及 $q = z^{p-1}$，

然此明显与 T 法则和 q 规则相悖，由 T 法则知 $z < x+y$，由 q 规则知 $q < z^{p-1}$，

于是 $(x+y)^p - zq \neq z((x+y)^{p-1} - z^{p-1})$，由此立知 $x^p + y^p = z^p$ 无解，证毕。

杨辉三角、T 法则、q 规则与费马大定理的第七十五个证明

对于 $(x+y)^p - (x+y)q = (x+y)((x+y)^{p-1} - q)$，由 T 法则知 $z < x+y$，由 q 规则

知 $q < z^{p-1}$，于是 $(x+y)^p - (x+y)q \neq z(z^{p-1} - z^{p-1})$，

由此立知 $x^p + y^p = z^p$ 无解，证毕。

杨辉三角、T 法则、q 规则、X 约束与费马大定理的第七十六个证明

对于 $(x+y)^p - (x+y)q = (x+y)((x+y)^{p-1} - q)$，X 约束要求 $z = x+y$ 及 $q = z^{p-1}$，

然此明显与 T 法则和 q 规则相悖，由 T 法则知 $z < x+y$，由 q 规则知 $q < z^{p-1}$，

于是 $(x+y)^p - (x+y)q \neq z(z^{p-1} - z^{p-1})$，由此立知 $x^p + y^p = z^p$ 无解，证毕。

杨辉三角、T 法则、q 规则与费马大定理的第七十七个证明

对于 $(x+y)^p - (x+y)q = (x+y)((x+y)^{p-1} - q)$，由 T 法则知 $z < x+y$，由 q 规则

知 $q < z^{p-1}$，于是 $z^p - zq \neq z((x+y)^{p-1} - z^{p-1})$，由此立知 $x^p + y^p = z^p$ 无解，证毕。

杨辉三角、T 法则、q 规则、X 约束与费马大定理的第七十八个证明

对于 $(x+y)^p - (x+y)q = (x+y)((x+y)^{p-1} - q)$，X 约束要求 $z = x+y$ 及 $q = z^{p-1}$，

然此明显与 T 法则和 q 规则相悖，由 T 法则知 $z < x+y$，由 q 规则知 $q < z^{p-1}$，

于是 $z^p - zq \neq z((x+y)^{p-1} - z^{p-1})$，由此立知 $x^p + y^p = z^p$ 无解，证毕。

杨辉三角、T 法则、q 规则与费马大定理的第七十九个证明

对于 $(x+y)^p - (x+y)q = (x+y)((x+y)^{p-1} - q)$，由 T 法则知 $z < x+y$，由 q 规则

知 $q < z^{p-1}$，于是 $z^p - (x+y)q \neq z(z^{p-1} - z^{p-1})$，由此立知 $x^p + y^p = z^p$ 无解，证毕。

杨辉三角、T 法则、q 规则、X 约束与费马大定理的第八十个证明

对于 $(x+y)^p - (x+y)q = (x+y)((x+y)^{p-1} - q)$，X 约束要求 $z = x+y$ 及 $q = z^{p-1}$，

然此明显与 T 法则和 q 规则相悖，由 T 法则知 $z < x+y$，由 q 规则知 $q < z^{p-1}$，

于是 $z^p - (x+y)q \neq z(z^{p-1} - z^{p-1})$，由此立知 $x^p + y^p = z^p$ 无解，证毕。

杨辉三角、T 法则、q 规则与费马大定理的第八十一个证明

对于 $(x+y)^p - (x+y)q = (x+y)((x+y)^{p-1} - q)$，由 T 法则知 $z < x+y$，由 q 规则

知 $q < z^{p-1}$，于是 $(x+y)^p - zq \neq z(z^{p-1} - z^{p-1})$，由此立知 $x^p + y^p = z^p$ 无解，证毕。

杨辉三角、T 法则、q 规则、X 约束与费马大定理的第八十二个证明

对于 $(x+y)^p - (x+y)q = (x+y)((x+y)^{p-1} - q)$，X 约束要求 $z = x+y$ 及 $q = z^{p-1}$，

然此明显与 T 法则和 q 规则相悖，由 T 法则知 $z < x+y$，由 q 规则知 $q < z^{p-1}$，

于是 $(x+y)^p - zq \neq z(z^{p-1} - z^{p-1})$，由此立知 $x^p + y^p = z^p$ 无解，证毕。

杨辉三角、T 法则、q 规则与费马大定理的第八十三个证明

对于 $(x+y)^p - (x+y)q = (x+y)((x+y)^{p-1} - q)$，由 T 法则知 $z < x+y$，由 q 规则

知 $q < z^{p-1}$，于是 $z^p - zq \neq z(z^{p-1} - z^{p-1})$，由此立知 $x^p + y^p = z^p$ 无解，证毕。

杨辉三角、T 法则、q 规则、X 约束与费马大定理的第八十四个证明

对于 $(x+y)^p - (x+y)q = (x+y)((x+y)^{p-1} - q)$，X 约束要求 $z = x+y$ 及 $q = z^{p-1}$，

然此明显与 T 法则和 q 规则相悖，由 T 法则知 $z < x + y$，由 q 规则知 $q < z^{p-1}$，

于是 $z^p - zq \neq z(z^{p-1} - z^{p-1})$，由此立知 $x^p + y^p = z^p$ 无解，证毕。

杨辉三角、T 法则、q 规则与费马大定理的第八十五个证明

对于 $(x+y)^p - (x+y)q = (x+y)((x+y)^{p-1} - q)$，由 T 法则知 $z < x + y$，由 q 规则知 $q < z^{p-1}$，于是 $z^p - (x+y)z^{p-1} \neq (x+y)((x+y)^{p-1} - z^{p-1})$，

由此立知 $x^p + y^p = z^p$ 无解，证毕。

杨辉三角、T 法则、q 规则、X 约束与费马大定理的第八十六个证明

对于 $(x+y)^p - (x+y)q = (x+y)((x+y)^{p-1} - q)$，X 约束要求 $z = x + y$ 及 $q = z^{p-1}$，

然此明显与 T 法则和 q 规则相悖，由 T 法则知 $z < x + y$，由 q 规则知 $q < z^{p-1}$，

于是 $z^p - (x+y)z^{p-1} \neq (x+y)((x+y)^{p-1} - z^{p-1})$，由此立知 $x^p + y^p = z^p$ 无解，证毕。

杨辉三角、T 法则、q 规则与费马大定理的第八十七个证明

对于 $(x+y)^p - (x+y)q = (x+y)((x+y)^{p-1} - q)$，由 T 法则知 $z < x + y$，由 q 规则知 $q < z^{p-1}$，于是 $(x+y)^p - zz^{p-1} \neq (x+y)((x+y)^{p-1} - z^{p-1})$，

由此立知 $x^p + y^p = z^p$ 无解，证毕。

杨辉三角、T 法则、q 规则、X 约束与费马大定理的第八十八个证明

对于 $(x+y)^p - (x+y)q = (x+y)((x+y)^{p-1} - q)$，X 约束要求 $z = x + y$ 及 $q = z^{p-1}$，

然此明显与 T 法则和 q 规则相悖，由 T 法则知 $z < x + y$，由 q 规则知 $q < z^{p-1}$，

于是 $(x+y)^p - zz^{p-1} \neq (x+y)((x+y)^{p-1} - z^{p-1})$，由此立知 $x^p + y^p = z^p$ 无解，证毕。

杨辉三角、T 法则、q 规则与费马大定理的第八十九个证明

对于 $(x+y)^p - (x+y)q = (x+y)((x+y)^{p-1} - q)$，由 T 法则知 $z < x + y$，由 q 规则知 $q < z^{p-1}$，于是 $(x+y)^p - (x+y)z^{p-1} \neq z((x+y)^{p-1} - z^{p-1})$，

由此立知 $x^p + y^p = z^p$ 无解，证毕。

杨辉三角、T 法则、q 规则、X 约束与费马大定理的第九十个证明

对于 $(x+y)^p - (x+y)q = (x+y)((x+y)^{p-1} - q)$，X 约束要求 $z = x + y$ 及 $q = z^{p-1}$，

然此明显与 T 法则和 q 规则相悖，由 T 法则知 $z < x + y$，由 q 规则知 $q < z^{p-1}$，

于是 $(x+y)^p - (x+y)z^{p-1} \neq z((x+y)^{p-1} - z^{p-1})$，由此立知 $x^p + y^p = z^p$ 无解，证毕。

杨辉三角、T 法则、q 规则与费马大定理的第九十一个证明

对于 $(x+y)^p - (x+y)q = (x+y)((x+y)^{p-1} - q)$，由 T 法则知 $z < x + y$，由 q 规则知 $q < z^{p-1}$，于是 $(x+y)^p - (x+y)z^{p-1} \neq (x+y)(z^{p-1} - z^{p-1})$，

由此立知 $x^p + y^p = z^p$ 无解，证毕。

杨辉三角、T 法则、q 规则、X 约束与费马大定理的第九十二个证明

对于 $(x+y)^p - (x+y)q = (x+y)((x+y)^{p-1} - q)$，X 约束要求 $z = x + y$ 及 $q = z^{p-1}$，

然此明显与 T 法则和 q 规则相悖，由 T 法则知 $z < x + y$，由 q 规则知 $q < z^{p-1}$，

于是 $(x+y)^p - (x+y)z^{p-1} \neq (x+y)(z^{p-1} - z^{p-1})$，由此立知 $x^p + y^p = z^p$ 无解，证毕。

杨辉三角、T 法则、q 规则与费马大定理的第九十三个证明

对于 $(x+y)^p - (x+y)q = (x+y)((x+y)^{p-1} - q)$，由 T 法则知 $z < x + y$，由 q 规则知 $q < z^{p-1}$，于是 $z^p - zz^{p-1} \neq (x+y)((x+y)^{p-1} - z^{p-1})$，

由此立知 $x^p + y^p = z^p$ 无解，证毕。

杨辉三角、T 法则、q 规则、X 约束与费马大定理的第九十四个证明

对于 $(x+y)^p - (x+y)q = (x+y)((x+y)^{p-1} - q)$，X 约束要求 $z = x + y$ 及 $q = z^{p-1}$，

然此明显与 T 法则和 q 规则相悖，由 T 法则知 $z < x + y$，由 q 规则知 $q < z^{p-1}$，

于是 $z^p - zz^{p-1} \neq (x+y)((x+y)^{p-1} - z^{p-1})$，由此立知 $x^p + y^p = z^p$ 无解，证毕。

杨辉三角、T 法则、q 规则与费马大定理的第九十五个证明

对于 $(x+y)^p - (x+y)q = (x+y)((x+y)^{p-1} - q)$，由 T 法则知 $z < x + y$，由 q 规则知 $q < z^{p-1}$，于是 $z^p - (x+y)z^{p-1} \neq z((x+y)^{p-1} - z^{p-1})$，

由此立知 $x^p + y^p = z^p$ 无解，证毕。

杨辉三角、T 法则、q 规则、X 约束与费马大定理的第九十六个证明

对于 $(x+y)^p - (x+y)q = (x+y)((x+y)^{p-1} - q)$，X 约束要求 $z = x + y$ 及 $q = z^{p-1}$，

然此明显与 T 法则和 q 规则相悖，由 T 法则知 $z < x+y$，由 q 规则知 $q < z^{p-1}$，

于是 $z^p - (x+y)z^{p-1} \neq z((x+y)^{p-1} - z^{p-1})$，由此立知 $x^p + y^p = z^p$ 无解，证毕。

杨辉三角、T 法则、q 规则与费马大定理的第九十七个证明

对于 $(x+y)^p - (x+y)q = (x+y)((x+y)^{p-1} - q)$，由 T 法则知 $z < x+y$，由 q 规则

知 $q < z^{p-1}$，于是 $z^p - (x+y)z^{p-1} \neq (x+y)(z^{p-1} - z^{p-1})$，

由此立知 $x^p + y^p = z^p$ 无解，证毕。

杨辉三角、T 法则、q 规则、X 约束与费马大定理的第九十八个证明

对于 $(x+y)^p - (x+y)q = (x+y)((x+y)^{p-1} - q)$，X 约束要求 $z = x+y$ 及 $q = z^{p-1}$，

然此明显与 T 法则和 q 规则相悖，由 T 法则知 $z < x+y$，由 q 规则知 $q < z^{p-1}$，

于是 $z^p - (x+y)z^{p-1} \neq (x+y)(z^{p-1} - z^{p-1})$，由此立知 $x^p + y^p = z^p$ 无解，证毕。

杨辉三角、T 法则、q 规则与费马大定理的第九十九个证明

对于 $(x+y)^p - (x+y)q = (x+y)((x+y)^{p-1} - q)$，由 T 法则知 $z < x+y$，由 q 规则

知 $q < z^{p-1}$，于是 $z^p - zz^{p-1} \neq z((x+y)^{p-1} - z^{p-1})$，由此立知 $x^p + y^p = z^p$ 无解，证毕。

杨辉三角、T 法则、q 规则、X 约束与费马大定理的第一百个证明

对于 $(x+y)^p - (x+y)q = (x+y)((x+y)^{p-1} - q)$，X 约束要求 $z = x+y$ 及 $q = z^{p-1}$，

然此明显与 T 法则和 q 规则相悖，由 T 法则知 $z < x+y$，由 q 规则知 $q < z^{p-1}$，

于是 $z^p - zz^{p-1} \neq z((x+y)^{p-1} - z^{p-1})$，由此立知 $x^p + y^p = z^p$ 无解，证毕。

杨辉三角、T 法则、q 规则与费马大定理的第一百零一个证明

对于 $(x+y)^p - (x+y)q = (x+y)((x+y)^{p-1} - q)$，由 T 法则知 $z < x+y$，由 q 规则

知 $q < z^{p-1}$，于是 $(x+y)^p - zz^{p-1} \neq z(z^{p-1} - z^{p-1})$，由此立知 $x^p + y^p = z^p$ 无解，证毕。

杨辉三角、T 法则、q 规则、X 约束与费马大定理的第一百零二个证明

对于 $(x+y)^p - (x+y)q = (x+y)((x+y)^{p-1} - q)$，X 约束要求 $z = x+y$ 及 $q = z^{p-1}$，

然此明显与 T 法则和 q 规则相悖，由 T 法则知 $z < x+y$，由 q 规则知 $q < z^{p-1}$，

于是 $(x+y)^p - zz^{p-1} \neq z(z^{p-1} - z^{p-1})$，由此立知 $x^p + y^p = z^p$ 无解，证毕。

杨辉三角、T法则、q规则与费马大定理的第一百零三个证明

对于$(x+y)^p-(x+y)q=(x+y)((x+y)^{p-1}-q)$，由T法则知$z<x+y$，由$q$规则知$q<z^{p-1}$，于是$z^p-zz^{p-1}\neq z(z^{p-1}-z^{p-1})$，由此立知$x^p+y^p=z^p$无解，证毕。

杨辉三角、T法则、q规则、X约束与费马大定理的第一百零四个证明

对于$(x+y)^p-(x+y)q=(x+y)((x+y)^{p-1}-q)$，X约束要求$z=x+y$及$q=z^{p-1}$，然此明显与T法则和$q$规则相悖，由T法则知$z<x+y$，由$q$规则知$q<z^{p-1}$，于是$z^p-zz^{p-1}\neq z(z^{p-1}-z^{p-1})$，由此立知$x^p+y^p=z^p$无解，证毕。

$(y-x)g-(y-x)^p=(g-(y-x)^{p-1})(y-x)$与费马大定理的证明

当x，y一奇一偶时，y^p-x^p与$(y-x)^p$是两个项数均为$y-x$的连续奇数和，此时我们有$(y-x)g-(y-x)^p=(g-(y-x)^{p-1})(y-x)$。

1. $3^3-2^3=1\times19$，则$19-1=(19-1)\times1$；2. $5^3-2^3=3\times39$，则$117-27=(39-9)\times3$。

以$y^p-x^p-(y-x)^p=(g-(y-x)^{p-1})(y-x)$为平台，以H法则，H法则、X约束，$g$规则，$g$规则、X约束，H法则、$g$规则、X约束为方法，当然又可以给出的大定理的大批证明，有兴趣的读者不妨一试。

第四十章 q_{n+2}、q_n与费马大定理的初等证明

由$x^p+y^p=(x+y)q$中q的表达式可知$q_{n+2}=x^{n+1}+y^{n+1}-xyq_n$。

例如：1. $2^3+3^3=5\times7$，2. $2^5+3^5=5\times55$，3. $2^7+3^7=5\times463$，于是我们有：

$55=2^4+3^4-2\times3\times7$，$463=2^6+3^6-2\times3\times55$。

q_{n+2}、q_n、T法则与费马大定理的第一个证明

对于$x^{n+2}+y^{n+2}=(x+y)(x^{n+1}+y^{n+1}-xyq_n)$，由T法则知$z<x+y$，

于是$x^{n+2}+y^{n+2}\neq z(x^{n+1}+y^{n+1}-xyq_n)$，由此立知$x^{n+2}+y^{n+2}=z^{n+2}$无解，证毕。

q_{n+2}、q_n、T 法则、X 约束与费马大定理的第二个证明

对于 $x^{n+2} + y^{n+2} = (x+y)(x^{n+1} + y^{n+1} - xyq_n)$，X 约束要求 $z = x+y$，然此明显与 T

法则由 T 法则知 $z < x+y$，于是 $x^{n+2} + y^{n+2} \neq z(x^{n+1} + y^{n+1} - xyq_n)$，

由此立知 $x^{n+2} + y^{n+2} = z^{n+2}$ 无解，证毕。

q_{n+2}、q_n、q 规则与费马大定理的第三个证明

对于 $x^{n+2} + y^{n+2} = (x+y)(x^{n+1} + y^{n+1} - xyq_n)$，由 q 规则知

$x^{n+1} + y^{n+1} - xyq_n < z_{n+1}{}^{n+1}$，于是 $x^{n+2} + y^{n+2} \neq (x+y)z_{n+1}{}^{n+1}$，

由此立知 $x^{n+2} + y^{n+2} = z^{n+2}$ 无解，证毕。

q_{n+2}、q_n、q 规则、X 约束与费马大定理的第四个证明

对于 $x^{n+2} + y^{n+2} = (x+y)(x^{n+1} + y^{n+1} - xyq_n)$，X 约束要求

$x^{n+1} + y^{n+1} - xyq_n = z^{n+1}$，然此明显与 q 规则相悖，由 q 规则知 $x^{n+1} + y^{n+1} - xyq_n < z^{n+1}$，

于是 $x^{n+2} + y^{n+2} \neq (x+y)z^{n+1}$，由此立知 $x^{n+2} + y^{n+2} = z^{n+2}$ 无解，证毕。

q_{n+2}、q_n、T 法则、q 规则与费马大定理的第五个证明

对于 $x^{n+2} + y^{n+2} = (x+y)(x^{n+1} + y^{n+1} - xyq_n)$，由 T 法则知 $z < x+y$，

由 q 规则知 $x^{n+1} + y^{n+1} - xyq_n < z^{n+1}$，于是 $x^{n+2} + y^{n+2} \neq zz^{n+1}$，

由此立知 $x^{n+2} + y^{n+2} = z^{n+2}$ 无解，证毕。

q_{n+2}、q_n、T 法则、q 规则、X 约束与费马大定理的第六个证明

对于 $x^{n+2} + y^{n+2} = (x+y)(x^{n+1} + y^{n+1} - xyq_n)$，

X 约束要求 $z = x+y$ 及 $x^{n+1} + y^{n+1} - xyq_n = z^{n+1}$，然此明显与 T 法则和 q 规则相悖，由 T

法则知 $z < x+y$，由 q 规则知 $x^{n+1} + y^{n+1} - xyq_n < z^{n+1}$，于是 $x^{n+2} + y^{n+2} \neq zz^{n+1}$，

第四十一章 q_n、q_{n+2} 与费马大定理的初等证明

由 $x^n + y^n = (x+y)q$ 中 q 的表达式可知，$q_n = \dfrac{x^{n+1} + y^{n+1} - q_{n+2}}{xy}$，

例如：$2^3 + 3^3 = 5 \times 7$，2. $2^5 + 3^5 = 5 \times 55$，于是我们有：$7 = \dfrac{2^4 + 3^4 - 55}{6}$。

q_n、q_{n+2}、T 法则、X 约束与费马大定理的第一个证明

对于 $x^n + y^n = \dfrac{(x+y)(x^{n+1} + y^{n+1} - q_{n+2})}{xy}$，由 T 法则知 $x + y > z$，

于是 $x^n + y^n \neq \dfrac{z(x^{n+1} + y^{n+1} - q_{n+2})}{xy}$，由此立知 $x^n + y^n = z^n$ 无解，证毕。

q_n、q_{n+2}、T 法则、X 约束与费马大定理的第二个证明

对于 $x^n + y^n = \dfrac{(x+y)(x^{n+1} + y^{n+1} - q_{n+2})}{xy}$，X 约束要求 $x + y = z$，然此明显与 T 法

则相悖，由 T 法则知 $x + y > z$，于是 $x^n + y^n \neq \dfrac{z(x^{n+1} + y^{n+1} - q_{n+2})}{xy}$，

由此立知 $x^n + y^n = z^n$ 无解，证毕。

q_n、q_{n+2}、q 规则与费马大定理的第三个证明

对于 $x^n + y^n = \dfrac{(x+y)(x^{n+1} + y^{n+1} - q_{n+2})}{xy}$，由 q 规则知 $\dfrac{x^{n+1} + y^{n+1} - q_{n+2}}{xy} < z^{n-1}$，

于是 $x^n + y^n \neq (x+y)z^{n-1}$，由此立知 $x^n + y^n = z^n$ 无解，证毕。

q_n、q_{n+2}、q 规则、X 约束与费马大定理的第四个证明

对于 $x^n + y^n = \dfrac{(x+y)(x^{n+1} + y^{n+1} - q_{n+2})}{xy}$，X 约束要求 $\dfrac{x^{n+1} + y^{n+1} - q_{n+2}}{xy} = z^{n-1}$，

然此明显与 q 规则相悖，由 q 规则知 $\dfrac{x^{n+1} + y^{n+1} - q_{n+2}}{xy} < z^{n-1}$，

于是 $x^n + y^n \neq (x+y)z^{n-1}$，由此立知 $x^n + y^n = z^n$ 无解，证毕。

q_n、q_{n+2}、T 法则、q 规则与费马大定理的第五个证明

对于 $x^n + y^n = \dfrac{(x+y)(x^{n+1} + y^{n+1} - q_{n+2})}{xy}$，

由 T 法则知 $z < x + y$，由 q 规则知 $\dfrac{x^{n+1} + y^{n+1} - q_{n+2}}{xy} < z^{n-1}$，于是 $x^n + y^n \neq zz^{n-1}$，

由此立知 $y^n - x^n = z^n$ 无解，证毕。

q_n、q_{n+2}、T 法则、q 规则、X 约束与费马大定理的第六个证明

对于 $x^n + y^n = \dfrac{(x+y)(x^{n+1} + y^{n+1} - q_{n+2})}{xy}$，

X 约束要求 $x + y = z$ 及 $\dfrac{x^{n+1} + y^{n+1} - q_{n+2}}{xy} = z^{n-1}$，然此明显与 T 法则和 q 规则相悖，由 T

法则知 $z < x + y$，由 q 规则知 $\dfrac{x^{n+1} + y^{n+1} - q_{n+2}}{xy} < z^{n-1}$，于是 $x^n + y^n \neq zz^{n-1}$，

由此立知 $y^n - x^n = z^n$ 无解，证毕。

第四十二章 T 演段图 (A) 与费马大定理的证明

文献《中算家的几何研究》（许纯舫著 开明书店 1952 年 3 月第一版）中给出了二十三

个"演段图"来证明 $x^2 + y^2 = z^2$，本章再给出 $x^2 + y^2 = z^2$ 的一个"演段图"，作者称它

为 T 演段图 (A)，并且利用之证明大定理。

T 演段图 (A) 比上述文献中给出的 $x^2 + y^2 = z^2$ 的二十三个演段图中任何一个都要更

加简单，更加清楚，更加一目了然。T 演段图 (A) 修炼百年，就像当年大闹天宫的孙悟空一

般，偷吃过王母娘娘的蟠桃，进过太上老君的炼丹炉，神通广大、变化多端、妙趣横生，试

看"孙大圣"变几个戏法儿！

T 演段图 (A) 与费马大定理的第一个证明

一、T 演段图及其对应的代数公式

我们称右图为 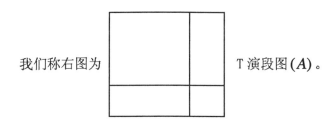 T 演段图 (A)。

T 演段图 (A) 中最大正方形的面积为 z^2，左上角的正方形的面积为 x^2，右下角的正方形的面积为 $(z-x)^2$。

由 T 演段图 (A) 可得公式 $x^2 + (2x(z-x) + (z-x)^2) = x^2 + y^2 = z^2 (A)$ 式。

在 (A) 式中令 $x=3$，$z=5$ 则 $z-x=2$，于是 $3^2 + (2\times3\times2 + 2^2) = 3^2 + 4^2 = 5^2$。

在 (A) 式中令 $x=8$，$z=17$ 则 $z-x=9$，于是 $8^2 + (2\times8\times9 + 9^2) = 8^2 + 15^2 = 17^2$。

二、大定理的证明

再看例子：$3^2 + (2\times3\times2 + 2^2) = 3^2 + 4^2 = 5^2$，此例其实就是

$(1+3+5) + (1+3+5+7) = 1+3+5+7+9$。

再看例子：$8^2 + (2\times8\times9 + 9^2) = 8^2 + 15^2 = 17^2$，此例其实就是

$(1+3+\cdots+15) + (1+3+\cdots+29) = 1+3+\cdots+33$。

如果 $x^p + y^p = z^p$ 可能成立，当然也应当有类似的 T 演段图 (A) 及其对应的代数式存在，由公式 $x^p + y^p = (x+y)q$ 中 $q < y^{p-1}$ 可知此完全不可能。

事实上，证明"此完全不可能"的方法太多、太多了，随便给出一百个只不过是囊中取物（本书其它章节中有的是），请读者自己给出。

由此立知 $x^p + y^p = z^p$ 无解，证毕。

T 演段图 (A) 与费马大定理的第二个证明

一、L 演段图 (A) 及其对应的代数公式

由 T 演段图 (A) 的变换，可得 L 演段图

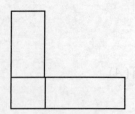

L 演段图中的正方形的面积为 $(z-x)^2$，两个长方形的面积均为 $x(z-x)$。被去去掉的右上角的正方形的面积为 x^2。

易知与 L 演段图对应的代数公式为：$z^2 - x^2 = (z-x)^2 + 2x(z-x) = y^2$ 式 (L)。

在式 (L) 中令 $z=5$，$x=3$ 则 $z-x=2$，于是 $5^2 - 3^2 = 2^2 + 2 \times 3 \times 2 = 4^2$。

在式 (L) 中令 $z=17$，$x=8$ 则 $z-x=9$，于是 $17^2 - 8^2 = 9^2 + 2 \times 8 \times 9 = 225 = 15^2$。

二、大定理的证明

再看例子：$5^2 - 3^2 = 2^2 + 2 \times 3 \times 2 = 4^2$，此例其实就是

$(1+3+5) + 7 + 9 - (1+3+5) = 7 + 9 = 4^2$。

再看例子：$17^2 - 8^2 = 9^2 + 2 \times 8 \times 9 = 225 = 15^2$，此例其实就是

$(1+3+\cdots+33) - (1+3+\cdots+15) = 17 + 19 + \cdots + 33 = 25 \times 9 = 15^2$。

如果 $x^p + y^p = z^p$ 可能成立，当然也应当有类似的 L 演段图及其对应的代数式存在，由公式 $x^p + y^p = (x+y)q$ 中 $q < y^{p-1}$ 可知此完全不可能。

事实上，证明"此完全不可能"的方法太多、太多了，随便给出一百个只不过是囊中取物（本书其它章节中有的是），请读者自己给出。

由此立知 $x^p + y^p = z^p$ 无解，证毕。

T 演段图 (A) 与费马大定理的第三个证明

一、去角 L 演段图及其对应的代数公式

由 T 演段图的变换，可得去角 L 演段图

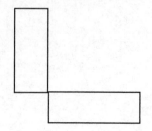

128

去角 L 演段图中两个长方形的面积均为 $x(z-x)$，被去掉的右上角的正方形的面积为 x^2，被去掉的左下角的正方形的面积为 $(z-x)^2$。

易知与去角 L 演段图对应的代数公式为：$z^2-x^2-(z-x)^2=2x(z-x)=y^2$ 式 (L_1)。

看两个例子：

在式 (L_1) 中令 $z=5$，$x=3$ 则 $z-x=2$，于是 $5^2-3^2-2^2=2\times3\times2=4^2-2^2$。

在式 (L_1) 中令 $z=17$，$x=8$ 则 $z-x=9$，于是 $17^2-8^2-9^2=2\times8\times9=144=15^2-9^2$。

二、大定理的证明

如果 $x^p+y^p=z^p$ 可能成立，当然也应当有类似的去角 L 演段图及其对应的代数式存在，由公式 $x^p+y^p=(x+y)q$ 中 $q<y^{p-1}$ 可知此完全不可能。

事实上，证明"此完全不可能"的方法太多、太多了，随便给出一百个只不过是囊中取物（本书其它章节中有的是），请读者自己给出。

由此立知 $x^p+y^p=z^p$ 无解，证毕。

T 演段图 (A) 与费马大定理的第四个证明

一、矩形演段图 (A) 及其对应的代数公式

由 T 演段图 (A) 的变换，可得矩形演段图

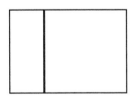

矩形演段图中左面长方形的面积为 $x(z-x)$，右面正方形的面积为 x^2，被去掉的最下面的长方形的面积为 $z(z-x)$。

易知与矩形演段图对应的代数公式为：$z^2-z(z-x)=x^2+x(z-x)$ 式 (T)。

看两个例子：

在式 (T) 中令 $z=5$，$x=3$ 则 $z-x=2$，于是 $5^2-5\times2=3^2+3\times2$。

在式 (T) 中令 $z=17$，$x=8$ 则 $z-x=9$，于是 $17^2-17\times9=8^2+8\times9$。

二、大定理的证明

如果 $x^p + y^p = z^p$ 可能成立，当然也应当有类似的矩形演段图及其对应的代数式存在，由公式 $x^p + y^p = (x+y)q$ 中 $q < y^{p-1}$ 可知此完全不可能。

事实上，证明"此完全不可能"的方法太多、太多了，随便给出一百个只不过是囊中取物（本书其它章节中有的是），请读者自己给出。

由此立知 $x^p + y^p = z^p$ 无解，证毕。

T 演段图 (A) 与费马大定理的第五个证明

一、两正方形演段图 (A) 及其对应的代数公式

由 T 演段图 (A) 的变换，可得两正方形演段图

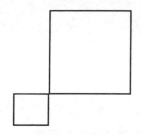

两正方形演段图中两正方形的面积一个为 x^2，另一个为 $(z-x)^2$。

易知与两正方形演段图对应的代数公式为：$z^2 - 2x(z-x) = x^2 + (z-x)^2$ 式 (Z)。

看两个例子：

在式 (Z) 中令 $z = 5$，$x = 3$ 则 $z - x = 2$，于是 $5^2 - 2 \times 3 \times 2 = 3^2 + 2^2$。

在式 (Z) 中令 $z = 17$，$x = 8$ 则 $z - x = 9$，于是 $17^2 - 2 \times 8 \times 9 = 8^2 + 9^2$。

二、大定理的证明

如果 $x^p + y^p = z^p$ 可能成立，当然也应当有类似的两正方形演段图及其对应的代数式存在，由公式 $x^p + y^p = (x+y)q$ 中 $q < y^{p-1}$ 可知此完全不可能。

事实上，证明"此完全不可能"的方法太多、太多了，随便给出一百个只不过是囊中取物（本书其它章节中有的是），请读者自己给出。

由此立知 $x^p + y^p = z^p$ 无解，证毕。

T 演段图(A)与费马大定理的第六个证明

一、T 字演段图(A)及其对应的代数公式

由 T 演段图(A)的变换，可得 T 字演段图

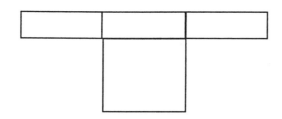

T 字演段图中的正方形的面积为 x^2，其上大长方形的面积为 $3(z-x)^2$。

易知与 T 字演段图对应的代数公式为：$z^2-(z-x)^2=x^2+2x(z-x)$ 式(T_1)。

看两个例子：

在式(T_1)中令 $z=5$，$x=3$ 则 $z-x=2$，于是 $5^2-2^2=3^2+2\times3\times2$。

在式(T_1)中令 $z=17$，$x=8$ 则 $z-x=9$，于是 $17^2-9^2=8^2+2\times8\times9$。

二、大定理的证明

如果 $x^p+y^p=z^p$ 可能成立，当然也应当有类似的 T 字演段图及其对应的代数式存在，

由公式 $x^p+y^p=(x+y)q$ 中 $q<y^{p-1}$ 可知此完全不可能。

事实上，证明"此完全不可能"的方法太多、太多了，随便给出一百个只不过是囊中取物（本书其它章节中有的是），请读者自己给出。

由此立知 $x^p+y^p=z^p$ 无解，证毕。

T 演段图(A)与费马大定理的第七个证明

一、一字演段图(A)及其对应的代数公式

由 T 演段图(A)的变换，可得一字演段图

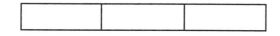

一字演段图(A)中的最大长方形的面积为 $3(z-x)^2$。

易知与一字演段图对应的代数公式为：$z^2-x^2-(z-x)^2=2x(z-x)$ 式(y)。

看两个例子：

在式(y)中令$z=5$，$x=3$则$z-x=2$，于是$5^2-3^2-2^2=2\times3\times2$。

在式(y)中令$z=17$，$x=8$则$z-x=9$，于是$17^2-8^2-9^2=2\times8\times9$。

二、大定理的证明

如果$x^p+y^p=z^p$可能成立，当然也应当有类似的一字演段图及其对应的代数式存在，由公式$x^p+y^p=(x+y)q$中$q<y^{p-1}$可知此完全不可能。

事实上，证明"此完全不可能"的方法太多、太多了，随便给出一百个只不过是囊中取物（本书其它章节中有的是），请读者自己给出。

由此立知$x^p+y^p=z^p$无解，证毕。

T 演段图(A)与费马大定理的第八个证明

一、小一字演段图(A)及其对应的代数公式

由 T 演段图(A)的变换，可得小一字演段图

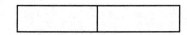

小一字演段图(A)中的最大长方形的面积为$2(z-x)^2$。

易知小一字演段图(A)的代数式为：$z^2-x^2-(z-x)^2-x(z-x)=x(z-x)$ (Y_1) 式。

看两个例子：

在式(Y_1)中令$z=5$，$x=3$则$z-x=2$，于是$5^2-3^2-2^2-3\times2=3\times2$。

在式(Y_1)中令$z=17$，$x=8$则$z-x=9$，于是$17^2-8^2-9^2-8\times9=8\times9$。

二、大定理的证明

如果$x^p+y^p=z^p$可能成立，当然也应当有类似的小一字演段图及其对应的代数式存在，由公式$x^p+y^p=(x+y)q$中$q<y^{p-1}$可知此完全不可能。

事实上，证明"此完全不可能"的方法太多、太多了，随便给出一百个只不过是囊中取物（本书其它章节中有的是），请读者自己给出。

由此立知$x^p+y^p=z^p$无解，证毕。

T 演段图 (A) 与费马大定理的第八个证明

一、小小一字演段图 (A) 及其对应的代数公式

由 T 演段图 (A) 的变换，可得小小一字演段图

小小一字演段图中的长方形的面积为 $(z-x)^2$。

易知小小一字演段图的代数式为：$z^2 - x^2 - (z-x)^2 - 2x(z-x) = 0$ (y_2) 式。

看两个例子：

在式 (y_2) 中令 $z=5$，$x=3$ 则 $z-x=2$，于是 $5^2 - 3^2 - 2^2 - 2\times3\times2 = 0$。

在式 (y_2) 中令 $z=17$，$x=8$ 则 $z-x=9$，于是 $17^2 - 8^2 - 9^2 - 2\times8\times9 = 0$。

二、大定理的证明

如果 $x^p + y^p = z^p$ 可能成立，当然也应当有类似的小小一字演段图及其对应的代数式存在，由公式 $x^p + y^p = (x+y)q$ 中 $q < y^{p-1}$ 可知此完全不可能。

事实上，证明"此完全不可能"的方法太多、太多了，随便给出一百个只不过是囊中取物（本书其它章节中有的是），请读者自己给出。

由此立知 $x^p + y^p = z^p$ 无解，证毕。

T 演段图 (A) 与费马大定理的第九个证明

一、J 字演段图演段图及其对应的代数公式

由 T 演段图 (A) 的变换，可得 J 字演段图

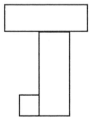

J 字演段图中的两个长方形的面积为 $x(z-x)$ 而一个正方形的面积为 $(z-x)^2$。

易知 J 字演段图 (A) 的代数式也为：$z^2 - x^2 = (z-x)^2 + 2x(z-x) = y^2$ (J) 式。

看两个例子：

在式 (J) 中令 $z=5$，$x=3$ 则 $z-x=2$，于是 $5^2 - 3^2 = 2^2 + 2\times3\times2 = 4^2$。

在式(J)中令$z=17$，$x=8$则$z-x=9$，于是$17^2-8^2=9^2+2\times8\times9=225=15^2$。

二、大定理的证明

如果$x^p+y^p=z^p$可能成立，当然也应当有类似的 J 字演段图及其对应的代数式存在，由公式$x^p+y^p=(x+y)q$中$q<y^{p-1}$可知此完全不可能。

事实上，证明"此完全不可能"的方法太多、太多了，随便给出一百个只不过是囊中取物（本书其它章节中有的是），请读者自己给出。

由此立知$x^p+y^p=z^p$无解，证毕。

T 演段图(A)与费马大定理的第十个证明

一、C 字演段图(A)及其对应的代数公式

进一步，由 T 演段图(A)的变换，我们又可以得到 C 字演段图

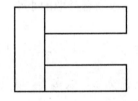

C 字演段图中的三个长方形的面积和也为$3(z-x)^2$。易知与 C 字演段图对应的代数公式

也为：$z^2-x^2-(z-x)^2=2x(z-x)$。

看两个例子：

令$z=5$，$x=3$则$z-x=2$，于是$5^2-3^2-2^2=2\times3\times2$。

令$z=17$，$x=8$则$z-x=9$，于是$17^2-8^2-9^2=2\times8\times9$。

二、大定理的证明

如果$x^p+y^p=z^p$可能成立，当然也应当有类似的 C 字演段图及其对应的代数式存在，由公式$x^p+y^p=(x+y)q$中$q<y^{p-1}$可知此完全不可能。

事实上，证明"此完全不可能"的方法太多、太多了，随便给出一百个只不过是囊中取物（本书其它章节中有的是），请读者自己给出。

由此立知$x^p+y^p=z^p$无解，证毕。

三、三点说明

1. 很明显，上面的证明使用的都是"去项"的方法，如果改为"加项"或"加项又去项"的方法，则有另外两番情趣了，

2. 如果在所有的 T 演段图(A)及其变化的演段图所对应的代数公式中，将与 z 字母有关的项去掉，而代之应当之项则所有的代数式便都能成立，请读者考虑"应当之项"为何项？如何"代之"？

3. 如法炮制，可证明 $y^p - x^p = z^p$ 无解。

第四十三章 T 演段图(B)与费马大定理的证明

本章再给出 $x^2 + y^2 = z^2$ 的一个"演段图"，作者称它为 T 演段图(B)，并且利用之证明大定理。T 演段图(B)也修炼了百年，如果说 T 演段图(A)如同孙悟空一般，那么 T 演段图(B)就如同六耳弥猴一般，同样变化多端。

一、T 演段图(B)及其对应的代数公式，

我们称右图 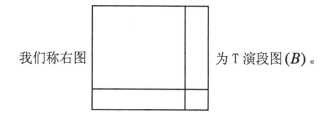 为 T 演段图(B)。

T 演段图(B)中最大正方形的面积为 z^2，左上角的正方形的面积为 y^2，右下角的正方形的面积为 $(z-y)^2$。

由 T 演段图(B)可得公式 $y^2 + (2y(z-y) + (z-y)^2) = y^2 + x^2 = z^2$ (B)式。
看两个例子：

在(B)式中令 $y=4$，$z=5$ 则 $z-y=1$，

可得 $4^2 + (2 \times 4 \times 1 + 1^2) = 4^2 + 3^2 = 5^2$。

在(B)式中令 $y=15$，$z=17$ 则 $z-y=2$，

可得 $15^2 + (2 \times 15 \times 2 + 2^2) = 15^2 + 8^2 = 17^2$。

二、大定理的证明

如果 $x^p + y^p = z^p$ 可能成立，当然也应当有类似的 T 演段图 (B) 及其对应的代数式存在，由公式 $x^p + y^p = (x+y)q$ 中 $q < y^{p-1}$ 可知此完全不可能。

事实上，证明"此完全不可能"的方法太多、太多了，随便给出一百个只不过是囊中取物（本书其它章节中有的是），请读者自己给出。

由此立知 $x^p + y^p = z^p$ 无解，证毕。

本证明显然也有 L 演段图 (B)，去角 L 演段图 (B)，矩形演段图 (B)，两正方形演段图 (B)，一字演段图 (B)，小一字演段图 (B)，小小一字演段图 (B)，J 字演段图 (B)，C 字演段图 (B) 的证法。如有兴趣，不妨一试，此间大有乐趣，此乐趣比之打麻将，"胡了"，有过之而无不及！不过，也是要当心哟，此事也是容易上"隐"的哟。

如法炮制，可证明 $y^p - x^p = z^p$ 无解。

第四十四章 演段与费马大定理的初等证明

本章利用演段再给出才大定理的一百六十二个初等证明。

长方体、T 法则与费马大定理的第一个证明

从三维空间感知 $x^p + y^p = (x+y)q$ 可知

$$(x+y)q = \boxed{}\text{图（A）}$$

上式右端长方体的底面积为 $q = \dfrac{x^p + y^p}{x+y}$ 而高为 $x+y$。

由 T 法则知 $z < x+y$，于是 $zq \neq$ 图（A），由此立知 $x^p + y^p = z^p$ 无解，证毕。

长方体、T 法则、X 约束与费马大定理的第二个证明

从三维空间感知 $x^p + y^p = (x+y)q$ 可知

$$(x+y)q = \boxed{}\text{图（A）}$$

上式右端长方体的底面积为 $q = \dfrac{x^p + y^p}{x+y}$ 而高为 $x+y$。

X 约束要求 $z = x+y$，然此明显与 T 法则相悖，由 T 法则知 $z < x+y$，于是 $zq \neq$ 图（A），由此立知 $x^p + y^p = z^p$ 无解，证毕。

长方体、q 规则与费马大定理的第三个证明

从三维空间感知 $x^p + y^p = (x+y)q$ 可知

$$(x+y)q = \boxed{} \quad \text{图（A）}$$

上式右端长方体的底面积为 $q = \dfrac{x^p + y^p}{x+y}$ 而高为 $x+y$。

由 q 规则知 $q < z^{p-1}$，于是 $(x+y)z^{p-1} \neq$ 图（A），由此立知 $x^p + y^p = z^p$ 无解，证毕。

长方体、q 规则、X 约束与费马大定理的第四个证明

从三维空间感知 $x^p + y^p = (x+y)q$ 可知

$$(x+y)q = \boxed{} \quad \text{图（A）}$$

上式右端长方体的底面积为 $q = \dfrac{x^p + y^p}{x+y}$ 而高为 $x+y$。

X 约束要求 $q = z^{p-1}$，然此明显

与 q 规则相悖，由 q 规则知 $q < z^{p-1}$，于是 $(x+y)z^{p-1} \neq$ 图（A），

由此立知 $x^p + y^p = z^p$ 无解，证毕。

长方体、T 法则、q 规则与费马大定理的第五个证明

从三维空间感知 $x^p + y^p = (x+y)q$ 可知

$$(x+y)q = \boxed{} \quad \text{图（A）}$$

上式右端长方体的底面积为 $q = \dfrac{x^p + y^p}{x+y}$ 而高为 $x+y$。

由 T 法则知 $z < x+y$，由 q 规则知 $q < z^{p-1}$，于是 $zz^{p-1} \neq$ 图（A），

由此立知 $x^p + y^p = z^p$ 无解，证毕。

长方体、T 法则、q 规则、X 约束与费马大定理的第六个证明

从三维空间感知 $x^p + y^p = (x+y)q$ 可知

$$(x+y)q = \boxed{} \quad \text{图（A）}$$

上式右端长方体的底面积为 $q = \dfrac{x^p + y^p}{x+y}$ 而高为 $x+y$。X 约束要求 $z = x+y$ 及 $q = z^{p-1}$，

然此明显与 T 法则和 q 规则相悖，由 T 法则知 $z < x + y$，由 q 规则知 $q < z^{p-1}$，

于是 $zz^{p-1} \neq$ 图（A），由此立知 $x^p + y^p = z^p$ 无解，证毕。

演段、T 法则与费马大定理的第七个证明

从二维空间感知 $x^p + y^p = (x + y)q$ 可知

$$(x + y)q = \boxed{} \quad 图（A）$$

上式右端长方形的长为 $q = \dfrac{x^p + y^p}{x + y}$ 而宽为 $x + y$。

由 T 法则知 $z < x + y$，于是 $zq \neq$ 图（A），由此立知 $x^p + y^p = z^p$ 无解，证毕。

演段、T 法则、X 约束与费马大定理的第八个证明

从二维空间感知 $x^p + y^p = (x + y)q$ 可知

$$(x + y)q = \boxed{} \quad 图（A）$$

上式右端长方形的长为 $q = \dfrac{x^p + y^p}{x + y}$ 而宽为 $x + y$。X 约束要求 $z = x + y$，

然此明显与 T 法则相悖，由 T 法则知 $z < x + y$，于是 $zq \neq$ 图（A），
由此立知 $x^p + y^p = z^p$ 无解，证毕。

演段、q 规则与费马大定理的第九个证明

从二维空间感知 $x^p + y^p = (x + y)q$ 可知

$$(x + y)q = \boxed{} \quad 图（A）$$

上式右端长方形的长为 $q = \dfrac{x^p + y^p}{x + y}$ 而宽为 $x + y$。

由 q 规则知 $q < z^{p-1}$，于是 $(x + y)z^{p-1} \neq$ 图（A），由此立知 $x^p + y^p = z^p$ 无解，证毕。

演段、q 规则、X 约束与费马大定理的第十个证明

从二维空间感知 $x^p + y^p = (x + y)q$ 可知

$$(x + y)q = \boxed{} \quad 图（A）$$

上式右端长方形的长为 $q = \dfrac{x^p + y^p}{x + y}$ 而宽为 $x + y$。X 约束要求 $q = z^{p-1}$，然此明显

与 q 规则相悖，由 q 规则知 $q < z^{p-1}$，于是 $(x + y)z^{p-1} \neq$ 图（A），

由此立知 $x^p + y^p = z^p$ 无解，证毕。

演段、T 法则、q 规则与费马大定理的第十一个证明

从二维空间感知 $x^p + y^p = (x+y)q$ 可知

$$(x+y)q = \boxed{} \quad 图（A）$$

上式右端长方形的长为 $q = \dfrac{x^p + y^p}{x+y}$ 而宽为 $x+y$。

由 T 法则知 $z < x+y$，由 q 规则知 $q < z^{p-1}$，于是 $zz^{p-1} \neq$ 图（A），

由此立知 $x^p + y^p = z^p$ 无解，证毕。

演段、T 法则、q 规则、X 约束与费马大定理的第十二个证明

从二维空间感知 $x^p + y^p = (x+y)q$ 可知

$$(x+y)q = \boxed{} \quad 图（A）$$

上式右端长方形的长为 $q = \dfrac{x^p + y^p}{x+y}$ 而宽为 $x+y$。X 约束要求 $z = x+y$ 及 $q = z^{p-1}$，

然此明显与 T 法则和 q 规则相悖，由 T 法则知 $z < x+y$，由 q 规则知 $q < z^{p-1}$，

于是 $zz^{p-1} \neq$ 图（A），由此立知 $x^p + y^p = z^p$ 无解，证毕。

线段、T 法则与费马大定理的第十三个证明

从一维空间感知 $x^p + y^p = (x+y)q$ 及 $q = \dfrac{x^p + y^p}{x+y}$ 可知

$$(x+y)q = \rule{10cm}{0.4pt} \quad 图（A）$$

上式右端线段的长为 $(x+y)q$。由 T 法则知 $z < x+y$，于是 $zq \neq$ 图（A），

由此立知 $x^p + y^p = z^p$ 无解，证毕。

线段、T 法则、X 约束与费马大定理的第十四个证明

从一维空间感知 $x^p + y^p = (x+y)q$ 及 $q = \dfrac{x^p + y^p}{x+y}$ 可知

$$(x+y)q = \rule{10cm}{0.4pt} \quad 图（A）$$

上式右端线段的长为 $(x+y)q$。X 约束要求 $z = x+y$，然此明显与 T 法则相悖，

由 T 法则知 $z < x + y$，于是 $zq \neq$ 图（A），由此立知 $x^p + y^p = z^p$ 无解，证毕。

线段、q 规则与费马大定理的第十五个证明

从一维空间感知 $x^p + y^p = (x + y)q$ 及 $q = \dfrac{x^p + y^p}{x + y}$ 可知

$$(x + y)q = \text{\rule{10cm}{0.4pt}} \quad \text{图（A）}$$

上式右端线段的长为 $(x + y)q$。由 q 规则知 $q < z^{p-1}$，于是 $(x + y)z^{p-1} \neq$ 图（A），

由此立知 $x^p + y^p = z^p$ 无解，证毕。

线段、q 规则、X 约束与费马大定理的第十六个证明

从一维空间感知 $x^p + y^p = (x + y)q$ 及 $q = \dfrac{x^p + y^p}{x + y}$ 可知

$$(x + y)q = \text{\rule{10cm}{0.4pt}} \quad \text{图（A）}$$

上式右端线段的长为 $(x + y)q$。X 约束要求 $q = z^{p-1}$，然此明显与 q 规则相悖，由 q 规则

知 $q < z^{p-1}$，于是 $(x + y)z^{p-1} \neq$ 图（A），由此立知 $x^p + y^p = z^p$ 无解，证毕。

线段、T 法则、q 规则与费马大定理的第十七个证明

从一维空间感知 $x^p + y^p = (x + y)q$ 及 $q = \dfrac{x^p + y^p}{x + y}$ 可知

$$(x + y)q = \text{\rule{10cm}{0.4pt}} \quad \text{图（A）}$$

上式右端线段的长为 $(x + y)q$。由 T 法则知 $z < x + y$，由 q 规则知 $q < z^{p-1}$，

于是 $zz^{p-1} \neq$ 图（A），由此立知 $x^p + y^p = z^p$ 无解，证毕。

线段、T 法则、q 规则、X 约束与费马大定理的第十八个证明

从一维空间感知 $x^p + y^p = (x + y)q$ 及 $q = \dfrac{x^p + y^p}{x + y}$ 可知

$$(x + y)q = \text{\rule{10cm}{0.4pt}} \quad \text{图（A）}$$

上式右端线段的长为 $(x + y)q$。X 约束要求 $z = x + y$ 及 $q = z^{p-1}$，然此明显与 T 法则和 q 规

则相悖，由 T 法则知 $z < x + y$，由 q 规则知 $q < z^{p-1}$，于是 $zz^{p-1} \neq$ 图（A），

由此立知 $x^p + y^p = z^p$ 无解，证毕。

长方体、T法则与费马大定理的第十九个证明

对于大定理的第一种情形易证 $x^p + y^p = (x+y)(1+2pt)$。

$$(x+y)(1+2pt) = \boxed{} \quad 图（A）$$

上式右端长方体的底面积为 $q = 1+2pt$ 而高为 $x+y$。由 T 法则知 $z < x+y$，

于是 $zq \neq$ 图（A），由此立知 $x^p + y^p = z^p$ 无解，证毕。

长方体、T法则、X约束与费马大定理的第二十个证明

从三维空间感知 $x^p + y^p = (x+y)(1+2pt)$ 可知

$$(x+y)(1+2pt) = \boxed{} \quad 图（A）$$

上式右端长方体的底面积为 $q = 1+2pt$ 而高为 $x+y$。X 约束要求 $z = x+y$，

然此明显与 T 法则相悖，由 T 法则知 $z < x+y$，于是 $zq \neq$ 图（A），

由此立知 $x^p + y^p = z^p$ 无解，证毕。

长方体、q 规则与费马大定理的第二十一个证明

从三维空间感知 $x^p + y^p = (x+y)(1+2pt)$ 可知

$$(x+y)(1+2pt) = \boxed{} \quad 图（A）$$

上式右端长方体的底面积为 $q = 1+2pt$ 而高为 $x+y$。由 q 规则知 $q < z^{p-1}$，

于是 $(x+y)z^{p-1} \neq$ 图（A），由此立知 $x^p + y^p = z^p$ 无解，证毕。

长方体、q 规则、X约束与费马大定理的第二十二个证明

从三维空间感知 $x^p + y^p = (x+y)(1+2pt)$ 可知

$$(x+y)(1+2pt) = \boxed{} \quad 图（A）$$

上式右端长方体的底面积为 $q = 1+2pt$ 而高为 $x+y$。X 约束要求 $q = z^{p-1}$，然此明显

与 q 规则相悖，由 q 规则知 $q < z^{p-1}$，于是 $(x+y)z^{p-1} \neq$ 图（A），

由此立知 $x^p + y^p = z^p$ 无解，证毕。

长方体、T法则、q 规则与费马大定理的第二十三个证明

从三维空间感知 $x^p + y^p = (x+y)(1+2pt)$ 可知

$$(x+y)(1+2pt) = \boxed{} \quad 图（A）$$

上式右端长方体的底面积为 $q=1+2pt$ 而高为 $x+y$。由 T 法则知 $z<x+y$，由 q 规则知

$q<z^{p-1}$，于是 $zz^{p-1}\neq$ 图（A），由此立知 $x^p+y^p=z^p$ 无解，证毕。

长方体、T 法则、q 规则、X 约束与费马大定理的第二十四个证明

从三维空间感知 $x^p+y^p=(x+y)(1+2pt)$ 可知

$$(x+y)(1+2pt)=\boxed{}\text{图（A）}$$

上式右端长方体的底面积为 $q=1+2pt$ 而高为 $x+y$。X 约束要求 $z=x+y$ 及 $q=z^{p-1}$，

然此明显与 T 法则和 q 规则相悖，由 T 法则知 $z<x+y$，由 q 规则知 $q<z^{p-1}$，

于是 $zz^{p-1}\neq$ 图（A），由此立知 $x^p+y^p=z^p$ 无解，证毕。

演段、T 法则与费马大定理的第二十五个证明

从二维空间感知 $x^p+y^p=(x+y)(1+2pt)$ 可知

$$(x+y)(1+2pt)=\boxed{}\text{图（A）}$$

上式右端长方形的长为 $q=(1+2pt)$ 而宽为 $x+y$。

由 T 法则知 $z<x+y$，于是 $zq\neq$ 图（A），由此立知 $x^p+y^p=z^p$ 无解，证毕。

演段、T 法则、X 约束与费马大定理的第二十六个证明

从二维空间感知 $x^p+y^p=(x+y)(1+2pt)$ 可知

$$(x+y)(1+2pt)=\boxed{}\text{图（A）}$$

上式右端长方形的长为 $q=(1+2pt)$ 而宽为 $x+y$。X 约束要求 $z=x+y$，

然此明显与 T 法则相悖，由 T 法则知 $z<x+y$，于是 $zq\neq$ 图（A），

由此立知 $x^p+y^p=z^p$ 无解，证毕。

演段、q 规则与费马大定理的第二十七个证明

从二维空间感知 $x^p+y^p=(x+y)(1+2pt)$ 可知

$$(x+y)(1+2pt)=\boxed{}\text{图（A）}$$

上式右端长方形的长为 $q=(1+2pt)$ 而宽为 $x+y$。

由 q 规则知 $q<z^{p-1}$，于是 $(x+y)z^{p-1}\neq$ 图（A），由此立知 $x^p+y^p=z^p$ 无解，证毕。

演段、q 规则、X 约束与费马大定理的第二十八个证明

从二维空间感知 $x^p + y^p = (x+y)(1+2pt)$ 可知

$$(x+y)(1+2pt) = \boxed{} \quad 图（A）$$

上式右端长方形的长为 $q = (1+2pt)$ 而宽为 $x+y$。X 约束要求 $q = z^{p-1}$，然此明显

与 q 规则相悖，由 q 规则知 $q < z^{p-1}$，于是 $(x+y)z^{p-1} \neq$ 图（A），

由此立知 $x^p + y^p = z^p$ 无解，证毕。

演段、T 法则、q 规则与费马大定理的第二十九个证明

从二维空间感知 $x^p + y^p = (x+y)(1+2pt)$ 可知

$$(x+y)(1+2pt) = \boxed{} \quad 图（A）$$

上式右端长方形的长为 $q = (1+2pt)$ 而宽为 $x+y$。

由 T 法则知 $z < x+y$，由 q 规则知 $q < z^{p-1}$，于是 $zz^{p-1} \neq$ 图（A），

由此立知 $x^p + y^p = z^p$ 无解，证毕。

演段、T 法则、q 规则、X 约束与费马大定理的第三十个证明

从二维空间感知 $x^p + y^p = (x+y)(1+2pt)$ 可知

$$(x+y)(1+2pt) = \boxed{} \quad 图（A）$$

上式右端长方形的长为 $q = (1+2pt)$ 而宽为 $x+y$。X 约束要求 $z = x+y$ 及 $q = z^{p-1}$，

然此明显与 T 法则和 q 规则相悖，由 T 法则知 $z < x+y$，由 q 规则知 $q < z^{p-1}$，

于是 $zz^{p-1} \neq$ 图（A），由此立知 $x^p + y^p = z^p$ 无解，证毕。

线段、T 法则与费马大定理的第三十一个证明

从一维空间感知 $x^p + y^p = (x+y)(1+2pt)$ 可知

$$(x+y)(1+2pt) = \text{———————————————————} \quad 图（A）$$

上式右端线段的长为 $(x+y)(1+2pt)$。由 T 法则知 $z < x+y$，于是 $zq \neq$ 图（A），

由此立知 $x^p + y^p = z^p$ 无解，证毕。

线段、T 法则、X 约束与费马大定理的第三十二个证明

从一维空间感知 $x^p + y^p = (x+y)(1+2pt)$ 可知

$(x+y)(1+2pt) = $ ——————————————————————— 图（A）

上式右端线段的长为 $(x+y)(1+2pt)$。X 约束要求 $z=x+y$，然此明显与 T 法则相悖，

由 T 法则知 $z<x+y$，于是 $zq\neq$ 图（A），由此立知 $x^p+y^p=z^p$ 无解，证毕。

线段、q 规则与费马大定理的第三十三个证明

从一维空间感知 $x^p+y^p=(x+y)(1+2pt)$ 可知

$(x+y)(1+2pt) = $ ——————————————————————— 图（A）

上式右端线段的长为 $(x+y)(1+2pt)$。由 q 规则知 $q<z^{p-1}$，于是 $(x+y)z^{p-1}\neq$ 图（A），

由此立知 $x^p+y^p=z^p$ 无解，证毕。

线段、q 规则、X 约束与费马大定理的第三十四个证明

从一维空间感知 $x^p+y^p=(x+y)(1+2pt)$ 可知

$(x+y)(1+2pt) = $ ——————————————————————— 图（A）

上式右端线段的长为 $(x+y)(1+2pt)$。X 约束要求 $q=z^{p-1}$，然此明显与 q 规则相悖，

由 q 规则知 $q<z^{p-1}$，于是 $(x+y)z^{p-1}\neq$ 图（A），由此立知 $x^p+y^p=z^p$ 无解，证毕。

线段、T 法则、q 规则与费马大定理的第三十五个证明

从一维空间感知 $x^p+y^p=(x+y)(1+2pt)$ 可知

$(x+y)(1+2pt) = $ ——————————————————————— 图（A）

上式右端线段的长为 $(x+y)(1+2pt)$。由 T 法则知 $z<x+y$，由 q 规则知 $q<z^{p-1}$，

于是 $zz^{p-1}\neq$ 图（A），由此立知 $x^p+y^p=z^p$ 无解，证毕。

线段、T 法则、q 规则、X 约束与费马大定理的第三十六个证明

从一维空间感知 $x^p+y^p=(x+y)(1+2pt)$ 可知

$(x+y)(1+2pt) = $ ——————————————————————— 图（A）

上式右端线段的长为 $(x+y)(1+2pt)$。X 约束要求 $z=x+y$ 及 $q=z^{p-1}$，然此明显与 T 法

则和 q 规则相悖，由 T 法则知 $z<x+y$，由 q 规则知 $q<z^{p-1}$，于是 $zz^{p-1}\neq$ 图（A），

由此立知 $x^p+y^p=z^p$ 无解，证毕。

长方体、T 法则与费马大定理的第三十七个证明

从三维空间感知 $x^p + y^p = (x+y)(1+2t)$ 可知

$$(x+y)(1+2t) = \qquad\qquad\qquad\qquad\qquad\qquad\qquad 图（A）$$

上式右端长方体的底面积为 $q = 1 + 2t$ 而高为 $x + y$。由 T 法则知 $z < x + y$，

于是 $zq \ne$ 图（A），由此立知 $x^p + y^p = z^p$ 无解，证毕。

长方体、T 法则、X 约束与费马大定理的第三十八个证明

从三维空间感知 $x^p + y^p = (x+y)(1+2t)$ 可知

$$(x+y)(1+2t) = \qquad\qquad\qquad\qquad\qquad\qquad\qquad 图（A）$$

上式右端长方体的底面积为 $q = 1 + 2t$ 而高为 $x + y$。X 约束要求 $z = x + y$，

然此明显与 T 法则相悖，由 T 法则知 $z < x + y$，于是 $zq \ne$ 图（A），

由此立知 $x^p + y^p = z^p$ 无解，证毕。

长方体、q 规则与费马大定理的第三十九个证明

从三维空间感知 $x^p + y^p = (x+y)(1+2t)$ 可知

$$(x+y)(1+2t) = \qquad\qquad\qquad\qquad\qquad\qquad\qquad 图（A）$$

上式右端长方体的底面积为 $q = 1 + 2t$ 而高为 $x + y$。由 q 规则知 $q < z^{p-1}$，

于是 $(x+y)z^{p-1} \ne$ 图（A），由此立知 $x^p + y^p = z^p$ 无解，证毕。

长方体、q 规则、X 约束与费马大定理的第四十个证明

从三维空间感知 $x^p + y^p = (x+y)(1+2t)$ 可知

$$(x+y)(1+2t) = \qquad\qquad\qquad\qquad\qquad\qquad\qquad 图（A）$$

上式右端长方体的底面积为 $q = 1 + 2t$ 而高为 $x + y$。X 约束要求 $q = z^{p-1}$，然此明显

与 q 规则相悖，由 q 规则知 $q < z^{p-1}$，于是 $(x+y)z^{p-1} \ne$ 图（A），

由此立知 $x^p + y^p = z^p$ 无解，证毕。

长方体、T 法则、q 规则与费马大定理的第四十一个证明

从三维空间感知 $x^p + y^p = (x+y)(1+2t)$ 可知

$$(x+y)(1+2t) = \qquad\qquad\qquad\qquad\qquad\qquad\qquad 图（A）$$

上式右端长方体的底面积为 $q = 1 + 2t$ 而高为 $x + y$。由 T 法则知 $z < x + y$，由 q 规则知

$q < z^{p-1}$，于是 $zz^{p-1} \neq$ 图（A），由此立知 $x^p + y^p = z^p$ 无解，证毕。

长方体、T 法则、q 规则、X 约束与费马大定理的第四十二个证明

从三维空间感知 $x^p + y^p = (x + y)(1 + 2t)$ 可知

$$(x + y)(1 + 2t) = \boxed{\qquad\qquad\qquad\qquad\qquad\qquad\qquad\qquad} 图（A）$$

上式右端长方体的底面积为 $q = 1 + 2t$ 而高为 $x + y$。X 约束要求 $z = x + y$ 及 $q = z^{p-1}$，

然此明显与 T 法则和 q 规则相悖，由 T 法则知 $z < x + y$，由 q 规则知 $q < z^{p-1}$，

于是 $zz^{p-1} \neq$ 图（A），由此立知 $x^p + y^p = z^p$ 无解，证毕。

演段、T 法则与费马大定理的第四十三个证明

从二维空间感知 $x^p + y^p = (x + y)(1 + 2t)$ 可知

$$(x + y)(1 + 2t) = \boxed{\qquad\qquad\qquad\qquad\qquad\qquad\qquad\qquad} 图（A）$$

上式右端长方形的长为 $q = (1 + 2t)$ 而宽为 $x + y$。由 T 法则知 $z < x + y$，于是 $zq \neq$ 图（A），

由此立知 $x^p + y^p = z^p$ 无解，证毕。

演段、T 法则、X 约束与费马大定理的第四十四个证明

从二维空间感知 $x^p + y^p = (x + y)(1 + 2t)$ 可知

$$(x + y)(1 + 2t) = \boxed{\qquad\qquad\qquad\qquad\qquad\qquad\qquad\qquad} 图（A）$$

上式右端长方形的长为 $q = (1 + 2t)$ 而宽为 $x + y$。X 约束要求 $z = x + y$，

然此明显与 T 法则相悖，由 T 法则知 $z < x + y$，于是 $zq \neq$ 图（A），

由此立知 $x^p + y^p = z^p$ 无解，证毕。

演段、q 规则与费马大定理的第四十五个证明

从二维空间感知 $x^p + y^p = (x + y)(1 + 2t)$ 可知

$$(x + y)(1 + 2t) = \boxed{\qquad\qquad\qquad\qquad\qquad\qquad\qquad\qquad} 图（A）$$

上式右端长方形的长为 $q = (1 + 2t)$ 而宽为 $x + y$。由 q 规则知 $q < z^{p-1}$，

于是 $(x + y)z^{p-1} \neq$ 图（A），由此立知 $x^p + y^p = z^p$ 无解，证毕。

演段、q 规则、X 约束与费马大定理的第四十六个证明

从二维空间感知 $x^p + y^p = (x+y)(1+2t)$ 可知

$$(x+y)(1+2t) = \boxed{} \quad 图（A）$$

上式右端长方形的长为 $q = (1+2t)$ 而宽为 $x+y$。X 约束要求 $q = z^{p-1}$，然此明显

与 q 规则相悖，由 q 规则知 $q < z^{p-1}$，于是 $(x+y)z^{p-1} \neq$ 图（A），

由此立知 $x^p + y^p = z^p$ 无解，证毕。

演段、T 法则、q 规则与费马大定理的第四十七个证明

从二维空间感知 $x^p + y^p = (x+y)(1+2t)$ 可知

$$(x+y)(1+2t) = \boxed{} \quad 图（A）$$

上式右端长方形的长为 $q = (1+2t)$ 而宽为 $x+y$。由 T 法则知 $z < x+y$，由 q 规则

知 $q < z^{p-1}$，于是 $zz^{p-1} \neq$ 图（A），由此立知 $x^p + y^p = z^p$ 无解，证毕。

演段、T 法则、q 规则、X 约束与费马大定理的第四十八个证明

从二维空间感知 $x^p + y^p = (x+y)(1+2t)$ 可知

$$(x+y)(1+2t) = \boxed{} \quad 图（A）$$

上式右端长方形的长为 $q = (1+2t)$ 而宽为 $x+y$。X 约束要求 $z = x+y$ 及 $q = z^{p-1}$，

然此明显与 T 法则和 q 规则相悖，由 T 法则知 $z < x+y$，由 q 规则知 $q < z^{p-1}$，

于是 $zz^{p-1} \neq$ 图（A），由此立知 $x^p + y^p = z^p$ 无解，证毕。

线段、T 法则与费马大定理的第四十九个证明

从一维空间感知 $x^p + y^p = (x+y)(1+2t)$ 可知

$$(x+y)(1+2t) = \rule{8cm}{0.4pt} \quad 图（A）$$

上式右端线段的长为 $(x+y)(1+2t)$。由 T 法则知 $z < x+y$，于是 $zq \neq$ 图（A），

由此立知 $x^p + y^p = z^p$ 无解，证毕。

线段、T 法则、X 约束与费马大定理的第五十个证明

从一维空间感知 $x^p + y^p = (x+y)(1+2t)$ 可知

$$(x+y)(1+2t) = \rule{8cm}{0.4pt} \quad 图（A）$$

上式右端线段的长为 $(x+y)(1+2pt)$。X 约束要求 $z=x+y$，然此明显与 T 法则相悖，

由 T 法则知 $z<x+y$，于是 $zq\neq$ 图（A），由此立知 $x^p+y^p=z^p$ 无解，证毕。

线段、q 规则与费马大定理的第五十一个证明

从一维空间感知 $x^p+y^p=(x+y)(1+2t)$ 可知

$(x+y)(1+2t) =$ —————————————————————————————— 图（A）

上式右端线段的长为 $(x+y)(1+2t)$。由 q 规则知 $q<z^{p-1}$，于是 $(x+y)z^{p-1}\neq$ 图（A），

由此立知 $x^p+y^p=z^p$ 无解，证毕。

线段、q 规则、X 约束与费马大定理的第五十二个证明

从一维空间感知 $x^p+y^p=(x+y)(1+2t)$ 可知

$(x+y)(1+2t) =$ —————————————————————————————— 图（A）

上式右端线段的长为 $(x+y)(1+2t)$。X 约束要求 $q=z^{p-1}$，然此明显与 q 规则相悖，

由 q 规则知 $q<z^{p-1}$，于是 $(x+y)z^{p-1}\neq$ 图（A），由此立知 $x^p+y^p=z^p$ 无解，证毕。

线段、T 法则、q 规则与费马大定理的第五十三个证明

从一维空间感知 $x^p+y^p=(x+y)(1+2t)$ 可知

$(x+y)(1+2t) =$ —————————————————————————————— 图（A）

上式右端线段的长为 $(x+y)(1+2t)$。由 T 法则知 $z<x+y$，由 q 规则知 $q<z^{p-1}$，

于是 $zz^{p-1}\neq$ 图（A），由此立知 $x^p+y^p=z^p$ 无解，证毕。

线段、T 法则、q 规则、X 约束与费马大定理的第五十四个证明

从一维空间感知 $x^p+y^p=(x+y)(1+2t)$ 可知

$(x+y)(1+2t) =$ —————————————————————————————— 图（A）

上式右端线段的长为 $(x+y)(1+2t)$。X 约束要求 $z=x+y$ 及 $q=z^{p-1}$，然此明显与 T 法

则和 q 规则相悖，由 T 法则知 $z<x+y$，由 q 规则知 $q<z^{p-1}$，于是 $zz^{p-1}\neq$ 图（A），

由此立知 $x^p+y^p=z^p$ 无解，证毕。

长方体、T 法则与费马大定理的第五十五个证明

从三维空间感知 $x^p+y^p=(x+y)(-1+2t)$ 可知

$$(x+y)(-1+2t)=\text{图（A）}$$

上式右端长方体的底面积为 $q=-1+2t$ 而高为 $x+y$。由 T 法则知 $z<x+y$，

于是 $zq\neq$ 图（A），由此立知 $x^p+y^p=z^p$ 无解，证毕。

长方体、T 法则、X 约束与费马大定理的第五十六个证明

从三维空间感知 $x^p+y^p=(x+y)(-1+2t)$ 可知

$$(x+y)(-1+2t)=\text{图（A）}$$

上式右端长方体的底面积为 $q=-1+2t$ 而高为 $x+y$。X 约束要求 $z=x+y$，

然此明显与 T 法则相悖，由 T 法则知 $z<x+y$，于是 $zq\neq$ 图（A），

由此立知 $x^p+y^p=z^p$ 无解，证毕。

长方体、q 规则与费马大定理的第五十七个证明

从三维空间感知 $x^p+y^p=(x+y)(-1+2t)$ 可知

$$(x+y)(-1+2t)=\text{图（A）}$$

上式右端长方体的底面积为 $q=-1+2t$ 而高为 $x+y$。由 q 规则知 $q<z^{p-1}$，

于是 $(x+y)z^{p-1}\neq$ 图（A），由此立知 $x^p+y^p=z^p$ 无解，证毕。

长方体、q 规则、X 约束与费马大定理的第五十八个证明

从三维空间感知 $x^p+y^p=(x+y)(-1+2t)$ 可知

$$(x+y)(-1+2t)=\text{图（A）}$$

上式右端长方体的底面积为 $q=-1+2t$ 而高为 $x+y$。X 约束要求 $q=z^{p-1}$，然此明显

与 q 规则相悖，由 q 规则知 $q<z^{p-1}$，于是 $(x+y)z^{p-1}\neq$ 图（A），

由此立知 $x^p+y^p=z^p$ 无解，证毕。

长方体、T 法则、q 规则与费马大定理的第五十九个证明

从三维空间感知 $x^p+y^p=(x+y)(-1+2t)$ 可知

$$(x+y)(-1+2t)=\text{图（A）}$$

上式右端长方体的底面积为 $q=-1+2t$ 而高为 $x+y$。由 T 法则知 $z<x+y$，由 q 规则知

$q < z^{p-1}$，于是 $zz^{p-1} \neq$ 图（A），由此立知 $x^p + y^p = z^p$ 无解，证毕。

长方体、T 法则、q 规则、X 约束与费马大定理的第六十个证明

从三维空间感知 $x^p + y^p = (x+y)(-1+2t)$ 可知

$$(x+y)(-1+2t) = \boxed{} \text{图（A）}$$

上式右端长方体的底面积为 $q = -1 + 2t$ 而高为 $x + y$。X 约束要求 $z = x + y$ 及 $q = z^{p-1}$，

然此明显与 T 法则和 q 规则相悖，由 T 法则知 $z < x + y$，由 q 规则知 $q < z^{p-1}$，

于是 $zz^{p-1} \neq$ 图（A），由此立知 $x^p + y^p = z^p$ 无解，证毕。

演段、T 法则与费马大定理的第六十一个证明

从二维空间感知 $x^p + y^p = (x+y)(-1+2t)$ 可知

$$(x+y)(-1+2t) = \boxed{} \text{图（A）}$$

上式右端长方形的长为 $q = (-1+2t)$ 而宽为 $x + y$。由 T 法则知 $z < x + y$，

于是 $zq \neq$ 图（A），由此立知 $x^p + y^p = z^p$ 无解，证毕。

演段、T 法则、X 约束与费马大定理的第六十二个证明

从二维空间感知 $x^p + y^p = (x+y)(-1+2t)$ 可知

$$(x+y)(-1+2t) = \boxed{} \text{图（A）}$$

上式右端长方形的长为 $q = (-1+2t)$ 而宽为 $x + y$。X 约束要求 $z = x + y$，

然此明显与 T 法则相悖，由 T 法则知 $z < x + y$，于是 $zq \neq$ 图（A），

由此立知 $x^p + y^p = z^p$ 无解，证毕。

演段、q 规则与费马大定理的第六十三个证明

从二维空间感知 $x^p + y^p = (x+y)(-1+2t)$ 可知

$$(x+y)(-1+2t) = \boxed{} \text{图（A）}$$

上式右端长方形的长为 $q = (-1+2t)$ 而宽为 $x + y$。由 q 规则知 $q < z^{p-1}$，于是

$(x+y)z^{p-1} \neq$ 图（A），由此立知 $x^p + y^p = z^p$ 无解，证毕。

演段、q 规则、X 约束与费马大定理的第六十四个证明

从二维空间感知 $x^p + y^p = (x+y)(-1+2t)$ 可知

$(x+y)(-1+2t) =$ ▭ 图（A）

上式右端长方形的长为 $q=(-1+2t)$ 而宽为 $x+y$。X 约束要求 $q=z^{p-1}$，然此明显与 q 规则相悖，由 q 规则知 $q<z^{p-1}$，于是 $(x+y)z^{p-1}\neq$ 图（A），

由此立知 $x^p+y^p=z^p$ 无解，证毕。

演段、T 法则、q 规则与费马大定理的第六十五个证明

从二维空间感知 $x^p+y^p=(x+y)(-1+2t)$ 可知

$(x+y)(-1+2t) =$ ▭ 图（A）

上式右端长方形的长为 $q=(-1+2t)$ 而宽为 $x+y$。由 T 法则知 $z<x+y$，由 q 规则

知 $q<z^{p-1}$，于是 $zz^{p-1}\neq$ 图（A），由此立知 $x^p+y^p=z^p$ 无解，证毕。

演段、T 法则、q 规则、X 约束与费马大定理的第六十六个证明

从二维空间感知 $x^p+y^p=(x+y)(-1+2t)$ 可知

$(x+y)(-1+2t) =$ ▭ 图（A）

上式右端长方形的长为 $q=(-1+2t)$ 而宽为 $x+y$。X 约束要求 $z=x+y$ 及 $q=z^{p-1}$，

然此明显与 T 法则和 q 规则相悖，由 T 法则知 $z<x+y$，由 q 规则知 $q<z^{p-1}$，

于是 $zz^{p-1}\neq$ 图（A），由此立知 $x^p+y^p=z^p$ 无解，证毕。

线段、T 法则与费马大定理的第六十七个证明

从一维空间感知 $x^p+y^p=(x+y)(-1+2t)$ 可知

$(x+y)(-1+2t) =$ —————— 图（A）

上式右端线段的长为 $(x+y)(-1+2t)$。由 T 法则知 $z<x+y$，于是 $zq\neq$ 图（A），

由此立知 $x^p+y^p=z^p$ 无解，证毕。

线段、T 法则、X 约束与费马大定理的第六十八个证明

从一维空间感知 $x^p+y^p=(x+y)(-1+2t)$ 可知

$(x+y)(-1+2t) =$ —————— 图（A）

上式右端线段的长为 $(x+y)(-1+2t)$。X 约束要求 $z=x+y$，然此明显与 T 法则相悖，

由 T 法则知 $z < x + y$，于是 $zq \neq$ 图（A），由此立知 $x^p + y^p = z^p$ 无解，证毕。

线段、q 规则与费马大定理的第六十九个证明

从一维空间感知 $x^p + y^p = (x + y)(-1 + 2t)$ 可知

$$(x + y)(-1 + 2t) = \text{————————————————————}\quad 图（A）$$

上式右端线段的长为 $(x + y)(-1 + 2t)$。由 q 规则知 $q < z^{p-1}$，于是 $(x + y)z^{p-1} \neq$ 图（A），

由此立知 $x^p + y^p = z^p$ 无解，证毕。

线段、q 规则、X 约束与费马大定理的第七十个证明

从一维空间感知 $x^p + y^p = (x + y)(-1 + 2t)$ 可知

$$(x + y)(-1 + 2t) = \text{————————————————————}\quad 图（A）$$

上式右端线段的长为 $(x + y)(-1 + 2t)$。X 约束要求 $q = z^{p-1}$，然此明显与 q 规则相悖，

由 q 规则知 $q < z^{p-1}$，于是 $(x + y)z^{p-1} \neq$ 图（A），由此立知 $x^p + y^p = z^p$ 无解，证毕。

线段、T 法则、q 规则与费马大定理的第七十一个证明

从一维空间感知 $x^p + y^p = (x + y)(-1 + 2t)$ 可知

$$(x + y)(-1 + 2t) = \text{————————————————————}\quad 图（A）$$

上式右端线段的长为 $(x + y)(-1 + 2t)$。由 T 法则知 $z < x + y$，由 q 规则知 $q < z^{p-1}$，

于是 $zz^{p-1} \neq$ 图（A），由此立知 $x^p + y^p = z^p$ 无解，证毕。

线段、T 法则、q 规则、X 约束与费马大定理的第七十二个证明

从一维空间感知 $x^p + y^p = (x + y)(-1 + 2t)$ 可知

$$(x + y)(-1 + 2t) = \text{————————————————————}\quad 图（A）$$

上式右端线段的长为 $(x + y)(-1 + 2t)$。X 约束要求 $z = x + y$ 及 $q = z^{p-1}$，然此明显与 T 法

则和 q 规则相悖，由 T 法则知 $z < x + y$，由 q 规则知 $q < z^{p-1}$，于是 $zz^{p-1} \neq$ 图（A），

由此立知 $x^p + y^p = z^p$ 无解，证毕。

长方体、T 法则与费马大定理的第七十三个证明

从三维空间感知 $x^p + y^p = (x + y) + 6pt$ 可知

$$(x + y) + 6pt = \text{▭}\quad 图（A）$$

上式右端长方体的底面积为$q = \dfrac{x+y+6pt}{x+y}$而高为$x+y$。

由T法则知$z < x+y$，于是$zq \neq$图（A），由此立知$x^p + y^p = z^p$无解，证毕。

长方体、T法则、X约束与费马大定理的第七十四个证明

从三维空间感知$x^p + y^p = (x+y) + 6pt$可知

$$(x+y) + 6pt = \boxed{} \text{图（A）}$$

上式右端长方体的底面积为$q = \dfrac{x+y+6pt}{x+y}$而高为$x+y$。

X约束要求$z = x+y$，然此明显与T法则相悖，由T法则知$z < x+y$，于是$zq \neq$图（A），
由此立知$x^p + y^p = z^p$无解，证毕。

长方体、q规则与费马大定理的第七十五个证明

从三维空间感知$x^p + y^p = (x+y) + 6pt$可知

$$(x+y) + 6pt = \boxed{} \text{图（A）}$$

上式右端长方体的底面积为$q = \dfrac{x+y+6pt}{x+y}$而高为$x+y$。

由q规则知$q < z^{p-1}$，于是$(x+y)z^{p-1} \neq$图（A），由此立知$x^p + y^p = z^p$无解，证毕。

长方体、q规则、X约束与费马大定理的第七十六个证明

从三维空间感知$x^p + y^p = (x+y) + 6pt$可知

$$(x+y) + 6pt = \boxed{} \text{图（A）}$$

上式右端长方体的底面积为$q = \dfrac{x+y+6pt}{x+y}$而高为$x+y$。

X约束要求$q = z^{p-1}$，然此明显与q规则相悖，由q规则知$q < z^{p-1}$，

于是$(x+y)z^{p-1} \neq$图（A），由此立知$x^p + y^p = z^p$无解，证毕。

长方体、T法则、q规则与费马大定理的第七十七个证明

从三维空间感知$x^p + y^p = (x+y) + 6pt$可知

$$(x+y) + 6pt = \boxed{} \text{图（A）}$$

上式右端长方体的底面积为 $q = \dfrac{x+y+6pt}{x+y}$ 而高为 $x+y$。

由 T 法则知 $z < x+y$，由 q 规则知 $q < z^{p-1}$，于是 $zz^{p-1} \neq$ 图（A），

由此立知 $x^p + y^p = z^p$ 无解，证毕。

长方体、T 法则、q 规则、X 约束与费马大定理的第七十八个证明

从三维空间感知 $x^p + y^p = (x+y)+6pt$ 可知

$(x+y)+6pt =$ ▭ 图（A）

上式右端长方体的底面积为 $q = \dfrac{x+y+6pt}{x+y}$ 而高为 $x+y$。

X 约束要求 $z = x+y$ 及 $q = z^{p-1}$，然此明显与 T 法则和 q 规则相悖，由 T 法则知 $z < x+y$，

由 q 规则知 $q < z^{p-1}$，于是 $zz^{p-1} \neq$ 图（A），由此立知 $x^p + y^p = z^p$ 无解，证毕。

演段、T 法则与费马大定理的第七十九个证明

从二维空间感知 $x^p + y^p = (x+y)+6pt$ 可知

$(x+y)+6pt =$ ▭ 图（A）

上式右端长方形的长为 $q = \dfrac{x+y+6pt}{x+y}$ 而宽为 $x+y$。

由 T 法则知 $z < x+y$，于是 $zq \neq$ 图（A），由此立知 $x^p + y^p = z^p$ 无解，证毕。

演段、T 法则、X 约束与费马大定理的第八十个证明

从二维空间感知 $x^p + y^p = (x+y)+6pt$ 可知

$(x+y)+6pt =$ ▭ 图（A）

上式右端长方形的长为 $q = \dfrac{x+y+6pt}{x+y}$ 而宽为 $x+y$。

X 约束要求 $z = x+y$，然此明显与 T 法则相悖，由 T 法则知 $z < x+y$，

于是 $zq \neq$ 图（A），由此立知 $x^p + y^p = z^p$ 无解，证毕。

演段、q 规则与费马大定理的第八十一个证明

从二维空间感知 $x^p + y^p = (x+y)+6pt$ 可知

$$(x+y)+6pt = \boxed{} \quad \text{图（A）}$$

上式右端长方形的长为 $q = \dfrac{x+y+6pt}{x+y}$ 而宽为 $x+y$。由 q 规则知 $q < z^{p-1}$，

于是 $(x+y)z^{p-1} \neq$ 图（A），由此立知 $x^p + y^p = z^p$ 无解，证毕。

演段、q 规则、X 约束与费马大定理的第八十二个证明

从二维空间感知 $x^p + y^p = (x+y)+6pt$ 可知

$$(x+y)+6pt = \boxed{} \quad \text{图（A）}$$

上式右端长方形的长为 $q = \dfrac{x+y+6pt}{x+y}$ 而宽为 $x+y$。

X 约束要求 $q = z^{p-1}$，然此明显与 q 规则相悖，由 q 规则知 $q < z^{p-1}$，

于是 $(x+y)z^{p-1} \neq$ 图（A），由此立知 $x^p + y^p = z^p$ 无解，证毕。

演段、T 法则、q 规则与费马大定理的第八十三个证明

从二维空间感知 $x^p + y^p = (x+y)+6pt$ 可知

$$(x+y)+6pt = \boxed{} \quad \text{图（A）}$$

上式右端长方形的长为 $q = \dfrac{x+y+6pt}{x+y}$ 而宽为 $x+y$。由 T 法则知 $z < x+y$，由 q 规则知

$q < z^{p-1}$，于是 $zz^{p-1} \neq$ 图（A），由此立知 $x^p + y^p = z^p$ 无解，证毕。

演段、T 法则、q 规则、X 约束与费马大定理的第八十四个证明

从二维空间感知 $x^p + y^p = (x+y)+6pt$ 可知

$$(x+y)+6pt = \boxed{} \quad \text{图（A）}$$

上式右端长方形的长为 $q = \dfrac{x+y+6pt}{x+y}$ 而宽为 $x+y$。

X 约束要求 $z = x+y$ 及 $q = z^{p-1}$，然此明显与 T 法则和 q 规则相悖，由 T 法则知 $z < x+y$，

由 q 规则知 $q < z^{p-1}$，于是 $zz^{p-1} \neq$ 图（A），由此立知 $x^p + y^p = z^p$ 无解，证毕。

线段、T 法则与费马大定理的第八十五个证明

从一维空间感知 $x^p + y^p = (x+y)+6pt$ 及 $q = \dfrac{(x+y)+6pt}{x+y}$ 可知

$(x+y)+6pt=$ —————————————————————— 图（A）

上式右端线段的长为 $(x+y)+6pt$。由 T 法则知 $z < x+y$，于是 $zq \neq$ 图（A），

由此立知 $x^p + y^p = z^p$ 无解，证毕。

线段、T 法则、X 约束与费马大定理的第八十六个证明

从一维空间感知 $x^p + y^p = (x+y)+6pt$ 及 $q = \dfrac{(x+y)+6pt}{x+y}$ 可知

$(x+y)+6pt=$ —————————————————————— 图（A）

上式右端线段的长为 $(x+y)+6pt$。X 约束要求 $z = x+y$，然此明显与 T 法则相悖，

由 T 法则知 $z < x+y$，于是 $zq \neq$ 图（A），由此立知 $x^p + y^p = z^p$ 无解，证毕。

线段、q 规则与费马大定理的第八十七个证明

从一维空间感知 $x^p + y^p = (x+y)+6pt$ 及 $q = \dfrac{(x+y)+6pt}{x+y}$ 可知

$(x+y)+6pt=$ —————————————————————— 图（A）

上式右端线段的长为 $(x+y)+6pt$。由 q 规则知 $q < z^{p-1}$，于是 $(x+y)z^{p-1} \neq$ 图（A），

由此立知 $x^p + y^p = z^p$ 无解，证毕。

线段、q 规则、X 约束与费马大定理的第八十八个证明

从一维空间感知 $x^p + y^p = (x+y)+6pt$ 及 $q = \dfrac{(x+y)+6pt}{x+y}$ 可知

$(x+y)+6pt=$ —————————————————————— 图（A）

上式右端线段的长为 $(x+y)+6pt$。X 约束要求 $q = z^{p-1}$，然此明显与 q 规则相悖，由 q 规

则知 $q < z^{p-1}$，于是 $(x+y)z^{p-1} \neq$ 图（A），由此立知 $x^p + y^p = z^p$ 无解，证毕。

线段、T 法则、q 规则与费马大定理的第八十九个证明

从一维空间感知 $x^p + y^p = (x+y)+6pt$ 及 $q = \dfrac{(x+y)+6pt}{x+y}$ 可知

$(x+y)+6pt=$ —————————————————————— 图（A）

上式右端线段的长为 $(x+y)+6pt$。由 T 法则知 $z < x+y$，由 q 规则知 $q < z^{p-1}$，

于是 $zz^{p-1} \neq$ 图（A），由此立知 $x^p + y^p = z^p$ 无解，证毕。

线段、T 法则、q 规则、X 约束与费马大定理的第九十个证明

从一维空间感知 $x^p + y^p = (x+y) + 6pt$ 及 $q = \dfrac{(x+y) + 6pt}{x+y}$ 可知

$$(x+y) + 6pt = \text{————————————————————} \quad \text{图（A）}$$

上式右端线段的长为 $(x+y) + 6pt$。X 约束要求 $z = x+y$ 及 $q = z^{p-1}$，然此明显与 T 法则

和 q 规则相悖，由 T 法则知 $z < x+y$，由 q 规则知 $q < z^{p-1}$，于是 $zz^{p-1} \neq$ 图（A），

由此立知 $x^p + y^p = z^p$ 无解，证毕。

长方体、T 法则与费马大定理的第九十一个证明

从三维空间感知 $x^p + y^p = (x+y) + 6t$ 可知

$$(x+y) + 6t = \boxed{} \quad \text{图（A）}$$

上式右端长方体的底面积为 $q = \dfrac{(x+y) + 6t}{x+y}$ 而高为 $x+y$。

由 T 法则知 $z < x+y$，于是 $zq \neq$ 图（A），由此立知 $x^p + y^p = z^p$ 无解，证毕。

长方体、T 法则、X 约束与费马大定理的第九十二个证明

从三维空间感知 $x^p + y^p = (x+y) + 6t$ 可知

$$(x+y) + 6t = \boxed{} \quad \text{图（A）}$$

上式右端长方体的底面积为 $q = \dfrac{(x+y) + 6t}{x+y}$ 而高为 $x+y$。

X 约束要求 $z = x+y$，然此明显与 T 法则相悖，由 T 法则知 $z < x+y$，于是 $zq \neq$ 图（A），

由此立知 $x^p + y^p = z^p$ 无解，证毕。

长方体、q 规则与费马大定理的第九十三个证明

从三维空间感知 $x^p + y^p = (x+y) + 6t$ 可知

$$(x+y) + 6t = \boxed{} \quad \text{图（A）}$$

上式右端长方体的底面积为 $q = \dfrac{(x+y) + 6t}{x+y}$ 而高为 $x+y$。

由 q 规则知 $q < z^{p-1}$，于是 $(x+y)z^{p-1} \neq$ 图（A），由此立知 $x^p + y^p = z^p$ 无解，证毕。

长方体、q 规则、X 约束与费马大定理的第九十四个证明

从三维空间感知 $x^p + y^p = (x+y) + 6t$ 可知

$$(x+y) + 6t = \boxed{}\; \text{图（A）}$$

上式右端长方体的底面积为 $q = \dfrac{(x+y)+6t}{x+y}$ 而高为 $x+y$。

X 约束要求 $q = z^{p-1}$，然此明显与 q 规则相悖，由 q 规则知 $q < z^{p-1}$，

于是 $(x+y)z^{p-1} \neq$ 图（A），由此立知 $x^p + y^p = z^p$ 无解，证毕。

长方体、T 法则、q 规则与费马大定理的第九十五个证明

从三维空间感知 $x^p + y^p = (x+y) + 6t$ 可知

$$(x+y) + 6t = \boxed{}\; \text{图（A）}$$

上式右端长方体的底面积为 $q = \dfrac{(x+y)+6t}{x+y}$ 而高为 $x+y$。

由 T 法则知 $z < x+y$，由 q 规则知 $q < z^{p-1}$，于是 $zz^{p-1} \neq$ 图（A），

由此立知 $x^p + y^p = z^p$ 无解，证毕。

长方体、T 法则、q 规则、X 约束与费马大定理的第九十六个证明

从三维空间感知 $x^p + y^p = (x+y) + 6t$ 可知

$$(x+y) + 6t = \boxed{}\; \text{图（A）}$$

上式右端长方体的底面积为 $q = \dfrac{(x+y)+6t}{x+y}$ 而高为 $x+y$。

X 约束要求 $z = x+y$ 及 $q = z^{p-1}$，然此明显与 T 法则和 q 规则相悖，由 T 法则知 $z < x+y$，

由 q 规则知 $q < z^{p-1}$，于是 $zz^{p-1} \neq$ 图（A），由此立知 $x^p + y^p = z^p$ 无解，证毕。

演段、T 法则与费马大定理的第九十七个证明

从二维空间感知 $x^p + y^p = (x+y) + 6t$ 可知

$$(x+y) + 6t = \boxed{}\; \text{图（A）}$$

上式右端长方形的长为 $q = \dfrac{(x+y)+6t}{x+y}$ 而宽为 $x+y$。

由 T 法则知 $z < x + y$，于是 $zq \neq$ 图（A），由此立知 $x^p + y^p = z^p$ 无解，证毕。

演段、T 法则、X 约束与费马大定理的第九十八个证明

从二维空间感知 $x^p + y^p = (x + y) + 6t$ 可知

$$(x + y) + 6t = \boxed{} \quad 图（A）$$

上式右端长方形的长为 $q = \dfrac{(x + y) + 6t}{x + y}$ 而宽为 $x + y$。

X 约束要求 $z = x + y$，然此明显与 T 法则相悖，由 T 法则知 $z < x + y$，于是 $zq \neq$ 图（A），由此立知 $x^p + y^p = z^p$ 无解，证毕。

演段、q 规则与费马大定理的第九十九个证明

从二维空间感知 $x^p + y^p = (x + y) + 6t$ 可知

$$(x + y) + 6t = \boxed{} \quad 图（A）$$

上式右端长方形的长为 $q = \dfrac{(x + y) + 6t}{x + y}$ 而宽为 $x + y$。

由 q 规则知 $q < z^{p-1}$，于是 $(x + y)z^{p-1} \neq$ 图（A），由此立知 $x^p + y^p = z^p$ 无解，证毕。

演段、q 规则、X 约束与费马大定理的第一百个证明

从二维空间感知 $x^p + y^p = (x + y) + 6t$ 可知

$$(x + y) + 6t = \boxed{} \quad 图（A）$$

上式右端长方形的长为 $q = \dfrac{(x + y) + 6t}{x + y}$ 而宽为 $x + y$。

X 约束要求 $q = z^{p-1}$，然此明显与 q 规则相悖，由 q 规则知 $q < z^{p-1}$，

于是 $(x + y)z^{p-1} \neq$ 图（A），由此立知 $x^p + y^p = z^p$ 无解，证毕。

演段、T 法则、q 规则与费马大定理的第一百零一个证明

从二维空间感知 $x^p + y^p = (x + y) + 6t$ 可知

$$(x + y) + 6t = \boxed{} \quad 图（A）$$

上式右端长方形的长为 $q = \dfrac{(x + y) + 6t}{x + y}$ 而宽为 $x + y$。由 T 法则知 $z < x + y$，由 q 规则

知 $q < z^{p-1}$，于是 $zz^{p-1} \neq$ 图（A），由此立知 $x^p + y^p = z^p$ 无解，证毕。

演段、T 法则、q 规则、X 约束与费马大定理的第一百零二个证明

从二维空间感知 $x^p + y^p = (x+y) + 6t$ 可知

$$(x+y) + 6t = \boxed{} \quad 图（A）$$

上式右端长方形的长为 $q = \dfrac{(x+y) + 6t}{x+y}$ 而宽为 $x+y$。

X 约束要求 $z = x+y$ 及 $q = z^{p-1}$，然此明显与 T 法则和 q 规则相悖，由 T 法则知 $z < x+y$，由 q 规则知 $q < z^{p-1}$，于是 $zz^{p-1} \neq$ 图（A），由此立知 $x^p + y^p = z^p$ 无解，证毕。

线段、T 法则与费马大定理的第一百零三个证明

从一维空间感知 $x^p + y^p = (x+y) + 6t$ 及 $q = \dfrac{(x+y) + 6t}{x+y}$ 可知

$$(x+y) + 6t = \underline{} \quad 图（A）$$

上式右端线段的长为 $(x+y) + 6t$。由 T 法则知 $z < x+y$，于是 $zq \neq$ 图（A），由此立知 $x^p + y^p = z^p$ 无解，证毕。

线段、T 法则、X 约束与费马大定理的第一百零四个证明

从一维空间感知 $x^p + y^p = (x+y) + 6t$ 及 $q = \dfrac{(x+y) + 6t}{x+y}$ 可知

$$(x+y) + 6t = \underline{} \quad 图（A）$$

上式右端线段的长为 $(x+y) + 6t$。X 约束要求 $z = x+y$，然此明显与 T 法则相悖，由 T 法则知 $z < x+y$，于是 $zq \neq$ 图（A），由此立知 $x^p + y^p = z^p$ 无解，证毕。

线段、q 规则与费马大定理的第一百零五个证明

从一维空间感知 $x^p + y^p = (x+y) + 6t$ 及 $q = \dfrac{(x+y) + 6t}{x+y}$ 可知

$$(x+y) + 6t = \underline{} \quad 图（A）$$

上式右端线段的长为 $(x+y) + 6t$。由 q 规则知 $q < z^{p-1}$，于是 $(x+y)z^{p-1} \neq$ 图（A），由此立知 $x^p + y^p = z^p$ 无解，证毕。

线段、q 规则、X 约束与费马大定理的第一百零六个证明

从一维空间感知 $x^p + y^p = (x+y) + 6t$ 及 $q = \dfrac{(x+y)+6t}{x+y}$ 可知

$$(x+y)+6t = \underline{\hspace{8cm}} \qquad 图（A）$$

上式右端线段的长为 $(x+y)+6t$。X 约束要求 $q = z^{p-1}$，然此明显与 q 规则相悖，由 q 规则知 $q < z^{p-1}$，于是 $(x+y)z^{p-1} \neq$ 图（A），由此立知 $x^p + y^p = z^p$ 无解，证毕。

线段、T 法则、q 规则与费马大定理的第一百零七个证明

从一维空间感知 $x^p + y^p = (x+y) + 6t$ 及 $q = \dfrac{(x+y)+6t}{x+y}$ 可知

$$(x+y)+6t = \underline{\hspace{8cm}} \qquad 图（A）$$

上式右端线段的长为 $(x+y)+6t$。由 T 法则知 $z < x+y$，由 q 规则知 $q < z^{p-1}$，于是 $zz^{p-1} \neq$ 图（A），由此立知 $x^p + y^p = z^p$ 无解，证毕。

线段、T 法则、q 规则、X 约束与费马大定理的第一百零八个证明

从一维空间感知 $x^p + y^p = (x+y) + 6t$ 及 $q = \dfrac{(x+y)+6t}{x+y}$ 可知

$$(x+y)+6t = \qquad\qquad\qquad\qquad\qquad 图（A）$$
$$\underline{\hspace{8cm}}$$

上式右端线段的长为 $(x+y)+6t$。X 约束要求 $z = x+y$ 及 $q = z^{p-1}$，然此明显与 T 法则和 q 规则相悖，由 T 法则知 $z < x+y$，由 q 规则知 $q < z^{p-1}$，于是 $zz^{p-1} \neq$ 图（A），由此立知 $x^p + y^p = z^p$ 无解，证毕。

长方体、T 法则与费马大定理的第一百零九个证明

从三维空间感知 $x^p + y^p = (x+y)^p - pxyt$ 可知

$$x^p + y^p = \ \boxed{}\ \ 图（A）$$

上式右端长方体的底面积为 $q = \dfrac{(x+y)^p - pxyt}{x+y}$ 而高为 $x+y$。

由 T 法则知 $z < x+y$，于是 $zq \neq$ 图（A），由此立知 $x^p + y^p = z^p$ 无解，证毕。

长方体、T 法则、X 约束与费马大定理的第一百一十个证明

从三维空间感知 $x^p + y^p = (x+y)^p - pxyt$ 可知

161

$$x^p + y^p = \underset{\text{图（A）}}{\rule{60mm}{3mm}}$$

上式右端长方体的底面积为 $q = \dfrac{(x+y)^p - pxyt}{x+y}$ 而高为 $x+y$。

X 约束要求 $z = x+y$，然此明显与 T 法则相悖，由 T 法则知 $z < x+y$，于是 $zq \neq$ 图（A），由此立知 $x^p + y^p = z^p$ 无解，证毕。

长方体、q 规则与费马大定理的第一百一十一个证明

从三维空间感知 $x^p + y^p = (x+y)^p - pxyt$ 可知

$$x^p + y^p = \underset{\text{图（A）}}{\rule{60mm}{3mm}}$$

上式右端长方体的底面积为 $q = \dfrac{(x+y)^p - pxyt}{x+y}$ 而高为 $x+y$。

由 q 规则知 $q < z^{p-1}$，于是 $(x+y)z^{p-1} \neq$ 图（A），由此立知 $x^p + y^p = z^p$ 无解，证毕。

长方体、q 规则、X 约束与费马大定理的第一百一十二个证明

从三维空间感知 $x^p + y^p = (x+y)^p - pxyt$ 可知

$$x^p + y^p = \underset{\text{图（A）}}{\rule{60mm}{3mm}}$$

上式右端长方体的底面积为 $q = \dfrac{(x+y)^p - pxyt}{x+y}$ 而高为 $x+y$。

X 约束要求 $q = z^{p-1}$，然此明显与 q 规则相悖，由 q 规则知 $q < z^{p-1}$，

于是 $(x+y)z^{p-1} \neq$ 图（A），由此立知 $x^p + y^p = z^p$ 无解，证毕。

长方体、T 法则、q 规则与费马大定理的第一百一十三个证明

从三维空间感知 $x^p + y^p = (x+y)^p - pxyt$ 可知

$$x^p + y^p = \underset{\text{图（A）}}{\rule{60mm}{3mm}}$$

上式右端长方体的底面积为 $q = \dfrac{(x+y)^p - pxyt}{x+y}$ 而高为 $x+y$。

由 T 法则知 $z < x+y$，由 q 规则知 $q < z^{p-1}$，于是 $zz^{p-1} \neq$ 图（A），

由此立知 $x^p + y^p = z^p$ 无解，证毕。

长方体、T 法则、q 规则、X 约束与费马大定理的第一百一十四个证明

从三维空间感知 $x^p + y^p = (x+y)^p - pxyt$ 可知

162

$x^p + y^p =$ ⬛ 图（A）

上式右端长方体的底面积为 $q = \dfrac{(x+y)^p - pxyt}{x+y}$ 而高为 $x+y$。

X 约束要求 $z = x + y$ 及 $q = z^{p-1}$，然此明显与 T 法则和 q 规则相悖，由 T 法则知 $z < x + y$，

由 q 规则知 $q < z^{p-1}$，于是 $zz^{p-1} \neq$ 图（A），由此立知 $x^p + y^p = z^p$ 无解，证毕。

演段、T 法则与费马大定理的第一百一十五个证明

从二维空间感知 $x^p + y^p = (x+y)^p - pxyt$ 可知

$x^p + y^p =$ ⬛ 图（A）

上式右端长方形的长为 $q = \dfrac{(x+y)^p - pxyt}{x+y}$ 而宽为 $x+y$。

由 T 法则知 $z < x + y$，于是 $zq \neq$ 图（A），由此立知 $x^p + y^p = z^p$ 无解，证毕。

演段、T 法则、X 约束与费马大定理的第一百一十六个证明

从二维空间感知 $x^p + y^p = (x+y)^p - pxyt$ 可知

$x^p + y^p =$ ⬛ 图（A）

上式右端长方形的长为 $q = \dfrac{(x+y)^p - pxyt}{x+y}$ 而宽为 $x+y$。

X 约束要求 $z = x + y$，然此明显与 T 法则相悖，由 T 法则知 $z < x + y$，于是 $zq \neq$ 图（A），
由此立知 $x^p + y^p = z^p$ 无解，证毕。

演段、q 规则与费马大定理的第一百一十七个证明

从二维空间感知 $x^p + y^p = (x+y)^p - pxyt$ 可知

$x^p + y^p =$ ⬛ 图（A）

上式右端长方形的长为 $q = \dfrac{(x+y)^p - pxyt}{x+y}$ 而宽为 $x+y$。

由 q 规则知 $q < z^{p-1}$，于是 $(x+y)z^{p-1} \neq$ 图（A），由此立知 $x^p + y^p = z^p$ 无解，证毕。

演段、q 规则、X 约束与费马大定理的第一百一十八个证明

从二维空间感知 $x^p + y^p = (x+y)^p - pxyt$ 可知

$x^p + y^p =$ ⬛ 图（A）

163

上式右端长方形的长为 $q = \dfrac{(x+y)^p - pxyt}{x+y}$ 而宽为 $x+y$。

X 约束要求 $q = z^{p-1}$，然此明显与 q 规则相悖，由 q 规则知 $q < z^{p-1}$，

于是 $(x+y)z^{p-1} \neq$ 图（A），由此立知 $x^p + y^p = z^p$ 无解，证毕。

演段、T 法则、q 规则与费马大定理的第一百一十九个证明

从二维空间感知 $x^p + y^p = (x+y)^p - pxyt$ 可知

$$x^p + y^p = \boxed{} \quad 图（A）$$

上式右端长方形的长为 $q = \dfrac{(x+y)^p - pxyt}{x+y}$ 而宽为 $x+y$。

由 T 法则知 $z < x+y$，由 q 规则知 $q < z^{p-1}$，于是 $zz^{p-1} \neq$ 图（A），

由此立知 $x^p + y^p = z^p$ 无解，证毕。

演段、T 法则、q 规则、X 约束与费马大定理的第一百二十个证明

从二维空间感知 $x^p + y^p = (x+y)^p - pxyt$ 可知

$$x^p + y^p = \boxed{} \quad 图（A）$$

上式右端长方形的长为 $q = \dfrac{(x+y)^p - pxyt}{x+y}$ 而宽为 $x+y$。

X 约束要求 $z = x+y$ 及 $q = z^{p-1}$，然此明显与 T 法则和 q 规则相悖，由 T 法则知 $z < x+y$，

由 q 规则知 $q < z^{p-1}$，于是 $zz^{p-1} \neq$ 图（A），由此立知 $x^p + y^p = z^p$ 无解，证毕。

线段、T 法则与费马大定理的第一百二十一个证明

从一维空间感知 $x^p + y^p = (x+y)^p - pxyt$ 及 $q = \dfrac{(x+y)^p - pxyt}{x+y}$ 可知

$$x^p + y^p = \underline{} \quad 图（A）$$

上式右端线段的长为 $(x+y)^p - pxyt$。由 T 法则知 $z < x+y$，于是 $zq \neq$ 图（A），

由此立知 $x^p + y^p = z^p$ 无解，证毕。

线段、T 法则、X 约束与费马大定理的第一百二十二个证明

从一维空间感知 $x^p + y^p = (x+y)^p - pxyt$ 及 $q = \dfrac{(x+y)^p - pxyt}{x+y}$ 可知

$$x^p + y^p = \text{————————————————} \quad \text{图（A）}$$

上式右端线段的长为 $(x+y)^p - pxyt$。X 约束要求 $z = x+y$，然此明显与 T 法则相悖，

由 T 法则知 $z < x+y$，于是 $zq \neq$ 图（A），由此立知 $x^p + y^p = z^p$ 无解，证毕。

线段、q 规则与费马大定理的第一百二十三个证明

从一维空间感知 $x^p + y^p = (x+y)^p - pxyt$ 及 $q = \dfrac{(x+y)^p - pxyt}{x+y}$ 可知

$$x^p + y^p = \text{————————————————} \quad \text{图（A）}$$

上式右端线段的长为 $(x+y)^p - pxyt$。由 q 规则知 $q < z^{p-1}$，于是 $(x+y)z^{p-1} \neq$ 图（A），

由此立知 $x^p + y^p = z^p$ 无解，证毕。

线段、q 规则、X 约束与费马大定理的第一百二十四个证明

从一维空间感知 $x^p + y^p = (x+y)^p - pxyt$ 及 $q = \dfrac{(x+y)^p - pxyt}{x+y}$ 可知

$$x^p + y^p = \text{————————————————} \quad \text{图（A）}$$

上式右端线段的长为 $(x+y)^p - pxyt$。X 约束要求 $q = z^{p-1}$，然此明显与 q 规则相悖，由 q

规则知 $q < z^{p-1}$，于是 $(x+y)z^{p-1} \neq$ 图（A），由此立知 $x^p + y^p = z^p$ 无解，证毕。

线段、T 法则、q 规则与费马大定理的第一百二十五个证明

从一维空间感知 $x^p + y^p = (x+y)^p - pxyt$ 及 $q = \dfrac{(x+y)^p - pxyt}{x+y}$ 可知

$$x^p + y^p = \text{————————————————} \quad \text{图（A）}$$

上式右端线段的长为 $(x+y)^p - pxyt$。由 T 法则知 $z < x+y$，由 q 规则知 $q < z^{p-1}$，

于是 $zz^{p-1} \neq$ 图（A），由此立知 $x^p + y^p = z^p$ 无解，证毕。

线段、T 法则、q 规则、X 约束与费马大定理的第一百二十六个证明

从一维空间感知 $x^p + y^p = (x+y)^p - pxyt$ 及 $q = \dfrac{(x+y)^p - pxyt}{x+y}$ 可知

$$x^p + y^p = \text{————————————————} \quad \text{图（A）}$$

上式右端线段的长为 $(x+y)^p - pxyt$。X 约束要求 $z = x+y$ 及 $q = z^{p-1}$，然此明显与 T 法

则和 q 规则相悖，由 T 法则知 $z < x + y$，由 q 规则知 $q < z^{p-1}$，于是 $zz^{p-1} \neq$ 图（A），

由此立知 $x^p + y^p = z^p$ 无解，证毕。

长方体、T 法则与费马大定理的第一百二十七个证明

从三维空间感知 $x^p + y^p = (x + y)(x^{p-1} + yt)$ 可知

$$x^p + y^p = \boxed{} \text{图（A）}$$

上式右端长方体的底面积为 $q = \dfrac{(x+y)(x^{p-1}+yt)}{x+y}$ 而高为 $x + y$。

由 T 法则知 $z < x + y$，于是 $zq \neq$ 图（A），由此立知 $x^p + y^p = z^p$ 无解，证毕。

长方体、T 法则、X 约束与费马大定理的第一百二十八个证明

从三维空间感知 $x^p + y^p = (x + y)(x^{p-1} + yt)$ 可知

$$x^p + y^p = \boxed{} \text{图（A）}$$

上式右端长方体的底面积为 $q = \dfrac{(x+y)(x^{p-1}+yt)}{x+y}$ 而高为 $x + y$。

X 约束要求 $z = x + y$，然此明显与 T 法则相悖，由 T 法则知 $z < x + y$，于是 $zq \neq$ 图（A），由此立知 $x^p + y^p = z^p$ 无解，证毕。

长方体、q 规则与费马大定理的第一百二十九个证明

从三维空间感知 $x^p + y^p = (x + y)(x^{p-1} + yt)$ 可知

$$x^p + y^p = \boxed{} \text{图（A）}$$

上式右端长方体的底面积为 $q = \dfrac{(x+y)(x^{p-1}+yt)}{x+y}$ 而高为 $x + y$。

由 q 规则知 $q < z^{p-1}$，于是 $(x+y)z^{p-1} \neq$ 图（A），由此立知 $x^p + y^p = z^p$ 无解，证毕。

长方体、q 规则、X 约束与费马大定理的第一百三十个证明

从三维空间感知 $x^p + y^p = (x + y)(x^{p-1} + yt)$ 可知

$$x^p + y^p = \boxed{} \text{图（A）}$$

上式右端长方体的底面积为 $q = \dfrac{(x+y)(x^{p-1}+yt)}{x+y}$ 而高为 $x + y$。

X 约束要求 $q = z^{p-1}$，然此明显与 q 规则相悖，由 q 规则知 $q < z^{p-1}$，

于是 $(x+y)z^{p-1} \neq$ 图（A），由此立知 $x^p + y^p = z^p$ 无解，证毕。

长方体、T 法则、q 规则与费马大定理的第一百三十一个证明

从三维空间感知 $x^p + y^p = (x+y)(x^{p-1} + yt)$ 可知

$$x^p + y^p = \text{图（A）}$$

上式右端长方体的底面积为 $q = \dfrac{(x+y)(x^{p-1} + yt)}{x+y}$ 而高为 $x+y$。

由 T 法则知 $z < x+y$，由 q 规则知 $q < z^{p-1}$，于是 $zz^{p-1} \neq$ 图（A），

由此立知 $x^p + y^p = z^p$ 无解，证毕。

长方体、T 法则、q 规则、X 约束与费马大定理的第一百三十二个证明

从三维空间感知 $x^p + y^p = (x+y)(x^{p-1} + yt)$ 可知

$$x^p + y^p = \text{图（A）}$$

上式右端长方体的底面积为 $q = \dfrac{(x+y)(x^{p-1} + yt)}{x+y}$ 而高为 $x+y$。

X 约束要求 $z = x+y$ 及 $q = z^{p-1}$，然此明显与 T 法则和 q 规则相悖，由 T 法则知 $z < x+y$，

由 q 规则知 $q < z^{p-1}$，于是 $zz^{p-1} \neq$ 图（A），由此立知 $x^p + y^p = z^p$ 无解，证毕。

演段、T 法则与费马大定理的第一百三十三个证明

从二维空间感知 $x^p + y^p = (x+y)(x^{p-1} + yt)$ 可知

$$x^p + y^p = \text{图（A）}$$

上式右端长方形的长为 $q = \dfrac{(x+y)(x^{p-1} + yt)}{x+y}$ 而宽为 $x+y$。

由 T 法则知 $z < x+y$，于是 $zq \neq$ 图（A），由此立知 $x^p + y^p = z^p$ 无解，证毕。

演段、T 法则、X 约束与费马大定理的第一百三十四个证明

从二维空间感知 $x^p + y^p = (x+y)(x^{p-1} + yt)$ 可知

$$x^p + y^p = \text{图（A）}$$

上式右端长方形的长为 $q = \dfrac{(x+y)(x^{p-1} + yt)}{x+y}$ 而宽为 $x+y$。

X 约束要求 $z = x + y$，然此明显与 T 法则相悖，由 T 法则知 $z < x + y$，于是 $zq \neq$ 图（A），由此立知 $x^p + y^p = z^p$ 无解，证毕。

演段、q 规则与费马大定理的第一百三十五个证明

从二维空间感知 $x^p + y^p = (x + y)(x^{p-1} + yt)$ 可知

$$x^p + y^p = \boxed{} \text{图（A）}$$

上式右端长方形的长为 $q = \dfrac{(x + y)(x^{p-1} + yt)}{x + y}$ 而宽为 $x + y$。

由 q 规则知 $q < z^{p-1}$，于是 $(x + y)z^{p-1} \neq$ 图（A），由此立知 $x^p + y^p = z^p$ 无解，证毕。

演段、q 规则、X 约束与费马大定理的第一百三十六个证明

从二维空间感知 $x^p + y^p = (x + y)(x^{p-1} + yt)$ 可知

$$x^p + y^p = \boxed{} \text{图（A）}$$

上式右端长方形的长为 $q = \dfrac{(x + y)(x^{p-1} + yt)}{x + y}$ 而宽为 $x + y$。

X 约束要求 $q = z^{p-1}$，然此明显与 q 规则相悖，由 q 规则知 $q < z^{p-1}$，

于是 $(x + y)z^{p-1} \neq$ 图（A），由此立知 $x^p + y^p = z^p$ 无解，证毕。

演段、T 法则、q 规则与费马大定理的第一百三十七个证明

从二维空间感知 $x^p + y^p = (x + y)(x^{p-1} + yt)$ 可知

$$x^p + y^p = \boxed{} \text{图（A）}$$

上式右端长方形的长为 $q = \dfrac{(x + y)(x^{p-1} + yt)}{x + y}$ 而宽为 $x + y$。

由 T 法则知 $z < x + y$，由 q 规则知 $q < z^{p-1}$，于是 $zz^{p-1} \neq$ 图（A），

由此立知 $x^p + y^p = z^p$ 无解，证毕。

演段、T 法则、q 规则、X 约束与费马大定理的第一百三十八个证明

从二维空间感知 $x^p + y^p = (x + y)(x^{p-1} + yt)$ 可知

$$x^p + y^p = \boxed{} \text{图（A）}$$

上式右端长方形的长为 $q = \dfrac{(x + y)(x^{p-1} + yt)}{x + y}$ 而宽为 $x + y$。

X 约束要求 $z = x + y$ 及 $q = z^{p-1}$，然此明显与 T 法则和 q 规则相悖，由 T 法则知 $z < x + y$，

由 q 规则知 $q < z^{p-1}$，于是 $zz^{p-1} \neq$ 图（A），由此立知 $x^p + y^p = z^p$ 无解，证毕。

线段、T 法则与费马大定理的第一百三十九个证明

从一维空间感知 $x^p + y^p = (x+y)(x^{p-1} + yt)$ 及 $q = \dfrac{(x+y)(x^{p-1} + yt)}{x+y}$ 可知

$$x^p + y^p = \text{————————————————————} \quad \text{图（A）}$$

上式右端线段的长为 $(x+y)(x^{p-1} + yt)$。由 T 法则知 $z < x + y$，于是 $zq \neq$ 图（A），

由此立知 $x^p + y^p = z^p$ 无解，证毕。

线段、T 法则、X 约束与费马大定理的第一百四十个证明

从一维空间感知 $x^p + y^p = (x+y)(x^{p-1} + yt)$ 及 $q = \dfrac{(x+y)(x^{p-1} + yt)}{x+y}$ 可知

$$x^p + y^p = \text{————————————————————} \quad \text{图（A）}$$

上式右端线段的长为 $(x+y)(x^{p-1} + yt)$。X 约束要求 $z = x + y$，然此明显与 T 法则相悖，

由 T 法则知 $z < x + y$，于是 $zq \neq$ 图（A），由此立知 $x^p + y^p = z^p$ 无解，证毕。

线段、q 规则与费马大定理的第一百四十一个证明

从一维空间感知 $x^p + y^p = (x+y)(x^{p-1} + yt)$ 及 $q = \dfrac{(x+y)(x^{p-1} + yt)}{x+y}$ 可知

$$x^p + y^p = \text{————————————————————} \quad \text{图（A）}$$

上式右端线段的长为 $(x+y)(x^{p-1} + yt)$。由 q 规则知 $q < z^{p-1}$，于是 $(x+y)z^{p-1} \neq$ 图（A），

由此立知 $x^p + y^p = z^p$ 无解，证毕。

线段、q 规则、X 约束与费马大定理的第一百四十二个证明

从一维空间感知 $x^p + y^p = (x+y)(x^{p-1} + yt)$ 及 $q = \dfrac{(x+y)(x^{p-1} + yt)}{x+y}$ 可知

$$x^p + y^p = \text{————————————————————} \quad \text{（A）}$$

上式右端线段的长为 $(x+y)(x^{p-1} + yt)$。X 约束要求 $q = z^{p-1}$，然此明显与 q 规则相悖，

由 q 规则知 $q < z^{p-1}$，于是 $(x+y)z^{p-1} \neq$ 图（A），由此立知 $x^p + y^p = z^p$ 无解，证毕。

线段、T 法则、q 规则与费马大定理的第一百四十三个证明

从一维空间感知 $x^p + y^p = (x+y)(x^{p-1}+yt)$ 及 $q = \dfrac{(x+y)(x^{p-1}+yt)}{x+y}$ 可知

$$x^p + y^p = \text{————————————————————} \quad \text{图（A）}$$

上式右端线段的长为 $(x+y)(x^{p-1}+yt)$。由 T 法则知 $z < x+y$，由 q 规则知 $q < z^{p-1}$，于是 $zz^{p-1} \neq$ 图（A），由此立知 $x^p + y^p = z^p$ 无解，证毕。

线段、T 法则、q 规则、X 约束与费马大定理的第一百四十四个证明

从一维空间感知 $x^p + y^p = (x+y)(x^{p-1}+yt)$ 及 $q = \dfrac{(x+y)(x^{p-1}+yt)}{x+y}$ 可知

$$x^p + y^p = \text{————————————————————} \quad \text{图（A）}$$

上式右端线段的长为 $(x+y)(x^{p-1}+yt)$。X 约束要求 $z = x+y$ 及 $q = z^{p-1}$，然此明显与 T 法则和 q 规则相悖，由 T 法则知 $z < x+y$，由 q 规则知 $q < z^{p-1}$，于是 $zz^{p-1} \neq$ 图（A），由此立知 $x^p + y^p = z^p$ 无解，证毕。

长方体、T 法则与费马大定理的第一百四十五个证明

从三维空间感知 $x^p + y^p = (x+y)(y^{p-1}-xt)$ 可知

$$x^p + y^p = \boxed{} \quad \text{（图 A）}$$

上式右端长方体的底面积为 $q = \dfrac{(x+y)(y^{p-1}-xt)}{x+y}$ 而高为 $x+y$。

由 T 法则知 $z < x+y$，于是 $zq \neq$ 图（A），由此立知 $x^p + y^p = z^p$ 无解，证毕。

长方体、T 法则、X 约束与费马大定理的第一百四十六个证明

从三维空间感知 $x^p + y^p = (x+y)(y^{p-1}-xt)$ 可知

$$x^p + y^p = \boxed{} \quad \text{（图 A）}$$

上式右端长方体的底面积为 $q = \dfrac{(x+y)(y^{p-1}-xt)}{x+y}$ 而高为 $x+y$。

X 约束要求 $z = x+y$，然此明显与 T 法则相悖，由 T 法则知 $z < x+y$，于是 $zq \neq$ 图（A），由此立知 $x^p + y^p = z^p$ 无解，证毕。

长方体、q 规则与费马大定理的第一百四十七个证明

从三维空间感知 $x^p + y^p = (x+y)(y^{p-1} - xt)$ 可知

$$x^p + y^p = \boxed{} \quad \text{（图 A）}$$

上式右端长方体的底面积为 $q = \dfrac{(x+y)(y^{p-1} - xt)}{x+y}$ 而高为 $x+y$。

由 q 规则知 $q < z^{p-1}$，于是 $(x+y)z^{p-1} \neq$ 图（A），由此立知 $x^p + y^p = z^p$ 无解，证毕。

长方体、q 规则、X 约束与费马大定理的第一百四十八个证明

从三维空间感知 $x^p + y^p = (x+y)(y^{p-1} - xt)$ 可知

$$x^p + y^p = \boxed{} \quad \text{（图 A）}$$

上式右端长方体的底面积为 $q = \dfrac{(x+y)(y^{p-1} - xt)}{x+y}$ 而高为 $x+y$。

X 约束要求 $q = z^{p-1}$，然此明显与 q 规则相悖，由 q 规则知 $q < z^{p-1}$，

于是 $(x+y)z^{p-1} \neq$ 图（A），由此立知 $x^p + y^p = z^p$ 无解，证毕。

长方体、T 法则、q 规则与费马大定理的第一百四十九个证明

从三维空间感知 $x^p + y^p = (x+y)(y^{p-1} - xt)$ 可知

$$x^p + y^p = \boxed{} \quad \text{（图 A）}$$

上式右端长方体的底面积为 $q = \dfrac{(x+y)(y^{p-1} - xt)}{x+y}$ 而高为 $x+y$。

由 T 法则知 $z < x+y$，由 q 规则知 $q < z^{p-1}$，于是 $zz^{p-1} \neq$ 图（A），

由此立知 $x^p + y^p = z^p$ 无解，证毕。

长方体、T 法则、q 规则、X 约束与费马大定理的第一百五十个证明

从三维空间感知 $x^p + y^p = (x+y)(y^{p-1} - xt)$ 可知

$$x^p + y^p = \boxed{} \quad \text{（图 A）}$$

上式右端长方体的底面积为 $q = \dfrac{(x+y)(y^{p-1} - xt)}{x+y}$ 而高为 $x+y$。

X 约束要求 $z = x + y$ 及 $q = z^{p-1}$，然此明显与 T 法则和 q 规则相悖，由 T 法则知 $z < x + y$，

由 q 规则知 $q < z^{p-1}$，于是 $zz^{p-1} \neq$ 图（A），由此立知 $x^p + y^p = z^p$ 无解，证毕。

演段、T 法则与费马大定理的第一百五十一个证明

从二维空间感知 $x^p + y^p = (x+y)(y^{p-1} - xt)$ 可知

$$x^p + y^p = \boxed{} \quad 图（A）$$

上式右端长方形的长为 $q = \dfrac{(x+y)(y^{p-1} - xt)}{x+y}$ 而宽为 $x + y$。

由 T 法则知 $z < x + y$，于是 $zq \neq$ 图（A），由此立知 $x^p + y^p = z^p$ 无解，证毕。

演段、T 法则、X 约束与费马大定理的第一百五十二个证明

从二维空间感知 $x^p + y^p = (x+y)(y^{p-1} - xt)$ 可知

$$x^p + y^p = \boxed{} \quad 图（A）$$

上式右端长方形的长为 $q = \dfrac{(x+y)(y^{p-1} - xt)}{x+y}$ 而宽为 $x + y$。

X 约束要求 $z = x + y$，然此明显与 T 法则相悖，由 T 法则知 $z < x + y$，于是 $zq \neq$ 图（A），
由此立知 $x^p + y^p = z^p$ 无解，证毕。

演段、q 规则与费马大定理的第一百五十三个证明

从二维空间感知 $x^p + y^p = (x+y)(y^{p-1} - xt)$ 可知

$$x^p + y^p = \boxed{} \quad 图（A）$$

上式右端长方形的长为 $q = \dfrac{(x+y)(y^{p-1} - xt)}{x+y}$ 而宽为 $x + y$。

由 q 规则知 $q < z^{p-1}$，于是 $(x+y)z^{p-1} \neq$ 图（A），由此立知 $x^p + y^p = z^p$ 无解，证毕。

演段、q 规则、X 约束与费马大定理的第一百五十四个证明

从二维空间感知 $x^p + y^p = (x+y)(y^{p-1} - xt)$ 可知

$$x^p + y^p = \boxed{} \quad 图（A）$$

上式右端长方形的长为 $q = \dfrac{(x+y)(y^{p-1} - xt)}{x+y}$ 而宽为 $x + y$。

X 约束要求 $q = z^{p-1}$，然此明显与 q 规则相悖，由 q 规则知 $q < z^{p-1}$，

于是 $(x+y)z^{p-1} \neq$ 图（A），由此立知 $x^p + y^p = z^p$ 无解，证毕。

演段、T法则、q 规则与费马大定理的第一百五十五个证明

从二维空间感知 $x^p + y^p = (x+y)(y^{p-1} - xt)$ 可知

$$x^p + y^p = \boxed{} \quad 图（A）$$

上式右端长方形的长为 $q = \dfrac{(x+y)(y^{p-1} - xt)}{x+y}$ 而宽为 $x+y$。

由 T 法则知 $z < x+y$，由 q 规则知 $q < z^{p-1}$，于是 $zz^{p-1} \neq$ 图（A），

由此立知 $x^p + y^p = z^p$ 无解，证毕。

演段、T法则、q 规则、X约束与费马大定理的第一百五十六个证明

从二维空间感知 $x^p + y^p = (x+y)(y^{p-1} - xt)$ 可知

$$x^p + y^p = \boxed{} \quad 图（A）$$

上式右端长方形的长为 $q = \dfrac{(x+y)(y^{p-1} - xt)}{x+y}$ 而宽为 $x+y$。

X 约束要求 $z = x+y$ 及 $q = z^{p-1}$，然此明显与 T 法则和 q 规则相悖，由 T 法则知 $z < x+y$，

由 q 规则知 $q < z^{p-1}$，于是 $zz^{p-1} \neq$ 图（A），由此立知 $x^p + y^p = z^p$ 无解，证毕。

线段、T法则与费马大定理的第一百五十七个证明

从一维空间感知 $x^p + y^p = (x+y)(y^{p-1} - xt)$ 可知

$$x^p + y^p = \rule{10cm}{0.4pt} \quad 图（A）$$

上式右端线段的长为 $(x+y)(y^{p-1} - xt)$。由 T 法则知 $z < x+y$，于是 $zq \neq$ 图（A），

由此立知 $x^p + y^p = z^p$ 无解，证毕。

线段、T法则、X约束与费马大定理的第一百五十八个证明

从一维空间感知 $x^p + y^p = (x+y)(y^{p-1} - xt)$ 可知

$$x^p + y^p = \rule{10cm}{0.4pt} \quad 图（A）$$

上式右端线段的长为 $(x+y)(y^{p-1} - xt)$。X 约束要求 $z = x+y$，然此明显与 T 法则相悖，

由 T 法则知 $z < x+y$，于是 $zq \neq$ 图（A），由此立知 $x^p + y^p = z^p$ 无解，证毕。

线段、q 规则与费马大定理的第一百五十九个证明

从一维空间感知 $x^p + y^p = (x+y)(y^{p-1} - xt)$ 可知

$$x^p + y^p = \text{——————————————————} \quad \text{图（A）}$$

上式右端线段的长为 $(x+y)(y^{p-1} - xt)$。由 q 规则知 $q < z^{p-1}$，于是 $(x+y)z^{p-1} \neq$ 图（A），由此立知 $x^p + y^p = z^p$ 无解，证毕。

线段、q 规则、X 约束与费马大定理的第一百六十个证明

从一维空间感知 $x^p + y^p = (x+y)(y^{p-1} - xt)$ 可知

$$x^p + y^p = \text{——————————————————} \quad \text{图（A）}$$

上式右端线段的长为 $(x+y)(y^{p-1} - xt)$。X 约束要求 $q = z^{p-1}$，然此明显与 q 规则相悖，由 q 规则知 $q < z^{p-1}$，于是 $(x+y)z^{p-1} \neq$ 图（A），由此立知 $x^p + y^p = z^p$ 无解，证毕。

线段、T 法则、q 规则与费马大定理的第一百六十一个证明

从一维空间感知 $x^p + y^p = (x+y)(y^{p-1} - xt)$ 可知

$$x^p + y^p = \text{——————————————————} \quad \text{图（A）}$$

上式右端线段的长为 $(x+y)(y^{p-1} - xt)$。由 T 法则知 $z < x+y$，由 q 规则知 $q < z^{p-1}$，于是 $zz^{p-1} \neq$ 图（A），由此立知 $x^p + y^p = z^p$ 无解，证毕。

线段、T 法则、q 规则、X 约束与费马大定理的第一百六十二个证明

从一维空间感知 $x^p + y^p = (x+y)(y^{p-1} - xt)$ 可知

$$x^p + y^p = \text{——————————————————} \quad \text{图（A）}$$

上式右端线段的长为 $(x+y)(y^{p-1} - xt)$。X 约束要求 $z = x+y$ 及 $q = z^{p-1}$，然此明显与 T 法则和 q 规则相悖，由 T 法则知 $z < x+y$，由 q 规则知 $q < z^{p-1}$，于是 $zz^{p-1} \neq$ 图（A），由此立知 $x^p + y^p = z^p$ 无解，证毕。

事实上，类似于 $x^p + y^p = (x+y)(y^{p-1} - xt)$ 的公式多之又多，例如：

$$x^p + y^p = (x+y)(x^{p-1} + t), \quad x^p + y^p = (x+y)(y^{p-1} - t),$$

$$x^p + y^p = (x+y)(x^{p-2} + t), \quad x^p + y^p = (x+y)(y^{p-2} + t),$$

$$x^p + y^p = (x+y)(x+t), \quad x^p + y^p = (x+y)(y+t), \quad x^p + y^p = (x+y)(xy+t),$$

$$x^p + y^p = (x+y)+t, \quad x^p + y^p = 2(x+y)+t, \quad x^p + y^p = 3(x+y)+t \text{ 等等},$$

$$x^p + y^p = q+t, \quad x^p + y^p = 2q+t, \quad x^p + y^p = 3q+t,$$

$$x^p + y^p = (x+y)+2pt, \quad x^p + y^p = (x+y)+3pt,$$

$$x^p + y^p = (x+y)+2t, \quad x^p + y^p = (x+y)+3t, \quad x^p + y^p = (x+y)+t,$$

等等、等等。

作者有此等公式五十有余，由它们可以给出大定理的第两万多个证明。

关于 $2(x^p + y^p)$ 与大定理的证明

由公式 $x^p + y^p = (x+y)(x^{p-1} + yt) = (x+y)(y^{p-1} - xt)$ 立得公式:

$$2(x^p + y^p) = (x+y)(x^{p-1} + y^{p-1} + (y-x)t), \quad (A) \text{式}。$$

$2(x^p + y^p)$、T 法则与大定理的第一证明

对于 (A) 式，由 T 法则知 $z < x+y$，于是 $(x+y)^p - zz^{p-1} \neq z(z^{p-1} - q)$，

由此立知 $x^p + y^p = z^p$ 无解，证毕。

$2(x^p + y^p)$、T 法则、X 约束与费马大定理的第二个证明

对于 (A) 式，X 约束要求 $z = x+y$，然此明显与 T 法则相悖，由 T 法则知 $z < x+y$，

于是 $2(x^p + y^p) \neq z(x^{p-1} + y^{p-1} + (y-x)t)$，由此立知 $x^p + y^p = z^p$ 无解，证毕。

$2(x^p + y^p)$、q 规则与大定理的第三证明

对于 (A) 式，由 q 规则知 $q < z^{p-1}$，于是 $q \neq \dfrac{z}{2}(x^{p-1} + y^{p-1} + (y-x)t)$，

由此立知 $x^p + y^p = z^p$ 无解，证毕。

$2(x^p + y^p)$、q 规则、X 约束与费马大定理的第四个证明

对于 (A) 式，X 约束要求 $q = z^{p-1}$，然此明显与 q 规则相悖，由 q 规则知 $q < z^{p-1}$，于

是 $q \neq \dfrac{z}{2}(x^{p-1} + y^{p-1} + (y-x)t)$，由此立知 $x^p + y^p = z^p$ 无解，证毕。

第四十五章 又演段与费马大定理的初等证明

本章利用二维、三维空间中的几何图形之演段再证明大定理。

圆、T 法则与费马大定理的第一个证明

从二维空间感知 $x^p + y^p = (x+y)q$ 可知

$$\pi((x+y)q)^2 = \bigcirc$$ 图（A），式中右端圆的半径为 $(x+y)q$。

由 T 法则知 $z < x+y$，于是 $\pi(zq)^2 \neq$ 图（A），由此立知 $x^p + y^p = z^p$ 无解，证毕。

圆、T 法则、X 约束与费马大定理的第二个证明

从二维空间感知 $x^p + y^p = (x+y)q$ 可知

$$\pi((x+y)q)^2 = \bigcirc$$ 图（A），式中右端圆的半径为 $(x+y)q$。X 约束要求 $z = x+y$，

然此明显与 T 法则相悖，由 T 法则知 $z < x+y$，于是 $\pi(zq)^2 \neq$ 图（A），

由此立知 $x^p + y^p = z^p$ 无解，证毕。

圆、q 规则与费马大定理的第三个证明

从二维空间感知 $x^p + y^p = (x+y)q$ 可知

$$\pi((x+y)q)^2 = \bigcirc$$ 图（A），式中右端圆的半径为 $(x+y)q$。

由 q 规则知 $q < z^{p-1}$，于是 $\pi((x+y)z^{p-1})^2 \neq$ 图（A），由此立知 $x^p + y^p = z^p$ 无解，证毕。

圆、q 规则、X 约束与费马大定理的第四个证明

从二维空间感知 $x^p + y^p = (x+y)q$ 可知

$$\pi((x+y)q)^2 = \bigcirc$$ 图（A），式中右端圆的半径为 $(x+y)q$。

X 约束要求 $q = z^{p-1}$，然此明显与 q 规则相悖，由 q 规则知 $q < z^{p-1}$，

于是 $\pi((x+y)z^{p-1})^2 \neq$ 图（A），由此立知 $x^p + y^p = z^p$ 无解，证毕。

圆、T 法则、q 规则与费马大定理的第五个证明

从二维空间感知 $x^p + y^p = (x+y)q$ 可知

$$\pi((x+y)q)^2 = \bigcirc \text{图（A），式中右端圆的半径为}(x+y)q。$$

由 T 法则知 $z < x+y$，由 q 规则知 $q < z^{p-1}$，于是 $\pi(zz^{p-1})^2 \neq$ 图（A），

由此立知 $x^p + y^p = z^p$ 无解，证毕。

圆、T 法则、q 规则、X 约束与费马大定理的第六个证明。

从二维空间感知 $x^p + y^p = (x+y)q$ 可知

$$\pi((x+y)q)^2 = \bigcirc \text{图（A），式中右端圆的半径为}(x+y)q。$$

X 约束要求 $z = x+y$ 及 $q = z^{p-1}$，然此明显与 T 法则和 q 规则相悖，由 T 法则知 $z < x+y$，

由 q 规则知 $q < z^{p-1}$，于是 $\pi(zz^{p-1})^2 \neq$ 图（A），由此立知 $x^p + y^p = z^p$ 无解，证毕。

椭圆、T 法则与费马大定理的第七个证明

从二维空间感知 $x^p + y^p = (x+y)q$ 可知

$$\pi(x+y)q = \bigcirc \text{图（A），式中右端椭圆的两个半轴为}x+y\text{与}q。$$

由 T 法则知 $z < x+y$，于是 $\pi(zq) \neq$ 图（A），由此立知 $x^p + y^p = z^p$ 无解，证毕。

椭圆、T 法则、X 约束与费马大定理的第八个证明

从二维空间感知 $x^p + y^p = (x+y)q$ 可知

$$\pi(x+y)q = \bigcirc \text{图（A），式中右端椭圆的两个半轴为}x+y\text{与}q。$$

X 约束要求 $z = x+y$，然此明显与 T 法则相悖，由 T 法则知 $z < x+y$，

于是 $\pi(zq) \neq$ 图（A），由此立知 $x^p + y^p = z^p$ 无解，证毕。

椭圆、q 规则与费马大定理的第九个证明

从二维空间感知 $x^p + y^p = (x+y)q$ 可知

$$\pi(x+y)q = \bigcirc \quad \text{图（A），式中右端椭圆的两个半轴为 } x+y \text{ 与 } q。$$

由 q 规则知 $q < z^{p-1}$，于是 $\pi(x+y)z^{p-1} \neq$ 图（A），由此立知 $x^p + y^p = z^p$ 无解，证毕。

椭圆、q 规则、X 约束与费马大定理的第十个证明

从二维空间感知 $x^p + y^p = (x+y)q$ 可知

$$\pi(x+y)q = \bigcirc \quad \text{图（A），式中右端椭圆的两个半轴为 } x+y \text{ 与 } q。$$

X 约束要求 $q = z^{p-1}$，然此明显与 q 规则相悖，由 q 规则知 $q < z^{p-1}$，

于是 $\pi(x+y)z^{p-1} \neq$ 图（A），由此立知 $x^p + y^p = z^p$ 无解，证毕。

椭圆、T 法则、q 规则与费马大定理的第十一个证明

从二维空间感知 $x^p + y^p = (x+y)q$ 可知

$$\pi(x+y)q = \bigcirc \quad \text{图（A），式中右端椭圆的两个半轴为 } x+y \text{ 与 } q。$$

由 T 法则知 $z < x+y$，由 q 规则知 $q < z^{p-1}$，于是 $\pi(zz^{p-1}) \neq$ 图（A），

由此立知 $x^p + y^p = z^p$ 无解，证毕。

椭圆、T 法则、q 规则、X 约束与费马大定理的第十二个证明

从二维空间感知 $x^p + y^p = (x+y)q$ 可知

$$\pi(x+y)q = \bigcirc \quad \text{图（A），式中右端椭圆的两个半轴为 } x+y \text{ 与 } q。$$

X 约束要求 $z = x+y$ 及 $q = z^{p-1}$，然此明显与 T 法则和 q 规则相悖，由 T 法则知 $z < x+y$，

由 q 规则知 $q < z^{p-1}$，于是 $\pi(zz^{p-1}) \neq$ 图（A），由此立知 $x^p + y^p = z^p$ 无解，证毕。

圆柱体、T 法则与费马大定理的第十三个证明

从三维空间感知 $x^p + y^p = (x+y)q$ 可知

$$\pi(x+y)^2 q = \square \quad \text{图（A），式中右端圆柱体的体积为 } \pi(x+y)^2 q。$$

由 T 法则知 $z < x+y$，于是 $\pi \times z^2 q \neq$ 图（A），由此立知 $x^p + y^p = z^p$ 无解，证毕。

圆柱体、T 法则、X 约束与费马大定理的第十四个证明

从三维空间感知 $x^p + y^p = (x+y)q$ 可知

$\pi(x+y)^2 q =$ ⬤ 图（A），式中右端圆柱体的体积为 $\pi(x+y)^2 q$。

X 约束要求 $z = x + y$，然此明显与 T 法则相悖，由 T 法则知 $z < x + y$，

于是 $\pi \times z^2 q \neq$ 图（A），由此立知 $x^p + y^p = z^p$ 无解，证毕。

圆柱体、q 规则与费马大定理的第十五个证明

从三维空间感知 $x^p + y^p = (x+y)q$ 可知

$\pi(x+y)^2 q =$ ⬤ 图（A），式中右端圆柱体的体积为 $\pi(x+y)^2 q$。

由 q 规则知 $q < z^{p-1}$，于是 $\pi(x+y)^2 z^{p-1} \neq$ 图（A），由此立知 $x^p + y^p = z^p$ 无解，证毕。

圆柱体、q 规则、X 约束与费马大定理的第十六个证明

从三维空间感知 $x^p + y^p = (x+y)q$ 可知

$\pi(x+y)^2 q =$ ⬤ 图（A），式中右端圆柱体的体积为 $\pi(x+y)^2 q$。

X 约束要求 $q = z^{p-1}$，然此明显与 q 规则相悖，由 q 规则知 $q < z^{p-1}$，

于是 $\pi(x+y)^2 z^{p-1} \neq$ 图（A），由此立知 $x^p + y^p = z^p$ 无解，证毕。

圆柱体、T 法则、q 规则与费马大定理的第十七个证明

从三维空间感知 $x^p + y^p = (x+y)q$ 可知

$\pi(x+y)^2 q =$ ⬤ 图（A），式中右端圆柱体的体积为 $\pi(x+y)^2 q$。

由 T 法则知 $z < x + y$，由 q 规则知 $q < z^{p-1}$，于是 $\pi(z^2 z^{p-1}) \neq$ 图（A），

由此立知 $x^p + y^p = z^p$ 无解，证毕。

圆柱体、T 法则、q 规则、X 约束与费马大定理的第十八个证明

从三维空间感知 $x^p + y^p = (x+y)q$ 可知

$\pi(x+y)^2 q =$ ⬤ 图（A），式中右端圆柱体的体积为 $\pi(x+y)^2 q$。

X 约束要求 $z = x + y$ 及 $q = z^{p-1}$，然此明显与 T 法则和 q 规则相悖，由 T 法则知 $z < x + y$。

由 q 规则知 $q < z^{p-1}$，于是 $\pi(z^2 z^{p-1}) \neq$ 图（A），由此立知 $x^p + y^p = z^p$ 无解，证毕。

椭圆柱体、T 法则与费马大定理的第十九个证明

从三维空间感知 $x^p + y^p = (x+y)q$ 可知

$\pi(x+y)q \times 1 =$ ⬤ 图（A），式中右端椭圆柱体的底面积为 $\pi(x+y)q$，而高为 1。

由 T 法则知 $z < x + y$，于是 $\pi(zq) \neq$ 图（A），由此立知 $x^p + y^p = z^p$ 无解，证毕。

椭圆柱体、T 法则、X 约束与费马大定理的第二十个证明

从三维空间感知 $x^p + y^p = (x + y)q$ 可知

$\pi(x + y)q \times 1 = $ 图（A），式中右端椭圆柱体的底面积为 $\pi(x + y)q$，而高为 1。

X 约束要求 $z = x + y$，然此明显与 T 法则相悖，由 T 法则知 $z < x + y$，

于是 $\pi(zq) \neq$ 图（A），由此立知 $x^p + y^p = z^p$ 无解，证毕。

椭圆柱体、q 规则与费马大定理的第二十一个证明

从三维空间感知 $x^p + y^p = (x + y)q$ 可知

$\pi(x + y)q \times 1 = $ 图（A），式中右端椭圆柱体的底面积为 $\pi(x + y)q$，而高为 1。

由 q 规则知 $q < z^{p-1}$，于是 $\pi(x + y)z^{p-1} \neq$ 图（A），由此立知 $x^p + y^p = z^p$ 无解，证毕。

椭圆柱体、q 规则、X 约束与费马大定理的第二十二个证明

从三维空间感知 $x^p + y^p = (x + y)q$ 可知

$\pi(x + y)q \times 1 = $ 图（A），式中右端椭圆柱体的底面积为 $\pi(x + y)q$，而高为 1。

X 约束要求 $q = z^{p-1}$，然此明显与 q 规则相悖，由 q 规则知 $q < z^{p-1}$，

于是 $\pi(x + y)z^{p-1} \neq$ 图（A），由此立知 $x^p + y^p = z^p$ 无解，证毕。

椭圆柱体、T 法则、q 规则与费马大定理的第二十三个证明

从三维空间感知 $x^p + y^p = (x + y)q$ 可知

$\pi(x + y)q \times 1 = $ 图（A），式中右端椭圆柱体的底面积为 $\pi(x + y)q$，而高为 1。

由 T 法则知 $z < x + y$，由 q 规则知 $q < z^{p-1}$，于是 $\pi(zz^{p-1}) \neq$ 图（A），

由此立知 $x^p + y^p = z^p$ 无解，证毕。

椭圆柱体、T 法则、q 规则、X 约束与费马大定理的第二十四个证明

从三维空间感知 $x^p + y^p = (x + y)q$ 可知

$\pi(x + y)q \times 1 = $ 图（A），式中右端椭圆柱体的底面积为 $\pi(x + y)q$，而高为 1。

X 约束要求 $z = x + y$ 及 $q = z^{p-1}$，然此明显与 T 法则和 q 规则相悖，由 T 法则知 $z < x + y$。

由 q 规则知 $q < z^{p-1}$，于是 $\pi(zz^{p-1}) \neq$ 图（A），由此立知 $x^p + y^p = z^p$ 无解，证毕。

球、T 法则与费马大定理的第二十五个证明

从三维空间感知 $x^p + y^p = (x+y)q$ 可知

$$\frac{4}{3}\pi((x+y)q)^3 = \bigcirc \quad \text{图（A），式中右端球的半径为} (x+y)q\text{。}$$

由 T 法则知 $z < x+y$，于是 $\frac{4}{3}\pi(zq)^3 \neq$ 图（A），由此立知 $x^p + y^p = z^p$ 无解，证毕。

球、T 法则、X 约束与费马大定理的第二十六个证明

从三维空间感知 $x^p + y^p = (x+y)q$ 可知

$$\frac{4}{3}\pi((x+y)q)^3 = \bigcirc \quad \text{图（A），式中右端球的半径为} (x+y)q\text{。}$$

X 约束要求 $z = x+y$，然此明显与 T 法则相悖，由 T 法则知 $z < x+y$，

于是 $\frac{4}{3}\pi(zq)^3 \neq$ 图（A），由此立知 $x^p + y^p = z^p$ 无解，证毕。

球、q 规则与费马大定理的第二十七个证明

从三维空间感知 $x^p + y^p = (x+y)q$ 可知

$$\frac{4}{3}\pi((x+y)q)^3 = \bigcirc \quad \text{图（A），式中右端球的半径为} (x+y)q\text{。由} q \text{规则知} q < z^{p-1}\text{，}$$

于是 $\frac{4}{3}\pi((x+y)z^{p-1})^3 \neq$ 图（A），由此立知 $x^p + y^p = z^p$ 无解，证毕。

球、q 规则、X 约束与费马大定理的第二十八个证明

从三维空间感知 $x^p + y^p = (x+y)q$ 可知

$$\frac{4}{3}\pi((x+y)q)^3 = \bigcirc \quad \text{图（A），式中右端球的半径为} (x+y)q\text{。X 约束要求} q = z^{p-1}\text{，}$$

然此明显与 q 规则相悖，由 q 规则知 $q < z^{p-1}$，于是 $\frac{4}{3}\pi((x+y)z^{p-1})^3 \neq$ 图（A），

由此立知 $x^p + y^p = z^p$ 无解，证毕。

球、T 法则、q 规则与费马大定理的第二十九个证明

从三维空间感知 $x^p + y^p = (x+y)q$ 可知

$$\frac{4}{3}\pi((x+y)q)^3 = \bigcirc \quad 图（A），式中右端球的半径为 (x+y)q。$$

由 T 法则知 $z < x+y$，由 q 规则知 $q < z^{p-1}$，于是 $\frac{4}{3}\pi(zz^{p-1})^3 \neq$ 图（A），

由此立知 $x^p + y^p = z^p$ 无解，证毕。

球、T 法则、q 规则、X 约束与费马大定理的第三十个证明

从三维空间感知 $x^p + y^p = (x+y)q$ 可知

$$\frac{4}{3}\pi((x+y)q)^3 = \bigcirc \quad 图（A），式中右端球的半径为 (x+y)q。$$

X 约束要求 $z = x+y$ 及 $q = z^{p-1}$，然此明显与 T 法则和 q 规则相悖，由 T 法则知 $z < x+y$。

由 q 规则知 $q < z^{p-1}$，于是 $\frac{4}{3}\pi(zz^{p-1})^3 \neq$ 图（A），由此立知 $x^p + y^p = z^p$ 无解，证毕。

三角形、T 法则与费马大定理的第三十一个证明

从二维空间感知 $x^p + y^p = (x+y)q$ 可知

$$\frac{1}{2}(x+y)q = \triangle \quad 图（A），式中右端三角形的底为 q，而高为 x+y。$$

由 T 法则知 $z < x+y$，于是 $\frac{1}{2}zq \neq$ 图（A），由此立知 $x^p + y^p = z^p$ 无解，证毕。

三角形、T 法则、X 约束与费马大定理的第三十二个证明

从二维空间感知 $x^p + y^p = (x+y)q$ 可知

$$\frac{1}{2}(x+y)q = \triangle \quad 图（A），式中右端三角形的底为 q，而高为 x+y。$$

X 约束要求 $z = x+y$，然此明显与 T 法则相悖，由 T 法则知 $z < x+y$，

于是 $\frac{1}{2}zq \neq$ 图（A），由此立知 $x^p + y^p = z^p$ 无解，证毕。

三角形、q 规则与费马大定理的第三十三个证明

从二维空间感知 $x^p + y^p = (x+y)q$ 可知

$$\frac{1}{2}(x+y)q = \triangle \quad 图（A），式中右端三角形的底为 q，而高为 x+y。$$

由 q 规则知 $q < z^{p-1}$，于是 $\frac{1}{2}(x+y)z^{p-1} \neq$ 图（A），

由此立知 $x^p + y^p = z^p$ 无解，证毕。

三角形、q 规则、X 约束与费马大定理的第三十四个证明

从二维空间感知 $x^p + y^p = (x+y)q$ 可知

$\frac{1}{2}(x+y)q =$ ▲ 图（A），式中右端三角形的底为 q，而高为 $x+y$。

X 约束要求 $q = z^{p-1}$，然此明显与 q 规则相悖，由 q 规则知 $q < z^{p-1}$，

于是 $\frac{1}{2}(x+y)z^{p-1} \neq$ 图（A），由此立知 $x^p + y^p = z^p$ 无解，证毕。

三角形、T 法则、q 规则与费马大定理的第三十五个证明

从二维空间感知 $x^p + y^p = (x+y)q$ 可知

$\frac{1}{2}(x+y)q =$ ▲ 图（A），式中右端三角形的底为 q，而高为 $x+y$。

由 T 法则知 $z < x+y$，由 q 规则知 $q < z^{p-1}$，于是 $\frac{1}{2}zz^{p-1} \neq$ 图（A），

由此立知 $x^p + y^p = z^p$ 无解，证毕。

三角形、T 法则、q 规则、X 约束与费马大定理的第三十六个证明

从二维空间感知 $x^p + y^p = (x+y)q$ 可知

$\frac{1}{2}(x+y)q =$ ▲ 图（A），式中右端三角形的底为 q，而高为 $x+y$。

X 约束要求 $z = x+y$ 及 $q = z^{p-1}$，然此明显与 T 法则和 q 规则相悖，由 T 法则知 $z < x+y$，

由 q 规则知 $q < z^{p-1}$，于是 $\frac{1}{2}zz^{p-1} \neq$ 图（A），由此立知 $x^p + y^p = z^p$ 无解，证毕。

菱形、T 法则与费马大定理的第三十七个证明

从二维空间感知 $x^p + y^p = (x+y)q$ 可知

$\frac{1}{2}(x+y)q =$ ◇ 图（A），式中右端菱形的两对角线为 q 与 $x+y$。

由 T 法则知 $z < x+y$，于是 $\frac{1}{2}zq \neq$ 图（A），由此立知 $x^p + y^p = z^p$ 无解，证毕。

菱形、T 法则、X 约束与费马大定理的第三十八个证明

从二维空间感知 $x^p + y^p = (x+y)q$ 可知

$\frac{1}{2}(x+y)q =$ ◇ 图（A），式中右端菱形的两对角线为 q 与 $x+y$。

X 约束要求 $z = x+y$，然此明显与 T 法则相悖，由 T 法则知 $z < x+y$，

于是 $\frac{1}{2}zq \neq$ 图（A），由此立知 $x^p + y^p = z^p$ 无解，证毕。

菱形、q 规则与费马大定理的第三十九个证明

从二维空间感知 $x^p + y^p = (x+y)q$ 可知

$\frac{1}{2}(x+y)q =$ 图（A），式中右端菱形的两对角线为 q 与 $x+y$。

由 q 规则知 $q < z^{p-1}$，于是 $\frac{1}{2}(x+y)z^{p-1} \neq$ 图（A），

由此立知 $x^p + y^p = z^p$ 无解，证毕。

菱形、q 规则、X 约束与费马大定理的第四十个证明

从二维空间感知 $x^p + y^p = (x+y)q$ 可知

$\frac{1}{2}(x+y)q =$ 图（A），式中右端菱形的两对角线为 q 与 $x+y$。

X 约束要求 $q = z^{p-1}$，然此明显与 q 规则相悖，由 q 规则知 $q < z^{p-1}$，

于是 $\frac{1}{2}(x+y)z^{p-1} \neq$ 图（A），由此立知 $x^p + y^p = z^p$ 无解，证毕。

菱形、T 法则、q 规则与费马大定理的第四十一个证明

从二维空间感知 $x^p + y^p = (x+y)q$ 可知

$\frac{1}{2}(x+y)q =$ 图（A），式中右端菱形的两对角线为 q 与 $x+y$。

由 T 法则知 $z < x+y$，由 q 规则知 $q < z^{p-1}$，于是 $\frac{1}{2}zz^{p-1} \neq$ 图（A），

由此立知 $x^p + y^p = z^p$ 无解，证毕。

菱形、T 法则、q 规则、X 约束与费马大定理的第四十二个证明

从二维空间感知 $x^p + y^p = (x+y)q$ 可知

$\frac{1}{2}(x+y)q =$ 图（A），式中右端菱形的两对角线为 q 与 $x+y$。

X 约束要求 $z = x+y$ 及 $q = z^{p-1}$，然此明显与 T 法则和 q 规则相悖，由 T 法则知 $z < x+y$。

由 q 规则知 $q < z^{p-1}$，于是 $\frac{1}{2}zz^{p-1} \neq$ 图（A），由此立知 $x^p + y^p = z^p$ 无解，证毕。

梯形、T 法则与费马大定理的第四十三个证明

从二维空间感知 $x^p + y^p = (x+y)q$ 可知

$\frac{1}{2}(x+y)q =$ 图（A），式中右端梯形的上下底和为 q，而高为 $x+y$。

由 T 法则知 $z < x+y$，于是 $\frac{1}{2}zq \neq$ 图（A），由此立知 $x^p + y^p = z^p$ 无解，证毕。

梯形、T 法则、X 约束与费马大定理的第四十四个证明

从二维空间感知 $x^p + y^p = (x+y)q$ 可知

$\frac{1}{2}(x+y)q = $ <梯形> 图（A），式中右端梯形的上下底和为 q，而高为 $x+y$。

X 约束要求 $z = x + y$，然此明显与 T 法则相悖，由 T 法则知 $z < x + y$，

于是 $\frac{1}{2}zq \neq$ 图（A），由此立知 $x^p + y^p = z^p$ 无解，证毕。

梯形、q 规则与费马大定理的第四十五个证明

从二维空间感知 $x^p + y^p = (x+y)q$ 可知

$\frac{1}{2}(x+y)q = $ <梯形> 图（A），式中右端梯形的上下底和为 q，而高为 $x+y$。

由 q 规则知 $q < z^{p-1}$，于是 $\frac{1}{2}(x+y)z^{p-1} \neq$ 图（A），

由此立知 $x^p + y^p = z^p$ 无解，证毕。

梯形、q 规则、X 约束与费马大定理的第四十六个证明

从二维空间感知 $x^p + y^p = (x+y)q$ 可知

$\frac{1}{2}(x+y)q = $ <梯形> 图（A），式中右端梯形的上下底和为 q，而高为 $x+y$。

X 约束要求 $q = z^{p-1}$，然此明显与 q 规则相悖，由 q 规则知 $q < z^{p-1}$，

于是 $\frac{1}{2}(x+y)z^{p-1} \neq$ 图（A），由此立知 $x^p + y^p = z^p$ 无解，证毕。

梯形、T 法则、q 规则与费马大定理的第四十七个证明

从二维空间感知 $x^p + y^p = (x+y)q$ 可知

$\frac{1}{2}(x+y)q = $ <梯形> 图（A），式中右端梯形的上下底和为 q，而高为 $x+y$。

由 T 法则知 $z < x + y$，由 q 规则知 $q < z^{p-1}$，于是 $\frac{1}{2}zz^{p-1} \neq$ 图（A），

由此立知 $x^p + y^p = z^p$ 无解，证毕。

梯形、T 法则、q 规则、X 约束与费马大定理的第四十八个证明

从二维空间感知 $x^p + y^p = (x+y)q$ 可知

$\frac{1}{2}(x+y)q = $ <梯形> 图（A），式中右端梯形的上下底和为 q，而高为 $x+y$。

X 约束要求 $z = x + y$ 及 $q = z^{p-1}$，然此明显与 T 法则和 q 规则相悖，由 T 法则知 $z < x + y$。

由 q 规则知 $q < z^{p-1}$，于是 $\frac{1}{2}zz^{p-1} \neq$ 图（A），由此立知 $x^p + y^p = z^p$ 无解，证毕。

平行四边形、T 法则与费马大定理的第四十九个证明

从二维空间感知 $x^p + y^p = (x+y)q$ 可知

$(x+y)q = $ ▱ 图（A），式中右端平行四边形之一边为 q，其高为 $x+y$。

由 T 法则知 $z < x+y$，于是 $zq \neq$ 图（A），由此立知 $x^p + y^p = z^p$ 无解，证毕。

平行四边形、T 法则、X 约束与费马大定理的第五十个证明

从二维空间感知 $x^p + y^p = (x+y)q$ 可知

$(x+y)q = $ ▱ 图（A），式中右端平行四边形之一边为 q，其高为 $x+y$。

X 约束要求 $z = x+y$，然此明显与 T 法则相悖，由 T 法则知 $z < x+y$，

于是 $zq \neq$ 图（A），由此立知 $x^p + y^p = z^p$ 无解，证毕。

平行四边形、q 规则与费马大定理的第五十一个证明

从二维空间感知 $x^p + y^p = (x+y)q$ 可知

$(x+y)q = $ ▱ 图（A），式中右端平行四边形之一边为 q，其高为 $x+y$。

由 q 规则知 $q < z^{p-1}$，于是 $(x+y)z^{p-1} \neq$ 图（A），

由此立知 $x^p + y^p = z^p$ 无解，证毕。

平行四边形、q 规则、X 约束与费马大定理的第五十二个证明

从二维空间感知 $x^p + y^p = (x+y)q$ 可知

$(x+y)q = $ ▱ 图（A），式中右端平行四边形之一边为 q，其高为 $x+y$。

X 约束要求 $q = z^{p-1}$，然此明显与 q 规则相悖，由 q 规则知 $q < z^{p-1}$，

于是 $(x+y)z^{p-1} \neq$ 图（A），由此立知 $x^p + y^p = z^p$ 无解，证毕。

平行四边形、T 法则、q 规则与费马大定理的第五十三个证明

从二维空间感知 $x^p + y^p = (x+y)q$ 可知

$(x+y)q = $ ▱ 图（A），式中右端平行四边形之一边为 q，其高为 $x+y$。

由 T 法则知 $z < x+y$，由 q 规则知 $q < z^{p-1}$，于是 $zz^{p-1} \neq$ 图（A），

由此立知 $x^p + y^p = z^p$ 无解，证毕。

平行四边形、T法则、q规则、X约束与费马大定理的第五十四个证明

从二维空间感知 $x^p + y^p = (x+y)q$ 可知

$(x+y)q = $ ▱ 图（A），式中右端平行四边形之一边为 q，其高为 $x+y$。

X约束要求 $z = x+y$ 及 $q = z^{p-1}$，然此明显与T法则和q规则相悖，由T法则知 $z < x+y$。

由q规则知 $q < z^{p-1}$，于是 $zz^{p-1} \neq$ 图（A），由此立知 $x^p + y^p = z^p$ 无解，证毕。

圆角矩形、T法则与费马大定理的第五十五个证明

从二维空间感知 $x^p + y^p = (x+y)q$ 可知

$(x+y)q - \pi = $ ▭ 图（A），式中右端图形的面积为 $(x+y)q - \pi$。

由T法则知 $z < x+y$，于是 $zq - \pi \neq$ 图（A），由此立知 $x^p + y^p = z^p$ 无解，证毕。

圆角矩形、T法则、X约束与费马大定理的第五十六个证明

从二维空间感知 $x^p + y^p = (x+y)q$ 可知

$(x+y)q - \pi = $ ▭ 图（A），式中右端图形的面积为 $(x+y)q - \pi$。

X约束要求 $z = x+y$，然此明显与T法则相悖，由T法则知 $z < x+y$，

于是 $zq - \pi \neq$ 图（A），由此立知 $x^p + y^p = z^p$ 无解，证毕。

圆角矩形、q规则与费马大定理的第五十七个证明

从二维空间感知 $x^p + y^p = (x+y)q$ 可知

$(x+y)q - \pi = $ ▭ 图（A），式中右端图形的面积为 $(x+y)q - \pi$。

由q规则知 $q < z^{p-1}$，于是 $(x+y)z^{p-1} - \pi \neq$ 图（A），由此立知 $x^p + y^p = z^p$ 无解，证毕。

圆角矩形、q规则、X约束与费马大定理的第五十八个证明

从二维空间感知 $x^p + y^p = (x+y)q$ 可知

$(x+y)q - \pi = $ ▭ 图（A），式中右端图形的面积为 $(x+y)q - \pi$。

X约束要求 $q = z^{p-1}$，然此明显与q规则相悖，由q规则知 $q < z^{p-1}$，

于是 $(x+y)z^{p-1} - \pi \neq$ 图（A），由此立知 $x^p + y^p = z^p$ 无解，证毕。

圆角矩形、T法则、q规则与费马大定理的第五十九个证明

从二维空间感知 $x^p + y^p = (x+y)q$ 可知

$(x+y)q-\pi=$ [图形] 图（A），式中右端图形的面积为 $(x+y)q-\pi$。

由 T 法则知 $z<x+y$，由 q 规则知 $q<z^{p-1}$，于是 $zz^{p-1}-\pi\neq$ 图（A），

由此立知 $x^p+y^p=z^p$ 无解，证毕。

圆角矩形、T 法则、q 规则、X 约束与费马大定理的第六十个证明

从二维空间感知 $x^p+y^p=(x+y)q$ 可知

$(x+y)q-\pi=$ [图形] 图（A），式中右端图形的面积为 $(x+y)q-\pi$。

X 约束要求 $z=x+y$ 及 $q=z^{p-1}$，然此明显与 T 法则和 q 规则相悖，由 T 法则知 $z<x+y$。

由 q 规则知 $q<z^{p-1}$，于是 $zz^{p-1}-\pi\neq$ 图（A），由此立知 $x^p+y^p=z^p$ 无解，证毕。

方角矩形、T 法则与费马大定理的第六十一个证明

从二维空间感知 $x^p+y^p=(x+y)q$ 可知

$(x+y)q-4=$ [图形] 图（A），式中右端图形的面积为 $(x+y)q-4$。

由 T 法则知 $z<x+y$，于是 $zq-4\neq$ 图（A），由此立知 $x^p+y^p=z^p$ 无解，证毕。

方角矩形、T 法则、X 约束与费马大定理的第六十二个证明

从二维空间感知 $x^p+y^p=(x+y)q$ 可知

$(x+y)q-4=$ [图形] 图（A），式中右端图形的面积为 $(x+y)q-4$。

X 约束要求 $z=x+y$，然此明显与 T 法则相悖，由 T 法则知 $z<x+y$，

于是 $zq-4\neq$ 图（A），由此立知 $x^p+y^p=z^p$ 无解，证毕。

从二维空间感知 $x^p+y^p=(x+y)q$ 可知

$(x+y)q-4=$ [图形] 图（A），式中右端图形的面积为 $(x+y)q-4$。

由 q 规则知 $q<z^{p-1}$，于是 $(x+y)z^{p-1}-4\neq$ 图（A），由此立知 $x^p+y^p=z^p$ 无解，证毕。

方角矩形、q 规则、X 约束与费马大定理的第六十四个证明

从二维空间感知 $x^p+y^p=(x+y)q$ 可知

$(x+y)q-4=$ [图形] 图（A），式中右端图形的面积为 $(x+y)q-4$。

X 约束要求 $q=z^{p-1}$，然此明显与 q 规则相悖，由 q 规则知 $q<z^{p-1}$，

于是 $(x+y)z^{p-1}-4\neq$ 图（A），由此立知 $x^p+y^p=z^p$ 无解，证毕。

方角矩形、T 法则、q 规则与费马大定理的第六十五个证明

从二维空间感知 $x^p+y^p=(x+y)q$ 可知

$(x+y)q-4=$ ⬚ 图（A），式中右端图形的面积为 $(x+y)q-4$。

由 T 法则知 $z<x+y$，由 q 规则知 $q<z^{p-1}$，于是 $zz^{p-1}-4\neq$ 图（A），

由此立知 $x^p+y^p=z^p$ 无解，证毕。

方角矩形、T 法则、q 规则、X 约束与费马大定理的第六十六个证明

从二维空间感知 $x^p+y^p=(x+y)q$ 可知

$(x+y)q-4=$ ⬚ 图（A），式中右端图形的面积为 $(x+y)q-4$。

X 约束要求 $z=x+y$ 及 $q=z^{p-1}$，然此明显与 T 法则和 q 规则相悖，由 T 法则知 $z<x+y$。

由 q 规则知 $q<z^{p-1}$，于是 $zz^{p-1}-4\neq$ 图（A），由此立知 $x^p+y^p=z^p$ 无解，证毕。

正方形、T 法则与费马大定理的第六十七个证明

从二维空间感知 $x^p+y^p=(x+y)q$ 可知

$(x+y)q=$ ⬚ 图（A），式中右端正方形的边长为 $\sqrt{(x+y)q}$。

由 T 法则知 $z<x+y$，于是 $zq\neq$ 图（A），由此立知 $x^p+y^p=z^p$ 无解，证毕。

正方形、T 法则、X 约束与费马大定理的第六十八个证明

从二维空间感知 $x^p+y^p=(x+y)q$ 可知

$(x+y)q=$ ⬚ 图（A），式中右端正方形的边长为 $\sqrt{(x+y)q}$。

X 约束要求 $z=x+y$，然此明显与 T 法则相悖，由 T 法则知 $z<x+y$，

于是 $zq\neq$ 图（A），由此立知 $x^p+y^p=z^p$ 无解，证毕。

正方形、q 规则与费马大定理的第六十九个证明

从二维空间感知 $x^p+y^p=(x+y)q$ 可知

$(x+y)q=$ ⬚ 图（A），式中右端正方形的边长为 $\sqrt{(x+y)q}$。

由 q 规则知 $q<z^{p-1}$，于是 $(x+y)z^{p-1}\neq$ 图（A），由此立知 $x^p+y^p=z^p$ 无解，证毕。

正方形、q 规则、X 约束与费马大定理的第七十个证明

从二维空间感知 $x^p + y^p = (x+y)q$ 可知

$(x+y)q = $ ☐ 图（A），式中右端正方形的边长为 $\sqrt{(x+y)q}$。

X 约束要求 $q = z^{p-1}$，然此明显与 q 规则相悖，由 q 规则知 $q < z^{p-1}$，

于是 $(x+y)z^{p-1} \neq$ 图（A），由此立知 $x^p + y^p = z^p$ 无解，证毕。

正方形、T 法则、q 规则与费马大定理的第七十一个证明

从二维空间感知 $x^p + y^p = (x+y)q$ 可知

$(x+y)q = $ ☐ 图（A），式中右端正方形的边长为 $\sqrt{(x+y)q}$。

由 T 法则知 $z < x+y$，由 q 规则知 $q < z^{p-1}$，于是 $zz^{p-1} \neq$ 图（A），

由此立知 $x^p + y^p = z^p$ 无解，证毕。

正方形、T 法则、q 规则、X 约束与费马大定理的第七十二个证明

从二维空间感知 $x^p + y^p = (x+y)q$ 可知

$(x+y)q = $ ☐ 图（A），式中右端正方形的边长为 $\sqrt{(x+y)q}$。

X 约束要求 $z = x+y$ 及 $q = z^{p-1}$，然此明显与 T 法则和 q 规则相悖，由 T 法则知 $z < x+y$。

由 q 规则知 $q < z^{p-1}$，于是 $zz^{p-1} \neq$ 图（A），由此立知 $x^p + y^p = z^p$ 无解，证毕。

长方形、T 法则与费马大定理的第七十三个证明

从二维空间感知 $x^p + y^p = (x+y)q$ 可知

$(x+y)q = $ ☐ 图（A），式中右端长方形的边长为 $x+y$ 和 q。

由 T 法则知 $z < x+y$，于是 $zq \neq$ 图（A），由此立知 $x^p + y^p = z^p$ 无解，证毕。

长方形、T 法则、X 约束与费马大定理的第七十四个证明

从二维空间感知 $x^p + y^p = (x+y)q$ 可知

$(x+y)q = $ ☐ 图（A），式中右端长方形的边长为 $x+y$ 和 q。

X 约束要求 $z = x+y$，然此明显与 T 法则相悖，由 T 法则知 $z < x+y$，

于是 $zq \neq$ 图（A），由此立知 $x^p + y^p = z^p$ 无解，证毕。

长方形、q 规则与费马大定理的第七十五个证明

从二维空间感知 $x^p + y^p = (x + y)q$ 可知

$(x + y)q = \boxed{}$ 图（A），式中右端长方形的边长为 $x + y$ 和 q。

由 q 规则知 $q < z^{p-1}$，于是 $(x + y)z^{p-1} \neq$ 图（A），由此立知 $x^p + y^p = z^p$ 无解，证毕。

长方形、q 规则、X 约束与费马大定理的第七十六个证明

从二维空间感知 $x^p + y^p = (x + y)q$ 可知

$(x + y)q = \boxed{}$ 图（A），式中右端长方形的边长为 $x + y$ 和 q。

X 约束要求 $q = z^{p-1}$，然此明显与 q 规则相悖，由 q 规则知 $q < z^{p-1}$，

于是 $(x + y)z^{p-1} \neq$ 图（A），由此立知 $x^p + y^p = z^p$ 无解，证毕。

长方形、T 法则、q 规则与费马大定理的第七十七个证明

从二维空间感知 $x^p + y^p = (x + y)q$ 可知

$(x + y)q = \boxed{}$ 图（A），式中右端长方形的边长为 $x + y$ 和 q。

由 T 法则知 $z < x + y$，由 q 规则知 $q < z^{p-1}$，于是 $zz^{p-1} \neq$ 图（A），

由此立知 $x^p + y^p = z^p$ 无解，证毕。

长方形、T 法则、q 规则、X 约束与费马大定理的第七十八个证明

从二维空间感知 $x^p + y^p = (x + y)q$ 可知

$(x + y)q = \boxed{}$ 图（A），式中右端长方形的边长为 $x + y$ 和 q。

X 约束要求 $z = x + y$ 及 $q = z^{p-1}$，然此明显与 T 法则和 q 规则相悖，由 T 法则知 $z < x + y$。

由 q 规则知 $q < z^{p-1}$，于是 $zz^{p-1} \neq$ 图（A），由此立知 $x^p + y^p = z^p$ 无解，证毕。

直角三角形、T 法则与费马大定理的第七十九个证明

从二维空间感知 $x^p + y^p = (x + y)q$ 可知

$(x + y)q = $ 图（A），式中右端直角三角形的两直角边之长为 $x + y$ 和 $2q$。

由 T 法则知 $z < x + y$，于是 $zq \neq$ 图（A），由此立知 $x^p + y^p = z^p$ 无解，证毕。

直角三角形、T 法则、X 约束与费马大定理的第八十个证明

从二维空间感知 $x^p + y^p = (x + y)q$ 可知

$(x+y)q = $ 图（A），式中右端直角三角形的两直角边之长为 $x+y$ 和 $2q$。

X 约束要求 $z=x+y$，然此明显与 T 法则相悖，由 T 法则知 $z<x+y$，

于是 $zq \neq$ 图（A），由此立知 $x^p+y^p=z^p$ 无解，证毕。

直角三角形、q 规则与费马大定理的第八十一个证明

从二维空间感知 $x^p+y^p=(x+y)q$ 可知

$(x+y)q = $ 图（A），式中右端直角三角形的两直角边之长为 $x+y$ 和 $2q$。

由 q 规则知 $q<z^{p-1}$，于是 $(x+y)z^{p-1} \neq$ 图（A），由此立知 $x^p+y^p=z^p$ 无解，证毕。

直角三角形、q 规则、X 约束与费马大定理的第八十二个证明

从二维空间感知 $x^p+y^p=(x+y)q$ 可知

$(x+y)q = $ 图（A），式中右端直角三角形的两直角边之长为 $x+y$ 和 $2q$。

X 约束要求 $q=z^{p-1}$，然此明显与 q 规则相悖，由 q 规则知 $q<z^{p-1}$，

于是 $(x+y)z^{p-1} \neq$ 图（A），由此立知 $x^p+y^p=z^p$ 无解，证毕。

直角三角形、T 法则、q 规则与费马大定理的第八十三个证明

从二维空间感知 $x^p+y^p=(x+y)q$ 可知

$(x+y)q = $ 图（A），式中右端直角三角形的两直角边之长为 $x+y$ 和 $2q$。

由 T 法则知 $z<x+y$，由 q 规则知 $q<z^{p-1}$，于是 $zz^{p-1} \neq$ 图（A），

由此立知 $x^p+y^p=z^p$ 无解，证毕。

直角三角形、T 法则、q 规则、X 约束与费马大定理的第八十四个证明

从二维空间感知 $x^p+y^p=(x+y)q$ 可知

$(x+y)q = $ 图（A），式中右端直角三角形的两直角边之长为 $x+y$ 和 $2q$。

X 约束要求 $z=x+y$ 及 $q=z^{p-1}$，然此明显与 T 法则和 q 规则相悖，由 T 法则知 $z<x+y$。

由 q 规则知 $q<z^{p-1}$，于是 $zz^{p-1} \neq$ 图（A），由此立知 $x^p+y^p=z^p$ 无解，证毕。

正五边形、T 法则与费马大定理的第八十五个证明

从二维空间感知 $x^p+y^p=(x+y)q$ 可知

$$k((x+y)q)^2 = \text{图 (A)}, \text{式中} k = \frac{\sqrt{25+10\sqrt{5}}}{4}, \text{正五边形的边长为} (x+y)q。$$

由 T 法则知 $z < x+y$，于是 $k(zq)^2 \neq$ 图（A），由此立知 $x^p + y^p = z^p$ 无解，证毕。

正五边形、T 法则、X 约束与费马大定理的第八十六个证明

从二维空间感知 $x^p + y^p = (x+y)q$ 可知

$$k((x+y)q)^2 = \text{图 (A)}, \text{式中} k = \frac{\sqrt{25+10\sqrt{5}}}{4}, \text{正五边形的边长为} (x+y)q。$$

X 约束要求 $z = x+y$，然此明显与 T 法则相悖，由 T 法则知 $z < x+y$，

于是 $k(zq)^2 \neq$ 图（A），由此立知 $x^p + y^p = z^p$ 无解，证毕。

正五边形、q 规则与费马大定理的第八十七个证明

从二维空间感知 $x^p + y^p = (x+y)q$ 可知

$$k((x+y)q)^2 = \text{图 (A)}, \text{式中} k = \frac{\sqrt{25+10\sqrt{5}}}{4}, \text{正五边形的边长为} (x+y)q。$$

由 q 规则知 $q < z^{p-1}$，于是 $k((x+y)z^{p-1})^2 \neq$ 图（A），由此立知 $x^p + y^p = z^p$ 无解，证毕。

正五边形、q 规则、X 约束与费马大定理的第八十八个证明

从二维空间感知 $x^p + y^p = (x+y)q$ 可知

$$k((x+y)q)^2 = \text{图 (A)}, \text{式中} k = \frac{\sqrt{25+10\sqrt{5}}}{4}, \text{正五边形的边长为} (x+y)q。$$

X 约束要求 $q = z^{p-1}$，然此明显与 q 规则相悖，由 q 规则知 $q < z^{p-1}$，

于是 $k((x+y)z^{p-1})^2 \neq$ 图（A），由此立知 $x^p + y^p = z^p$ 无解，证毕。

正五边形、T 法则、q 规则与费马大定理的第八十九个证明

从二维空间感知 $x^p + y^p = (x+y)q$ 可知

$$k((x+y)q)^2 = \text{图 (A)}, \text{式中} k = \frac{\sqrt{25+10\sqrt{5}}}{4}, \text{正五边形的边长为} (x+y)q。$$

由 T 法则知 $z < x+y$，由 q 规则知 $q < z^{p-1}$，于是 $k(zz^{p-1})^2 \neq$ 图（A），

由此立知 $x^p + y^p = z^p$ 无解，证毕。

正五边形、T 法则、q 规则、X 约束与费马大定理的第九十个证明

从二维空间感知 $x^p + y^p = (x+y)q$ 可知

$$k((x+y)q)^2 = \text{（正五边形图）} \quad \text{图（A），式中} k = \frac{\sqrt{25+10\sqrt{5}}}{4}，\text{正五边形的边长为} (x+y)q。$$

X 约束要求 $z = x+y$ 及 $q = z^{p-1}$，然此明显与 T 法则和 q 规则相悖，由 T 法则知 $z < x+y$。

由 q 规则知 $q < z^{p-1}$，于是 $k(zz^{p-1})^2 \neq$ 图（A），由此立知 $x^p + y^p = z^p$ 无解，证毕。

正六边形、T 法则与费马大定理的第九十一个证明

从二维空间感知 $x^p + y^p = (x+y)q$ 可知

$$k((x+y)q)^2 = \text{（正六边形图）} \quad \text{图（A），式中} k = \frac{3\sqrt{3}}{2}，\text{正六边形的边长为} (x+y)q。$$

由 T 法则知 $z < x+y$，于是 $k(zq)^2 \neq$ 图（A），由此立知 $x^p + y^p = z^p$ 无解，证毕。

正六边形、T 法则、X 约束与费马大定理的第九十二个证明

从二维空间感知 $x^p + y^p = (x+y)q$ 可知

$$k((x+y)q)^2 = \text{（正六边形图）} \quad \text{图（A），式中} k = \frac{3\sqrt{3}}{2}，\text{正六边形的边长为} (x+y)q。$$

X 约束要求 $z = x+y$，然此明显与 T 法则相悖，由 T 法则知 $z < x+y$，

于是 $k(zq)^2 \neq$ 图（A），由此立知 $x^p + y^p = z^p$ 无解，证毕。

正六边形、q 规则与费马大定理的第九十三个证明

从二维空间感知 $x^p + y^p = (x+y)q$ 可知

$$k((x+y)q)^2 = \text{（正六边形图）} \quad \text{图（A），式中} k = \frac{3\sqrt{3}}{2}，\text{正六边形的边长为} (x+y)q。$$

由 q 规则知 $q < z^{p-1}$，于是 $k((x+y)z^{p-1})^2 \neq$ 图（A），由此立知 $x^p + y^p = z^p$ 无解，证毕。

正六边形、q 规则、X 约束与费马大定理的第九十四个证明

从二维空间感知 $x^p + y^p = (x+y)q$ 可知

$$k((x+y)q)^2 = \text{（正六边形图）} \quad \text{图（A），式中} k = \frac{3\sqrt{3}}{2}，\text{正六边形的边长为} (x+y)q。$$

X 约束要求 $q = z^{p-1}$，然此明显与 q 规则相悖，由 q 规则知 $q < z^{p-1}$，

于是 $k((x+y)z^{p-1})^2 \neq$ 图（A），由此立知 $x^p + y^p = z^p$ 无解，证毕。

正六边形、T 法则、q 规则与费马大定理的第九十五个证明

从二维空间感知 $x^p + y^p = (x+y)q$ 可知

$$k((x+y)q)^2 = \bigcirc \quad \text{图（A）, 式中} k = \frac{3\sqrt{3}}{2}, \text{正六边形的边长为} (x+y)q。$$

由 T 法则知 $z < x+y$，由 q 规则知 $q < z^{p-1}$，于是 $k(zz^{p-1})^2 \neq$ 图（A），

由此立知 $x^p + y^p = z^p$ 无解，证毕。

正六边形、T 法则、q 规则、X 约束与费马大定理的第九十六个证明

从二维空间感知 $x^p + y^p = (x+y)q$ 可知

$$k((x+y)q)^2 = \bigcirc \quad \text{图（A）, 式中} k = \frac{3\sqrt{3}}{2}, \text{正六边形的边长为} (x+y)q。$$

X 约束要求 $z = x+y$ 及 $q = z^{p-1}$，然此明显与 T 法则和 q 规则相悖，由 T 法则知 $z < x+y$。

由 q 规则知 $q < z^{p-1}$，于是 $k(zz^{p-1})^2 \neq$ 图（A），由此立知 $x^p + y^p = z^p$ 无解，证毕。

五角星、T 法则与费马大定理的第九十七个证明

从二维空间感知 $x^p + y^p = (x+y)q$ 可知

$$k((x+y)q)^2 + A = \bigstar \quad \text{图（A）, 式中} k = \frac{\sqrt{25+10\sqrt{5}}}{4}, \text{五角星中间正五边形的边}$$

长为 $(x+y)q$，五个角的面积和为 A。

由 T 法则知 $z < x+y$，于是 $k(zq)^2 + A \neq$ 图（A），由此立知 $x^p + y^p = z^p$ 无解，证毕。

五角星、T 法则、X 约束与费马大定理的第九十八证明

从二维空间感知 $x^p + y^p = (x+y)q$ 可知

$$k((x+y)q)^2 + A = \bigstar \quad \text{图（A）, 式中} k = \frac{\sqrt{25+10\sqrt{5}}}{4}, \text{五角星中间正五边形的边}$$

长为 $(x+y)q$，五个角的面积和为 A。

X 约束要求 $z = x+y$，然此明显与 T 法则相悖，由 T 法则知 $z < x+y$，

于是 $k(zq)^2 + A \neq$ 图（A），由此立知 $x^p + y^p = z^p$ 无解，证毕。

五角星、q 规则与费马大定理的第九十九个证明

从二维空间感知 $x^p + y^p = (x+y)q$ 可知

$$k((x+y)q)^2 + A = \qquad 图（A），式中 k = \frac{\sqrt{25+10\sqrt{5}}}{4}，五角星中间正五边形的边$$

长为 $(x+y)q$，五个角的面积和为 A。

由 q 规则知 $q < z^{p-1}$，于是 $k((x+y)z^{p-1})^2 + A \neq$ 图（A），

由此立知 $x^p + y^p = z^p$ 无解，证毕。

五角星、q 规则、X 约束与费马大定理的第一百个证明

从二维空间感知 $x^p + y^p = (x+y)q$ 可知

$$k((x+y)q)^2 + A = \qquad 图（A），式中 k = \frac{\sqrt{25+10\sqrt{5}}}{4}，五角星中间正五边形的边$$

长为 $(x+y)q$，五个角的面积和为 A。

X 约束要求 $q = z^{p-1}$，然此明显与 q 规则相悖，由 q 规则知 $q < z^{p-1}$，

于是 $k((x+y)z^{p-1})^2 + A \neq$ 图（A），由此立知 $x^p + y^p = z^p$ 无解，证毕。

五角星、T 法则、q 规则与费马大定理的第一百零一个证明

从二维空间感知 $x^p + y^p = (x+y)q$ 可知

$$k((x+y)q)^2 + A = \qquad 图（A），式中 k = \frac{\sqrt{25+10\sqrt{5}}}{4}，五角星中间正五边形的边$$

长为 $(x+y)q$，五个角的面积和为 A。

由 T 法则知 $z < x+y$，由 q 规则知 $q < z^{p-1}$，于是 $k(zz^{p-1})^2 + A \neq$ 图（A），

由此立知 $x^p + y^p = z^p$ 无解，证毕。

五角星、T 法则、q 规则、X 约束与费马大定理的第一百零二个证明

从二维空间感知 $x^p + y^p = (x+y)q$ 可知

$$k((x+y)q)^2 + A = \qquad 图（A），式中 k = \frac{\sqrt{25+10\sqrt{5}}}{4}，五角星中间正五边形的边$$

长为 $(x+y)q$，五个角的面积和为 A。

X 约束要求 $z = x + y$ 及 $q = z^{p-1}$，然此明显与 T 法则和 q 规则相悖，由 T 法则知 $z < x + y$。

由 q 规则知 $q < z^{p-1}$，于是 $k(zz^{p-1})^2 + A \neq$ 图（A），由此立知 $x^p + y^p = z^p$ 无解，证毕。

四角星、T 法则与费马大定理的第一百零三个证明

从二维空间感知 $x^p + y^p = (x+y)q$ 可知

$((x+y)q)^2 + A = $ 图（A），式中，四角星中间正四边形的边长为 $(x+y)q$，四个角的面积和为 A。由 T 法则知 $z < x+y$，于是 $(zq)^2 + A \neq$ 图（A），

由此立知 $x^p + y^p = z^p$ 无解，证毕。

四角星、T 法则、X 约束与费马大定理的第一百零四证明

从二维空间感知 $x^p + y^p = (x+y)q$ 可知

$((x+y)q)^2 + A = $ 图（A），式中，四角星中间正四边形的边长为 $(x+y)q$，四个角的面积和为 A。X 约束要求 $z = x+y$，然此明显与 T 法则相悖，由 T 法则知 $z < x+y$，

于是 $(zq)^2 + A \neq$ 图（A），由此立知 $x^p + y^p = z^p$ 无解，证毕。

四角星、q 规则与费马大定理的第一百零五个证明

从二维空间感知 $x^p + y^p = (x+y)q$ 可知

$((x+y)q)^2 + A = $ 图（A），式中，四角星中间正四边形的边长为 $(x+y)q$，四个角的面积和为 A。由 q 规则知 $q < z^{p-1}$，于是 $((x+y)z^{p-1})^2 + A \neq$ 图（A），

由此立知 $x^p + y^p = z^p$ 无解，证毕。

四角星、q 规则、X 约束与费马大定理的第一百零六个证明

从二维空间感知 $x^p + y^p = (x+y)q$ 可知

$((x+y)q)^2 + A = $ 图（A），式中，四角星中间正四边形的边长为 $(x+y)q$，四个角的面积和为 A。X 约束要求 $q = z^{p-1}$，然此明显与 q 规则相悖，由 q 规则知 $q < z^{p-1}$，

于是 $((x+y)z^{p-1})^2 + A \neq$ 图（A），由此立知 $x^p + y^p = z^p$ 无解，证毕。

四角星、T 法则、q 规则与费马大定理的第一百零七个证明

从二维空间感知 $x^p + y^p = (x+y)q$ 可知

$((x+y)q)^2 + A = $ 图（A），式中，四角星中间正四边形的边长为 $(x+y)q$，四

个角的面积和为 A。由 T 法则知 $z < x+y$，由 q 规则知 $q < z^{p-1}$，

于是 $(zz^{p-1})^2 + A \neq$ 图（A），由此立知 $x^p + y^p = z^p$ 无解，证毕。

四角星、T 法则、q 规则、X 约束与费马大定理的第一百零八个证明

从二维空间感知 $x^p + y^p = (x+y)q$ 可知

$((x+y)q)^2 + A = $ 图（A），式中，四角星中间正四边形的边长为 $(x+y)q$，四

个角的面积和为 A。X 约束要求 $z = x+y$ 及 $q = z^{p-1}$，然此明显与 T 法则和 q 规则相悖，

由 T 法则知 $z < x+y$。由 q 规则知 $q < z^{p-1}$，于是 $(zz^{p-1})^2 + A \neq$ 图（A），

由此立知 $x^p + y^p = z^p$ 无解，证毕。

圆环、T 法则与费马大定理的第一百零九个证明

从二维空间感知 $x^p + y^p = (x+y)q$ 可知

$\pi(q-(x+y)) = $ 图（A），式中外圆的半径为 $\sqrt{q}$，内圆的半径为 $\sqrt{x+y}$。

由 T 法则知 $z < x+y$，于是 $\pi(q-z) \neq$ 图（A），由此立知 $x^p + y^p = z^p$ 无解，证毕。

圆环、T 法则、X 约束与费马大定理的第一百一十证明

从二维空间感知 $x^p + y^p = (x+y)q$ 可知

$\pi(q-(x+y)) = $ 图（A），式中外圆的半径为 $\sqrt{q}$，内圆的半径为 $\sqrt{x+y}$。

X 约束要求 $z = x+y$，然此明显与 T 法则相悖，由 T 法则知 $z < x+y$，

于是 $\pi(q-z) \neq$ 图（A），由此立知 $x^p + y^p = z^p$ 无解，证毕。

圆环、q 规则与费马大定理的第一百一十一个证明

从二维空间感知 $x^p + y^p = (x+y)q$ 可知

$\pi(q-(x+y)) = $ 图（A），式中外圆的半径为 $\sqrt{q}$，内圆的半径为 $\sqrt{x+y}$。

由 q 规则知 $q < z^{p-1}$，于是 $\pi(z^{p-1}-(x+y)) \neq$ 图（A），

由此立知 $x^p + y^p = z^p$ 无解，证毕。

圆环、q 规则、X 约束与费马大定理的第一百一十二个证明

从二维空间感知 $x^p + y^p = (x+y)q$ 可知

$\pi(q-(x+y)) = $ 图（A），式中外圆的半径为 $\sqrt{q}$，内圆的半径为 $\sqrt{x+y}$。

X 约束要求 $q = z^{p-1}$，然此明显与 q 规则相悖，由 q 规则知 $q < z^{p-1}$，

于是 $\pi(z^{p-1} - (x+y)) \neq$ 图（A），由此立知 $x^p + y^p = z^p$ 无解，证毕。

圆环、T 法则、q 规则与费马大定理的第一百一十三个证明

从二维空间感知 $x^p + y^p = (x+y)q$ 可知

$$\pi(q - (x+y)) = \bigodot \text{ 图（A）}$$，式中外圆的半径为 $\sqrt{q}$，内圆的半径为 $\sqrt{x+y}$。

由 T 法则知 $z < x+y$，由 q 规则知 $q < z^{p-1}$，于是 $\pi(z^{p-1} - z) \neq$ 图（A），

由此立知 $x^p + y^p = z^p$ 无解，证毕。

圆环、T 法则、q 规则、X 约束与费马大定理的第一百一十四个证明

从二维空间感知 $x^p + y^p = (x+y)q$ 可知

$$\pi(q - (x+y)) = \bigodot \text{ 图（A）}$$，式中外圆的半径为 $\sqrt{q}$，内圆的半径为 $\sqrt{x+y}$。

X 约束要求 $z = x+y$ 及 $q = z^{p-1}$，然此明显与 T 法则和 q 规则相悖，由 T 法则知 $z < x+y$。

由 q 规则知 $q < z^{p-1}$，于是 $\pi(z^{p-1} - z) \neq$ 图（A），由此立知 $x^p + y^p = z^p$ 无解，证毕。

椭圆环、T 法则与费马大定理的第一百一十五个证明

从二维空间感知 $x^p + y^p = (x+y)q$ 可知

$$\pi(q - (x+y)) = \bigcirc \text{ 图（A）}$$，式中椭圆环的面积为 $\pi(q - (x+y))$。

由 T 法则知 $z < x+y$，于是 $(q-z) \neq$ 图（A），由此立知 $x^p + y^p = z^p$ 无解，证毕。

椭圆环、T 法则、X 约束与费马大定理的第一百一十六证明

从二维空间感知 $x^p + y^p = (x+y)q$ 可知

$$\pi(q - (x+y)) = \bigcirc \text{ 图（A）}$$，式中椭圆环的面积为 $\pi(q - (x+y))$。

X 约束要求 $z = x+y$，然此明显与 T 法则相悖，由 T 法则知 $z < x+y$，

于是 $(q-z) \neq$ 图（A），由此立知 $x^p + y^p = z^p$ 无解，证毕。

椭圆环、q 规则与费马大定理的第一百一十七个证明

从二维空间感知 $x^p + y^p = (x+y)q$ 可知

$$\pi(q - (x+y)) = \bigcirc \text{ 图（A）}$$，式中椭圆环的面积为 $\pi(q - (x+y))$。

由 q 规则知 $q < z^{p-1}$，于是 $(z^{p-1} - (x+y)) \neq$ 图（A），由此立知 $x^p + y^p = z^p$ 无解，证毕。

椭圆环、q 规则、X 约束与费马大定理的第一百一十八个证明

从二维空间感知 $x^p + y^p = (x+y)q$ 可知

$\pi(q-(x+y)) = $ 图（A），式中椭圆环的面积为 $\pi(q-(x+y))$。

X 约束要求 $q = z^{p-1}$，然此明显与 q 规则相悖，由 q 规则知 $q < z^{p-1}$，

于是 $(z^{p-1}-(x+y)) \neq$ 图（A），由此立知 $x^p + y^p = z^p$ 无解，证毕。

椭圆环、T 法则、q 规则与费马大定理的第一百一十九个证明

从二维空间感知 $x^p + y^p = (x+y)q$ 可知

$\pi(q-(x+y)) = $ 图（A），式中椭圆环的面积为 $\pi(q-(x+y))$。

由 T 法则知 $z < x+y$，由 q 规则知 $q < z^{p-1}$，于是 $(z^{p-1}-z) \neq$ 图（A），

由此立知 $x^p + y^p = z^p$ 无解，证毕。

椭圆环、T 法则、q 规则、X 约束与费马大定理的第一百二十个证明

从二维空间感知 $x^p + y^p = (x+y)q$ 可知

$\pi(q-(x+y)) = $ 图（A），式中椭圆环的面积为 $\pi(q-(x+y))$。

X 约束要求 $z = x+y$ 及 $q = z^{p-1}$，然此明显与 T 法则和 q 规则相悖，由 T 法则知 $z < x+y$。

由 q 规则知 $q < z^{p-1}$，于是 $(z^{p-1}-z) \neq$ 图（A），由此立知 $x^p + y^p = z^p$ 无解，证毕。

立方体、T 法则与费马大定理的第一百二十一个证明

从三维空间感知 $x^p + y^p = (x+y)q$ 可知

$((x+y)q)^3 = $ 图（A），式中立方体的边长为 $(x+y)q$。

由 T 法则知 $z < x+y$，于是 $(zq)^3 \neq$ 图（A），由此立知 $x^p + y^p = z^p$ 无解，证毕。

立方体、T 法则、X 约束与费马大定理的第一百二十二证明

从三维空间感知 $x^p + y^p = (x+y)q$ 可知

$((x+y)q)^3 = $ 图（A），式中立方体的边长为 $(x+y)q$。

X 约束要求 $z = x+y$，然此明显与 T 法则相悖，由 T 法则知 $z < x+y$，

于是 $(zq)^3 \neq$ 图（A），由此立知 $x^p + y^p = z^p$ 无解，证毕。

立方体、q 规则与费马大定理的第一百二十三个证明

从三维空间感知 $x^p + y^p = (x+y)q$ 可知

$$((x+y)q)^3 = \boxed{} \text{ 图（A），式中立方体的边长为 }(x+y)q。$$

由 q 规则知 $q < z^{p-1}$，于是 $((x+y)z^{p-1})^3 \neq$ 图（A），由此立知 $x^p + y^p = z^p$ 无解，证毕。

立方体、q 规则、X 约束与费马大定理的第一百二十四个证明

从三维空间感知 $x^p + y^p = (x+y)q$ 可知

$$((x+y)q)^3 = \boxed{} \text{ 图（A），式中立方体的边长为 }(x+y)q。$$

X 约束要求 $q = z^{p-1}$，然此明显与 q 规则相悖，由 q 规则知 $q < z^{p-1}$，

于是 $((x+y)z^{p-1})^3 \neq$ 图（A），由此立知 $x^p + y^p = z^p$ 无解，证毕。

立方体、T 法则、q 规则与费马大定理的第一百二十五个证明

从三维空间感知 $x^p + y^p = (x+y)q$ 可知

$$((x+y)q)^3 = \boxed{} \text{ 图（A），式中立方体的边长为 }(x+y)q。$$

由 T 法则知 $z < x+y$，由 q 规则知 $q < z^{p-1}$，于是 $(zz^{p-1})^3 \neq$ 图（A），

由此立知 $x^p + y^p = z^p$ 无解，证毕。

立方体、T 法则、q 规则、X 约束与费马大定理的第一百二十六个证明

从三维空间感知 $x^p + y^p = (x+y)q$ 可知

$$((x+y)q)^3 = \boxed{} \text{ 图（A），式中立方体的边长为 }(x+y)q。$$

X 约束要求 $z = x+y$ 及 $q = z^{p-1}$，然此明显与 T 法则和 q 规则相悖，由 T 法则知 $z < x+y$，

由 q 规则知 $q < z^{p-1}$，于是 $(zz^{p-1})^3 \neq$ 图（A），由此立知 $x^p + y^p = z^p$ 无解，证毕。

圆筒、T 法则与费马大定理的第一百二十七个证明

从三维空间感知 $x^p + y^p = (x+y)q$ 可知

$$\pi(q^2 - (x+y)^2) = \boxed{} \text{ 图（A），式中圆筒的体积为 }\pi(q^2 - (x+y)^2)。$$

由 T 法则知 $z < x+y$，于是 $q - z \neq$ 图（A），由此立知 $x^p + y^p = z^p$ 无解，证毕。

圆筒、T 法则、X 约束与费马大定理的第一百二十八证明

从三维空间感知 $x^p + y^p = (x+y)q$ 可知

$\pi(q^2-(x+y)^2)=$ 图（A），式中圆筒的体积为 $\pi(q^2-(x+y)^2)$。

X 约束要求 $z=x+y$ 然此明显与 T 法则相悖，由 T 法则知 $z<x+y$ 于是 $q-z\neq$ 图（A），

由此立知 $x^p+y^p=z^p$ 无解，证毕。

圆筒、q 规则与费马大定理的第一百二十九个证明

从三维空间感知 $x^p+y^p=(x+y)q$ 可知

$\pi(q^2-(x+y)^2)=$ 图（A），式中圆筒的体积为 $\pi(q^2-(x+y)^2)$。

由 q 规则知 $q<z^{p-1}$，于是 $z^{p-1}-(x+y)\neq$ 图（A），由此立知 $x^p+y^p=z^p$ 无解，证毕。

圆筒、q 规则、X 约束与费马大定理的第一百三十个证明

从三维空间感知 $x^p+y^p=(x+y)q$ 可知

$\pi(q^2-(x+y)^2)=$ 图（A），式中圆筒的体积为 $\pi(q^2-(x+y)^2)$。

X 约束要求 $q=z^{p-1}$，然此明显与 q 规则相悖，由 q 规则知 $q<z^{p-1}$，

于是 $z^{p-1}-(x+y)\neq$ 图（A），由此立知 $x^p+y^p=z^p$ 无解，证毕。

圆筒、T 法则、q 规则与费马大定理的第一百三十一个证明

从三维空间感知 $x^p+y^p=(x+y)q$ 可知

$\pi(q^2-(x+y)^2)=$ 图（A），式中圆筒的体积为 $\pi(q^2-(x+y)^2)$。

由 T 法则知 $z<x+y$，由 q 规则知 $q<z^{p-1}$，于是 $z^{p-1}-z\neq$ 图（A），

由此立知 $x^p+y^p=z^p$ 无解，证毕。

圆筒、T 法则、q 规则、X 约束与费马大定理的第一百三十二个证明

从三维空间感知 $x^p+y^p=(x+y)q$ 可知

$\pi(q^2-(x+y)^2)=$ 图（A），式中圆筒的体积为 $\pi(q^2-(x+y)^2)$。

X 约束要求 $z=x+y$ 及 $q=z^{p-1}$，然此明显与 T 法则和 q 规则相悖，由 T 法则知 $z<x+y$。

由 q 规则知 $q<z^{p-1}$，于是 $z^{p-1}-z\neq$ 图（A），由此立知 $x^p+y^p=z^p$ 无解，证毕。

正四棱台、T 法则与费马大定理的第一百三十三个证明

从三维空间感知 $x^p+y^p=(x+y)q$ 可知

$(x+y)q=$ 图（A），式中正四棱台的体积为 $(x+y)q$。

由 T 法则知 $z < x + y$，于是 $zq \neq$ 图（A），由此立知 $x^p + y^p = z^p$ 无解，证毕。

正四棱台、T 法则、X 约束与费马大定理的第一百三十四证明

从三维空间感知 $x^p + y^p = (x+y)q$ 可知

$(x+y)q = $ 图（A），式中正四棱台的体积为 $(x+y)q$。

X 约束要求 $z = x + y$ 然此明显与 T 法则相悖，由 T 法则知 $z < x + y$ 于是 $zq \neq$ 图（A），由此立知 $x^p + y^p = z^p$ 无解，证毕。

正四棱台、q 规则与费马大定理的第一百三十五个证明

从三维空间感知 $x^p + y^p = (x+y)q$ 可知

$(x+y)q = $ 图（A），式中正四棱台的体积为 $(x+y)q$。

由 q 规则知 $q < z^{p-1}$，于是 $(x+y)z^{p-1} \neq$ 图（A），由此立知 $x^p + y^p = z^p$ 无解，证毕。

正四棱台、q 规则、X 约束与费马大定理的第一百三十六个证明

从三维空间感知 $x^p + y^p = (x+y)q$ 可知

$(x+y)q = $ 图（A），式中正四棱台的体积为 $(x+y)q$。

X 约束要求 $q = z^{p-1}$，然此明显与 q 规则相悖，由 q 规则知 $q < z^{p-1}$，

于是 $(x+y)z^{p-1} \neq$ 图（A），由此立知 $x^p + y^p = z^p$ 无解，证毕。

正四棱台、T 法则、q 规则与费马大定理的第一百三十七个证明

从三维空间感知 $x^p + y^p = (x+y)q$ 可知

$(x+y)q = $ 图（A），式中正四棱台的体积为 $(x+y)q$。

由 T 法则知 $z < x + y$，由 q 规则知 $q < z^{p-1}$，于是 $zz^{p-1} \neq$ 图（A），

由此立知 $x^p + y^p = z^p$ 无解，证毕。

正四棱台、T 法则、q 规则、X 约束与费马大定理的第一百三十八个证明

从三维空间感知 $x^p + y^p = (x+y)q$ 可知

$(x+y)q = $ 图（A），式中正四棱台的体积为 $(x+y)q$。

X 约束要求 $z = x + y$ 及 $q = z^{p-1}$，然此明显与 T 法则和 q 规则相悖，由 T 法则知 $z < x + y$。

由 q 规则知 $q < z^{p-1}$，于是 $zz^{p-1} \neq$ 图（A），由此立知 $x^p + y^p = z^p$ 无解，证毕。

园锥、T法则与费马大定理的第一百三十九个证明

从三维空间感知 $x^p + y^p = (x+y)q$ 可知

$$\frac{\pi}{3}(x+y)^2 q =$$ 图（A），式中园锥的体积为 $\frac{\pi}{3}(x+y)^2 q$。

由 T 法则知 $z < x+y$，于是 $\frac{\pi}{3}z^2 q \neq$ 图（A），由此立知 $x^p + y^p = z^p$ 无解，证毕。

园锥、T法则、X约束与费马大定理的第一百四十证明

从三维空间感知 $x^p + y^p = (x+y)q$ 可知

$$\frac{\pi}{3}(x+y)^2 q =$$ 图（A），式中园锥的体积为 $\frac{\pi}{3}(x+y)^2 q$。

X 约束要求 $z = x+y$ 然此明显与 T 法则相悖，由 T 法则知 $z < x+y$ 于是 $\frac{\pi}{3}z^2 q \neq$ 图（A），

由此立知 $x^p + y^p = z^p$ 无解，证毕。

园锥、q 规则与费马大定理的第一百四十一个证明

从三维空间感知 $x^p + y^p = (x+y)q$ 可知

$$\frac{\pi}{3}(x+y)^2 q =$$ 图（A），式中园锥的体积为 $\frac{\pi}{3}(x+y)^2 q$。

由 q 规则知 $q < z^{p-1}$，于是 $\frac{\pi}{3}(x+y)^2 z^{p-1} \neq$ 图（A），由此立知 $x^p + y^p = z^p$ 无解，证毕。

园锥、q 规则、X约束与费马大定理的第一百四十二个证明

从三维空间感知 $x^p + y^p = (x+y)q$ 可知

$$\frac{\pi}{3}(x+y)^2 q =$$ 图（A），式中园锥的体积为 $\frac{\pi}{3}(x+y)^2 q$。

X 约束要求 $q = z^{p-1}$，然此明显与 q 规则相悖，由 q 规则知 $q < z^{p-1}$，

于是 $\frac{\pi}{3}(x+y)^2 z^{p-1} \neq$ 图（A），由此立知 $x^p + y^p = z^p$ 无解，证毕。

园锥、T法则、q 规则与费马大定理的第一百四十三个证明

从三维空间感知 $x^p + y^p = (x+y)q$ 可知

$$\frac{\pi}{3}(x+y)^2 q =$$ 图（A），式中园锥的体积为 $\frac{\pi}{3}(x+y)^2 q$。

由 T 法则知 $z < x+y$，由 q 规则知 $q < z^{p-1}$，于是 $\frac{\pi}{3}z^2 z^{p-1} \neq$ 图（A），

由此立知 $x^p + y^p = z^p$ 无解，证毕。

园锥、T 法则、q 规则、X 约束与费马大定理的第一百四十四个证明

从三维空间感知 $x^p + y^p = (x + y)q$ 可知

$\dfrac{\pi}{3}(x+y)^2 q =$ 图（A），式中园锥的体积为 $\dfrac{\pi}{3}(x+y)^2 q$。

X 约束要求 $z = x + y$ 及 $q = z^{p-1}$，然此明显与 T 法则和 q 规则相悖，由 T 法则知 $z < x + y$。

由 q 规则知 $q < z^{p-1}$，于是 $\dfrac{\pi}{3}z^2 z^{p-1} \neq$ 图（A），由此立知 $x^p + y^p = z^p$ 无解，证毕。

椭圆筒、T 法则与费马大定理的第一百四十五个证明

从三维空间感知 $x^p + y^p = (x + y)q$ 可知

$\pi(q - (x + y)) =$ 图（A）式中椭圆筒的体积为 $\pi(q - (x + y))$。

由 T 法则知 $z < x + y$，于是 $\pi(q - z) \neq$ 图（A），由此立知 $x^p + y^p = z^p$ 无解，证毕。

椭圆筒、T 法则、X 约束与费马大定理的第一百四十六证明

从三维空间感知 $x^p + y^p = (x + y)q$ 可知

$\pi(q - (x + y)) =$ 图（A）式中椭圆筒的体积为 $\pi(q - (x + y))$。

X 约束要求 $z = x + y$ 然此明显与 T 法则相悖，由 T 法则知 $z < x + y$ 于是 $\pi(q - z) \neq$ 图（A），

由此立知 $x^p + y^p = z^p$ 无解，证毕。

椭圆筒、q 规则与费马大定理的第一百四十七个证明

从三维空间感知 $x^p + y^p = (x + y)q$ 可知

$\pi(q - (x + y)) =$ 图（A）式中椭圆筒的体积为 $\pi(q - (x + y))$。

由 q 规则知 $q < z^{p-1}$，于是 $\pi(z^{p-1} - (x + y)) \neq$ 图（A），由此立知 $x^p + y^p = z^p$ 无解，证毕。

椭圆筒、q 规则、X 约束与费马大定理的第一百四十八个证明

从三维空间感知 $x^p + y^p = (x + y)q$ 可知

$\pi(q - (x + y)) =$ 图（A）式中椭圆筒的体积为 $\pi(q - (x + y))$。

X 约束要求 $q = z^{p-1}$，然此明显与 q 规则相悖，由 q 规则知 $q < z^{p-1}$，

于是 $\pi(z^{p-1} - (x + y)) \neq$ 图（A），由此立知 $x^p + y^p = z^p$ 无解，证毕。

椭圆筒、T 法则、q 规则与费马大定理的第一百四十九个证明

从三维空间感知 $x^p + y^p = (x+y)q$ 可知

$\pi(q-(x+y)) =$ 图（A）式中椭圆筒的体积为 $\pi(q-(x+y))$。

由 T 法则知 $z < x+y$，由 q 规则知 $q < z^{p-1}$，于是 $\pi(z^{p-1} - z) \neq$ 图（A），

由此立知 $x^p + y^p = z^p$ 无解，证毕。

椭圆筒、T 法则、q 规则、X 约束与费马大定理的第一百五十个证明

从三维空间感知 $x^p + y^p = (x+y)q$ 可知

$\pi(q-(x+y)) =$ 图（A）式中椭圆筒的体积为 $\pi(q-(x+y))$。

X 约束要求 $z = x+y$ 及 $q = z^{p-1}$，然此明显与 T 法则和 q 规则相悖，由 T 法则知 $z < x+y$。

由 q 规则知 $q < z^{p-1}$，于是 $\pi(z^{p-1} - z) \neq$ 图（A），由此立知 $x^p + y^p = z^p$ 无解，证毕。

第四十六章 再演段与费马大定理的证明

本章利用演段给出 z^p 的又一个几何模型，然后据此给出大定理的五十个证明。

由恒等式 $z^p = z(z^{\frac{p-1}{2}})^2$ 即可得知 z^p 的又一个几何模型：

$z^p =$ 图（A），这就是说表示表示 z^p 的矩形面积是 z 个面积相

等的小正方形面积的和，每个小正方形的边长为 $z^{\frac{p-1}{2}}$。

演段与费马大定理的第一个证明

$x^p + y^p = w(x+y) + r =$ ，

图中第大长方形的面积为 $w(x+y)$，小长方形的面积为 r。

将上图与图（A）比较，知其所悖，故知不定方程 $x^p + y^p = z^p$ 无解，证毕。

演段与费马大定理的第二个证明

$x^p + y^p = w(x+y) - r =$ ，图中被去掉黑色小长方形的图形

的面积为 $w(x+y) - r$，被去掉的黑色小长方形的面积为 r。

将上图与图（A）比较，知其所悖，故知不定方程 $x^p + y^p = z^p$ 无解，证毕。

演段与费马大定理的第三个证明

$$x^p + y^p = wq + r = \boxed{\blacksquare},$$

图中大长方形的面积为 wq ，小长方形的面积为 r 。

将上图与图（A）比较，知其所悖，故知不定方程 $x^p + y^p = z^p$ 无解，证毕。

演段与费马大定理的第四个证明

$$x^p + y^p = wq - r = \boxed{\blacksquare},$$ 图中被去掉黑色小长方形的图形的面积

为 $wq - r$ ，被去掉的黑色小长方形的面积为 r 。

将上图与图（A）比较，知其所悖，故知不定方程 $x^p + y^p = z^p$ 无解，证毕。

演段与费马大定理的第五个证明

$$x^p + y^p = w(x + y + q) + r = \boxed{\blacksquare},$$

图中大长方形的面积为 $w(x + y + q)$ ，小长方形的面积为 r 。

将上图与图（A）比较，知其所悖，故知不定方程 $x^p + y^p = z^p$ 无解，证毕。

演段与费马大定理的第六个证明

$$x^p + y^p = w(x + y + q) - r = \boxed{\blacksquare},$$ 图中被去掉黑色小长方形的

图形的面积为 $w(x + y + q) - r$ ，被去掉的黑色小长方形的面积为 r 。

将上图与图（A）比较，知其所悖，故知不定方程 $x^p + y^p = z^p$ 无解，证毕。

演段与费马大定理的第七个证明

$$x^p + y^p = w(q - (x + y)) + r = \boxed{\blacksquare},$$

图中大长方形的面积为 $w(q - (x + y))$ ，小长方形的面积为 r 。

将上图与图（A）比较，知其所悖，故知不定方程 $x^p + y^p = z^p$ 无解，证毕。

演段与费马大定理的第八个证明

$$x^p + y^p = w(q - (x + y)) - r = \boxed{\blacksquare},$$ 图中被去掉黑色小长方形

的图形的面积为 $w(q - (x + y)) - r$ ，黑色小长方形的面积为 r 。

将上图与图（A）比较，知其所悖，故知不定方程 $x^p + y^p = z^p$ 无解，证毕。

演段与费马大定理的第九个证明

$$x^p + y^p = w(q+x) + r = \boxed{} + \boxed{} ,$$

图中大长方形的面积为 $w(q+x)$，小长方形的面积为 r。

将上图与图（A）比较，知其所悖，故知不定方程 $x^p + y^p = z^p$ 无解，证毕。

演段与费马大定理的第十个证明

$$x^p + y^p = w(q+x) - r = \boxed{\blacksquare} ，$$ 图中被去掉黑色小长方形的图形

的面积为 $w(q+x) - r$，被去掉的黑色小长方形的面积为 r。

将上图与图（A）比较，知其所悖，故知不定方程 $x^p + y^p = z^p$ 无解，证毕。

演段与费马大定理的第十一个证明

$$x^p + y^p = w(q+y) + r = \boxed{} + \boxed{} ,$$

图中大长方形的面积为 $w(q+y)$，小长方形的面积为 r。

将上图与图（A）比较，知其所悖，故知不定方程 $x^p + y^p = z^p$ 无解，证毕。

演段与费马大定理的第十二个证明

$$x^p + y^p = w(q+y) - r = \boxed{\blacksquare} ，$$ 图中被去掉黑色小长方形的图形

的面积为 $w(q+y) - r$，被去掉的黑色小长方形的面积为 y。

将上图与图（A）比较，知其所悖，故知不定方程 $x^p + y^p = z^p$ 无解，证毕。

演段与费马大定理的第十三个证明

$$x^p + y^p = w(q-x) + r = \boxed{} + \boxed{} ,$$

图中大长方形的面积为 $w(q-x)$，小长方形的面积为 r。

将上图与图（A）比较，知其所悖，故知不定方程 $x^p + y^p = z^p$ 无解，证毕。

演段与费马大定理的第十四个证明

$$x^p + y^p = w(q-x) - r = \boxed{\blacksquare} ，$$ 图中被去掉黑色小长方形的图形

的面积为 $w(q-x) - r$，被去掉的黑色小长方形的面积为 r。

将上图与图（A）比较，知其所悖，故知不定方程 $x^p + y^p = z^p$ 无解，证毕。

演段与费马大定理的第十五个证明

$$x^p + y^p = w(q-y) + r = \boxed{} + \boxed{} \ ,$$

图中大长方形的面积为 $w(q-y)$，小长方形的面积为 r。

将上图与图（A）比较，知其所悖，故知不定方程 $x^p + y^p = z^p$ 无解，证毕。

演段与费马大定理的第十六个证明

$$x^p + y^p = w(q-y) - r = \boxed{■} \ ,$$ 图中被去掉黑色小长方形的图形

的面积为 $w(q-y) - r$，被去掉的黑色小长方形的面积为 r。

将上图与图（A）比较，知其所悖，故知不定方程 $x^p + y^p = z^p$ 无解，证毕。

演段与费马大定理的第十七个证明

$$x^p + y^p = w(y-x) + r = \boxed{} + \boxed{} \ ,$$

图中大长方形的面积为 $w(y-x)$，小长方形的面积为 r。

将上图与图（A）比较，知其所悖，故知不定方程 $x^p + y^p = z^p$ 无解，证毕。

演段与费马大定理的第十八个证明

$$x^p + y^p = w(y-x) - r = \boxed{■} \ ,$$ 图中被去掉黑色小长方形的图形

的面积为 $w(y-x) - r$，被去掉的黑色小长方形的面积为 r。

将上图与图（A）比较，知其所悖，故知不定方程 $x^p + y^p = z^p$ 无解，证毕。

演段与费马大定理的第十九个证明

$$x^p + y^p = (x+y) + 6pt = \boxed{} + \boxed{} \ ,$$

图中小长方形的面积为 $x+y$，大长方形的面积为 $6pt$。

将上图与图（A）比较，知其所悖，故知不定方程 $x^p + y^p = z^p$ 无解，证毕。

演段与费马大定理的第二十个证明

$$x^p + y^p = (x+y) + 2pt = \boxed{} + \boxed{} \ ,$$

图中小长方形的面积为 $x+y$，大长方形的面积为 $2pt$。

将上图与图（A）比较，知其所悖，故知不定方程 $x^p + y^p = z^p$ 无解，证毕。

演段与费马大定理的第二十一个证明

$$x^p + y^p = (x + y) + 3pt = \boxed{} + \boxed{} \;,$$

图中小长方形的面积为 $x + y$，大长方形的面积为 $3pt$。

将上图与图（A）比较，知其所悖，故知不定方程 $x^p + y^p = z^p$ 无解，证毕。

演段与费马大定理的第二十二个证明

$$x^p + y^p = (x + y) + pt = \boxed{} + \boxed{} \;,$$

图中小长方形的面积为 $x + y$，大长方形的面积为 pt。

将上图与图（A）比较，知其所悖，故知不定方程 $x^p + y^p = z^p$ 无解，证毕。

演段与费马大定理的第二十三个证明

$$x^p + y^p = (x + y) + t = \boxed{} + \boxed{} \;,$$

图中小长方形的面积为 $x + y$，大长方形的面积为 t。

将上图与图（A）比较，知其所悖，故知不定方程 $x^p + y^p = z^p$ 无解，证毕。　.

演段与费马大定理的第二十四个证明

$$x^p + y^p = wp + r = \boxed{} + \boxed{} \;,$$

图中大长方形的面积为 wp，小长方形的面积为 r。

将上图与图（A）比较，知其所悖，故知不定方程 $x^p + y^p = z^p$ 无解，证毕。

演段与费马大定理的第二十五个证明

$$x^p + y^p = wx + r = \boxed{} + \boxed{} \;,$$

图中大长方形的面积为 wx，小长方形的面积为 r。

将上图与图（A）比较，知其所悖，故知不定方程 $x^p + y^p = z^p$ 必无解，证毕。

演段与费马大定理的第二十六个证明

$$x^p + y^p = wy + r = \boxed{} + \boxed{} \;,$$

图中大长方形的面积为 wy，小长方形的面积为 r。

将上图与图（A）比较，知其所悖，故知不定方程 $x^p + y^p = z^p$ 无解，证毕。

演段与费马大定理的第二十七个证明

$$x^p + y^p = wp - r = \boxed{\blacksquare}$$，图中被去掉黑色小长方形的图形的面积为 $wp - r$，被去掉的黑色小长方形的面积为 r。

将上图与图（A）比较，知其所悖，故知不定方程 $x^p + y^p = z^p$ 无解，证毕。

演段与费马大定理的第二十八个证明

$$x^p + y^p = wx - r = \boxed{\blacksquare}$$，图中被去掉黑色小长方形的图形的面积为 $wx - r$，被去掉的黑色小长方形的面积为 r。

将上图与图（A）比较，知其所悖，故知不定方程 $x^p + y^p = z^p$ 必无解，证毕。

演段与费马大定理的第二十九个证明

$$x^p + y^p = wy - r = \boxed{\blacksquare}$$，图中被去掉黑色小长方形的图形的面积为 $(x + y)^p - (xy + r)$，被去掉的黑色小长方形的面积为 $xt + r$。

将上图与图（A）比较，知其所悖，故知不定方程 $x^p + y^p = z^p$ 无解，证毕。

演段与费马大定理的第三十个证明

$$x^p + y^p = (x + y)^p - pxyt = \boxed{\blacksquare}$$，图中被去掉黑色小长方形的图形的面积为 $(x + y)^p - pxyt$，被去掉的黑色小长方形的面积为 $pxyt$。

将上图与图（A）比较，知其所悖，故知不定方程 $x^p + y^p = z^p$ 无解，证毕。

演段与费马大定理的第三十一个证明

$$x^p + y^p = (x + y)^p - (p + r) = \boxed{\blacksquare}$$，图中被去掉黑色小长方形的图形的面积为 $(x + y)^p - (p + r)$，被去掉的黑色小长方形的面积为 $p + r$。

将上图与图（A）比较，知其所悖，故知不定方程 $x^p + y^p = z^p$ 无解，证毕。

演段与费马大定理的第三十二个证明

$$x^p + y^p = (x + y)^p - (x + r) = \boxed{\blacksquare}$$，图中被去掉黑色小长方形的图形的面积为 $(x + y)^p - (x + r)$，被去掉的黑色小长方形的面积为 $x + r$。

将上图与图（A）比较，知其所悖，故知不定方程 $x^p + y^p = z^p$ 无解，证毕。

演段与费马大定理的第三十三个证明

$$x^p + y^p = (x+y)^p - (y+r) = \boxed{\blacksquare}$$，图中被去掉黑色小长方形

的图形的面积为 $(x+y)^p - (y+r)$，被去掉的黑色小长方形的面积为 $xt + r$。

将上图与图（A）比较，知其所悖，故知不定方程 $x^p + y^p = z^p$ 无解，证毕。

演段与费马大定理的第三十四个证明

$$x^p + y^p = (x+y)^p - (t+r) = \boxed{\blacksquare}$$，图中被去掉黑色小长方形的

图形的面积为 $(x+y)^p - (t+r)$，被去掉的黑色小长方形的面积为 $t + r$。

将上图与图（A）比较，知其所悖，故知不定方程 $x^p + y^p = z^p$ 无解，证毕。

演段与费马大定理的第三十五个证明

$$x^p + y^p = (x+y)^p - (p+x+r) = \boxed{\blacksquare}$$，图中被去掉黑色小长方

形的图形的面积为 $(x+y)^p - (p+x+r)$，被去掉的黑色小长方形的面积为 $p + x + r$。

将上图与图（A）比较，知其所悖，故知不定方程 $x^p + y^p = z^p$ 无解，证毕。

演段与费马大定理的第三十六个证明

$$x^p + y^p = (x+y)^p - (p+y+r) = \boxed{\blacksquare}$$，图中被去掉黑色小长方

形的图形的面积为 $(x+y)^p - (p+y+r)$，被去掉的黑色小长方形的面积为 $p + y + r$。

将上图与图（A）比较，知其所悖，故知不定方程 $x^p + y^p = z^p$ 无解，证毕。

演段与费马大定理的第三十七个证明

$$x^p + y^p = (x+y)^p - (p+t+r) = \boxed{\blacksquare}$$，图中被去掉黑色小长方

形的图形的面积为 $(x+y)^p - (p+t+r)$，被去掉的黑色小长方形的面积为 $p + t + r$。

将上图与图（A）比较，知其所悖，故知不定方程 $x^p + y^p = z^p$ 无解，证毕。

演段与费马大定理的第三十八个证明

$$x^p + y^p = (x+y)^p - (x+y+r) = \boxed{\blacksquare}$$，图中被去掉黑色小长

方形的图形的面积为 $(x+y)^p - (x+y+r)$，被去掉的黑色小长方形的面积为

$x + r + r$。将上图与图（A）比较，知其所悖，故知不定方程 $x^p + y^p = z^p$ 无解，证毕。。

212

演段与费马大定理的第三十九个证明

$$x^p + y^p = (x+y)^p - (y+t+r) = \boxed{\blacksquare}$$，图中被去掉黑色小长方

形的图形的面积为 $(x+y)^p - (y+t+r)$，被去掉的黑色小长方形的面积为 $y+t+r$。

将上图与图（A）比较，知其所悖，故知不定方程 $x^p + y^p = z^p$ 无解，证毕。

演段与费马大定理的第四十个证明

$$x^p + y^p = (x+y)^p - (p+x+y+r) = \boxed{\blacksquare}$$，图中被去掉黑色小

长方形的图形的面积为 $(x+y)^p - (p+x+y+r)$，被去掉的黑色小长方形的面积为

$p+x+y+r$。将上图与图（A）比较，知其所悖，故知不定方程 $x^p + y^p = z^p$ 无解，证毕。

演段与费马大定理的第四十一个证明

$$x^p + y^p = (x+y)^p - (p+x+t+r) = \boxed{\blacksquare}$$，图中被去掉黑色小

长方形的图形的面积为 $(x+y)^p - (p+x+t+r)$，被去掉的黑色小长方形的面积为

$p+x+t+r$。将上图与图（A）比较，知其所悖，故知不定方程 $x^p + y^p = z^p$ 无解，证毕。

演段与费马大定理的第四十二个证明

$$x^p + y^p = (x+y)^p - (p+y+t+r) = \boxed{\blacksquare}$$，图中被去掉黑色小

长方形的图形的面积为 $(x+y)^p - (p+y+t+r)$，被去掉的黑色小长方形的面积为

$p+y+t+r$。将上图与图（A）比较，知其所悖，故知不定方程 $x^p + y^p = z^p$ 无解，证毕。

演段与费马大定理的第四十三个证明

$$x^p + y^p = (x+y)^p - (x+y+t+r) = \boxed{\blacksquare}$$，图中被去掉黑色小

长方形的图形的面积为 $(x+y)^p - (x+y+t+r)$，被去掉的黑色小长方形的面积为

$x+y+t+r$。将上图与图（A）比较，知其所悖，故知不定方程 $x^p + y^p = z^p$ 无解，证毕。

演段与费马大定理的第四十四个证明

$$x^p + y^p = (x+y)^p - (p+x+y+t+r) = \boxed{\blacksquare}$$，图中被去掉黑

色小长方形的图形的面积为 $(x+y)^p - (p+x+y+t+r)$，被去掉的黑色小长方形的面积

为 $p+x+y+t+r$。将上图与图（A）比较，知其所悖，故知不定方程 $x^p + y^p = z^p$ 无解。

演段与费马大定理的第四十五个证明

$$x^p + y^p = (x+y)^p - (px+r) = \boxed{}\blacksquare\,,$$ 图中被去掉黑色小长方形

的图形的面积为 $(x+y)^p - (px+r)$,被去掉的黑色小长方形的面积为 $xt+r$。

将上图与图(A)比较,知其所悖,故知不定方程 $x^p + y^p = z^p$ 无解,证毕。

演段与费马大定理的第四十六个证明

$$x^p + y^p = (x+y)^p - (py+r) = \boxed{}\blacksquare\,,$$ 图中被去掉黑色小长方形

的图形的面积为 $(x+y)^p - (py+r)$,被去掉的黑色小长方形的面积为 $py+r$。

将上图与图(A)比较,知其所悖,故知不定方程 $x^p + y^p = z^p$ 无解,证毕。

演段与费马大定理的第四十七个证明

$$x^p + y^p = (x+y)^p - (pt+r) = \boxed{}\blacksquare\,,$$ 图中被去掉黑色小长方形

的图形的面积为 $(x+y)^p - (pt+r)$,被去掉的黑色小长方形的面积为 $pt+r$。

将上图与图(A)比较,知其所悖,故知不定方程 $x^p + y^p = z^p$ 无解,证毕。

演段与费马大定理的第四十八个证明

$$x^p + y^p = (x+y)^p - (xy+r) = \boxed{}\blacksquare\,,$$ 图中被去掉黑色小长方形

的图形的面积为 $(x+y)^p - (xy+r)$,被去掉的黑色小长方形的面积为 $xy+r$。

将上图与图(A)比较,知其所悖,故知不定方程 $x^p + y^p = z^p$ 无解,证毕。

演段与费马大定理的第四十九个证明

$$x^p + y^p = (x+y)^p - (xt+r) = \boxed{}\blacksquare\,,$$ 图中被去掉黑色小长方形

的图形的面积为 $(x+y)^p - (xt+r)$,被去掉的黑色小长方形的面积为 $xt+r$。

将上图与图(A)比较,知其所悖,故知不定方程 $x^p + y^p = z^p$ 无解,证毕。

演段与费马大定理的第五十个证明

$$x^p + y^p = (x+y)^p - (yt+r) = \boxed{}\blacksquare\,,$$ 图中被去掉黑色小长方形

的图形的面积为 $(x+y)^p - (yt+r)$,被去掉的黑色小长方形的面积为 $yt+r$。

将上图与图(A)比较,知其所悖,故知不定方程 $x^p + y^p = z^p$ 无解,证毕。

214

演段与费马大定理的第五十一个证明

$$x^p + y^p = (x+y)^p - (pxy + r) = \boxed{\quad\quad\quad\quad\ \blacksquare}$$ ，图中被去掉黑色小长方形

的图形的面积为 $(x+y)^p - (pxy+r)$ ，被去掉的黑色小长方形的面积为 $pxy + r$ 。

将上图与图（A）比较，知其所悖，故知不定方程 $x^p + y^p = z^p$ 无解，证毕。

演段与费马大定理的第五十二个证明

$$x^p + y^p = (x+y)^p - (pxt + r) = \boxed{\quad\quad\quad\quad\ \blacksquare}$$ ，图中被去掉黑色小长方形的

图形的面积为 $(x+y)^p - (pxt+r)$ ，被去掉的黑色小长方形的面积为 $pxt + r$ 。

将上图与图（A）比较，知其所悖，故知不定方程 $x^p + y^p = z^p$ 无解，证毕。

演段与费马大定理的第五十三个证明

$$x^p + y^p = (x+y)^p - (xyt + r) = \boxed{\quad\quad\quad\quad\ \blacksquare}$$ ，图中被去掉黑色小长方形的

图形的面积为 $(x+y)^p - (xyt+r)$ ，被去掉的黑色小长方形的面积为 $xyt + r$ 。

将上图与图（A）比较，知其所悖，故知不定方程 $x^p + y^p = z^p$ 无解，证毕。

第四十七章 奇数和约束与费马大定理的证明

本证明利用 $x^p + y^p$ 的和分拆中的连续奇数和约束证明 $x^p + y^p = z^p$ 无解。本章证明的

重要性还在于再次揭秘了 $x^n + y^n = z^n$ 之 $n = 2$ 与 $n = p$ 区别。

奇数和约束与费马大定理的第一证明

一、一个明显的约束

若 $x^p + y^p = z^p$ 可能成立，则 x^p ， y^p 和 z^p 必须为三个连续奇数和，因此我们将此约

束称之为"奇数和约束"。需要强调的是，"奇数和约束"是 $x^p + y^p = z^p$ 可能成立的又一个

法定的规则。

二、大定理的证明

$x^p + y^p = (x+y) \times q = x \times q + y \times q$ 于是可知此公式确定了 $x^p + y^p$ 的三个和分拆，即

1. $(x+y) \times q$ ，2. $x \times q$ ，3. $y \times q$ 。

于是易知不论 x，y 一奇一偶或两奇时，$1.(x+y)\times q$，$2.x\times q$，$3.y\times q$ 中必有一个

为连续偶数和，由此可知 $x^p+y^p=z^p$ 无解，证毕。

三、两个例子

1. $3^3+5^3=8\times19=3\times19+5\times19$，$8\times19=12+14+16+18+20+22+24+26$，

$3\times19=17+19+21$，$5\times19=15+17+19+21+23$；

2. $2^3+5^3=7\times19=2\times19+5\times19$，$\quad 7\times19=13+15+17+19+21+23+25$，

$2\times19=18+20$，$5\times19=15+17+19+21+23$。

四、玄机所在

对于 $x^n+y^n=z^n$ 而言，当 $n=2$ 时，由于"重孔"的缘故，则 x^2，y^2 和 z^2 必然是三

个连续奇数和，换句话说，当 $n=2$ 时，"奇数和约束"一定成立。

然而当 $n=p$ 时，由于"无孔"、"漏孔"的缘故，使得 $x^p+y^p=(x+y)\times q$ 中

$1.(x+y)\times q$，$2.x\times q$，$3.y\times q$ 中必有一个为连续偶数和，换句话说，当 $n=p$ 时，"奇数

和约束"一定不成立，即 $x^p+y^p=(x+y)\times q$ 与"奇数和约束"相悖。

这就是为什么对于 $x^n+y^n=z^n$ 而言，当 $n=2$ 时，在一定的条件下 $x^2+y^2=z^2$ 有解，

而当 $n=p$ 时，$x^p+y^p=z^p$ 一定无解。

奇数和约束与费马大定理的第二个证明

本证明利用 y^p-x^p 的和分拆中的连续偶数和证明 $y^p-x^p=z^p$ 无解。本证明的重要性

还在于再次从两个事实相悖的角度揭秘了 $n=2$ 与 $n=p(p\geq3)$ 区别之"玄机"。

一、大定理的证明

$y^p-x^p=(y-x)\times g=y\times g-x\times g$ 于是可知 g 公式确定了 y^p-x^p 的三个和分拆，即

$1.(y-x)\times g$，$2.y\times g$，$3.x\times g$。

于是易知不论 x，y 一奇一偶或两奇时，$1.(y-x)\times g$，$2.y\times g$，$3.x\times g$ 中必有一个为

连续偶数和，由此可知 $y^p-x^p=z^p$ 必无解，证毕。

二、两个例子

1. $5^3-2^3=3\times39=5\times39-2\times39$，$3\times39=37+39+41$，

$5\times39=35+37+39+41+43$，$2\times39=38+40$；

216

2. $5^3 - 3^3 = 2 \times 49 = 5 \times 49 - 3 \times 49$，$2 \times 49 = 48 + 50$，

$5 \times 49 = 45 + 47 + 49 + 51 + 53$，$3 \times 49 = 47 + 49 + 51$。

三、玄机所在

对于 $y^n - x^n = z^n$ 而言，当 $n = 2$ 时，由于"重孔"的缘故，则 x^2，y^2 和 z^2 必然是三个连续奇数和，换句话说，当 $n = 2$ 时，"奇数和约束"一定成立。

然而当 $n = p$ 时，由于"无孔"、"漏孔"的缘故，使得 $y^p - x^p = (y - x) \times g$ 中 1. $(y - x) \times g$，2. $y \times g$，3. $x \times g$ 中有一个为连续偶数和，换句话说，当 $n = p$ 时，"奇数和约束"一定不成立，即 $y^p - x^p = (y - x) \times g$ 与"奇数和约束"相悖。

这就是为什么对于 $y^n - x^n = z^n$ 而言，当 $n = 2$ 时，在一定的条件下 $y^2 - x^2 = z^2$ 有解，而当 $n = p$ 时，$y^p - x^p = z^p$ 一定无解。

第四十八章 $(z^{p-1} - z + 1) > 1$ 与费马大定理的初等证明

本证明从又一个角度讨论 z^p 的拆分，简单、明白并且深刻，也真可谓一语道破天机！

一、z^2 的拆分与 $x^2 + y^2 = z^2$

$5^2 = 1 + 3 + 5 + 7 + 9 = (1 + 3 + 5) + (7 + 9) = 3^2 + 4^2$，

$5^2 = 1 + 3 + 5 + 7 + 9 = (1 + 3 + 5 + 7) + 9 = 4^2 + 3^2$。不必多加解释，以上例子的意思不言自明，易知对于任何一个 $x^2 + y^2 = z^2$ 而言，当然无不如此。

二、玄机

z^2 之所以能拆分为 $x^2 + y^2$ 或 $y^2 + x^2$ 的玄机其实是十分明显的，这就在于不论 z 如何取值，z^2 对应的的连续奇数和的首项必为 1，因此对于任意的一个 $t(t < z)$ 其 t^2 对应的连续奇数和必然包含在 z^2 对应的连续奇数和之中，换句话说，在 z^2 对应的连续奇数和之中取出前 t 项，便是 t^2 对应的连续奇数和。

三、大定理的证明

如果 $x^p + y^p = z^p$ 能够成立，当然也应当有对应于上面 z^2 的拆分的关于 z^p 的拆分，

然此明显不可能。

熟知 $z^p = (z^{p-1} - z + 1) + (z^p - z + 3) + \cdots + (z^p + z - 1)$，

显然 $(z^{p-1} - z + 1) > 1$，因此对于任意的 $t(t < z)$ 其 t^p 对应的连续奇数和必不可能包含在 z^p 对应的连续奇数和之中，换句话说，在 z^p 对应的连续奇数和之中取出前 t 项，不可能是 t^p 对应的连续奇数和。并且进一步由漏孔的知识可知，当 $p \geq 5$ 时 z^p 对应的连续奇数和的前 t 项比 t^p 对应的连续奇数和的对应项要大得多得多。

由此立知 $x^p + y^p = z^p$ 无解。

例子：$4^5 = 253 + 255 + 257 + 259$，$3^5 = 79 + 81 + 83$，

$253 + 255 + 257 \neq 79 + 81 + 83$ 并且 $253 > 79$，$255 > 81$，$257 > 83$。

1 对于全体自然数而言，1 只不过是一个毫厘，真可谓"差之毫厘，失之千里"啊！

第四十九章 z^p 的拆分与费马大定理的初等证明

本证明极其简单，极其明白，然又极其深刻，真可谓一语道破天机！

一、z^2 的拆分与 $x^2 + y^2 = z^2$

$5^2 = 1 + 3 + 5 + 7 + 9 = (1 + 3 + 5) + (7 + 9) = 3^2 + 4^2$，

$5^2 = 1 + 3 + 5 + 7 + 9 = (1 + 3 + 5 + 7) + 9 = 4^2 + 3^2$。

$13^2 = 1 + 3 + 5 + 7 + 9 + 11 + 13 + 15 + 17 + 19 + 21 + 23 + 25$
$= (1 + 3 + 5 + 7 + 9) + (11 + 13 + 15 + 17 + 19 + 21 + 23 + 25) = 5^2 + 12^2$，

$13^2 = 1 + 3 + 5 + 7 + 9 + 11 + 13 + 15 + 17 + 19 + 21 + 23 + 25$
$= (1 + 3 + 5 + 7 + 9 + 11 + 13 + 15 + 17 + 19 + 21 + 23) + 25) = 12^2 + 5^2$，

不必多加解释，以上的两例的意思不言自明，易知对于任何一个 $x^2 + y^2 = z^2$ 而言，当然无不如此。

二、大定理的证明

如果 $x^p + y^p = z^p$ 能够成立，当然也应当有对应于上面 z^2 的拆分的关于 z^p 的拆分，然此明显不可能。

熟知 $z^p = (z^{p-1} - z + 1) + (z^p - z + 3) + \cdots + (z^p + z - 1)$，

今对 $(z^{p-1} - z + 1) + (z^p - z + 3) + \cdots + (z^p + z - 1)$ 从其中某项起依次取出 x 项（或 y 项），例如：$(z^{p-1} - z + 1) + (z^p - z + 3) + \cdots$ 显然 $(z^{p-1} - z + 1)$ 要比 x^p 对应的连续奇数和的首项（或 y^p 对应的连续奇数和的首项）大得多得多，注意此时 $z^{p-1} - z + 1$ 为 z^p 对应的连续奇数和的所有项中的最小者，由此立知 $x^p + y^p = z^p$ 无解，证毕。

第五十章 因子与费马大定理的证明

因子与费马大定理的第一个证明

由公式 $x^p + y^p = (x + y)q$ 可知 $x + y$，q 是 $x^p + y^p$ 的两个因子。

又由 $x^p + y^p = (x + y)q$ 易知以下两个基本事实：

当 x，y 皆为奇数时，$x^p + y^p$ 是一个连续偶数和，此时 $x^p + y^p = z^p$ 必无解；

当 x，y 一奇一偶时，$x^p + y^p$ 是一个个项数为 $x + y$，中值为 q 的连续奇数和。

此时若 $x^p + y^p = z^p$ 成立，则 z^p 也必需是一个项数为 $x + y$，中值为 q 的连续奇数和，然而 z^p 则是一个项数为 $z(z < x + y)$，中值为 $z^{p-1}(z^{p-1} > q)$ 的连续奇数和。换句话说，有且仅有 $x^p + y^p$ 同时含有因子 $x + y$ 和因子 q，而 z^p 不可能同时含有因子 $x + y$ 和因子 q。

需要说明的是，符合 T 法则的 z 之 z^p 有可能含有因子 $x + y$。

看一个例子：$13^3 + 14^3 = 27 \times 183$，注意 $14 < 21 < 27$，而 $27 \mid 21^3$。

由此立知 $x^p + y^p = z^p$ 无解，证毕。

因子与费马大定理的第二个证明

由公式 $y^p - x^p = (y - x)g$ 可知 $y - x$，g 是 $y^p - x^p$ 的两个因子。

又由 $y^p - x^p = (y - x)g$ 易知以下两个基本事实：

当 x，y 皆为奇数时，$y^p - x^p$ 是一个连续偶数和，此时 $y^p - x^p = z^p$ 必无解；

当 x，y 一奇一偶时，$y^p - x^p$ 是一个个项数为 $y-x$，中值为 g 的连续奇数和。

此时若 $y^p - x^p = z^p$ 成立，则 z^p 也必需是一个项数为 $y-x$，中值为 g 的连续奇数和，然而 z^p 则是一个项数为 $z(z > y-x)$，中值为 $z^{p-1}(z^{p-1} < g)$ 的连续奇数和。换句话说，有且仅有 $y^p - x^p$ 同时含有因子 $y-x$ 和因子 g，而 z^p 不可能同时含有因子 $y-x$ 和因子 g，由此立知 $y^p - x^p = z^p$ 无解，证毕。

第五十一章 z^p 的重组与费马大定理的初等证明

z^p 的重组与费马大定理的第一个证明

一、例子

$2 \times 5^2 - (5^2 - 3^2) - (5^2 - 4^2) = 2 \times 5^2 + 1 - 26 = 5^2$，不必解释，此例意图不言已明，事实上，只要 $x^2 + y^2 = z^2$，必有 $2 \times z^2 - (z^2 - x^2) - (z^2 - y^2) = z^2$。

二、大定理的初等证明

如果 $x^p + y^p = z^p$ 可能成立，当然也应该有 $2 \times z^p - (z^p - x^p) - (z^p - y^p) = z^p$，

十分明显，此根本不可能。由此立知 $x^p + y^p = z^p$ 无解，证毕。

z^p 的重组与费马大定理的第二个证明

一、例子

$2 \times 4^2 - (4^2 - 3^2) = 2 \times 4^2 + 1 - 8 = 5^2$，不必解释，此例意图不言已明，事实上，只要 $x^2 + y^2 = z^2$，必有 $2y^2 - (y^2 - x^2) = z^2$。

二、大定理的初等证明

如果 $x^p + y^p = z^p$ 可能成立，当然也应该有 $2y^p - (y^p - x^p) = z^p$，十分明显，此根本不可能。由此立知 $x^p + y^p = z^p$ 无解，证毕。

z^p 的重组与费马大定理的第三个证明

一、例子

$(5^2 - 3^2) - (4^2 - 3^2) = (5^2 - 3^2) + 1 - 8 = 3^2$，不必解释，此例意图不言已明，事实上，

只要 $x^2 + y^2 = z^2$，必有 $(z^2 - x^2) - (y^2 - x^2) = x^2$。

二、大定理的初等证明

如果 $x^p + y^p = z^p$ 可能成立，当然也应该有 $z^p - x^p + 1 - t = x^p$，十分明显，此根本不可能。由此立知 $x^p + y^p = z^p$ 无解，证毕。

z^p 的重组与费马大定理的第四个证明

一、例子

$2 \times 3^2 + (4^2 - 3^2) = 2 \times 3^2 + 1 + 6 = 5^2$，$2 \times 5^2 + (12^2 - 5^2) = 2 \times 5^2 + 1 + 118 = 13^2$，

不必解释，此例意图不言已明。事实上，只要 $x^2 + y^2 = z^2$，必有 $2x^2 + (y^2 - x^2) = z^2$。

二、大定理的初等证明

如果 $x^p + y^p = z^p$ 可能成立，当然也应该有 $2x^p + (y^p - x^p) = z^p$，十分明显，此根本不可能。由此立知 $x^p + y^p = z^p$ 无解，证毕。

第五十二章 矢量与费马大定理的初等证明

本章的主要目的是让载体——矢量亮相,事实上以矢量为载体可以给出大定理的一千个以上的证明。

矢量、T 法则与费马大定理的第一个证明

由公式 $x^p + y^p = (x + y)q$ 可知其两个因子 $x + y$，q 和 1 决定了三维空间中的一个矢量 $\vec{a} = (x + y, q, 1)$；于是 $a^\circ = (Cos\alpha)i + (Cos\beta)j + (Cos\gamma)k$，式中 i, j, k 为单位矢量，$Cos\alpha, Cos\beta, Cos\gamma$ 为 $\vec{a} = (x + y, q, 1)$ 的方向角，由此得公式 $\dfrac{Cos\alpha}{x + y} = \dfrac{Cos\beta}{q} = \dfrac{Cos\gamma}{1}$。

由 T 法则知 $z < x + y$，于是 $\dfrac{Cos\alpha}{z} \neq \dfrac{Cos\beta}{q}$ 及 $\dfrac{Cos\alpha}{z} \neq \dfrac{Cos\gamma}{1}$，

由此立知 $x^p + y^p = z^p$ 无解，证毕。

矢量、T 法则、X 约束与费马大定理的第二个证明

对于 $\dfrac{Cos\alpha}{x + y} = \dfrac{Cos\beta}{q} = \dfrac{Cos\gamma}{1}$，X 约束要求 $z = x + y$，但此明显与 T 法则相悖，由 T

法则知 $z < x+y$，于是 $\dfrac{Cos\alpha}{z} \neq \dfrac{Cos\beta}{q}$ 及 $\dfrac{Cos\alpha}{z} \neq \dfrac{Cos\gamma}{1}$，

由此立知 $x^p + y^p = z^p$ 无解，证毕。

矢量、q 规则与费马大定理的第三个证明

对于 $\dfrac{Cos\alpha}{x+y} = \dfrac{Cos\beta}{q} = \dfrac{Cos\gamma}{1}$，由 q 规则知 $q < z^{p-1}$，于是 $\dfrac{Cos\alpha}{x+y} \neq \dfrac{Cos\beta}{z^{p-1}}$ 及

$\dfrac{Cos\beta}{z^{p-1}} \neq \dfrac{Cos\gamma}{1}$，由此立知 $x^p + y^p = z^p$ 无解，证毕。

矢量、q 规则、X 约束与费马大定理的第四个证明

对于 $\dfrac{Cos\alpha}{x+y} = \dfrac{Cos\beta}{q} = \dfrac{Cos\gamma}{1}$，X 约束要求 $q = z^{p-1}$，但此明显与 q 规则相悖，由 q 规则

知 $q < z^{p-1}$，于是 $\dfrac{Cos\alpha}{x+y} \neq \dfrac{Cos\beta}{z^{p-1}}$ 及 $\dfrac{Cos\beta}{z^{p-1}} \neq \dfrac{Cos\gamma}{1}$，由此立知 $x^p + y^p = z^p$ 无解，证毕。

事实上 $\dfrac{Cos\alpha}{x+y} = \dfrac{Cos\beta}{q} = \dfrac{Cos\gamma}{1} = \dfrac{1}{\sqrt{(x+y)^2 + q^2 + 1}}$，由此可以得到大定理的一千个

以上的证明。

我们有一个不等式链 $a = 1 \leq x < y < x+y < q < z^{p-1}$，此外矢量的大量运算性质都能

证明大定理，这里没有这样做，是怕大定理的证明铺天盖地而来，会"吃不消"！

如法炮制可以给出 $y^p - x^p = z^p$ 无解的证明。

第五十三章 直线方程与费马大定理的初等证明

本章让载体——直线方程亮相，给出大定理的十二个证明。

直线方程、T 法则与费马大定理的第一个证明

由公式 $x_0{}^p + y_0{}^p = (x_0 + y_0)q_0$ 可知其两个因子 $x_0 + y_0$ 和 q_0 决定了二维平面上的一

个直线的点斜式方程 $y - q_0 = k(x - (x_0 + y_0))$，式中 k 为直线的斜率。

由 T 法则知 $z_0 < x_0 + y_0$，于是 $y - q_0 \neq k(x - z_0)$，由此立知 $x^p + y^p = z^p$ 无解，证毕。

直线方程、T 法则、X 约束与费马大定理的第二个证明

对于 $y - q_0 = k(x - (x_0 + y_0))$，X 约束要求 $z_0 = x_0 + y_0$，但此明显与 T 法则相悖，由 T 法则知 $z_0 < x_0 + y_0$，于是 $y - q_0 \neq k(x - z_0)$，由此立知 $x^p + y^p = z^p$ 无解，证毕。

直线方程、q 规则与费马大定理的第三个证明

对于 $y - q_0 = k(x - (x_0 + y_0))$，由 q 规则知 $q_0 < {z_0}^{p-1}$，

于是 $y - {z_0}^{p-1} \neq k(x - (x_0 + y_0))$，由此立知 $x^p + y^p = z^p$ 无解，证毕。

直线方程、q 规则、X 约束与费马大定理的第四个证明

对于 $y - q_0 = k(x - (x_0 + y_0))$，X 约束要求 $q_0 = {z_0}^{p-1}$，但此明显与 q 规则相悖，由 q 规则知 $q_0 < {z_0}^{p-1}$，于是 $y - {z_0}^{p-1} \neq k(x - (x_0 + y_0))$，由此立知 $x^p + y^p = z^p$ 无解，证毕。

直线方程、T 法则、q 规则与费马大定理的第五个证明

对于 $y - q_0 = k(x - (x_0 + y_0))$，由 T 法则知 $z_0 < x_0 + y_0$，由 q 规则知，$q_0 < {z_0}^{p-1}$，

于是 $y - {z_0}^{p-1} \neq k(x - z_0)$，由此立知 $x^p + y^p = z^p$ 无解，证毕。

直线方程、T 法则、q 规则、X 约束与费马大定理的第六个证明

对于 ${x_0}^p + {y_0}^p = (x_0 + y_0)q_0$，X 约束要求 $z_0 = x_0 + y_0$ 及 $q_0 = {z_0}^{p-1}$，但此明显与 T 法则和 q 规则相悖，由 T 法则知 $z_0 < x_0 + y_0$，由 q 规则知，$q_0 < {z_0}^{p-1}$，

于是 $y - {z_0}^{p-1} \neq k(x - z_0)$，由此立知 $x^p + y^p = z^p$ 无解，证毕。

直线方程、H 法则与费马大定理的第七个证明

由公式 ${y_0}^p - {x_0}^p = (y_0 - x_0)g_0$ 可知可知其两个因子 $y_0 - x_0$ 和 g_0 决定了一个决定了二维平面上的一个直线的点斜式方程 $y - g_0 = k(x - (y_0 - x_0))$，式中 k 为直线的斜率。

由 H 法则知 $z_0 > y_0 - x_0$，于是 $y - g_0 \neq k(x - z_0)$，由此立知 $y^p - x^p = z^p$ 无解，证毕。

直线方程、H 法则、X 约束与费马大定理的第八个证明

对于 $y - g_0 = k(x - (y_0 - x_0))$，X 约束要求 $z_0 = y_0 - x_0$，但此明显与 H 法则相悖，

由 H 法则知 $z_0 > y_0 - x_0$，于是 $y - g_0 \neq k(x - z_0)$，由此立知 $y^p - x^p = z^p$ 无解，证毕。

直线方程、g 规则与费马大定理的第九个证明

对于 $y - g_0 = k(x - (y_0 - x_0))$，由 g 规则知 $g_0 > z_0^{p-1}$，

于是 $y - z_0^{p-1} \neq k(x - (y_0 - x_0))$，由此立知 $y^p - x^p = z^p$ 无解，证毕。

直线方程、g 规则、X 约束与费马大定理的第十个证明

对于 $y - g_0 = k(x - (y_0 - x_0))$，X 约束要求 $g_0 = z_0^{p-1}$，但此明显与 g 规则相悖，由 g

规则知 $g_0 > z_0^{p-1}$，于是 $y - z_0^{p-1} \neq k(x - (y_0 - x_0))$，由此立知 $y^p - x^p = z^p$ 无解，证毕。

直线方程、H 法则、g 规则与费马大定理的第十一个证明

对于 $y - g_0 = k(x - (y_0 - x_0))$，由 H 法则知 $z_0 > y_0 - x_0$，由 g 规则知 $g_0 > z_0^{p-1}$，

于是 $y - z_0^{p-1} \neq k(x - z_0)$，由此立知 $y^p - x^p = z^p$ 无解，证毕。

直线方程、H 法则、g 规则、X 约束与费马大定理的第十二个证明

对于 $y - g_0 = k(x - (y_0 - x_0))$，X 约束要求 $z_0 = y_0 - x_0$ 及 $g_0 = z_0^{p-1}$，但此明显与 H

法则和 g 规则相悖，由 H 法则知 $z_0 > y_0 - x_0$，由 g 规则知 $g_0 > z_0^{p-1}$，

于是 $y - z_0^{p-1} \neq k(x - z_0)$，由此立知 $y^p - x^p = z^p$ 无解，证毕。

又直线方程与费马大定理的证明

由公式 $z_0^p = z_0 z_0^{p-1}$ 可知其两个因子 z_0 和 z_0^{p-1} 决定了二维平面上的一个直线的点斜

式方程 $y - z_0^{p-1} = k(x - z_0)$，以此为载体，也可以证明大定理。

第五十四章 圆方程与费马大定理的初等证明

本章让载体——圆方程亮相，给出大定理的十二个证明。

圆方程、T 法则与费马大定理的第一个证明

由公式 $x_0^p + y_0^p = (x_0 + y_0)q_0$ 可知其两个因子 $x_0 + y_0$ 和 q_0 决定了二维平面上的一

个圆心在 $x_0 + y_0$，q_0 半径为 r 的圆方程 $(x - (x_0 + y_0))^2 + (y - q_0)^2 = r^2$。

由 T 法则知 $z_0 < x_0 + y_0$，于是 $(x - z_0)^2 + (y - q_0)^2 \neq r^2$，

由此立知 $x^p + y^p = z^p$ 无解，证毕。

圆方程、T 法则、X 约束与费马大定理的第二个证明

对于 $(x-(x_0+y_0))^2+(y-q_0)^2=r^2$，X 约束要求 $z_0=x_0+y_0$，但此明显与 T 法则相悖，由 T 法则知 $z_0<x_0+y_0$，于是 $(x-z_0)^2+(y-q_0)^2 \neq r^2$，

由此立知 $x^p+y^p=z^p$ 无解，证毕。

圆方程、q 规则与费马大定理的第三个证明

对于 $(x-(x_0+y_0))^2+(y-q_0)^2=r^2$，由 q 规则知 $q_0<z_0^{p-1}$，

于是 $(x-(x_0+y_0))^2+(y-z_0^{p-1})^2 \neq r^2$，由此立知 $x^p+y^p=z^p$ 无解，证毕。

圆方程、q 规则、X 约束与费马大定理的第四个证明

对于 $(x-(x_0+y_0))^2+(y-q_0)^2=r^2$，X 约束要求 $q_0=z_0^{p-1}$，但此明显与 q 规则相悖，由 q 规则知 $q_0<z_0^{p-1}$，于是 $(x-(x_0+y_0))^2+(y-z_0^{p-1})^2 \neq r^2$，

由此立知 $x^p+y^p=z^p$ 无解，证毕。

圆方程、T 法则、q 规则与费马大定理的第五个证明

对于 $(x-(x_0+y_0))^2+(y-q_0)^2=r^2$，由 T 法则知 $z_0<x_0+y_0$，由 q 规则知

$q_0<z_0^{p-1}$，于是 $(x-z_0)^2+(y-z_0^{p-1})^2 \neq r^2$，由此立知 $x^p+y^p=z^p$ 无解，证毕。

圆方程、T 法则、q 规则、X 约束与费马大定理的第六个证明

对于 $(x-(x_0+y_0))^2+(y-q_0)^2=r^2$，X 约束要求 $z_0=x_0+y_0$ 及 $q_0=z_0^{p-1}$，但此明显与 T 法则和 q 规则相悖，由 T 法则知 $z_0<x_0+y_0$，由 q 规则知 $q_0<z_0^{p-1}$，

于是 $(x-z_0)^2+(y-z_0^{p-1})^2 \neq r^2$，由此立知 $x^p+y^p=z^p$ 无解，证毕。

圆方程、H 法则与费马大定理的第七个证明

由公式 $y_0^p-x_0^p=(y_0-x_0)g_0$ 可知其两个因子 y_0-x_0 和 g_0 决定了二维平面上的一个圆心在 y_0-x_0，g_0 半径为 r 的圆方程 $(x-(y_0-x_0))^2+(y-g_0)^2=r^2$。

由 H 法则知 $z_0>y_0-x_0$，于是 $(x-z_0)^2+(y-g_0)^2 \neq r^2$，

由此立知 $y^p-x^p=z^p$ 无解，证毕。

圆方程、H 法则、X 约束与费马大定理的第八个证明

对于 $(x-(y_0-x_0))^2+(y-g_0)^2=r^2$，X 约束要求 $z_0=y_0-x_0$，但此明显与 H 法则

相悖，由 H 法则知 $z_0>y_0-x_0$，于是 $(x-z_0)^2+(y-g_0)^2 \neq r^2$，

由此立知 $y^p-x^p=z^p$ 无解，证毕。

圆方程、g 规则与费马大定理的第九个证明

对于 $(x-(y_0-x_0))^2+(y-g_0)^2=r^2$，由 g 规则知 $g_0>z_0^{p-1}$，

于是 $(x-(y_0-x_0))^2+(y-z_0^{p-1})^2 \neq r^2$，由此立知 $y^p-x^p=z^p$ 无解，证毕。

圆方程、g 规则、X 约束与费马大定理的第十个证明

对于 $(x-(y_0-x_0))^2+(y-g_0)^2=r^2$，X 约束要求 $g_0=z_0^{p-1}$，但此明显与 g 规则相

悖，由 g 规则知 $g_0>z_0^{p-1}$，于是 $(x-(y_0-x_0))^2+(y-z_0^{p-1})^2 \neq r^2$，

由此立知 $y^p-x^p=z^p$ 无解，证毕。

圆方程、H 法则、g 规则与费马大定理的第十一个证明

对于 $(x-(y_0-x_0))^2+(y-g_0)^2=r^2$，由 H 法则知 $z_0>y_0-x_0$，由 g 规则

知 $g_0>z_0^{p-1}$，于是 $(x-z_0)^2+(y-z_0^{p-1})^2 \neq r^2$，由此立知 $y^p-x^p=z^p$ 无解，证毕。

圆方程、H 法则、g 规则、X 约束与费马大定理的第十二个证明

对于 $(x-(y_0-x_0))^2+(y-g_0)^2=r^2$，X 约束要求 $z_0=y_0-x_0$ 及 $g_0=z_0^{p-1}$，但此明

显与 H 法则和 g 规则相悖，由 H 法则知 $z_0>y_0-x_0$，由 g 规则知 $g_0>z_0^{p-1}$，

于是 $(x-z_0)^2+(y-z_0^{p-1})^2 \neq r^2$，由此立知 $y^p-x^p=z^p$ 无解，证毕。

又圆与费马大定理的证明

由公式 $z_0^p=z_0 z_0^{p-1}$ 可知其两个因子 z_0 和 z_0^{p-1} 决定了决定了二维平面上的一个圆心

在 z_0，z_0^{p-1} 半径为 r 的圆方程 $(x-z_0)^2+(y-z_0^{p-1})^2=r^2$。以此为载体，也可以证明大

定理。

第五十五章 椭圆与费马大定理的初等证明

本章让载体——椭圆方程亮相，给出大定理的十二个证明。

椭圆、T 法则与费马大定理的第一个证明

由公式 $x^p + y^p = (x+y)q$ 可知其两个因子 $x+y$ 和 q 决定了一个椭圆方程

$$\frac{(x+y)^2}{a^2} + \frac{q^2}{b^2} = 1，$$ 式中 a，b 为椭圆的长、短半轴。

由 T 法则知 $z < x+y$，于是 $\frac{z^2}{a^2} + \frac{q^2}{b^2} \neq 1$，由此立知 $x^p + y^p = z^p$ 无解，证毕。

椭圆、T 法则、X 约束与费马大定理的第二个证明

对于 $\frac{(x+y)^2}{a^2} + \frac{q^2}{b^2} = 1$，X 约束要求 $z = x+y$，但此明显与 T 法则相悖，由 T 法则知

$z < x+y$，于是 $\frac{z^2}{a^2} + \frac{q^2}{b^2} \neq 1$，由此立知 $x^p + y^p = z^p$ 无解，证毕。

椭圆、q 规则与费马大定理的第三个证明

对于 $\frac{(x+y)^2}{a^2} + \frac{q^2}{b^2} = 1$，由 q 规则知 $q < z^{p-1}$，于是 $\frac{(x+y)^2}{a^2} + \frac{(z^{p-1})^2}{b^2} \neq 1$，

由此立知 $x^p + y^p = z^p$ 无解，证毕。

椭圆、q 规则、X 约束与费马大定理的第四个证明

对于 $\frac{(x+y)^2}{a^2} + \frac{q^2}{b^2} = 1$，X 约束要求 $q = z^{p-1}$，但此明显与 q 规则相悖，由 q 规则知

$q < z^{p-1}$，于是 $\frac{(x+y)^2}{a^2} + \frac{(z^{p-1})^2}{b^2} \neq 1$，由此立知 $x^p + y^p = z^p$ 无解，证毕。

椭圆、T 法则、q 规则与费马大定理的第五个证明

对于 $\frac{(x+y)^2}{a^2} + \frac{q^2}{b^2} = 1$，由 T 法则知 $z < x+y$，由 q 规则知 $q < z^{p-1}$，

于是 $\frac{z^2}{a^2} + \frac{(z^{p-1})^2}{b^2} \neq 1$，由此立知 $x^p + y^p = z^p$ 无解，证毕。

椭圆、T 法则、q 规则、X 约束与费马大定理的第六个证明

对于 $\dfrac{(x+y)^2}{a^2}+\dfrac{q^2}{b^2}=1$，X 约束要求 $z=x+y$ 及 $q=z^{p-1}$，但此明显与 T 法则和 q 规则

相悖，由 T 法则知 $z<x+y$，由 q 规则知 $q<z^{p-1}$，于是 $\dfrac{z^2}{a^2}+\dfrac{(z^{p-1})^2}{b^2}\neq 1$，

由此立知 $x^p+y^p=z^p$ 无解，证毕。

椭圆、H 法则与费马大定理的第七个证明

由公式 $y^p-x^p=(y-x)g$ 可知可知其两个因子 $y-x$ 和 g 决定了一个椭圆方程

$\dfrac{(y-x)^2}{a^2}+\dfrac{g^2}{b^2}=1$，式中 a，b 为椭圆的长短半轴。由 H 法则知 $z>y-x$，

于是 $\dfrac{z^2}{a^2}+\dfrac{g^2}{b^2}\neq 1$，由此立知 $y^p-x^p=z^p$ 无解，证毕。

椭圆、H 法则、X 约束与费马大定理的第八个证明

对于 $\dfrac{(y-x)^2}{a^2}+\dfrac{g^2}{b^2}=1$，X 约束要求 $z=y-x$，但此明显与 H 法则相悖，由 H 法则

知 $z>y-x$，于是 $\dfrac{z^2}{a^2}+\dfrac{g^2}{b^2}\neq 1$，由此立知 $y^p-x^p=z^p$ 无解，证毕。

椭圆、g 规则与费马大定理的第九个证明

对于 $\dfrac{(y-x)^2}{a^2}+\dfrac{g^2}{b^2}=1$，由 g 规则知 $g>z^{p-1}$，于是 $\dfrac{(y-x)^2}{a^2}+\dfrac{(z^{p-1})^2}{b^2}\neq 1$，

由此立知 $y^p-x^p=z^p$ 无解，证毕。

椭圆、g 规则、X 约束与费马大定理的第十个证明

对于 $\dfrac{(y-x)^2}{a^2}+\dfrac{g^2}{b^2}=1$，X 约束要求 $g=z^{p-1}$，但此明显与 g 规则相悖，由 g 规则知

$g>z^{p-1}$，于是 $\dfrac{(y-x)^2}{a^2}+\dfrac{(z^{p-1})^2}{b^2}\neq 1$，由此立知 $y^p-x^p=z^p$ 无解，证毕。

椭圆、H 法则、g 规则与费马大定理的第十一个证明

对于 $\dfrac{(y-x)^2}{a^2}+\dfrac{g^2}{b^2}=1$，由 H 法则知 $z>y-x$，由 g 规则知 $g>z^{p-1}$，

于是 $\dfrac{z^2}{a^2} + \dfrac{(z^{p-1})^2}{b^2} \neq 1$，由此立知 $y^p - x^p = z^p$ 无解，证毕。

椭圆、H 法则、g 规则、X 约束与费马大定理的第十二个证明

对于 $\dfrac{(y-x)^2}{a^2} + \dfrac{g^2}{b^2} = 1$，X 约束要求 $z = y - z$ 及 $g = z^{p-1}$，但此明显与 H 法则和 g 规

则相悖，由 H 法则知 $z > y - x$，由 g 规则知 $g > z^{p-1}$，于是 $\dfrac{z^2}{a^2} + \dfrac{(z^{p-1})^2}{b^2} \neq 1$，

由此立知 $y^p - x^p = z^p$ 无解，证毕。

又椭圆与费马大定理的证明

由公式 $z^p = zz^{p-1}$ 可知其两个因子 z 和 z^{p-1} 决定了一个椭圆 $\dfrac{z^2}{a^2} + \dfrac{(z^{p-1})^2}{b^2} = 1$，以此为

载体，也可以证明大定理。

又双曲线与费马大定理的证明

不难知道由双曲线方程 $\dfrac{(x+y)^2}{a^2} - \dfrac{q^2}{b^2} = 1$ 及 $\dfrac{(y-x)^2}{a^2} - \dfrac{g^2}{b^2} = 1$ 等也可以证明大定理。

第五十六章 $p = 1$、无穷递降法与费马大定理的证明

本章又一次利用无穷递降法给出与费马大定理的八十四个证明。

无穷递降法与费马大定理的第一个证明

熟知 $x^p + y^p = (x+y) + 3pt$，当 $p = 1$，$x = x_0$ 时 $t = 0$，于是 $x_0{}^1 + y^1 = (x_0 + y)^1$，

注意此时 p 已无法再降，由无穷下降法之注记二可知 $x_0{}^1 + y^1 = (x_0 + y)^1$ 是不定方程

$x^p + y^p = z^p$ 当 $p = 1$，$x = x_0$ 时之唯一解，证毕。

无穷递降法与费马大定理的第二个证明

熟知 $x^p + y^p = (x+y) + 3pt$，当 $p = 1$，$y = y_0$ 时 $t = 0$，于是 $x^1 + y_0{}^1 = (x + y_0)^1$，

注意此时 p 已无法再降，由无穷下降法之注记二可知 $x^1 + y_0{}^1 = (x + y_0)^1$ 是不定方程

$x^p + y^p = z^p$ 当 $p = 1$，$y = y_0$ 时之唯一解，证毕。

无穷递降法与费马大定理的第三个证明

熟知 $x^p + y^p = (x+y) + 3pt$，当 $p=1$ 时，$t=0$，于是 $x^1 + y^1 = (x+y)^1$，注意此

时 p 已无法再降，由无穷下降法之注记二可知 $x^1 + y^1 = (x+y)^1$ 是不定方程

$x^p + y^p = z^p$ 当 $p=1$，时之唯一解，证毕。

无穷递降法与费马大定理的第四个证明

熟知 $x^p + y^p = (x+y) + 6pt$，当 $p=1$，$x=x_0$ 时 $t=0$，于是 $x_0^1 + y^1 = (x_0 + y)^1$，

注意此时 p 已无法再降，由无穷下降法之注记二可知 $x_0^1 + y^1 = (x_0 + y)^1$ 是不定方程

$x^p + y^p = z^p$ 当 $p=1$，$x=x_0$ 时之唯一解，证毕。

无穷递降法与费马大定理的第五个证明

熟知 $x^p + y^p = (x+y) + 6pt$，当 $p=1$，$y=y_0$ 时 $t=0$，于是 $x^1 + y_0^1 = (x+y_0)^1$，

注意此时 p 已无法再降，由无穷下降法之注记二可知 $x^1 + y_0^1 = (x+y_0)^1$ 是不定方程

$x^p + y^p = z^p$ 当 $p=1$，$y=y_0$ 时之唯一解，证毕。

无穷递降法与费马大定理的第六个证明

熟知 $x^p + y^p = (x+y) + 6pt$，当 $p=1$ 时，$t=0$，于是 $x^1 + y^1 = (x+y)^1$，注意此

时 p 已无法再降，由无穷下降法之注记二可知 $x^1 + y^1 = (x+y)^1$ 是不定方程

$x^p + y^p = z^p$ 当 $p=1$，时之唯一解，证毕。

无穷递降法与费马大定理的第七个证明

熟知 $x^p + y^p = (x+y) + 2pt$，当 $p=1$，$x=x_0$ 时 $t=0$，于是 $x_0^1 + y^1 = (x_0 + y)^1$，

注意此时 p 已无法再降，由无穷下降法之注记二可知 $x_0^1 + y^1 = (x_0 + y)^1$ 是不定方程

$x^p + y^p = z^p$ 当 $p=1$，$x=x_0$ 时之唯一解，证毕。

无穷递降法与费马大定理的第八个证明

熟知 $x^p + y^p = (x+y) + 2pt$，当 $p=1$，$y=y_0$ 时 $t=0$，于是 $x^1 + y_0^1 = (x+y_0)^1$，

注意此时 p 已无法再降，由无穷下降法之注记二可知 $x^1 + y_0^1 = (x+y_0)^1$ 是不定方程

$x^p + y^p = z^p$ 当 $p=1$，$y=y_0$ 时之唯一解，证毕。

无穷递降法与费马大定理的第九个证明

熟知 $x^p + y^p = (x+y) + 2pt$，当 $p=1$ 时，$t=0$，于是 $x^1 + y^1 = (x+y)^1$，注意此时 p 已无法再降，由无穷下降法之注记二可知 $x^1 + y^1 = (x+y)^1$ 是不定方程 $x^p + y^p = z^p$ 当 $p=1$，时之唯一解，证毕。

无穷递降法与费马大定理的第十个证明

熟知 $x^p + y^p = (x+y) + 2t$，当 $p=1$，$x=x_0$ 时 $t=0$，于是 $x_0^1 + y^1 = (x_0+y)^1$，注意此时 p 已无法再降，由无穷下降法之注记二可知 $x_0^1 + y^1 = (x_0+y)^1$ 是不定方程 $x^p + y^p = z^p$ 当 $p=1$，$x=x_0$ 时之唯一解，证毕。

无穷递降法与费马大定理的第十一个证明

熟知 $x^p + y^p = (x+y) + 2t$，当 $p=1$，$y=y_0$ 时 $t=0$，于是 $x^1 + y_0^1 = (x+y_0)^1$，注意此时 p 已无法再降，由无穷下降法之注记二可知 $x^1 + y_0^1 = (x+y_0)^1$ 是不定方程 $x^p + y^p = z^p$ 当 $p=1$，$y=y_0$ 时之唯一解，证毕。

无穷递降法与费马大定理的第十二个证明

熟知 $x^p + y^p = (x+y) + 2t$，当 $p=1$ 时，$t=0$，于是 $x^1 + y^1 = (x+y)^1$，注意此时 p 已无法再降，由无穷下降法之注记二可知 $x^1 + y^1 = (x+y)^1$ 是不定方程 $x^p + y^p = z^p$ 当 $p=1$，时之唯一解，证毕。

无穷递降法与费马大定理的第十三个证明

熟知 $x^p + y^p = (x+y)^p - pxyt$，当 $p=1$，$x=x_0$ 时 $t=0$，于是 $x_0^1 + y^1 = (x_0+y)^1$，注意此时 p 已无法再降，由无穷下降法之注记二可知 $x_0^1 + y^1 = (x_0+y)^1$ 是不定方程 $x^p + y^p = z^p$ 当 $p=1$，$x=x_0$ 时之唯一解，证毕。

无穷递降法与费马大定理的第十四个证明

熟知 $x^p + y^p = (x+y)^p - pxyt$，当 $p=1$，$y=y_0$ 时 $t=0$，于是 $x^1 + y_0^1 = (x+y_0)^1$，注意此时 p 已无法再降，由无穷下降法之注记二可知 $x^1 + y_0^1 = (x+y_0)^1$ 是不定方程 $x^p + y^p = z^p$ 当 $p=1$，$y=y_0$ 时之唯一解，证毕。

无穷递降法与费马大定理的第十五个证明

熟知 $x^p + y^p = (x+y)^p - pxyt$，当 $p=1$ 时，$t=0$，于是 $x^1 + y^1 = (x+y)^1$，注意

此时 p 已无法再降，由无穷下降法之注记二可知 $x^1 + y^1 = (x+y)^1$ 是不定方程

$x^p + y^p = z^p$ 当 $p=1$，时之唯一解，证毕。

无穷递降法与费马大定理的第十六个证明

熟知 $x^p + y^p = (x+y) + 6t$，当 $p=1$，$x = x_0$ 时 $t=0$，

于是 $x_0^1 + y^1 = (x_0 + y)^1$，注意此时 p 已无法再降，由无穷下降法之注记二可知

$x_0^1 + y^1 = (x_0 + y)^1$ 是不定方程 $x^p + y^p = z^p$ 当 $p=1$，$x = x_0$ 时之唯一解，证毕。

无穷递降法与费马大定理的第十七个证明

熟知 $x^p + y^p = (x+y) + 6t$，当 $p=1$，$y = y_0$ 时 $t=0$，

于是 $x^1 + y_0^1 = (x + y_0)^1$，注意此时 p 已无法再降，由无穷下降法之注记二可知

$x^1 + y_0^1 = (x + y_0)^1$ 是不定方程 $x^p + y^p = z^p$ 当 $p=1$，$y = y_0$ 时之唯一解，证毕。

无穷递降法与费马大定理的第十八个证明

熟知 $x^p + y^p = (x+y) + 6t$，当 $p=1$ 时，$t=0$，于是 $x^1 + y^1 = (x+y)^1$，注意

此时 p 已无法再降，由无穷下降法之注记二可知 $x^1 + y^1 = (x+y)^1$ 是不定方程

$x^p + y^p = z^p$ 当 $p=1$，时之唯一解，证毕。

无穷递降法与费马大定理的第十九个证明

熟知 $x^p + y^p = (x+y) + t$，当 $p=1$，$x = x_0$ 时 $t=0$，

于是 $x_0^1 + y^1 = (x_0 + y)^1$，注意此时 p 已无法再降，由无穷下降法之注记二可知

$x_0^1 + y^1 = (x_0 + y)^1$ 是不定方程 $x^p + y^p = z^p$ 当 $p=1$，$x = x_0$ 时之唯一解，证毕。

无穷递降法与费马大定理的第二十个证明

熟知 $x^p + y^p = (x+y) + t$，当 $p=1$，$y = y_0$ 时 $t=0$，

于是 $x^1 + y_0^1 = (x + y_0)^1$，注意此时 p 已无法再降，由无穷下降法之注记二可知

$x^1 + y_0^1 = (x + y_0)^1$ 是不定方程 $x^p + y^p = z^p$ 当 $p=1$，$y = y_0$ 时之唯一解，证毕。

无穷递降法与费马大定理的第二十一个证明

熟知 $x^p + y^p = (x+y) + t$，当 $p=1$ 时，$t=0$，于是 $x^1 + y^1 = (x+y)^1$，注意此时 p 已无法再降，由无穷下降法之注记二可知 $x^1 + y^1 = (x+y)^1$ 是不定方程 $x^p + y^p = z^p$ 当 $p=1$，时之唯一解，证毕。

无穷递降法与费马大定理的第二十二个证明

熟知 $x^p + y^p = (x+y)(x^{p-1} + yt)$，当 $p=1$，$x=x_0$ 时 $x^{p-1} + yt = 1$，于是 $x_0^1 + y^1 = (x_0 + y)^1$，注意此时 p 已无法再降，由无穷下降法之注记二可知 $x_0^1 + y^1 = (x_0 + y)^1$ 是不定方程 $x^p + y^p = z^p$ 当 $p=1$，$x=x_0$ 时之唯一解，证毕。

无穷递降法与费马大定理的第二十三个证明

熟知 $x^p + y^p = (x+y)(x^{p-1} + yt)$，当 $p=1$，$y=y_0$ 时 $x^{p-1} + yt = 1$，于是 $x^1 + y_0^1 = (x + y_0)^1$，注意此时 p 已无法再降，由无穷下降法之注记二可知 $x^1 + y_0^1 = (x + y_0)^1$ 是不定方程 $x^p + y^p = z^p$ 当 $p=1$，$y=y_0$ 时之唯一解，证毕。

无穷递降法与费马大定理的第二十四个证明

熟知 $x^p + y^p = (x+y)(x^{p-1} + yt)$，当 $p=1$ 时，$x^{p-1} + yt = 1$，于是 $x^1 + y^1 = (x+y)^1$，注意此时 p 已无法再降，由无穷下降法之注记二可知 $x^1 + y^1 = (x+y)^1$ 是不定方程 $x^p + y^p = z^p$ 当 $p=1$，时之唯一解，证毕。

无穷递降法与费马大定理的第二十五个证明

熟知 $x^p + y^p = (x+y)(y^{p-1} - xt)$，当 $p=1$，$x=x_0$ 时 $y^{p-1} - xt = 1$，于是 $x_0^1 + y^1 = (x_0 + y)^1$，注意此时 p 已无法再降，由无穷下降法之注记二可知 $x_0^1 + y^1 = (x_0 + y)^1$ 是不定方程 $x^p + y^p = z^p$ 当 $p=1$，$x=x_0$ 时之唯一解，证毕。

无穷递降法与费马大定理的第二十六个证明

熟知 $x^p + y^p = (x+y)(y^{p-1} - xt)$，当 $p=1$，$y=y_0$ 时 $y^{p-1} - xt = 1$，于是 $x^1 + y_0^1 = (x + y_0)^1$，注意此时 p 已无法再降，由无穷下降法之注记二可知 $x^1 + y_0^1 = (x + y_0)^1$ 是不定方程 $x^p + y^p = z^p$ 当 $p=1$，$y=y_0$ 时之唯一解，证毕。

无穷递降法与费马大定理的第二十七个证明

熟知 $x^p + y^p = (x+y)(y^{p-1} - xt)$，当 $p=1$ 时 $y^{p-1} - xt = 1$，

于是 $x^1 + y^1 = (x+y)^1$，注意此时 p 已无法再降，由无穷下降法之注记二

可知 $x^1 + y^1 = (x+y)^1$ 是不定方程 $x^p + y^p = z^p$ 当 $p=1$，时之唯一解，证毕。

无穷递降法与费马大定理的第二十八个证明

熟知 $x^p + y^p = (x+y)(w(x+y) - r)$，当 $p=1$，$x = x_0$ 时 $w(x+y) - r = 1$，

于是 $x_0^1 + y^1 = (x_0 + y)^1$，注意此时 p 已无法再降，由无穷下降法之注记二

可知 $x_0^1 + y^1 = (x_0 + y)^1$ 是不定方程 $x^p + y^p = z^p$ 当 $p=1$，$x = x_0$ 时之唯一解，证毕。

无穷递降法与费马大定理的第二十九个证明

熟知 $x^p + y^p = (x+y)(w(x+y) - r)$，当 $p=1$，$y = y_0$ 时 $w(x+y) - r = 1$，

于是 $x^1 + y_0^1 = (x + y_0)^1$，注意此时 p 已无法再降，由无穷下降法之注记二

可知 $x^1 + y_0^1 = (x + y_0)^1$ 是不定方程 $x^p + y^p = z^p$ 当 $p=1$，$y = y_0$ 时之唯一解，证毕。

无穷递降法与费马大定理的第三十个证明

熟知 $x^p + y^p = (x+y)(w(x+y) - r)$，当 $p=1$ 时 $w(x+y) - r = 1$，

于是 $x^1 + y^1 = (x+y)^1$，注意此时 p 已无法再降，由无穷下降法之注记二

可知 $x^1 + y^1 = (x+y)^1$ 是不定方程 $x^p + y^p = z^p$ 当 $p=1$，时之唯一解，证毕。

无穷递降法与费马大定理的第三十一个证明

熟知 $x^p + y^p = (x+y)(wx - r)$，当 $p=1$，$x = x_0$ 时 $wx - r = 1$，

于是 $x_0^1 + y^1 = (x_0 + y)^1$，注意此时 p 已无法再降，由无穷下降法之注记二

可知 $x_0^1 + y^1 = (x_0 + y)^1$ 是不定方程 $x^p + y^p = z^p$ 当 $p=1$，$x = x_0$ 时之唯一解，证毕。

无穷递降法与费马大定理的第三十二个证明

熟知 $x^p + y^p = (x+y)(wx - r)$，当 $p=1$，$y = y_0$ 时 $wx - r = 1$，

于是 $x^1 + y_0^1 = (x + y_0)^1$，注意此时 p 已无法再降，由无穷下降法之注记二

可知 $x^1 + y_0^1 = (x + y_0)^1$ 是不定方程 $x^p + y^p = z^p$ 当 $p=1$，$y = y_0$ 时之唯一解，证毕。

无穷递降法与费马大定理的第三十三个证明

熟知 $x^p + y^p = (x+y)(wx-r)$，当 $p=1$ 时 $wx-r=1$，

于是 $x^1 + y^1 = (x+y)^1$，注意此时 p 已无法再降，由无穷下降法之注记二

可知 $x^1 + y^1 = (x+y)^1$ 是不定方程 $x^p + y^p = z^p$ 当 $p=1$，时之唯一解，证毕。

无穷递降法与费马大定理的第三十四个证明

熟知 $x^p + y^p = (x+y)(wy-r)$，当 $p=1$，$x=x_0$ 时 $wy-r=1$，

于是 $x_0^1 + y^1 = (x_0+y)^1$，注意此时 p 已无法再降，由无穷下降法之注记二

可知 $x_0^1 + y^1 = (x_0+y)^1$ 是不定方程 $x^p + y^p = z^p$ 当 $p=1$，$x=x_0$ 时之唯一解，证毕。

无穷递降法与费马大定理的第三十五个证明

熟知 $x^p + y^p = (x+y)(wy-r)$，当 $p=1$，$y=y_0$ 时 $wy-r=1$，

于是 $x^1 + y_0^1 = (x+y_0)^1$，注意此时 p 已无法再降，由无穷下降法之注记二

可知 $x^1 + y_0^1 = (x+y_0)^1$ 是不定方程 $x^p + y^p = z^p$ 当 $p=1$，$y=y_0$ 时之唯一解，证毕。

无穷递降法与费马大定理的第三十六个证明

熟知 $x^p + y^p = (x+y)(wy-r)$，当 $p=1$ 时 $wy-r=1$，

于是 $x^1 + y^1 = (x+y)^1$，注意此时 p 已无法再降，由无穷下降法之注记二

可知 $x^1 + y^1 = (x+y)^1$ 是不定方程 $x^p + y^p = z^p$ 当 $p=1$，时之唯一解，证毕。

无穷递降法与费马大定理的第三十七个证明

熟知 $x^p + y^p = (x+y)(w(y-x)-r)$，当 $p=1$，$x=x_0$ 时 $w(y-x)-r=1$，

于是 $x_0^1 + y^1 = (x_0+y)^1$，注意此时 p 已无法再降，由无穷下降法之注记二

可知 $x_0^1 + y^1 = (x_0+y)^1$ 是不定方程 $x^p + y^p = z^p$ 当 $p=1$，$x=x_0$ 时之唯一解，证毕。

无穷递降法与费马大定理的第三十八个证明

熟知 $x^p + y^p = (x+y)(w(y-x)-r)$，当 $p=1$，$y=y_0$ 时 $w(y-x)-r=1$，

于是 $x^1 + y_0^1 = (x+y_0)^1$，注意此时 p 已无法再降，由无穷下降法之注记二

可知 $x^1 + y_0^1 = (x+y_0)^1$ 是不定方程 $x^p + y^p = z^p$ 当 $p=1$，$y=y_0$ 时之唯一解，证毕。

无穷递降法与费马大定理的第三十九个证明

熟知 $x^p + y^p = (x+y)(w(y-x)-r)$，当 $p=1$ 时 $w(y-x)-r=1$，

于是 $x^1 + y^1 = (x+y)^1$，注意此时 p 已无法再降，由无穷下降法之注记二

可知 $x^1 + y^1 = (x+y)^1$ 是不定方程 $x^p + y^p = z^p$ 当 $p=1$，时之唯一解，证毕。

无穷递降法与费马大定理的第四十个证明

熟知 $x^p + y^p = (x+y)(w(x+y)+r)$，当 $p=1$，$x=x_0$ 时 $w(x+y)+r=1$，

于是 $x_0^1 + y^1 = (x_0+y)^1$，注意此时 p 已无法再降，由无穷下降法之注记二

可知 $x_0^1 + y^1 = (x_0+y)^1$ 是不定方程 $x^p + y^p = z^p$ 当 $p=1$，$x=x_0$ 时之唯一解，证毕。

无穷递降法与费马大定理的第四十一个证明

熟知 $x^p + y^p = (x+y)(w(x+y)+r)$，当 $p=1$，$y=y_0$ 时 $w(x+y)+r=1$，

于是 $x^1 + y_0^1 = (x+y_0)^1$，注意此时 p 已无法再降，由无穷下降法之注记二

可知 $x^1 + y_0^1 = (x+y_0)^1$ 是不定方程 $x^p + y^p = z^p$ 当 $p=1$，$y=y_0$ 时之唯一解，证毕。

无穷递降法与费马大定理的第四十二个证明

熟知 $x^p + y^p = (x+y)(w(x+y)+r)$，当 $p=1$ 时 $w(x+y)+r=1$，

于是 $x^1 + y^1 = (x+y)^1$，注意此时 p 已无法再降，由无穷下降法之注记二

可知 $x^1 + y^1 = (x+y)^1$ 是不定方程 $x^p + y^p = z^p$ 当 $p=1$，时之唯一解，证毕。

无穷递降法与费马大定理的第四十三个证明

熟知 $x^p + y^p = (x+y)(wx+r)$，当 $p=1$，$x=x_0$ 时 $wx+r=1$，

于是 $x_0^1 + y^1 = (x_0+y)^1$，注意此时 p 已无法再降，由无穷下降法之注记二

可知 $x_0^1 + y^1 = (x_0+y)^1$ 是不定方程 $x^p + y^p = z^p$ 当 $p=1$，$x=x_0$ 时之唯一解，证毕。

无穷递降法与费马大定理的第四十四个证明

熟知 $x^p + y^p = (x+y)(wx+r)$，当 $p=1$，$y=y_0$ 时 $wx+r=1$，

于是 $x^1 + y_0^1 = (x+y_0)^1$，注意此时 p 已无法再降，由无穷下降法之注记二

可知 $x^1 + y_0^1 = (x+y_0)^1$ 是不定方程 $x^p + y^p = z^p$ 当 $p=1$，$y=y_0$ 时之唯一解，证毕。

无穷递降法与费马大定理的第四十五个证明

熟知 $x^p + y^p = (x+y)(wx+r)$，当 $p=1$ 时 $wx+r=1$，

于是 $x^1 + y^1 = (x+y)^1$，注意此时 p 已无法再降，由无穷下降法之注记二

可知 $x^1 + y^1 = (x+y)^1$ 是不定方程 $x^p + y^p = z^p$ 当 $p=1$，时之唯一解，证毕。

无穷递降法与费马大定理的第四十六个证明

熟知 $x^p + y^p = (x+y)(wy+r)$，当 $p=1$，$x=x_0$ 时 $wy+r=1$，

于是 $x_0^1 + y^1 = (x_0+y)^1$，注意此时 p 已无法再降，由无穷下降法之注记二

可知 $x_0^1 + y^1 = (x_0+y)^1$ 是不定方程 $x^p + y^p = z^p$ 当 $p=1$，$x=x_0$ 时之唯一解，证毕。

无穷递降法与费马大定理的第四十七个证明

熟知 $x^p + y^p = (x+y)(wy+r)$，当 $p=1$，$y=y_0$ 时 $wy+r=1$，

于是 $x^1 + y_0^1 = (x+y_0)^1$，注意此时 p 已无法再降，由无穷下降法之注记二

可知 $x^1 + y_0^1 = (x+y_0)^1$ 是不定方程 $x^p + y^p = z^p$ 当 $p=1$，$y=y_0$ 时之唯一解，证毕。

无穷递降法与费马大定理的第四十八个证明

熟知 $x^p + y^p = (x+y)(wy+r)$，当 $p=1$，时 $wy+r=1$，

于是 $x^1 + y^1 = (x+y)^1$，注意此时 p 已无法再降，由无穷下降法之注记二

可知 $x^1 + y^1 = (x+y)^1$ 是不定方程 $x^p + y^p = z^p$ 当 $p=1$，时之唯一解，证毕。

无穷递降法与费马大定理的第四十九个证明

熟知 $x^p + y^p = (x+y)(w(y-x)+r)$，当 $p=1$，$x=x_0$ 时 $w(y-x)+r=1$，

于是 $x_0^1 + y^1 = (x_0+y)^1$，注意此时 p 已无法再降，由无穷下降法之注记二

可知 $x_0^1 + y^1 = (x_0+y)^1$ 是不定方程 $x^p + y^p = z^p$ 当 $p=1$，$x=x_0$ 时之唯一解，证毕。

无穷递降法与费马大定理的第五十个证明

熟知 $x^p + y^p = (x+y)(w(y-x)+r)$，当 $p=1$，$y=y_0$ 时 $w(y-x)+r=1$，

于是 $x^1 + y_0^1 = (x+y_0)^1$，注意此时 p 已无法再降，由无穷下降法之注记二

可知 $x^1 + y_0^1 = (x+y_0)^1$ 是不定方程 $x^p + y^p = z^p$ 当 $p=1$，$y=y_0$ 时之唯一解，证毕。

无穷递降法与费马大定理的第五十一个证明

熟知 $x^p + y^p = (x+y)(w(y-x)+r)$，当 $p=1$，时 $w(y-x)+r=1$，

于是 $x^1 + y^1 = (x+y)^1$，注意此时 p 已无法再降，由无穷下降法之注记二

可知 $x^1 + y^1 = (x+y)^1$ 是不定方程 $x^p + y^p = z^p$ 当 $p=1$，时之唯一解，证毕。

无穷递降法与费马大定理的第五十二个证明

熟知 $x^p + y^p = (x+y)(-1+2t)$，当 $p=1$，$x=x_0$ 时 $-1+2t=1$，

于是 $x_0^1 + y^1 = (x_0+y)^1$，注意此时 p 已无法再降，由无穷下降法之注记二

可知 $x_0^1 + y^1 = (x_0+y)^1$ 是不定方程 $x^p + y^p = z^p$ 当 $p=1$，$x=x_0$ 时之唯一解，证毕。

无穷递降法与费马大定理的第五十三个证明

熟知 $x^p + y^p = (x+y)(-1+2t)$，当 $p=1$，$y=y_0$ 时 $-1+2t=1$，

于是 $x^1 + y_0^1 = (x+y_0)^1$，注意此时 p 已无法再降，由无穷下降法之注记二

可知 $x^1 + y_0^1 = (x+y_0)^1$ 是不定方程 $x^p + y^p = z^p$ 当 $p=1$，$y=y_0$ 时之唯一解，证毕。

无穷递降法与费马大定理的第五十四个证明

熟知 $x^p + y^p = (x+y)(-1+2t)$，当 $p=1$ 时 $-1+2t=1$，

于是 $x^1 + y^1 = (x+y)^1$，注意此时 p 已无法再降，由无穷下降法之注记二

可知 $x^1 + y^1 = (x+y)^1$ 是不定方程 $x^p + y^p = z^p$ 当 $p=1$，时之唯一解，证毕。

无穷递降法与费马大定理的第五十五个证明

熟知 $x^p + y^p = (x+y)(w(x+1)-r)$，当 $p=1$，$x=x_0$ 时 $w(x+1)-r=1$，

于是 $x_0^1 + y^1 = (x_0+y)^1$，注意此时 p 已无法再降，由无穷下降法之注记二

可知 $x_0^1 + y^1 = (x_0+y)^1$ 是不定方程 $x^p + y^p = z^p$ 当 $p=1$，$x=x_0$ 时之唯一解，证毕。

无穷递降法与费马大定理的第五十六个证明

熟知 $x^p + y^p = (x+y)(w(x+1)-r)$，当 $p=1$，$y=y_0$ 时 $w(x+1)-r=1$，

于是 $x^1 + y_0^1 = (x+y_0)^1$，注意此时 p 已无法再降，由无穷下降法之注记二

可知 $x^1 + y_0^1 = (x+y_0)^1$ 是不定方程 $x^p + y^p = z^p$ 当 $p=1$，$y=y_0$ 时之唯一解，证毕。

238

无穷递降法与费马大定理的第五十七个证明

熟知 $x^p + y^p = (x+y)(w(x+1)-r)$，当 $p=1$ 时 $w(x+1)-r=1$，

于是 $x^1 + y^1 = (x+y)^1$，注意此时 p 已无法再降，由无穷下降法之注记二

可知 $x^1 + y^1 = (x+y)^1$ 是不定方程 $x^p + y^p = z^p$ 当 $p=1$，时之唯一解，证毕。

无穷递降法与费马大定理的第五十八个证明

熟知 $x^p + y^p = (x+y)(w(x+2)-r)$，当 $p=1$，$x=x_0$ 时 $w(x+2)-r=1$，

于是 $x_0^1 + y^1 = (x_0+y)^1$，注意此时 p 已无法再降，由无穷下降法之注记二

可知 $x_0^1 + y^1 = (x_0+y)^1$ 是不定方程 $x^p + y^p = z^p$ 当 $p=1$，$x=x_0$ 时之唯一解，证毕。

无穷递降法与费马大定理的第五十九个证明

熟知 $x^p + y^p = (x+y)(w(x+2)-r)$，当 $p=1$，$y=y_0$ 时 $w(x+2)-r=1$，

于是 $x^1 + y_0^1 = (x+y_0)^1$，注意此时 p 已无法再降，由无穷下降法之注记二

可知 $x^1 + y_0^1 = (x+y_0)^1$ 是不定方程 $x^p + y^p = z^p$ 当 $p=1$，$y=y_0$ 时之唯一解，证毕。

无穷递降法与费马大定理的第六十个证明

熟知 $x^p + y^p = (x+y)(w(x+2)-r)$，当 $p=1$ 时 $w(x+2)-r=1$，

于是 $x^1 + y^1 = (x+y)^1$，注意此时 p 已无法再降，由无穷下降法之注记二

可知 $x^1 + y^1 = (x+y)^1$ 是不定方程 $x^p + y^p = z^p$ 当 $p=1$，时之唯一解，证毕。

无穷递降法与费马大定理的第六十一个证明

熟知 $x^p + y^p = (x+y)(w(x+1)+r)$，当 $p=1$，$x=x_0$ 时 $w(x+1)+r=1$，

于是 $x_0^1 + y^1 = (x_0+y)^1$，注意此时 p 已无法再降，由无穷下降法之注记二

可知 $x_0^1 + y^1 = (x_0+y)^1$ 是不定方程 $x^p + y^p = z^p$ 当 $p=1$，$x=x_0$ 时之唯一解，证毕。

无穷递降法与费马大定理的第六十二个证明

熟知 $x^p + y^p = (x+y)(w(x+1)+r)$，当 $p=1$，$y=y_0$ 时 $w(x+1)+r=1$，

于是 $x^1 + y_0^1 = (x+y_0)^1$，注意此时 p 已无法再降，由无穷下降法之注记二

可知 $x^1 + y_0^1 = (x+y_0)^1$ 是不定方程 $x^p + y^p = z^p$ 当 $p=1$，$y=y_0$ 时之唯一解，证毕。

无穷递降法与费马大定理的第六十三个证明

熟知 $x^p + y^p = (x+y)(w(x+1)+r)$，当 $p=1$ 时 $w(x+1)+r=1$，

于是 $x^1 + y^1 = (x+y)^1$，注意此时 p 已无法再降，由无穷下降法之注记二

可知 $x^1 + y^1 = (x+y)^1$ 是不定方程 $x^p + y^p = z^p$ 当 $p=1$，时之唯一解，证毕。

无穷递降法与费马大定理的第六十四个证明

熟知 $x^p + y^p = (x+y)(w(x+2)+r)$，当 $p=1$，$x=x_0$ 时 $w(x+2)+r=1$，

于是 $x_0^1 + y^1 = (x_0+y)^1$，注意此时 p 已无法再降，由无穷下降法之注记二

可知 $x_0^1 + y^1 = (x_0+y)^1$ 是不定方程 $x^p + y^p = z^p$ 当 $p=1$，$x=x_0$ 时之唯一解，证毕。

无穷递降法与费马大定理的第六十五个证明

熟知 $x^p + y^p = (x+y)(w(x+2)+r)$，当 $p=1$，$y=y_0$ 时 $w(x+2)+r=1$，

于是 $x^1 + y_0^1 = (x+y_0)^1$，注意此时 p 已无法再降，由无穷下降法之注记二

可知 $x^1 + y_0^1 = (x+y_0)^1$ 是不定方程 $x^p + y^p = z^p$ 当 $p=1$，$y=y_0$ 时之唯一解，证毕。

无穷递降法与费马大定理的第六十六个证明

熟知 $x^p + y^p = (x+y)(w(x+2)+r)$，当 $p=1$ 时 $w(x+2)+r=1$，

于是 $x^1 + y^1 = (x+y)^1$，注意此时 p 已无法再降，由无穷下降法之注记二

可知 $x^1 + y^1 = (x+y)^1$ 是不定方程 $x^p + y^p = z^p$ 当 $p=1$，时之唯一解，证毕。

无穷递降法与费马大定理的第六十七个证明

熟知 $x^p + y^p = (x+y)((x+y)^{p-1}-r)$，当 $p=1$，$x=x_0$ 时 $(x+y)^{p-1}-r=1$，

于是 $x_0^1 + y^1 = (x_0+y)^1$，注意此时 p 已无法再降，由无穷下降法之注记二

可知 $x_0^1 + y^1 = (x_0+y)^1$ 是不定方程 $x^p + y^p = z^p$ 当 $p=1$，$x=x_0$ 时之唯一解，证毕。

无穷递降法与费马大定理的第六十八个证明

熟知 $x^p + y^p = (x+y)((x+y)^{p-1}-r)$，当 $p=1$，$y=y_0$ 时 $(x+y)^{p-1}-r=1$，

于是 $x^1 + y_0^1 = (x+y_0)^1$，注意此时 p 已无法再降，由无穷下降法之注记二

可知 $x^1 + y_0^1 = (x+y_0)^1$ 是不定方程 $x^p + y^p = z^p$ 当 $p=1$，$y=y_0$ 时之唯一解，证毕。

无穷递降法与费马大定理的第六十九个证明

熟知 $x^p + y^p = (x+y)((x+y)^{p-1} - r)$，当 $p = 1$ 时 $(x+y)^{p-1} - r = 1$，

于是 $x^1 + y^1 = (x+y)^1$，注意此时 p 已无法再降，由无穷下降法之注记二

可知 $x^1 + y^1 = (x+y)^1$ 是不定方程 $x^p + y^p = z^p$ 当 $p = 1$，时之唯一解，证毕。

无穷递降法与费马大定理的第七十个证明

熟知 $x^p + y^p = (x+y)((x+y)^p - r)$，当 $p = 1$，$x = x_0$ 时 $(x+y)^p - r = 1$，

于是 $x_0^1 + y^1 = (x_0 + y)^1$，注意此时 p 已无法再降，由无穷下降法之注记二

可知 $x_0^1 + y^1 = (x_0 + y)^1$ 是不定方程 $x^p + y^p = z^p$ 当 $p = 1$，$x = x_0$ 时之唯一解，证毕。

无穷递降法与费马大定理的第七十一个证明

熟知 $x^p + y^p = (x+y)((x+y)^p - r)$，当 $p = 1$，$y = y_0$ 时 $(x+y)^p - r = 1$，

于是 $x^1 + y_0^1 = (x + y_0)^1$，注意此时 p 已无法再降，由无穷下降法之注记二

可知 $x^1 + y_0^1 = (x + y_0)^1$ 是不定方程 $x^p + y^p = z^p$ 当 $p = 1$，$y = y_0$ 时之唯一解，证毕。

无穷递降法与费马大定理的第七十二个证明

熟知 $x^p + y^p = (x+y)((x+y)^p - r)$，当 $p = 1$ 时 $(x+y)^p - r = 1$，

于是 $x^1 + y^1 = (x+y)^1$，注意此时 p 已无法再降，由无穷下降法之注记二

可知 $x^1 + y^1 = (x+y)^1$ 是不定方程 $x^p + y^p = z^p$ 当 $p = 1$，时之唯一解，证毕。

无穷递降法与费马大定理的第七十三个证明

熟知 $x^p + y^p = (x+y)((x+y)^{p+1} - r)$，当 $p = 1$，$x = x_0$ 时 $(x+y)^{p+1} - r = 1$，

于是 $x_0^1 + y^1 = (x_0 + y)^1$，注意此时 p 已无法再降，由无穷下降法之注记二

可知 $x_0^1 + y^1 = (x_0 + y)^1$ 是不定方程 $x^p + y^p = z^p$ 当 $p = 1$，$x = x_0$ 时之唯一解，证毕。

无穷递降法与费马大定理的第七十四个证明

熟知 $x^p + y^p = (x+y)((x+y)^{p+1} - r)$，当 $p = 1$，$y = y_0$ 时 $(x+y)^{p+1} - r = 1$，

于是 $x^1 + y_0^1 = (x + y_0)^1$，注意此时 p 已无法再降，由无穷下降法之注记二

可知 $x^1 + y_0^1 = (x + y_0)^1$ 是不定方程 $x^p + y^p = z^p$ 当 $p = 1$，$y = y_0$ 时之唯一解，证毕。

无穷递降法与费马大定理的第七十五个证明

熟知 $x^p + y^p = (x+y)((x+y)^{p+1} - r)$，当 $p=1$ 时 $(x+y)^{p+1} - r = 1$，

于是 $x^1 + y^1 = (x+y)^1$，注意此时 p 已无法再降，由无穷下降法之注记二

可知 $x^1 + y^1 = (x+y)^1$ 是不定方程 $x^p + y^p = z^p$ 当 $p=1$，时之唯一解，证毕。

无穷递降法与费马大定理的第七十六个证明

熟知 $x^p + y^p = (x+y)((x+y)^{p+2} - r)$，当 $p=1$，$x=x_0$ 时 $(x+y)^{p+2} - r = 1$，

于是 $x_0^1 + y^1 = (x_0 + y)^1$，注意此时 p 已无法再降，由无穷下降法之注记二

可知 $x_0^1 + y^1 = (x_0 + y)^1$ 是不定方程 $x^p + y^p = z^p$ 当 $p=1$，$x=x_0$ 时之唯一解，证毕。

无穷递降法与费马大定理的第七十七个证明

熟知 $x^p + y^p = (x+y)((x+y)^{p+2} - r)$，当 $p=1$，$y=y_0$ 时 $(x+y)^{p+2} - r = 1$，

于是 $x^1 + y_0^1 = (x + y_0)^1$，注意此时 p 已无法再降，由无穷下降法之注记二

可知 $x^1 + y_0^1 = (x + y_0)^1$ 是不定方程 $x^p + y^p = z^p$ 当 $p=1$，$y=y_0$ 时之唯一解，证毕。

无穷递降法与费马大定理的第七十八个证明

熟知 $x^p + y^p = (x+y)((x+y)^{p+2} - r)$，当 $p=1$ 时 $(x+y)^{p+2} - r = 1$，

于是 $x^1 + y^1 = (x+y)^1$，注意此时 p 已无法再降，由无穷下降法之注记二

可知 $x^1 + y^1 = (x+y)^1$ 是不定方程 $x^p + y^p = z^p$ 当 $p=1$，时之唯一解，证毕。

无穷递降法与费马大定理的第七十九个证明

熟知 $x^p + y^p = (x+y)((x+y)^{2p} - r)$，当 $p=1$，$x=x_0$ 时 $(x+y)^{2p} - r = 1$，

于是 $x_0^1 + y^1 = (x_0 + y)^1$，注意此时 p 已无法再降，由无穷下降法之注记二

可知 $x_0^1 + y^1 = (x_0 + y)^1$ 是不定方程 $x^p + y^p = z^p$ 当 $p=1$，$x=x_0$ 时之唯一解，证毕。

无穷递降法与费马大定理的第八十个证明

熟知 $x^p + y^p = (x+y)((x+y)^{2p} - r)$，当 $p=1$，$y=y_0$ 时 $(x+y)^{2p} - r = 1$，

于是 $x^1 + y_0^1 = (x + y_0)^1$，注意此时 p 已无法再降，由无穷下降法之注记二

可知 $x^1 + y_0^1 = (x + y_0)^1$ 是不定方程 $x^p + y^p = z^p$ 当 $p=1$，$y=y_0$ 时之唯一解，证毕。

无穷递降法与费马大定理的第八十一个证明

熟知 $x^p + y^p = (x+y)((x+y)^{2p} - r)$，当 $p=1$ 时 $(x+y)^{2p} - r = 1$，

于是 $x^1 + y^1 = (x+y)^1$，注意此时 p 已无法再降，由无穷下降法之注记二

可知 $x^1 + y^1 = (x+y)^1$ 是不定方程 $x^p + y^p = z^p$ 当 $p=1$，时之唯一解，证毕。

$n=1$、无穷递降法与费马大定理的第八十二个证明

熟知 $x^n + y^n = \dfrac{x+y}{xy}(x^{n+1} + y^{n+1} - q_{n+2})$，当 $n=1$，$x=x_0$ 时

$\dfrac{1}{xy}(x^{n+1} + y^{n+1} - q_{n+2}) = 1$，于是 $x_0^1 + y^1 = (x_0 + y)^1$，注意此时 n 已无法再降，由无穷

下降法之注记二可知 $x_0^1 + y^1 = (x_0 + y)^1$ 是不定方程 $x^p + y^p = z^p$ 当 $n=1$，$x=x_0$ 时之唯

一解，证毕。

$n=1$、无穷递降法与费马大定理的第八十三个证明

熟知 $x^n + y^n = \dfrac{x+y}{xy}(x^{n+1} + y^{n+1} - q_{n+2})$，当 $n=1$，$y=y_0$ 时

$\dfrac{1}{xy}(x^{n+1} + y^{n+1} - q_{n+2}) = 1$，于是 $x^1 + y_0^1 = (x + y_0)^1$，注意此时 n 已无法再降，由无穷

下降法之注记二可知 $x^1 + y_0^1 = (x + y_0)^1$ 是不定方程 $x^p + y^p = z^p$ 当 $n=1$，$y=y_0$ 时之唯

一解，证毕。

$n=1$、无穷递降法与费马大定理的第八十四个证明

熟知 $x^n + y^n = \dfrac{x+y}{xy}(x^{n+1} + y^{n+1} - q_{n+2})$，当 $n=1$ 时 $\dfrac{1}{xy}(x^{n+1} + y^{n+1} - q_{n+2}) = 1$，

于是 $x^1 + y^1 = (x+y)^1$，注意此时 n 已无法再降，由无穷下降法之注记二

可知 $x^1 + y^1 = (x+y)^1$ 是不定方程 $x^n + y^n = z^n$ 当 $n=1$，时之唯一解，证毕。

第五十七章 $q=1$、无穷递降法与费马大定理的证明

本章利用 $q=1$、无穷递降法再给出与费马大定理的八十四个证明。

无穷递降法与费马大定理的第一个证明

熟知 $x^p + y^p = (x+y)q$，当 $q=1$，$x=x_0$ 时 $p=1$，于是 $x_0^1 + y^1 = (x_0+y)^1$，注意此时 p 已无法再降，由无穷下降法之注记二可知 $x_0^1 + y^1 = (x_0+y)^1$ 是不定方程

$x^p + y^p = z^p$ 当 $p=1$，$x=x_0$ 时之唯一解，证毕。

无穷递降法与费马大定理的第二个证明

熟知 $x^p + y^p = (x+y)q$，当 $q=1$，$y=y_0$ 时 $p=1$，于是 $x^1 + y_0^1 = (x+y_0)^1$，注意此时 p 已无法再降，由无穷下降法之注记二可知 $x^1 + y_0^1 = (x+y_0)^1$ 是不定方程

$x^p + y^p = z^p$ 当 $p=1$，$y=y_0$ 时之唯一解，证毕。

无穷递降法与费马大定理的第三个证明

熟知 $x^p + y^p = (x+y)q$，当 $q=1$ 时，$p=1$，于是 $x^1 + y^1 = (x+y)^1$，注意此时 p 已无法再降，由无穷下降法之注记二可知 $x^1 + y^1 = (x+y)^1$ 是不定方程

$x^p + y^p = z^p$ 当 $p=1$ 时之唯一解，证毕。

无穷递降法与费马大定理的第四个证明

熟知 $x^p + y^p = (x+y) + 6pt$，当 $t=0$，$x=x_0$ 时 $p=1$，于是 $x_0^1 + y^1 = (x_0+y)^1$，注意此时 p 已无法再降，由无穷下降法之注记二可知 $x_0^1 + y^1 = (x_0+y)^1$ 是不定方程

$x^p + y^p = z^p$ 当 $p=1$，$x=x_0$ 时之唯一解，证毕。

无穷递降法与费马大定理的第五个证明

熟知 $x^p + y^p = (x+y) + 6pt$，当 $t=0$，$y=y_0$ 时 $p=1$，于是 $x^1 + y_0^1 = (x+y_0)^1$，注意此时 p 已无法再降，由无穷下降法之注记二可知 $x^1 + y_0^1 = (x+y_0)^1$ 是不定方程

$x^p + y^p = z^p$ 当 $p=1$，$y=y_0$ 时之唯一解，证毕。

无穷递降法与费马大定理的第六个证明

熟知 $x^p + y^p = (x+y) + 6pt$，当 $t=0$ 时，$p=1$，于是 $x^1 + y^1 = (x+y)^1$，注意此

时 p 已无法再降，由无穷下降法之注记二可知 $x^1 + y^1 = (x + y)^1$ 是不定方程

$x^p + y^p = z^p$ 当 $p = 1$，时之唯一解，证毕。

无穷递降法与费马大定理的第七个证明

熟知 $x^p + y^p = (x + y) + 2pt$，当 $t = 0$，$x = x_0$ 时，$p = 1$，于是 $x_0^1 + y^1 = (x_0 + y)^1$，

注意此时 p 已无法再降，由无穷下降法之注记二可知 $x_0^1 + y^1 = (x_0 + y)^1$ 是不定方程

$x^p + y^p = z^p$ 当 $p = 1$，$x = x_0$ 时之唯一解，证毕。

无穷递降法与费马大定理的第八个证明

熟知 $x^p + y^p = (x + y) + 2pt$，当 $t = 0$，$y = y_0$ 时 $p = 1$，于是 $x^1 + y_0^1 = (x + y_0)^1$，

注意此时 p 已无法再降，由无穷下降法之注记二可知 $x^1 + y_0^1 = (x + y_0)^1$ 是不定方程

$x^p + y^p = z^p$ 当 $p = 1$，$y = y_0$ 时之唯一解，证毕。

无穷递降法与费马大定理的第九个证明

熟知 $x^p + y^p = (x + y) + 2pt$，当 $t = 0$ 时，$p = 1$，于是 $x^1 + y^1 = (x + y)^1$，注意此

时 p 已无法再降，由无穷下降法之注记二可知 $x^1 + y^1 = (x + y)^1$ 是不定方程

$x^p + y^p = z^p$ 当 $p = 1$，时之唯一解，证毕。

无穷递降法与费马大定理的第十个证明

熟知 $x^p + y^p = (x + y) + 2t$，当 $t = 0$，$x = x_0$ 时 $p = 1$，于是 $x_0^1 + y^1 = (x_0 + y)^1$，

注意此时 p 已无法再降，由无穷下降法之注记二可知 $x_0^1 + y^1 = (x_0 + y)^1$ 是不定方程

$x^p + y^p = z^p$ 当 $p = 1$，$x = x_0$ 时之唯一解，证毕。

无穷递降法与费马大定理的第十一个证明

熟知 $x^p + y^p = (x + y) + 2t$，当 $t = 0$，$y = y_0$ 时 $p = 1$，于是 $x^1 + y_0^1 = (x + y_0)^1$，

注意此时 p 已无法再降，由无穷下降法之注记二可知 $x^1 + y_0^1 = (x + y_0)^1$ 是不定方程

$x^p + y^p = z^p$ 当 $p = 1$，$y = y_0$ 时之唯一解，证毕。

无穷递降法与费马大定理的第十二个证明

熟知 $x^p + y^p = (x + y) + 2t$，当 $t = 0$ 时，$p = 1$，于是 $x^1 + y^1 = (x + y)^1$，注意此时

p 已无法再降，由无穷下降法之注记二可知 $x^1 + y^1 = (x+y)^1$ 是不定方程

$x^p + y^p = z^p$ 当 $p = 1$，时之唯一解，证毕。

无穷递降法与费马大定理的第十三个证明

熟知 $x^p + y^p = (x+y)^p - pxyt$，当 $t = 0$，$x = x_0$ 时 $p = 1$，

于是 $x_0^1 + y^1 = (x_0 + y)^1$，注意此时 p 已无法再降，由无穷下降法之注记二可知

$x_0^1 + y^1 = (x_0 + y)^1$ 是不定方程 $x^p + y^p = z^p$ 当 $p = 1$，$x = x_0$ 时之唯一解，证毕。

无穷递降法与费马大定理的第十四个证明

熟知 $x^p + y^p = (x+y)^p - pxyt$，当 $t = 0$，$y = y_0$ 时 $p = 1$，

于是 $x^1 + y_0^1 = (x + y_0)^1$，注意此时 p 已无法再降，由无穷下降法之注记二可知

$x^1 + y_0^1 = (x + y_0)^1$ 是不定方程 $x^p + y^p = z^p$ 当 $p = 1$，$y = y_0$ 时之唯一解，证毕。

无穷递降法与费马大定理的第十五个证明

熟知 $x^p + y^p = (x+y)^p - pxyt$，当 $t = 0$ 时，$p = 1$，于是 $x^1 + y^1 = (x+y)^1$，注意

此时 p 已无法再降，由无穷下降法之注记二可知 $x^1 + y^1 = (x+y)^1$ 是不定方程

$x^p + y^p = z^p$ 当 $p = 1$，时之唯一解，证毕。

无穷递降法与费马大定理的第十六个证明

熟知 $x^p + y^p = (x+y)(1+2pt)$，当 $t = 0$，$x = x_0$ 时 $p = 1$，

于是 $x_0^1 + y^1 = (x_0 + y)^1$，注意此时 p 已无法再降，由无穷下降法之注记二可知

$x_0^1 + y^1 = (x_0 + y)^1$ 是不定方程 $x^p + y^p = z^p$ 当 $p = 1$，$x = x_0$ 时之唯一解，证毕。

无穷递降法与费马大定理的第十七个证明

熟知 $x^p + y^p = (x+y)(1+2pt)$，当 $t = 0$，$y = y_0$ 时 $p = 1$，

于是 $x^1 + y_0^1 = (x + y_0)^1$，注意此时 p 已无法再降，由无穷下降法之注记二可知

$x^1 + y_0^1 = (x + y_0)^1$ 是不定方程 $x^p + y^p = z^p$ 当 $p = 1$，$y = y_0$ 时之唯一解，证毕。

无穷递降法与费马大定理的第十八个证明

熟知 $x^p + y^p = (x+y)(1+2pt)$，当 $t = 0$ 时，$p = 1$，于是 $x^1 + y^1 = (x+y)^1$，注意

此时 p 已无法再降，由无穷下降法之注记二可知 $x^1 + y^1 = (x+y)^1$ 是不定方程

$x^p + y^p = z^p$ 当 $p = 1$，时之唯一解，证毕。

无穷递降法与费马大定理的第十九个证明

熟知 $x^p + y^p = (x+y)(1+2t)$，当 $t = 0$，$x = x_0$ 时 $p = 1$，

于是 $x_0^{\ 1} + y^1 = (x_0 + y)^1$，注意此时 p 已无法再降，由无穷下降法之注记二可知

$x_0^{\ 1} + y^1 = (x_0 + y)^1$ 是不定方程 $x^p + y^p = z^p$ 当 $p = 1$，$x = x_0$ 时之唯一解，证毕。

无穷递降法与费马大定理的第二十个证明

熟知 $x^p + y^p = (x+y)(1+2t)$，当 $t = 0$，$y = y_0$ 时 $p = 1$，

于是 $x^1 + y_0^{\ 1} = (x + y_0)^1$，注意此时 p 已无法再降，由无穷下降法之注记二可知

$x^1 + y_0^{\ 1} = (x + y_0)^1$ 是不定方程 $x^p + y^p = z^p$ 当 $p = 1$，$y = y_0$ 时之唯一解，证毕。

无穷递降法与费马大定理的第二十一个证明

熟知 $x^p + y^p = (x+y)(1+2t)$，当 $t = 0$ 时，$p = 1$，于是 $x^1 + y^1 = (x+y)^1$，注意此

时 p 已无法再降，由无穷下降法之注记二可知 $x^1 + y^1 = (x+y)^1$ 是不定方程

$x^p + y^p = z^p$ 当 $p = 1$，时之唯一解，证毕。

无穷递降法与费马大定理的第二十二个证明

熟知 $x^p + y^p = (x+y)(wx^{p-1} - r)$，当 $wx^{p-1} - r = 1$，$x = x_0$ 时 $p = 1$，

于是 $x_0^{\ 1} + y^1 = (x_0 + y)^1$，注意此时 p 已无法再降，由无穷下降法之注记二

可知 $x_0^{\ 1} + y^1 = (x_0 + y)^1$ 是不定方程 $x^p + y^p = z^p$ 当 $p = 1$，$x = x_0$ 时之唯一解，证毕。

无穷递降法与费马大定理的第二十三个证明

熟知 $x^p + y^p = (x+y)(wx^{p-1} - r)$，当 $wx^{p-1} - r = 1$，$y = y_0$ 时 $p = 1$，

于是 $x^1 + y_0^{\ 1} = (x + y_0)^1$，注意此时 p 已无法再降，由无穷下降法之注记二

可知 $x^1 + y_0^{\ 1} = (x + y_0)^1$ 是不定方程 $x^p + y^p = z^p$ 当 $p = 1$，$y = y_0$ 时之唯一解，证毕。

无穷递降法与费马大定理的第二十四个证明

熟知 $x^p + y^p = (x+y)(wx^{p-1} - r)$，当 $wx^{p-1} - r = 1$ 时，$p = 1$，

于是 $x^1 + y^1 = (x+y)^1$，注意此时 p 已无法再降，由无穷下降法之注记二

可知 $x^1 + y^1 = (x+y)^1$ 是不定方程 $x^p + y^p = z^p$ 当 $p = 1$，时之唯一解，证毕。

无穷递降法与费马大定理的第二十五个证明

熟知 $x^p + y^p = (x+y)(wy^{p-1} - r)$，当 $wy^{p-1} - r = 1$，$x = x_0$ 时 $p = 1$，

于是 $x_0^1 + y^1 = (x_0 + y)^1$，注意此时 p 已无法再降，由无穷下降法之注记二

可知 $x_0^1 + y^1 = (x_0 + y)^1$ 是不定方程 $x^p + y^p = z^p$ 当 $p = 1$，$x = x_0$ 时之唯一解，证毕。

无穷递降法与费马大定理的第二十六个证明

熟知 $x^p + y^p = (x+y)(wy^{p-1} - r)$，当 $wy^{p-1} - r = 1$，$y = y_0$ 时 $p = 1$，

于是 $x^1 + y_0^1 = (x + y_0)^1$，注意此时 p 已无法再降，由无穷下降法之注记二

可知 $x^1 + y_0^1 = (x + y_0)^1$ 是不定方程 $x^p + y^p = z^p$ 当 $p = 1$，$y = y_0$ 时之唯一解，证毕。

无穷递降法与费马大定理的第二十七个证明

熟知 $x^p + y^p = (x+y)(wy^{p-1} - r)$，当 $wy^{p-1} - r = 1$ 时 $p = 1$，

于是 $x^1 + y^1 = (x+y)^1$，注意此时 p 已无法再降，由无穷下降法之注记二

可知 $x^1 + y^1 = (x+y)^1$ 是不定方程 $x^p + y^p = z^p$ 当 $p = 1$，时之唯一解，证毕。

无穷递降法与费马大定理的第二十八个证明

熟知 $x^p + y^p = (x+y)(w(x+y) - r)$，当 $w(x+y) - r = 1$，$x = x_0$ 时 $p = 1$，

于是 $x_0^1 + y^1 = (x_0 + y)^1$，注意此时 p 已无法再降，由无穷下降法之注记二

可知 $x_0^1 + y^1 = (x_0 + y)^1$ 是不定方程 $x^p + y^p = z^p$ 当 $p = 1$，$x = x_0$ 时之唯一解，证毕。

无穷递降法与费马大定理的第二十九个证明

熟知 $x^p + y^p = (x+y)(w(x+y) - r)$，当 $w(x+y) - r = 1$，$y = y_0$ 时 $p = 1$，

于是 $x^1 + y_0^1 = (x + y_0)^1$，注意此时 p 已无法再降，由无穷下降法之注记二

可知 $x^1 + y_0^1 = (x + y_0)^1$ 是不定方程 $x^p + y^p = z^p$ 当 $p = 1$，$y = y_0$ 时之唯一解，证毕。

无穷递降法与费马大定理的第三十个证明

熟知 $x^p + y^p = (x+y)(w(x+y) - r)$，当 $w(x+y) - r = 1$ 时 $p = 1$，

于是 $x^1 + y^1 = (x+y)^1$，注意此时 p 已无法再降，由无穷下降法之注记二

可知 $x^1 + y^1 = (x+y)^1$ 是不定方程 $x^p + y^p = z^p$ 当 $p=1$，时之唯一解，证毕。

无穷递降法与费马大定理的第三十一个证明

熟知 $x^p + y^p = (x+y)(wx-r)$，当 $wx-r=1$，$x=x_0$ 时 $p=1$，

于是 $x_0^{\,1} + y^1 = (x_0+y)^1$，注意此时 p 已无法再降，由无穷下降法之注记二

可知 $x_0^{\,1} + y^1 = (x_0+y)^1$ 是不定方程 $x^p + y^p = z^p$ 当 $p=1$，$x=x_0$ 时之唯一解，证毕。

无穷递降法与费马大定理的第三十二个证明

熟知 $x^p + y^p = (x+y)(wx-r)$，当 $wx-r=1$，$y=y_0$ 时 $p=1$，

于是 $x^1 + y_0^{\,1} = (x+y_0)^1$，注意此时 p 已无法再降，由无穷下降法之注记二

可知 $x^1 + y_0^{\,1} = (x+y_0)^1$ 是不定方程 $x^p + y^p = z^p$ 当 $p=1$，$y=y_0$ 时之唯一解，证毕。

无穷递降法与费马大定理的第三十三个证明

熟知 $x^p + y^p = (x+y)(wx-r)$，当 $wx-r=1$ 时 $p=1$，

于是 $x^1 + y^1 = (x+y)^1$，注意此时 p 已无法再降，由无穷下降法之注记二

可知 $x^1 + y^1 = (x+y)^1$ 是不定方程 $x^p + y^p = z^p$ 当 $p=1$，时之唯一解，证毕。

无穷递降法与费马大定理的第三十四个证明

熟知 $x^p + y^p = (x+y)(wy-r)$，当 $wy-r=1$，$x=x_0$ 时 $p=1$，

于是 $x_0^{\,1} + y^1 = (x_0+y)^1$，注意此时 p 已无法再降，由无穷下降法之注记二

可知 $x_0^{\,1} + y^1 = (x_0+y)^1$ 是不定方程 $x^p + y^p = z^p$ 当 $p=1$，$x=x_0$ 时之唯一解，证毕。

无穷递降法与费马大定理的第三十五个证明

熟知 $x^p + y^p = (x+y)(wy-r)$，当 $wy-r=1$，$y=y_0$ 时 $p=1$，

于是 $x^1 + y_0^{\,1} = (x+y_0)^1$，注意此时 p 已无法再降，由无穷下降法之注记二

可知 $x^1 + y_0^{\,1} = (x+y_0)^1$ 是不定方程 $x^p + y^p = z^p$ 当 $p=1$，$y=y_0$ 时之唯一解，证毕。

无穷递降法与费马大定理的第三十六个证明

熟知 $x^p + y^p = (x+y)(wy-r)$，当 $wy-r=1$ 时 $p=1$，

于是 $x^1 + y^1 = (x+y)^1$，注意此时 p 已无法再降，由无穷下降法之注记二

可知 $x^1 + y^1 = (x+y)^1$ 是不定方程 $x^p + y^p = z^p$ 当 $p=1$，时之唯一解，证毕。

无穷递降法与费马大定理的第三十七个证明

熟知 $x^p + y^p = (x+y)(w(y-x)-r)$，当 $w(y-x)-r=1$，$x=x_0$ 时 $p=1$，

于是 $x_0^1 + y^1 = (x_0+y)^1$，注意此时 p 已无法再降，由无穷下降法之注记二

可知 $x_0^1 + y^1 = (x_0+y)^1$ 是不定方程 $x^p + y^p = z^p$ 当 $p=1$，$x=x_0$ 时之唯一解，证毕。

无穷递降法与费马大定理的第三十八个证明

熟知 $x^p + y^p = (x+y)(w(y-x)-r)$，当 $w(y-x)-r=1$，$y=y_0$ 时 $p=1$，

于是 $x^1 + y_0^1 = (x+y_0)^1$，注意此时 p 已无法再降，由无穷下降法之注记二

可知 $x^1 + y_0^1 = (x+y_0)^1$ 是不定方程 $x^p + y^p = z^p$ 当 $p=1$，$y=y_0$ 时之唯一解，证毕。

无穷递降法与费马大定理的第三十九个证明

熟知 $x^p + y^p = (x+y)(w(y-x)-r)$，当 $w(y-x)-r=1$ 时 $p=1$，

于是 $x^1 + y^1 = (x+y)^1$，注意此时 p 已无法再降，由无穷下降法之注记二

可知 $x^1 + y^1 = (x+y)^1$ 是不定方程 $x^p + y^p = z^p$ 当 $p=1$，时之唯一解，证毕。

无穷递降法与费马大定理的第四十个证明

熟知 $x^p + y^p = (x+y)(w(x+y)+r)$，当 $w(x+y)+r=1$，$x=x_0$ 时 $p=1$，

于是 $x_0^1 + y^1 = (x_0+y)^1$，注意此时 p 已无法再降，由无穷下降法之注记二

可知 $x_0^1 + y^1 = (x_0+y)^1$ 是不定方程 $x^p + y^p = z^p$ 当 $p=1$，$x=x_0$ 时之唯一解，证毕。

无穷递降法与费马大定理的第四十一个证明

熟知 $x^p + y^p = (x+y)(w(x+y)+r)$，当 $w(x+y)+r=1$，$y=y_0$ 时 $p=1$，

于是 $x^1 + y_0^1 = (x+y_0)^1$，注意此时 p 已无法再降，由无穷下降法之注记二

可知 $x^1 + y_0^1 = (x+y_0)^1$ 是不定方程 $x^p + y^p = z^p$ 当 $p=1$，$y=y_0$ 时之唯一解，证毕。

无穷递降法与费马大定理的第四十二个证明

熟知 $x^p + y^p = (x+y)(w(x+y)+r)$，当 $w(x+y)+r=1$ 时 $p=1$，

于是 $x^1 + y^1 = (x+y)^1$，注意此时 p 已无法再降，由无穷下降法之注记二

可知 $x^1 + y^1 = (x+y)^1$ 是不定方程 $x^p + y^p = z^p$ 当 $p=1$，时之唯一解，证毕。

无穷递降法与费马大定理的第四十三个证明

熟知 $x^p + y^p = (x+y)(wx+r)$，当 $wx+r=1$，$x=x_0$ 时 $p=1$，

于是 $x_0^{\ 1} + y^1 = (x_0+y)^1$，注意此时 p 已无法再降，由无穷下降法之注记二

可知 $x_0^{\ 1} + y^1 = (x_0+y)^1$ 是不定方程 $x^p + y^p = z^p$ 当 $p=1$，$x=x_0$ 时之唯一解，证毕。

无穷递降法与费马大定理的第四十四个证明

熟知 $x^p + y^p = (x+y)(wx+r)$，当 $wx+r=1$，$y=y_0$ 时 $p=1$，

于是 $x^1 + y_0^{\ 1} = (x+y_0)^1$，注意此时 p 已无法再降，由无穷下降法之注记二

可知 $x^1 + y_0^{\ 1} = (x+y_0)^1$ 是不定方程 $x^p + y^p = z^p$ 当 $p=1$，$y=y_0$ 时之唯一解，证毕。

无穷递降法与费马大定理的第四十五个证明

熟知 $x^p + y^p = (x+y)(wx+r)$，当 $wx+r=1$ 时 $p=1$，

于是 $x^1 + y^1 = (x+y)^1$，注意此时 p 已无法再降，由无穷下降法之注记二

可知 $x^1 + y^1 = (x+y)^1$ 是不定方程 $x^p + y^p = z^p$ 当 $p=1$，时之唯一解，证毕。

无穷递降法与费马大定理的第四十六个证明

熟知 $x^p + y^p = (x+y)(wy+r)$，当 $wy+r=1$，$x=x_0$ 时 $p=1$，

于是 $x_0^{\ 1} + y^1 = (x_0+y)^1$，注意此时 p 已无法再降，由无穷下降法之注记二

可知 $x_0^{\ 1} + y^1 = (x_0+y)^1$ 是不定方程 $x^p + y^p = z^p$ 当 $p=1$，$x=x_0$ 时之唯一解，证毕。

无穷递降法与费马大定理的第四十七个证明

熟知 $x^p + y^p = (x+y)(wy+r)$，当 $wy+r=1$，$y=y_0$ 时 $p=1$，

于是 $x^1 + y_0^{\ 1} = (x+y_0)^1$，注意此时 p 已无法再降，由无穷下降法之注记二

可知 $x^1 + y_0^{\ 1} = (x+y_0)^1$ 是不定方程 $x^p + y^p = z^p$ 当 $p=1$，$y=y_0$ 时之唯一解，证毕。

无穷递降法与费马大定理的第四十八个证明

熟知 $x^p + y^p = (x+y)(wy+r)$，当 $wy+r=1$，时 $p=1$，

于是 $x^1 + y^1 = (x+y)^1$，注意此时 p 已无法再降，由无穷下降法之注记二

可知 $x^1 + y^1 = (x+y)^1$ 是不定方程 $x^p + y^p = z^p$ 当 $p=1$，时之唯一解，证毕。

无穷递降法与费马大定理的第四十九个证明

熟知 $x^p + y^p = (x+y)(w(y-x)+r)$，当 $w(y-x)+r=1$，$x=x_0$ 时 $p=1$，

于是 $x_0^1 + y^1 = (x_0+y)^1$，注意此时 p 已无法再降，由无穷下降法之注记二

可知 $x_0^1 + y^1 = (x_0+y)^1$ 是不定方程 $x^p + y^p = z^p$ 当 $p=1$，$x=x_0$ 时之唯一解，证毕。

无穷递降法与费马大定理的第五十个证明

熟知 $x^p + y^p = (x+y)(w(y-x)+r)$，当 $w(y-x)+r=1$，$y=y_0$ 时 $p=1$，

于是 $x^1 + y_0^1 = (x+y_0)^1$，注意此时 p 已无法再降，由无穷下降法之注记二

可知 $x^1 + y_0^1 = (x+y_0)^1$ 是不定方程 $x^p + y^p = z^p$ 当 $p=1$，$y=y_0$ 时之唯一解，证毕。

无穷递降法与费马大定理的第五十一个证明

熟知 $x^p + y^p = (x+y)(w(y-x)+r)$，当 $w(y-x)+r=1$，时 $p=1$，

于是 $x^1 + y^1 = (x+y)^1$，注意此时 p 已无法再降，由无穷下降法之注记二

可知 $x^1 + y^1 = (x+y)^1$ 是不定方程 $x^p + y^p = z^p$ 当 $p=1$，时之唯一解，证毕。

无穷递降法与费马大定理的第五十二个证明

熟知 $x^p + y^p = (x+y)(-1+2t)$，当 $-1+2t=1$，$x=x_0$ 时 $p=1$，

于是 $x_0^1 + y^1 = (x_0+y)^1$，注意此时 p 已无法再降，由无穷下降法之注记二

可知 $x_0^1 + y^1 = (x_0+y)^1$ 是不定方程 $x^p + y^p = z^p$ 当 $p=1$，$x=x_0$ 时之唯一解，证毕。

无穷递降法与费马大定理的第五十三个证明

熟知 $x^p + y^p = (x+y)(-1+2t)$，当 $-1+2t=1$，$y=y_0$ 时 $p=1$，

于是 $x^1 + y_0^1 = (x+y_0)^1$，注意此时 p 已无法再降，由无穷下降法之注记二

可知 $x^1 + y_0^1 = (x+y_0)^1$ 是不定方程 $x^p + y^p = z^p$ 当 $p=1$，$y=y_0$ 时之唯一解，证毕。

无穷递降法与费马大定理的第五十四个证明

熟知 $x^p + y^p = (x+y)(-1+2t)$，当 $-1+2t=1$ 时 $p=1$，

于是 $x^1 + y^1 = (x+y)^1$，注意此时 p 已无法再降，由无穷下降法之注记二

可知 $x^1 + y^1 = (x+y)^1$ 是不定方程 $x^p + y^p = z^p$ 当 $p = 1$，时之唯一解，证毕。

无穷递降法与费马大定理的第五十五个证明

熟知 $x^p + y^p = (x+y)(w(x+1)-r)$，当 $w(x+1)-r = 1$，$x = x_0$ 时 $p = 1$，

于是 $x_0^1 + y^1 = (x_0+y)^1$，注意此时 p 已无法再降，由无穷下降法之注记二

可知 $x_0^1 + y^1 = (x_0+y)^1$ 是不定方程 $x^p + y^p = z^p$ 当 $p = 1$，$x = x_0$ 时之唯一解，证毕。

无穷递降法与费马大定理的第五十六个证明

熟知 $x^p + y^p = (x+y)(w(x+1)-r)$，当 $w(x+1)-r = 1$，$y = y_0$ 时 $p = 1$，

于是 $x^1 + y_0^1 = (x+y_0)^1$，注意此时 p 已无法再降，由无穷下降法之注记二

可知 $x^1 + y_0^1 = (x+y_0)^1$ 是不定方程 $x^p + y^p = z^p$ 当 $p = 1$，$y = y_0$ 时之唯一解，证毕。

无穷递降法与费马大定理的第五十七个证明

熟知 $x^p + y^p = (x+y)(w(x+1)-r)$，当 $w(x+1)-r = 1$ 时 $p = 1$，

于是 $x^1 + y^1 = (x+y)^1$，注意此时 p 已无法再降，由无穷下降法之注记二

可知 $x^1 + y^1 = (x+y)^1$ 是不定方程 $x^p + y^p = z^p$ 当 $p = 1$，时之唯一解，证毕。

无穷递降法与费马大定理的第五十八个证明·

熟知 $x^p + y^p = (x+y)(w(x+2)-r)$，当 $w(x+2)-r = 1$，$x = x_0$ 时 $p = 1$，

于是 $x_0^1 + y^1 = (x_0+y)^1$，注意此时 p 已无法再降，由无穷下降法之注记二

可知 $x_0^1 + y^1 = (x_0+y)^1$ 是不定方程 $x^p + y^p = z^p$ 当 $p = 1$，$x = x_0$ 时之唯一解，证毕。

无穷递降法与费马大定理的第五十九个证明

熟知 $x^p + y^p = (x+y)(w(x+2)-r)$，当 $w(x+2)-r = 1$，$y = y_0$ 时 $p = 1$，

于是 $x^1 + y_0^1 = (x+y_0)^1$，注意此时 p 已无法再降，由无穷下降法之注记二

可知 $x^1 + y_0^1 = (x+y_0)^1$ 是不定方程 $x^p + y^p = z^p$ 当 $p = 1$，$y = y_0$ 时之唯一解，证毕。

无穷递降法与费马大定理的第六十个证明

熟知 $x^p + y^p = (x+y)(w(x+2)-r)$，当 $w(x+2)-r = 1$ 时 $p = 1$，

于是 $x^1 + y^1 = (x+y)^1$，注意此时 p 已无法再降，由无穷下降法之注记二

可知 $x^1 + y^1 = (x+y)^1$ 是不定方程 $x^p + y^p = z^p$ 当 $p=1$，时之唯一解，证毕。

无穷递降法与费马大定理的第六十一个证明

熟知 $x^p + y^p = (x+y)(w(x+1)+r)$，当 $w(x+1)+r=1$，$x = x_0$ 时 $p=1$，

于是 $x_0^1 + y^1 = (x_0 + y)^1$，注意此时 p 已无法再降，由无穷下降法之注记二

可知 $x_0^1 + y^1 = (x_0 + y)^1$ 是不定方程 $x^p + y^p = z^p$ 当 $p=1$，$x = x_0$ 时之唯一解，证毕。

无穷递降法与费马大定理的第六十二个证明

熟知 $x^p + y^p = (x+y)(w(x+1)+r)$，当 $w(x+1)+r=1$，$y = y_0$ 时 $p=1$，

于是 $x^1 + y_0^1 = (x + y_0)^1$，注意此时 p 已无法再降，由无穷下降法之注记二

可知 $x^1 + y_0^1 = (x + y_0)^1$ 是不定方程 $x^p + y^p = z^p$ 当 $p=1$，$y = y_0$ 时之唯一解，证毕。

无穷递降法与费马大定理的第六十三个证明

熟知 $x^p + y^p = (x+y)(w(x+1)+r)$，当 $w(x+1)+r=1$ 时 $p=1$，

于是 $x^1 + y^1 = (x+y)^1$，注意此时 p 已无法再降，由无穷下降法之注记二

可知 $x^1 + y^1 = (x+y)^1$ 是不定方程 $x^p + y^p = z^p$ 当 $p=1$，时之唯一解，证毕。

无穷递降法与费马大定理的第六十四个证明

熟知 $x^p + y^p = (x+y)(w(x+2)+r)$，当 $w(x+2)+r=1$，$x = x_0$ 时 $p=1$，

于是 $x_0^1 + y^1 = (x_0 + y)^1$，注意此时 p 已无法再降，由无穷下降法之注记二

可知 $x_0^1 + y^1 = (x_0 + y)^1$ 是不定方程 $x^p + y^p = z^p$ 当 $p=1$，$x = x_0$ 时之唯一解，证毕。

无穷递降法与费马大定理的第六十五个证明

熟知 $x^p + y^p = (x+y)(w(x+2)+r)$，当 $w(x+2)+r=1$，$y = y_0$ 时 $p=1$，

于是 $x^1 + y_0^1 = (x + y_0)^1$，注意此时 p 已无法再降，由无穷下降法之注记二

可知 $x^1 + y_0^1 = (x + y_0)^1$ 是不定方程 $x^p + y^p = z^p$ 当 $p=1$，$y = y_0$ 时之唯一解，证毕。

无穷递降法与费马大定理的第六十六个证明

熟知 $x^p + y^p = (x+y)(w(x+2)+r)$，当 $w(x+2)+r=1$ 时 $p=1$，

于是 $x^1 + y^1 = (x+y)^1$，注意此时 p 已无法再降，由无穷下降法之注记二

可知 $x^1 + y^1 = (x+y)^1$ 是不定方程 $x^p + y^p = z^p$ 当 $p = 1$，时之唯一解，证毕。

无穷递降法与费马大定理的第六十七个证明

熟知 $x^p + y^p = (x+y)((x+y)^{p-1} - r)$，当 $(x+y)^{p-1} - r = 1$，$x = x_0$ 时 $p = 1$，

于是 $x_0^1 + y^1 = (x_0 + y)^1$，注意此时 p 已无法再降，由无穷下降法之注记二

可知 $x_0^1 + y^1 = (x_0 + y)^1$ 是不定方程 $x^p + y^p = z^p$ 当 $p = 1$，$x = x_0$ 时之唯一解，证毕。

无穷递降法与费马大定理的第六十八个证明

熟知 $x^p + y^p = (x+y)((x+y)^{p-1} - r)$，当 $(x+y)^{p-1} - r = 1$，$y = y_0$ 时 $p = 1$，

于是 $x^1 + y_0^1 = (x + y_0)^1$，注意此时 p 已无法再降，由无穷下降法之注记二

可知 $x^1 + y_0^1 = (x + y_0)^1$ 是不定方程 $x^p + y^p = z^p$ 当 $p = 1$，$y = y_0$ 时之唯一解，证毕。

无穷递降法与费马大定理的第六十九个证明

熟知 $x^p + y^p = (x+y)((x+y)^{p-1} - r)$，当 $(x+y)^{p-1} - r = 1$ 时 $p = 1$，

于是 $x^1 + y^1 = (x+y)^1$，注意此时 p 已无法再降，由无穷下降法之注记二

可知 $x^1 + y^1 = (x+y)^1$ 是不定方程 $x^p + y^p = z^p$ 当 $p = 1$，时之唯一解，证毕。

无穷递降法与费马大定理的第七十个证明

熟知 $x^p + y^p = (x+y)((x+y)^p - r)$，当 $(x+y)^p - r = 1$，$x = x_0$ 时 $p = 1$，

于是 $x_0^1 + y^1 = (x_0 + y)^1$，注意此时 p 已无法再降，由无穷下降法之注记二

可知 $x_0^1 + y^1 = (x_0 + y)^1$ 是不定方程 $x^p + y^p = z^p$ 当 $p = 1$，$x = x_0$ 时之唯一解，证毕。

无穷递降法与费马大定理的第七十一个证明

熟知 $x^p + y^p = (x+y)((x+y)^p - r)$，当 $(x+y)^p - r = 1$，$y = y_0$ 时 $p = 1$，

于是 $x^1 + y_0^1 = (x + y_0)^1$，注意此时 p 已无法再降，由无穷下降法之注记二

可知 $x^1 + y_0^1 = (x + y_0)^1$ 是不定方程 $x^p + y^p = z^p$ 当 $p = 1$，$y = y_0$ 时之唯一解，证毕。

无穷递降法与费马大定理的第七十二个证明

熟知 $x^p + y^p = (x+y)((x+y)^p - r)$，当 $(x+y)^p - r = 1$ 时 $p = 1$，

于是 $x^1 + y^1 = (x+y)^1$，注意此时 p 已无法再降，由无穷下降法之注记二

可知 $x^1 + y^1 = (x+y)^1$ 是不定方程 $x^p + y^p = z^p$ 当 $p=1$，时之唯一解，证毕。

无穷递降法与费马大定理的第七十三个证明

熟知 $x^p + y^p = (x+y)((x+y)^{p+1} - r)$，当 $(x+y)^{p+1} - r = 1$，$x = x_0$ 时 $p = 1$，

于是 $x_0^1 + y^1 = (x_0 + y)^1$，注意此时 p 已无法再降，由无穷下降法之注记二

可知 $x_0^1 + y^1 = (x_0 + y)^1$ 是不定方程 $x^p + y^p = z^p$ 当 $p=1$，$x = x_0$ 时之唯一解，证毕。

无穷递降法与费马大定理的第七十四个证明

熟知 $x^p + y^p = (x+y)((x+y)^{p+1} - r)$，当 $(x+y)^{p+1} - r = 1$，$y = y_0$ 时 $p = 1$，

于是 $x^1 + y_0^1 = (x + y_0)^1$，注意此时 p 已无法再降，由无穷下降法之注记二

可知 $x^1 + y_0^1 = (x + y_0)^1$ 是不定方程 $x^p + y^p = z^p$ 当 $p=1$，$y = y_0$ 时之唯一解，证毕。

无穷递降法与费马大定理的第七十五个证明

熟知 $x^p + y^p = (x+y)((x+y)^{p+1} - r)$，当 $(x+y)^{p+1} - r = 1$ 时 $p = 1$，

于是 $x^1 + y^1 = (x+y)^1$，注意此时 p 已无法再降，由无穷下降法之注记二

可知 $x^1 + y^1 = (x+y)^1$ 是不定方程 $x^p + y^p = z^p$ 当 $p=1$，时之唯一解，证毕。

无穷递降法与费马大定理的第七十六个证明

熟知 $x^p + y^p = (x+y)((x+y)^{p+2} - r)$，当 $(x+y)^{p+2} - r = 1$，$x = x_0$ 时 $p = 1$，

于是 $x_0^1 + y^1 = (x_0 + y)^1$，注意此时 p 已无法再降，由无穷下降法之注记二

可知 $x_0^1 + y^1 = (x_0 + y)^1$ 是不定方程 $x^p + y^p = z^p$ 当 $p=1$，$x = x_0$ 时之唯一解，证毕。

无穷递降法与费马大定理的第七十七个证明

熟知 $x^p + y^p = (x+y)((x+y)^{p+2} - r)$，当 $(x+y)^{p+2} - r = 1$，$y = y_0$ 时 $p = 1$，

于是 $x^1 + y_0^1 = (x + y_0)^1$，注意此时 p 已无法再降，由无穷下降法之注记二

可知 $x^1 + y_0^1 = (x + y_0)^1$ 是不定方程 $x^p + y^p = z^p$ 当 $p=1$，$y = y_0$ 时之唯一解，证毕。

无穷递降法与费马大定理的第七十八个证明

熟知 $x^p + y^p = (x+y)((x+y)^{p+2} - r)$，当 $(x+y)^{p+2} - r = 1$ 时 $p = 1$，

于是 $x^1 + y^1 = (x+y)^1$，注意此时 p 已无法再降，由无穷下降法之注记二

可知 $x^1 + y^1 = (x+y)^1$ 是不定方程 $x^p + y^p = z^p$ 当 $p=1$，时之唯一解，证毕。

无穷递降法与费马大定理的第七十九个证明

熟知 $x^p + y^p = (x+y)((x+y)^{2p} - r)$，当 $(x+y)^{2p} - r = 1$，$x = x_0$ 时 $p=1$，

于是 $x_0^1 + y^1 = (x_0 + y)^1$，注意此时 p 已无法再降，由无穷下降法之注记二

可知 $x_0^1 + y^1 = (x_0 + y)^1$ 是不定方程 $x^p + y^p = z^p$ 当 $p=1$，$x = x_0$ 时之唯一解，证毕。

无穷递降法与费马大定理的第八十个证明

熟知 $x^p + y^p = (x+y)((x+y)^{2p} - r)$，当 $(x+y)^{2p} - r = 1$，$y = y_0$ 时 $p=1$，

于是 $x^1 + y_0^1 = (x + y_0)^1$，注意此时 p 已无法再降，由无穷下降法之注记二

可知 $x^1 + y_0^1 = (x + y_0)^1$ 是不定方程 $x^p + y^p = z^p$ 当 $p=1$，$y = y_0$ 时之唯一解，证毕。

无穷递降法与费马大定理的第八十一个证明

熟知 $x^p + y^p = (x+y)((x+y)^{2p} - r)$，当 $(x+y)^{2p} - r = 1$ 时 $p=1$，

于是 $x^1 + y^1 = (x+y)^1$，注意此时 p 已无法再降，由无穷下降法之注记二

可知 $x^1 + y^1 = (x+y)^1$ 是不定方程 $x^p + y^p = z^p$ 当 $p=1$，时之唯一解，证毕。

$n=1$、无穷递降法与费马大定理的第八十二个证明

熟知 $x^n + y^n = \dfrac{x+y}{xy}(x^{n+1} + y^{n+1} - q_{n+2})$，当 $\dfrac{1}{xy}(x^{n+1} + y^{n+1} - q_{n+2}) = 1$，$x = x_0$ 时

$n=1$，于是 $x_0^1 + y^1 = (x_0 + y)^1$，注意此时 n 已无法再降，由无穷下降法之注记二可知

$x_0^1 + y^1 = (x_0 + y)^1$ 是不定方程 $x^p + y^p = z^p$ 当 $n=1$，$x = x_0$ 时之唯一解，证毕。

$n=1$、无穷递降法与费马大定理的第八十三个证明

熟知 $x^n + y^n = \dfrac{x+y}{xy}(x^{n+1} + y^{n+1} - q_{n+2})$，当 $\dfrac{1}{xy}(x^{n+1} + y^{n+1} - q_{n+2}) = 1$，$y = y_0$ 时

$n=1$，于是 $x^1 + y_0^1 = (x + y_0)^1$，注意此时 n 已无法再降，由无穷下降法之注记二可知

$x^1 + y_0^1 = (x + y_0)^1$ 是不定方程 $x^p + y^p = z^p$ 当 $n=1$，$y = y_0$ 时之唯一解，证毕。

熟知 $x^n + y^n = \dfrac{x+y}{xy}(x^{n+1} + y^{n+1} - q_{n+2})$，当 $\dfrac{1}{xy}(x^{n+1} + y^{n+1} - q_{n+2}) = 1$ 时 $n=1$，

于是 $x^1 + y^1 = (x+y)^1$，注意此时 n 已无法再降，由无穷下降法之注记二

可知 $x^1 + y^1 = (x+y)^1$ 是不定方程 $x^n + y^n = z^n$ 当 $n=1$，时之唯一解，证毕。

第五十八章 直角三角形与费马大定理的初等证明

本章的证明可谓简单到了极点,其中第零个证明更是非常重要,请读者仔仔细细地体会。

直角三角形与费马大定理的第零个证明

一、大定理的证明

设 a，b，c 是一个本原直角三角形的三条边，则 $a^2 + b^2 = c^2$，于是 $a^p + b^p < c^p$，

由此立知 $a^p + b^p = c^p$ 无解，证毕。

对于以上的证明需要特别补充的一点是 $a^2 + b^2 = c^2$ 中的 c 是符合 **T** 法则中的最小者,

只要看两个例子就可以了，$3^2 + 4^2 = 5^2$，$3^3 + 4^3 < 5^3$，$4 < 5 < 3+4$；

又 $8^2 + 15^2 = 17^2$，$8^3 + 15^3 < 17^3$，符合 **T** 法则中的 c_i 应在不等式 $15 < c_i < 8+15$ 之中,

于是 $c_i = 17$，19，21，显然 $c_i = 17$ 是 $15 < c_i < 8+15$ 之中的最小者。

事实上，类似于"如果 $a^2 + b^2 = c^2$，则 $a^3 + b^3 < c^3$"这样的试题，在一般的中学生

数学竞赛中早已有之,作者早年参加中学生数学竞赛时就见到过此类题目,想不到几十年后,

竟然能用它证明费马大定理,其中的奥妙就在于作者悟出了"c 是符合 **T** 法则中的最小者"

这一至关重要的要害之处。

对于本证明还应当注意到的一点是：如果 $a^p + b^p = c^p(B)$ 可能成立的话，那么这个 c

一定是 $a^2 + b^2 = c^2(A)$ 中的那个 c；换句话说，当 $a^2 + b^2 = c^2(A)$ 时，则 (A) 式中的 c 虽

然不能使 $a^p + b^p = c^p(B)$ 成立，然而此 c 却是使 (B) 可能成立的"最佳人选"。

可以肯定地说 (A)、(B) 两式之间必然存在联系，或者说得更明白一点，一定可以通过

$a^2 + b^2 = c^2(A)$ 的成立证明 $a^p + b^p = c^p(B)$ 的不成立，如果做不到这一点，那才是怪事呢！事实上，很多并不复杂的道理就摆在我们面前，然而我们却经常熟视无睹，"不识卢山真面目，只缘身在此山中"。

二、一个可能的事实

费马的过人之处就在于他对于数学问题的敏感性，对于大定理，费马说"我已经找到了一个奇秒的证明"，难道这不是一个可能的事实吗？

面积、T 法则与费马大定理的第一个证明

一、公式

熟知 $x^p + y^p = (x+y)q$ ，于是有三角形：

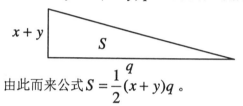

由此而来公式 $S = \frac{1}{2}(x+y)q$ 。

二、大定理的证明

对于 $S = \frac{1}{2}(x+y)q$ ，由 T 法则知 $z < x + y$ ，于是 $S \neq \frac{1}{2}zq$ ，

由此立知 $x^p + y^p = z^p$ 无解。

面积、T 法则、X 约束与费马大定理的第二个证明

对于 $S = \frac{1}{2}(x+y)q$ ，X 约束要求 $z = x + y$ ，但此明显与 T 法则相悖，

由 T 法则知 $z < x + y$ ，于是 $S \neq \frac{1}{2}zq$ ，由此立知 $x^p + y^p = z^p$ 无解，证毕。

面积、q 规则与费马大定理的第三个证明

对于 $S = \frac{1}{2}(x+y)q$ ，由 q 规则知 $q < z^{p-1}$ ，于是 $S \neq \frac{1}{2}(x+y)z^{p-1}$ ，

由此立知 $x^p + y^p = z^p$ 无解，证毕。

面积、q 规则、X 约束与费马大定理的第四个证明

对于 $S = \frac{1}{2}(x+y)q$ ，X 约束要求 $q = z^{p-1}$ ，但此明显与 q 规则相悖，由 q 规则知 $q < z^{p-1}$ ，于是 $S \neq \frac{1}{2}(x+y)z^{p-1}$ ，由此立知 $x^p + y^p = z^p$ 无解，证毕。

面积、T 法则、q 规则与费马大定理的第五个证明

对于 $S = \frac{1}{2}(x+y)q$ ，由 T 法则知 $z < x + y$ ，由 q 规则知 $q < z^{p-1}$ ，于是 $S \neq \frac{1}{2}zz^{p-1}$ ，

由此立知 $x^p + y^p = z^p$ 无解，证毕。

面积、T 法则、q 规则、X 约束与费马大定理的第六个证明

对于 $S = \dfrac{1}{2}(x+y)q$，X 约束要求 $z = x+y$ 及 $q = z^{p-1}$，但此明显与 T 法则和 q 规则相

悖，由 T 法则知 $z < x+y$，由 q 规则知 $q < z^{p-1}$，于是 $S \neq \dfrac{1}{2}zz^{p-1}$，

由此立知 $x^p + y^p = z^p$ 无解，证毕。

斜边、T 法则与费马大定理的第七个证明

一、公式

熟知 $x^p + y^p = (x+y)q$，于是有三角形：

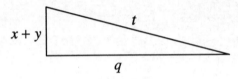

由此而来得公式 $t^2 = (x+y)^2 + q^2$。

二、大定理的证明

对于 $t^2 = (x+y)^2 + q^2$，由 T 法则知 $z < x+y$，于是 $t^2 \neq z^2 + q^2$，

由此立知 $x^p + y^p = z^p$ 无解，证毕。

斜边、T 法则、X 约束与费马大定理的第八个证明

对于 $t^2 = (x+y)^2 + q^2$，X 约束要求 $z = x+y$，但此明显与 T 法则相悖，由 T 法则知

$z < x+y$，于是 $t^2 \neq z^2 + q^2$，由此立知 $x^p + y^p = z^p$ 无解，证毕。

斜边、q 规则与费马大定理的第九个证明

对于 $t^2 = (x+y)^2 + q^2$，由 q 规则知 $q < z^{p-1}$，于是 $t^2 \neq (x+y)^2 + (z^{p-1})^2$，由此立知

$x^p + y^p = z^p$ 无解，证毕。

斜边、q 规则、X 约束与费马大定理的第十个证明

对于 $t^2 = (x+y)^2 + q^2$，X 约束要求 $q = z^{p-1}$，但此明显与 q 规则相悖，由 q 规则知

$q < z^{p-1}$，于是 $t^2 \neq (x+y)^2 + (z^{p-1})^2$，由此立知 $x^p + y^p = z^p$ 无解，证毕。

斜边、T 法则、q 规则与费马大定理的第十一个证明

对于 $t^2 = (x+y)^2 + q^2$，由 T 法则知 $z < x+y$，由 q 规则知 $q < z^{p-1}$，

于是 $t^2 \neq z^2 + (z^{p-1})^2$，由此立知 $x^p + y^p = z^p$ 无解，证毕。

斜边、T 法则、q 规则、X 约束与费马大定理的第十二个证明

对于 $t^2 = (x+y)^2 + q^2$，X 约束要求 $z = x+y$ 及 $q = z^{p-1}$，但此明显与 T 法则和 q 规则

相悖，由 T 法则知 $z < x+y$，由 q 规则知 $q < z^{p-1}$，于是 $t^2 \neq z^2 + (z^{p-1})^2$

由此立知 $x^p + y^p = z^p$ 无解，证毕。

三角函数、T 法则与费马大定理的第十三个证明

一、公式

熟知 $x^p + y^p = (x+y)q$，于是有三角形：

由此而来公式 $Sin\alpha = Cos\beta = \dfrac{q}{\sqrt{(x+y)^2 + q^2}}$。

二、大定理的证明

对于 $Sin\alpha = Cos\beta = \dfrac{q}{\sqrt{(x+y)^2 + q^2}}$，由 T 法则知 $z < x+y$，

于是 $Sin\alpha = Cos\beta \neq \dfrac{q}{\sqrt{z^2 + q^2}}$，由此立知 $x^p + y^p = z^p$ 无解，证毕。

三角函数、T 法则、X 约束与费马大定理的第十四个证明

对于 $Sin\alpha = Cos\beta = \dfrac{q}{\sqrt{(x+y)^2 + q^2}}$，X 约束要求 $z = x+y$ 但此明显与 T 法则相悖，

由 T 法则知 $z < x+y$，于是 $Sin\alpha = Cos\beta \neq \dfrac{q}{\sqrt{z^2 + q^2}}$，

由此立知 $x^p + y^p = z^p$ 无解，证毕。

三角函数、q 规则与费马大定理的第十五个证明

对于 $Sin\alpha = Cos\beta = \dfrac{q}{\sqrt{(x+y)^2 + q^2}}$，由 q 规则知 $q < z^{p-1}$，

于是 $Sin\alpha = Cos\beta \neq \dfrac{z^{p-1}}{\sqrt{(x+y)^2 + q^2}}$，由此立知 $x^p + y^p = z^p$ 无解，证毕。

三角函数、q 规则、X 约束与费马大定理的第十六个证明

对于 $Sin\alpha = Cos\beta = \dfrac{q}{\sqrt{(x+y)^2 + q^2}}$，X 约束要求 $q = z^{p-1}$，但此明显与 q 规则相悖，

由 q 规则知 $q < z^{p-1}$ 于是 $Sin\alpha = Cos\beta \neq \dfrac{z^{p-1}}{\sqrt{(x+y)^2 + q^2}}$，

由此立知 $x^p + y^p = z^p$ 无解，证毕。

三角函数、q 规则与费马大定理的第十七个证明

对于 $Sin\alpha = Cos\beta = \dfrac{q}{\sqrt{(x+y)^2 + q^2}}$，由 q 规则知 $q < z^{p-1}$，

于是 $Sin\alpha = Cos\beta \neq \dfrac{q}{\sqrt{(x+y)^2 + (z^{p-1})^2}}$，由此立知 $x^p + y^p = z^p$ 无解，证毕。

三角函数、q 规则、X 约束与费马大定理的第十八个证明

对于 $Sin\alpha = Cos\beta = \dfrac{q}{\sqrt{(x+y)^2 + q^2}}$，X 约束要求 $q = z^{p-1}$，但此明显与 q 规则相悖，

由 q 规则知 $q < z^{p-1}$ 于是 $Sin\alpha = Cos\beta \neq \dfrac{q}{\sqrt{(x+y)^2 + (z^{p-1})^2}}$，

由此立知 $x^p + y^p = z^p$ 无解，证毕。

三角函数、q 规则与费马大定理的第十九个证明

对于 $Sin\alpha = Cos\beta = \dfrac{q}{\sqrt{(x+y)^2 + q^2}}$，由 q 规则知 $q < z^{p-1}$，

于是 $Sin\alpha = Cos\beta \neq \dfrac{z^{p-1}}{\sqrt{(x+y)^2 + (z^{p-1})^2}}$，由此立知 $x^p + y^p = z^p$ 无解，证毕。

三角函数、q 规则、X 约束与费马大定理的第二十个证明

对于 $Sin\alpha = Cos\beta = \dfrac{q}{\sqrt{(x+y)^2 + q^2}}$，X 约束要求 $q = z^{p-1}$，但此明显与 q 规则相悖，

由 q 规则知 $q < z^{p-1}$ 于是 $Sin\alpha = Cos\beta \neq \dfrac{z^{p-1}}{\sqrt{(x+y)^2 + (z^{p-1})^2}}$，

由此立知 $x^p + y^p = z^p$ 无解，证毕。

三角函数、T 法则、q 规则与费马大定理的第二十一个证明

对于 $Sin\alpha = Cos\beta = \dfrac{q}{\sqrt{(x+y)^2 + q^2}}$，由 T 法则知 $z < x + y$，由 q 规则知 $q < z^{p-1}$，

于是 $Sin\alpha = Cos\beta \neq \dfrac{z^{p-1}}{\sqrt{z^2 + q^2}}$，由此立知 $x^p + y^p = z^p$ 无解，证毕。

三角函数、T 法则、q 规则、X 约束与费马大定理的第二十二个证明

对于 $Sin\alpha = Cos\beta = \dfrac{q}{\sqrt{(x+y)^2 + q^2}}$，X 约束要求 $z = x + y$ 及 $q = z^{p-1}$，但此明显与 T

法则和 q 规则相悖，由 T 法则知 $z < x + y$，由 q 规则知 $q < z^{p-1}$

于是 $Sin\alpha = Cos\beta \neq \dfrac{z^{p-1}}{\sqrt{z^2 + q^2}}$，由此立知 $x^p + y^p = z^p$ 无解，证毕。

三角函数、T 法则、q 规则与费马大定理的第二十三个证明

对于 $Sin\alpha = Cos\beta = \dfrac{q}{\sqrt{(x+y)^2 + q^2}}$，由 T 法则知 $z < x + y$，由 q 规则知 $q < z^{p-1}$，

于是 $Sin\alpha = Cos\beta \neq \dfrac{q}{\sqrt{z^2 + (z^{p-1})^2}}$，由此立知 $x^p + y^p = z^p$ 无解，证毕。

三角函数、T 法则、q 规则、X 约束与费马大定理的第二十四个证明

对于 $Sin\alpha = Cos\beta = \dfrac{q}{\sqrt{(x+y)^2 + q^2}}$，X 约束要求 $z = x + y$ 及 $q = z^{p-1}$，但此明显与 T

法则和 q 规则相悖，由 T 法则知 $z < x + y$，由 q 规则知 $q < z^{p-1}$

于是 $Sin\alpha = Cos\beta \neq \dfrac{q}{\sqrt{z^2 + (z^{p-1})^2}}$，由此立知 $x^p + y^p = z^p$ 无解，证毕。

三角函数、T 法则、q 规则与费马大定理的第二十五个证明

对于 $Sin\alpha = Cos\beta = \dfrac{q}{\sqrt{(x+y)^2 + q^2}}$，由 T 法则知 $z < x+y$，由 q 规则知 $q < z^{p-1}$，

于是 $Sin\alpha = Cos\beta \neq \dfrac{z^{p-1}}{\sqrt{z^2 + (z^{p-1})^2}}$，由此立知 $x^p + y^p = z^p$ 无解，证毕。

三角函数、T 法则、q 规则、X 约束与费马大定理的第二十六个证明

对于 $Sin\alpha = Cos\beta = \dfrac{q}{\sqrt{(x+y)^2 + q^2}}$，X 约束要求 $z = x+y$ 及 $q = z^{p-1}$，但此明显与 T

法则和 q 规则相悖，由 T 法则知 $z < x+y$，由 q 规则知 $q < z^{p-1}$ $q < z^{p-1}$，

于是 $Sin\alpha = Cos\beta \neq \dfrac{z^{p-1}}{\sqrt{z^2 + (z^{p-1})^2}}$，由此立知 $x^p + y^p = z^p$ 无解，证毕。

三角函数、T 法则与费马大定理的第二十七个证明

一、公式

熟知 $x^p + y^p = (x+y)q$，于是有三角形：

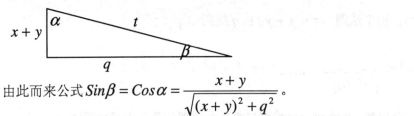

由此而来公式 $Sin\beta = Cos\alpha = \dfrac{x+y}{\sqrt{(x+y)^2 + q^2}}$。

二、大定理的证明

对于 $Sin\beta = Cos\alpha = \dfrac{x+y}{\sqrt{(x+y)^2 + q^2}}$，由 T 法则知 $z < x+y$，

于是 $Sin\beta = Cos\alpha \neq \dfrac{z}{\sqrt{(x+y)^2 + q^2}}$，由此立知 $x^p + y^p = z^p$ 无解，证毕。

三角函数、T 法则、X 约束与费马大定理的第二十八个证明

对于 $Sin\beta = Cos\alpha = \dfrac{x+y}{\sqrt{(x+y)^2 + q^2}}$，X 约束要求 $z = x+y$ 但此明显与 T 法则相悖，

由 T 法则知 $z < x+y$，于是 $Sin\beta = Cos\alpha \neq \dfrac{z}{\sqrt{(x+y)^2 + q^2}}$，

由此立知 $x^p + y^p = z^p$ 无解，证毕。

三角函数、T 法则与费马大定理的第二十九个证明

对于 $Sin\beta = Cos\alpha = \dfrac{x+y}{\sqrt{(x+y)^2+q^2}}$，由 T 法则知 $z < x+y$，

于是 $Sin\beta = Cos\alpha \neq \dfrac{x+y}{\sqrt{z^2+q^2}}$，由此立知 $x^p + y^p = z^p$ 无解，证毕。

三角函数、T 法则、X 约束与费马大定理的第三十个证明

对于 $Sin\beta = Cos\alpha = \dfrac{x+y}{\sqrt{(x+y)^2+q^2}}$，X 约束要求 $z = x+y$ 但此明显与 T 法则相悖，

由 T 法则知 $z < x+y$，于是 $Sin\beta = Cos\alpha \neq \dfrac{x+y}{\sqrt{z^2+q^2}}$，

由此立知 $x^p + y^p = z^p$ 无解，证毕。

三角函数、T 法则与费马大定理的第三十一个证明

对于 $Sin\beta = Cos\alpha = \dfrac{x+y}{\sqrt{(x+y)^2+q^2}}$，由 T 法则知 $z < x+y$，

于是 $Sin\beta = Cos\alpha \neq \dfrac{z}{\sqrt{z^2+q^2}}$，由此立知 $x^p + y^p = z^p$ 无解，证毕。

三角函数、T 法则、X 约束与费马大定理的第三十二个证明

对于 $Sin\beta = Cos\alpha = \dfrac{x+y}{\sqrt{(x+y)^2+q^2}}$，X 约束要求 $z = x+y$ 但此明显与 T 法则相悖，

由 T 法则知 $z < x+y$，于是 $Sin\beta = Cos\alpha \neq \dfrac{z}{\sqrt{z^2+q^2}}$，

由此立知 $x^p + y^p = z^p$ 无解，证毕。

三角函数、q 规则与费马大定理的第三十三个证明

对于 $Sin\beta = Cos\alpha = \dfrac{x+y}{\sqrt{(x+y)^2+q^2}}$，由 q 规则知 $q < z^{p-1}$，

于是 $Sin\beta = Cos\alpha \neq \dfrac{x+y}{\sqrt{(x+y)^2+(z^{p-1})^2}}$，由此立知 $x^p + y^p = z^p$ 无解，证毕。

三角函数、q 规则、X 约束与费马大定理的第三十四个证明

对于 $Sin\beta = Cos\alpha = \dfrac{x+y}{\sqrt{(x+y)^2+q^2}}$，X 约束要求 $q=z^{p-1}$，但此明显与 q 规则相悖，

由 q 规则知 $q<z^{p-1}$ 于是 $Sin\beta = Cos\alpha \neq \dfrac{x+y}{\sqrt{(x+y)^2+(z^{p-1})^2}}$，

由此立知 $x^p+y^p=z^p$ 无解，证毕。

三角函数、T 法则、q 规则与费马大定理的第三十五个证明

对于 $Sin\beta = Cos\alpha = \dfrac{x+y}{\sqrt{(x+y)^2+q^2}}$，由 T 法则知 $z<x+y$，由 q 规则知 $q<z^{p-1}$，

于是 $Sin\beta = Cos\alpha \neq \dfrac{z}{\sqrt{(x+y)^2+(z^{p-1})^2}}$，由此立知 $x^p+y^p=z^p$ 无解，证毕。

三角函数、T 法则、q 规则、X 约束与费马大定理的第三十六个证明

对于 $Sin\beta = Cos\alpha = \dfrac{x+y}{\sqrt{(x+y)^2+q^2}}$，X 约束要求 $z=x+y$ 及 $q=z^{p-1}$，但此明显与 T

法则和 q 规则相悖，由 T 法则知 $z<x+y$，由 q 规则知 $q<z^{p-1}$

于是 $Sin\beta = Cos\alpha \neq \dfrac{z}{\sqrt{(x+y)^2+(z^{p-1})^2}}$，由此立知 $x^p+y^p=z^p$ 无解，证毕。

三角函数、T 法则、q 规则与费马大定理的第三十七个证明

对于 $Sin\beta = Cos\alpha = \dfrac{x+y}{\sqrt{(x+y)^2+q^2}}$，由 T 法则知 $z<x+y$，由 q 规则知 $q<z^{p-1}$，

于是 $Sin\beta = Cos\alpha \neq \dfrac{x+y}{\sqrt{z^2+(z^{p-1})^2}}$，由此立知 $x^p+y^p=z^p$ 无解，证毕。

三角函数、T 法则、q 规则、X 约束与费马大定理的第三十八个证明

对于 $Sin\beta = Cos\alpha = \dfrac{x+y}{\sqrt{(x+y)^2+q^2}}$，X 约束要求 $z=x+y$ 及 $q=z^{p-1}$，但此明显与 T

法则和 q 规则相悖，由 T 法则知 $z<x+y$，由 q 规则知 $q<z^{p-1}$

于是 $Sin\beta = Cos\alpha \neq \dfrac{x+y}{\sqrt{z^2+(z^{p-1})^2}}$，由此立知 $x^p+y^p=z^p$ 无解，证毕。

三角函数、T 法则、q 规则与费马大定理的第三十九个证明

对于 $Sin\beta = Cos\alpha = \dfrac{x+y}{\sqrt{(x+y)^2 + q^2}}$，由 T 法则知 $z < x+y$，由 q 规则知 $q < z^{p-1}$，

于是 $Sin\beta = Cos\alpha \neq \dfrac{z}{\sqrt{z^2 + (z^{p-1})^2}}$，由此立知 $x^p + y^p = z^p$ 无解，证毕。

三角函数、T 法则、q 规则、X 约束与费马大定理的第四十个证明

对于 $Sin\beta = Cos\alpha = \dfrac{x+y}{\sqrt{(x+y)^2 + q^2}}$，X 约束要求 $z = x+y$ 及 $q = z^{p-1}$，但此明显与 T 法

则和 q 规则相悖，由 T 法则知 $z < x+y$，由 q 规则知 $q < z^{p-1}$ $q < z^{p-1}$

于是 $Sin\beta = Cos\alpha \neq \dfrac{z}{\sqrt{z^2 + (z^{p-1})^2}}$，由此立知 $x^p + y^p = z^p$ 无解，证毕。

三角函数、T 法则与费马大定理的第四十一个证明

一、公式

熟知 $x^p + y^p = (x+y)q$，于是有三角形：

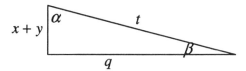

由此而来公式 $tg\beta = Ctg\alpha = \dfrac{x+y}{q}$。

二、大定理的证明

对于 $tg\beta = Ctg\alpha = \dfrac{x+y}{q}$，由 T 法则知 $z < x+y$，于是 $tg\beta = Ctg\alpha \neq \dfrac{z}{q}$，

由此立知 $x^p + y^p = z^p$ 无解，证毕。

三角函数、T 法则、X 约束与费马大定理的第四十二个证明

对于 $tg\beta = Ctg\alpha = \dfrac{x+y}{q}$，X 约束要求 $z = x+y$ 但此明显与 T 法则相悖，由 T 法则知

$z < x+y$，于是 $tg\beta = Ctg\alpha \neq \dfrac{z}{q}$，由此立知 $x^p + y^p = z^p$ 无解，证毕。

三角函数、q 规则与费马大定理的第四十三个证明

对于 $tg\beta = Ctg\alpha = \dfrac{x+y}{q}$，由 q 规则知 $q < z^{p-1}$，

于是 $tg\beta = Ctg\alpha \neq \dfrac{x+y}{z^{p-1}}$，由此立知 $x^p + y^p = z^p$ 无解，证毕。

三角函数、q 规则、X 约束与费马大定理的第四十四个证明

对于 $tg\beta = Ctg\alpha = \dfrac{x+y}{q}$，X 约束要求 $q = z^{p-1}$，但此明显与 q 规则相悖，由 q 规则知

$q < z^{p-1}$ 于是 $tg\beta = Ctg\alpha \neq \dfrac{x+y}{z^{p-1}}$，由此立知 $x^p + y^p = z^p$ 无解，证毕。

三角函数、T 法则、q 规则与费马大定理的第四十五个证明

对于 $tg\beta = Ctg\alpha = \dfrac{x+y}{q}$，由 T 法则知 $z < x + y$，由 q 规则知 $q < z^{p-1}$，

于是 $tg\beta = Ctg\alpha \neq \dfrac{z}{z^{p-1}}$，由此立知 $x^p + y^p = z^p$ 无解，证毕。

三角函数、T 法则、q 规则、X 约束与费马大定理的第四十六个证明

对于 $tg\beta = Ctg\alpha = \dfrac{x+y}{q}$，X 约束要求 $z = x + y$ 及 $q = z^{p-1}$，但此明显与 T 法则和 q 规

则相悖，由 T 法则知 $z < x + y$，由 q 规则知 $q < z^{p-1}$

于是 $tg\beta = Ctg\alpha \neq \dfrac{z}{z^{p-1}}$，由此立知 $x^p + y^p = z^p$ 无解，证毕。

三角函数、T 法则与费马大定理的第四十七个证明

一、公式

熟知 $x^p + y^p = (x+y)q$，于是有三角形：

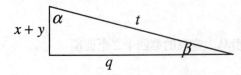

由此而来公式 $tg\alpha = Ctg\beta = \dfrac{q}{x+y}$。

二、大定理的证明

对于 $tg\alpha = Ctg\beta = \dfrac{q}{x+y}$，由 T 法则知 $z < x + y$，于是 $tg\alpha = Ctg\beta \neq \dfrac{q}{z}$，

由此立知 $x^p + y^p = z^p$ 无解，证毕。

三角函数、T 法则、X 约束与费马大定理的第四十八个证明

对于 $tg\alpha = Ctg\beta = \dfrac{q}{x+y}$，X 约束要求 $z = x+y$ 但此明显与 T 法则相悖，由 T 法则知

$z < x+y$，于是 $tg\alpha = Ctg\beta \neq \dfrac{q}{z}$，由此立知 $x^p + y^p = z^p$ 无解，证毕。

三角函数、q 规则与费马大定理的第四十九个证明

对于 $tg\alpha = Ctg\beta = \dfrac{q}{x+y}$，由 q 规则知 $q < z^{p-1}$，

于是 $tg\alpha = Ctg\beta \neq \dfrac{z^{p-1}}{x+y}$，由此立知 $x^p + y^p = z^p$ 无解，证毕。

三角函数、q 规则、X 约束与费马大定理的第五十个证明

对于 $tg\alpha = Ctg\beta = \dfrac{q}{x+y}$，X 约束要求 $q = z^{p-1}$，但此明显与 q 规则相悖，由 q 规则知

$q < z^{p-1}$ 于是 $tg\alpha = Ctg\beta \neq \dfrac{z^{p-1}}{x+y}$，由此立知 $x^p + y^p = z^p$ 无解，证毕。

三角函数、T 法则、q 规则与费马大定理的第五十一个证明

对于 $tg\alpha = Ctg\beta = \dfrac{q}{x+y}$，由 T 法则知 $z < x+y$，由 q 规则知 $q < z^{p-1}$，

于是 $tg\alpha = Ctg\beta \neq \dfrac{z^{p-1}}{z}$，由此立知 $x^p + y^p = z^p$ 无解，证毕。

三角函数、T 法则、q 规则、X 约束与费马大定理的第五十二个证明

对于 $tg\alpha = Ctg\beta = \dfrac{q}{x+y}$，X 约束要求 $z = x+y$ 及 $q = z^{p-1}$，但此明显与 T 法则和 q 规

则相悖，由 T 法则知 $z < x+y$，由 q 规则知 $q < z^{p-1}$，于是 $tg\alpha = Ctg\beta \neq \dfrac{z^{p-1}}{z}$，

由此立知 $x^p + y^p = z^p$ 无解，证毕。

三角函数、T 法则与费马大定理的第五十三个证明

一、公式

熟知 $x^p + y^p = (x + y)q$ ，于是有三角形：

由此而来公式 $Sec\alpha = Cec\beta = \dfrac{\sqrt{(x+y)^2 + q^2}}{q}$ 。

二、大定理的证明

对于 $Sec\alpha = Cec\beta = \dfrac{\sqrt{(x+y)^2 + q^2}}{q}$ ，由 T 法则知 $z < x + y$ ，

于是 $Sec\alpha = Cec\beta \neq \dfrac{\sqrt{z^2 + q^2}}{q}$ ，由此立知 $x^p + y^p = z^p$ 无解，证毕。

三角函数、T 法则、X 约束与费马大定理的第五十四个证明

对于 $Sec\alpha = Cec\beta = \dfrac{\sqrt{(x+y)^2 + q^2}}{q}$ ，X 约束要求 $z = x + y$ ，但此明显与 T 法则相悖，

由 T 法则知 $z < x + y$ ，于是 $Sec\alpha = Cec\beta \neq \dfrac{\sqrt{z^2 + q^2}}{q}$ ，

由此立知 $x^p + y^p = z^p$ 无解，证毕。由此立知 $x^p + y^p = z^p$ 无解，证毕。

三角函数、q 规则与费马大定理的第五十五个证明

对于 $Sec\alpha = Cec\beta = \dfrac{\sqrt{(x+y)^2 + q^2}}{q}$ ，由 q 规则知 $q < z^{p-1}$ ，

于是 $Sec\alpha = Cec\beta \neq \dfrac{\sqrt{(x+y)^2 + (z^{p-1})^2}}{q}$ ，由此立知 $x^p + y^p = z^p$ 无解，证毕。

三角函数、q 规则、X 约束与费马大定理的第五十六个证明

对于 $Sec\alpha = Cec\beta = \dfrac{\sqrt{(x+y)^2 + q^2}}{q}$ ，X 约束要求 $q = z^{p-1}$ ，但此明显与 q 规则相悖，

由 q 规则知 $q < z^{p-1}$ ，于是 $Sec\alpha = Cec\beta \neq \dfrac{\sqrt{(x+y)^2 + (z^{p-1})^2}}{q}$ ，

由此立知 $x^p + y^p = z^p$ 无解，证毕。

三角函数、q 规则与费马大定理的第五十七个证明

对于 $Sec\alpha = Cec\beta = \dfrac{\sqrt{(x+y)^2 + q^2}}{q}$，由 q 规则知 $q < z^{p-1}$，

于是 $Sec\alpha = Cec\beta \neq \dfrac{\sqrt{(x+y)^2 + q^2}}{z^{p-1}}$，由此立知 $x^p + y^p = z^p$ 无解，证毕。

三角函数、q 规则、X 约束与费马大定理的第五十八个证明

对于 $Sec\alpha = Cec\beta = \dfrac{\sqrt{(x+y)^2 + q^2}}{q}$，X 约束要求 $q = z^{p-1}$，但此明显与 q 规则相悖，

由 q 规则知 $q < z^{p-1}$，于是 $Sec\alpha = Cec\beta \neq \dfrac{\sqrt{(x+y)^2 + q^2}}{z^{p-1}}$，

由此立知 $x^p + y^p = z^p$ 无解，证毕。

三角函数、q 规则与费马大定理的第五十九个证明

对于 $Sec\alpha = Cec\beta = \dfrac{\sqrt{(x+y)^2 + q^2}}{q}$，由 q 规则知 $q < z^{p-1}$，

于是 $Sec\alpha = Cec\beta \neq \dfrac{\sqrt{(x+y)^2 + (z^{p-1})^2}}{z^{p-1}}$，由此立知 $x^p + y^p = z^p$ 无解，证毕。

三角函数、q 规则、X 约束与费马大定理的第六十个证明

对于 $Sec\alpha = Cec\beta = \dfrac{\sqrt{(x+y)^2 + q^2}}{q}$，X 约束要求 $q = z^{p-1}$，但此明显与 q 规则相悖，

由 q 规则知 $q < z^{p-1}$，于是 $Sec\alpha = Cec\beta \neq \dfrac{\sqrt{(x+y)^2 + (z^{p-1})^2}}{z^{p-1}}$，

由此立知 $x^p + y^p = z^p$ 无解，证毕。

三角函数、T 法则、q 规则与费马大定理的第六十一个证明

对于 $Sec\alpha = Cec\beta = \dfrac{\sqrt{(x+y)^2 + q^2}}{q}$，由 T 法则知 $z < x+y$，由 q 规则知 $q < z^{p-1}$，

于是 $Sec\alpha = Cec\beta \neq \dfrac{\sqrt{z^2 + (z^{p-1})^2}}{q}$，由此立知 $x^p + y^p = z^p$ 无解，证毕。

三角函数、T 法则、q 规则、X 约束与费马大定理的第六十二个证明

对于 $Sec\alpha = Cec\beta = \dfrac{\sqrt{(x+y)^2 + q^2}}{q}$，X 约束要求 $z = x + y$ 及 $q = z^{p-1}$，但此明显与 T

法则和 q 规则相悖，由 T 法则知 $z < x + y$，由 q 规则知 $q < z^{p-1}$，

于是 $Sec\alpha = Cec\beta \neq \dfrac{\sqrt{z^2 + (z^{p-1})^2}}{q}$，由此立知 $x^p + y^p = z^p$ 无解，证毕。

三角函数、T 法则、q 规则与费马大定理的第六十三个证明

对于 $Sec\alpha = Cec\beta = \dfrac{\sqrt{(x+y)^2 + q^2}}{q}$，由 T 法则知 $z < x + y$，由 q 规则知 $q < z^{p-1}$，

于是 $Sec\alpha = Cec\beta \neq \dfrac{\sqrt{z^2 + q^2}}{z^{p-1}}$，由此立知 $x^p + y^p = z^p$ 无解，证毕。

三角函数、T 法则、q 规则、X 约束与费马大定理的第六十四个证明

对于 $Sec\alpha = Cec\beta = \dfrac{\sqrt{(x+y)^2 + q^2}}{q}$，X 约束要求 $z = x + y$ 及 $q = z^{p-1}$，但此明显与 T

法则和 q 规则相悖，由 T 法则知 $z < x + y$，由 q 规则知 $q < z^{p-1}$，

于是 $Sec\alpha = Cec\beta \neq \dfrac{\sqrt{z^2 + q^2}}{z^{p-1}}$，由此立知 $x^p + y^p = z^p$ 无解，证毕。

三角函数、T 法则、q 规则与费马大定理的第六十五个证明

对于 $Sec\alpha = Cec\beta = \dfrac{\sqrt{(x+y)^2 + q^2}}{q}$，由 T 法则知 $z < x + y$，由 q 规则知 $q < z^{p-1}$，

于是 $Sec\alpha = Cec\beta \neq \dfrac{\sqrt{z^2 + (z^{p-1})^2}}{z^{p-1}}$，由此立知 $x^p + y^p = z^p$ 无解，证毕。

三角函数、T 法则、规则、X 约束与费马大定理的第六十六个证明

对于 $Sec\alpha = Cec\beta = \dfrac{\sqrt{(x+y)^2 + q^2}}{q}$，X 约束要求 $z = x + y$ 及 $q = z^{p-1}$，但此明显与 T

法则和 q 规则相悖，由 T 法则知 $z < x + y$，由 q 规则知 $q < z^{p-1}$，

于是 $Sec\alpha = Cec\beta \neq \dfrac{\sqrt{z^2 + (z^{p-1})^2}}{z^{p-1}}$，由此立知 $x^p + y^p = z^p$ 无解，证毕。

三角函数、T 法则与费马大定理的第六十七个证明

一、公式

熟知 $x^p + y^p = (x + y)q$，于是有三角形：

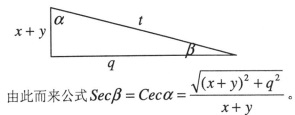

由此而来公式 $Sec\beta = Cec\alpha = \dfrac{\sqrt{(x+y)^2 + q^2}}{x+y}$。

二、大定理的证明

对于 $Sec\beta = Cec\alpha = \dfrac{\sqrt{(x+y)^2 + q^2}}{x+y}$，由 T 法则知 $z < x + y$，

于是 $Sec\beta = Cec\alpha \neq \dfrac{\sqrt{z^2 + q^2}}{x+y}$，由此立知 $x^p + y^p = z^p$ 无解，证毕。

三角函数、T 法则、X 约束与费马大定理的第六十八个证明

对于 $Sec\beta = Cec\alpha = \dfrac{\sqrt{(x+y)^2 + q^2}}{x+y}$，X 约束要求 $z = x + y$，但此明显与 T 法则相悖，

由 T 法则知 $z < x + y$，于是 $Sec\beta = Cec\alpha \neq \dfrac{\sqrt{z^2 + q^2}}{x+y}$，

由此立知 $x^p + y^p = z^p$ 无解，证毕。

三角函数、T 法则与费马大定理的第六十九个证明

对于 $Sec\beta = Cec\alpha = \dfrac{\sqrt{(x+y)^2 + q^2}}{x+y}$，由 T 法则知 $z < x + y$，

于是 $Sec\beta = Cec\alpha \neq \dfrac{\sqrt{(x+y)^2 + q^2}}{z}$，由此立知 $x^p + y^p = z^p$ 无解，证毕。

三角函数、T 法则、X 约束与费马大定理的第七十个证明

对于 $Sec\beta = Cec\alpha = \dfrac{\sqrt{(x+y)^2 + q^2}}{x+y}$，X 约束要求 $z = x + y$ 但此明显与 T 法则相悖，

由 T 法则知 $z < x + y$，于是 $Sec\beta = Cec\alpha \neq \dfrac{\sqrt{(x+y)^2 + q^2}}{z}$，

由此立知 $x^p + y^p = z^p$ 无解，证毕。

三角函数、T 法则与费马大定理的第七十一个证明

对于 $Sec\beta = Cec\alpha = \dfrac{\sqrt{(x+y)^2+q^2}}{x+y}$，由 T 法则知 $z < x+y$，

于是 $Sec\beta = Cec\alpha \neq \dfrac{\sqrt{z^2+q^2}}{z}$，由此立知 $x^p+y^p=z^p$ 无解，证毕。

三角函数、T 法则、X 约束与费马大定理的第七十二个证明

对于 $Sec\beta = Cec\alpha = \dfrac{\sqrt{(x+y)^2+q^2}}{x+y}$，X 约束要求 $z=x+y$ 但此明显与 T 法则相悖，

由 T 法则知 $z < x+y$，于是 $Sec\beta = Cec\alpha \neq \dfrac{\sqrt{z^2+q^2}}{z}$，

由此立知 $x^p+y^p=z^p$ 无解，证毕。

三角函数、q 规则与费马大定理的第七十三个证明

对于 $Sec\beta = Cec\alpha = \dfrac{\sqrt{(x+y)^2+q^2}}{x+y}$，由 q 规则知 $q < z^{p-1}$，

于是 $Sec\beta = Cec\alpha \neq \dfrac{\sqrt{(x+y)^2+(z^{p-1})^2}}{x+y}$，由此立知 $x^p+y^p=z^p$ 无解，证毕。

三角函数、q 规则、X 约束与费马大定理的第七十四个证明

对于 $Sec\beta = Cec\alpha = \dfrac{\sqrt{(x+y)^2+q^2}}{x+y}$，X 约束要求 $q=z^{p-1}$，但此明显与 q 规则相悖，

由 q 规则知 $q < z^{p-1}$，于是 $Sec\beta = Cec\alpha \neq \dfrac{\sqrt{(x+y)^2+(z^{p-1})^2}}{x+y}$，

由此立知 $x^p+y^p=z^p$ 无解，证毕。

三角函数、T 法则、q 规则与费马大定理的第七十五个证明

对于 $Sec\beta = Cec\alpha = \dfrac{\sqrt{(x+y)^2+q^2}}{x+y}$，由 T 法则知 $z < x+y$，由 q 规则知 $q < z^{p-1}$，

于是 $Sec\beta = Cec\alpha \neq \dfrac{\sqrt{z^2+(z^{p-1})^2}}{x+y}$，由此立知 $x^p+y^p=z^p$ 无解，证毕。

三角函数、T 法则、q 规则、X 约束与费马大定理的第七十六个证明

对于 $Sec\beta = Cec\alpha = \dfrac{\sqrt{(x+y)^2 + q^2}}{x+y}$，X 约束要求 $z = x + y$ 及 $q = z^{p-1}$，但此明显与 T

法则和 q 规则相悖，由 T 法则知 $z < x + y$，由 q 规则知 $q < z^{p-1}$，

于是 $Sec\beta = Cec\alpha \neq \dfrac{\sqrt{z^2 + (z^{p-1})^2}}{x+y}$，由此立知 $x^p + y^p = z^p$ 无解，证毕。

三角函数、T 法则、q 规则与费马大定理的第七十七个证明

对于 $Sec\beta = Cec\alpha = \dfrac{\sqrt{(x+y)^2 + q^2}}{x+y}$，由 T 法则知 $z < x + y$，由 q 规则知 $q < z^{p-1}$，

于是 $Sec\beta = Cec\alpha = \dfrac{\sqrt{(x+y)^2 + (z^{p-1})^2}}{z}$，由此立知 $x^p + y^p = z^p$ 无解，证毕。

三角函数、T 法则、q 规则、X 约束与费马大定理的第七十八个证明

对于 $Sec\beta = Cec\alpha = \dfrac{\sqrt{(x+y)^2 + q^2}}{x+y}$，X 约束要求 $z = x + y$ 及 $q = z^{p-1}$，但此明显与 T

法则和 q 规则相悖，由 T 法则知 $z < x + y$，由 q 规则知 $q < z^{p-1}$，

于是 $Sec\beta = Cec\alpha = \dfrac{\sqrt{(x+y)^2 + (z^{p-1})^2}}{z}$，由此立知 $x^p + y^p = z^p$ 无解，证毕。

三角函数、T 法则、q 规则与费马大定理的第七十九个证明

对于 $Sec\beta = Cec\alpha = \dfrac{\sqrt{(x+y)^2 + q^2}}{x+y}$，由 T 法则知 $z < x + y$，由 q 规则知 $q < z^{p-1}$，

于是 $Sec\beta = Cec\alpha = \dfrac{\sqrt{z^2 + (z^{p-1})^2}}{z}$，由此立知 $x^p + y^p = z^p$ 无解，证毕。

三角函数、T 法则、规则、X 约束与费马大定理的第八十个证明

对于 $Sec\beta = Cec\alpha = \dfrac{\sqrt{(x+y)^2 + q^2}}{x+y}$，X 约束要求 $z = x + y$ 及 $q = z^{p-1}$，但此明显与 T

法则和 q 规则相悖，由 T 法则知 $z < x + y$，由 q 规则知 $q < z^{p-1}$，

于是 $Sec\beta = Cec\alpha = \dfrac{\sqrt{z^2 + (z^{p-1})^2}}{z}$，由此立知 $x^p + y^p = z^p$ 无解，证毕。

关于三角公式与费马大定理的证明

熟知 $x^p + y^p = (x+y)q$，于是有三角形：

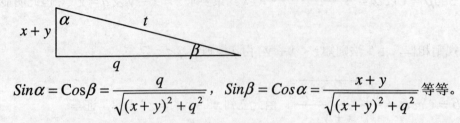

$$Sin\alpha = Cos\beta = \frac{q}{\sqrt{(x+y)^2+q^2}}, \quad Sin\beta = Cos\alpha = \frac{x+y}{\sqrt{(x+y)^2+q^2}}\text{等等。}$$

于是 $Sin(\alpha \pm \beta) = Sin\alpha Cos\beta \pm Cos\alpha Sin\beta$ 等等、等等，都将成为证明费马大定理的载体。

三角公式有以下七大类：

一．两角和公式八个，二．倍角公式十四个，三．和差积公式十四个，

四．正玄定理三个，五．余玄定理三个，六．正切定理二个，七．半角公式十二个。

如此，最保守的估计将可以得到五万个以上关于大定理的证明，有兴趣的读者不妨选其一二小试牛刀。

关于 $(x+y)q = F(x, y, \phi(x, y))$ 与费马大定理的证明

熟知 $x^p + y^p = (x+y)q$，式中 $q = x^{p-1} - x^{p-2}y + x^{p-3}y^2 - \cdots + y^{p-1}$，

于是 $q = \phi(x, y)$，由此立得公式 $(x+y)q = F(x, y, \phi(x, y))$。

显然函数 $F(x, y, \phi(x, y))$ 及其导数，积分及与其导数，积分相关的定理等等，都是证明大定理的载体。本章及八十六、八十七章，只不过是 $F(x, y, \phi(x, y))$ 的三个特例而已。

第五十九章 两个公式与费马大定理的初等证明

一、第一个公式

由公式 $x^p + y^p = (x+y)^p - pxyt_1$ 及公式 $x^p + y^p = (x+y)q$ 可得公式

$(x+y)^p = (x+y)q + pxy(x+y)t(A)$，公式 (A) 的几何背景为：

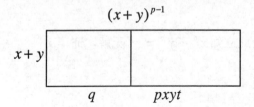

276

例子：$2^3 + 3^3 = 35 = 5 \times 7$ 于是 $125 = 35 + 3 \times 2 \times 3 \times 5 \times 1$。

二、第二个公式

由公式 $y^p - x^p = (y-x)^p + pxyt_1$ 及公式 $y^p - x^p = (y-x)g$ 可得公式

$(y-x)^p + pxy(y-x) = (y-x)g(B)$，公式 (B) 的几何背景为：

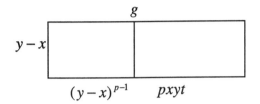

由公式 (A) 和公式 (B) 及其几何背景可以给出大定理的三千个以上的证明，本章的主要目的是让公式 (A) 和公式 (B) 及由它们变化得出的一大批公式亮相，如此多的公式组成了公式 (A) 大军团和公式 (B) 大军团，在这两大现代化的钢铁军团面前，费马大定理这道"久攻不破的费马马奇诺防线"将倾刻土崩瓦解！

因此我们命令每个军团都只打一仗（每个公式仅给出一个证明）。

公式 (A)、无穷递降法与费马大定理的证明

对于 $(x+y)^p = (x+y)q + pxy(x+y)t$，当 $p=1$，时 $q=1$，$t=0$，

我们有 $x^1 + y^1 = (x+y)^1$，注意此时 p 已无法再降，由无穷下降法之注记二可知 $x^1 + y^1 = (x+y)^1$ 是不定方程 $x^p + y^p = z^p$ 当 $p=1$，时之唯一解，证毕。

公式 (B)、无穷递降法与费马大定理的证明

对于 $(y-x)^p + pxy(y-x) = (y-x)g$，当 $p=1$，时 $g=1$，$t=0$，

我们有 $(y-x)^1 = y^1 - x^1$，注意此时 p 已无法再降，由无穷下降法之注记二可知 $(y-x)^1 = y^1 - x^1$ 是不定方程 $x^p + y^p = z^p$ 当 $p=1$，时之唯一解，证毕。

还需要说明的是由公式 (A) 和公式 (B) 变化得出的公式远非一个，由它们又可以给出大定理的两万个以上的证明。

公式 (A) 变化得出之公式举例：

$(x+y)^p = (x+y)q + pxy(x+y)t$ ， $(x+y)^p = (x+y)q + xy(x+y)t$ ，

$(x+y)^p = (x+y)q + py(x+y)t$ ， $(x+y)^p = (x+y)q + px(x+y)t$ ，

$(x+y)^p = (x+y)q + y(x+y)t$ ， $(x+y)^p = (x+y)q + p(x+y)t$ ，

$(x+y)^p = (x+y)q + x(x+y)t$ ， $(x+y)^p = (x+y)q + (x+y)t$ ，

$(x+y)^p - r = (x+y)q$ ， $(x+y)^p - r = pxy(x+y)t$ ， $(x+y)^p - r = (x+y)$ ，

$(x+y)^p - r = q$ ， $(x+y)^p - r = pxy(x+y)$ ， $(x+y)^p - r = pxy(x+y)$ ，

$(x+y)^p - r = xy(x+y)$ ， $(x+y)^p - r = py(x+y)$ ， $(x+y)^p - r = px(x+y)$ ，

$(x+y)^p - r = (p+xy)(x+y)$ ， $(x+y)^p - r = p(x+y)(x+y)$ ，

$(x+y)^p - r = (x+py)(x+y)$ ， $(x+y)^p - r = (y+px)(x+y)$ ，

$(x+y)^p - r = (p+x+y)(x+y)$ ， $(x+y)^p - r = (x+y)(x+y)$ ，

$(x+y)^p - r = (p+x)(x+y)$ ， $(x+y)^p - r = (p+y)(x+y)$ ，如此等等，等等，这是一

个庞大的公式集合（请注意，以上诸多公式中的 t ， r 之间的此非彼的关系）。

对于公式 (B) ，当然也如此。

第六十章 项数与费马大定理的证明

本章利用公式 $(x^{n+2} + y^{n+2}) - (x^n + y^n) = (q_{n+2} - q_n) \times (x+y)$ 同时证明两个相邻者

无解，即 $x^n + y^n = z^n$ 无解及 $x^{n+2} + y^{n+2} = z^{n+2}$ 无解，颇有点意思。

项数、T 法则与费马大定理的第一个证明

一、公式

由 $x^p + y^p = (x+y)q$ 易知以下两个基本事实：

当 x ， y 皆为奇数时，易知 $x^{n+2} + y^{n+2} = (x+y)q_{n+2}$ 及 $x^n + y^n = (x+y)q_n$ 都是一个

项数为 $x+y$ 的连续偶数和，此时 $x^p + y^p = z^p$ 必无解；

当 x ， y 一奇一偶时，易知 $x^{n+2} + y^{n+2} = (x+y)q_{n+2}$ 及 $x^n + y^n = (x+y)q_n$ 都是一个

项数为 $x+y$ 的连续奇数和，于是 $(x^{n+2}+y^{n+2})-(x^n+y^n)=(q_{n+2}-q_n)\times(x+y)$。

例子：$2^5+3^5=275=5\times55$，$2^3+3^3=35=5\times7$，于是 $275-35=(55-7)\times5$。

其实 $275-35=(51+53+55+57+59)-(3+5+7+9+11)$

$\quad\quad=(51-3)+(53-5)+(55-7)+(57-9)+(59-11)=48\times5=(55-7)\times5$。

二、大定理的证明

对于 $(x^{n+2}+y^{n+2})-(x^n+y^n)=(q_{n+2}-q_n)\times(x+y)$，由 T 法则知 $z<x+y$，

于是 $(x^{n+2}+y^{n+2})-(x^n+y^n)\neq(q_{n+2}-q_n)\times z$，

由此立知 $x^n+y^n=z^n$ 无解及 $x^{n+2}+y^{n+2}=z^{n+2}$ 无解，证毕。

项数、T 法则、X 约束与费马大定理的第二个证明

对于 $(x^{n+2}+y^{n+2})-(x^n+y^n)=(q_{n+2}-q_n)\times(x+y)$，X 约束要求 $z=x+y$ 然此明显与 T 法则相悖，由 T 法则知 $z<x+y$，于是 $(x^{n+2}+y^{n+2})-(x^n+y^n)\neq(q_{n+2}-q_n)\times z$，

由此立知 $x^n+y^n=z^n$ 无解及 $x^{n+2}+y^{n+2}=z^{n+2}$ 无解，证毕。

项数、q 规则与费马大定理的第三个证明

对于 $(x^{n+2}+y^{n+2})-(x^n+y^n)=(q_{n+2}-q_n)\times(x+y)$，由 q 规则知 $q<z^{p-1}$，于是

$(x^{n+2}+y^{n+2})-(x^n+y^n)\neq(q_{n+2}-z^{n-1})\times(x+y)$，

由此立知 $x^n+y^n=z^n$ 无解及 $x^{n+2}+y^{n+2}=z^{n+2}$ 无解，证毕。

项数、q 规则、X 约束与费马大定理的第四个证明

对于 $(x^{n+2}+y^{n+2})-(x^n+y^n)=(q_{n+2}-q_n)\times(x+y)$，X 约束要求 $q=z^{p-1}$ 然此明显与 q 规则相悖，由 q 规则知 $q<z^{p-1}$，

于是 $(x^{n+2}+y^{n+2})-(x^n+y^n)\neq(q_{n+2}-z^{n-1})\times(x+y)$，

由此立知 $x^n+y^n=z^n$ 无解及 $x^{n+2}+y^{n+2}=z^{n+2}$ 无解，证毕。

项数、T 法则、q 规则与费马大定理的第五个证明

对于 $(x^{n+2}+y^{n+2})-(x^n+y^n)=(q_{n+2}-q_n)\times(x+y)$，由 T 法则知 $z<x+y$，由 q 规

则知 $q < z^{p-1}$，于是 $(x^{n+2} + y^{n+2}) - (x^n + y^n) \neq (q_{n+2} - z^{n-1}) \times z$，

由此立知 $x^n + y^n = z^n$ 无解及 $x^{n+2} + y^{n+2} = z^{n+2}$ 无解，证毕。

项数、T 法则、q 规则、X 约束与费马大定理的第六个证明

对于 $(x^{n+2} + y^{n+2}) - (x^n + y^n) = (q_{n+2} - q_n) \times (x + y)$，X 约束要求 $z = x + y$ 及

$q = z^{p-1}$ 然此明显与 T 法则和 q 规则相悖，由 T 法则知 $z < x + y$，由 q 规则知 $q < z^{p-1}$，

于是 $(x^{n+2} + y^{n+2}) - (x^n + y^n) \neq (q_{n+2} - z^{n-1}) \times z$，

由此立知 $x^n + y^n = z^n$ 无解及 $x^{n+2} + y^{n+2} = z^{n+2}$ 无解，证毕。

第六十一章 中值与费马大定理的初等证明
中值、T 法则与费马大定理的第一个证明

一、公式

易知 $x^p + y^p = (x + y)q$ 与 $q^p = q \times q^{p-1}$ 都是一个中值为 q 的连续奇数和，于是得公

式 $q^p - (x^p + y^p) = q(q^{p-1} - (x + y))$。

例子：$2^3 + 3^3 = 5 \times 7$，于是 $7^3 - 35 = 7 \times (49 - 5)$。

二、大定理的证明

对于 $q^p - (x^p + y^p) = q(q^{p-1} - (x + y))$，由 T 法则知 $z < x + y$，

于是 $q^p - (x^p + y^p) \neq q(q^{p-1} - z)$，由此立知 $x^p + y^p = z^p$ 无解，证毕。

中值、T 法则、X 约束与费马大定理的第二个证明

对于 $q^p - (x^p + y^p) = q(q^{p-1} - (x + y))$，X 约束要求 $z = x + y$，然此明显与 T 法则

相悖，由 T 法则知 $z < x + y$，于是 $q^p - (x^p + y^p) \neq q(q^{p-1} - z)$，

由此立知 $x^p + y^p = z^p$ 无解，证毕。

中值、q 规则与费马大定理的第三个证明

对于 $q^p - (x^p + y^p) = q(q^{p-1} - (x + y))$，由 q 规则知 $q < z^{p-1}$，

于是 $q^p - (x^p + y^p) \neq z^{p-1}(q^{p-1} - (x + y))$，由此立知 $x^p + y^p = z^p$ 无解，证毕。

中值、q 规则、X 约束与费马大定理的第四个证明

对于 $q^p - (x^p + y^p) = q(q^{p-1} - (x + y))$，X 约束要求 $q = z^{p-1}$，然此明显与 q 规则相

悖，由 q 规则知 $q < z^{p-1}$，于是 $q^p - (x^p + y^p) \neq z^{p-1}(q^{p-1} - (x + y))$，

由此立知 $x^p + y^p = z^p$ 无解，证毕。

中值、q 规则与费马大定理的第五个证明

对于 $q^p - (x^p + y^p) = q(q^{p-1} - (x + y))$，由 q 规则知 $q < z^{p-1}$，

于是 $q^p - (x^p + y^p) \neq q((z^{p-1})^{p-1} - (x + y))$，由此立知 $x^p + y^p = z^p$ 无解，证毕。

中值、q 规则、X 约束与费马大定理的第六个证明

对于 $q^p - (x^p + y^p) = q(q^{p-1} - (x + y))$，X 约束要求 $q = z^{p-1}$，然此明显与 q 规则相

悖，由 q 规则知 $q < z^{p-1}$，于是 $q^p - (x^p + y^p) \neq q((z^{p-1})^{p-1} - (x + y))$，

由此立知 $x^p + y^p = z^p$ 无解，证毕。

中值、q 规则与费马大定理的第七个证明

对于 $q^p - (x^p + y^p) = q(q^{p-1} - (x + y))$，由 q 规则知 $q < z^{p-1}$，

于是 $(z^{p-1})^p - (x^p + y^p) \neq q(q^{p-1} - (x + y))$，由此立知 $x^p + y^p = z^p$ 无解，证毕。

中值、q 规则、X 约束与费马大定理的第八个证明

对于 $q^p - (x^p + y^p) = q(q^{p-1} - (x + y))$，X 约束要求 $q = z^{p-1}$，然此明显与 q 规则相

悖，由 q 规则知 $q < z^{p-1}$，于是 $(z^{p-1})^p - (x^p + y^p) \neq q(q^{p-1} - (x + y))$，

由此立知 $x^p + y^p = z^p$ 无解，证毕。

中值、q 规则与费马大定理的第九个证明

对于 $q^p - (x^p + y^p) = q(q^{p-1} - (x + y))$，由 q 规则知 $q < z^{p-1}$，

于是 $(z^{p-1})^p - (x^p + y^p) \neq z^{p-1}(q^{p-1} - (x + y))$，由此立知 $x^p + y^p = z^p$ 无解，证毕。

中值、q 规则、X 约束与费马大定理的第十个证明

对于 $q^p - (x^p + y^p) = q(q^{p-1} - (x + y))$，X 约束要求 $q = z^{p-1}$，然此明显与 q 规则相

悖，由 q 规则知 $q < z^{p-1}$，于是 $(z^{p-1})^p - (x^p + y^p) \neq z^{p-1}(q^{p-1} - (x + y))$，

由此立知 $x^p + y^p = z^p$ 无解，证毕。

中值、q 规则与费马大定理的第十一个证明

对于 $q^p - (x^p + y^p) = q(q^{p-1} - (x+y))$，由 q 规则知 $q < z^{p-1}$，

于是 $(z^{p-1})^p - (x^p + y^p) \neq q((z^{p-1})^{p-1} - (x+y))$，由此立知 $x^p + y^p = z^p$ 无解，证毕。

中值、q 规则、X 约束与费马大定理的第十二个证明

对于 $q^p - (x^p + y^p) = q(q^{p-1} - (x+y))$，X 约束要求 $q = z^{p-1}$，然此明显与 q 规则相

悖，由 q 规则知 $q < z^{p-1}$，于是 $(z^{p-1})^p - (x^p + y^p) \neq q((z^{p-1})^{p-1} - (x+y))$，

由此立知 $x^p + y^p = z^p$ 无解，证毕。

中值、q 规则与费马大定理的第十三个证明

对于 $q^p - (x^p + y^p) = q(q^{p-1} - (x+y))$，由 q 规则知 $q < z^{p-1}$，

于是 $q^p - (x^p + y^p) \neq z^{p-1}((z^{p-1})^{p-1} - (x+y))$，由此立知 $x^p + y^p = z^p$ 无解，证毕。

中值、q 规则、X 约束与费马大定理的第十四个证明

对于 $q^p - (x^p + y^p) = q(q^{p-1} - (x+y))$，X 约束要求 $q = z^{p-1}$，然此明显与 q 规则相

悖，由 q 规则知 $q < z^{p-1}$，于是 $q^p - (x^p + y^p) \neq z^{p-1}((z^{p-1})^{p-1} - (x+y))$，

由此立知 $x^p + y^p = z^p$ 无解，证毕。

中值、q 规则与费马大定理的第十五个证明

对于 $q^p - (x^p + y^p) = q(q^{p-1} - (x+y))$，由 q 规则知 $q < z^{p-1}$，

于是 $(z^{p-1})^p - (x^p + y^p) \neq z^{p-1}((z^{p-1})^{p-1} - (x+y))$，由此立知 $x^p + y^p = z^p$ 无解，证毕。

中值、q 规则、X 约束与费马大定理的第十六个证明

对于 $q^p - (x^p + y^p) = q(q^{p-1} - (x+y))$，X 约束要求 $q = z^{p-1}$，然此明显与 q 规则相

悖，由 q 规则知 $q < z^{p-1}$，于是 $(z^{p-1})^p - (x^p + y^p) \neq z^{p-1}((z^{p-1})^{p-1} - (x+y))$，

由此立知 $x^p + y^p = z^p$ 无解，证毕。

中值、T 法则、q 规则与费马大定理的第十七个证明

对于 $q^p - (x^p + y^p) = q(q^{p-1} - (x+y))$，由 T 法则知 $z < x + y$，由 q 规则

知 $q < z^{p-1}$，于是 $q^p - (x^p + y^p) \neq z^{p-1}(q^{p-1} - z)$，由此立知 $x^p + y^p = z^p$ 无解，证毕。

中值、T 法则、q 规则、X 约束与费马大定理的第十八个证明

对于 $q^p - (x^p + y^p) = q(q^{p-1} - (x+y))$，X 约束要求 $z = x + y$ 及 $q = z^{p-1}$，然此明

显与 T 法则和 q 规则相悖，由 T 法则知 $z < x + y$，由 q 规则知 $q < z^{p-1}$，

于是 $q^p - (x^p + y^p) \neq z^{p-1}(q^{p-1} - z)$，由此立知 $x^p + y^p = z^p$ 无解，证毕。

中值、T 法则、q 规则与费马大定理的第十九个证明

对于 $q^p - (x^p + y^p) = q(q^{p-1} - (x+y))$，由 T 法则知 $z < x + y$，由 q 规则知 $q < z^{p-1}$，于是 $q^p - (x^p + y^p) \neq q((z^{p-1})^{p-1} - z)$，由此立知 $x^p + y^p = z^p$ 无解，证毕。

中值、T 法则、q 规则、X 约束与费马大定理的第二十个证明

对于 $q^p - (x^p + y^p) = q(q^{p-1} - (x+y))$，X 约束要求 $z = x + y$ 及 $q = z^{p-1}$，然此明

显与 T 法则和 q 规则相悖，由 T 法则知 $z < x + y$，由 q 规则知 $q < z^{p-1}$，

于是 $q^p - (x^p + y^p) \neq q((z^{p-1})^{p-1} - z)$，由此立知 $x^p + y^p = z^p$ 无解，证毕。

中值、T 法则、q 规则与费马大定理的第二十一个证明

对于 $q^p - (x^p + y^p) = q(q^{p-1} - (x+y))$，由 T 法则知 $z < x + y$，由 q 规则

知 $q < z^{p-1}$，于是 $(z^{p-1})^p - (x^p + y^p) \neq q(q^{p-1} - z)$，由此立知 $x^p + y^p = z^p$ 无解，证毕。

中值、T 法则、q 规则、X 约束与费马大定理的第二十二个证明

对于 $q^p - (x^p + y^p) = q(q^{p-1} - (x+y))$，X 约束要求 $z = x + y$ 及 $q = z^{p-1}$，然此明

显与 T 法则和 q 规则相悖，由 T 法则知 $z < x + y$，由 q 规则知 $q < z^{p-1}$，

于是 $(z^{p-1})^p - (x^p + y^p) \neq q(q^{p-1} - z)$，由此立知 $x^p + y^p = z^p$ 无解，证毕。

中值、T 法则、q 规则与费马大定理的第二十三个证明

对于 $q^p - (x^p + y^p) = q(q^{p-1} - (x+y))$，由 T 法则知 $z < x + y$，由 q 规则

知 $q < z^{p-1}$，于是 $(z^{p-1})^p - (x^p + y^p) \neq z^{p-1}(q^{p-1} - z)$，

由此立知 $x^p + y^p = z^p$ 无解，证毕。

中值、T 法则、q 规则、X 约束与费马大定理的第二十四个证明

对于 $q^p - (x^p + y^p) = q(q^{p-1} - (x+y))$，X 约束要求 $z = x + y$ 及 $q = z^{p-1}$，然此明

显与 T 法则和 q 规则相悖，由 T 法则知 $z < x + y$，由 q 规则知 $q < z^{p-1}$，

于是 $(z^{p-1})^p - (x^p + y^p) \neq z^{p-1}(q^{p-1} - z)$，由此立知 $x^p + y^p = z^p$ 无解，证毕。

中值、T 法则、q 规则与费马大定理的第二十五个证明

对于 $q^p - (x^p + y^p) = q(q^{p-1} - (x+y))$，由 T 法则知 $z < x + y$，由 q 规则

知 $q < z^{p-1}$，于是 $(z^{p-1})^p - (x^p + y^p) \neq q((z^{p-1})^{p-1} - z)$，

由此立知 $x^p + y^p = z^p$ 无解，证毕。

中值、T 法则、q 规则、X 约束与费马大定理的第二十六个证明

对于 $q^p - (x^p + y^p) = q(q^{p-1} - (x+y))$，X 约束要求 $z = x + y$ 及 $q = z^{p-1}$，然此明

显与 T 法则和 q 规则相悖，由 T 法则知 $z < x + y$，由 q 规则知 $q < z^{p-1}$，

于是 $(z^{p-1})^p - (x^p + y^p) \neq q((z^{p-1})^{p-1} - z)$，由此立知 $x^p + y^p = z^p$ 无解，证毕。

中值、T 法则、q 规则与费马大定理的第二十七个证明

对于 $q^p - (x^p + y^p) = q(q^{p-1} - (x+y))$，由 T 法则知 $z < x + y$，由 q 规则知

$q < z^{p-1}$，于是 $q^p - (x^p + y^p) \neq z^{p-1}((z^{p-1})^{p-1} - z)$，由此立知 $x^p + y^p = z^p$ 无解，证毕。

中值、T 法则、q 规则、X 约束与费马大定理的第二十八个证明

对于 $q^p - (x^p + y^p) = q(q^{p-1} - (x+y))$，X 约束要求 $z = x + y$ 及 $q = z^{p-1}$，然此明

显与 T 法则和 q 规则相悖，由 T 法则知 $z < x + y$，由 q 规则知 $q < z^{p-1}$，

于是 $q^p - (x^p + y^p) \neq z^{p-1}((z^{p-1})^{p-1} - z)$，由此立知 $x^p + y^p = z^p$ 无解，证毕。

中值、T 法则、q 规则与费马大定理的第二十九个证明

对于 $q^p - (x^p + y^p) = q(q^{p-1} - (x+y))$，由 T 法则知 $z < x + y$，由 q 规则

知 $q < z^{p-1}$，于是 $(z^{p-1})^p - (x^p + y^p) \neq z^{p-1}((z^{p-1})^{p-1} - z)$，

由此立知 $x^p + y^p = z^p$ 无解，证毕。

中值、T 法则、q 规则、X 约束与费马大定理的第三十个证明

对于 $q^p - (x^p + y^p) = q(q^{p-1} - (x+y))$，X 约束要求 $z = x + y$ 及 $q = z^{p-1}$，然此明

显与 T 法则和 q 规则相悖，由 T 法则知 $z < x + y$，由 q 规则知 $q < z^{p-1}$，

于是 $(z^{p-1})^p - (x^p + y^p) \neq z^{p-1}((z^{p-1})^{p-1} - z)$，由此立知 $x^p + y^p = z^p$ 无解，证毕。

第六十二章 最大公约数与费马大定理的初等证明

本章用最大公约数给出大定理的证明，因而特别简单，特别明显，有点意思。

最大公约数与费马大定理的第一个证明

一、一个极其明显又极其简单的事实

设 $p = r + s(s > r)$，则对于 z^p 而言，必有 $(z^r, z^s) = z^r$ 这就是说，$(z^r, z^s) = z^r$ 是数型 z^p 的一个充分必要条件。

二、大定理的证明

由 $x^p + y^p = (x + y)q$ 可知：对于大定理的第一种情形 $(x + y, q) = 1$，对于大定理的第二种情形 $(x + y, q) = p$，由此立知 $x^p + y^p = z^p$ 无解，证毕。

最大公约数与费马大定理的第二个证明

一、一个极其明显又极其简单的事实

设 $p = r + s(s > r)$，则对于 z^p 而言，必有 $(z^r, z^s) = z^r$ 这就是说，$(z^r, z^s) = z^r$ 是数型 z^p 的一个充分必要条件。

二、大定理的证明

由 $y^p - x^p = (y - x)g$ 可知：对于大定理的第一种情形 $(y - x, g) = 1$，对于大定理的第二种情形 $(y - x, g) = p$，由此立知 $x^p + y^p = z^p$ 无解，证毕。

第六十三章 最小公倍数与费马大定理的初等证明

本章用最小公倍数给出大定理的证明，因而特别简单，特别明显，有点意思。

最小公倍数与费马大定理的第一个证明

一、一个极其明显又极其简单的事实

设 $p = r + s(s > r)$，则对于 z^p 而言，必有 $[z^r, z^s] = z^s$ 这就是说，$[z^r, z^s] = z^s$ 是数型 z^p 的一个充分必要条件。

二、大定理的证明

由 $x^p + y^p = (x + y)q$ 可知：对于大定理的第一种情形 $[x + y, q] = (x + y)q$，对于大定理的第二种情形 $[x + y, q] = \dfrac{(x + y)q}{p^{r+1}}$（当 $x + y = p^r, r \geq 1$），

由此立知 $x^p + y^p = z^p$ 无解，证毕。

最小公倍数与费马大定理的第二个证明

一、一个极其明显又极其简单的事实

设 $p = r + s(s > r)$，则对于 z^p 而言，必有 $[z^r, z^s] = z^s$ 这就是说，$[z^r, z^s] = z^s$ 是数型 z^p 的一个充分必要条件。

二、大定理的证明

由 $y^p - x^p = (y - x)g$ 可知：对于大定理的第一种情形 $[y - x, g] = (y - x)g$，对于大定理的第二种情形 $[y - x, g] = \dfrac{(y - x)g}{p^{r+1}}$（当 $y - x = p^r, r \geq 1$），

由此立知 $x^p + y^p = z^p$ 无解，证毕。

第六十四章 演段图的拆叠与费马大定理的初等证明

本章由演段图的拆叠，证明大定理，证明犹如幼儿园的小朋友玩折叠纸的游戏一样，既简单又有趣，真是童趣盎然，小朋友玩折纸也能证明大定理？更是一个"骑自行车上月球的旅人"，这恐怕是文献[8]的作者先生，事先无论如何也预料的不到的吧，很有点意思！

演段图的拆叠、T 法则与费马大定理的第一个证明

一、z^p 演段图的折叠

$z^p = z \times z^{p-1}$，当 z 为奇数时 $z = \dfrac{z-1}{2} + \dfrac{z+1}{2}$ 则 $z^p = z^{p-1} \times \dfrac{z-1}{2} + z^{p-1} \times \dfrac{z+1}{2}$，

于是有 $z^{p-1} \times \dfrac{z-1}{2} + z^{p-1} \times \dfrac{z+1}{2} = $

图（A）

等号右端是两个被折叠的矩形面积之和，其上者边长分别为 z^{p-1} 和 $\dfrac{z-1}{2}$，其下者边长分别为 z^{p-1} 和 $\dfrac{z+1}{2}$。

二、大定理的证明

对于 $z^{p-1} \times \dfrac{z-1}{2} + z^{p-1} \times \dfrac{z+1}{2} = $

图（A）

由 T 法则知 $z < x+y$，于是 $z^{p-1} \times \dfrac{x+y-1}{2} + z^{p-1} \times \dfrac{z+1}{2} \neq$ 图（A），

由此立知 $x^p + y^p = z^p$ 无解，证毕。

演段图的拆叠、T 法则、X 约束与费马大定理的第二个证明

对于 $z^{p-1} \times \dfrac{z-1}{2} + z^{p-1} \times \dfrac{z+1}{2} =$

图（A）

X 约束要求 $z = x+y$，但此明显与 T 法则相悖，由 T 法则知 $z < x+y$，

于是 $z^{p-1} \times \dfrac{x+y-1}{2} + z^{p-1} \times \dfrac{z+1}{2} \neq$ 图（A），由此立知 $x^p + y^p = z^p$ 无解，证毕。

演段图的拆叠、q 规则与费马大定理的第三个证明

对于 $z^{p-1} \times \dfrac{z-1}{2} + z^{p-1} \times \dfrac{z+1}{2} =$

图（A）

由 q 规则知 $q < z^{p-1}$，于是 $q \times \dfrac{z-1}{2} + z^{p-1} \times \dfrac{z+1}{2} \neq$ 图（A），

由此立知 $x^p + y^p = z^p$ 无解，证毕。

演段图的拆叠、q 规则、X 约束与费马大定理的第四个证明

对于 $z^{p-1} \times \dfrac{z-1}{2} + z^{p-1} \times \dfrac{z+1}{2} =$

图（A）

X 约束要求 $q = z^{p-1}$，但此明显与 q 规则相悖，由 q 规则知 $q < z^{p-1}$，

于是 $q \times \dfrac{z-1}{2} + z^{p-1} \times \dfrac{z+1}{2} \neq$ 图（A），由此立知 $x^p + y^p = z^p$ 无解，证毕。

演段图的拆叠、T 法则、q 规则与费马大定理的第五个证明

对于 $z^{p-1} \times \dfrac{z-1}{2} + z^{p-1} \times \dfrac{z+1}{2} =$

图（A）

由 T 法则知 $z < x+y$，由 q 规则知 $q < z^{p-1}$，于是 $q \times \dfrac{x+y-1}{2} + z^{p-1} \times \dfrac{z+1}{2} \neq$ 图（A），

由此立知 $x^p + y^p = z^p$ 无解，证毕。

演段图的拆叠、q 规则、X 约束与费马大定理的第六个证明

对于 $z^{p-1} \times \dfrac{z-1}{2} + z^{p-1} \times \dfrac{z+1}{2} =$ 图（A）

X 约束要求 $z < x+y$ 及 $q = z^{p-1}$，但此明显与 T 法则和 q 规则相悖，由 T 法则知 $z < x+y$，

由 q 规则知 $q < z^{p-1}$，于是 $q \times \dfrac{x+y-1}{2} + z^{p-1} \times \dfrac{z+1}{2} \neq$ 图（A），

由此立知 $x^p + y^p = z^p$ 无解，证毕。

演段图的拆叠、T 法则与费马大定理的第七个证明

对于 $z^{p-1} \times \dfrac{z-1}{2} + z^{p-1} \times \dfrac{z+1}{2} =$

图（A）

由 T 法则知 $z < x+y$，于是 $z^{p-1} \times \dfrac{z-1}{2} + z^{p-1} \times \dfrac{x+y+1}{2} \neq$ 图（A），

由此立知 $x^p + y^p = z^p$ 无解，证毕。

演段图的拆叠、T 法则、X 约束与费马大定理的第八个证明

对于 $z^{p-1} \times \dfrac{z-1}{2} + z^{p-1} \times \dfrac{z+1}{2} =$

图（A）

X 约束要求 $z = x+y$，但此明显与 T 法则相悖，由 T 法则知 $z < x+y$，

于是 $z^{p-1} \times \dfrac{z-1}{2} + z^{p-1} \times \dfrac{x+y+1}{2} \neq$ 图（A），由此立知 $x^p + y^p = z^p$ 无解，证毕。

演段图的拆叠、q 规则与费马大定理的第九个证明

对于 $z^{p-1} \times \dfrac{z-1}{2} + z^{p-1} \times \dfrac{z+1}{2} =$

图（A）

由 q 规则知 $q < z^{p-1}$，于是 $z^{p-1} \times \dfrac{z-1}{2} + q \times \dfrac{z+1}{2} \neq$ 图（A），

由此立知 $x^p + y^p = z^p$ 无解，证毕。

演段图的拆叠、q 规则、X 约束与费马大定理的第十个证明

对于 $z^{p-1} \times \dfrac{z-1}{2} + z^{p-1} \times \dfrac{z+1}{2} =$

图（A）

X 约束要求 $q = z^{p-1}$，但此明显与 q 规则相悖，由 q 规则知 $q < z^{p-1}$，

于是 $z^{p-1} \times \dfrac{z-1}{2} + q \times \dfrac{z+1}{2} \neq$ 图（A），由此立知 $x^p + y^p = z^p$ 无解，证毕。

演段图的拆叠、T 法则、q 规则与费马大定理的第十一个证明

对于 $z^{p-1} \times \dfrac{z-1}{2} + z^{p-1} \times \dfrac{z+1}{2} =$

图（A）

由 T 法则知 $z < x + y$，由 q 规则知 $q < z^{p-1}$，于是 $z^{p-1} \times \dfrac{z-1}{2} + q \times \dfrac{x+y+1}{2} \neq$ 图（A），

由此立知 $x^p + y^p = z^p$ 无解，证毕。

演段图的拆叠、q 规则、X 约束与费马大定理的第十二个证明

对于 $z^{p-1} \times \dfrac{z-1}{2} + z^{p-1} \times \dfrac{z+1}{2} =$

图（A）

X 约束要求 $z < x + y$ 及 $q = z^{p-1}$，但此明显与 T 法则和 q 规则相悖，由 T 法则知 $z < x + y$，

由 q 规则知 $q < z^{p-1}$，于是 $z^{p-1} \times \dfrac{z-1}{2} + q \times \dfrac{x+y+1}{2} \neq$ 图（A），

由此立知 $x^p + y^p = z^p$ 无解，证毕。

第六十五章 长方体的的拆叠与费马大定理的初等证明

本章的证明犹如幼儿园的小朋友玩搭积木的游戏一样，既简单又有趣，真是童趣盎然，妙意横生，很有点意思！

长方体的拆叠、T 法则与费马大定理的第一个证明

当 z 为奇数时 $z = \dfrac{z-1}{2} + \dfrac{z+1}{2}$，于是 $z^p = z^{p-1} \times \dfrac{z-1}{2} + z^{p-1} \times \dfrac{z+1}{2}$，于是：

$z^{p-1} \times \dfrac{z-1}{2} + z^{p-1} \times \dfrac{z+1}{2} =$

图（A）

上式右端长方体的底面积皆为 z^{p-1} 而高分别为 $\dfrac{z-1}{2}$ 与 $\dfrac{z+1}{2}$。

由 T 法则知 $z < x + y$，于是 $z^{p-1} \times \dfrac{x+y-1}{2} + z^{p-1} \times \dfrac{z+1}{2} \neq$ 图（A），

由此立知 $x^p + y^p = z^p$ 无解，证毕。

长方体的拆叠、T 法则、X 约束与费马大定理的第二个证明

对于 $z^{p-1} \times \dfrac{z-1}{2} + z^{p-1} \times \dfrac{z+1}{2} =$

图（A）

X 约束要求 $z = x + y$，但此明显与 T 法则相悖，由 T 法则知 $z < x + y$，于是

$z^{p-1} \times \dfrac{x+y-1}{2} + z^{p-1} \times \dfrac{z+1}{2} \neq$ 图（A），由此立知 $x^p + y^p = z^p$ 无解，证毕。

长方体的拆叠、q 规则与费马大定理的第三个证明

对于 $z^{p-1} \times \dfrac{z-1}{2} + z^{p-1} \times \dfrac{z+1}{2} =$

图（A）

由 q 规则知 $q < z^{p-1}$，于是 $q \times \dfrac{z-1}{2} + z^{p-1} \times \dfrac{z+1}{2} \neq$ 图（A），

由此立知 $x^p + y^p = z^p$ 无解，证毕。

长方体的拆叠、q 规则、X 约束与费马大定理的第四个证明

对于 $z^{p-1} \times \dfrac{z-1}{2} + z^{p-1} \times \dfrac{z+1}{2} =$

图（A）

X 约束要求 $q = z^{p-1}$，但此明显与 q 规则相悖，由 q 规则知 $q < z^{p-1}$，

于是 $q \times \dfrac{z-1}{2} + z^{p-1} \times \dfrac{z+1}{2} \neq$ 图（A），由此立知 $x^p + y^p = z^p$ 无解，证毕。

长方体的拆叠、T 法则、q 规则与费马大定理的第五个证明

对于 $z^{p-1} \times \dfrac{z-1}{2} + z^{p-1} \times \dfrac{z+1}{2} =$

图（A）

由 T 法则知 $z < x + y$，由 q 规则知 $q < z^{p-1}$，于是 $q \times \dfrac{x+y-1}{2} + z^{p-1} \times \dfrac{z+1}{2} \neq$ 图（A），

由此立知 $x^p + y^p = z^p$ 无解，证毕。

长方体的拆叠、q 规则、X 约束与费马大定理的第六个证明

对于 $z^{p-1} \times \dfrac{z-1}{2} + z^{p-1} \times \dfrac{z+1}{2} =$

图（A）

X 约束要求 $z < x + y$ 及 $q = z^{p-1}$，但此明显与 T 法则和 q 规则相悖，由 T 法则知 $z < x + y$，

由 q 规则知 $q < z^{p-1}$，于是 $q \times \dfrac{x+y-1}{2} + z^{p-1} \times \dfrac{z+1}{2} \ne$ 图（A），

由此立知 $x^p + y^p = z^p$ 无解，证毕。

长方体的拆叠、T 法则与费马大定理的第七个证明

对于 $z^{p-1} \times \dfrac{z-1}{2} + z^{p-1} \times \dfrac{z+1}{2} =$

图（A）

由 T 法则知 $z < x + y$，于是 $z^{p-1} \times \dfrac{z-1}{2} + z^{p-1} \times \dfrac{x+y+1}{2} \ne$ 图（A），

由此立知 $x^p + y^p = z^p$ 无解，证毕。

长方体的拆叠、T 法则、X 约束与费马大定理的第八个证明

对于 $z^{p-1} \times \dfrac{z-1}{2} + z^{p-1} \times \dfrac{z+1}{2} =$

图（A）

X 约束要求 $z = x + y$，但此明显与 T 法则相悖，由 T 法则知 $z < x + y$，

于是 $z^{p-1} \times \dfrac{z-1}{2} + z^{p-1} \times \dfrac{x+y+1}{2} \ne$ 图（A），由此立知 $x^p + y^p = z^p$ 无解，证毕。

长方体的拆叠、q 规则与费马大定理的第九个证明

对于 $z^{p-1} \times \dfrac{z-1}{2} + z^{p-1} \times \dfrac{z+1}{2} =$

图（A）

由 q 规则知 $q < z^{p-1}$，于是 $z^{p-1} \times \dfrac{z-1}{2} + q \times \dfrac{z+1}{2} \ne$ 图（A），

由此立知 $x^p + y^p = z^p$ 无解，证毕。

长方体的拆叠、q 规则、X 约束与费马大定理的第十个证明

对于 $z^{p-1} \times \dfrac{z-1}{2} + z^{p-1} \times \dfrac{z+1}{2} =$

图（A）

X 约束要求 $q = z^{p-1}$，但此明显与 q 规则相悖，由 q 规则知 $q < z^{p-1}$，

于是 $z^{p-1} \times \dfrac{z-1}{2} + q \times \dfrac{z+1}{2} \ne$ 图（A），由此立知 $x^p + y^p = z^p$ 无解，证毕。

长方体的拆叠、T 法则、q 规则与费马大定理的第十一个证明

对于 $z^{p-1} \times \dfrac{z-1}{2} + z^{p-1} \times \dfrac{z+1}{2} =$

图（A）

由 T 法则知 $z < x+y$，由 q 规则知 $q < z^{p-1}$，于是 $z^{p-1} \times \dfrac{z-1}{2} + q \times \dfrac{x+y+1}{2} \neq$ 图（A），

由此立知 $x^p + y^p = z^p$ 无解，证毕。

长方体的拆叠、T 法则、q 规则、X 约束与费马大定理的第十二个证明

对于 $z^{p-1} \times \dfrac{z-1}{2} + z^{p-1} \times \dfrac{z+1}{2} = $

图（A）

X 约束要求 $z < x+y$ 及 $q = z^{p-1}$，但此明显与 T 法则和 q 规则相悖，由 T 法则知 $z < x+y$，

由 q 规则知 $q < z^{p-1}$，于是 $z^{p-1} \times \dfrac{z-1}{2} + q \times \dfrac{x+y+1}{2} \neq$ 图（A），

由此立知 $x^p + y^p = z^p$ 无解，证毕。

第六十六章 线段的拆叠与费马大定理的初等证明

本章由线段的拆叠，证明大定理，简单又有趣，真是童趣盎然，妙意横生，很有点意思！

本章就只给出了大定理的两个证明；余下者，有兴趣的读者不妨一试。

线段的拆叠、T 法则与费马大定理的第一个证明

$z^p = z \times z^{p-1}$，z 为奇数时 $z = \dfrac{z-1}{2} + \dfrac{z+1}{2}$ 则 $z^p = z^{p-1} \times \dfrac{z-1}{2} \ z^{p-1} \times \dfrac{z+1}{2}$，于是：

$z^{p-1} \times \dfrac{z-1}{2} \ z^{p-1} \times \dfrac{z+1}{2} = $ _____ ，

图（A）

上式右端两线段的长度和为 $z^{p-1} \times \dfrac{z-1}{2} + z \times \dfrac{z+1}{2}$。

由 T 法则知 $z < x+y$，于是 $z^{p-1} \times \dfrac{x+y-1}{2} + z^{p-1} \times \dfrac{z+1}{2} \neq$ 图（A），

由此立知 $x^p + y^p = z^p$ 无解，证毕。

线段的拆叠、T 法则、X 约束与费马大定理的第二个证明

对于 $z^{p-1} \times \dfrac{z-1}{2} \ z^{p-1} \times \dfrac{z+1}{2} = $ _____ ，

图（A）

X 约束要求 $z = x+y$，但此明显与 T 法则相悖，由 T 法则知 $z < x+y$，

于是 $z^{p-1} \times \dfrac{x+y-1}{2} + z^{p-1} \times \dfrac{z+1}{2} \neq$ 图（A），由此立知 $x^p + y^p = z^p$ 无解，证毕。

线段的拆叠、q 规则与费马大定理的第三个证明

对于 $z^{p-1} \times \dfrac{z-1}{2} \, z^{p-1} \times \dfrac{z+1}{2} = \underline{\hspace{10cm}}$,

图（A）

由 q 规则知 $q < z^{p-1}$ ，于是 $q \times \dfrac{z-1}{2} + z^{p-1} \times \dfrac{z+1}{2} \neq$ 图（A），

由此立知 $x^p + y^p = z^p$ 无解，证毕。

线段的拆叠、q 规则、X 约束与费马大定理的第四个证明

对于 $z^{p-1} \times \dfrac{z-1}{2} \, z^{p-1} \times \dfrac{z+1}{2} = \underline{\hspace{10cm}}$,

图（A）

X 约束要求 $q = z^{p-1}$ ，但此明显与 q 规则相悖，由 q 规则知 $q < z^{p-1}$ ，

于是 $q \times \dfrac{z-1}{2} + z^{p-1} \times \dfrac{z+1}{2} \neq$ 图（A），由此立知 $x^p + y^p = z^p$ 无解，证毕。

线段的拆叠、T 法则、q 规则与费马大定理的第五个证明

对于 $z^{p-1} \times \dfrac{z-1}{2} \, z^{p-1} \times \dfrac{z+1}{2} = \underline{\hspace{10cm}}$,

图（A）

由 T 法则知 $z < x + y$ ，由 q 规则知 $q < z^{p-1}$ ，于是 $q \times \dfrac{x+y-1}{2} + z^{p-1} \times \dfrac{z+1}{2} \neq$ 图（A），

由此立知 $x^p + y^p = z^p$ 无解，证毕。

线段的拆叠、q 规则、X 约束与费马大定理的第六个证明

对于 $z^{p-1} \times \dfrac{z-1}{2} \, z^{p-1} \times \dfrac{z+1}{2} = \underline{\hspace{10cm}}$,

图（A）

X 约束要求 $z < x + y$ 及 $q = z^{p-1}$ ，但此明显与 T 法则和 q 规则相悖，由 T 法则知 $z < x + y$ ，

由 q 规则知 $q < z^{p-1}$ ，于是 $q \times \dfrac{x+y-1}{2} + z^{p-1} \times \dfrac{z+1}{2} \neq$ 图（A），

由此立知 $x^p + y^p = z^p$ 无解，证毕。

线段的拆叠、T 法则与费马大定理的第七个证明

对于 $z^{p-1} \times \dfrac{z-1}{2} \, z^{p-1} \times \dfrac{z+1}{2} = \underline{\hspace{10cm}}$,

图（A）

由 T 法则知 $z < x+y$，于是 $z^{p-1} \times \dfrac{z-1}{2} + z^{p-1} \times \dfrac{x+y+1}{2} \neq$ 图（A），

由此立知 $x^p + y^p = z^p$ 无解，证毕。

线段的拆叠、T 法则、X 约束与费马大定理的第八个证明

$$\text{对于 } z^{p-1} \times \frac{z-1}{2} z^{p-1} \times \frac{z+1}{2} = \underline{\hspace{6cm}} ,$$

图（A）

X 约束要求 $z = x+y$，但此明显与 T 法则相悖，由 T 法则知 $z < x+y$，

于是 $z^{p-1} \times \dfrac{z-1}{2} + z^{p-1} \times \dfrac{x+y+1}{2} \neq$ 图（A），由此立知 $x^p + y^p = z^p$ 无解，证毕。

线段的拆叠、q 规则与费马大定理的第九个证明

$$\text{对于 } z^{p-1} \times \frac{z-1}{2} z^{p-1} \times \frac{z+1}{2} = \underline{\hspace{6cm}} ,$$

图（A）

由 q 规则知 $q < z^{p-1}$，于是 $z^{p-1} \times \dfrac{z-1}{2} + q \times \dfrac{z+1}{2} \neq$ 图（A），

由此立知 $x^p + y^p = z^p$ 无解，证毕。

线段的拆叠、q 规则、X 约束与费马大定理的第十个证明

$$\text{对于 } z^{p-1} \times \frac{z-1}{2} z^{p-1} \times \frac{z+1}{2} = \underline{\hspace{6cm}} ,$$

图（A）

X 约束要求 $q = z^{p-1}$，但此明显与 q 规则相悖，由 q 规则知 $q < z^{p-1}$，

于是 $z^{p-1} \times \dfrac{z-1}{2} + q \times \dfrac{z+1}{2} \neq$ 图（A），由此立知 $x^p + y^p = z^p$ 无解，证毕。

线段的拆叠、T 法则、q 规则与费马大定理的第十一个证明

$$\text{对于 } z^{p-1} \times \frac{z-1}{2} z^{p-1} \times \frac{z+1}{2} = \underline{\hspace{6cm}} ,$$

图（A）

由 T 法则知 $z < x+y$，由 q 规则知 $q < z^{p-1}$，于是 $z^{p-1} \times \dfrac{z-1}{2} + q \times \dfrac{x+y+1}{2} \neq$ 图（A），

由此立知 $x^p + y^p = z^p$ 无解，证毕。

线段的拆叠、T 法则、q 规则、X 约束与费马大定理的第十二个证明

$$\text{对于 } z^{p-1} \times \frac{z-1}{2} z^{p-1} \times \frac{z+1}{2} = \underline{\hspace{6cm}} ,$$

图（A）

X 约束要求 $z<x+y$ 及 $q=z^{p-1}$，但此明显与 T 法则和 q 规则相悖，由 T 法则知 $z<x+y$，

由 q 规则知 $q<z^{p-1}$，于是 $z^{p-1}\times\dfrac{z-1}{2}+q\times\dfrac{x+y+1}{2}\neq$ 图（A），

由此立知 $x^p+y^p=z^p$ 无解，证毕。

第六十七章 拆项与费马大定理的初等证明

$(x+y)q$ 是一个 $x+y$ 项，中值为 q 的连续奇数和，z^p 是一个 z 项，中值为 z^{p-1} 的连续奇数和。本章分拆 $x+y$ 得到了一个公式，用以证明大定理；本章又分拆 z 得到了另一个公式，也用以证明大定理。需要说明的是，以本章中的每个公式及由它变形得到的不等式给出的大定理的证明均在五千个以上，当然是因为"吃不消"，只好演"折子戏"，每个公式只给出六个证明，以冰山之一角让每个"演员"亮相。

拆项、T 法则与费马大定理的第一个证明

$z^p=z\times z^{p-1}$，z 为奇数时 $z=\dfrac{z-1}{2}+\dfrac{z+1}{2}$ 则 $z^p=z^{p-1}\times\dfrac{z-1}{2}+z^{p-1}\times\dfrac{z+1}{2}$。

对于 $z^p=z^{p-1}\times\dfrac{z-1}{2}+z^{p-1}\times\dfrac{z+1}{2}$，由 T 法则知 $z<x+y$，

于是 $z^p\neq z^{p-1}\times\dfrac{x+y-1}{2}+z^{p-1}\times\dfrac{z+1}{2}$，由此立知 $x^p+y^p=z^p$ 无解，证毕。

拆项、T 法则、X 约束与费马大定理的第二个证明

对于 $z^p=z^{p-1}\times\dfrac{z-1}{2}+z^{p-1}\times\dfrac{z+1}{2}$，X 约束要求 $z=x+y$，但此明显与 T 法则相悖，

由 T 法则知 $z<x+y$，于是 $z^p\neq z^{p-1}\times\dfrac{x+y-1}{2}+z^{p-1}\times\dfrac{z+1}{2}$，

由此立知 $x^p+y^p=z^p$ 无解，证毕。

拆项、q 规则与费马大定理的第三个证明

对于 $z^p=z^{p-1}\times\dfrac{z-1}{2}+z^{p-1}\times\dfrac{z+1}{2}$，由 q 规则知 $q<z^{p-1}$，

于是 $z^p\neq q\times\dfrac{z-1}{2}+z^{p-1}\times\dfrac{z+1}{2}$，由此立知 $x^p+y^p=z^p$ 无解，证毕。

拆项、q 规则、X 约束与费马大定理的第四个证明

对于 $z^p=z^{p-1}\times\dfrac{z-1}{2}+z^{p-1}\times\dfrac{z+1}{2}$，X 约束要求 $q=z^{p-1}$，但此明显与 q 规则相悖，由

q 规则知 $q<z^{p-1}$，于是 $z^p\neq q\times\dfrac{z-1}{2}+z^{p-1}\times\dfrac{z+1}{2}$，由此立知 $x^p+y^p=z^p$ 无解，证毕。

拆项、T法则、q规则与费马大定理的第五个证明

对于 $z^p = z^{p-1} \times \dfrac{z-1}{2} + z^{p-1} \times \dfrac{z+1}{2}$，由T法则知 $z < x+y$，由q规则知 $q < z^{p-1}$，

于是 $z^p \neq q \times \dfrac{x+y-1}{2} + z^{p-1} \times \dfrac{z+1}{2}$，由此立知 $x^p + y^p = z^p$ 无解，证毕。

拆项、T法则、q规则、X约束与费马大定理的第六个证明

对于 $z^p = z^{p-1} \times \dfrac{z-1}{2} + z^{p-1} \times \dfrac{z+1}{2}$，X约束要求 $z = x+y$ 及 $q = z^{p-1}$，但此明显

与T法则和q规则相悖，由T法则知 $z < x+y$，由q规则知 $q < z^{p-1}$，

于是 $z^p \neq q \times \dfrac{x+y-1}{2} + z^{p-1} \times \dfrac{z+1}{2}$，由此立知 $x^p + y^p = z^p$ 无解，证毕。

拆项、T法则与费马大定理的第七个证明

$x+y$ 为奇数 $x+y = \dfrac{x+y-1}{2} + \dfrac{x+y+1}{2}$ 则 $x^p + y^p = q \times \dfrac{x+y-1}{2} + q \times \dfrac{x+y+1}{2}$。

对于 $x^p + y^p = q \times \dfrac{x+y-1}{2} + q \times \dfrac{x+y+1}{2}$，由T法则知 $z < x+y$，

于是 $x^p + y^p \neq q \times \dfrac{z-1}{2} + q \times \dfrac{x+y+1}{2}$，由此立知 $x^p + y^p = z^p$ 无解，证毕。

拆项、T法则、X约束与费马大定理的第八个证明

对于 $x^p + y^p = q \times \dfrac{x+y-1}{2} + q \times \dfrac{x+y+1}{2}$，X约束要求 $z = x+y$，但此明显与T法

则相悖，由T法则知 $z < x+y$，于是 $x^p + y^p \neq q \times \dfrac{z-1}{2} + q \times \dfrac{x+y+1}{2}$，

由此立知 $x^p + y^p = z^p$ 无解，证毕。

拆项、q规则与费马大定理的第九个证明

对于 $x^p + y^p = q \times \dfrac{x+y-1}{2} + q \times \dfrac{x+y+1}{2}$，由$q$规则知 $q < z^{p-1}$，

于是 $x^p + y^p \neq z^{p-1} \times \dfrac{x+y-1}{2} + q \times \dfrac{x+y+1}{2}$，由此立知 $x^p + y^p = z^p$ 无解，证毕。

拆项、q规则、X约束与费马大定理的第十个证明

对于 $x^p + y^p = q \times \dfrac{x+y-1}{2} + q \times \dfrac{x+y+1}{2}$，X约束要求 $q = z^{p-1}$，但此明显与q规则

相悖，由q规则知 $q < z^{p-1}$，于是 $x^p + y^p \neq z^{p-1} \times \dfrac{x+y-1}{2} + q \times \dfrac{x+y+1}{2}$，

由此立知 $x^p + y^p = z^p$ 无解，证毕。

拆项、T法则、q规则与费马大定理的第十一个证明

对于 $x^p + y^p = q \times \dfrac{x+y-1}{2} + q \times \dfrac{x+y+1}{2}$，由T法则知 $z < x+y$，由q规则

知 $q < z^{p-1}$，于是 $x^p + y^p \neq z^{p-1} \times \dfrac{z-1}{2} + q \times \dfrac{x+y+1}{2}$，

由此立知 $x^p + y^p = z^p$ 无解，证毕。

拆项、T 法则、q 规则、X 约束与费马大定理的第十二个证明

对于 $x^p + y^p = q \times \dfrac{x+y-1}{2} + q \times \dfrac{x+y+1}{2}$，X 约束要求 $z = x + y$ 及 $q = z^{p-1}$，但此明

显与 T 法则和 q 规则相悖，由 T 法则知 $z < x + y$，由 q 规则知 $q < z^{p-1}$，

于是 $x^p + y^p \neq z^{p-1} \times \dfrac{z-1}{2} + q \times \dfrac{x+y+1}{2}$，由此立知 $x^p + y^p = z^p$ 无解，证毕。

事实上，我们至少还有六个公式可资利用（其中的玄机请读者考虑）：

$$x^p + y^p = q \times \dfrac{x+y-3}{2} + q \times \dfrac{x+y+3}{2}, \quad z^p = z^{p-1} \times \dfrac{z-3}{2} + z^{p-1} \times \dfrac{z+3}{2};$$

$$x^p + y^p = q \times \dfrac{x+y-3}{2} + q \times \dfrac{x+y+3}{2}, \quad z^p = z^{p-1} \times \dfrac{z-3}{2} + z^{p-1} \times \dfrac{z+3}{2};$$

$$x^p + y^p = q \times \dfrac{x+y-5}{2} + q \times \dfrac{x+y+5}{2}, \quad z^p = z^{p-1} \times \dfrac{z-5}{2} + z^{p-1} \times \dfrac{z+5}{2}。$$

第六十八章 因子运算与费马大定理的证明

一个例子的启发：$3^3 + 4^3 = 7 \times 13$，此时如果有一个 z 存在，使 $3^3 + 4^3 = z^3$，显

然此 z 只能是 5 即 $z = 5$，由此有 $5^3 = 5 \times 25$，注意：$5 < 7$ 而 $25 > 13$，于是 $\dfrac{13}{7} < \dfrac{25}{5}$。

这个例子让作者突然想到，它有普遍意义，这里就有着大定理的极好的证明。于是便有

了本章的第一、第二个证明，即利用 T 法则和 q 规则证明 $(x+y)q \neq z^p$，又利用 H 法则和

g 规则证明 $(y-x)g \neq z^p$。

又 $\dfrac{13}{7}$ 与 $\dfrac{25}{5}$ 还有一处明显的区别，即 $\dfrac{13}{7}$ 是一个有理数，而 $\dfrac{25}{5}$ 是一个整数，于是又有

了本章的第三、第四个证明。

然而以上两个非常明显而又具有普遍性的事实却很长时间未能引起作者的注意。实在是

"不见庐山真面目，只因身在此山中"！

基于上述两个坚如磐石之立脚点，本章的证明目标明确、火力集中，剑锋所向，直指要

害！然此龙泉宝剑铸造成功的奥秘却只不过是隐藏在一个极其简单的数值例子之中。

文献"数型"的导读中有一段力透纸背、见解精辟的文字："一个数学家竭尽全力所作

的事情之一就是试图在他所研究的课题中发现某些数字模型。这些模型的发现将能导致重要

的新的数学概念。"

文献"数型"中说："当今的数学家和科学家则在实验及一些问题的数据中，寻找趋势或规律，因为这种发现，常常能导出新概念。"文献又说："通过研究一些揭示特殊模型的数之间的关系，你的确能获知数学领域中的许多内容，"事实上很多数学定理，数学公式的获知或新的数学命题的提出，都是来源于数值例子。

可惜的是，我们的研究，往往注重的只是公式推导，却不怎么注重对具体的数值例子的分析研究，一个数值例子说不定就可以让我们提炼得到一个数学模型，事实上，数值例子常常是数学模型的先导啊！

因子商与费马大定理的第一个证明

$(x+y)$ 和 q 是 $(x+y)q$ 的两个因子，z 和 z^{p-1} 是 z^p 的两个因子，由 **T** 法则知

$z < x+y$，由 q 规则知 $q < z^{p-1}$，于是 $\dfrac{q}{x+y} < \dfrac{z^{p-1}}{z}$，由此立知 $x^p+y^p=z^p$ 无解，证毕。

因子商与费马大定理的第二个证明

$(y-x)$ 和 g 是 $(y-x)g$ 的两个因子，z 和 z^{p-1} 是 z^p 的两个因子，由 **H** 法则知

$y-x < z$，由 g 规则知 $g > z^{p-1}$，于是 $\dfrac{g}{y-x} > \dfrac{z^{p-1}}{z}$，由此立知 $y^p-x^p=z^p$ 无解，证毕。

因子差与费马大定理的第三个证明

$x+y$ 和 q 是 $(x+y)q$ 的两个因子，z 和 z^{p-1} 是 z^p 的两个因子，显然 $q-(x+y) < z^{p-1}-z$，由此立知 $x^p+y^p=z^p$ 无解，证毕。

因子差与费马大定理的第四个证明

$y-x$ 和 g 是 $(y-x)g$ 的两个因子，z 和 z^{p-1} 是 z^p 的两个因子，显然 $g-(y-x) > z^{p-1}-z$，由此立知 $y^p-x^p=z^p$ 无解，证毕。

第六十九章 拆中值与费马大定理的初等证明

本章分拆 q 得到了一个公式，用以证明大定理；本章又分拆 z^{p-1} 得到了另一个公式，也用以证明大定理。需要说明的是，以本章中的每个公式及由它变形得到的不等式给出的大定

理的证明均在五千个以上，当然是因为"吃不消"，只好演"折子戏"，每个公式只给出六个证明，以"折子戏"的形式让每个"演员"亮相，中央电视台戏曲频道有一个栏目"名段欣赏"不也就是如此吗？

拆中值、T 法则与费马大定理的第一个证明

z 为奇数时 $z^{p-1} = \dfrac{z^{p-1}-1}{2} + \dfrac{z^{p-1}+1}{2}$ 则 $z^p = z \times \dfrac{z^{p-1}-1}{2} + z \times \dfrac{z^{p-1}+1}{2}$。

对于 $z^p = z \times \dfrac{z^{p-1}-1}{2} + z \times \dfrac{z^{p-1}+1}{2}$，由 T 法则知 $z < x+y$，

于是 $z^p \neq (x+y) \times \dfrac{z^{p-1}-1}{2} + z \times \dfrac{z^{p-1}+1}{2}$，由此立知 $x^p + y^p = z^p$ 无解，证毕。

拆中值、T 法则、X 约束与费马大定理的第二个证明

对于 $z^p = z \times \dfrac{z^{p-1}-1}{2} + z \times \dfrac{z^{p-1}+1}{2}$，X 约束要求 $z = x+y$，但此明显与 T 法则相悖，

由 T 法则知 $z < x+y$，于是 $z^p \neq (x+y) \times \dfrac{z^{p-1}-1}{2} + z \times \dfrac{z^{p-1}+1}{2}$，

由此立知 $x^p + y^p = z^p$ 无解，证毕。

拆中值、q 规则与费马大定理的第三个证明

对于 $z^p = z \times \dfrac{z^{p-1}-1}{2} + z \times \dfrac{z^{p-1}+1}{2}$，由 q 规则知 $q < z^{p-1}$，

于是 $z^p \neq z \times \dfrac{q-1}{2} + z \times \dfrac{z^{p-1}+1}{2}$，由此立知 $x^p + y^p = z^p$ 无解，证毕。

拆中值、q 规则、X 约束与费马大定理的第四个证明

对于 $z^p = z \times \dfrac{z^{p-1}-1}{2} + z \times \dfrac{z^{p-1}+1}{2}$，X 约束要求 $q = z^{p-1}$，但此明显与 q 规则相悖，由

q 规则知 $q < z^{p-1}$，于是 $z^p \neq z \times \dfrac{q-1}{2} + z \times \dfrac{z^{p-1}+1}{2}$，由此立知 $x^p + y^p = z^p$ 无解，证毕。

拆中值、T 法则、q 规则与费马大定理的第五个证明

对于 $z^p = z \times \dfrac{z^{p-1}-1}{2} + z \times \dfrac{z^{p-1}+1}{2}$，由 T 法则知 $z < x+y$，由 q 规则知 $q < z^{p-1}$，

于是 $z^p = (x+y) \times \dfrac{q-1}{2} + z \times \dfrac{z^{p-1}+1}{2}$，由此立知 $x^p + y^p = z^p$ 无解，证毕。

拆中值、T 法则、q 规则、X 约束与费马大定理的第六个证明

对于 $z^p = z \times \dfrac{z^{p-1}-1}{2} + z \times \dfrac{z^{p-1}+1}{2}$，X 约束要求 $z = x + y$ 及 $q = z^{p-1}$，但此明显

与 T 法则和 q 规则相悖，由 T 法则知 $z < x + y$，由 q 规则知 $q < z^{p-1}$，

于是 $z^p = (x+y) \times \dfrac{q-1}{2} + z \times \dfrac{z^{p-1}+1}{2}$，由此立知 $x^p + y^p = z^p$ 无解，证毕。

拆中值、T 法则与费马大定理的第七个证明

$q = \dfrac{q-1}{2} + \dfrac{q+1}{2}$ 则 $x^p + y^p = (x+y) \times \dfrac{q-1}{2} + (x+y) \times \dfrac{q+1}{2}$。

对于 $x^p + y^p = (x+y) \times \dfrac{q-1}{2} + (x+y) \times \dfrac{q+1}{2}$，由 T 法则知 $z < x + y$，

于是 $x^p + y^p \neq z \times \dfrac{q-1}{2} + (x+y) \times \dfrac{q+1}{2}$，由此立知 $x^p + y^p = z^p$ 无解，证毕。

拆中值、T 法则、X 约束与费马大定理的第八个证明

对于 $x^p + y^p = (x+y) \times \dfrac{q-1}{2} + (x+y) \times \dfrac{q+1}{2}$，X 约束要求 $z = x + y$，但此明显与 T

法则相悖，由 T 法则知 $z < x + y$，于是 $x^p + y^p \neq z \times \dfrac{q-1}{2} + (x+y) \times \dfrac{q+1}{2}$，

由此立知 $x^p + y^p = z^p$ 无解，证毕。

拆中值、q 规则与费马大定理的第九个证明

对于 $x^p + y^p = (x+y) \times \dfrac{q-1}{2} + (x+y) \times \dfrac{q+1}{2}$，由 q 规则知 $q < z^{p-1}$，

于是 $x^p + y^p \neq (x+y) \times \dfrac{z^{p-1}-1}{2} + (x+y) \times \dfrac{q+1}{2}$，由此立知 $x^p + y^p = z^p$ 无解，证毕。

拆中值、q 规则、X 约束与费马大定理的第十个证明

对于 $x^p + y^p = (x+y) \times \dfrac{q-1}{2} + (x+y) \times \dfrac{q+1}{2}$，X 约束要求 $q = z^{p-1}$，但此明显与 q 规

则相悖，由 q 规则知 $q < z^{p-1}$，于是 $x^p + y^p \neq (x+y) \times \dfrac{z^{p-1}-1}{2} + (x+y) \times \dfrac{q+1}{2}$，

由此立知 $x^p + y^p = z^p$ 无解，证毕。

拆中值、T 法则、q 规则与费马大定理的第十一个证明

对于 $x^p + y^p = (x+y) \times \dfrac{q-1}{2} + (x+y) \times \dfrac{q+1}{2}$，由 T 法则知 $z < x+y$，由 q 规则

知 $q < z^{p-1}$，于是 $x^p + y^p \neq z \times \dfrac{z^{p-1}-1}{2} + (x+y) \times \dfrac{q+1}{2}$，由此立知 $x^p + y^p = z^p$ 无解。

拆中值、T 法则、q 规则、X 约束与费马大定理的第十二个证明

对于 $x^p + y^p = (x+y) \times \dfrac{q-1}{2} + (x+y) \times \dfrac{q+1}{2}$，X 约束要求 $z = x+y$ 及 $q = z^{p-1}$，但

此明显与 T 法则和 q 规则相悖，由 T 法则知 $z < x+y$，由 q 规则知 $q < z^{p-1}$，

于是 $x^p + y^p \neq z \times \dfrac{z^{p-1}-1}{2} + (x+y) \times \dfrac{q+1}{2}$，由此立知 $x^p + y^p = z^p$ 无解，证毕。

拆中值、T 法则、q 规则与费马大定理的第十三个证明

对于 $x^p + y^p = (x+y) \times \dfrac{q-1}{2} + (x+y) \times \dfrac{q+1}{2}$，由 T 法则知 $z < x+y$，由 q 规则知

$q < z^{p-1}$，于是 $x^p + y^p \neq z \times \dfrac{z^{p-1}-1}{2} + z \times \dfrac{q+1}{2}$，由此立知 $x^p + y^p = z^p$ 无解，证毕。

事实上，我们还有大量的类似的公式可资利用（其中的玄机请读者考虑），例如：

$$x^p + y^p = (x+y) \times \frac{q-3}{2} + (x+y) \times \frac{q+3}{2}, \quad z^p = z \times \frac{z^{p-1}-3}{2} + z \times \frac{z^{p-1}+3}{2};$$

$$x^p + y^p = (x+y) \times \frac{q-5}{2} + (x+y) \times \frac{q+5}{2}, \quad z^p = z \times \frac{z^{p-1}-5}{2} + z \times \frac{z^{p-1}+5}{2};$$

$$x^p + y^p = (x+y) \times \frac{q-5}{2} + (x+y) \times \frac{q+5}{2}, \quad z^p = z \times \frac{z^{p-1}-5}{2} + z \times \frac{z^{p-1}+5}{2};$$

$$x^p + y^p = (x+y) \times \frac{q-7}{2} + (x+y) \times \frac{q+7}{2}, \quad z^p = z \times \frac{z^{p-1}-7}{2} + z \times \frac{z^{p-1}+7}{2};$$

$$x^p + y^p = (x+y) \times \frac{q-9}{2} + (x+y) \times \frac{q+9}{2}, \quad z^p = z \times \frac{z^{p-1}-9}{2} + z \times \frac{z^{p-1}+9}{2};$$

$$x^p + y^p = (x+y) \times \frac{q-11}{2} + (x+y) \times \frac{q+11}{2}, \quad z^p = z \times \frac{z^{p-1}-11}{2} + z \times \frac{z^{p-1}+11}{2}。$$

第七十章 类三角数与费马大定理的初等证明

本章先行建立 z^p 的类三角数模型，然后据此证明大定理。

类三角数、T 法则与费马大定理的第一个证明

一、高斯与三角数

说到三角数，第一个还是要说高斯。

著名杂志《科学美国人》曾经介绍过 Gauss 数三角问题，"三角形数是形如 $\dfrac{n(n+1)}{2}$ 的数，其中 n 为任意正整数，这些数也可表为一些点的三角形阵列，在'算术论文'中，Gauss 证明了每个正整数是三个这样的三角数之和。高斯的这一发现在 1796 年 7 月 10 日的日记中以隐讳的方式记述：'Eareka! Num= $\triangle + \triangle + \triangle$' ……。"

以上是作者在 1978 年 7 月关于 Fermat 问题的研究笔记中的相关内容，由此可见高斯的极度的兴奋心情。这是数学史上流传至今的一个美谈。

二、关于等差级数和的一个定理

由于 $x+y$ 为偶数时 $(x+y)q$ 是一个连续偶数和，此时 $x^p+y^p=z^p$ 必无解，因此下面的讨论只针对 $x+y$ 及 z 为奇数而言。

定理。等差级数的和 S 只与它的中值 C 和项数 K 有关，$S=C \times K$ 而与公差 d 无关。

定理不证自明，看一个例子就更明白了。

$7+15+23+31+39+47+55$ 的公差为 8，

$10+17+24+31+38+45+52$ 的公差为 7，

$13+19+25+31+37+43+49$ 的公差为 6，

$16+21+26+31+36+41+46$ 的公差为 5，

$19+23+27+31+35+39+43$ 的公差为 4，

$22+25+28+31+34+37+40$ 的公差为 3，

$25+27+29+31+33+35+37$ 的公差为 2，

$28+29+30+31+32+33+34$ 的公差为 1，

$31+31+31+31+31+31+31$ 的公差为 0。

以上九个等差级数的公差虽然都不相同，但是它们的和却都相同，并且

$S=31 \times 7=217$，又 $S=31 \times 7=25+27+29+31+33+35+37$，这就是我们熟悉的连续奇数和之一说。对于以上九个等差级数我们以后只关注一种情况，即 $28+29+30+31+32+33+34$，因为它是一个连续自然数和。

302

三、z^p 的类三角数模型

我们将一个三角数去掉前若干项得到的数称为类三角数，

例如：$2+3+4+5$，$9+10+11+12+13$ 等等。

熟知当 z 为奇数时，z^p 是一个项数为 z，中值为 z^{p-1} 的连续奇数和。事实上，当 z 为

奇数时，z^p 也是一个项数为 z，中值为 z^{p-1} 的类三角数，此时

$$z^p = (z^{p-1} - \frac{z-1}{2}) + (z^{p-1} - \frac{z-1}{2} + 1) + (z^{p-1} - \frac{z-1}{2} + 2) + \cdots + (z^{p-1} + \frac{z-1}{2})(A)\ \text{式。}$$

显然 (A) 式是一个公差为 1 的等差级数或称连续自然数和或称类三角数。

易知 z^p 的类三角数模型的通项公式：其第 i 项 $z_i = z^{p-1} - \frac{z-1}{2} + (i-1)(B)$ 式。

例子：$3^3 = (3^2 - 1) + (3^2 - 1 + 1) + (3^2 - 1 + 2) = 8 + 9 + 10$

$\qquad 5^3 = (5^2 - 2) + (5^2 - 2 + 1) + (5^2 - 2 + 2) + (5^2 - 2 + 3) + (5^2 - 2 + 4)$

$= 23 + 24 + 25 + 26 + 27$，

四、大定理的证明

对于 $z_i = z^{p-1} - \frac{z-1}{2} + (i-1)$，由 T 法则知 $z < x + y$，

于是 $z_i \neq z^{p-1} - \frac{x+y-1}{2} + (i-1)$，由此立知 $x^p + y^p = z^p$ 无解，证毕。

类三角数、T 法则、X 约束与费马大定理的第二个证明

对于 $z_i = z^{p-1} - \frac{z-1}{2} + (i-1)$，X 约束要求 $z = x + y$，但此明显与 T 法则相悖，由 T

法则知 $z < x + y$，于是 $z_i \neq z^{p-1} - \frac{x+y-1}{2} + (i-1)$，

由此立知 $x^p + y^p = z^p$ 无解，证毕。

类三角数、q 规则与费马大定理的第三个证明

对于 $z_i = z^{p-1} - \frac{z-1}{2} + (i-1)$，由 q 规则知 $q < z^{p-1}$，

于是 $z_i \neq q - \frac{z-1}{2} + (i-1)$，由此立知 $x^p + y^p = z^p$ 无解，证毕。

类三角数、q 规则、X 约束与费马大定理的第四个证明

对于 $z_i = z^{p-1} - \frac{z-1}{2} + (i-1)$，X 约束要求 $q = z^{p-1}$，但此明显与 q 规则相悖，

由 q 规则知 $q < z^{p-1}$，于是 $z_i \neq q - \frac{z-1}{2} + (i-1)$，

由此立知 $x^p + y^p = z^p$ 无解，证毕。

类三角数、T 法则、q 规则与费马大定理的第五个证明

对于 $z_i = z^{p-1} - \dfrac{z-1}{2} + (i-1)$，由 T 法则知 $z < x + y$，由 q 规则知 $q < z^{p-1}$，

于是 $z_i \neq q - \dfrac{x+y-1}{2} + (i-1)$，由此立知 $x^p + y^p = z^p$ 无解，证毕。

类三角数、T 法则、q 规则、X 约束与费马大定理的第六个证明

对于 $z_i = z^{p-1} - \dfrac{z-1}{2} + (i-1)$，X 约束要求 $z = x + y$ 及 $q = z^{p-1}$，但此明显与 T 法则和

q 规则相悖，由 T 法则知 $z < x + y$，由 q 规则知 $q < z^{p-1}$，

于是 $z_i \neq q - \dfrac{x+y-1}{2} + (i-1)$，由此立知 $x^p + y^p = z^p$ 无解，证毕。

第七十一章 又类三角数与费马大定理的初等证明

类三角数、T 法则与费马大定理的第一个证明

一、公式

易知当 $x+y$ 为奇数时，$(x+y)q$ 是一个中值为 q，项数为 $x+y$ 的类三角数，此时

$$x^p + y^p = (q - \frac{x+y-1}{2}) + (q - \frac{x+y-1}{2} + 1) + \cdots + (q + \frac{x+y-1}{2})(A) \text{式}，$$

其一般项为：$(x^p + y^p)_i = q - \dfrac{x+y-1}{2} + (i-1)$。

例子：$2^3 + 3^3 = 5 \times 7 = (7-2) + (7-2+1) + (7-2+2) + (7-2+3) + (7-2+4)$

$= 5 + 6 + 7 + 8 + 9$。

二、大定理的证明

对于 $(x^p + y^p)_i = q - \dfrac{x+y-1}{2} + (i-1)$，式中记号 $(x^p + y^p)_i$ 不难理解。

由 T 法则知 $z < x + y$，于是 $(x^p + y^p)_i \neq q - \dfrac{z-1}{2} + (i-1)$，由此立知 $x^p + y^p = z^p$ 无解。

类三角数、T 法则、X 约束与费马大定理的第二个证明

对于 $(x^p + y^p)_i = q - \dfrac{x+y-1}{2} + (i-1)$，X 约束要求 $z = x + y$，但此明显与 T 法则相

悖，由 T 法则知 $z < x + y$，于是 $(x^p + y^p)_i \neq q - \dfrac{z-1}{2} + (i-1)$，

由此立知 $x^p + y^p = z^p$ 无解，证毕。

类三角数、q 规则与费马大定理的第三个证明

对于 $(x^p + y^p)_i = q - \dfrac{x+y-1}{2} + (i-1)$，由 q 规则知 $q < z^{p-1}$，

于是 $(x^p + y^p)_i \neq z^{p-1} - \dfrac{x+y-1}{2} + (i-1)$，由此立知 $x^p + y^p = z^p$ 无解，证毕。

类三角数、q 规则、X 约束与费马大定理的第四个证明

对于 $(x^p + y^p)_i = q - \dfrac{x+y-1}{2} + (i-1)$，X 约束要求 $q = z^{p-1}$，但此明显与 q 规则相悖，

由 q 规则知 $q < z^{p-1}$，于是 $(x^p + y^p)_i \neq z^{p-1} - \dfrac{x+y-1}{2} + (i-1)$，

由此立知 $x^p + y^p = z^p$ 无解，证毕。

类三角数、T 法则、q 规则与费马大定理的第五个证明

对于 $(x^p + y^p)_i = q - \dfrac{x+y-1}{2} + (i-1)$，由 T 法则知 $z < x+y$，

于是 $(x^p + y^p)_i \neq z^{p-1} - \dfrac{z-1}{2} + (i-1)$，由此立知 $x^p + y^p = z^p$ 无解，证毕。

类三角数、T 法则、q 规则、X 约束与费马大定理的第六个证明

对于 $(x^p + y^p)_i = q - \dfrac{x+y-1}{2} + (i-1)$，X 约束要求 $z = x+y$ 及 $q = z^{p-1}$，但此明显

与 T 法则和 q 规则相悖，由 T 法则知 $z < x+y$，由 q 规则知 $q < z^{p-1}$，

于是 $(x^p + y^p)_i \neq z^{p-1} - \dfrac{z-1}{2} + (i-1)$，由此立知 $x^p + y^p = z^p$ 无解，证毕。

第七十二章 "覆盖"与费马大定理的证明

本章先建立"覆盖"之概念，然后利用之证明大定理。"覆盖"之概念与"显见"、"显见与隐见"的概念有异曲同工之妙，然就证明大定理的思路而言，并不完全一样。

一、何为覆盖

$x^2 + y^2 = z^2$ 成立的几何背景

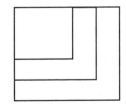

图中最小的正方形面积表示 x^2，次大的正方形面积表示 y^2，最大的正方形面积表示

z^2，对此几何背景我们称 y^2 覆盖了 x^2，z^2 覆盖了 y^2，并且 z^2 通过 y^2 又覆盖了 x^2。

二、$x^p + y^p = z^p$ 可能成立应有的几何背景

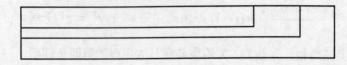

图中最小的长方形面积表示 x^p，次大的长方形面积表示 y^p，最大的长方形面积表示 z^p。当然也应当有 y^p 覆盖了 x^p，z^p 覆盖了 y^p，并且 z^p 通过 y^p 又覆盖了 x^p 之一说，然而此不可能。

三、大定理的证明

由 T 法则知 $z < x + y$，由 q 规则知 $x^{p-1} < q < y^{p-1} < z^{p-1}$，

于是 z^p 对于 $x^p + y^p$ 的覆盖的几何背景是：

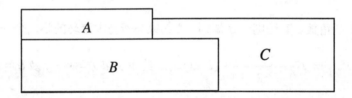

图中 A 的面积为 x^p 其两条边分别为 x 与 x^{p-1}，B 的面积为 y^p 其两条边分别为 y 与 y^{p-1}，C 的面积为 z^p 其两条边分别为 z 与 z^{p-1}，注意 C 的面积之一部分被 A 和 B 挡住了。由此立知 $x^p + y^p = z^p$ 无解，证毕。

第七十三章 又"覆盖"与费马大定理的证明

对于 $(x+y)q$，由 T 法则知 $z < x + y$，由 q 规则知 $q < z^{p-1}$，

于是 z^p 对于 $(x+y)q$ 的覆盖的几何背景是：

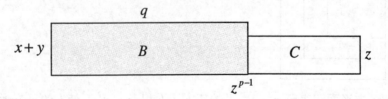

图中 B 的面积为 $(x+y)q$，其两条边分别   为 $x+y$ 与 q，C 的面积为 z^p 其两

条边分别为 z 与 z^{p-1}，注意 C 的面积之一部分被 B 挡住了。

由此立知 $x^p + y^p = z^p$ 无解，证毕。

第七十四章　"割补"与费马大定理的证明

本章先建立"割补"之概念，然后利用之证明大定理。

"割补"与费马大定理的第一个证明

一、$x^p + y^p = z^p$ 可能成立应有的几何背景

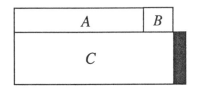

图 (y)

图中最小的长方形面积表示 x^p，次大的长方形表示 y^p，最大的长方形则表示 z^p。

二、$x^p + y^p = (x+y)q$ 与"割补"

考察 $x^p + y^p = (x+y)q$，可得 $\dfrac{x^p + y^p}{x+y} = q$，又由平均值原理可知 $x^{p-1} < q < y^{p-1}$，

于是进一步可知，从表示 y^p 的长方形面积中割下一部分补到 x^p 上就可以得到 $(x+y)q$，

于是便有了下面对应于此"割补"的几何背景图 (G)：

从图中还可以看出一处有趣的地方，虽说 $x^{p-1} < q < y^{p-1}$，然而 q 对 y^{p-1} 要"亲密"

一点（距离近）而对 x^{p-1} 则"淡漠"一点（距离远），其原因是由于 $y > x$。

看一个例子，不无趣味，$3^3 + 4^3 = 7 \times 13$，$3^2 = 9$，$4^2 = 16$，$9 < 13 < 16$，并且

$16 - 13 < 13 - 9$。其实，图中的趣味还有不少，又如，$y \gg x$，则黑影就成了一条竖线。

图中 A 的面积表示 x^p，B 的面积为补上的那部分，C 的面积表示 y^p，注意 y^p 包括图

中黑影部分，显然 B 之面积与黑影部分的面积相等，于是就有了我们的"割补等式"，即

$$(q - x^{p-1})x = (y^{p-1} - q)y，例如 2^3 + 3^3 = 5 \times 7，于是 (7-4) \times 2 = (9-7) \times 3。$$

三、大定理的证明

对比图 (y) 与图 (G)，由此立知 $x^p + y^p = z^p$ 无解，证毕。

"割补"、q 规则与费马大定理的第二个证明

对于 $(q - x^{p-1})x = (y^{p-1} - q)y$，由 q 规则知 $q < z^{p-1}$，

于是 $(z^{p-1} - x^{p-1})x \neq (y^{p-1} - q)y$，由此立知 $x^p + y^p = z^p$ 无解，证毕。

"割补"、q 规则、X 约束与费马大定理的第三个证明

对于 $(q - x^{p-1})x = (y^{p-1} - q)y$，$X$ 约束要求 $q = z^{p-1}$，然此明显与 q 规则相悖，

由 q 规则知 $q < z^{p-1}$，于是 $(z^{p-1} - x^{p-1})x \neq (y^{p-1} - q)y$，

由此立知 $x^p + y^p = z^p$ 无解，证毕。

"割补"、q 规则与费马大定理的第四个证明

对于 $(q - x^{p-1})x = (y^{p-1} - q)y$，由 q 规则知 $q < z^{p-1}$，

于是 $(q - x^{p-1})x \neq (y^{p-1} - z^{p-1})y$，由此立知 $x^p + y^p = z^p$ 无解，证毕。

"割补"、q 规则、X 约束与费马大定理的第五个证明

对于 $(q - x^{p-1})x = (y^{p-1} - q)y$，$X$ 约束要求 $q = z^{p-1}$，然此明显与 q 规则相悖，

由 q 规则知 $q < z^{p-1}$，于是 $(q - x^{p-1})x \neq (y^{p-1} - z^{p-1})y$，

由此立知 $x^p + y^p = z^p$ 无解，证毕。

"割补"、q 规则与费马大定理的第六个证明

对于 $(q - x^{p-1})x = (y^{p-1} - q)y$，由 q 规则知 $q < z^{p-1}$，

于是 $(z^{p-1} - x^{p-1})x \neq (y^{p-1} - z^{p-1})y$，由此立知 $x^p + y^p = z^p$ 无解，证毕。

"割补"、q 规则、X 约束与费马大定理的第七个证明

对于 $(q - x^{p-1})x = (y^{p-1} - q)y$，$X$ 约束要求 $q = z^{p-1}$，然此明显与 q 规则相悖，

由 q 规则知 $q < z^{p-1}$，于是 $(z^{p-1} - x^{p-1})x \neq (y^{p-1} - z^{p-1})y$，

由此立知 $x^p + y^p = z^p$ 无解，证毕。

事实上，以 $(q - x^{p-1})x = (y^{p-1} - q)y$ 为载体，可以得到大定理的证明还有很多、很多，有兴趣的读者不妨一试。

第七十五章 又"割补"与费马大定理的证明

本章先推得一个"割补"等式 (G)，然后利用之证明大定理。需要说明的是，不难看出，利用式 (G) 为载体证明大定理，最少应有一百八十个以上，不过本章只给出了六个证明，目的只是让 T 法则，T 法则、X 约束，q 规则，q 规则、X 约束，T 法则、q 规则，T 法则、q 规则、X 约束六大剑客（方法）每人亮一次剑，露一次面而已。

又"割补"、T 法则与费马大定理的第一个证明

一、$x^p + y^p = (x+y)q$ 的"割补"

今对 $x^p + y^p = (x+y)q$ 进行"先割后补"，先去掉 y^p 的一部分，使之与 x^p 等长，再对等长的两者补上一快，即下图中黑色部分，使整个图形之面积为 $(x+y)q$。

于是便有了对应于此"先割后补"的几何背景图 (G)：

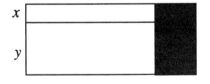

易知与图 (G) 对应的"割补等式"式 (G) 为：

$$(x+y)q = (x+y)x^{p-1} + (x+y)(q - x^{p-1}) \text{ 式}(G)。$$

例子：$2^3 + 5^3 = 133 = 7 \times 19$，于是 $133 = 7 \times 4 + 7 \times (19 - 4)$。

二、大定理的证明

对于 $(x+y)q = (x+y)x^{p-1} + (x+y)(q - x^{p-1})$，由 T 法则知 $z < x+y$，于是

$zq \neq (x+y)x^{p-1} + (x+y)(q - x^{p-1})$，由此立知 $x^p + y^p = z^p$ 无解，证毕。

又"割补"、T法则、X约束与费马大定理的第二个证明

对于 $(x+y)q=(x+y)x^{p-1}+(x+y)(q-x^{p-1})$，X约束要求 $z=x+y$ 然此明显与T

法则相悖，由T法则知 $z<x+y$，于是 $zq\neq(x+y)x^{p-1}+(x+y)(q-x^{p-1})$，

由此立知 $x^p+y^p=z^p$ 无解，证毕。

又"割补"、q规则与费马大定理的第三个证明

对于 $(x+y)q=(x+y)x^{p-1}+(x+y)(q-x^{p-1})$，由 q 规则知 $q<z^{p-1}$，于是

$(x+y)z^{p-1}\neq(x+y)x^{p-1}+(x+y)(q-x^{p-1})$，由此立知 $x^p+y^p=z^p$ 无解，证毕。

又"割补"、q规则、X约束与费马大定理的第四个证明

对于 $(x+y)q=(x+y)x^{p-1}+(x+y)(q-x^{p-1})$，X约束要求 $q=z^{p-1}$，然此明显与 q

规则相悖，由 q 规则知 $q<z^{p-1}$，于是 $(x+y)z^{p-1}\neq(x+y)x^{p-1}+(x+y)(q-x^{p-1})$，

由此立知 $x^p+y^p=z^p$ 无解，证毕。

又"割补"、T法则、q规则与费马大定理的第五个证明

对于 $(x+y)q=(x+y)x^{p-1}+(x+y)(q-x^{p-1})$，由 q 规则知 $q<z^{p-1}$，于是

$zz^{p-1}\neq(x+y)x^{p-1}+(x+y)(q-x^{p-1})$，由此立知 $x^p+y^p=z^p$ 无解，证毕。

又"割补"、T法则、q规则、X约束与费马大定理的第六个证明

对于 $(x+y)q=(x+y)x^{p-1}+(x+y)(q-x^{p-1})$，X约束要求 $z=x+y$ 及 $q=z^{p-1}$，

然此明显与T法则和 q 规则相悖，由T法则知 $z<x+y$，由 q 规则知 $q<z^{p-1}$，

于是 $zz^{p-1}\neq(x+y)x^{p-1}+(x+y)(q-x^{p-1})$，由此立知 $x^p+y^p=z^p$ 无解，证毕。

第七十六章 再"割补"与费马大定理的证明

本章利用"割补"等式 (G) 证明大定理。让T法则等六大剑客（方法）每人亮一次剑，

露一次面而已。

再"割补"、T法则与费马大定理的第一个证明

一、$x^p+y^p=(x+y)q$ 的"割补"

今对 $x^p + y^p = (x+y)q$ 再进行"先割后补"，先将 y^p 去掉两部分，使之与 x^p 既等长，又等宽然后再对两者补上一快，即下图中黑色部分，使整个图形之面积为 $(x+y)q$。

于是便有了对应于此"先割后补"的几何背景图 (G)：

易知与图 (G) 对应的"割补等式"式 (G) 为：

$(x+y)q = 2x^p + (y-x)g$ 式 (G)。需要特别指出，式 (G) 就大定理的证明而言，它第一次建立了 $(x+y)q$ 与 $(y-x)g$ 两个公式之间的连系，这就是说，证明了 $x^p + y^p = z^p$ 无解的同时，其实也已经隐含地证明了 $y^p - x^p = z^p$ 无解，反之亦然。若以式 (G) 为载体则可以有三十个大剑客（方法）对其中的一个 $x+y$、一个 q，一个 $y-x$、一个 g 亮剑及它们一个、二个、三个、四个的组合亮剑，最保守的估计也可以给出一万个以上大定理的证明，真不可想象！

例子：$2^3 + 5^3 = 133 = 7 \times 19$，$5^3 - 2^3 = 117 = 3 \times 39$，于是 $133 = 2 \times 8 + 3 \times 39$。

$2^5 + 3^5 = 275 = 5 \times 55$，$3^5 - 2^5 = 211 = 1 \times 211$，于是 $275 = 2 \times 32 + 1 \times 211$。

二、大定理的证明

对于 $(x+y)q = 2x^p + (y-x)g$，由 T 法则知 $z < x+y$，于是

$zq \neq 2x^p + (y-x)g$，由此立知 $x^p + y^p = z^p$ 及 $y^p - x^p = z^p$ 无解，证毕。

再"割补"、T 法则、X 约束与费马大定理的第二个证明

对于 $(x+y)q = 2x^p + (y-x)g$，X 约束要求 $z = x+y$ 然此明显与 T 法则相悖，由 T 法则知 $z < x+y$，于是 $zq \neq 2x^p + (y-x)g$，

由此立知 $x^p + y^p = z^p$ 及 $y^p - x^p = z^p$ 无解，证毕。

再"割补"、q 规则与费马大定理的第三个证明

对于 $(x+y)q = 2x^p + (y-x)g$，由 q 规则知 $q < z^{p-1}$，于是

$(x+y)z^{p-1} \neq 2x^p + (y-x)g$，由此立知 $x^p + y^p = z^p$ 及 $y^p - x^p = z^p$ 无解，证毕。

再"割补"、q 规则、X 约束与费马大定理的第四个证明

对于 $(x+y)q = 2x^p + (y-x)g$，X 约束要求 $q = z^{p-1}$，然此明显与 q 规则相悖，由 q

规则知 $q < z^{p-1}$，于是 $(x+y)z^{p-1} \neq 2x^p + (y-x)g$，

由此立知 $x^p + y^p = z^p$ 及 $y^p - x^p = z^p$ 无解，证毕。

再"割补"、T 法则、q 规则与费马大定理的第五个证明

对于 $(x+y)q = 2x^p + (y-x)g$，由 q 规则知 $q < z^{p-1}$，于是 $zz^{p-1} \neq 2x^p + (y-x)g$，由

此立知 $x^p + y^p = z^p$ 及 $y^p - x^p = z^p$ 无解，证毕。

再"割补"、T 法则、q 规则、X 约束与费马大定理的第六个证明

对于 $(x+y)q = 2x^p + (y-x)g$，X 约束要求 $z = x+y$ 及 $q = z^{p-1}$，然此明显与 T 法

则和 q 规则相悖，由 T 法则知 $z < x+y$，由 q 规则知 $q < z^{p-1}$，

于是 $zz^{p-1} \neq 2x^p + (y-x)g$，由此立知 $x^p + y^p = z^p$ 及 $y^p - x^p = z^p$ 无解，证毕。

再"割补"、H 法则与费马大定理的第七个证明

对于 $(x+y)q = 2x^p + (y-x)g$，由 H 法则知 $z > y-x$，于是

$(x+y)q \neq 2x^p + zg$，由此立知 $y^p - x^p = z^p$ 及 $x^p + y^p = z^p$ 无解，证毕。

再"割补"、H 法则、X 约束与费马大定理的第八个证明

对于 $(x+y)q = 2x^p + (y-x)g$，X 约束要求 $z = y-x$ 然此明显与 H 法则相悖，由 H

法则知 $z > y-x$，于是 $(x+y)q \neq 2x^p + zg$，

由此立知 $y^p - x^p = z^p$ 及 $x^p + y^p = z^p$ 无解，证毕。

再"割补"、g 规则与费马大定理的第九个证明

对于 $(x+y)q = 2x^p + (y-x)g$，由 g 规则知 $g > z^{p-1}$，于是

$(x+y)q \neq 2x^p + (y-x)z^{p-1}$，由此立知 $y^p - x^p = z^p$ 及 $x^p + y^p = z^p$ 无解，证毕。

再"割补"、g 规则、X 约束与费马大定理的第十个证明

对于 $(x+y)q = 2x^p + (y-x)g$，X 约束要求 $g = z^{p-1}$，然此明显与 g 规则相悖，由 g 规则知 $g > z^{p-1}$，于是 $(x+y)q \neq 2x^p + (y-x)z^{p-1}$，

由此立知 $y^p - x^p = z^p$ 及 $x^p + y^p = z^p$ 无解，证毕。

再"割补"、H 法则、g 规则与费马大定理的第十一个证明

对于 $(x+y)q = 2x^p + (y-x)g$，由 H 法则知 $z > y - x$，由 g 规则知 $g > z^{p-1}$，于是 $(x+y)q \neq 2x^p + zz^{p-1}$，由此立知 $y^p - x^p = z^p$ 及 $x^p + y^p = z^p$ 无解，证毕。

再"割补"、H 法则、g 规则、X 约束与费马大定理的第十二个证明

对于 $(x+y)q = 2x^p + (y-x)g$，X 约束要求 $z = y - x$ 及 $g = z^{p-1}$，然此明显与 H 法则和 g 规则相悖，由 H 法则知 $z > y - x$，由 g 规则知 $g > z^{p-1}$，

于是 $(x+y)q \neq 2x^p + zz^{p-1}$，由此立知 $y^p - x^p = z^p$ 及 $x^p + y^p = z^p$ 无解，证毕。

再"割补"、T 法则、g 规则与费马大定理的第十三个证明

对于 $(x+y)q = 2x^p + (y-x)g$，由 T 法则知 $z < x + y$，由 g 规则知 $g > z^{p-1}$，于是 $z_1 q \neq 2x^p + (y-x)z_2^{p-1}$，由此立知 $x^p + y^p = z^p$ 及 $y^p - x^p = z^p$ 无解，并且由此立知 $y^p - x^p = z^p$ 及 $x^p + y^p = z^p$ 无解，证毕。

再"割补"、T 法则、g 规则、X 约束与费马大定理的第十四个证明

对于 $(x+y)q = 2x^p + (y-x)g$，X 约束要求 $z = x + y$ 及 $g = z^{p-1}$，然此明显与 T 法则和 g 规则相悖，由 T 法则知 $z < x + y$，由 g 规则知 $g > z^{p-1}$，

于是 $z_1 q \neq 2x^p + (y-x)z_2^{p-1}$，由此立知 $x^p + y^p = z^p$ 及 $y^p - x^p = z^p$ 无解，并且由此立知 $y^p - x^p = z^p$ 及 $x^p + y^p = z^p$ 无解，证毕。

再"割补"、H 法则、q 规则与费马大定理的第十五个证明

对于 $(x+y)q = 2x^p + (y-x)g$，由 H 法则知 $z > y - x$，由 q 规则知 $q < z^{p-1}$，于是

313

$(x+y)z_2^{p-1} \neq 2x^p + z_1 g$，由此立知 $y^p - x^p = z^p$ 及 $x^p + y^p = z^p$ 无解，并且由此立知 $x^p + y^p = z^p$ 及 $y^p - x^p = z^p$ 无解，证毕。

再"割补"、H 法则、q 规则、X 约束与费马大定理的第十六个证明

对于 $(x+y)q = 2x^p + (y-x)g$，X 约束要求 $z = y - x$ 及 $q = z^{p-1}$，然此明显与 H 法则和 q 规则相悖，由 H 法则知 $z > y - x$，由 q 规则知 $q < z^{p-1}$，

于是 $(x+y)z_2^{p-1} \neq 2x^p + z_1 g$，由此立知 $y^p - x^p = z^p$ 及 $x^p + y^p = z^p$ 无解，并且由此立知 $x^p + y^p = z^p$ 及 $y^p - x^p = z^p$ 无解，证毕。

"割补"与费马大定理的第十七个证明

由公式 $x^p + y^p = (x+y)q$ 可得"割补"图：

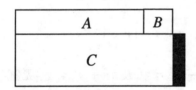

图中 A 的面积为 x^p，其两条边为 x^{p-1} 与 x；C 与黑色矩形之和的面积为 y^p，其两条边为 y^{p-1} 与 y；"割补"以后 $A + B + C$ 的面积为 $(x+y)q$。

请问 z^p 需要这样的"割补"吗？由此立知 $x^p + y^p = z^p$ 无解，证毕。

"割补"与费马大定理的第十八个证明

一、$x^p + y^p = z^p$ 可能成立应有的几何背景

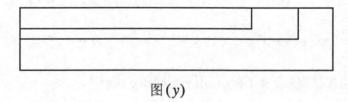

图 (y)

图中最小的长方形面积表示 x^p，次大的长方形表示 y^p，最大的长方形则表示 z^p。

二、$x^p + y^p = (x+y)q$ 的"割补"图

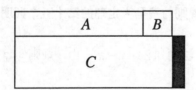

314

三、大定理的证明

显然对两图中的一个图进行何种等积变换，无论如何也变不出另一个图，这是因为由 T 法则和 q 规则知 $(x+y)q \neq zz^{p-1}$，由此立知 $x^p + y^p = z^p$ 无解，证毕。

四、玄机所在

事实上由 $x^p + y^p = (x+y)q$ 的"割补"图

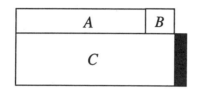

立知对于 $x^p + y^p$

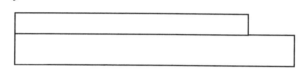

不论如何割补也不能割补出一个 z^p。

事实上，如果不对 $x^p + y^p$

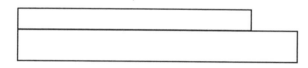

进行割补，则只有 $x^p + y^p$ 自己可以天衣无缝地覆盖自己，而不可能存在一个 z 使 z^p 能够天衣无缝地覆盖 $x^p + y^p$。

数学是一个无比团结和谐的大世界，所有的游戏规则都毫无疑问地和睦相处，一个命题如果与一个游戏规则相悖，则它就一定与此游戏规则相关的所有的游戏规则都发生矛盾。

"覆盖"与"割补"是数学上的两个相关的概念，$x^p + y^p = z^p$ 与"覆盖"相悖，当然也就与"割补"矛盾；也就与和"覆盖"相关的所有的游戏规则都发生矛盾，也就与和"割补"相关的所有的游戏规则都发生矛盾，这是毫无疑问的。

本书之所以能够给出大定理铺天盖地的大量证明，其玄机也是在这里。事实上，这也是初等方法证明经典数论问题的巨大优势。

第七十七章 类小定理一与费马大定理的初等证明

一、类小定理一

熟知费马小定理 $a^p - a = 0 \pmod{p}$ 由此可知 $a^p - a + pa = 0 \pmod{p}$，

也即 $a^p + (p-1)a = 0 \pmod{p}$，我们称它为类小定理一。

四个例子

1. $\dfrac{5^3 + (3-1) \times 5}{3} = 45$，2. $\dfrac{4^5 + (5-1) \times 4}{5} = 208$，3. $\dfrac{8^7 + (7-1) \times 8}{7} = 299600$，

4. $\dfrac{3^{11} + (11-1) \times 3}{11} = 16107$。

二、公式

由 $a^p + (p-1)a = 0 \pmod{p}$ 立知 $x^p + (p-1)x = 0 \pmod{p}$

及 $y^p + (p-1)y = 0 \pmod{p}$，于是 $x^p + y^p + (p-1)(x+y) = 0 \pmod{p}$，由此得公式：

$$(x+y)q + (p-1)(x+y) = wp 。$$

例子 $3^3 + 5^3 = 152$，于是 $152 + 2 \times 8 = 56 \times 3$；$2^5 + 3^5 = 275$，于是 $275 + 4 \times 5 = 59 \times 5$。

类小定理一、T法则与费马大定理的第一个初等证明

对于 $(x+y)q + (p-1)(x+y) = wp$，由 T 法则知 $z < x+y$，

于是 $zq + (p-1)(x+y) \neq wp$，由此立知 $x^p + y^p = z^p$ 无解，证毕。

类小定理一、T法则、X约束与费马大定理的第二个初等证明

对于 $(x+y)q + (p-1)(x+y) = wp$，X 约束要求 $z = x+y$，然此明显与 T 法则相悖，

由 T 法则知 $z < x+y$，于是 $zq + (p-1)(x+y) \neq wp$，由此立知 $x^p + y^p = z^p$ 无解，证毕。

类小定理一、T法则与费马大定理的第三个初等证明

对于 $(x+y)q + (p-1)(x+y) = wp$，由 T 法则知 $z < x+y$，

于是 $(x+y)q + (p-1)z \neq wp$，由此立知 $x^p + y^p = z^p$ 无解，证毕。

类小定理一、T法则、X约束与费马大定理的第四个初等证明

对于 $(x+y)q + (p-1)(x+y) = wp$，X 约束要求 $z = x+y$，然此明显与 T 法则相悖，

由 T 法则知 $z < x+y$，于是 $(x+y)q + (p-1)z \neq wp$，由此立知 $x^p + y^p = z^p$ 无解。

类小定理一、T法则与费马大定理的第五个初等证明

对于 $(x+y)q+(p-1)(x+y)=wp$，由 T 法则知 $z<x+y$，

于是 $zq+(p-1)z\neq wp$，由此立知 $x^p+y^p=z^p$ 无解，证毕。

类小定理一、T法则、X约束与费马大定理的第六个初等证明

对于 $(x+y)q+(p-1)(x+y)=wp$，X 约束要求 $z=x+y$，然此明显与 T 法则相悖，

由 T 法则知 $z<x+y$，于是 $zq+(p-1)z\neq wp$，由此立知 $x^p+y^p=z^p$ 无解，证毕。

类小定理一、q规则与费马大定理的第七个初等证明

由 $(x+y)q+(p-1)(x+y)=wp$，可知 $q=\dfrac{wp-(p-1)(x+y)}{x+y}$

由 q 规则知 $\dfrac{wp-(p-1)(x+y)}{x+y}<z^{p-1}$，于是 $x^p+y^p\neq(x+y)z^{p-1}$，

由此立知 $x^p+y^p=z^p$ 无解，证毕。

类小定理一、q规则、X约束与费马大定理的第八个初等证明

由 $(x+y)q+(p-1)(x+y)=wp$，可知 $q=\dfrac{wp-(p-1)(x+y)}{x+y}$，X 约束要求

$\dfrac{wp-(p-1)(x+y)}{x+y}=z^{p-1}$，然此明显与 q 规则相悖，

由 q 规则知 $\dfrac{wp-(p-1)(x+y)}{x+y}<z^{p-1}$，于是 $x^p+y^p\neq(x+y)z^{p-1}$，

由此立知 $x^p+y^p=z^p$ 无解，证毕。

类小定理一、T法则、q规则与费马大定理的第九个初等证明

对于 $(x+y)q+(p-1)(x+y)=wp$，由 T 法则知 $z<x+y$，

由 q 规则知 $\dfrac{wp-(p-1)(x+y)}{x+y}<z^{p-1}$，于是 $zz^{p-1}+(p-1)(x+y)\neq wp$，

由此立知 $x^p+y^p=z^p$ 无解，证毕。

类小定理一、T法则、q规则、X约束与费马大定理的第十个初等证明

对于 $(x+y)q+(p-1)(x+y)=wp$，X 约束要求 $z=x+y$ 及 $q=z^{p-1}$，然此明显与 T

法则与 q 规则相悖，由 T 法则知 $z<x+y$，由 q 规则知 $\dfrac{wp-(p-1)(x+y)}{x+y}<z^{p-1}$，

于是 $zz^{p-1}+(p-1)(x+y) \neq wp$ ，由此立知 $x^p+y^p=z^p$ 无解，证毕。

类小定理一、T 法则、q 规则与费马大定理的第十一个初等证明

对于 $(x+y)q+(p-1)(x+y)=wp$ ，由 T 法则知 $z<x+y$ ，由 q 规则知

$$\frac{wp-(p-1)(x+y)}{x+y}<z^{p-1}, \quad \text{于是} (x+y)z^{p-1}+(p-1)z \neq wp，$$

由此立知 $x^p+y^p=z^p$ 无解，证毕。

类小定理一、T 法则、q 规则、X 约束与费马大定理的第十二个初等证明

对于 $(x+y)q+(p-1)(x+y)=wp$ ，X 约束要求 $z=x+y$ 及 $q=z^{p-1}$ ，然此明显与 T

法则与 q 规则相悖，由 T 法则知 $z<x+y$ ，由 q 规则知 $\frac{wp-(p-1)(x+y)}{x+y}<z^{p-1}$ ，

于是 $(x+y)z^{p-1}+(p-1)z \neq wp$ ，由此立知 $x^p+y^p=z^p$ 无解。

类小定理一、T 法则、q 规则与费马大定理的第十三个初等证明

对于 $(x+y)q+(p-1)(x+y)=wp$ ，由 T 法则知 $z<x+y$ ，

由 q 规则知 $\frac{wp-(p-1)(x+y)}{x+y}<z^{p-1}$ ，于是 $zz^{p-1}+(p-1)z \neq wp$ ，

由此立知 $x^p+y^p=z^p$ 无解，证毕。

类小定理一、T 法则、q 规则、X 约束与费马大定理的第十四个初等证明

对于 $(x+y)q+(p-1)(x+y)=wp$ ，X 约束要求 $z=x+y$ 及 $q=z^{p-1}$ ，然此明显与 T

法则与 q 规则相悖，由 T 法则知 $z<x+y$ ，由 q 规则知 $\frac{wp-(p-1)(x+y)}{x+y}<z^{p-1}$ ，

于是 $zz^{p-1}+(p-1)z \neq wp$ ，由此立知 $x^p+y^p=z^p$ 无解，证毕。

类小定理一、无穷递降法与费马大定理的第十五个初等证明

对于 $(x+y)q+(p-1)(x+y)=wp$ ，当 $p=1$ ， $x=x_0$ 时 $q=1$ ， $wp=x_0+y$ ，

于是我们有 $x_0{}^1+y^1=(x_0+y)^1$ ，注意 p 已无法再降，由无穷下降法之注记二可知

$x_0{}^1+y^1=(x_0+y)^1$ 是不定方程 $x^p+y^p=z^p$ 当 $p=1$ ， $x=x_0$ 时之唯一解，证毕。

类小定理一、无穷递降法、X 约束与费马大定理的第十六个初等证明

对于 $(x+y)q+(p-1)(x+y)=wp$ ，当 $p=1$ ， $x=x_0$ 时 $q=1$ ， $wp=x_0+y$ ，

于是我们有 $x_0^1 + y^1 = (x_0 + y)^1$，此时 X 约束得到满足，注意 p 已无法再降，由无穷下降法之注记二可知 $x_0^1 + y^1 = (x_0 + y)^1$ 是不定方程 $x^p + y^p = z^p$ 当 $p = 1$，$x = x_0$ 时之唯一解，证毕。

类小定理一、无穷递降法与费马大定理的第十七个初等证明

对于 $(x+y)q + (p-1)(x+y) = wp$，当 $p = 1$，$y = y_0$ 时，$q = 1$，$wp = x + y_0$，于是我们有 $x^1 + y_0^1 = (x + y_0)^1$，注意此时 p 已无法再降，由无穷下降法之注记二可知 $x^1 + y_0^1 = (x + y_0)^1$ 是不定方程 $x^p + y^p = z^p$ 当 $p = 1$，$y = y_0$ 时之唯一解，证毕。

类小定理一、无穷递降法、X 约束与费马大定理的第十八个初等证明

对于 $(x+y)q + (p-1)(x+y) = wp$，当 $p = 1$，$y = y_0$ 时，$q = 1$，$wp = x + y_0$，于是我们有 $x^1 + y_0^1 = (x + y_0)^1$，此时 X 约束得到满足，注意 p 已无法再降，由无穷下降法之注记二可知 $x^1 + y_0^1 = (x + y_0)^1$ 是不定方程 $x^p + y^p = z^p$ 当 $p = 1$，$y = y_0$ 时之唯一解，证毕。

类小定理一、无穷递降法与费马大定理的第十九个初等证明

对于 $(x+y)q + (p-1)(x+y) = wp$，当 $p = 1$ 时，$q = 1$，$wp = x + y$，于是我们有 $x^1 + y^1 = (x + y)^1$，注意 p 已无法再降，由无穷下降法之注记二可知 $x^1 + y^1 = (x + y)^1$ 是不定方程 $x^p + y^p = z^p$ 当 $p = 1$ 时的唯一解，证毕。

类小定理一、无穷递降法、X 约束与费马大定理的第二十个初等证明

对于 $(x+y)q + (p-1)(x+y) = wp$，当 $p = 1$ 时，$q = 1$，$wp = x + y$，于是我们有 $x^1 + y^1 = (x + y)^1$，此时 X 约束得到满足，注意 p 已无法再降，由无穷下降法之注记二可知 $x^1 + y^1 = (x + y)^1$ 是不定方程 $x^p + y^p = z^p$ 当 $p = 1$ 时的唯一解，证毕。

类小定理一、无穷递降法与费马大定理的第二十一个初等证明

对于 $(x+y)q + (p-1)(x+y) = wp$，当 $q = 1$，$x = x_0$ 时 $p = 1$，$wp = x_0 + y$，于是我们有 $x_0^1 + y^1 = (x_0 + y)^1$，注意 q 已无法再降，由无穷下降法之注记二可知 $x_0^1 + y^1 = (x_0 + y)^1$ 是不定方程 $x^p + y^p = z^p$ 当 $q = 1$，$x = x_0$ 时之唯一解，证毕。

类小定理一、无穷递降法、X 约束与费马大定理的第二十二个初等证明

对于 $(x+y)q + (p-1)(x+y) = wp$，当 $q = 1$，$x = x_0$ 时 $p = 1$，$wp = x_0 + y$，于

是我们有 $x_0{}^1 + y^1 = (x_0 + y)^1$，此时 X 约束得到满足，注意 q 已无法再降，由无穷下降法之注记二可知 $x_0{}^1 + y^1 = (x_0 + y)^1$ 是不定方程 $x^p + y^p = z^p$ 当 $q = 1$，$x = x_0$ 时之唯一解，证毕。

类小定理一、无穷递降法与费马大定理的第二十三个初等证明

对于 $(x + y)q + (p - 1)(x + y) = wp$，当 $q = 1$，$x = x_0$ 时 $p = 1$，$wp = x + y_0$，于是我们有 $x^1 + y_0{}^1 = (x + y_0)^1$，注意 q 已无法再降，由无穷下降法之注记二可知

$x^1 + y_0{}^1 = (x + y_0)^1$ 是不定方程 $x^p + y^p = z^p$ 当 $q = 1$，$y = y_0$ 时之唯一解，证毕。

类小定理一、无穷递降法、X 约束与费马大定理的第二十四个初等证明

对于 $(x + y)q + (p - 1)(x + y) = wp$，当 $q = 1$，$x = x_0$ 时 $p = 1$，$wp = x + y_0$，于是我们有 $x^1 + y_0{}^1 = (x + y_0)^1$，此时 X 约束得到满足，注意 q 已无法再降，由无穷下降法之注记二可知 $x^1 + y_0{}^1 = (x + y_0)^1$ 是不定方程 $x^p + y^p = z^p$ 当 $q = 1$，$y = y_0$ 时之唯一解，证毕。

类小定理一、无穷递降法与费马大定理的第二十五个初等证明

对于 $(x + y)q + (p - 1)(x + y) = wp$，当 $q = 1$，时 $p = 1$，$wp = x + y$，于是我们有 $x^1 + y^1 = (x + y)^1$，注意 q 已无法再降，由无穷下降法之注记二可知

$x^1 + y^1 = (x + y)^1$ 是不定方程 $x^p + y^p = z^p$ 当 $q = 1$ 时的唯一解，证毕。

类小定理一、无穷递降法、X 约束与费马大定理的第二十六个初等证明

对于 $(x + y)q + (p - 1)(x + y) = wp$，当 $q = 1$ 时 $p = 1$，$wp = x + y$，于是我们有 $x^1 + y^1 = (x + y)^1$，此时 X 约束得到满足，注意 q 已无法再降，由无穷下降法之注记二可知 $x^1 + y^1 = (x + y)^1$ 是不定方程 $x^p + y^p = z^p$ 当 $q = 1$ 时的唯一解，证毕。

类小定理一、无穷递降法与费马大定理的第二十七个初等证明

对于 $(x + y)q + (p - 1)(x + y) = wp$，当 $wp = x_0 + y$ 时 $p = 1$，$x = x_0$ 时 $q = 1$，于是我们有 $x_0{}^1 + y^1 = (x_0 + y)^1$，注意 p 已无法再降，由无穷下降法之注记二可知

$x_0{}^1 + y^1 = (x_0 + y)^1$ 是不定方程 $x^p + y^p = z^p$ 当 $wp = x_0 + y$ 时之唯一解，证毕。

类小定理一、无穷递降法、X 约束与费马大定理的第二十八个初等证明

对于 $(x + y)q + (p - 1)(x + y) = wp$，当 $wp = x_0 + y$ 时 $p = 1$，$x = x_0$，$q = 1$，

于是我们有 $x_0^1 + y^1 = (x_0 + y)^1$，此时 X 约束得到满足，注意 p 已无法再降，由无穷下降法之注记二可知 $x_0^1 + y^1 = (x_0 + y)^1$ 是不定方程 $x^p + y^p = z^p$ 当 $wp = x_0 + y$ 时之唯一解，证毕。

类小定理一、无穷递降法与费马大定理的第二十九个初等证明

对于 $(x+y)q + (p-1)(x+y) = wp$，当 $wp = x + y_0$ 时 $p = 1$，$y = y_0$，$q = 1$，于是我们有 $x^1 + y_0^1 = (x + y_0)^1$，注意此时 p 已无法再降，由无穷下降法之注记二可知 $x^1 + y_0^1 = (x + y_0)^1$ 是不定方程 $x^p + y^p = z^p$ 当 $wp = x + y_0$ 时之唯一解，证毕。

类小定理一、无穷递降法、X 约束与费马大定理的第三十个初等证明

对于 $(x+y)q + (p-1)(x+y) = wp$，当 $wp = x + y_0$ 时 $p = 1$，$y = y_0$，$q = 1$，于是我们有 $x^1 + y_0^1 = (x + y_0)^1$，此时 X 约束得到满足，注意 p 已无法再降，由无穷下降法之注记二可知 $x^1 + y_0^1 = (x + y_0)^1$ 是不定方程 $x^p + y^p = z^p$ 当 $wp = x + y_0$ 时之唯一解，证毕。

类小定理一、无穷递降法与费马大定理的第三十一个初等证明

对于 $(x+y)q + (p-1)(x+y) = wp$，当 $wp = x + y$ 时 $p = 1$，$q = 1$，于是我们有 $x^1 + y^1 = (x + y)^1$，注意 p 已无法再降，由无穷下降法之注记二可知 $x^1 + y^1 = (x + y)^1$ 是不定方程 $x^p + y^p = z^p$ 当 $wp = x + y$ 时之唯一解，证毕。

类小定理一、无穷递降法、X 约束与费马大定理的第三十二个初等证明

对于 $(x+y)q + (p-1)(x+y) = wp$，当 $wp = x + y$ 时 $p = 1$，$q = 1$，于是我们有 $x^1 + y^1 = (x + y)^1$，此时 X 约束得到满足，注意 p 已无法再降，由无穷下降法之注记二可知 $x^1 + y^1 = (x + y)^1$ 是不定方程 $x^p + y^p = z^p$ 当 $wp = x + y$ 时之唯一解，证毕。

类小定理一、代数素式与费马大定理的第三十三个初等证明

由 $(x+y)q + (p-1)(x+y) = wp$，可知 $q = \dfrac{wp - (p-1)(x+y)}{x+y}$。

若 $x^p + y^p = z^p$ 可能成立，则代数式 $x^p + y^p$ 与代数式 z^p 应当有相同的性质，但此明显不可能。$x^p + y^p = (x+y) \times q$，$\dfrac{wp - (p-1)(x+y)}{x+y}$ 为一代数素式或伪代数素式，而 $z^p = z \times z^{p-1}$ 中 z^{p-1} 决不是一个代数素式，由此可知 $x^p + y^p = z^p$ 无解，证毕。

类小定理一、代数素式、X约束与费马大定理的第三十四个初等证明

由 $(x+y)q+(p-1)(x+y)=wp$ ，可知 $q=\dfrac{wp-(p-1)(x+y)}{x+y}$ 。若 $x^p+y^p=z^p$ 可能成立，则代数式 x^p+y^p 与代数式 z^p 应当有相同的性质，但此明显不可能。

$x^p+y^p=(x+y)\times q$ ， $\dfrac{wp-(p-1)(x+y)}{x+y}$ 为一代数素式或伪代数素式，而 $z^p=z\times z^{p-1}$ 中 z^{p-1} 决不是一个代数素式，换句话说 X 约束无法得到满足，由此可知 $x^p+y^p=z^p$ 无解，证毕。

类小定理一、无理式与费马大定理的第三十五个初等证明

由 $(x+y)q+(p-1)(x+y)=wp$ ，可知 $q=\dfrac{wp-(p-1)(x+y)}{x+y}$ 。

若 $x^p+y^p=z^p$ 可能成立，则代数式 x^p+y^p 与代数式 z^p 应当有相同的性质，但此明显不可能。易知 $\sqrt[p]{(x+y)\dfrac{wp-(p-1)(x+y)}{x+y}}=\sqrt[p]{wp-(p-1)(x+y)}$ 是一个无理式，而 $\sqrt[p]{z^p}$ 是一个整式，由此可知 $x^p+y^p=z^p$ 无解，证毕。

类小定理一、无理式、X约束与费马大定理的第三十六个初等证明

由 $(x+y)q+(p-1)(x+y)=wp$ ，可知 $q=\dfrac{wp-(p-1)(x+y)}{x+y}$ 。若 $x^p+y^p=z^p$ 可能成立，则代数式 x^p+y^p 与代数式 z^p 应当有相同的性质，但此明显不可能。

易知 $\sqrt[p]{(x+y)\dfrac{wp-(p-1)(x+y)}{x+y}}=\sqrt[p]{wp-(p-1)(x+y)}$ 是一个无理式，而 $\sqrt[p]{z^p}$ 是一个整式，换句话说 X 约束无法得到满足，由此可知 $x^p+y^p=z^p$ 无解，证毕。

类小定理一、无理式与费马大定理的第三十七个初等证明

由 $(x+y)q+(p-1)(x+y)=wp$ ，可知 $q=\dfrac{wp-(p-1)(x+y)}{x+y}$ 。

若 $x^p+y^p=z^p$ 可能成立，则代数式 x^p+y^p 与代数式 z^p 应当有相同的性质，但此明显不可能。易知 $\sqrt[p-1]{\dfrac{wp-(p-1)(x+y)}{x+y}}$ ，是一个无理式，而 $\sqrt[p-1]{z^{p-1}}$ 是一个整式，

由此可知 $x^p+y^p=z^p$ 无解，证毕。

类小定理一、无理式、X 约束与费马大定理的第三十八个初等证明

由 $(x+y)q + (p-1)(x+y) = wp$ ，可知 $q = \dfrac{wp-(p-1)(x+y)}{x+y}$ 。若 $x^p + y^p = z^p$ 可

能成立，则代数式 $x^p + y^p$ 与代数式 z^p 应当有相同的性质，但此明显不可能。

易知 $\sqrt[p-1]{\dfrac{wp-(p-1)(x+y)}{x+y}}$ ，是一个无理式，而 $\sqrt[p-1]{z^{p-1}}$ 是一个整式，换句话说 X 约束无

法得到满足，由此可知 $x^p + y^p = z^p$ 无解，证毕。

类小定理一、长方体、T 法则与费马大定理的第三十九个初等证明

由 $(x+y)q + (p-1)(x+y) = wp$ ，可知 $(x+y)q = wp - (p-1)(x+y)$ 及

$$q = \frac{wp-(p-1)(x+y)}{x+y} 。$$

从三维空间感知等式 $(x+y)q = wp - (p-1)(x+y)$ 可知：

$(x+y)q =$ 图（A）

上式右端长方体的底面积为 $q = \dfrac{wp-(p-1)(x+y)}{x+y}$ 而高为 $x+y$。由 T 法则知 $z < x+y$ ，

于是 $zq \neq$ 图（A），由此立知 $x^p + y^p = z^p$ 无解，证毕。

类小定理一、长方体、T 法则、X 约束与费马大定理的第四十个初等证明

从三维空间感知等式 $(x+y)q = wp - (p-1)(x+y)$ 可知：

$(x+y)q =$ 图（A）

上式右端长方体的底面积为 $q = \dfrac{wp-(p-1)(x+y)}{x+y}$ 而高为 $x+y$。X 约束要求

$z = x+y$ ，然此明显与 T 法则相悖，由 T 法则知 $z < x+y$ ，于是 $zq \neq$ 图（A），

由此立知 $x^p + y^p = z^p$ 无解，证毕。

类小定理一、长方体、T 法则与费马大定理的第四十一个初等证明

从三维空间感知等式 $(x+y)q = wp - (p-1)(x+y)$ 可知：

$(x+y)q =$ 图（A）

上式右端长方体的底面积为 $q = \dfrac{wp-(p-1)(x+y)}{x+y}$ 而高为 $x+y$。由 T 法则知 $z < x+y$，

于是 $\dfrac{wp-(p-1)z}{x+y} \neq$ 图（A）的底面积，由此立知 $x^p + y^p = z^p$ 无解，证毕。

类小定理一、长方体、T 法则、X 约束与费马大定理的第四十二个初等证明

从三维空间感知等式 $(x+y)q = wp-(p-1)(x+y)$ 可知：

$$(x+y)q = \fbox{} \quad 图（A）$$

上式右端长方体的底面积为 $q = \dfrac{wp-(p-1)(x+y)}{x+y}$ 而高为 $x+y$。X 约束要求

$z = x+y$，然此明显与 T 法则相悖，由 T 法则知 $z < x+y$，于是 $\dfrac{wp-(p-1)z}{x+y} \neq$ 图（A）

的底面积，由此立知 $x^p + y^p = z^p$ 无解，证毕。

类小定理一、长方体、q 规则与费马大定理的第四十三个初等证明

从三维空间感知等式 $(x+y)q = wp-(p-1)(x+y)$ 可知：

$$(x+y)q = \fbox{} \quad 图（A）$$

上式右端长方体的底面积为 $q = \dfrac{wp-(p-1)(x+y)}{x+y}$ 而高为 $x+y$。由 q 规则知

$\dfrac{wp-(p-1)(x+y)}{x+y} < z^{p-1}$，于是 $(x+y)z^{p-1} \neq$ 图（A），

由此立知 $x^p + y^p = z^p$ 无解，证毕。

类小定理一、长方体、q 规则、X 约束与费马大定理的第四十四个初等证明

从三维空间感知等式 $(x+y)q = wp-(p-1)(x+y)$ 可知：

$$(x+y)q = \fbox{} \quad 图（A）$$

上式右端长方体的底面积为 $q = \dfrac{wp-(p-1)(x+y)}{x+y}$ 而高为 $x+y$。X 约束要求

$\dfrac{wp-(p-1)(x+y)}{x+y} = z^{p-1}$，然此明显与 q 规则相悖，

由 q 规则知 $\dfrac{wp-(p-1)(x+y)}{x+y}<z^{p-1}$，于是 $(x+y)z^{p-1}\neq$ 图（A），

由此立知 $x^p+y^p=z^p$ 无解，证毕。

类小定理一、长方体、T 法则、q 规则与费马大定理的第四十五个初等证明

从三维空间感知等式 $(x+y)q=wp-(p-1)(x+y)$ 可知：

$$(x+y)q=\boxed{}\quad 图（A）$$

上式右端长方体的底面积为 $q=\dfrac{wp-(p-1)(x+y)}{x+y}$ 而高为 $x+y$。由 T 法则知 $z<x+y$，

由 q 规则知 $\dfrac{wp-(p-1)(x+y)}{x+y}<z^{p-1}$，于是 $zz^{p-1}\neq$ 图（A），

由此立知 $x^p+y^p=z^p$ 无解，证毕。

类小定理一、长方体、T 法则、q 规则、X 约束与费马大定理的第四十六个初等证明

从三维空间感知等式 $(x+y)q=wp-(p-1)(x+y)$ 可知：

$$(x+y)q=\boxed{}\quad 图（A）$$

上式右端长方体的底面积为 $q=\dfrac{wp-(p-1)(x+y)}{x+y}$ 而高为 $x+y$。X 约束要求 $z=x+y$ 及

$q=z^{p-1}$，然此明显与 T 法则与 q 规则相悖，由 T 法则知 $z<x+y$，由 q 规则知

$\dfrac{wp-(p-1)(x+y)}{x+y}<z^{p-1}$，于是 $zz^{p-1}\neq$ 图（A），由此立知 $x^p+y^p=z^p$ 无解，证毕。

类小定理一、演段、T 法则与费马大定理的第四十七个初等证明

由 $(x+y)q+(p-1)(x+y)=wp$，可知 $(x+y)q=wp-(p-1)(x+y)$ 及

$q=\dfrac{wp-(p-1)(x+y)}{x+y}$。从二维空间感知等式 $(x+y)q=wp-(p-1)(x+y)$ 可知

$$(x+y)q=\boxed{}\quad 图（A）$$

上式右端长方形的长为 $q=\dfrac{wp-(p-1)(x+y)}{x+y}$ 而宽为 $x+y$。由 T 法则知 $z<x+y$，

于是 $zq\neq$ 图（A），由此立知 $x^p+y^p=z^p$ 无解，证毕。

类小定理一、演段、T 法则、X 约束与费马大定理的第四十八个初等证明

由 $(x+y)q+(p-1)(x+y)=wp$，可知 $(x+y)q=wp-(p-1)(x+y)$ 及。

$q=\dfrac{wp-(p-1)(x+y)}{x+y}$。从二维空间感知等式 $(x+y)q=wp-(p-1)(x+y)$ 可知

$(x+y)q=$ ⬜⬜⬜⬜⬜⬜⬜ 图（A）

上式右端长方形的长为 $q=\dfrac{wp-(p-1)(x+y)}{x+y}$ 而宽为 $x+y$。X 约束要求 $z=x+y$，然此

明显与 T 法则相悖，由 T 法则知 $z<x+y$，于是 $zq\neq$ 图（A），

由此立知 $x^p+y^p=z^p$ 无解，证毕。

类小定理一、演段、T 法则与费马大定理的第四十九个初等证明

由 $(x+y)q+(p-1)(x+y)=wp$，可知 $(x+y)q=wp-(p-1)(x+y)$ 及。

$q=\dfrac{wp-(p-1)(x+y)}{x+y}$。从二维空间感知等式 $(x+y)q=wp-(p-1)(x+y)$ 可知

$(x+y)q=$ ⬜⬜⬜⬜⬜⬜⬜ 图（A）

上式右端长方形的长为 $q=\dfrac{wp-(p-1)(x+y)}{x+y}$ 而宽为 $x+y$。由 T 法则知 $z<x+y$，

于是 $\dfrac{wp-(p-1)z}{x+y}\neq$ 图（A）的长，由此立知 $x^p+y^p=z^p$ 无解，证毕。

类小定理一、演段、T 法则、X 约束与费马大定理的第五十个初等证明

由 $(x+y)q+(p-1)(x+y)=wp$，可知 $(x+y)q=wp-(p-1)(x+y)$ 及。

$q=\dfrac{wp-(p-1)(x+y)}{x+y}$。从二维空间感知等式 $(x+y)q=wp-(p-1)(x+y)$ 可知

$(x+y)q=$ ⬜⬜⬜⬜⬜⬜⬜ 图（A）

上式右端长方形的长为 $q=\dfrac{wp-(p-1)(x+y)}{x+y}$ 而宽为 $x+y$。X 约束要求 $z=x+y$，然此

明显与 T 法则相悖，由 T 法则知 $z<x+y$，于是 $\dfrac{wp-(p-1)z}{x+y}\neq$ 图（A）的长，

由此立知 $x^p+y^p=z^p$ 无解，证毕。

类小定理一、演段、q 规则与费马大定理的第五十一个初等证明

由 $(x+y)q+(p-1)(x+y)=wp$，可知 $(x+y)q=wp-(p-1)(x+y)$ 及。

$q=\dfrac{wp-(p-1)(x+y)}{x+y}$。从二维空间感知等式 $(x+y)q=wp-(p-1)(x+y)$ 可知

$(x+y)q=$ ［＿＿＿＿＿＿＿＿＿＿＿＿＿＿＿＿＿＿＿＿＿＿＿＿＿＿＿］ 图（A）

上式右端长方形的长为 $q=\dfrac{wp-(p-1)(x+y)}{x+y}$ 而宽为 $x+y$。，由 q 规则知

$\dfrac{wp-(p-1)(x+y)}{x+y}<z^{p-1}$，于是 $(x+y)z^{p-1}\neq$ 图（A），

由此立知 $x^p+y^p=z^p$ 无解，证毕。

类小定理一、演段、q 规则、X 约束与费马大定理的第五十二个初等证明

由 $(x+y)q+(p-1)(x+y)=wp$，可知 $(x+y)q=wp-(p-1)(x+y)$ 及。

$q=\dfrac{wp-(p-1)(x+y)}{x+y}$。从二维空间感知等式 $(x+y)q=wp-(p-1)(x+y)$ 可知

$(x+y)q=$ ［＿＿＿＿＿＿＿＿＿＿＿＿＿＿＿＿＿＿＿＿＿＿＿＿＿＿＿］ 图（A）

上式右端长方形的长为 $q=\dfrac{wp-(p-1)(x+y)}{x+y}$ 而宽为 $x+y$。X 约束要求

$\dfrac{wp-(p-1)(x+y)}{x+y}=z^{p-1}$，然此明显与 q 规则相悖，由 q 规则知

$\dfrac{wp-(p-1)(x+y)}{x+y}<z^{p-1}$，于是 $(x+y)z^{p-1}\neq$ 图（A），

由此立知 $x^p+y^p=z^p$ 无解，证毕。

类小定理一、演段、T 法则、q 规则与费马大定理的第五十三个初等证明

由 $(x+y)q+(p-1)(x+y)=wp$，可知 $(x+y)q=wp-(p-1)(x+y)$ 及。

$q=\dfrac{wp-(p-1)(x+y)}{x+y}$。从二维空间感知等式 $(x+y)q=wp-(p-1)(x+y)$ 可知

$(x+y)q=$ ［＿＿＿＿＿＿＿＿＿＿＿＿＿＿＿＿＿＿＿＿＿＿＿＿＿＿＿］ 图（A）

上式右端长方形的长为 $q = \dfrac{wp - (p-1)(x+y)}{x+y}$ 而宽为 $x+y$。由 T 法则知 $z < x+y$，

由 q 规则知 $\dfrac{wp - (p-1)(x+y)}{x+y} < z^{p-1}$，于是 $zz^{p-1} \neq$ 图（A），

由此立知 $x^p + y^p = z^p$ 无解，证毕。

类小定理一、演段、T 法则、q 规则、X 约束与费马大定理的第五十四个初等证明

由 $(x+y)q + (p-1)(x+y) = wp$，可知 $(x+y)q = wp - (p-1)(x+y)$ 及。

$q = \dfrac{wp - (p-1)(x+y)}{x+y}$。从二维空间感知等式 $(x+y)q = wp - (p-1)(x+y)$ 可知

$(x+y)q = $ [长方形] 图（A）

上式右端长方形的长为 $q = \dfrac{wp - (p-1)(x+y)}{x+y}$ 而宽为 $x+y$，X 约束要求 $z = x+y$ 及

$q = z^{p-1}$，然此明显与 T 法则与 q 规则相悖，由 T 法则知 $z < x+y$。由 q 规则知

$\dfrac{wp - (p-1)(x+y)}{x+y} < z^{p-1}$，于是 $zz^{p-1} \neq$ 图（A），由此立知 $x^p + y^p = z^p$ 无解，证毕。

类小定理一、线段、T 法则与费马大定理的第五十五个初等证明

由 $(x+y)q + (p-1)(x+y) = wp$，可知 $(x+y)q = wp - (p-1)(x+y)$ 及

$q = \dfrac{wp - (p-1)(x+y)}{x+y}$。从一维空间感知 $(x+y)q = wp - (p-1)(x+y)$ 可知

$(x+y)q = $ ———————————— 图（A）

上式右端线段的长为 $wp - (p-1)(x+y)$。由 T 法则知 $z < x+y$，于是 $zq \neq$ 图（A），

由此立知 $x^p + y^p = z^p$ 无解，证毕。

类小定理一、线段、T 法则、X 约束与费马大定理的第五十六个初等证明

由 $(x+y)q + (p-1)(x+y) = wp$，可知 $(x+y)q = wp - (p-1)(x+y)$ 及

$q = \dfrac{wp - (p-1)(x+y)}{x+y}$。从一维空间感知 $(x+y)q = wp - (p-1)(x+y)$ 可知

$(x+y)q = $ ———————————— 图（A）

上式右端线段的长为 $wp-(p-1)(x+y)$。X 约束要求 $z=x+y$，然此明显与 T 法则相悖，

由 T 法则知 $z<x+y$，于是 $zq \neq$ 图（A），由此立知 $x^p+y^p=z^p$ 无解，证毕。

类小定理一、线段、q 规则与费马大定理的第五十七个初等证明

由 $(x+y)q+(p-1)(x+y)=wp$，可知 $(x+y)q=wp-(p-1)(x+y)$ 及

$$q=\frac{wp-(p-1)(x+y)}{x+y}$$。从一维空间感知 $(x+y)q=wp-(p-1)(x+y)$ 可知

$(x+y)q=$ ————————————————————— 图（A）

上式右端线段的长为 $wp-(p-1)(x+y)$。由 q 规则知 $\dfrac{wp-(p-1)(x+y)}{x+y}<z^{p-1}$，

于是 $(x+y)z^{p-1} \neq$ 图（A），由此立知 $x^p+y^p=z^p$ 无解，证毕。

类小定理一、线段、q 规则、X 约束与费马大定理的第五十八个初等证明

由 $(x+y)q+(p-1)(x+y)=wp$，可知 $(x+y)q=wp-(p-1)(x+y)$ 及

$$q=\frac{wp-(p-1)(x+y)}{x+y}$$。从一维空间感知 $(x+y)q=wp-(p-1)(x+y)$ 可知

$(x+y)q=$ ————————————————————— 图（A）

上式右端线段的长为 $wp-(p-1)(x+y)$。X 约束要求 $\dfrac{wp-(p-1)(x+y)}{x+y}=z^{p-1}$，然此明

显与 q 规则相悖，由 q 规则知 $\dfrac{wp-(p-1)(x+y)}{x+y}<z^{p-1}$，于是 $(x+y)z^{p-1} \neq$ 图（A），

由此立知 $x^p+y^p=z^p$ 无解，证毕。

类小定理一、线段、T 法则、q 规则与费马大定理的第五十九个初等证明

由 $(x+y)q+(p-1)(x+y)=wp$，可知 $(x+y)q=wp-(p-1)(x+y)$ 及

$$q=\frac{wp-(p-1)(x+y)}{x+y}$$。从一维空间感知 $(x+y)q=wp-(p-1)(x+y)$ 可知

$(x+y)q=$ ————————————————————— 图（A）

上式右端线段的长为 $wp-(p-1)(x+y)$。由 T 法则知 $z<x+y$，由 q 规则

知 $\dfrac{wp-(p-1)(x+y)}{x+y}<z^{p-1}$，于是 $zz^{p-1}\neq$ 图（A），由此立知 $x^p+y^p=z^p$ 无解，证毕。

类小定理一、线段、T 法则、q 规则、X 约束与费马大定理的第六十个初等证明

由 $(x+y)q+(p-1)(x+y)=wp$，可知 $(x+y)q=wp-(p-1)(x+y)$ 及

$q=\dfrac{wp-(p-1)(x+y)}{x+y}$。从一维空间感知 $(x+y)q=wp-(p-1)(x+y)$ 可知

$(x+y)q=$ ———————————————————————— 图（A）

上式右端线段的长为 $wp-(p-1)(x+y)$。X 约束要求 $z=x+y$ 及 $q=z^{p-1}$，然此明显与 T

法则与 q 规则相悖，由 T 法则知 $z<x+y$，由 q 规则知 $\dfrac{wp-(p-1)(x+y)}{x+y}<z^{p-1}$，

于是 $zz^{p-1}\neq$ 图（A），由此立知 $x^p+y^p=z^p$ 无解，证毕。

关于类小定理一与费马大定理的其它证明

事实上，利用类小定理一对大定理的其它证明还有很多，例如：

类小定理一、算术平均值与费马大定理的证明，

类小定理一、调和平均值与费马大定理的证明，

类小定理一、几何平均值与费马大定理的证明，

类小定理一、代数素式与费马大定理的证明，

类小定理一、无理数与费马大定理的证明，

类小定理一、五十种演段与费马大定理的证明，等等，由它们为载体给出大定理的其它证明可有一千有余。又利用算术平均值、几何平均值、调和平均值得到的不等式链可以得到大定理的证明四千有余。

关于类小定理 X 与费马大定理的其它证明

类小定理二：$a^p-(p+1)a=0(\bmod\ p)$，

类小定理三：$a^p+(p^2-1)a=0(\bmod\ p)$，

类小定理四：$a^p-(p^2+1)a=0(\bmod\ p)$ 等等，由它们为载体给出大定理的其它证明可有近一万五千个。

关于费马小定理的四个推论

费马小定理是初等数论中应用非常广泛的一个定理，这里的所谓四个推论，实际上是指费马小定理在四种不同的条件下的四种不同情况。

费马小定理：设 p 为素数，若 $(a, p) = 1$，则 $a^{p-1} = 1 (\mod p)$，进而对任意的整数 a 皆有 $a^p - a = 0 (\mod p)$。

费马小定理的四个推论

推论一，当 $(a, p) = 1$ 且 a 为奇数时，有 $a^p - a = 0 (\mod 2ap)$。

推论二，当 $(a, p) = 1$ 且 a 为偶数时，有 $a^p - a = 0 (\mod ap)$。

推论三，当 a 为奇数，$p \mid a$ 时，$a^p - a = 0 (\mod 2a)$。

推论四。当 a 为偶数，$p \mid a$ 时，就只能有 $a^p - a = 0 (\mod a)$。

四个推论的证明都非常简单，留给读者，看四组例子：

例1：设 $a = 5$，$p = 3$，则 $5^3 - 5 = 120$，于是有 $5^3 - 5 = 0 (\mod 2 \times 3 \times 5)$，此即 $120 \div 30 = 4$。

设 $a = 37$，$p = 5$，则 $37^5 - 37 = 69343920$，于是有 $37^5 - 37 = 0 (\mod 2 \times 5 \times 37)$，此即 $69343920 \div 370 = 187416$。

例2：设 $a = 8$，$p = 3$，则 $8^3 - 8 = 504$，于是有 $8^3 - 8 = 0 (\mod 3 \times 8)$，此即 $504 \div 24 = 21$。

设 $a = 14$，$p = 5$，则 $14^5 - 14 = 537810$，于是有 $14^5 - 14 = 0 (\mod 5 \times 14)$，此即 $537810 \div 70 = 7683$。

例3：设 $a = 15$，$p = 3$，则 $15^3 - 15 = 3360$，于是有 $15^3 - 15 = 0 (\mod 2 \times 15)$，此即 $3360 \div 30 = 112$。

设 $a = 21$，$p = 3$，则 $21^3 - 21 = 9240$，于是有 $21^3 - 21 = 0 (\mod 2 \times 21)$，此即 $9240 \div 42 = 220$。

例4：设 $a = 12$，$p = 3$，则 $12^3 - 12 = 1716$，于是有 $12^3 - 12 = 0 (\mod 12)$，此即 $1716 \div 12 = 143$。

设 $a = 20$，$p = 5$，则 $20^5 - 20 = 3199980$，于是有 $20^5 - 20 = 0 (\mod 20)$，此即 $319980 \div 20 = 15999$。

由以上的四个推论证明大定理，显然要比单独使用小定理证明大定理的内涵更加能够反映问题的本质，数量将更加多。

第七十八章 $1+2t$ 与费马大定理的初等证明

$1+2t$、T 法则与费马大定理的第一个证明

一、$(x+y)q$ 的 $1+2t$ 形式与公式

由 z^p 的连续奇数和的分拆公式可知只有当 $x+y$ 为奇数时 $x^p+y^p=z^p$ 才有成立的可能性，由此立知，$(x+y)q$ 必取形式 $1+2t$。由此得公式 $(x+y)q=1+2t$。

例子：$2^3+3^3=35=1+2\times17$，$2^5+5^5=3157=1+2\times1578$。

二、大定理的证明

对于 $(x+y)q=1+2t$，由 T 法则知 $z<x+y$，于是 $zq\neq1+2t$，

由此立知 $x^p+y^p=z^p$ 无解，证毕。

有趣的是当 z 为奇数时时 $z^p=1+2t_1$，然此时 $t\neq t_1$。

$1+2t$、T 法则、X 约束与费马大定理的第二个证明

对于 $(x+y)q=1+2t$，X 约束要求 $z=x+y$，但此明显与 T 法则相悖，由 T 法则知 $z<x+y$，于是 $zq\neq1+2t$，由此立知 $x^p+y^p=z^p$ 无解，证毕。

$1+2t$、q 规则与费马大定理的第三个证明

对于 $(x+y)q=1+2t$，由 q 规则知 $q<z^{p-1}$，于是 $(x+y)z^{p-1}\neq1+2t$，

由此立知 $x^p+y^p=z^p$ 无解，证毕。

$1+2t$、q 规则、X 约束与费马大定理的第四个证明

对于 $(x+y)q=1+2t$，X 约束要求 $q=z^{p-1}$，但此明显与 q 规则相悖，由 q 规则知 $q<z^{p-1}$，于是 $(x+y)z^{p-1}\neq1+2t$，由此立知 $x^p+y^p=z^p$ 无解，证毕。

$1+2t$、T 法则、q 规则与费马大定理的第五个证明

对于 $(x+y)q=1+2t$，由 T 法则知 $z<x+y$，由 q 规则知 $q<z^{p-1}$，

于是 $zz^{p-1} \neq 1+2t$ ，由此立知 $x^p+y^p=z^p$ 无解，证毕。

$1+2t$ 、T 法则、q 规则、X 约束与费马大定理的第六个证明

对于 $(x+y)q = 1+2t$ ，X 约束要求 $z=x+y$ 及 $q=z^{p-1}$ ，但此明显与 T 法则和 q 规则相悖，由 T 法则知 $z<x+y$ ，由 q 规则知 $q<z^{p-1}$ ，于是 $zz^{p-1} \neq 1+2t$ ，

由此立知 $x^p+y^p=z^p$ 无解，证毕。

$1+2t$ 、H 法则与费马大定理的第七个证明

一、$(y-x)g$ 的 $1+2t$ 形式与公式

由 z^p 的连续奇数和的分拆公式可知只有当 $y-x$ 为奇数时 $y^p-x^p=z^p$ 才有成立的可能性，由此立知，$(y-x)g$ 必取形式 $1+2t$ 。由此得公式 $(y-x)g=1+2t$ 。

例子：$3^3-2^3=19=1+2\times 9$ ，$5^5-2^5=3143=1+2\times 1571$ 。

二、大定理的证明

对于 $(y-x)g=1+2t$ ，由 H 法则知 $z>y-z$ ，于是 $zg \neq 1+2t$ ，

由此立知 $y^p-x^p=z^p$ 无解，证毕。

有趣的是当 z 为奇数时时 $z^p=1+2t_1$ ，然此时 $t \neq t_1$ 。

$1+2t$ 、H 法则、X 约束与费马大定理的第八个证明

对于 $(y-x)g=1+2t$ ，X 约束要求 $z=y-x$ ，但此明显与 H 法则相悖，由 H 法则知 $z>y-x$ ，于是 $zg \neq 1+2t$ ，由此立知 $y^p-x^p=z^p$ 无解，证毕。

$1+2t$ 、g 规则与费马大定理的第九个证明

对于 $(y-x)g=1+2t$ ，由 g 规则知 $g>z^{p-1}$ ，于是 $(y-x)z^{p-1} \neq 1+2t$ ，

由此立知 $y^p-x^p=z^p$ 无解，证毕。

$1+2t$ 、g 规则、X 约束与费马大定理的第十个证明

对于 $(y-x)g=1+2t$ ，X 约束要求 $g=z^{p-1}$ ，但此明显与 g 规则相悖，由 g 规则知 $g>z^{p-1}$ ，于是 $(y-x)z^{p-1} \neq 1+2t$ ，由此立知 $y^p-x^p=z^p$ 无解，证毕。

$1+2t$、H 法则、g 规则与费马大定理的第十一个证明

对于 $(y-x)g=1+2t$，由 H 法则知 $z>y-x$，由 g 规则知 $g>z^{p-1}$，

于是 $zz^{p-1}\neq1+2t$，由此立知 $y^p-x^p=z^p$ 无解，证毕。

$1+2t$、H 法则、g 规则、X 约束与费马大定理的第十二个证明

对于 $(y-x)g=1+2t$，X 约束要求 $z=y-x$ 及 $g=z^{p-1}$，但此明显与 H 法则和 g 规则

相悖，由 H 法则知 $z>y-x$，由 g 规则知 $g>z^{p-1}$，于是 $zz^{p-1}\neq1+2t$，

由此立知 $y^p-x^p=z^p$ 无解，证毕。

$-1+2t$、T 法则与费马大定理的第十三个证明

一、$(x+y)q$ 的 $-1+2t$ 形式与公式

由 z^p 的连续奇数和的分拆公式可知只有当 $x+y$ 为奇数时 $x^p+y^p=z^p$ 才有成立的可

能性，由此立知，$(x+y)q$ 必取形式 $-1+2t$。由此得公式 $(x+y)q=-1+2t$。

例子：$2^3+3^3=35=-1+2\times18$，$2^5+5^5=3157=-1+2\times1579$。

二、大定理的证明

对于 $(x+y)q=-1+2t$，由 T 法则知 $z<x+y$，于是 $zq\neq-1+2t$，

由此立知 $x^p+y^p=z^p$ 无解，证毕。

有趣的是当 z 为奇数时时 $z^p=-1+2t_1$，然此时 $t\neq t_1$。

$-1+2t$、T 法则、X 约束与费马大定理的第十四个证明

对于 $(x+y)q=-1+2t$，X 约束要求 $z=x+y$，但此明显与 T 法则相悖，由 T 法则知

$z<x+y$，于是 $zq\neq-1+2t$，由此立知 $x^p+y^p=z^p$ 无解，证毕。

$-1+2t$、q 规则与费马大定理的第十五个证明

对于 $(x+y)q=-1+2t$，由 q 规则知 $q<z^{p-1}$，于是 $(x+y)z^{p-1}\neq-1+2t$，

由此立知 $x^p+y^p=z^p$ 无解，证毕。

$-1+2t$、q 规则、X 约束与费马大定理的第十六个证明

对于 $(x+y)q=-1+2t$，X 约束要求 $q=z^{p-1}$，但此明显与 q 规则相悖，由 q 规则知 $q<z^{p-1}$，于是 $(x+y)z^{p-1}\neq-1+2t$，由此立知 $x^p+y^p=z^p$ 无解，证毕。

$-1+2t$、T 法则、q 规则与费马大定理的第十七个证明

对于 $(x+y)q=-1+2t$，由 T 法则知 $z<x+y$，由 q 规则知 $q<z^{p-1}$，于是 $zz^{p-1}\neq-1+2t$，由此立知 $x^p+y^p=z^p$ 无解，证毕。

$-1+2t$、T 法则、q 规则、X 约束与费马大定理的第十八个证明

对于 $(x+y)q=-1+2t$，X 约束要求 $z=x+y$ 及 $q=z^{p-1}$，但此明显与 T 法则和 q 规则相悖，由 T 法则知 $z<x+y$，由 q 规则知 $q<z^{p-1}$，于是 $zz^{p-1}\neq-1+2t$，由此立知 $x^p+y^p=z^p$ 无解，证毕。

$-1+2t$、H 法则与费马大定理的第十九个证明

一、$(y-x)g$ 的 $-1+2t$ 形式与公式

由 z^p 的连续奇数和的分拆公式可知只有当 $y-x$ 为奇数时 $y^p-x^p=z^p$ 才有成立的可能性，由此立知，$(y-x)g$ 必取形式 $-1+2t$。由此得公式 $(y-x)g=-1+2t$。

例子：$3^3-2^3=19=-1+2\times10$，$5^5-2^5=3143=-1+2\times1572$。

二、大定理的证明

对于 $(y-x)g=-1+2t$，由 H 法则知 $z>y-z$，于是 $zg\neq-1+2t$，由此立知 $y^p-x^p=z^p$ 无解，证毕。

有趣的是当 z 为奇数时时 $z^p=-1+2t_1$，然此时 $t\neq t_1$。

$-1+2t$、H 法则、X 约束与费马大定理的第二十个证明

对于 $(y-x)g=-1+2t$，X 约束要求 $z=y-x$，但此明显与 H 法则相悖，由 H 法则知 $z>y-x$，于是 $zg\neq-1+2t$，由此立知 $y^p-x^p=z^p$ 无解，证毕。

$-1+2t$、g 规则与费马大定理的第二十一个证明

对于 $(y-x)g=-1+2t$，由 g 规则知 $g>z^{p-1}$，于是 $(y-x)z^{p-1}\neq-1+2t$，

由此立知 $y^p-x^p=z^p$ 无解，证毕。

$-1+2t$、g 规则、X 约束与费马大定理的第二十二个证明

对于 $(y-x)g=-1+2t$，X 约束要求 $g=z^{p-1}$，但此明显与 g 规则相悖，由 g 规则知

$g>z^{p-1}$，于是 $(y-x)z^{p-1}\neq-1+2t$，由此立知 $y^p-x^p=z^p$ 无解，证毕。

$-1+2t$、H 法则、g 规则与费马大定理的第二十三个证明

对于 $(y-x)g=-1+2t$，由 H 法则知 $z>y-x$，由 g 规则知 $g>z^{p-1}$，

于是 $zz^{p-1}\neq-1+2t$，由此立知 $y^p-x^p=z^p$ 无解，证毕。

$-1+2t$、H 法则、g 规则、X 约束与费马大定理的第二十四个证明

对于 $(y-x)g=-1+2t$，X 约束要求 $z=y-x$ 及 $g=z^{p-1}$，但此明显与 H 法则和 g 规

则相悖，由 H 法则知 $z>y-x$，由 g 规则知 gz^{p-1}，于是 $zz^{p-1}\neq-1+2t$，

由此立知 $y^p-x^p=z^p$ 无解，证毕。

$1+2t$、T 法则与费马大定理的第二十五个证明

一、$x+y$ 及 q 的 $1+2t$ 形式与公式

由 z^p 的连续奇数和的分拆公式可知只有当 $x+y$ 为奇数时才有成立的可能性，由此立

知，$x+y$ 与 q 必都取形式 $1+2t$。由此得公式 $(x+y)q=(1+2t_1)(1+2t_2)$。

例。$2^3+3^3=5\times7=(1+2\times2)(1+2\times3)$，$2^5+5^5=7\times451=(1+2\times3)(1+2\times225)$。

二、大定理的证明

对于 $(x+y)q=(1+2t_1)(1+2t_2)$，由 T 法则知 $z<x+y$，于是 $zq\neq(1+2t_1)(1+2t_2)$，

由此立知 $x^p+y^p=z^p$ 无解，证毕。

有趣的是当 z 为奇数时时 $z^p=(1+2t_3)(1+2t_4)$，然此时 $t_1\neq t_3$，$t_2\neq t_4$。

$1+2t$、T 法则、X 约束与费马大定理的第二十六个证明

对于 $(x+y)q=(1+2t_1)(1+2t_2)$，X 约束要求 $z=x+y$，但此明显与 T 法则相悖，由 T 法则知 $z<x+y$，于是 $zq\neq(1+2t_1)(1+2t_2)$，由此立知 $x^p+y^p=z^p$ 无解，证毕。

$1+2t$、q 规则与费马大定理的第二十七个证明

对于 $(x+y)q=(1+2t_1)(1+2t_2)$，由 q 规则知 $q<z^{p-1}$，

于是 $(x+y)z^{p-1}\neq(1+2t_1)(1+2t_2)$，由此立知 $x^p+y^p=z^p$ 无解，证毕。

$1+2t$、q 规则、X 约束与费马大定理的第二十八个证明

对于 $(x+y)q=(1+2t_1)(1+2t_2)$，X 约束要求 $q=z^{p-1}$，但此明显与 q 规则相悖，由 q 规则知 $q<z^{p-1}$，于是 $(x+y)z^{p-1}\neq(1+2t_1)(1+2t_2)$，由此立知 $x^p+y^p=z^p$ 无解，证毕。

$1+2t$、T 法则、q 规则与费马大定理的第二十九个证明

对于 $(x+y)q=(1+2t_1)(1+2t_2)$，由 T 法则知 $z<x+y$，由 q 规则知 $q<z^{p-1}$，

于是 $zz^{p-1}\neq(1+2t_1)(1+2t_2)$，由此立知 $x^p+y^p=z^p$ 无解，证毕。

$1+2t$、T 法则、q 规则、X 约束与费马大定理的第三十个证明

对于 $(x+y)q=(1+2t_1)(1+2t_2)$，X 约束要求 $z=x+y$ 及 $q=z^{p-1}$，但此明显与 T 法则和 q 规则相悖，由 T 法则知 $z<x+y$，由 q 规则知 $q<z^{p-1}$，于是

$zz^{p-1}\neq(1+2t_1)(1+2t_2)$，由此立知 $x^p+y^p=z^p$ 无解，证毕。

$-1+2t$、T 法则与费马大定理的第三十一个证明

一、$x+y$ 及 q 的 $-1+2t$ 形式与公式

由 z^p 的连续奇数和的分拆公式可知只有当 $x+y$ 为奇数时 $x^p+y^p=z^p$ 才有成立的可能性，由此立知，$x+y$ 与 q 必都取形式 $-1+2t$。

由此得公式 $(x+y)q=(-1+2t_1)(-1+2t_2)$。

例子：$2^3+3^3=5\times7=(-1+2\times3)(-1+2\times4)$，

$2^5+5^5=7\times451=(-1+2\times4)(-1+2\times226)$。

二、大定理的证明

对于 $(x+y)q = (-1+2t_1)(-1+2t_2)$，由 T 法则知 $z < x+y$，于是

$zq \neq (-1+2t_1)(-1+2t_2)$，由此立知 $x^p + y^p = z^p$ 无解，证毕。

有趣的是当 z 为奇数时时 $z^p = (-1+2t_3)(-1+2t_4)$，然此时 $t_1 \neq t_3$，$t_2 \neq t_4$。

$-1+2t$、T 法则、X 约束与费马大定理的第三十二个证明

对于 $(x+y)q = (-1+2t_1)(-1+2t_2)$，X 约束要求 $z = x+y$，但此明显与 T 法则相悖，

由 T 法则知 $z < x+y$，于是 $zq \neq (-1+2t_1)(-1+2t_2)$，由此立知 $x^p + y^p = z^p$ 无解，证毕。

$-1+2t$、q 规则与费马大定理的第三十三个证明

对于 $(x+y)q = (-1+2t_1)(-1+2t_2)$，由 q 规则知 $q < z^{p-1}$，

于是 $(x+y)z^{p-1} \neq (-1+2t_1)(-1+2t_2)$，由此立知 $x^p + y^p = z^p$ 无解，证毕。

$-1+2t$、q 规则、X 约束与费马大定理的第三十四个证明

对于 $(x+y)q = (-1+2t_1)(-1+2t_2)$，X 约束要求 $q = z^{p-1}$，但此明显与 q 规则相悖，由

q 规则知 $q < z^{p-1}$，于是 $(x+y)z^{p-1} \neq (-1+2t_1)(-1+2t_2)$，

由此立知 $x^p + y^p = z^p$ 无解，证毕。

$-1+2t$、T 法则、q 规则与费马大定理的第三十五个证明

对于 $(x+y)q = (-1+2t_1)(-1+2t_2)$，由 T 法则知 $z < x+y$，由 q 规则知 $q < z^{p-1}$，

于是 $zz^{p-1} \neq (-1+2t_1)(-1+2t_2)$，由此立知 $x^p + y^p = z^p$ 无解，证毕。

$-1+2t$、T 法则、q 规则、X 约束与费马大定理的第三十六个证明

对于 $(x+y)q = (-1+2t_1)(-1+2t_2)$，X 约束要求 $z = x+y$ 及 $q = z^{p-1}$，但此明显与 T

法则和 q 规则相悖，由 T 法则知 $z < x+y$，由 q 规则知 $q < z^{p-1}$，于是

$zz^{p-1} \neq (-1+2t_1)(-1+2t_2)$，由此立知 $x^p + y^p = z^p$ 无解，证毕。

$1+2t$、H法则与费马大定理的第三十七个证明

一、$y-x$ 及 g 的 $1+2t$ 形式与公式

由 z^p 的连续奇数和的分拆公式可知只有当 $y-x$ 为奇数时 $y^p-x^p=z^p$ 才有成立的可能性，由此立知，$y-x$ 和 g 必都取形式 $1+2t$。由此得公式 $(y-x)g=(1+2t_1)(1+2t_2)$。

例子：$3^3-2^3=1\times19=(1+2\times0)(1+2\times9)$，

$5^5-2^5=3\times1031=(1+2\times1)(1+2\times515)$。

二、大定理的证明

对于 $(y-x)g=(1+2t_1)(1+2t_2)$，由 H 法则知 $z>y-z$，于是 $zg\neq(1+2t_1)(1+2t_2)$，由此立知 $y^p-x^p=z^p$ 无解，证毕。

$1+2t$、H法则、X约束与费马大定理的第三十八个证明

对于 $(y-x)g=(1+2t_1)(1+2t_2)$，X 约束要求 $z=y-x$，但此明显与 H 法则相悖，由 H 法则知 $z>y-x$，于是 $zg\neq(1+2t_1)(1+2t_2)$，由此立知 $y^p-x^p=z^p$ 无解，证毕。

$1+2t$、g 规则与费马大定理的第三十九个证明

对于 $(y-x)g=(1+2t_1)(1+2t_2)$，由 g 规则知 $g>z^{p-1}$，

于是 $(y-x)z^{p-1}\neq(1+2t_1)(1+2t_2)$，由此立知 $y^p-x^p=z^p$ 无解，证毕。

$1+2t$、g 规则、X约束与费马大定理的第四十个证明

对于 $zg\neq(1+2t_1)(1+2t_2)$，X 约束要求 $g=z^{p-1}$，但此明显与 g 规则相悖，由 g 规则知 $g>z^{p-1}$，于是 $(y-x)z^{p-1}\neq(1+2t_1)(1+2t_2)$，由此立知 $y^p-x^p=z^p$ 无解，证毕。

$1+2t$、H法则、g 规则与费马大定理的第四十一个证明

对于 $zg\neq(1+2t_1)(1+2t_2)$，由 H 法则知 $z>y-x$，由 g 规则知 $g>z^{p-1}$，

于是 $zz^{p-1}\neq(1+2t_1)(1+2t_2)$，由此立知 $y^p-x^p=z^p$ 无解，证毕。

$1+2t$、H法则、g 规则、X约束与费马大定理的第四十二个证明

对于 $zg\neq(1+2t_1)(1+2t_2)$，X 约束要求 $z=y-x$ 及 $g=z^{p-1}$，但此明显与 H 法则和 g

规则相悖，由 H 法则知 $z > y - x$，由 g 规则知 gz^{p-1}，于是 $zz^{p-1} \neq (1+2t_1)(1+2t_2)$，

由此立知 $y^p - x^p = z^p$ 无解，证毕。

$-1+2t$、H 法则与费马大定理的第四十三个证明

一、$y-x$ 及 g 的 $-1+2t$ 形式与公式

由 z^p 的连续奇数和的分拆公式可知只有当 $y-x$ 为奇数时 $y^p - x^p = z^p$ 才有成立的可能性，由此立知，$y-x$ 和 g 必都取形式 $-1+2t$。

由此得公式 $(y-x)g = (-1+2t_1)(-1+2t_2)$。

例子：$3^3 - 2^3 = 1 \times 19 = (-1+2\times1)(-1+2\times10)$，

$5^5 - 2^5 = 3 \times 1031 = (-1+2\times2)(-1+2\times516)$。

二、大定理的证明

对于 $(y-x)g = (-1+2t_1)(-1+2t_2)$，由 H 法则知 $z > y - z$，

于是 $zg \neq (-1+2t_1)(-1+2t_2)$，由此立知 $y^p - x^p = z^p$ 无解，证毕。

有趣的是当 z 为奇数时时 $z^p = (-1+2t_3)(-1+2t_4)$，然此时 $t_1 \neq t_3$，$t_2 \neq t_4$。

$-1+2t$、H 法则、X 约束与费马大定理的第四十四个证明

对于 $(y-x)g = (-1+2t_1)(-1+2t_2)$，X 约束要求 $z = y - x$，但此明显与 H 法则相悖，

由 H 法则知 $z > y - x$，于是 $zg \neq (-1+2t_1)(-1+2t_2)$，由此立知 $y^p - x^p = z^p$ 无解，证毕。

$-1+2t$、g 规则与费马大定理的第四十五个证明

对于 $(y-x)g = (-1+2t_1)(-1+2t_2)$，由 g 规则知 $g > z^{p-1}$，

于是 $(y-x)z^{p-1} \neq (-1+2t_1)(-1+2t_2)$，由此立知 $y^p - x^p = z^p$ 无解，证毕。

$-1+2t$、g 规则、X 约束与费马大定理的第四十六个证明

对于 $(y-x)g = (-1+2t_1)(-1+2t_2)$，X 约束要求 $g = z^{p-1}$，但此明显与 g 规则相悖，

由 g 规则知 $g > z^{p-1}$，于是 $(y-x)z^{p-1} \neq (-1+2t_1)(-1+2t_2)$，

由此立知 $y^p - x^p = z^p$ 无解，证毕。

$-1+2t$、H 法则、g 规则与费马大定理的第四十七个证明

对于 $(y-x)g=(-1+2t_1)(-1+2t_2)$，由 H 法则知 $z>y-x$，由 g 规则知 $g>z^{p-1}$，

于是 $zz^{p-1}\neq(-1+2t_1)(-1+2t_2)$，由此立知 $y^p-x^p=z^p$ 无解，证毕。

$-1+2t$、H 法则、g 规则、X 约束与费马大定理的第四十八个证明

对于 $(y-x)g=(-1+2t_1)(-1+2t_2)$，X 约束要求 $z=y-x$ 及 $g=z^{p-1}$，但此明显与 H

法则和 g 规则相悖，由 H 法则知 $z>y-x$，由 g 规则知 $g>z^{p-1}$，

于是 $zz^{p-1}\neq(-1+2t_1)(-1+2t_2)$，由此立知 $y^p-x^p=z^p$ 无解，证毕。

第七十九章 开关运算器与费马大定理的初等证明

本章让载体——开关运算器亮相。

开关运算器、T 法则与费马大定理的第一个证明

一、开关运算器

设有开关运算器 $KG(A,B)=C=A\otimes B$，其中 A，B 为开关运算器 KG 的两个输入

端，开关运算器 KG 的输出为 $A\otimes B$，运算记号 $\otimes$ 为一般的乘法。

显然 $KG(x+y,q)=x^p+y^p$。

二、大定理的证明

对于 $KG(x+y,q)=x^p+y^p$，由 T 法则知 $z<x+y$，于是 $KG(z,q)\neq x^p+y^p$

由此立知 $x^p+y^p=z^p$ 无解，证毕。

开关运算器、T 法则、X 约束与费马大定理的第二个证明

对于 $KG(x+y,q)=x^p+y^p$，X 约束要求 $z=x+y$，但此明显与 T 法则相悖，由 T

法则知 $z<x+y$，于是 $KG(z,q)\neq x^p+y^p$，由此立知 $x^p+y^p=z^p$ 无解，证毕。

开关运算器、q 规则与费马大定理的第三个证明

对于 $KG(x+y,q)=x^p+y^p$，由 q 规则知 $q<z^{p-1}$，故 $KG(x+y,z^{p-1})\neq x^p+y^p$，由此立知 $x^p+y^p=z^p$ 无解，证毕。

开关运算器、q 规则、X 约束与费马大定理的第四个证明

对于 $KG(x+y,q)=x^p+y^p$，X 约束要求 $q=z^{p-1}$，但此明显与 q 规则相悖，由 q 规则知 $q<z^{p-1}$，于是 $KG(x+y,z^{p-1})\neq x^p+y^p$，由此立知 $x^p+y^p=z^p$ 无解，证毕。

开关运算器、T 法则、q 规则与费马大定理的第五个证明

对于 $KG(x+y,q)=x^p+y^p$，由 T 法则知 $z<x+y$，由 q 规则知 $q<z^{p-1}$，于是 $KG(z,z^{p-1})\neq x^p+y^p$，由此立知 $x^p+y^p=z^p$ 无解，证毕。

开关运算器、T 法则、q 规则、X 约束与费马大定理的第六个证明

对于 $KG(x+y,q)=x^p+y^p$，X 约束要求 $z=x+y$ 及 $q=z^{p-1}$，但此明显与 T 法则和 q 规则相悖，由 T 法则知 $z<x+y$，由 q 规则知 $q<z^{p-1}$，于是 $KG(z,z^{p-1})\neq x^p+y^p$，由此立知 $x^p+y^p=z^p$ 无解，证毕。

如法炮制可以证明 $y^p-x^p=z^p$ 无解。

第八十章 交集与费马大定理的初等证明

本章让载体——集合亮相，给出大定理的十二个证明。

交集、T 法则与费马大定理的第一个证明

由公式 $x^p+y^p=(x+y)q$ 可知其两个因子集合 $x+y$ 和 q 决定了集合 $x+y\bigcap q=t$ 的两种情况：

1. 当 $(x+y,q)=1$ 时 $t=0$；2. 当 $(x+y,q)=p$ 时 $t=p$。由 T 法则知 $z<x+y$，于是 $z\bigcap q\neq t$，由此立知 $x^p+y^p=z^p$ 无解，证毕。

交集、T 法则、X 约束与费马大定理的第二个证明

对于 $x+y\bigcap q=t$，X 约束要求 $z=x+y$，但此明显与 T 法则相悖，由 T 法则知

$z < x + y$，于是 $z \bigcap q \neq t$，由此立知 $x^p + y^p = z^p$ 无解，证毕。

交集、q 规则与费马大定理的第三个证明

对于 $x + y \bigcap q = t$，由 q 规则知 $q < z^{p-1}$，于是 $x + y \bigcap z^{p-1} \neq t$，

由此立知 $x^p + y^p = z^p$ 无解，证毕。

交集、q 规则、X 约束与费马大定理的第四个证明

对于 $x + y \bigcap q = t$，X 约束要求 $q = z^{p-1}$，但此明显与 q 规则相悖，由 q 规则知 $q < z^{p-1}$，

于是 $x + y \bigcap z^{p-1} \neq t$，由此立知 $x^p + y^p = z^p$ 无解，证毕。

交集、T 法则、q 规则与费马大定理的第五个证明

对于 $x + y \bigcap q = t$，由 T 法则知 $z < x + y$，由 q 规则知 $q < z^{p-1}$，于是 $z \bigcap z^{p-1} = t_1$，

显然 $t \neq t_1$，由此立知 $x^p + y^p = z^p$ 无解，证毕。

交集、T 法则、q 规则、X 约束与费马大定理的第六个证明

对于 $x + y \bigcap q = t$，X 约束要求 $z = x + y$ 及 $q = z^{p-1}$，但此明显与 T 法则和 q 规则相悖，

由 T 法则知 $z < x + y$，由 q 规则知 $q < z^{p-1}$，于是 $z \bigcap z^{p-1} = t_1$，显然 $t \neq t_1$，

由此立知 $x^p + y^p = z^p$ 无解，证毕。

交集、H 法则与费马大定理的第七个证明

由公式 $y^p - x^p = (y - x)g$ 可知可知其两个因子 $y - x$ 和 g 决定了集合 $y - x \bigcap g = t$

的两种情况：

1．当 $(y - x, g) = 1$ 时 $t = 0$；2．当 $(y - x, g) = p$ 时 $t = p$。由 H 法则知 $z > y - x$，

于是 $z \bigcap g \neq t$，由此立知 $y^p - x^p = z^p$ 无解，证毕。

交集、H 法则、X 约束与费马大定理的第八个证明

对于 $y - x \bigcap g = t$，X 约束要求 $z = y - x$，但此明显与 H 法则相悖，由 H 法则知

$z > y - x$，于是 $z \bigcap g \neq t$，由此立知 $y^p - x^p = z^p$ 无解，证毕。

交集、g 规则与费马大定理的第九个证明

对于 $y - x \bigcap g = t$，由 g 规则知 $g > z^{p-1}$，于是 $y - x \bigcap z^{p-1} \neq t$，

由此立知 $y^p - x^p = z^p$ 无解，证毕。

交集、g 规则、X 约束与费马大定理的第十个证明

对于 $y - x \bigcap g = t$，X 约束要求 $g = z^{p-1}$，但此明显与 g 规则相悖，由 g 规则知 $g > z^{p-1}$，

于是 $y - x \bigcap z^{p-1} \neq t$，由此立知 $y^p - x^p = z^p$ 无解，证毕。

交集、H 法则、g 规则与费马大定理的第十一个证明

对于 $y - x \bigcap g = t$，由 H 法则知 $z > y - x$，由 g 规则知 $g > z^{p-1}$，

于是 $z \bigcap z^{p-1} = t_1$，显然 $t \neq t_1$，由此立知 $y^p - x^p = z^p$ 无解，证毕。

交集、H 法则、g 规则、X 约束与费马大定理的第十二个证明

对于 $y - x \bigcap g = t$，X 约束要求 $z = y - z$ 及 $g = z^{p-1}$，但此明显与 H 法则和 g 规则相

悖，由 H 法则知 $z > y - x$，由 g 规则知 $g > z^{p-1}$，于是 $z \bigcap z^{p-1} = t_1$，显然 $t \neq t_1$，

由此立知 $y^p - x^p = z^p$ 无解，证毕。

又交集与费马大定理的证明

由公式 $z^p = zz^{p-1}$ 可知其两个因子 z 和 z^{p-1} 决定了一个**交集** $z \bigcap z^{p-1} = z$，以此为载

体，也可以证明大定理。

又集合与费马大定理的证明

不难知道由集合的并，集合的差等等集合的其它运算也可以证明大定理。

逻辑及逻辑运算与费马大定理的证明

不难知道由逻辑及逻辑运算中的命题与命题公式及其它的逻辑及逻辑运算公式等等，也

可以证明大定理。

第八十一章 F 恒等式与费马大定理的初等证明

本章先建立 F 恒等式，然后利用它证明费马大定理。

F 恒等式、T 法则与费马大定理的第一个证明

一、公式

考察下图：

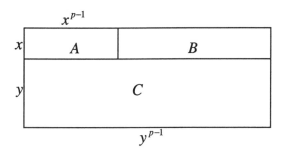

图中 A 的面积表示 x^p，其两条边边分别为 x 与 x^{p-1}，图中 C 的面积表示 y^p，其两条边分别为 y 与 y^{p-1}，由于 $A+B+C$ 是能覆盖 $A+C$ 的最小长方形，我们称它为 $A+C$ 的最小覆盖长方形，其两条边分别为 $x+y$ 与 y^{p-1}。

显然与最小覆盖长方形对应的代数式为 $(x+y)q=(x+y)y^{p-1}-(y^{p-1}-x^{p-1})x$，我们称此代数式为最小覆盖恒等式，简称 F 恒等式。

一、大定理的证明

对于 $(x+y)q=(x+y)y^{p-1}-(y^{p-1}-x^{p-1})x$，由 T 法则知 $z<x+y$，

于是 $zq \neq (x+y)y^{p-1}-(y^{p-1}-x^{p-1})x$，由此立知 $x^p+y^p=z^p$ 无解，证毕。

F 恒等式、T 法则、X 约束与费马大定理的第二个证明

对于 $(x+y)q=(x+y)y^{p-1}-(y^{p-1}-x^{p-1})x$，X 约束要求 $z=x+y$，然此明显与 T 法则相悖，由 T 法则知 $z<x+y$，于是 $zq \neq (x+y)y^{p-1}-(y^{p-1}-x^{p-1})x$，

由此立知 $x^p+y^p=z^p$ 无解，证毕。

F 恒等式、T 法则与费马大定理的第三个证明

对于 $(x+y)q=(x+y)y^{p-1}-(y^{p-1}-x^{p-1})x$，由 T 法则知 $z<x+y$，

于是 $(x+y)q \neq zy^{p-1}-(y^{p-1}-x^{p-1})x$，由此立知 $x^p+y^p=z^p$ 无解，证毕。

F 恒等式、**T** 法则、**X** 约束与费马大定理的第四个证明

对于 $(x+y)q = (x+y)y^{p-1} - (y^{p-1} - x^{p-1})x$，X 约束要求 $z = {}^.x+y$，然此明显与 **T**

法则相悖，由 **T** 法则知 $z < x+y$，于是 $(x+y)q \neq zy^{p-1} - (y^{p-1} - x^{p-1})x$，

由此立知 $x^p + y^p = z^p$ 无解，证毕。

F 恒等式、**T** 法则与费马大定理的第五个证明

对于 $(x+y)q = (x+y)y^{p-1} - (y^{p-1} - x^{p-1})x$，由 **T** 法则知 $z < x+y$，

于是 $zq \neq zy^{p-1} - (y^{p-1} - x^{p-1})x$，由此立知 $x^p + y^p = z^p$ 无解，证毕。

F 恒等式、**T** 法则、**X** 约束与费马大定理的第六个证明

对于 $(x+y)q = (x+y)y^{p-1} - (y^{p-1} - x^{p-1})x$，X 约束要求 $z = x+y$，然此明显与 **T**

法则相悖，由 **T** 法则知 $z < x+y$，于是 $zq \neq zy^{p-1} - (y^{p-1} - x^{p-1})x$，

由此立知 $x^p + y^p = z^p$ 无解，证毕。

F 恒等式、*q* 规则与费马大定理的第七个证明

对于 $(x+y)q = (x+y)y^{p-1} - (y^{p-1} - x^{p-1})x$，由 *q* 规则知 $q < z^{p-1}$，

于是 $(x+y)z^{p-1} \neq (x+y)y^{p-1} - (y^{p-1} - x^{p-1})x$，由此立知 $x^p + y^p = z^p$ 无解，证毕。

F 恒等式、*q* 规则、**X** 约束与费马大定理的第八个证明

对于 $(x+y)q = (x+y)y^{p-1} - (y^{p-1} - x^{p-1})x$，X 约束要求 $q = z^{p-1}$，然此明显与 *q* 规

则相悖，由 *q* 规则知 $q < z^{p-1}$，于是 $(x+y)z^{p-1} \neq (x+y)y^{p-1} - (y^{p-1} - x^{p-1})x$，

由此立知 $x^p + y^p = z^p$ 无解，证毕。

F 恒等式、**T** 法则、*q* 规则与费马大定理的第九个证明

对于 $(x+y)q = (x+y)y^{p-1} - (y^{p-1} - x^{p-1})x$，由 **T** 法则知 $z < x+y$，由 *q* 规则知

$q < z^{p-1}$，于是 $zz^{p-1} \neq (x+y)y^{p-1} - (y^{p-1} - x^{p-1})x$，由此立知 $x^p + y^p = z^p$ 无解，证毕。

F 恒等式、**T** 法则、*q* 规则、**X** 约束与费马大定理的第十个证明

对于 $(x+y)q = (x+y)y^{p-1} - (y^{p-1} - x^{p-1})x$，X 约束要求 $z = x+y$ 及 $q = z^{p-1}$ 然此

明显与 T 法则和 q 规则相悖，由 T 法则知 $z < x + y$，由 q 规则知 $q < z^{p-1}$，

于是 $zz^{p-1} \neq (x+y)y^{p-1} - (y^{p-1} - x^{p-1})x$，由此立知 $x^p + y^p = z^p$ 无解，证毕。

F 恒等式、T 法则、q 规则与费马大定理的第十一个证明

对于 $(x+y)q = (x+y)y^{p-1} - (y^{p-1} - x^{p-1})x$，由 T 法则知 $z < x + y$，由 q 规则知 $q < z^{p-1}$，于是 $(x+y)z^{p-1} \neq zy^{p-1} - (y^{p-1} - x^{p-1})x$，由此立知 $x^p + y^p = z^p$ 无解，证毕。

F 恒等式、T 法则、q 规则、X 约束与费马大定理的第十二个证明

对于 $(x+y)q = (x+y)y^{p-1} - (y^{p-1} - x^{p-1})x$，X 约束要求 $z = x+y$ 及 $q = z^{p-1}$ 然此明显与 T 法则和 q 规则相悖，由 T 法则知 $z < x + y$，由 q 规则知 $q < z^{p-1}$，

于是 $(x+y)z^{p-1} \neq zy^{p-1} - (y^{p-1} - x^{p-1})x$，由此立知 $x^p + y^p = z^p$ 无解，证毕。

F 恒等式、T 法则、q 规则与费马大定理的第十三个证明

对于 $(x+y)q = (x+y)y^{p-1} - (y^{p-1} - x^{p-1})x$，由 T 法则知 $z < x + y$，由 q 规则知 $q < z^{p-1}$，于是 $zz^{p-1} \neq zy^{p-1} - (y^{p-1} - x^{p-1})x$，由此立知 $x^p + y^p = z^p$ 无解，证毕。

F 恒等式、T 法则、q 规则、X 约束与费马大定理的第十四个证明

对于 $(x+y)q = (x+y)y^{p-1} - (y^{p-1} - x^{p-1})x$，X 约束要求 $z = x+y$ 及 $q = z^{p-1}$ 然此明显与 T 法则和 q 规则相悖，由 T 法则知 $z < x + y$，由 q 规则知 $q < z^{p-1}$，

于是 $zz^{p-1} \neq zy^{p-1} - (y^{p-1} - x^{p-1})x$，由此立知 $x^p + y^p = z^p$ 无解，证毕。

事实上，我们有一个不等式链 $x^{p-1} < q < y^{p-1} < z^{p-1} < (x+y)^{p-1}$，但是我们并没有利利用此不等式链证明大定理，其原因是，如果那样做的话，大定理的证明将铺天盖地而来，还真有点儿"吃不消"！

如法炮制，可证明 $y^p - x^p = z^p$ 无解。

第八十二章 排列与费马大定理的初等证明

本章目的是让载体——排列亮相，事实上以排列为载体可以给出大定理的一百二十六个证明，这里只给出了十二个证明。

排列、T法则与费马大定理的第一个证明

由公式 $x^p + y^p = (x+y)q$ 可知其两个因子 $x+y$ 和 q 决定了一个排列

$$A_q^{x+y} = \frac{q!}{(q-(x+y))!}$$。由 T 法则知 $z < x+y$，于是 $A_q^{x+y} \neq \frac{q!}{(q-z)!}$，

由此立知 $x^p + y^p = z^p$ 无解，证毕。

排列、T法则、X约束与费马大定理的第二个证明

对于 $A_q^{x+y} = \frac{q!}{(q-(x+y))!}$，X 约束要求 $z = x+y$，但此明显与 T 法则相悖，由 T 法

则知 $z < x+y$，于是 $A_q^{x+y} \neq \frac{q!}{(q-z)!}$，由此立知 $x^p + y^p = z^p$ 无解，证毕。

排列、q规则与费马大定理的第三个证明

对于 $A_q^{x+y} = \frac{q!}{(q-(x+y))!}$，由 q 规则知 $q < z^{p-1}$，于是 $A_q^{x+y} \neq \frac{q!}{(z^{p-1}-(x+y))!}$，

由此立知 $x^p + y^p = z^p$ 无解，证毕。

排列、q规则、X约束与费马大定理的第四个证明

对于 $A_q^{x+y} = \frac{q!}{(q-(x+y))!}$，X 约束要求 $q = z^{p-1}$，但此明显与 q 规则相悖，由 q 规则知

$q < z^{p-1}$，于是 $A_q^{x+y} \neq \frac{q!}{(z^{p-1}-(x+y))!}$，由此立知 $x^p + y^p = z^p$ 无解，证毕。

排列、T法则、q规则与费马大定理的第五个证明

对于 $A_q^{x+y} = \frac{q!}{(q-(x+y))!}$，由 T 法则知 $z < x+y$，由 q 规则知 $q < z^{p-1}$，

于是 $A_q^{x+y} \neq \frac{q!}{(z^{p-1}-z)!}$，由此立知 $x^p + y^p = z^p$ 无解，证毕。

排列、T 法则、q 规则、X 约束与费马大定理的第六个证明

对于 $A_q^{x+y} = \dfrac{q!}{(q-(x+y))!}$，X 约束要求 $z = x+y$ 及 $q = z^{p-1}$，但此明显与 T 法则和 q

规则相悖，由 T 法则知 $z < x+y$，由 q 规则知 $q < z^{p-1}$，于是 $A_q^{x+y} \neq \dfrac{q!}{(z^{p-1}-z)!}$，

由此立知 $x^p + y^p = z^p$ 无解，证毕。

排列、H 法则与费马大定理的第七个证明

由公式 $y^p - x^p = (y-x)g$ 可知可知其两个因子 $y-x$ 和 g 决定了一个排列

$A_g^{y-x} = \dfrac{g!}{((g-(y-x))!}$。由 H 法则知 $z > y-x$，于是 $A_g^{y-x} \neq \dfrac{g!}{((g-z)!}$，

由此立知 $y^p - x^p = z^p$ 无解，证毕。

排列、H 法则、X 约束与费马大定理的第八个证明

对于 $A_g^{y-x} = \dfrac{g!}{((g-(y-x))!}$，X 约束要求 $z = y-x$，但此明显与 H 法则相悖，由 H

法则知 $z > y-x$，于是 $A_g^{y-x} \neq \dfrac{g!}{((g-z)!}$，由此立知 $y^p - x^p = z^p$ 无解，证毕。

排列、g 规则与费马大定理的第九个证明

对于 $A_g^{y-x} = \dfrac{g!}{((g-(y-x))!}$，由 g 规则知 $g > z^{p-1}$，于是 $A_g^{y-x} \neq \dfrac{g!}{((z^{p-1}-(y-x))!}$，

由此立知 $y^p - x^p = z^p$ 无解，证毕。

排列、g 规则、X 约束与费马大定理的第十个证明

对于 $A_g^{y-x} = \dfrac{g!}{((g-(y-x))!}$，X 约束要求 $g = z^{p-1}$，但此明显与 g 规则相悖，由 g 规

则知 $g > z^{p-1}$，于是 $A_g^{y-x} \neq \dfrac{g!}{((z^{p-1}-(y-x))!}$，由此立知 $y^p - x^p = z^p$ 无解，证毕。

排列、H 法则、g 规则与费马大定理的第十一个证明

对于 $A_g^{y-x} = \dfrac{g!}{((g-(y-x))!}$，由 H 法则知 $z > y-x$，由 g 规则知 $g > z^{p-1}$，

于是 $A_g^{y-x} \neq \dfrac{g!}{((z^{p-1}-z)!)}$，由此立知 $y^p - x^p = z^p$ 无解，证毕。

排列、H 法则、g 规则、X 约束与费马大定理的第十二个证明

对于 $A_g^{y-x} = \dfrac{g!}{((g-(y-x))!)}$，X 约束要求 $z = y - z$ 及 $g = z^{p-1}$，但此明显与 H 法则和

g 规则相悖，由 H 法则知 $z > y - x$，由 g 规则知 $g > z^{p-1}$，于是 $A_g^{y-x} \neq \dfrac{g!}{((z^{p-1}-z)!)}$，

由此立知 $y^p - x^p = z^p$ 无解，证毕。

又排列与费马大定理的证明

由公式 $z^p = zz^{p-1}$ 可知其两个因子 z 和 z^{p-1} 决定了一个排列 $A_{z^{p-1}}^z = \dfrac{z^{p-1}!}{z!}$，以此为载

体，也可以证明大定理。

又全排列及组合与费马大定理的证明

不难知道，由全排列公式 $P_n = n(n-1)(n-2)\cdots 3\times 2\times 1$ 及组合公式 $C_m^n = \dfrac{m1}{(m-n)!n!}$

也可以证明大定理。

第八十三章 复数与费马大定理的初等证明

本章目的是让载体——复数亮相，事实上以复数为载体可以给出大定理的五千个证明。

复数、T 法则与费马大定理的第一个证明

由公式 $x^p + y^p = (x+y)q$ 可知其两个因子 $x+y$ 和 q 决定了复平面上的一个点

$z_z = x + y + qi$。由 T 法则知 $z < x + y$，于是 $z_z \neq z + qi$，

由此立知 $x^p + y^p = z^p$ 无解，证毕。

复数、T 法则、X 约束与费马大定理的第二个证明

对于 $z_z = x + y + qi$，X 约束要求 $z = x + y$，但此明显与 T 法则相悖，由 T 法则知

$z < x + y$，于是 $z_z \neq z + qi$，由此立知 $x^p + y^p = z^p$ 无解，证毕。

350

复数、q 规则与费马大定理的第三个证明

对于 $z_z = x + y + qi$，由 q 规则知 $q < z^{p-1}$，于是 $z_z \neq x + y + z^{p-1}i$，

由此立知 $x^p + y^p = z^p$ 无解，证毕。

复数、q 规则、X 约束与费马大定理的第四个证明

对于 $z_z = x + y + qi$，X 约束要求 $q = z^{p-1}$，但此明显与 q 规则相悖，由 q 规则知

$q < z^{p-1}$，于是 $z_z \neq x + y + z^{p-1}i$，由此立知 $x^p + y^p = z^p$ 无解，证毕。

复数、T 法则、q 规则与费马大定理的第五个证明

对于 $z_z = x + y + qi$，由 T 法则知 $z < x + y$，由 q 规则知 $q < z^{p-1}$，

于是 $z_1 = z + z^{p-1}i \neq z_z$，由此立知 $x^p + y^p = z^p$ 无解，证毕。

复数、T 法则、q 规则、X 约束与费马大定理的第六个证明

对于 $z_z = x + y + qi$，X 约束要求 $z = x + y$ 及 $q = z^{p-1}$，但此明显与 T 法则和 q 规则相

悖，由 T 法则知 $z < x + y$，由 q 规则知 $q < z^{p-1}$，于是 $z_1 = z + z^{p-1}i \neq z_z$，

由此立知 $x^p + y^p = z^p$ 无解，证毕。

复数、H 法则与费马大定理的第七个证明

由公式 $y^p - x^p = (y - x)g$ 可知可知其两个因子 $y - x$ 和 g 决定了复平面上的一个点

$z_z = y - x + gi$。由 H 法则知 $z > y - x$，于是 $z_z \neq z + gi$，

由此立知 $y^p - x^p = z^p$ 无解，证毕。

复数、H 法则、X 约束与费马大定理的第八个证明

对于 $z_z = y - x + gi$，X 约束要求 $z = y - x$，但此明显与 H 法则相悖，由 H 法则知

$z > y - x$，于是 $z_z \neq z + gi$，由此立知 $y^p - x^p = z^p$ 无解，证毕。

复数、g 规则与费马大定理的第九个证明

对于 $z_z = y - x + gi$，由 g 规则知 $g > z^{p-1}$，于是 $z_z \neq y - x + z^{p-1}i$，

由此立知 $y^p - x^p = z^p$ 无解，证毕。

复数、g规则、X约束与费马大定理的第十个证明

对于$z_z = y - x + gi$，X约束要求$g = z^{p-1}$，但此明显与g规则相悖，由g规则知

$g > z^{p-1}$，于是$z_z \neq y - x + z^{p-1}i$，由此立知$y^p - x^p = z^p$无解，证毕。

复数、H法则、g规则与费马大定理的第十一个证明

对于$z_z = y - x + gi$，由H法则知$z > y - x$，由g规则知$g > z^{p-1}$，于是

$z_1 = z + z^{p-1}i \neq z_z$，由此立知$y^p - x^p = z^p$无解，证毕。

复数、H法则、g规则、X约束与费马大定理的第十二个证明

对于$z_z = y - x + gi$，X约束要求$z = y - z$及$g = z^{p-1}$，但此明显与H法则和g规则相

悖，由H法则知$z > y - x$，由g规则知$g > z^{p-1}$，于是$z_1 = z + z^{p-1}i \neq z_z$，

由此立知$y^p - x^p = z^p$无解，证毕。：

又复数与费马大定理的证明

由公式$z^p = zz^{p-1}$可知其两个因子z和z^{p-1}决定了复平面上的一个点

$z_z = z + z^{p-1}i$，以此为载体，也可以证明大定理。又设复数$z = a + bi$，则复数的很多运

算公式，例如$r = \sqrt{a^2 + b^2}$，式中r为$z = a + bi$的模，$tg\phi = \dfrac{b}{a}$，式中ϕ为$z = a + bi$的

复角，$a = rCos\phi$，$b = rSin\phi$，$z = r(Cos\phi + iSin\phi)$，$z = re^{i\phi}$等等、等等都可以作为

载体，证明大定理。

第八十四章 二阶矩阵与费马大定理的初等证明

本章目的是让载体——矩阵亮相，事实上以矩阵为载体可以给出大定理的五千个证明。

二阶矩阵、T法则与费马大定理的第一个证明

由公式$x^p + y^p = (x+y)q$可知$\begin{pmatrix} x+y & 0 \\ x+y & 0 \end{pmatrix}\begin{pmatrix} q & q \\ 1 & 1 \end{pmatrix} = \begin{pmatrix} (x+y)q & (x+y)q \\ (x+y)q & (x+y)q \end{pmatrix}$。

由T法则知$z < x + y$，于是$\begin{pmatrix} z & 0 \\ x+y & 0 \end{pmatrix}\begin{pmatrix} q & q \\ 1 & 1 \end{pmatrix} \neq \begin{pmatrix} (x+y)q & (x+y)q \\ (x+y)q & (x+y)q \end{pmatrix}$，

由此立知$x^p + y^p = z^p$无解，证毕。

二阶矩阵、T 法则、X 约束与费马大定理的第二个证明

对于 $\begin{pmatrix} x+y & 0 \\ x+y & 0 \end{pmatrix}\begin{pmatrix} q & q \\ 1 & 1 \end{pmatrix} = \begin{pmatrix} (x+y)q & (x+y)q \\ (x+y)q & (x+y)q \end{pmatrix}$，X 约束要求 $z = x+y$，但此明显

与 T 法则相悖，由 T 法则知 $z < x+y$，于是 $\begin{pmatrix} z & 0 \\ x+y & 0 \end{pmatrix}\begin{pmatrix} q & q \\ 1 & 1 \end{pmatrix} \neq \begin{pmatrix} (x+y)q & (x+y)q \\ (x+y)q & (x+y)q \end{pmatrix}$，

由此立知 $x^p + y^p = z^p$ 无解，证毕。

二阶矩阵、q 规则与费马大定理的第三个证明

对于 $\begin{pmatrix} x+y & 0 \\ x+y & 0 \end{pmatrix}\begin{pmatrix} q & q \\ 1 & 1 \end{pmatrix} = \begin{pmatrix} (x+y)q & (x+y)q \\ (x+y)q & (x+y)q \end{pmatrix}$，由 q 规则知 $q < z^{p-1}$，

于是 $\begin{pmatrix} x+y & 0 \\ x+y & 0 \end{pmatrix}\begin{pmatrix} z^{p-1} & q \\ 1 & 1 \end{pmatrix} \neq \begin{pmatrix} (x+y)q & (x+y)q \\ (x+y)q & (x+y)q \end{pmatrix}$，由此立知 $x^p + y^p = z^p$ 无解，证毕。

二阶矩阵、q 规则、X 约束与费马大定理的第四个证明

对于 $\begin{pmatrix} x+y & 0 \\ x+y & 0 \end{pmatrix}\begin{pmatrix} q & q \\ 1 & 1 \end{pmatrix} = \begin{pmatrix} (x+y)q & (x+y)q \\ (x+y)q & (x+y)q \end{pmatrix}$，X 约束要求 $q = z^{p-1}$，但此明显与 q

规则相悖，由 q 规则知 $q < z^{p-1}$，于是 $\begin{pmatrix} x+y & 0 \\ x+y & 0 \end{pmatrix}\begin{pmatrix} z^{p-1} & q \\ 1 & 1 \end{pmatrix} \neq \begin{pmatrix} (x+y)q & (x+y)q \\ (x+y)q & (x+y)q \end{pmatrix}$，

由此立知 $x^p + y^p = z^p$ 无解，证毕。

二阶矩阵、T 法则、q 规则与费马大定理的第五个证明

对于 $\begin{pmatrix} x+y & 0 \\ x+y & 0 \end{pmatrix}\begin{pmatrix} q & q \\ 1 & 1 \end{pmatrix} = \begin{pmatrix} (x+y)q & (x+y)q \\ (x+y)q & (x+y)q \end{pmatrix}$，由 T 法则知 $z < x+y$，由 q 规则

知 $q < z^{p-1}$，于是 $\begin{pmatrix} z & 0 \\ x+y & 0 \end{pmatrix}\begin{pmatrix} z^{p-1} & q \\ 1 & 1 \end{pmatrix} \neq \begin{pmatrix} (x+y)q & (x+y)q \\ (x+y)q & (x+y)q \end{pmatrix}$，

由此立知 $x^p + y^p = z^p$ 无解，证毕。

二阶矩阵、T 法则、q 规则、X 约束与费马大定理的第六个证明

对于 $\begin{pmatrix} x+y & 0 \\ x+y & 0 \end{pmatrix}\begin{pmatrix} q & q \\ 1 & 1 \end{pmatrix} = \begin{pmatrix} (x+y)q & (x+y)q \\ (x+y)q & (x+y)q \end{pmatrix}$，X 约束要求 $z = x+y$ 及 $q = z^{p-1}$，

但此明显与 T 法则和 q 规则相悖，由 T 法则知 $z < x+y$，由 q 规则知 $q < z^{p-1}$，

于是 $\begin{pmatrix} z & 0 \\ x+y & 0 \end{pmatrix} \begin{pmatrix} z^{p-1} & q \\ 1 & 1 \end{pmatrix} \neq \begin{pmatrix} (x+y)q & (x+y)q \\ (x+y)q & (x+y)q \end{pmatrix}$，由此立知 $x^p + y^p = z^p$ 无解，证毕。

二阶矩阵、H 法则与费马大定理的第七个证明

由公式 $y^p - x^p = (y-x)g$ 可知 $\begin{pmatrix} y-x & 0 \\ y-x & 0 \end{pmatrix} \begin{pmatrix} g & g \\ 1 & 1 \end{pmatrix} = \begin{pmatrix} (y-x)g & (y-x)g \\ (y-x)g & (y-x)g \end{pmatrix}$。

由 H 法则知 $z > y-x$，于是 $\begin{pmatrix} z & 0 \\ y-x & 0 \end{pmatrix} \begin{pmatrix} g & g \\ 1 & 1 \end{pmatrix} \neq \begin{pmatrix} (y-x)g & (y-x)g \\ (y-x)g & (y-x)g \end{pmatrix}$，

由此立知 $y^p - x^p = z^p$ 无解，证毕。

二阶矩阵、H 法则、X 约束与费马大定理的第八个证明

对于 $\begin{pmatrix} y-x & 0 \\ y-x & 0 \end{pmatrix} \begin{pmatrix} g & g \\ 1 & 1 \end{pmatrix} = \begin{pmatrix} (y-x)g & (y-x)g \\ (y-x)g & (y-x)g \end{pmatrix}$，X 约束要求 $z = y-x$，但此明显

与 H 法则相悖，由 H 法则知 $z > y-x$，于是 $\begin{pmatrix} z & 0 \\ y-x & 0 \end{pmatrix} \begin{pmatrix} g & g \\ 1 & 1 \end{pmatrix} \neq \begin{pmatrix} (y-x)g & (y-x)g \\ (y-x)g & (y-x)g \end{pmatrix}$，

由此立知 $y^p - x^p = z^p$ 无解，证毕。

二阶矩阵、g 规则与费马大定理的第九个证明

对于 $\begin{pmatrix} y-x & 0 \\ y-x & 0 \end{pmatrix} \begin{pmatrix} g & g \\ 1 & 1 \end{pmatrix} = \begin{pmatrix} (y-x)g & (y-x)g \\ (y-x)g & (y-x)g \end{pmatrix}$，由 g 规则知 $g > z^{p-1}$，于是

$\begin{pmatrix} y-x & 0 \\ y-x & 0 \end{pmatrix} \begin{pmatrix} z^{p-1} & g \\ 1 & 1 \end{pmatrix} \neq \begin{pmatrix} (y-x)g & (y-x)g \\ (y-x)g & (y-x)g \end{pmatrix}$，由此立知 $y^p - x^p = z^p$ 无解，证毕。

二阶矩阵、g 规则、X 约束与费马大定理的第十个证明

对于 $\begin{pmatrix} y-x & 0 \\ y-x & 0 \end{pmatrix} \begin{pmatrix} g & g \\ 1 & 1 \end{pmatrix} = \begin{pmatrix} (y-x)g & (y-x)g \\ (y-x)g & (y-x)g \end{pmatrix}$，X 约束要求 $g = z^{p-1}$，但此明显与

g 规则相悖，由 g 规则知 $g > z^{p-1}$，于是 $\begin{pmatrix} y-x & 0 \\ y-x & 0 \end{pmatrix} \begin{pmatrix} z^{p-1} & g \\ 1 & 1 \end{pmatrix} \neq \begin{pmatrix} (y-x)g & (y-x)g \\ (y-x)g & (y-x)g \end{pmatrix}$，

由此立知 $y^p - x^p = z^p$ 无解，证毕。

二阶矩阵、H 法则、g 规则与费马大定理的第十一个证明

对于 $\begin{pmatrix} y-x & 0 \\ y-x & 0 \end{pmatrix} \begin{pmatrix} g & g \\ 1 & 1 \end{pmatrix} = \begin{pmatrix} (y-x)g & (y-x)g \\ (y-x)g & (y-x)g \end{pmatrix}$，由 H 法则知 $z > y-x$，由 g 规则

知 $g > z^{p-1}$，于是 $\begin{pmatrix} z & 0 \\ y-x & 0 \end{pmatrix}\begin{pmatrix} z^{p-1} & g \\ 1 & 1 \end{pmatrix} \neq \begin{pmatrix} (y-x)g & (y-x)g \\ (y-x)g & (y-x)g \end{pmatrix}$，

由此立知 $y^p - x^p = z^p$ 无解，证毕。

二阶矩阵、H 法则、g 规则、X 约束与费马大定理的第十二个证明

对于 $\begin{pmatrix} y-x & 0 \\ y-x & 0 \end{pmatrix}\begin{pmatrix} g & g \\ 1 & 1 \end{pmatrix} = \begin{pmatrix} (y-x)g & (y-x)g \\ (y-x)g & (y-x)g \end{pmatrix}$，X 约束要求 $z = y - z$ 及 $g = z^{p-1}$，

但此明显与 H 法则和 g 规则相悖，由 H 法则知 $z > y - x$，由 g 规则知 $g > z^{p-1}$，于是

$\begin{pmatrix} z & 0 \\ y-x & 0 \end{pmatrix}\begin{pmatrix} z^{p-1} & g \\ 1 & 1 \end{pmatrix} \neq \begin{pmatrix} (y-x)g & (y-x)g \\ (y-x)g & (y-x)g \end{pmatrix}$，由此立知 $y^p - x^p = z^p$ 无解，证毕。

又二阶矩阵与费马大定理的证明

显然由 $\begin{pmatrix} z & 0 \\ z & 0 \end{pmatrix}\begin{pmatrix} z^{p-1} & z^{p-1} \\ 1 & 1 \end{pmatrix} = \begin{pmatrix} z^{p-1} & z^{p-1} \\ z^{p-1} & z^{p-1} \end{pmatrix}$ 等为载体，也可以证明大定理。

事实上，利用二阶矩阵的和、差、积、逆及特征值、特征向量等等，当然也可以证明大定理，请读者考虑。

第八十五章 二阶行列式与费马大定理的初等证明

二阶行列式、T 法则与费马大定理的第一个证明

由公式 $x^p + y^p = (x+y)q$ 可知 $\begin{vmatrix} x^p+y^p & x+y \\ q & 1 \end{vmatrix} = 0$，由 T 法则知 $z < x + y$，

于是 $\begin{vmatrix} x^p+y^p & z \\ q & 1 \end{vmatrix} \neq 0$，由此立知 $x^p + y^p = z^p$ 无解，证毕。

二阶行列式、T 法则、X 约束与费马大定理的第二个证明

对于 $\begin{vmatrix} x^p+y^p & x+y \\ q & 1 \end{vmatrix} = 0$，X 约束要求 $z = x + y$，但此明显与 T 法则相悖，由 T 法则

知 $z < x + y$，于是 $\begin{vmatrix} x^p+y^p & z \\ q & 1 \end{vmatrix} \neq 0$，由此立知 $x^p + y^p = z^p$ 无解，证毕。

二阶行列式、q 规则与费马大定理的第三个证明

对于 $\begin{vmatrix} x^p + y^p & x+y \\ q & 1 \end{vmatrix} = 0$，由 q 规则知 $q < z^{p-1}$，于是 $\begin{vmatrix} x^p + y^p & x+y \\ z^{p-1} & 1 \end{vmatrix} \neq 0$，

由此立知 $x^p + y^p = z^p$ 无解，证毕。

二阶行列式、q 规则、X 约束与费马大定理的第四个证明

对于 $\begin{vmatrix} x^p + y^p & x+y \\ q & 1 \end{vmatrix} = 0$，X 约束要求 $q = z^{p-1}$，但此明显与 q 规则相悖，由 q 规则知

$q < z^{p-1}$，于是 $\begin{vmatrix} x^p + y^p & x+y \\ z^{p-1} & 1 \end{vmatrix} \neq 0$，由此立知 $x^p + y^p = z^p$ 无解，证毕。

二阶行列式、T 法则、q 规则与费马大定理的第五个证明

对于 $\begin{vmatrix} x^p + y^p & x+y \\ q & 1 \end{vmatrix} = 0$，由 T 法则知 $z < x+y$，由 q 规则知 $q < z^{p-1}$，

于是 $\begin{vmatrix} x^p + y^p & z \\ z^{p-1} & 1 \end{vmatrix} \neq 0$，由此立知 $x^p + y^p = z^p$ 无解，证毕。

二阶行列式、T 法则、q 规则、X 约束与费马大定理的第六个证明

对于 $\begin{vmatrix} x^p + y^p & x+y \\ q & 1 \end{vmatrix} = 0$，X 约束要求 $z = x+y$ 及 $q = z^{p-1}$，但此明显与 T 法则和 q 规

则相悖，由 T 法则知 $z < x+y$，由 q 规则知 $q < z^{p-1}$，于是 $\begin{vmatrix} x^p + y^p & z \\ z^{p-1} & 1 \end{vmatrix} \neq 0$，

由此立知 $x^p + y^p = z^p$ 无解，证毕。

二阶行列式、H 法则与费马大定理的第七个证明

由公式 $y^p - x^p = (y-x)g$ 可知 $\begin{vmatrix} y^p - x^p & y-x \\ g & 1 \end{vmatrix} = 0$，由 H 法则知 $z > y-x$，

于是 $\begin{vmatrix} y^p - x^p & z \\ g & 1 \end{vmatrix} \neq 0$，由此立知 $y^p - x^p = z^p$ 无解，证毕。

二阶行列式、H 法则、X 约束与费马大定理的第八个证明

对于 $\begin{vmatrix} y^p - x^p & y-x \\ g & 1 \end{vmatrix} = 0$，X 约束要求 $z = y-x$，但此明显与 H 法则相悖，由 H 法

则知 $z > y - x$，于是 $\begin{vmatrix} y^p - x^p & z \\ g & 1 \end{vmatrix} \neq 0$，由此立知 $y^p - x^p = z^p$ 无解，证毕。

二阶行列式、g 规则与费马大定理的第九个证明

对于 $\begin{vmatrix} y^p - x^p & y - x \\ g & 1 \end{vmatrix} = 0$，由 g 规则知 $g > z^{p-1}$，于是 $\begin{vmatrix} y^p - x^p & y - x \\ z^{p-1} & 1 \end{vmatrix} = 0$，

由此立知 $y^p - x^p = z^p$ 无解，证毕。

二阶行列式、g 规则、X 约束与费马大定理的第十个证明

对于 $\begin{vmatrix} y^p - x^p & y - x \\ g & 1 \end{vmatrix} = 0$，X 约束要求 $g = z^{p-1}$，但此明显与 g 规则相悖，由 g 规则知

$g > z^{p-1}$，于是 $\begin{vmatrix} y^p - x^p & y - x \\ z^{p-1} & 1 \end{vmatrix} = 0$，由此立知 $y^p - x^p = z^p$ 无解，证毕。

二阶行列式、H 法则、g 规则与费马大定理的第十一个证明

对于 $\begin{vmatrix} y^p - x^p & y - x \\ g & 1 \end{vmatrix} = 0$，由 H 法则知 $z > y - x$，由 g 规则知 $g > z^{p-1}$，

于是 $\begin{vmatrix} y^p - x^p & z \\ z^{p-1} & 1 \end{vmatrix} \neq 0$，由此立知 $y^p - x^p = z^p$ 无解，证毕。

二阶行列式、H 法则、g 规则、X 约束与费马大定理的第十二个证明

对于 $\begin{vmatrix} y^p - x^p & y - x \\ g & 1 \end{vmatrix} = 0$，X 约束要求 $z = y - x$ 及 $g = z^{p-1}$，但此明显与 H 法则和 g

规则相悖，由 H 法则知 $z > y - x$，由 g 规则知 $g > z^{p-1}$，于是 $\begin{vmatrix} y^p - x^p & z \\ z^{p-1} & 1 \end{vmatrix} \neq 0$，

由此立知 $y^p - x^p = z^p$ 无解，证毕。

又二阶行列式与费马大定理证明

显然由 $\begin{vmatrix} z^p & z \\ z^{p-1} & 1 \end{vmatrix} = 0$ 等为载体，也能证明大定理。

事实上，利用二阶行列式的七个性质及各种运算等等，当然也可以证明大定理，请读者考虑。

第八十六章 对数与费马大定理的初等证明

对数、T 法则与费马大定理的第一个证明

由公式 $x^p + y^p = (x+y)q$ 可得公式 $Lg(x+y)q = Lg(x+y) + Lgq$。

对于 $Lg(x+y)q = Lg(x+y) + Lgq$，由 T 法则知 $z < x+y$，

于是 $Lgzq \neq Lg(x+y) + Lgq$，由此立知 $x^p + y^p = z^p$，无解，证毕。

对数、T 法则、X 约束与费马大定理的第二个证明

对于 $Lg(x+y)q = Lg(x+y) + Lgq$，X 约束要求 $z = x+y$ 然此与 T 法则相悖，由 T

法则知 $z < x+y$，于是 $Lgzq \neq Lg(x+y) + Lgq$，由此立知 $x^p + y^p = z^p$，无解，证毕。

对数、T 法则与费马大定理的第三个证明

对于 $Lg(x+y)q = Lg(x+y) + Lgq$，由 T 法则知 $z < x+y$，

于是 $Lg(x+y)q \neq Lgz + Lgq$，由此立知 $x^p + y^p = z^p$，无解，证毕。

对数、T 法则、X 约束与费马大定理的第四个证明

对于 $Lg(x+y)q = Lg(x+y) + Lgq$，X 约束要求 $z = x+y$ 然此与 T 法则相悖，由 T

法则知 $z < x+y$，于是 $Lg(x+y)q \neq Lgz + Lgq$，由此立知 $x^p + y^p = z^p$，无解，证毕。

对数、T 法则与费马大定理的第五个证明

对于 $Lg(x+y)q = Lg(x+y) + Lgq$，由 T 法则知 $z < x+y$，

于是 $Lgzq \neq Lgz + Lgq$，由此立知 $x^p + y^p = z^p$，无解，证毕。

对数、T 法则、X 约束与费马大定理的第六个证明

对于 $Lg(x+y)q = Lg(x+y) + Lgq$，X 约束要求 $z = x+y$ 然此与 T 法则相悖，由 T

法则知 $z < x+y$，于是 $Lgzq \neq Lgz + Lgq$，由此立知 $x^p + y^p = z^p$，无解，证毕。

对数、q 规则与费马大定理的第七个证明

对于 $Lg(x+y)q = Lg(x+y) + Lgq$，由 q 规则知 $q < z^{p-1}$，

于是 $Lg(x+y)z^{p-1} \neq Lg(x+y) + Lgq$，由此立知 $x^p + y^p = z^p$，无解，证毕。

对数、q 规则、X 约束与费马大定理的第八个证明

对于 $Lg(x+y)q = Lg(x+y) + Lgq$，X 约束要求 $q = z^{p-1}$，然此与 q 规则相悖，由 q 规则

知 $q < z^{p-1}$，于是 $Lg(x+y)z^{p-1} \neq Lg(x+y) + Lgq$，由此立知 $x^p + y^p = z^p$，无解。

对数、q 规则与费马大定理的第九个证明

对于 $Lg(x+y)q = Lg(x+y) + Lgq$，由 q 规则知 $q < z^{p-1}$，

于是 $Lg(x+y)q \neq Lg(x+y) + Lgz^{p-1}$，由此立知 $x^p + y^p = z^p$，无解，证毕。

对数、q 规则、X 约束与费马大定理的第十个证明

对于 $Lg(x+y)q = Lg(x+y) + Lgq$，X 约束要求 $q = z^{p-1}$，然此与 q 规则相悖，由 q 规则

知 $q < z^{p-1}$，于是 $Lg(x+y)q \neq Lg(x+y) + Lgz^{p-1}$，由此立知 $x^p + y^p = z^p$，无解。

对数、q 规则与费马大定理的第十一个证明

对于 $Lg(x+y)q = Lg(x+y) + Lgq$，由 q 规则知 $q < z^{p-1}$，

于是 $Lg(x+y)z^{p-1} \neq Lg(x+y) + Lgz^{p-1}$，由此立知 $x^p + y^p = z^p$，无解，证毕。

对数、q 规则、X 约束与费马大定理的第十二个证明

对于 $Lg(x+y)q = Lg(x+y) + Lgq$，X 约束要求 $q = z^{p-1}$，然此与 q 规则相悖，由 q 规则

知 $q < z^{p-1}$，于是 $Lg(x+y)z^{p-1} \neq Lg(x+y) + Lgz^{p-1}$，由此立知 $x^p + y^p = z^p$，无解。

对数、T 法则、q 规则与费马大定理的第十三个证明

对于 $Lg(x+y)q = Lg(x+y) + Lgq$，由 T 法则知 $z < x+y$，由 q 规则知 $q < z^{p-1}$，

于是 $Lgzz^{p-1} \neq Lg(x+y) + Lgq$，由此立知 $x^p + y^p = z^p$，无解，证毕。

对数、T 法则、q 规则、X 约束与费马大定理的第十四个证明

对于 $Lg(x+y)q = Lg(x+y) + Lgq$，X 约束要求 $z = x+y$ 及 $q = z^{p-1}$，然此与 T 法则

和 q 规则相悖，由 T 法则知 $z < x+y$，由 q 规则知 $q < z^{p-1}$，

于是 $Lgzz^{p-1} \neq Lg(x+y) + Lgq$，由此立知 $x^p + y^p = z^p$，无解。

对数、T 法则、q 规则与费马大定理的第十五个证明

对于 $Lg(x+y)q = Lg(x+y) + Lgq$，由 T 法则知 $z < x+y$，由 q 规则知 $q < z^{p-1}$，

于是 $Lg(x+y)q \neq Lgz + Lgz^{p-1}$，由此立知 $x^p + y^p = z^p$，无解，证毕。

对数、T 法则、q 规则、X 约束与费马大定理的第十六个证明

对于 $Lg(x+y)q = Lg(x+y) + Lgq$，X 约束要求 $z = x+y$ 及 $q = z^{p-1}$，

然此与 T 法则和 q 规则相悖，由 T 法则知 $z < $x+y，由 q 规则知 $q < z^{p-1}$，

于是 $Lg(x+y)q \neq Lgz + Lgz^{p-1}$，由此立知 $x^p + y^p = z^p$，无解。

对数、T 法则、q 规则与费马大定理的第十七个证明

对于 $Lg(x+y)q = Lg(x+y) + Lgq$，由 T 法则知 $z < $x+y，由 q 规则知 $q < z^{p-1}$，

于是 $Lgzq \neq Lg(x+y) + Lgz^{p-1}$，由此立知 $x^p + y^p = z^p$，无解，证毕。

对数、T 法则、q 规则、X 约束与费马大定理的第十八个证明

对于 $Lg(x+y)q = Lg(x+y) + Lgq$，X 约束要求 $z = x+y$ 及 $q = z^{p-1}$，然此与 T 法

则和 q 规则相悖，由 T 法则知 $z < $x+y，由 q 规则知 $q < z^{p-1}$，

于是 $Lgzq \neq Lg(x+y) + Lgz^{p-1}$，由此立知 $x^p + y^p = z^p$，无解。

对数、T 法则、q 规则与费马大定理的第十九个证明

对于 $Lg(x+y)q = Lg(x+y) + Lgq$，由 T 法则知 $z < $x+y，由 q 规则知 $q < z^{p-1}$，

于是 $Lg(x+y)z^{p-1} \neq Lgz + Lgq$，由此立知 $x^p + y^p = z^p$，无解，证毕。

对数、T 法则、q 规则、X 约束与费马大定理的第二十个证明

对于 $Lg(x+y)q = Lg(x+y) + Lgq$，X 约束要求 $z = x+y$ 及 $q = z^{p-1}$，然此与 T 法

则和 q 规则相悖，由 T 法则知 $z < $x+y，由 q 规则知 $q < z^{p-1}$，

于是 $Lg(x+y)z^{p-1} \neq Lgz + Lgq$，由此立知 $x^p + y^p = z^p$，无解。

对数、T 法则、q 规则与费马大定理的第二十一个证明

对于 $Lg(x+y)q = Lg(x+y) + Lgq$，由 T 法则知 $z < $x+y，由 q 规则知 $q < z^{p-1}$，

于是 $Lgzz^{p-1} \neq Lgz + Lgq$，由此立知 $x^p + y^p = z^p$，无解，证毕。

对数、T 法则、q 规则、X 约束与费马大定理的第二十二个证明

对于 $Lg(x+y)q = Lg(x+y) + Lgq$，X 约束要求 $z = x+y$ 及 $q = z^{p-1}$，然此与 T 法

则和 q 规则相悖，由 T 法则知 $z < x+y$，由 q 规则知 $q < z^{p-1}$，

于是 $Lgzz^{p-1} \neq Lgz + Lgq$，由此立知 $x^p + y^p = z^p$，无解。

对数、T 法则、q 规则与费马大定理的第二十三个证明

对于 $Lg(x+y)q = Lg(x+y) + Lgq$，由 T 法则知 $z < x+y$，由 q 规则知 $q < z^{p-1}$，

于是 $Lgzz^{p-1} \neq Lg(x+y) + Lgz^{p-1}$，由此立知 $x^p + y^p = z^p$，无解，证毕。

对数、T 法则、q 规则、X 约束与费马大定理的第二十四个证明

对于 $Lg(x+y)q = Lg(x+y) + Lgq$，X 约束要求 $z = x+y$ 及 $q = z^{p-1}$，然此与 T 法则和 q 规则相悖，由 T 法则知 $z < x+y$，由 q 规则知 $q < z^{p-1}$，

于是 $Lgzz^{p-1} \neq Lg(x+y) + Lgz^{p-1}$，由此立知 $x^p + y^p = z^p$，无解。

对数、T 法则、q 规则与费马大定理的第二十五个证明

对于 $Lg(x+y)q = Lg(x+y) + Lgq$，由 T 法则知 $z < x+y$，由 q 规则知 $q < z^{p-1}$，

于是 $Lgzq \neq Lgz + Lgz^{p-1}$，由此立知 $x^p + y^p = z^p$，无解，证毕。

对数、T 法则、q 规则、X 约束与费马大定理的第二十六个证明

对于 $Lg(x+y)q = Lg(x+y) + Lgq$，X 约束要求 $z = x+y$ 及 $q = z^{p-1}$，然此与 T 法则和 q 规则相悖，由 T 法则知 $z < x+y$，由 q 规则知 $q < z^{p-1}$，

于是 $Lgzq \neq Lgz + Lgz^{p-1}$，由此立知 $x^p + y^p = z^p$，无解。

对数、T 法则、q 规则与费马大定理的第二十七个证明

对于 $Lg(x+y)q = Lg(x+y) + Lgq$，由 T 法则知 $z < x+y$，由 q 规则知 $q < z^{p-1}$，

于是 $Lg(x+y)z^{p-1} \neq Lgz + Lgz^{p-1}$，由此立知 $x^p + y^p = z^p$，无解，证毕。

对数、T 法则、q 规则、X 约束与费马大定理的第二十八个证明

对于 $Lg(x+y)q = Lg(x+y) + Lgq$，X 约束要求 $z = x+y$ 及 $q = z^{p-1}$，然此与 T 法则和 q 规则相悖，由 T 法则知 $z < x+y$，由 q 规则知 $q < z^{p-1}$，

于是 $Lg(x+y)z^{p-1} \neq Lgz + Lgz^{p-1}$，由此立知 $x^p + y^p = z^p$，无解。

对数、T法则、q规则与费马大定理的第二十九个证明

对于 $Lg(x+y)q = Lg(x+y) + Lgq$，由 T 法则知 $z < x+y$，由 q 规则知 $q < z^{p-1}$，

于是 $Lgzz^{p-1} = Lgz + Lgz^{p-1} \neq Lg(x+y) + Lgq$，由此立知 $x^p + y^p = z^p$，无解，证毕。

对数、T法则、q规则、X约束与费马大定理的第三十个证明

对于 $Lg(x+y)q = Lg(x+y) + Lgq$，X 约束要求 $z = x+y$ 及 $q = z^{p-1}$，然此与 T 法

则和 q 规则相悖，由 T 法则知 $z < x+y$，由 q 规则知 $q < z^{p-1}$，

于是 $Lgzz^{p-1} = Lgz + Lgz^{p-1} \neq Lg(x+y) + Lgq$，由此立知 $x^p + y^p = z^p$，无解。

又对数与费马大定理的证明

$Lgz^p = Lgzz^{p-1} = Lgz + Lgz^{p-1}$，显然由此公式为载体又可以给出大定理的证明。

第八十七章 阶乘与费马大定理的初等证明

阶乘、T法则与费马大定理的第一个证明

一、公式

熟知 $x^p + y^p = (x+y)q$，如果 $x^p + y^p = z^p$ 可能成立，则应有 $z < x+y$ 及 $q < z^{p-1}$，

于是有公式：$z^{p-1}! = 1 \times 2 \times 3 \times \cdots \times z \times \cdots \times (x+y) \times \cdots \times q \times \cdots \times z^{p-1}$。

二、大定理的证明

对于 $z^{p-1}! = 1 \times 2 \times 3 \times \cdots \times z \times \cdots \times (x+y) \times \cdots \times q \times \cdots \times z^{p-1}$，由 T 法则知 $z < x+y$，

于是 $z^{p-1}! \neq 1 \times 2 \times 3 \times \cdots \times (x+y) \times \cdots \times (x+y) \times \cdots \times q \times \cdots \times z^{p-1}$，

由此立知 $x^p + y^p = z^p$ 无解，证毕。

阶乘、T法则、X约束与费马大定理的第二个证明

对于 $z^{p-1}! = 1 \times 2 \times 3 \times \cdots \times z \times \cdots \times (x+y) \times \cdots \times q \times \cdots \times z^{p-1}$，X 约束要求 $z = x+y$，

然此明显与 T 法则相悖，由 T 法则知 $z < x+y$，

于是 $z^{p-1}! \neq 1 \times 2 \times 3 \times \cdots \times (x+y) \times \cdots \times (x+y) \times \cdots \times q \times \cdots \times z^{p-1}$，

由此立知 $x^p + y^p = z^p$ 无解，证毕。

阶乘、T法则与费马大定理的第三个证明

对于 $z^{p-1}! = 1 \times 2 \times 3 \times \cdots \times z \times \cdots \times (x+y) \times \cdots \times q \times \cdots \times z^{p-1}$，由 T 法则知 $z < x+y$，

于是 $z^{p-1}! \neq 1 \times 2 \times 3 \times \cdots \times z \times \cdots \times z \times \cdots \times q \times \cdots \times z^{p-1}$，

由此立知 $x^p + y^p = z^p$ 无解，证毕。

阶乘、T法则、X约束与费马大定理的第四个证明

对于 $z^{p-1}! = 1 \times 2 \times 3 \times \cdots \times z \times \cdots \times (x+y) \times \cdots \times q \times \cdots \times z^{p-1}$，X 约束要求 $z = x+y$，

然此明显与 T 法则相悖，由 T 法则知 $z < x+y$，

于是 $z^{p-1}! \neq 1 \times 2 \times 3 \times \cdots \times z \times \cdots \times z \times \cdots \times q \times \cdots \times z^{p-1}$，

由此立知 $x^p + y^p = z^p$ 无解，证毕。

阶乘、q 规则与费马大定理的第五个证明

对于 $z^{p-1}! = 1 \times 2 \times 3 \times \cdots \times z \times \cdots \times (x+y) \times \cdots \times q \times \cdots \times z^{p-1}$，由 q 规则

知 $q < z^{p-1}$，于是 $z^{p-1}! \neq 1 \times 2 \times 3 \times \cdots \times z \times \cdots \times (x+y) \times \cdots \times z^{p-1} \times \cdots \times z^{p-1}$，

由此立知 $x^p + y^p = z^p$ 无解，证毕。

阶乘、q 规则、X约束与费马大定理的第六个证明

对于 $z^{p-1}! = 1 \times 2 \times 3 \times \cdots \times z \times \cdots \times (x+y) \times \cdots \times q \times \cdots \times z^{p-1}$，

X 约束要求 $q = z^{p-1}$，然此明显与 q 规则相悖，由 q 规则知 $q = z^{p-1}$

于是 $z^{p-1}! \neq 1 \times 2 \times 3 \times \cdots \times z \times \cdots \times (x+y) \times \cdots \times z^{p-1} \times \cdots \times z^{p-1}$，

由此立知 $x^p + y^p = z^p$ 无解，证毕。

阶乘、q 规则与费马大定理的第七个证明

对于 $z^{p-1}! = 1 \times 2 \times 3 \times \cdots \times z \times \cdots \times (x+y) \times \cdots \times q \times \cdots \times z^{p-1}$，由 q 规则

知 $q < z^{p-1}$，于是 $z^{p-1}! \neq 1 \times 2 \times 3 \times \cdots \times z \times \cdots \times (x+y) \times \cdots \times q \times \cdots \times q$，

由此立知 $x^p + y^p = z^p$ 无解，证毕。

阶乘、q 规则、X约束与费马大定理的第八个证明

对于 $z^{p-1}! = 1 \times 2 \times 3 \times \cdots \times z \times \cdots \times (x+y) \times \cdots \times q \times \cdots \times z^{p-1}$，

X 约束要求 $q = z^{p-1}$，然此明显与 q 规则相悖，由 q 规则知 $q = z^{p-1}$

于是 $z^{p-1}! \neq 1 \times 2 \times 3 \times \cdots \times z \times \cdots \times (x+y) \times \cdots \times q \times \cdots \times q$，

由此立知 $x^p + y^p = z^p$ 无解，证毕。

阶乘、T 法则、q 规则与费马大定理的第九个证明

对于 $z^{p-1}! = 1 \times 2 \times 3 \times \cdots \times z \times \cdots \times (x+y) \times \cdots \times q \times \cdots \times z^{p-1}$，由 T 法则知 $z < x+y$，

由 q 规则知 $q < z^{p-1}$，于是 $z^{p-1}! \neq 1 \times 2 \times 3 \times \cdots \times z \times \cdots \times z \times \cdots \times z^{p-1} \times \cdots \times z^{p-1}$，

由此立知 $x^p + y^p = z^p$ 无解，证毕。

阶乘、T 法则、q 规则、X 约束与费马大定理的第十个证明

对于 $z^{p-1}! = 1 \times 2 \times 3 \times \cdots \times z \times \cdots \times (x+y) \times \cdots \times q \times \cdots \times z^{p-1}$，

X 约束要求 $z = x+y$ 及 $q = z^{p-1}$，然此与 T 法则和 q 规则相悖，由 T 法则知 $z < x+y$，

由 q 规则知 $q < z^{p-1}$，于是 $z^{p-1}! \neq 1 \times 2 \times 3 \times \cdots \times z \times \cdots \times z \times \cdots \times z^{p-1} \times \cdots \times z^{p-1}$，

由此立知 $x^p + y^p = z^p$ 无解，证毕。

同样的理由，以 $S_1 = 1 + 2 + 3 + \cdots + z + \cdots + (x+y) + \cdots + q + \cdots + z^{p-1}$，

或 $S_2 = 1 + 3 + 5 + \cdots + z + \cdots + (x+y) + \cdots + q + \cdots + z^{p-1}$，

或 $S_2 = 1 \times 3 \times 5 \times \cdots \times z \times \cdots \times (x+y) \times \cdots \times q \times \cdots \times z^{p-1}$ 等为载体当然也可以证明大定理。

第八十八章 4p 式与费马大定理的初等证明

本章让载体——4p 一式与 4p 二式亮相，给出大定理的证明。

4p 一式、T 法则与费马大定理的第一个证明

对于公式 $(x+y)q = (x+y)^p - pxyt$，由 T 法则知 $z < x+y$，

于是 $zq \neq (x+y)^p - pxyt$，由此立知 $x^p + y^p = z^p$ 无解，证毕。

4p 一式、T 法则、X 约束与费马大定理的第二个证明

对于 $(x+y)q = (x+y)^p - pxyt$，X 约束要求 $z = x+y$，但此明显与 T 法则相悖，由

T 法则知 $z < x+y$，于是 $zq \neq (x+y)^p - pxyt$，由此立知 $x^p + y^p = z^p$ 无解。

4p 一式、q 规则与费马大定理的第三个证明

对于 $(x+y)q = (x+y)^p - pxyt$，由 q 规则知 $q < z^{p-1}$，

于是 $(x+y)z^{p-1} \neq (x+y)^p - pxyt$，由此立知 $x^p + y^p = z^p$ 无解，证毕。

4p 一式、q 规则、X 约束与费马大定理的第四个证明

对于 $(x+y)q = (x+y)^p - pxyt$，X 约束要求 $q = z^{p-1}$，但此明显与 q 规则相悖，由 q 规

则知 $q < z^{p-1}$，于是 $(x+y)z^{p-1} \neq (x+y)^p - pxyt$，由此立知 $x^p + y^p = z^p$ 无解，证毕。

4p 一式、T 法则、q 规则与费马大定理的第五个证明

对于 $(x+y)q = (x+y)^p - pxyt$，由 T 法则知 $z < x+y$，由 q 规则知 $q < z^{p-1}$，于是

$zz^{p-1} \neq (x+y)^p - pxyt$，由此立知 $x^p + y^p = z^p$ 无解，证毕。

4p 一式、T 法则、q 规则、X 约束与费马大定理的第六个证明

对于 $(x+y)q = (x+y)^p - pxyt$，X 约束要求 $z = x+y$ 及 $q = z^{p-1}$，但此明显与 T 法则

和 q 规则相悖，由 T 法则知 $z < x+y$，由 q 规则知 $q < z^{p-1}$，

于是 $zz^{p-1} \neq (x+y)^p - 4pxyt$，由此立知 $x^p + y^p = z^p$ 无解，证毕。

4p 二式、H 法则与费马大定理的第七个证明

对于公式 $(y-x)g = (y-x)^p + pxyt$，由 H 法则知 $z > y-x$，

于是 $zg \neq (y-x)^p + pxyt$，由此立知 $y^p - x^p = z^p$ 无解，证毕。

4p 二式、H 法则、X 约束与费马大定理的第八个证明

对于 $(y-x)g = (y-x)^p + pxyt$，X 约束要求 $z = y-x$，但此明显与 H 法则相悖，由

H 法则知 $z > y-x$，于是 $zg \neq (y-x)^p + pxyt$，由此立知 $y^p - x^p = z^p$ 无解。

4p 二式、g 规则与费马大定理的第九个证明

对于 $(y-x)g = (y-x)^p + pxyt$，由 g 规则知 $g > z^{p-1}$，

于是 $(y-x)z^{p-1} \neq (y-x)^p + 4pxyt$，由此立知 $y^p - x^p = z^p$ 无解，证毕。

4p 二式、g 规则、X 约束与费马大定理的第十个证明

对于 $(y-x)g = (y-x)^p + pxyt$，X 约束要求 $g = z^{p-1}$，但此明显与 g 规则相悖，由 g

规则知 $g > z^{p-1}$，于是 $(y-x)z^{p-1} \neq (y-x)^p + pxyt$，由此立知 $y^p - x^p = z^p$ 无解。

4p 二式、H 法则、g 规则与费马大定理的第十一个证明

对于 $(y-x)g = (y-x)^p + pxyt$，由 H 法则知 $z > y - x$，由 g 规则知 $g > z^{p-1}$，

于是 $zz^{p-1} \neq (y-x)^p + pxyt$，显然 $t \neq t_1$，由此立知 $y^p - x^p = z^p$ 无解，证毕。

4p 二式、H 法则、g 规则、X 约束与费马大定理的第十二个证明

对于 $(y-x)g = (y-x)^p + pxyt$，X 约束要求 $z = y - z$ 及 $g = z^{p-1}$，但此明显与 H 法

则和 g 规则相悖，由 H 法则知 $z > y - x$，由 g 规则知 $g > z^{p-1}$，

于是 $zz^{p-1} \neq (y-x)^p + pxyt$，显然 $t \neq t_1$，由此立知 $y^p - x^p = z^p$ 无解，证毕。

第八十九章 特征幂、特征项与费马大定理的证明

特征幂与费马大定理的第一个证明

一、特征项的概念

我们把 $x^p + y^p$ 的分解或拆分得到的与之等价的等式内的某些项或其组合称为 $x^p + y^p$

的特征项。例如：$x^p + y^p = (x+y)q$ 则 $x+y$、q、$q+(x+y)$ 与 $q-(x+y)$ 等等都是

$x^p + y^p$ 的特征项。事实上，两个标准分拆下的连续奇数和要相等，不光两个中值和项数应

当对应相等之外，其所有的特征项也应当对应相等。

二、大定理的证明

由恒等式 $x^p + y^p = (x+y)^p - pxyt$ 可知 $(x+y)^p$ 是 $x^p + y^p$ 的特征幂。

若 $x^p + y^p = z^p$ 可能成立，则 $(x+y)^p$ 也必须是 z^p 的特征幂，由 T 法则 $z < x + y$ 知这

不可能。由此立知 $x^p + y^p = z^p$ 无解，证毕。

特征幂与费马大定理的第二个证明

由恒等式 $y^p - x^p = (y-x)^p + pxyt$ 可知 $(y-x)^p$ 是 $y^p - x^p$ 的特征幂。

若 $y^p - x^p = z^p$ 可能成立，则 $(y-x)^p$ 也必须是 z^p 的特征幂，由 H 法则 $z > y - x$ 知这

不可能。由此立知 $y^p - x^p = z^p$ 无解，证毕。

特征项与费马大定理的第三个证明

由恒等式 $x^p + y^p = (x+y)^p - pxyt$ 可知 $pxyt$ 是 $x^p + y^p$ 的特征项。

若 $x^p + y^p = z^p$ 可能成立，则 $pxyt$ 也必须是 z^p 的特征项，由 T 法则 $z < x+y$ 知这不可能。由此立知 $x^p + y^p = z^p$ 无解，证毕。

特征项与费马大定理的第四个证明

由恒等式 $y^p - x^p = (y-x)^p + pxyt$ 可知 $pxyt$ 是 $y^p - x^p$ 的特征项。

若 $y^p - x^p = z^p$ 可能成立，则 $pxyt$ 也必须是 z^p 的特征项，由 H 法则 $z > y-x$ 知但这不可能。由此立知 $y^p - x^p = z^p$ 无解，证毕。

特征幂及特征项的和与费马大定理的第五个证明

由恒等式 $x^p + y^p = (x+y)^p - pxyt$ 可知 $(x+y)^p - pxyt$ 是 $x^p + y^p$ 的特征幂及特征项的和。若 $x^p + y^p = z^p$ 可能成立，则 $(x+y)^p - pxyt$ 也必须是 z^p 的特征幂及特征项的和，很明显，由 T 法则 $z < x+y$ 知这不可能。由此立知 $x^p + y^p = z^p$ 无解，证毕。

特征幂及特征项的和与费马大定理的第六个证明

由恒等式 $y^p - x^p = (y-x)^p + pxyt$ 可知 $(y-x)^p + pxyt$ 是 $y^p - x^p$ 的特征幂及特征项的和。

若 $y^p - x^p = z^p$ 可能成立，则 $(y-x)^p + pxyt$ 也必须是 z^p 的特征幂及特征项的和，很明显，由 H 法则 $z > y-x$ 知这不可能。由此立知 $y^p - x^p = z^p$ 无解，证毕。

事实上由恒等式 $x^p + y^p = (x+y)^p - pxyt$ 可知：

$(x+y)^p$ 也是 $pxyt$ 的特征幂，$pxyt$ 也是 $(x+y)^p$ 的特征项；

事实上由恒等式 $y^p - x^p = (y-x)^p + pxyt$ 可知：

$(y-x)^p$ 也是 $pxyt$ 的特征幂，$pxyt$ 也是 $(y-x)^p$ 的特征项，如此等等，并且它们都要受到 X 约束的约束，此外以它们的几何背景及种种变换为载体，可以得到大定理的一千个以上的证明。

第九十章 特征值 $J(x^n)$ 及 $JJ(x^n)$ 与费马大定理的初等证明

本章首先定义 x^n 的特征值 $J(x^n)$ 及 $JJ(x^n)$，从而证明 $x^p + y^p = z^p$ 无解。

特征值 $J(x^n)$ 与费马大定理的初等证明

本章首先定义 x^n 的特征值 $J(x^n)$，从而证明 $x^p + y^p = z^p$ 无解。

一、特征值 $J(x^n)$ 的例子

1. 观察 $3^2, 3^3, 3^4, 3^5, 3^6, 3^7, 3^8, 3^9, \cdots$ 的特征值 $J(3^n)$

$3^2 = 1 + 3 + 5$，$5 - 1 = 4$，$3^3 = 7 + 9 + 11$，$11 - 7 = 4$，

$3^4 = 25 + 27 + 29$，$29 - 25 = 4$，$3^5 = 79 + 81 + 83$，$83 - 79 = 4$，

$3^6 = 241 + 243 + 245$，$245 - 241 = 4$，$3^7 = 727 + 729 + 731$，$731 - 727 = 4$，

$3^8 = 2185 + 2187 + 2189$，$2189 - 2185 = 4$，$3^9 = 6559 + 6561 + 6563$，

$6563 - 6559 = 4 \cdots$，

如此等等，4 与 $3^n (n \geq 2)$ 形影不离，因此，我们称 $J(3^n) = 4$ 是 3^n 的特征值。

2. 观察 $4^2, 4^3, 4^4, 4^5, 4^6, 4^7, 4^8, 4^9, \cdots$ 的特征值 $J(4^n)$

$4^2 = 1 + 3 + 5 + 7$，$7 - 1 = 6$，$4^3 = 13 + 15 + 17 + 19$，$19 - 13 = 6$，

$4^4 = 61 + 63 + 65 + 67$，$67 - 61 = 6$，$4^5 = 253 + 255 + 257 + 259$，$259 - 253 = 6$，

$4^6 = 1021 + 1023 + 1025 + 1027$，$1027 - 1021 = 6$，

$4^7 = 7165 + 7167 + 7169 + 7171$，$7171 - 7165 = 6$，

$4^8 = 28669 + 28671 + 28673 + 28675$，$28675 - 28669 = 6$，

$4^9 = 114685 + 114687 + 114689 + 114691$，$114691 - 114685 = 6 \cdots$，

如此等等，6 与 $4^n (n \geq 2)$ 形影不离，因此，我们称 $J(4^n) = 6$ 是 4^n 的特征值。

事实上，不难知道，上述并不只是两例，而是一个带普遍性的规律，于是，大定理的一个十分明显、十分简单的证明已经"出将入相"，呼之欲出了！

二、x^n 的特征值 $J(x^n) = 2(x-1)$ 的证明

$x^n = x^{n-1} - x + 1 + \cdots + x^{n-1} + x - 1$，$J(x^n) = x^{n-1} + x - 1 - (x^{n-1} - x + 1) = 2(x-1)$。

上式说明了 x^n 的特征值与其中值 x^{n-1} 无关，仅与其项数 x 有关。

由 $x^p + y^p = (x+y)q$ 不难知道 $J(x^p + y^p) = 2(x+y-1)$。

三、大定理的证明

由 T 法则知 $y < z < x + y$，于是 $J(x^p + y^p) \neq J(z^p)$，

由此立知，$x^p + y^p = z^p$ 无解，证毕。

事实上 $J(x^p + y^p) = J((x+y)q) = 2(x+y-1)$，因此如果利用公式

$J((x+y)q) = 2(x+y-1)$ 为载体可以给出大定理更多的证明。

特征值 $JJ(x^n)$ 与费马大定理的初等证明

我们定义 $JJ(x^n) = x^{n-1} - x + 1 + x^{n-1} + x - 1 = 2x^{n-1}$ 为 x^n 的又一种特征值 $JJ(x^n)$。

由 $x^p + y^p = (x+y)q$ 不难知道 $JJ(x^p + y^p) = 2q$。

由 q 规则知 $q < z^{p-1}$，于是 $JJ(x^p + y^p) \neq 2z^{p-1}$，由此立知，$x^p + y^p = z^p$ 无解，证毕。

事实上 $JJ(x^p + y^p) = JJ((x+y)q) = 2q$，因此如果利用公式 $JJ((x+y)q) = 2q$ 为载体可以给出大定理更多的证明。

如法炮制可证 $y^p - x^p = z^p$ 无解。

第九十一章 特征平方差与费马大定理的初等证明

本章首先定义 x^n 的特征平方差 $C(x^n)$，为 x^n 建模，据此证明 $x^p + y^p = z^p$ 无解。

特征平方差、T 法则与费马大定理的第一个证明

一、特征平方差之举例

（1） 考察 3^3 与 3^4

$3^3 = 7 + 9 + 11$，我们称 $11^2 - 7^2$ 为 3^3 的特征平方差，记为 $C(3^3) = 11^2 - 7^2$。

$3^4 = 25 + 27 + 29$，我们称 $29^2 - 25^2$ 为 3^4 的特征平方差，记为 $C(3^4) = 29^2 - 25^2$。

（2） 考察 4^3 与 4^4

$4^3 = 13 + 15 + 17 + 19$，我们称 $19^2 - 13^2$ 为 4^3 的特征平方差，记为 $C(4^3) = 19^2 - 13^2$。

369

$4^4 = 61 + 63 + 65 + 67$，我们称 $67^2 - 61^2$ 为 4^3 的特征平方差，记为 $C(4^4) = 67^2 - 61^2$。

二、x^n 的特征平方差 $C(x^n) = 4(x-1)x^{n-1}$

证。$x^n = x^{n-1} - x + 1 + \cdots\cdots + x^{n-1} + x - 1$，

则 $C(x^n) = (x^{n-1} + x - 1)^2 - (x^{n-1} - x + 1)^2 = 4(x-1)x^{n-1}$

上式指出了对于 x^n 而言，其特征平方差 $C(x^n)$ 是由 x^n 的中值和项数共同决定的。

三、大定理的证明

由 $C(x^n)$ 之定义及 $x^n + y^n = (x+y) \times q$ 可知 $C(x^n + y^n) = 4(x+y-1) \times q$。由 T 法则

知 $z < x + y$，于是 $C(x^n + y^n) \neq 4(z-1) \times q$，由此立知 $x^p + y^p = z^p$ 无解，证毕。

特征平方差、T 法则、X 约束与费马大定理的第二个证明

对于 $C(x^n + y^n) = 4(x+y-1) \times q$，X 约束要求 $z = x + y$，然此明显与 T 法则相悖，

由 T 法则知 $z < x + y$，于是 $C(x^n + y^n) \neq 4(z-1) \times q$，由此立知 $x^p + y^p = z^p$ 无解，证毕。

特征平方差、q 规则与费马大定理的第三个证明

对于 $C(x^n + y^n) = 4(x+y-1) \times q$，由 q 规则知 $q < z^{p-1}$，

于是 $C(x^n + y^n) \neq 4(x+y-1) \times z^{p-1}$，由此立知 $x^p + y^p = z^p$ 无解，证毕。

特征平方差、q 规则、X 约束与费马大定理的第四个证明

对于 $C(x^n + y^n) = 4(x+y-1) \times q$，X 约束要求 $q = z^{p-1}$ 然此明显与 q 规则相悖，由 q

规则知 $q < z^{p-1}$，于是 $C(x^n + y^n) \neq 4(x+y-1) \times z^{p-1}$，

由此立知 $x^p + y^p = z^p$ 无解，证毕。

特征平方差、T 法则、q 规则与费马大定理的第五个证明

对于 $C(x^n + y^n) = 4(x+y-1) \times q$，由 T 法则知 $z < x + y$，由 q 规则知 $q < z^{p-1}$，

于是 $C(x^n + y^n) \neq 4(z-1) \times z^{p-1}$，由此立知 $x^p + y^p = z^p$ 无解，证毕。

特征平方差、T 法则、q 规则、X 约束与费马大定理的第六个证明

对于 $C(x^n + y^n) = 4(x+y-1) \times q$，X 约束要求 $z = x + y$ 及 $q = z^{p-1}$，然此明显与 T

法则和 q 规则相悖，由 T 法则知 $z < x + y$，由 q 规则知 $q < z^{p-1}$，

于是 $C(x^n + y^n) \neq 4(z-1) \times z^{p-1}$，由此立知 $x^p + y^p = z^p$ 无解，证毕。

第九十二章 特征平方和与费马大定理的初等证明

本章首先定义 x^n 的特征平方差 $H(x^n)$，为 x^n 建模，据此证明 $x^p + y^p = z^p$ 无解。

一、特征平方和之举例

考察 3^3，3^4 与 3^5

$3^3 = 7 + 9 + 11$，$11^2 + 7^2 = 170 = 2(3^4 + 2^2)$，我们称 $11^2 + 7^2$ 为 3^3 的特征平方和，

记为 $H(3^3) = 11^2 + 7^2$，于是 $H(3^3) = 2(3^4 + 2^2)$。

$3^4 = 25 + 27 + 29$，$25^2 + 29^2 = 2(3^6 + 2^2)$，我们称 $25^2 + 29^2$ 为 3^4 的特征平方和，

记为 $H(3^4) = 25^2 + 29^2$，于是 $H(3^4) = 2(3^6 + 2^2)$。

$3^5 = 79 + 81 + 83$，$83^2 + 79^2 = 2(3^8 + 2^2)$，我们称 $83^2 + 79^2$ 为 3^5 的特征平方和，

记为 $H(3^5) = 83^2 + 79^2$，于是 $H(3^5) = 2(3^8 + 2^2)$。

考察 4^3，4^4 与 4^5

$4^3 = 13 + 15 + 17 + 19$，$19^2 + 13^2 = 2(4^4 + 3^2)$，我们称 $19^2 + 13^2$ 为 4^3 的特征平方和，

记为 $H(4^3) = 19^2 + 13^2$，于是 $H(4^3) = 2(4^4 + 3^2)$。

$4^4 = 61 + 63 + 65 + 67$，$61^2 + 67^2 = 2(4^6 + 3^2)$，我们称 $61^2 + 67^2$ 为 4^4 的特征平方和，

记为 $H(4^4) = 61^2 + 67^2$，于是 $H(4^4) = 2(4^6 + 3^2)$。

$4^5 = 253 + 255 + 257 + 259$，$253^2 + 259^2 = 2(4^8 + 3^2)$，我们称 $253^2 + 259^2$ 为 4^5 的

特征平方和，记为 $H(4^5) = 253^2 + 259^2$，于是 $H(4^5) = 2(4^8 + 3^2)$。

二、x^n 的特征平方和 $H(x^n) = 2(x^{2(n-1)} + (x-1)^2)$

证．$x^n = x^{n-1} - x + 1 + \cdots\cdots + x^{n-1} + x - 1$，

则 $H(x^n) = (x^{n-1} + x - 1)^2 + (x^{n-1} - x + 1)^2 = 2(x^{2(n-1)} + (x-1)^2)$，证毕。

三、大定理的证明

由 $H(x^n)$ 之定义（即定理一）及 $x^n + y^n = (x + y) \times q$

可知，$H(x^n + y^n) = 2(q^2 + (x + y - 1)^2)$。

由 $H(x^n + y^n) = 2(q^2 + (x+y-1)^2)$，按前一章依样画葫芦，可以给出大定理的六个证明

如法炮制可证 $y^p - x^p = z^p$ 无解。

第九十三章 前特征数 $SQ(x^n)$、后特征数 $SH(x^n)$ 与费马大定理的初等证明

前特征数 $SQ(x^n)$ 与费马大定理的初等证明

一、x^n 前特征数 $SQ(x^n)$

由 x^n 的标准连续奇数和分拆的首项 $x^{n-1} - x + 1$ 立知 x^n 的前特征数为：

$$SQ(x^n) = x^{n-1} - x。$$

例子：$5^2 = 1 + 3 + 7 + 9$，于是 $SQ(5^2) = 5 - 5 = 0$，

$4^3 = 13 + 15 + 17 + 19$，于是 $SQ(4^3) = 4^2 - 4 = 12$，如此等等。

二、$x^n + y^n$ 前特征数 $SQ(x^n + y^n)$

显然 $SQ(x^n + y^n) = q - (x + y)$。

例子：$2^3 + 3^3 = 3 + 5 + 7 + 9 + 11$，于是 $SQ(2^3 + 3^3) = 2$，

$2^5 + 5^5 = 3157 = 445 + 447 + 449 + 451 + 453 + 455 + 457$，于是

$$SQ(2^5 + 5^5) = 451 - 7 = 444，$$

三、大定理的证明

对于 $SQ(x^n + y^n) = q - (x + y)$，由 T 法则知 $y < z < x + y$，

于是 $SQ(x^n + y^n) \neq q - z$，由此立知 $x^n + y^n = z^n$ 无解，证毕。

其余的五个证明请读者考虑。

后特征数 $SH(x^n)$ 与费马大定理的初等证明

一、x^n 的后特征数 $SH(x^n)$

由 x^n 的标准连续奇数和分拆的末项 $x^{n-1} + x - 1$ 立知 x^n 的后特征数为：

$$SH(x^n) = x^{n-1} + x。$$

例子：$5^2 = 1+3+7+9$，于是 $SH(5^2) = 5+5 = 10$，

$4^3 = 13+15+17+19$，于是 $SH(4^3) = 4^2+4 = 20$，如此等等。

二、$x^n + y^n$ 后特征数 $SH(x^n + y^n)$

显然 $SH(x^n + y^n) = q+(x+y)$。

例子：$2^3 + 3^3 = 3+5+7+9+11$，于是 $SH(2^3+3^3) = 12$，

$2^5 + 5^5 = 3157 = 445+447+449+451+453+455+457$，于是

$SH(2^5 + 5^5) = 451+7 = 458$，

三、大定理的证明

对于 $SH(x^n + y^n) = q+(x+y)$，由 T 法则知 $y < z < x+y$，

于是 $SH(x^n + y^n) \neq q+z$，由此立知 $x^n + y^n = z^n$ 无解，证毕。

其余的五个证明请读者考虑。

事实上，x^n 的特征数远非以上两种，也请读者考虑。

第九十四章 不等式与费马大定理的初等证明

柯西不等式与费马大定理的第一个证明

熟知柯西不等式 $\dfrac{z_1 + z_2 + \cdots + z_n}{n} \geq \sqrt[n]{z_1 z_2 \cdots z_n}$，式中当且仅当 $z_1 = z_2 = \cdots = z_n$ 时等号

成立。文献[25] 将此不等式称为 AG 不等式，并将柯西不等式的左端记为 $A_n(z)$，右端记为

$G_n(z)$。

对 $x^n + y^n$ 而言，由于 $y > x$，则 $A(x^n + y^n) > G(x^n + y^n)$，于是 $x^n + y^n = z^n$ 无解。

柯西不等式与费马大定理的第二个证明

对 $y^n - x^n$ 而言，由于 $y > x$，则 $A(y^n - x^n) > G(y^n - x^n)$，于是 $y^n - x^n = z^n$ 无解。

Jacobsthal 不等式与费马大定理第三个证明

Jacobsthal 不等式：设 x，$y > 0$，则 $nx^{n-1}y \leq (n-1)x^n + y^n$，式中当仅当 $x = y$ 时等

号成立。对于 $x^n + y^n$ 而言，式中 $y > x$，于是 $nx^{n-1}y \le (n-1)x^n + y^n$ 只能成立不等号。

由此立知 $x^n + y^n = z^n$ 无解。

Jacobsthal 不等式与费马大定理第四个证明

Jacobsthal 不等式：设 x，$y > 0$，则 $nx^{n-1}y \le (n-1)x^n + y^n$，式中当仅当 $x = y$ 时等号成立。对于 $y^n - x^n$ 而言，式中 $y > x$，于是 $nx^{n-1}y \le (n-1)x^n + y^n$ 只能成立不等号。

由此立知 $y^n - x^n = z^n$ 无解。

事实上，可资利用证明大定理的不等式远不止柯西不等式和 Jacobsthal 不等式，本章以它们为代表，说明不等式也可用来证明大定理。

第九十五章 分拆约束与费马大定理的初等证明

分拆约束、T 法则与费马大定理的第一个证明

考察 $x^p + y^p = (x+y)q$，由 $x^p + y^p$ 连续奇数和标准分拆公式可知

$2q = (q-(x+y)+1) + (q+(x+y)-1)$ 式，我们称它为 $x^p + y^p$ 的分拆约束公式 (A)。

由 T 法则知 $z < x + y$，于是 $2q \ne (q-z+1) + (q+(x+y)-1)$，

由此立知 $x^p + y^p = z^p$ 无解，证毕。

分拆约束、T 法则、X 约束与费马大定理的第二个证明

对于 $2q = (q-(x+y)+1) + (q+(x+y)-1)$，X 约束要求 $z = x+y$，然此明显与 T 法则相悖，由 T 法则知 $z < x + y$，于是 $2q \ne (q-z+1) + (q+(x+y)-1)$，

由此立知 $x^p + y^p = z^p$ 无解，证毕。

分拆约束、T 法则与费马大定理的第三个证明

对于 $2q = (q-(x+y)+1) + (q+(x+y)-1)$，由 T 法则知 $z < x+y$，

于是 $2q \ne (q-(x+y)+1) + (q+z-1)$，由此立知 $x^p + y^p = z^p$ 无解，证毕。

分拆约束、T 法则、X 约束与费马大定理的第四个证明

对于 $2q = (q-(x+y)+1) + (q+(x+y)-1)$，X 约束要求 $z = x+y$，然此明显与 T

法则相悖，由 T 法则知 $z < x + y$，于是 $2q \neq (q - (x + y) + 1) + (q + z - 1)$，

由此立知 $x^p + y^p = z^p$ 无解，证毕。

分拆约束、T 法则与费马大定理的第五个证明

对于 $2q = (q - (x + y) + 1) + (q + (x + y) - 1)$，由 T 法则知 $z < x + y$，

于是 $2q \neq (q - z + 1) + (q + z - 1)$，由此立知 $x^p + y^p = z^p$ 无解，证毕。

分拆约束、T 法则、X 约束与费马大定理的第六个证明

对于 $2q = (q - (x + y) + 1) + (q + (x + y) - 1)$，X 约束要求 $z = x + y$，然此明显与 T 法则相悖，由 T 法则知 $z < x + y$，于是 $2q \neq (q - z + 1) + (q + z - 1)$，

由此立知 $x^p + y^p = z^p$ 无解，证毕。

分拆约束、q 规则与费马大定理的第七个证明

对于 $2q = (q - (x + y) + 1) + (q + (x + y) - 1)$，由 q 规则知 $q < z^{p-1}$，

于是 $2q \neq (z^{p-1} - (x + y) + 1) + (q + (x + y) - 1)$，由此立知 $x^p + y^p = z^p$ 无解，证毕。

分拆约束、q 规则、X 约束与费马大定理的第八个证明

对于 $2q = (q - (x + y) + 1) + (q + (x + y) - 1)$，X 约束要求 $q = z^{p-1}$，然此明显 q 规则相悖，由 q 规则知 $q < z^{p-1}$，于是 $2q \neq (z^{p-1} - (x + y) + 1) + (q + (x + y) - 1)$，

由此立知 $x^p + y^p = z^p$ 无解，证毕。

分拆约束、q 规则与费马大定理的第九个证明

对于 $2q = (q - (x + y) + 1) + (q + (x + y) - 1)$，由 q 规则知 $q < z^{p-1}$，

于是 $2q \neq (q - (x + y) + 1) + (z^{p-1} + (x + y) - 1)$，由此立知 $x^p + y^p = z^p$ 无解，证毕。

分拆约束、q 规则、X 约束与费马大定理的第十个证明

对于 $2q = (q - (x + y) + 1) + (q + (x + y) - 1)$，X 约束要求 $q = z^{p-1}$，然此明显 q 规则，

由 q 规则知 $q < z^{p-1}$，于是 $2q \neq (q - (x + y) + 1) + (z^{p-1} + (x + y) - 1)$，

由此立知 $x^p + y^p = z^p$ 无解，证毕。

分拆约束、q 规则与费马大定理的第十一个证明

对于 $2q = (q-(x+y)+1)+(q+(x+y)-1)$，由 q 规则知 $q < z^{p-1}$，

于是 $2q \neq (z^{p-1}-(x+y)+1)+(z^{p-1}+(x+y)-1)$，由此立知 $x^p + y^p = z^p$ 无解，证毕。

分拆约束、q 规则、X 约束与费马大定理的第十二个证明

对于 $2q = (q-(x+y)+1)+(q+(x+y)-1)$，X 约束要求 $q = z^{p-1}$，然此明显与 q 规则相悖，由 q 规则知 $q < z^{p-1}$，于是 $2q \neq (z^{p-1}-(x+y)+1)+(z^{p-1}+(x+y)-1)$，

由此立知 $x^p + y^p = z^p$ 无解，证毕。

分拆约束、T 法则、q 规则与费马大定理的第十三个证明

对于 $2q = (q-(x+y)+1)+(q+(x+y)-1)$，由 T 法则知 $z < x+y$，由 q 规则知 $q < z^{p-1}$，于是 $2q \neq (z^{p-1}-z+1)+(q+(x+y)-1)$，

由此立知 $x^p + y^p = z^p$ 无解，证毕。

分拆约束、T 法则、q 规则、X 约束与费马大定理的第十四个证明

X 约束要求 $z = x+y$ 及 $q = z^{p-1}$ 然此明显与 T 法则和 q 规则相悖，由 T 法则知 $z < x+y$，由 q 规则知 $q < z^{p-1}$，于是 $2q \neq (z^{p-1}-z+1)+(q+(x+y)-1)$，

由此立知 $x^p + y^p = z^p$ 无解，证毕。

分拆约束、T 法则、q 规则与费马大定理的第十五个证明

对于 $2q = (q-(x+y)+1)+(q+(x+y)-1)$，由 T 法则知 $z < x+y$，

于是 $2q \neq (q-(x+y)+1)+(z^{p-1}+z-1)$，由此立知 $x^p + y^p = z^p$ 无解，证毕。

分拆约束、T 法则、q 规则、X 约束与费马大定理的第十六个证明

对于 $2q = (q-(x+y)+1)+(q+(x+y)-1)$，X 约束要求 $z = x+y$ 及 $q = z^{p-1}$ 然此明显与 T 法则和 q 规则相悖，由 T 法则知 $z < x+y$，由 q 规则知 $q < z^{p-1}$，

于是 $2q \neq (q-(x+y)+1)+(z^{p-1}+z-1)$，由此立知 $x^p + y^p = z^p$ 无解，证毕。

分拆约束、T 法则、q 规则与费马大定理的第十七个证明

对于 $2q = (q-(x+y)+1)+(q+(x+y)-1)$，由 T 法则知 $z < x+y$，

于是 $2q \neq (q - z + 1) + (z^{p-1} + (x + y) - 1)$，由此立知 $x^p + y^p = z^p$ 无解，证毕。

分拆约束、T 法则、q 规则、X 约束与费马大定理的第十八个证明

对于 $2q = (q - (x + y) + 1) + (q + (x + y) - 1)$，X 约束要求 $z = x + y$ 及 $q = z^{p-1}$ 然此

明显与 T 法则和 q 规则相悖，由 T 法则知 $z < x + y$，由 q 规则知 $q < z^{p-1}$，

于是 $2q \neq (q - z + 1) + (z^{p-1} + (x + y) - 1)$，由此立知 $x^p + y^p = z^p$ 无解，证毕。

分拆约束、T 法则、q 规则与费马大定理的第十九个证明

对于 $2q = (q - (x + y) + 1) + (q + (x + y) - 1)$，由 T 法则知 $z < x + y$，

于是 $2q \neq (z^{p-1} - (x + y) + 1) + (q + z - 1)$，由此立知 $x^p + y^p = z^p$ 无解，证毕。

分拆约束、T 法则、q 规则、X 约束与费马大定理的第二十个证明

对于 $2q = (q - (x + y) + 1) + (q + (x + y) - 1)$，X 约束要求 $z = x + y$ 及 $q = z^{p-1}$ 然此

明显与 T 法则和 q 规则相悖，由 T 法则知 $z < x + y$，由 q 规则知 $q < z^{p-1}$，

于是 $2q \neq (z^{p-1} - (x + y) + 1) + (q + z - 1)$，由此立知 $x^p + y^p = z^p$ 无解，证毕。

分拆约束、T 法则、q 规则与费马大定理的第二十一个证明

对于 $2q = (q - (x + y) + 1) + (q + (x + y) - 1)$，由 T 法则知 $z < x + y$，

于是 $2q \neq (z^{p-1} - z + 1) + (q + z - 1)$，由此立知 $x^p + y^p = z^p$ 无解，证毕。

分拆约束、T 法则、q 规则、X 约束与费马大定理的第二十二个证明

对于 $2q = (q - (x + y) + 1) + (q + (x + y) - 1)$，X 约束要求 $z = x + y$ 及 $q = z^{p-1}$ 然此

明显与 T 法则和 q 规则相悖，由 T 法则知 $z < x + y$，由 q 规则知 $q < z^{p-1}$，

于是 $2q \neq (z^{p-1} - z + 1) + (q + z - 1)$，由此立知 $x^p + y^p = z^p$ 无解，证毕。

分拆约束、T 法则、q 规则与费马大定理的第二十三个证明

对于 $2q = (q - (x + y) + 1) + (q + (x + y) - 1)$，由 T 法则知 $z < x + y$，

于是 $2q \neq (z^{p-1} - z + 1) + (z^{p-1} + (x + y) - 1)$，由此立知 $x^p + y^p = z^p$ 无解，证毕。

分拆约束、T 法则、q 规则、X 约束与费马大定理的第二十四个证明

对于 $2q = (q - (x + y) + 1) + (q + (x + y) - 1)$，X 约束要求 $z = x + y$ 及 $q = z^{p-1}$ 然此

明显与 T 法则和 q 规则相悖，由 T 法则知 $z < x + y$，由 q 规则知 $q < z^{p-1}$，

于是 $2q \neq (z^{p-1} - z + 1) + (z^{p-1} + (x + y) - 1)$，由此立知 $x^p + y^p = z^p$ 无解，证毕。

分拆约束、T 法则、q 规则与费马大定理的第二十五个证明

对于 $2q = (q - (x + y) + 1) + (q + (x + y) - 1)$，由 T 法则知 $z < x + y$，

于是 $2q \neq (q - z + 1) + (z^{p-1} + z - 1)$，由此立知 $x^p + y^p = z^p$ 无解，证毕。

分拆约束、T 法则、q 规则、X 约束与费马大定理的第二十六个证明

对于 $2q = (q - (x + y) + 1) + (q + (x + y) - 1)$，X 约束要求 $z = x + y$ 及 $q = z^{p-1}$ 然此

明显与 T 法则和 q 规则相悖，由 T 法则知 $z < x + y$，由 q 规则知 $q < z^{p-1}$，

于是 $2q \neq (q - z + 1) + (z^{p-1} + z - 1)$，由此立知 $x^p + y^p = z^p$ 无解，证毕。

分拆约束、T 法则、q 规则与费马大定理的第二十七个证明

对于 $2q = (q - (x + y) + 1) + (q + (x + y) - 1)$，由 T 法则知 $z < x + y$，

于是 $2q \neq (z^{p-1} - (x + y) + 1) + (z^{p-1} + z - 1)$，由此立知 $x^p + y^p = z^p$ 无解，证毕。

分拆约束、T 法则、q 规则、X 约束与费马大定理的第二十八个证明

对于 $2q = (q - (x + y) + 1) + (q + (x + y) - 1)$，X 约束要求 $z = x + y$ 及 $q = z^{p-1}$ 然此

明显与 T 法则和 q 规则相悖，由 T 法则知 $z < x + y$，由 q 规则知 $q < z^{p-1}$，

于是 $2q \neq (z^{p-1} - (x + y) + 1) + (z^{p-1} + z - 1)$，由此立知 $x^p + y^p = z^p$ 无解，证毕。

分拆约束、T 法则、q 规则与费马大定理的第二十九个证明

对于 $2q = (q - (x + y) + 1) + (q + (x + y) - 1)$，由 T 法则知 $z < x + y$，

于是 $2q \neq (z^{p-1} - z + 1) + (z^{p-1} + z - 1)$，由此立知 $x^p + y^p = z^p$ 无解，证毕。

分拆约束、T 法则、q 规则、X 约束与费马大定理的第三十个证明

对于 $2q = (q - (x + y) + 1) + (q + (x + y) - 1)$，X 约束要求 $z = x + y$ 及 $q = z^{p-1}$ 然此

明显与 T 法则和 q 规则相悖，由 T 法则知 $z < x + y$，由 q 规则知 $q < z^{p-1}$，

于是 $2q \neq (z^{p-1} - z + 1) + (z^{p-1} + z - 1)$，由此立知 $x^p + y^p = z^p$ 无解，证毕。

很明显，利用 $2q = (q - (x + y) + 1) + (q + (x + y) - 1)$ 为载体，给出大定理的证明远非

以上三十个，这里，也只是让公式 $2q = (q - (x + y) + 1) + (q + (x + y) - 1)$ 亮亮相而已。

关于再分拆约束费马大定理的证明

再一个分拆约束公式：$2(x + y) - 2 = (q + (x + y) - 1) - (q - (x + y) + 1)(B)$，

对于 $x^p + y^p = (x + y)q$，设 $t_c = (x + y)^q + q^{x+y}(C)$，设 $t_d = (x + y) + q(D)$，

设 $t_e = (x + y)^{x+y}(E)$，设 $t_f = (x + y)^q(F)$，设 $t_g = q^q(G)$，设 $t_h = q^{x+y}(H)$，

设 $t_i = q - (x + y)(I)$，设 $t_j = (x + y)^{x+y} + q(J)$，设 $t_k = (x + y)^q + q(K)$，

设 $t_l = (x + y) + q^{x+y}(L)$ 等等，等等都可以作为载载体给出大定理的证明。

第九十六章 又分拆约束与费马大定理的初等证明
又分拆、H 法则与费马大定理的第一个证明

由 $y^p - x^p$ 连续奇数和标准分拆公式可知

$2g = (g - (y - x) + 1) + (g + (y - x) - 1)(A)$，我们称它为 $y^p - x^p$ 的分拆约束公式 (A)。

由 H 法则知 $y - x < z < y$，于是 $2g \neq (g - z + 1) + (g + (y - x) - 1)$，

由此立知 $y^p - x^p = z^p$ 无解，证毕。

又分拆、H 法则、X 约束与费马大定理的第二个证明

对于 $2g = (g - (y - x) + 1) + (g + (y - x) - 1)$，X 约束要求 $y - x = z$，然此明显与 H

法则相悖，由 H 法则知 $y - x < z$，于是 $2g \neq (g - z + 1) + (g + (y - x) - 1)$，

由此立知 $y^p - x^p = z^p$ 无解，证毕。

又分拆、g 规则与费马大定理的第三个证明

对于 $2g = (g - (y - x) + 1) + (g + (y - x) - 1)$，由 g 规则知 $g > z^{p-1}$，

于是 $2g \neq (z^{p-1} - (y - x) + 1) + (g + (y - x) - 1)$，由此立知 $y^p - x^p = z^p$ 无解，证毕。

又分拆、g 规则、X 约束与费马大定理的第四个证明

对于 $2g = (g - (y - x) + 1) + (g + (y - x) - 1)$，X 约束要求 $g = z^{p-1}$，然此明显与 g

规则相悖，由 g 规则知 $g > z^{p-1}$，于是 $2g \neq (z^{p-1} - (y - x) + 1) + (g + (y - x) - 1)$，

由此立知 $y^p - x^p = z^p$ 无解，证毕。

又分拆、H法则、g 规则与费马大定理的第五个证明

对于 $2g = (g - (y-x) + 1) + (g + (y-x) - 1)$，由 H 法则知 $y - x < z$，由 g 规则知 $g > z^{p-1}$，于是 $2g \neq (z^{p-1} - z + 1) + (g + (y-x) - 1)$，由此立知 $y^p - x^p = z^p$ 无解。

又分拆、H法则、g 规则、X 约束与费马大定理的第六个证明

对于 $2g = (g - (y-x) + 1) + (g + (y-x) - 1)$，X 约束要求 $y - x = z$ 及 $g = z^{p-1}$，然此明显与 H 法则和 g 规则相悖，由 H 法则知 $y - x < z$，由 g 规则知 $g > z^{p-1}$，于是 $2g \neq (z^{p-1} - z + 1) + (g + (y-x) - 1)$，由此立知 $y^p - x^p = z^p$ 无解，证毕。

很明显，利用 $2g = (g - (y-x) + 1) + (g + (y-x) - 1)$ 为载体，给出大定理的证明远非以上六个，这里，也只是让公式 $2q = (q - (x+y) + 1) + (q + (x+y) - 1)$ 亮亮相而已。

又一个分拆约束与费马大定理的证明

又一个分拆约束公式：$2(y-x) - 2 = (g + (y-x) - 1) - (g - (y-x) + 1)(B)$，

对于 $y^p - x^p = (y-x)g$，设 $t_c = (y-x)^g + g^{y-x}(C)$，设 $t_d = (y-x) + g(D)$，

设 $t_e = (y-x)^{y-x}(E)$，设 $t_f = (y-x)^g(F)$，设 $t_g = g^g(G)$，设 $t_h = g^{y-x}(H)$，

设 $t_i = g - (y-x)(I)$，设 $t_j = (y-x)^{y-x} + g(J)$，设 $t_k = (y-x)^g + g(K)$，

设 $t_l = (y-x) + g^{y-x}(L)$ 等等，等等都可以作为载载体给出大定理的证明。

第九十七章 $6pt$ 式与费马大定理的初等证明

关于 $6pt$ 式

定理：当 $p > 3$ 时 $x^p + y^p - (x+y) = 6pt$。

证. $x^p - x = x(x^{p-1} - 1) = x((x^2)^{\frac{p-1}{2}} - 1) = x(x^2 - 1)A$，式中 A 为一整数。

由此可知 $x(x^2 - 1) \big| x^p - x$，又 $6 \big| x(x^2 - 1)$ 及 $p > 3$ 时 $(6, p) = 1$，故有 $x^p - x = 0 \pmod{6p}$，

同理 $y^p - y \equiv 0 \pmod{6p}$，于是有 $x^p + y^p - (x+y) \equiv 0 \pmod{6p}$，

此即 $x^p + y^p - (x+y) = 6pt$，也即 $(x+y)q = (x+y) + 6pt$ 我们称它为 $6pt$ 式。

六个例子：

$1. \dfrac{1^5 + 2^5 - 3}{6 \times 5} = 1$，$2. \dfrac{2^5 + 3^5 - (2+3)}{6 \times 5} = 9$，

$3. \dfrac{5^7 + 11^7 - (5+11)}{6 \times 7} = 465840$，$4. \dfrac{5^{11} + 7^{11} - (5+7)}{6 \times 11} = 30699316$，

$5. \dfrac{3^{13} + 7^{13} - (3+7)}{6 \times 13} = 1242187240$，$6. \dfrac{7^{19} + 11^{19} - (7+11)}{6 \times 19} = 5365832398561396 44$。

$6pt$ 式、T 法则与费马大定理的第一个证明

对于 $(x+y)q = (x+y) + 6pt$，由 T 法则知 $y < z < x+y$，于是 $zq \neq (x+y) + 6pt$，由此立知 $x^p + y^p = z^p$ 无解，证毕。

$6pt$ 式、T 法则、X 约束与费马大定理的第二个证明

对于 $(x+y)q = (x+y) + 6pt$，X 约束要求 $z = x+y$，然此明显与 T 法则相悖，由 T 法则知 $y < z < x+y$，于是 $zq \neq (x+y) + 6pt$，由此立知 $x^p + y^p = z^p$ 无解，证毕。

$6pt$ 式、T 法则与费马大定理的第三个证明

对于 $(x+y)q = (x+y) + 6pt$，由 T 法则知 $y < z < x+y$，于是 $(x+y)q \neq z + 6pt$，由此立知 $x^p + y^p = z^p$ 无解，证毕。

$6pt$ 式、T 法则、X 约束与费马大定理的第四个证明

对于 $(x+y)q = (x+y) + 6pt$，X 约束要求 $z = x+y$，然此明显与 T 法则相悖，由 T 法则知 $y < z < x+y$，于是 $(x+y)q \neq z + 6pt$，由此立知 $x^p + y^p = z^p$ 无解，证毕。

$6pt$ 式、T 法则与费马大定理的第五个证明

对于 $(x+y)q = (x+y) + 6pt$，由 T 法则知 $y < z < x+y$，于是 $zq \neq z + 6pt$，由此立知 $x^p + y^p = z^p$ 无解，证毕。

$6pt$ 式、T 法则、X 约束与费马大定理的第六个证明

对于 $(x+y)q = (x+y)+6pt$，X 约束要求 $z = x+y$，然此明显与 T 法则相悖，

由 T 法则知 $y < z < x+y$，于是 $zq \neq z+6pt$，由此立知 $x^p + y^p = z^p$ 无解，证毕。

$6pt$ 式、q 规则与费马大定理的第七个初等证明

对于 $(x+y)q = (x+y)+6pt$，由 q 规则知 $q < z^{p-1}$，

于是 $(x+y)z^{p-1} \neq (x+y)+6pt$，由此立知 $x^p + y^p = z^p$ 无解，证毕。

$6pt$ 式、q 规则、X 约束与费马大定理的第八个初等证明

对于 $(x+y)q = (x+y)+6pt$，X 约束要求 $q = z^{p-1}$，然此明显与 q 规则相悖，由 q 规

则知 $q < z^{p-1}$，于是 $(x+y)z^{p-1} \neq (x+y)+6pt$，由此立知 $x^p + y^p = z^p$ 无解，证毕。

$6pt$ 式、q 规则与费马大定理的第九个初等证明

由 $(x+y)q = (x+y)+6pt$，可得 $q = \dfrac{(x+y)+6pt}{x+y}$，

由 q 规则知 $q < z^{p-1}$，于是 $z^{n-1} \neq \dfrac{(x+y)+6pt}{x+y}$，由此立知 $x^p + y^p = z^p$ 无解，证毕。

$6pt$ 式、q 规则、X 约束与费马大定理的第十个初等证明

由 $(x+y)q = (x+y)+6pt$，可得 $q = \dfrac{(x+y)+6pt}{x+y}$，X 约束要求 $q = z^{p-1}$，然此明

显与 q 规则相悖，由 q 规则知 $q < z^{p-1}$，于是 $z^{n-1} \neq \dfrac{(x+y)+6pt}{x+y}$，

由此立知 $x^p + y^p = z^p$ 无解，证毕。

$6pt$ 式、q 规则与费马大定理的第十一个初等证明

由 $(x+y)q = (x+y)+6pt$，可得 $q = \dfrac{(x+y)+6pt}{x+y}$，

由 q 规则知 $q < z^{p-1}$，于是 $(x+y)z^{n-1} \neq (x+y)+6pt$ 及 $z^{n-1} \neq \dfrac{(x+y)+6pt}{x+y}$，

由此立知 $x^p + y^p = z^p$ 无解，证毕。

6pt 式、q 规则、X 约束与费马大定理的第十二个初等证明

由 $(x+y)q = (x+y) + 6pt$，可得 $q = \dfrac{(x+y) + 6pt}{x+y}$，

X 约束要求 $q = z^{p-1}$，然此明显与 q 规则相悖，由 q 规则知 $q < z^{p-1}$，

于是 $(x+y)z^{n-1} \neq (x+y) + 6pt$ 及 $z^{n-1} \neq \dfrac{(x+y) + 6pt}{x+y}$，

由此立知 $x^p + y^p = z^p$ 无解，证毕。

6pt 式、T 法则、q 规则与费马大定理的第十三个证明

对于 $(x+y)q = (x+y) + 6pt$，由 T 法则知 $z < x+y$，由 q 规则知 $q < z^{n-1}$，

于是 $zz^{n-1} \neq (x+y) + 6pt$，由此立知 $x^n + y^n = z^n$ 无解，证毕。

6pt 式、T 法则、q 规则、X 约束与费马大定理的第十四个证明

对于 $(x+y)q = (x+y) + 6pt$，X 约束要求 $z = x+y$ 及 $q = z^{n-1}$，

然此明显与 T 法则和 q 规则相悖，由 T 法则知 $z < x+y$，由 q 规则知 $q < z^{n-1}$，

于是 $zz^{n-1} \neq (x+y) + 6pt$，由此立知 $x^n + y^n = z^n$ 无解，证毕。

6pt 式、T 法则、q 规则与费马大定理的第十五个证明

由 $(x+y)q = (x+y) + 6pt$，可得 $q = \dfrac{(x+y) + 6pt}{x+y}$，

由 T 法则知 $z < x+y$，由 q 规则知 $q < z^{n-1}$，于是 $(x+y)q \neq z + 6pt$

及 $z^{n-1} \neq \dfrac{(x+y) + 6pt}{x+y}$，由此立知 $x^n + y^n = z^n$ 无解，证毕。

6pt 式、T 法则、q 规则、X 约束与费马大定理的第十六个证明

由 $(x+y)q = (x+y) + 6pt$，可得 $q = \dfrac{(x+y) + 6pt}{x+y}$，

X 约束要求 $z = x+y$ 及 $q = z^{n-1}$，然此明显与 T 法则和 q 规则相悖，

由 T 法则知 $z < x + y$，由 q 规则知 $q < z^{n-1}$，于是 $(x+y)q \neq z + 6pt$

及 $z^{n-1} \neq \dfrac{(x+y)+6pt}{x+y}$，由此立知 $x^n + y^n = z^n$ 无解，证毕。

$6pt$ 式、T 法则、q 规则与费马大定理的第十七个证明

由 $(x+y)q = (x+y) + 6pt$，可得 $q = \dfrac{(x+y)+6pt}{x+y}$，

由 T 法则知 $z < x + y$，由 q 规则知 $q < z^{n-1}$，于是 $zq \neq (x+y) + 6pt$

及 $z^{n-1} \neq \dfrac{(x+y)+6pt}{x+y}$，由此立知 $x^n + y^n = z^n$ 无解，证毕。

$6pt$ 式、T 法则、q 规则、X 约束与费马大定理的第十八个证明

由 $(x+y)q = (x+y) + 6pt$，可得 $q = \dfrac{(x+y)+6pt}{x+y}$，

X 约束要求 $z = x + y$ 及 $q = z^{n-1}$，然此明显与 T 法则和 q 规则相悖，

由 T 法则知 $z < x + y$，由 q 规则知 $q < z^{n-1}$，于是 $zq \neq (x+y) + 6pt$

及 $z^{n-1} \neq \dfrac{(x+y)+6pt}{x+y}$，由此立知 $x^n + y^n = z^n$ 无解，证毕。

$6pt$ 式、T 法则、q 规则与费马大定理的第十九个证明

对于 $(x+y)q = (x+y) + 6pt$，由 T 法则知 $z < x + y$，由 q 规则知 $q < z^{n-1}$，

于是 $(x+y)z^{n-1} = z + 6pt$，由此立知 $x^n + y^n = z^n$ 无解，证毕。

$6pt$ 式、T 法则、q 规则、X 约束与费马大定理的第二十个证明

对于 $(x+y)q = (x+y) + 6pt$，X 约束要求 $z = x + y$ 及 $q = z^{n-1}$，然此明显与 T 法则

和 q 规则相悖，由 T 法则知 $z < x + y$，由 q 规则知 $q < z^{n-1}$，于是 $(x+y)z^{n-1} = z + 6pt$

由此立知 $x^n + y^n = z^n$ 无解，证毕。

$6pt$ 式、T 法则、q 规则与费马大定理的第二十一个证明

对于 $(x+y)q = (x+y) + 6pt$，由 T 法则知 $z < x + y$，由 q 规则知 $q < z^{n-1}$，于是

$zz^{n-1} \neq z + 6pt$ ，由此立知 $x^n + y^n = z^n$ 无解，证毕。

$6pt$ 式、T 法则、q 规则、X 约束与费马大定理的第二十二个证明

对于 $(x+y)q = (x+y) + 6pt$ ，X 约束要求 $z = x+y$ 及 $q = z^{n-1}$ ，然此明显与 T 法则

和 q 规则相悖，由 T 法则知 $z < x+y$ ，由 q 规则知 $q < z^{n-1}$ ，于是 $zz^{n-1} \neq z + 6pt$ ，

由此立知 $x^n + y^n = z^n$ 无解，证毕。

$6pt$ 式、T 法则、q 规则与费马大定理的第二十三个证明

由 $(x+y)q = (x+y) + 6pt$ ，可得 $q = \dfrac{(x+y)+6pt}{x+y}$ ，由 T 法则知 $z < x+y$ ，由 q 规

则知 $q < z^{n-1}$ ，于是 $zq \neq z + 6pt$ ，及 $z^{n-1} \neq \dfrac{(x+y)+6pt}{x+y}$ ，由此立知 $x^n + y^n = z^n$ 无解。

$6pt$ 式、T 法则、q 规则、X 约束与费马大定理的第二十四个证明

由 $(x+y)q = (x+y) + 6pt$ ，可得 $q = \dfrac{(x+y)+6pt}{x+y}$ ，

X 约束要求 $z = x+y$ 及 $q = z^{n-1}$ ，然此明显与 T 法则和 q 规则相悖，

由 T 法则知 $z < x+y$ ，由 q 规则知 $q < z^{n-1}$ ，于是 $zq \neq z + 6pt$ ，及 $z^{n-1} \neq \dfrac{(x+y)+6pt}{x+y}$ ，

由此立知 $x^n + y^n = z^n$ 无解，证毕。

$6pt$ 式、T 法则、q 规则与费马大定理的第二十五个证明

由 $(x+y)q = (x+y) + 6pt$ ，可得 $q = \dfrac{(x+y)+6pt}{x+y}$ ，

由 T 法则知 $z < x+y$ ，由 q 规则知 $q < z^{n-1}$ ，于是 $(x+y)z^{n-1} \neq z + 6pt$ ，

及 $z^{n-1} \neq \dfrac{(x+y)+6pt}{x+y}$ ，由此立知 $x^n + y^n = z^n$ 无解，证毕。

$6pt$ 式、T 法则、q 规则、X 约束与费马大定理的第二十六个证明

由 $(x+y)q = (x+y) + 6pt$ ，可得 $q = \dfrac{(x+y)+6pt}{x+y}$ ，

X 约束要求 $z = x + y$ 及 $q = z^{n-1}$，然此明显与 T 法则和 q 规则相悖，

由 T 法则知 $z < x + y$，由 q 规则知 $q < z^{n-1}$，于是 $(x + y)z^{n-1} \neq z + 6pt$，

及 $z^{n-1} \neq \dfrac{(x + y) + 6pt}{x + y}$，由此立知 $x^n + y^n = z^n$ 无解，证毕。

$6pt$ 式、T 法则、q 规则与费马大定理的第二十七个证明

由 $(x + y)q = (x + y) + 6pt$，可得 $q = \dfrac{(x + y) + 6pt}{x + y}$，

由 T 法则知 $z < x + y$，由 q 规则知 $q < z^{n-1}$，于是 $zz^{n-1} \neq (x + y) + 6pt$，

及 $z^{n-1} \neq \dfrac{(x + y) + 6pt}{x + y}$，由此立知 $x^n + y^n = z^n$ 无解，证毕。

$6pt$ 式、T 法则、q 规则、X 约束与费马大定理的第二十八个证明

由 $(x + y)q = (x + y) + 6pt$，可得 $q = \dfrac{(x + y) + 6pt}{x + y}$，

X 约束要求 $z = x + y$ 及 $q = z^{n-1}$，然此明显与 T 法则和 q 规则相悖，

由 T 法则知 $z < x + y$，由 q 规则知 $q < z^{n-1}$，于是 $zz^{n-1} \neq (x + y) + 6pt$，

及 $z^{n-1} \neq \dfrac{(x + y) + 6pt}{x + y}$，由此立知 $x^n + y^n = z^n$ 无解，证毕。

$6pt$ 式、T 法则、q 规则与费马大定理的第二十九个证明

由 $(x + y)q = (x + y) + 6pt$，可得 $q = \dfrac{(x + y) + 6pt}{x + y}$，

由 T 法则知 $z < x + y$，由 q 规则知 $q < z^{n-1}$，于是 $zz^{n-1} \neq z + 6pt$ 及 $z^{n-1} \neq \dfrac{(x + y) + 6pt}{x + y}$，

由此立知 $x^n + y^n = z^n$ 无解，证毕。

$6pt$ 式、T 法则、q 规则、X 约束与费马大定理的第三十个证明

由 $(x + y)q = (x + y) + 6pt$，可得 $q = \dfrac{(x + y) + 6pt}{x + y}$，

X 约束要求 $z = x + y$ 及 $q = z^{n-1}$，然此明显与 T 法则和 q 规则相悖，

由 T 法则知 $z < x + y$，由 q 规则知 $q < z^{n-1}$，于是 $zz^{n-1} \neq z + 6pt$ 及 $z^{n-1} \neq \dfrac{(x + y) + 6pt}{x + y}$，

由此立知 $x^n + y^n = z^n$ 无解，证毕。

$6pt$ 式、无穷递降法与费马大定理的第三十一个初等证明

对于 $(x + y)q = (x + y) + 6pt$，当 $p = 1$ 时有 $t = 0, q = 1$，即 $x^1 + y^1 = (x + y)^1$，

注意此时 p 已无法再降，由无穷下降法之注记二可知 $x^1 + y^1 = (x + y)^1$ 是不定方程

$x^p + y^p = z^p$ 之唯一解，证毕。

$6pt$、无穷递降法、X 约束与费马大定理的第三十二个初等证明

对于 $(x + y)q = (x + y) + 6pt$，当 $p = 1$ 时有 $t = 0, q = 1$，即 $x^1 + y^1 = (x + y)^1$，此

即是说 X 约束要求 $z = x + y$ 及 $q = z^{p-1}$，当 $p \geq 3$ 时，X 约束无法得到满足，然当 $p = 1$ 时

X 约束得到满足。注意此时 p 已无法再降，由无穷下降法之注记二可知 $x^1 + y^1 = (x + y)^1$ 是

不定方程 $x^p + y^p = z^p$ 之唯一解，证毕。

一个深刻的佐证：

当 $p \geq 3$ 时，X 约束无法得到满足，当 $p = 1$ 时 X 约束得到满足的基本事实，充分佐证

了本书有关无穷下降法的三个注记的正确性。

$6pt$ 式、代数素式与费马大定理的第三十三个初等证明

一、大定理的证明

对于 $(x + y)q = (x + y) + 6pt$，若 $x^p + y^p = z^p$ 可能成立，则代数式 $x^p + y^p$ 与代数式

z^p 应当有相同的性质，但此明显不可能。

$(x + y)q = (x + y) + 6pt$ 中，q 为一代数素式或伪代数素式，而 $z^p = z \times z^{p-1}$ 中 z^{p-1} 决

不是一个代数素式，由此可知 $x^p + y^p = z^p$ 无解，证毕。

二、玄机所在

以上证明，实际上揭露了一个 $x^p + y^p = z^p$ 无解的又一个玄机：即代数素式与非代数素

式不可能相等。

6pt 式、代数素式、X 约束与费马大定理的第三十四个初等证明

一、大定理的证明

对于 $(x+y)q = (x+y) + 6pt$，X 约束要求 $q = z^{p-1}$，但当 $p \geq 3$ 时，此明显不可能。

$(x+y)q = (x+y) + 6pt$ 中，q 为一代数素式或伪代数素式，而 $z^p = z \times z^{p-1}$ 中 z^{p-1} 决不是一个代数素式，由此可知 $x^p + y^p = z^p$ 无解，证毕。

二、一个深刻的佐证：

当 $p \geq 3$ 时，X 约束无法得到满足，当 $p = 1$ 时，X 约束得到满足，此时已无代数素式与非代数素式之区别，这就充分佐证了本书有关无穷下降法的三个注记的正确性。

6pt 式、整除与费马大定理的第三十五个初等证明

若 $x^p + y^p = z^p$ 可能成立，则代数式 $x^p + y^p$ 与代数式 z^p 应当有相同的性质，但此明显不可能。对于 $(x+y)q = (x+y) + 6pt$ 而言，$x+y$ 必不能整除 q，即 $q \neq 0 \pmod{x+y}$，

而对于 $z^p = z \times z^{p-1}$ 而言，必有 z 能够整除 z^{p-1}，即 $z^{n-1} = 0 \pmod{z}$，

由此立知 $x^p + y^p = z^p$ 无解，证毕.

6pt 式、整除、X 约束与费马大定理的第三十六个初等证明

对于 $(x+y)q = (x+y) + 6pt$，X 约束要求 $q = z^{p-1}$，但当 $p \geq 3$ 时，此明显不可能。

$x+y$ 必不能整除 q，即 $q \neq 0 \pmod{x+y}$；对于 $z^p = z \times z^{p-1}$ 而言，必有 z 能够整除 z^{p-1}，

即 $z^{n-1} = 0 \pmod{z}$，由此 $x^p + y^p = z^p$ 只能无解，证毕。

6pt 式、长方体、T 法则与费马大定理的第三十七个初等证明

由 $(x+y)q = x+y+6pt$ 可得 $q = \dfrac{x+y+6pt}{x+y}$，

从三维空间感知等式 $(x+y)q = (x+y) + 6pt$ 可知

$(x+y) + 6pt = $ （图 A）

上式右端长方体的底面积为 $q = \dfrac{x+y+6pt}{x+y}$ 而高为 $x+y$。

由 T 法则知 $y < z < x+y$，于是 $z + 6pt \neq$（图 A），由此立知 $x^p + y^p = z^p$ 无解，证毕。

$6pt$ 式、长方体、T 法则、X 约束与费马大定理的第三十八个初等证明

由 $(x+y)q = x+y+6pt$ 可得 $q = \dfrac{x+y+6pt}{x+y}$，

从三维空间感知等式 $(x+y)q = (x+y)+6pt$ 可知

$(x+y)+6pt =$ ▭ （图 A）

上式右端长方体的底面积为 $q = \dfrac{x+y+6pt}{x+y}$ 而高为 $x+y$。

X 约束要求 $z = x+y$ 然此明显与 T 法则相悖，由 T 法则知 $y < z < x+y$，

于是 $z+6pt \neq$（图 A），由此立知 $x^p + y^p = z^p$ 无解，证毕。

$6pt$ 式、长方体、T 法则与费马大定理的第三十九个初等证明

由 $(x+y)q = x+y+6pt$ 可得 $q = \dfrac{x+y+6pt}{x+y}$，

从三维空间感知等式 $(x+y)q = (x+y)+6pt$ 可知

$(x+y)+6pt =$ ▭ （图 A）

上式右端长方体的底面积为 $q = \dfrac{x+y+6pt}{x+y}$ 而高为 $x+y$。

由 T 法则知 $y < z < x+y$，于是 $(x+y)q \neq z+6pt$，于是 $z^p \neq$（图 A），

由此立知 $x^p + y^p = z^p$ 无解，证毕。

$6pt$ 式、长方体、T 法则、X 约束与费马大定理的第四十个初等证明

由 $(x+y)q = x+y+6pt$ 可得 $q = \dfrac{x+y+6pt}{x+y}$，

从三维空间感知等式 $(x+y)q = (x+y)+6pt$ 可知

$(x+y)+6pt =$ ▭ （图 A）

上式右端长方体的底面积为 $q = \dfrac{x+y+6pt}{x+y}$ 而高为 $x+y$。

X 约束要求 $z = x+y$ 然此明显与 T 法则相悖，由 T 法则知 $y < z < x+y$，

于是 $(x+y)q \neq z+6pt$，于是 $z^p \neq$（图 A），由此立知 $x^p + y^p = z^p$ 无解,证毕。

$6pt$ 式、长方体、T 法则与费马大定理的第四十一个初等证明

由 $(x+y)q = x+y+6pt$ 可得 $q = \dfrac{x+y+6pt}{x+y}$，

从三维空间感知等式 $(x+y)q = (x+y)+6pt$ 可知

$(x+y)+6pt = $ （图 A）

上式右端长方体的底面积为 $q = \dfrac{x+y+6pt}{x+y}$ 而高为 $x+y$。

由 T 法则知 $y < z < x+y$，于是 $zq \neq z+6pt$，于是 $z^p \neq$（图 A），

由此立知 $x^p + y^p = z^p$ 无解,证毕。

$6pt$ 式、长方体、T 法则、X 约束与费马大定理的第四十二个初等证明

由 $(x+y)q = x+y+6pt$ 可得 $q = \dfrac{x+y+6pt}{x+y}$，

从三维空间感知等式 $(x+y)q = (x+y)+6pt$ 可知

$(x+y)+6pt = $ （图 A）

上式右端长方体的底面积为 $q = \dfrac{x+y+6pt}{x+y}$ 而高为 $x+y$。

X 约束要求 $z = x+y$ 然此明显与 T 法则相悖，由 T 法则知 $y < z < x+y$，

于是 $zq \neq z+6pt$，于是 $z^p \neq$（图 A），由此立知 $x^p + y^p = z^p$ 无解,证毕。

$6pt$ 式、长方体、q 规则与费马大定理的第四十三个初等证明

由 $(x+y)q = x+y+6pt$ 可得 $q = \dfrac{x+y+6pt}{x+y}$，

从三维空间感知等式 $(x+y)q = (x+y)+6pt$ 可知

$(x+y)+6pt = $ （图 A）

上式右端长方体的底面积为 $q = \dfrac{x+y+6pt}{x+y}$ 而高为 $x+y$。

由 q 规则知 $q < z^{n-1}$，于是 $(x+y)z^{n-1} \neq x+y+6pt$，于是 $z^p \neq$（图 A），

由此立知 $x^p + y^p = z^p$ 无解,证毕。

$6pt$ 式、长方体、q 规则、X 约束与费马大定理的第四十四个初等证明

由 $(x+y)q = x+y+6pt$ 可得 $q = \dfrac{x+y+6pt}{x+y}$，

从三维空间感知等式 $(x+y)q = (x+y)+6pt$ 可知

$(x+y)+6pt = $ ▭ （图 A）

上式右端长方体的底面积为 $q = \dfrac{x+y+6pt}{x+y}$ 而高为 $x+y$。

X 约束要求 $q = z^{n-1}$ 然此明显与 q 规则相悖，由 q 规则知 $q < z^{n-1}$，

于是 $(x+y)z^{n-1} \neq x+y+6pt$，于是 $z^p \neq$（图 A），由此立知 $x^p + y^p = z^p$ 无解,证毕。

$6pt$ 式、长方体、q 规则与费马大定理的第四十五个初等证明

由 $(x+y)q = x+y+6pt$ 可得 $q = \dfrac{x+y+6pt}{x+y}$，

从三维空间感知等式 $(x+y)q = (x+y)+6pt$ 可知

$(x+y)+6pt = $ ▭ （图 A）

上式右端长方体的底面积为 $q = \dfrac{x+y+6pt}{x+y}$ 而高为 $x+y$。

由 q 规则知 $\dfrac{x+y+6pt}{x+y} < z^{p-1}$，于是图 A 的底面积 $\neq z^{n-1}$，

由此立知 $x^p + y^p = z^p$ 无解,证毕。

$6pt$ 式、长方体、q 规则、X 约束与费马大定理的第四十六个初等证明

由 $(x+y)q = x+y+6pt$ 可得 $q = \dfrac{x+y+6pt}{x+y}$，

从三维空间感知等式 $(x+y)q = (x+y)+6pt$ 可知

$$(x+y)+6pt = \ \boxed{\hspace{8cm}} \quad （图 A）$$

上式右端长方体的底面积为 $q = \dfrac{x+y+6pt}{x+y}$ 而高为 $x+y$。

X 约束要求 $\dfrac{x+y+6pt}{x+y} = z^{p-1}$ 然此明显与 q 规则相悖，由 q 规则知 $\dfrac{x+y+6pt}{x+y} < z^{p-1}$，

于是图 A 的底面积 $\neq z^{n-1}$，由此立知 $x^p + y^p = z^p$ 无解,证毕。

$6pt$ 式、长方体、q 规则与费马大定理的第四十七个初等证明

由 $(x+y)q = x+y+6pt$ 可得 $q = \dfrac{x+y+6pt}{x+y}$，

从三维空间感知等式 $(x+y)q = (x+y)+6pt$ 可知

$$(x+y)+6pt = \ \boxed{\hspace{8cm}} \quad （图 A）$$

上式右端长方体的底面积为 $q = \dfrac{x+y+6pt}{x+y}$ 而高为 $x+y$。

由 q 规则知 $q < z^{n-1}$，于是 $(x+y)z^{n-1} \neq x+y+6pt$，即 $(x+y)z^{n-1} \neq$ （图 A），

由此立知 $x^p + y^p = z^p$ 无解,证毕。

$6pt$ 式、长方体、q 规则、X 约束与费马大定理的第四十八个初等证明

由 $(x+y)q = x+y+6pt$ 可得 $q = \dfrac{x+y+6pt}{x+y}$，

从三维空间感知等式 $(x+y)q = (x+y)+6pt$ 可知

$$(x+y)+6pt = \ \boxed{\hspace{8cm}} \quad （图 A）$$

上式右端长方体的底面积为 $q = \dfrac{x+y+6pt}{x+y}$ 而高为 $x+y$。

X 约束要求 $q = z^{n-1}$ 然此明显与 q 规则相悖，由 q 规则知 $q < z^{n-1}$，

于是 $(x+y)z^{n-1} \neq x+y+6pt$，即 $(x+y)z^{n-1} \neq$ （图 A），

由此立知 $x^p + y^p = z^p$ 无解,证毕。

$6pt$ 式、长方体、T 法则、q 规则与费马大定理的第四十九个证明

由 $(x+y)q = x+y+6pt$ 可得 $q = \dfrac{x+y+6pt}{x+y}$，

从三维空间感知等式 $(x+y)q = (x+y)+6pt$ 可知

$(x+y)+6pt = $ （图 A）

上式右端长方体的底面积为 $q = \dfrac{x+y+6pt}{x+y}$ 而高为 $x+y$。

由 T 法则知 $z < x+y$，由 q 规则知 $q < z^{n-1}$，于是 $zz^{n-1} \neq x+y+6pt$

即 $z^p \neq$ 图 A，由此立知 $x^p + y^p = z^p$ 无解，证毕。

$6pt$ 式、长方体、T 法则、q 规则、X 约束与费马大定理的第五十个证明

由 $(x+y)q = x+y+6pt$ 可得 $q = \dfrac{x+y+6pt}{x+y}$，

从三维空间感知等式 $(x+y)q = (x+y)+6pt$ 可知

$(x+y)+6pt = $ （图 A）

上式右端长方体的底面积为 $q = \dfrac{x+y+6pt}{x+y}$ 而高为 $x+y$。

X 约束要求 $z = x+y$ 及 $q = z^{n-1}$，然此明显与 T 法则和 q 规则相悖，由 T 法则知 $z < x+y$，

由 q 规则知 $q < z^{n-1}$，于是 $zz^{n-1} \neq x+y+6pt$，即 $z^p \neq$ 图 A，

由此立知 $x^p + y^p = z^p$ 无解，证毕。

$6pt$ 式、T 法则与费马大定理的第五十一个证明

由 $(x+y)q = x+y+6pt$ 可知 $q = 1 + \dfrac{6pt}{x+y}$，由 T 法则知 $z < x+y$，

于是 $q \neq 1 + \dfrac{6pt}{z}$，由此立知 $x^p + y^p = z^p$ 无解，证毕。

$6pt$ 式、T 法则、X 约束与费马大定理的第五十二个证明

对于 $q = 1 + \dfrac{6pt}{x+y}$，X 约束要求 $z = x + y$，然此明显与 T 法则相悖，由 T 法则知

$z < x + y$，于是 $q \neq 1 + \dfrac{6pt}{z}$，由此立知 $x^p + y^p = z^p$ 无解，证毕。

$6pt$ 式、q 规则与费马大定理的第五十三个证明

对于 $q = 1 + \dfrac{6pt}{x+y}$，由 q 规则知 $q < z^{n-1}$，于是 $z^{p-1} \neq 1 + \dfrac{6pt}{x+y}$，

由此立知 $x^p + y^p = z^p$ 无解，证毕。

$6pt$ 式、q 规则、X 约束与费马大定理的第五十四个证明

对于 $q = 1 + \dfrac{6pt}{x+y}$，X 约束要求 $q = z^{n-1}$，然此明显与 q 规则相悖，由 q 规则知

$q < z^{n-1}$，于是 $z^{p-1} \neq 1 + \dfrac{6pt}{x+y}$，由此立知 $x^p + y^p = z^p$ 无解，证毕。

$6pt$ 式、T 法则、q 规则与费马大定理的第五十五个证明

对于 $q = 1 + \dfrac{6pt}{x+y}$，由 T 法则知 $z < x + y$，由 q 规则知 $q < z^{n-1}$，

于是 $z^{p-1} \neq 1 + \dfrac{6pt}{z}$，由此立知 $x^n + y^n = z^n$ 无解，证毕。

$6pt$ 式、T 法则、q 规则、X 约束与费马大定理的第五十六个证明

对于 $q = 1 + \dfrac{6pt}{x+y}$，X 约束要求 $z = x + y$ 及 $q = z^{n-1}$，然此明显与 T 法则和 q 规则相悖，

由 T 法则知 $z < x + y$，由 q 规则知 $q < z^{n-1}$，于是 $z^{p-1} \neq 1 + \dfrac{6pt}{z}$，

由此立知 $x^n + y^n = z^n$ 无解，证毕。

$6pt$ 式、T 法则与费马大定理的第五十七个证明

由 $(x+y)q = (x+y) + 6pt$，可得 $x + y = \dfrac{(x+y) + 6pt}{q}$，由 T 法则知 $z < x + y$，

于是 $z \neq \dfrac{(x+y)+6pt}{q}$，由此立知 $x^n + y^n = z^n$ 无解，证毕。

$6pt$ 式、T 法则、X 约束与费马大定理的第五十八个证明

对于 $x+y = \dfrac{(x+y)+6pt}{q}$，X 约束要求 $z = x+y$，然此明显与 T 法则相悖，

由 T 法则知 $z < x+y$，于是 $z \neq \dfrac{(x+y)+6pt}{q}$，由此立知 $x^n + y^n = z^n$ 无解，证毕。

$6pt$ 式、T 法则与费马大定理的第五十九个证明

对于 $x+y = \dfrac{(x+y)+6pt}{q}$，由 T 法则知 $z < x+y$，

于是 $x+y \neq \dfrac{z+6pt}{q}$，由此立知 $x^n + y^n = z^n$ 无解，证毕。

$6pt$ 式、T 法则、X 约束与费马大定理的第六十个证明

对于 $x+y = \dfrac{(x+y)+6pt}{q}$，X 约束要求 $z = x+y$ 然此明显与 T 法则相悖，

由 T 法则知 $z < x+y$，于是 $x+y \neq \dfrac{z+6pt}{q}$，由此立知 $x^n + y^n = z^n$ 无解，证毕。

$6pt$ 式、T 法则与费马大定理的第六十一个证明

对于 $x+y = \dfrac{(x+y)+6pt}{q}$，由 T 法则知 $z < x+y$，于是 $z \neq \dfrac{z+6pt}{q}$，

由此立知 $x^n + y^n = z^n$ 无解，证毕。

$6pt$ 式、T 法则、X 约束与费马大定理的第六十二个证明

对于 $x+y = \dfrac{(x+y)+6pt}{q}$，X 约束要求 $z = x+y$ 然此明显与 T 法则相悖，

由 T 法则知 $z < x+y$，于是 $z \neq \dfrac{z+6pt}{q}$，由此立知 $x^n + y^n = z^n$ 无解，证毕。

$6pt$ 式、q 规则与费马大定理的第六十三个证明

对于 $x+y=\dfrac{(x+y)+6pt}{q}$，由 q 规则知 $q<z^{n-1}$，于是 $x+y\neq\dfrac{(x+y)+6pt}{z^{p-1}}$，

由此立知 $x^n+y^n=z^n$ 无解，证毕。

$6pt$ 式、q 规则、X 约束与费马大定理的第六十四个证明

对于 $x+y=\dfrac{(x+y)+6pt}{q}$，X 约束要求 $q=z^{n-1}$，然此明显与 q 规则相悖，由 q 规则

知 $q<z^{n-1}$，于是 $x+y\neq\dfrac{(x+y)+6pt}{z^{p-1}}$，由此立知 $x^n+y^n=z^n$ 无解，证毕。

$6pt$ 式、T 法则、q 规则与费马大定理的第六十五个证明

对于 $x+y=\dfrac{(x+y)+6pt}{q}$，由 T 法则知 $z<x+y$，由 q 规则知 $q<z^{n-1}$，

于是 $z\neq\dfrac{(x+y)+6pt}{z^{p-1}}$，由此立知 $x^n+y^n=z^n$ 无解，证毕。

$6pt$ 式、T 法则、q 规则、X 约束与费马大定理的第六十六个证明

对于 $x+y=\dfrac{(x+y)+6pt}{q}$，X 约束要求 $z=x+y$ 及 $q=z^{n-1}$，然此明显与 T 法则和 q

规则相悖，由 T 法则知 $z<x+y$，由 q 规则知 $q<z^{n-1}$，于是 $z\neq\dfrac{(x+y)+6pt}{z^{p-1}}$，

由此立知 $x^n+y^n=z^n$ 无解，证毕。

$6pt$ 式、T 法则、q 规则与费马大定理的第六十七个证明

对于 $x+y=\dfrac{(x+y)+6pt}{q}$，由 T 法则知 $z<x+y$，由 q 规则知 $q<z^{n-1}$，

于是 $x+y\neq\dfrac{z+6pt}{z^{p-1}}$，由此立知 $x^n+y^n=z^n$ 无解，证毕。

$6pt$ 式、T 法则、q 规则、X 约束与费马大定理的第六十八个证明

对于 $x+y=\dfrac{(x+y)+6pt}{q}$，X 约束要求 $z=x+y$ 及 $q=z^{n-1}$，然此明显与 T 法则和 q

规则相悖，由 T 法则知 $z<x+y$，由 q 规则知 $q<z^{n-1}$，于是 $x+y\neq\dfrac{z+6pt}{z^{p-1}}$，

由此立知 $x^n + y^n = z^n$ 无解，证毕。

$6pt$ 式、T 法则、q 规则与费马大定理的第六十九个证明

对于 $x + y = \dfrac{(x+y)+6pt}{q}$，由 T 法则知 $z < x + y$，由 q 规则知 $q < z^{n-1}$，

于是 $z \neq \dfrac{z+6pt}{z^{p-1}}$，由此立知 $x^n + y^n = z^n$ 无解，证毕。

$6pt$ 式、T 法则、q 规则、X 约束与费马大定理的第七十个证明

对于 $x + y = \dfrac{(x+y)+6pt}{q}$，X 约束要求 $z = x + y$ 及 $q = z^{n-1}$，然此明显与 T 法则和 q

规则相悖，由 T 法则知 $z < x + y$，由 q 规则知 $q < z^{n-1}$，于是 $z \neq \dfrac{z+6pt}{z^{p-1}}$，

由此立知 $x^n + y^n = z^n$ 无解，证毕。

$6pt$ 式、p 次方根、无理式与费马大定理的第九十七个初等证明

考察 $(x+y)q = x + y + 6pt$ 及 z^p，很明显 $\sqrt[p]{(x+y)q} = \sqrt[p]{x+y+6pt}$ 是一个无理式，

而 $\sqrt[p]{z^p} = z$ 是一个整式，由此立知 $x^n + y^n = z^n$ 无解，证毕。

$6pt$ 式、p 次方根、无理式、X 约束与费马大定理的第九十八个初等证明

对于 $(x+y)q = x + y + 6pt$ 及 z^p，X 约束要求 $q = z^{p-1}$，然此明显不可能，

很明显 $\sqrt[p]{(x+y)q} = \sqrt[p]{x+y+6pt}$ 是一个无理式，而 $\sqrt[p]{z^p} = z$ 是一个整式，

由此立知 $x^n + y^n = z^n$ 无解，证毕。

$6pt$ 式、p-1 次方根、无理式与费马大定理的第九十九个初等证明

对于 $(x+y)q = x + y + 6pt$，很明显 $\sqrt[p-1]{\dfrac{(x+y)+6pt}{x+y}}$，而 $\sqrt[p-1]{z^{p-1}} = z$ 是一个整式，

由此立知 $x^p + y^p = z^p$ 无解，证毕。

$6pt$ 式、p-1 次方根、无理式、X 约束与费马大定理的第一百个初等证明

对于 $(x+y)q = x + y + 6pt$，X 约束要求 $q = z^{p-1}$，此不可能，

很明显 $\sqrt[p-1]{\dfrac{(x+y)+6pt}{x+y}}$ 为一无理式，而 $\sqrt[p-1]{z^{p-1}}=z$ 是一个整式，

由此立知 $x^p+y^p=z^p$ 无解，证毕。

$6pt$ 式、代数素式与费马大定理的第一百零一个初等证明

对于 $(x+y)q=x+y+6pt$，$q=\dfrac{x+y+6pt}{x+y}$ 为一代数素式，而 z^{p-1} 不是一个代数素

式，由此立知 $x^p+y^p=z^p$ 无解，证毕。

$6pt$ 式、代数素式、X 约束与费马大定理的第一百零二个初等证明

对于 $(x+y)q=x+y+6pt$，X 约束要求 $q=z^{p-1}$，此不可能，$q=\dfrac{x+y+6pt}{x+y}$ 为一

代数素式，而 z^{p-1} 不是一个代数素式，由此立知 $x^p+y^p=z^p$ 无解，证毕。

$6pt$ 式、整除与费马大定理的第一百零三个初等证明

考察 $(x+y)q=x+y+6pt$ 及 $(x+y)q=z^p$，很明显 $q\neq 0(\bmod x+y)$，

而 $z^{p-1}=0(\bmod z)$，由此立知 $x^p+y^p=z^p$ 无解，证毕。

$6pt$ 式、整除、X 约束与费马大定理的第一百零四个初等证明

考察 $(x+y)q=x+y+6pt$ 及 $(x+y)q=z^p$，X 约束要求 $q=z^{p-1}$，然此不可能，很

明显 $q\neq 0(\bmod x+y)$，而 $z^{p-1}=0(\bmod z)$，由此立知 $x^p+y^p=z^p$ 无解，证毕。

$6pt$ 式、整除与费马大定理的第一百零五个初等证明

考察 $(x+y)q=x+y+6pt$ 及 $(x+y)q=z^p$，很明显 $q-r=0(\bmod x+y)$，式中

$r\neq 0$，而 $z^{p-1}\neq 0(\bmod x+y)$，由此立知 $x^p+y^p=z^p$ 无解，证毕。

$6pt$ 式、整除、X 约束与费马大定理的第一百零六个初等证明

考察 $(x+y)q=x+y+6pt$ 及 $(x+y)q=z^p$，X 约束要求 $q=z^{p-1}$，然此不可能，很

明显 $q-r=0(\bmod x+y)$，式中 $r\neq 0$，而 $z^{p-1}\neq 0(\bmod x+y)$，

由此立知 $x^p+y^p=z^p$ 无解，证毕。

$6pt$式、整除与费马大定理的第一百零七个初等证明

考察$(x+y)q = x+y+6pt$及$(x+y)q = z^p$，很明显$z^{p-1} - r = 0(\bmod x+y)$，式中 $r \neq 0$，而$q - r_1 = 0(\bmod x+y)$，式中$r_1 \neq 0$，显然$r \neq r_1$，

由此立知$x^p + y^p = z^p$无解，证毕。

$6pt$式、整除、X约束与费马大定理的第一百零八个初等证明

考察$(x+y)q = x+y+6pt$及$(x+y)q = z^p$，X约束要求$q = z^{p-1}$，然此不可能，很

明显$z^{p-1} - r = 0(\bmod x+y)$，式中$r \neq 0$，而$q - r_1 = 0(\bmod x+y)$，式中$r_1 \neq 0$，显然

$r \neq r_1$，由此立知$x^p + y^p = z^p$无解，证毕。

$6pt$式、整除与费马大定理的第一百零九个初等证明

考察$(x+y)q = x+y+6pt$及$(x+y)q = z^p$，很明显$z^{p-1} - z = 0(\bmod z)$，

而$q - z \neq 0(\bmod z)$，由此立知$x^p + y^p = z^p$无解，证毕。

$6pt$式、整除、X约束与费马大定理的第一百一十个初等证明

考察$(x+y)q = x+y+6pt$及$(x+y)q = z^p$，X约束要求$q = z^{p-1}$，然此不可能，很

明显$z^{p-1} - z = 0(\bmod z)$，而$q - z \neq 0(\bmod z)$，由此立知$x^p + y^p = z^p$无解，证毕。

$6pt$式、算术平均值$x+y$与费马大定理的第一百一十一个初等证明

由$(x+y)q = x+y+6pt$可得$x+y = \dfrac{x+y+6pt}{q}$，此说明$x+y$是$x+y+6pt$对于

项数q的算术平均值；而$z^{p-1} = \dfrac{z^p}{z}$，此说明z^{p-1}是和z^p对于项数z的算术平均值。两个

算术平均值要相等，则必需：第一项数要相等，然由 T 法则知$y < z < x+y$，第二均值要

相等，然由q规则知$q < z^{p-1}$，由此立知$x^p + y^p = z^p$无解，证毕。

$6pt$式、算术平均值$x+y$、X约束与费马大定理的第一百一十二个初等证明

由$(x+y)q = x+y+6pt$可得$x+y = \dfrac{x+y+6pt}{q}$，此说明$x+y$是$x+y+6pt$对于

项数 q 的算术平均值；而 $z^{p-1} = \dfrac{z^p}{z}$，此说明 z^{p-1} 是和 z^p 对于项数 z 的算术平均值。两个算术平均值要相等，则必需：第一项数要相等，然由 T 法则知 $y < z < x+y$，第二均值要相等，然由 q 规则知 $q < z^{p-1}$，此即是说 X 约束无法满足，

由此立知 $x^p + y^p = z^p$ 无解，证毕。

6pt 式、算术平均值 q 与费马大定理的第一百一十三个初等证明

由 $(x+y)q = x+y+6pt$ 可得 $q = \dfrac{x+y+6pt}{x+y}$，此说明 q 是和 $x+y+6pt$ 对于项数

$x+y$ 的算术平均值；而 $z^{p-1} = \dfrac{z^p}{z}$，此说明 z^{p-1} 是和 z^p 对于项数 z 的算术平均值。两个算术平均值要相等，则必需：第一项数要相等，然由 T 法则知 $y < z < x+y$，第二均值要相等，然由 q 规则知 $q < z^{p-1}$，由此立知 $x^p + y^p = z^p$ 无解，证毕。

6pt 式、算术平均值 q、X 约束与费马大定理的第一百一十四个初等证明

由 $(x+y)q = x+y+6pt$ 可得 $q = \dfrac{x+y+6pt}{x+y}$，此说明 q 是和 $x+y+6pt$ 对于项数

$x+y$ 的算术平均值；而 $z^{p-1} = \dfrac{z^p}{z}$，此说明 z^{p-1} 是和 z^p 对于项数 z 的算术平均值。两个算术平均值要相等，则必需 X 约束要得到满足，即：第一项数要相等，然由 T 法则知 $y < z < x+y$，第二均值要相等，然由 q 规则知 $q < z^{p-1}$，也就是说此时 X 约束无法得到满足，由此立知 $x^p + y^p = z^p$ 无解，证毕。

6pt 式、算术平均值、T 法则与费马大定理的第一百一十五个初等证明

由 $(x+y)q = x+y+6pt$ 可得 $q = \dfrac{x+y+6pt}{x+y}$，设 $d = \dfrac{1}{2}(x+y+\dfrac{x+y+6pt}{x+y})$，

此说明 d 是和 $x+y$ 和 q 的算术平均值。由 T 法则知 $y < z < x+y$，

于是 $d \neq \dfrac{1}{2}(z+\dfrac{x+y+6pt}{x+y})$，由此立知 $x^p + y^p = z^p$ 只能无解，证毕。

$6pt$式、算术平均值、T法则、X约束与费马大定理的第一百一十六个初等证明

由$(x+y)q=x+y+6pt$可得$q=\dfrac{x+y+6pt}{x+y}$，设$d=\dfrac{1}{2}(x+y+\dfrac{x+y+6pt}{x+y})$，

此说明d是和$x+y$和q的算术平均值。X约束要求$z=x+y$，然此明显与T法则相悖，

由T法则知$y<z<x+y$，于是$d\neq\dfrac{1}{2}(z+\dfrac{x+y+6pt}{x+y})$，

由此立知$x^p+y^p=z^p$只能无解，证毕。

$6pt$式、算术平均值、T法则与费马大定理的第一百一十七个初等证明

由$(x+y)q=x+y+6pt$可得$q=\dfrac{x+y+6pt}{x+y}$，设$d=\dfrac{1}{2}(x+y+\dfrac{x+y+6pt}{x+y})$，

此说明d是和$x+y$和q的算术平均值。由T法则知$y<z<x+y$，

于是$d\neq\dfrac{1}{2}(x+y+\dfrac{z+6pt}{x+y})$，由此立知$x^p+y^p=z^p$只能无解，证毕。

$6pt$式、算术平均值、T法则、X约束与费马大定理的第一百一十八个初等证明

由$(x+y)q=x+y+6pt$可得$q=\dfrac{x+y+6pt}{x+y}$，设$d=\dfrac{1}{2}(x+y+\dfrac{x+y+6pt}{x+y})$，

此说明d是和$x+y$和q的算术平均值。X约束要求$z=x+y$，然此明显与T法则相悖，

由T法则知$y<z<x+y$，于是$d\neq\dfrac{1}{2}(x+y+\dfrac{z+6pt}{x+y})$，

由此立知$x^p+y^p=z^p$只能无解，证毕。

$6pt$式、算术平均值、T法则与费马大定理的第一百一十九个初等证明

由$(x+y)q=x+y+6pt$可得$q=\dfrac{x+y+6pt}{x+y}$，设$d=\dfrac{1}{2}(x+y+\dfrac{x+y+6pt}{x+y})$，

此说明d是和$x+y$和q的算术平均值。由T法则知$y<z<x+y$，

于是$d\neq\dfrac{1}{2}(x+y+\dfrac{x+y+6pt}{z})$，由此立知$x^p+y^p=z^p$只能无解，证毕。

6*pt* 式、算术平均值、T 法则、X 约束与费马大定理的第一百二十个初等证明

由 $(x+y)q = x+y+6pt$ 可得 $q = \dfrac{x+y+6pt}{x+y}$，设 $d = \dfrac{1}{2}(x+y+\dfrac{x+y+6pt}{x+y})$，

此说明 d 是和 $x+y$ 和 q 的算术平均值。X 约束要求 $z = x+y$，然此明显与 T 法则相悖，

由 T 法则知 $y < z < x+y$，于是 $d \neq \dfrac{1}{2}(x+y+\dfrac{x+y+6pt}{z})$，

由此立知 $x^p + y^p = z^p$ 只能无解，证毕。

6*pt* 式、算术平均值、T 法则与费马大定理的第一百二十一个初等证明

由 $(x+y)q = x+y+6pt$ 可得 $q = \dfrac{x+y+6pt}{x+y}$，设 $d = \dfrac{1}{2}(x+y+\dfrac{x+y+6pt}{x+y})$，

此说明 d 是和 $x+y$ 和 q 的算术平均值。由 T 法则知 $y < z < x+y$，

于是 $d \neq \dfrac{1}{2}(z+\dfrac{z+6pt}{x+y})$，由此立知 $x^p + y^p = z^p$ 只能无解，证毕。

6*pt* 式、算术平均值、T 法则、X 约束与费马大定理的第一百二十二个初等证明

由 $(x+y)q = x+y+6pt$ 可得 $q = \dfrac{x+y+6pt}{x+y}$，设 $d = \dfrac{1}{2}(x+y+\dfrac{x+y+6pt}{x+y})$，

此说明 d 是和 $x+y$ 和 q 的算术平均值。X 约束要求 $z = x+y$，然此与 T 法则相悖，由 T

法则知 $y < z < x+y$，于是 $d \neq \dfrac{1}{2}(z+\dfrac{z+6pt}{x+y})$，

由此立知 $x^p + y^p = z^p$ 只能无解，证毕。

6*pt* 式、算术平均值、T 法则与费马大定理的第一百二十三个初等证明

由 $(x+y)q = x+y+6pt$ 可得 $q = \dfrac{x+y+6pt}{x+y}$，设 $d = \dfrac{1}{2}(x+y+\dfrac{x+y+6pt}{x+y})$，

此说明 d 是和 $x+y$ 和 q 的算术平均值。由 T 法则知 $y < z < x+y$，

于是 $d \neq \dfrac{1}{2}(z+\dfrac{x+y+6pt}{z})$，由此立知 $x^p + y^p = z^p$ 只能无解，证毕。

6pt式、算术平均值、T法则、X约束与费马大定理的第一百二十四个初等证明

由 $(x+y)q = x+y+6pt$ 可得 $q = \dfrac{x+y+6pt}{x+y}$，设 $d = \dfrac{1}{2}(x+y+\dfrac{x+y+6pt}{x+y})$，

此说明 d 是和 $x+y$ 和 q 的算术平均值。X 约束要求 $z = x+y$，然此与 T 法则相悖，由 T

法则知 $y < z < x+y$，于是 $d \neq \dfrac{1}{2}(z+\dfrac{x+y+6pt}{z})$，由此立知 $x^p + y^p = z^p$ 无解，证毕。

6pt式、算术平均值、T法则与费马大定理的第一百二十五个初等证明

由 $(x+y)q = x+y+6pt$ 可得 $q = \dfrac{x+y+6pt}{x+y}$，设 $d = \dfrac{1}{2}(x+y+\dfrac{x+y+6pt}{x+y})$，

此说明 d 是和 $x+y$ 和 q 的算术平均值。由 T 法则知 $y < z < x+y$，

于是 $d \neq \dfrac{1}{2}(x+y+\dfrac{z+6pt}{z})$，由此立知 $x^p + y^p = z^p$ 只能无解，证毕。

6pt式、算术平均值、T法则、X约束与费马大定理的第一百二十六个初等证明

由 $(x+y)q = x+y+6pt$ 可得 $q = \dfrac{x+y+6pt}{x+y}$，设 $d = \dfrac{1}{2}(x+y+\dfrac{x+y+6pt}{x+y})$，

此说明 d 是和 $x+y$ 和 q 的算术平均值。X 约束要求 $z = x+y$，然此与 T 法则相悖，由 T

法则知 $y < z < x+y$，于是 $d \neq \dfrac{1}{2}(x+y+\dfrac{z+6pt}{z})$，由此立知 $x^p + y^p = z^p$ 无解，证毕。

6pt式、算术平均值、T法则与费马大定理的第一百二十七个初等证明

由 $(x+y)q = x+y+6pt$ 可得 $q = \dfrac{x+y+6pt}{x+y}$，设 $d = \dfrac{1}{2}(x+y+\dfrac{x+y+6pt}{x+y})$，

此说明 d 是和 $x+y$ 和 q 的算术平均值。由 T 法则知 $y < z < x+y$，

于是 $d \neq \dfrac{1}{2}(z+\dfrac{z+6pt}{z})$，由此立知 $x^p + y^p = z^p$ 只能无解，证毕。

6pt式、算术平均值、T法则、X约束与费马大定理的第一百二十八个初等证明

由 $(x+y)q = x+y+6pt$ 可得 $q = \dfrac{x+y+6pt}{x+y}$，设 $d = \dfrac{1}{2}(x+y+\dfrac{x+y+6pt}{x+y})$，

此说明 d 是和 $x+y$ 和 q 的算术平均值。X 约束要求 $z = x+y$，然此与 T 法则相悖，由 T

法则知 $y < z < x + y$，于是 $d \neq \dfrac{1}{2}(z + \dfrac{z+6pt}{z})$，由此立知 $x^p + y^p = z^p$ 无解，证毕。

$6pt$ 式、算术平均值、q 规则与费马大定理的第一百二十九个初等证明

由 $(x+y)q = x+y+6pt$ 可得 $q = \dfrac{x+y+6pt}{x+y}$，设 $d = \dfrac{1}{2}(x+y+\dfrac{x+y+6pt}{x+y})$，

此说明 d 是和 $x+y$ 和 q 的算术平均值。由 q 规则知 $q < z^{n-1}$，

于是 $d \neq \dfrac{1}{2}(x+y+z^{p-1})$，由此立知 $x^p + y^p = z^p$ 只能无解，证毕。

$6pt$ 式、算术平均值、q 规则、X 约束与费马大定理的第一百三十个初等证明

由 $(x+y)q = x+y+6pt$ 可得 $q = \dfrac{x+y+6pt}{x+y}$，设 $d = \dfrac{1}{2}(x+y+\dfrac{x+y+6pt}{x+y})$，此

说明 d 是和 $x+y$ 和 q 的算术平均值。X 约束要求 $\dfrac{x+y+6pt}{x+y} = z^{n-1}$，然此与 q 规则相悖，

由 q 规则知 $q < z^{n-1}$，于是 $d \neq \dfrac{1}{2}(x+y+z^{p-1})$，由此立知 $x^p + y^p = z^p$ 只能无解，证毕。

$6pt$ 式、算术平均值、q 规则与费马大定理的第一百三十一个初等证明

由 $(x+y)q = x+y+6pt$ 可得 $q = \dfrac{x+y+6pt}{x+y}$，设 $d = \dfrac{1}{2}(x+y+\dfrac{x+y+6pt}{x+y})$，

此说明 d 是和 $x+y$ 和 q 的算术平均值。由 q 规则知 $q < z^{n-1}$，

于是 $d \neq \dfrac{1}{2}(x+y+z^{n-1})$ 及 $z^{n-1} \neq \dfrac{x+y+6pt}{x+y}$，由此立知 $x^p + y^p = z^p$ 只能无解，证毕。

$6pt$ 式、算术平均值、q 规则、X 约束与费马大定理的第一百三十二个初等证明

由 $(x+y)q = x+y+6pt$ 可得 $q = \dfrac{x+y+6pt}{x+y}$，设 $d = \dfrac{1}{2}(x+y+\dfrac{x+y+6pt}{x+y})$，此

说明 d 是和 $x+y$ 和 q 的算术平均值。X 约束要求 $\dfrac{x+y+6pt}{x+y} = z^{n-1}$，然此与 q 规则相悖，

由 q 规则知 $q < z^{n-1}$，于是 $d \neq \dfrac{1}{2}(x+y+z^{n-1})$ 及 $z^{n-1} \neq \dfrac{x+y+6pt}{x+y}$，

由此立知 $x^p + y^p = z^p$ 只能无解，证毕。

6pt式、调和平均值、T法则与费马大定理的第一百三十三初等证明

一、调和平均值

记 $\dfrac{1}{h} = \dfrac{1}{2}\left(\dfrac{1}{a} + \dfrac{1}{b}\right)$，即 $h = \dfrac{2}{\dfrac{1}{a} + \dfrac{1}{b}} = \dfrac{2ab}{a+b}$，式中 h 称为 a,b 的调和平均值。

二、大定理的证明

由 $(x+y)q = x+y+6pt$，可得 $(x+y)q$ 和 $x+y$ 的调和平均值为

$$h = \frac{2(x+y)(x+y+6pt)}{x+y+(x+y)q}，$$ 由 T 法则知 $y < z < x+y$，于是 $h \neq \dfrac{2z(x+y+6pt)}{x+y+(x+y)q}$，

由此立知 $x^p + y^p = z^p$ 无解，证毕。

6pt式、调和平均值、T法则、X约束与费马大定理的第一百三十四个初等证明

由 $(x+y)q = x+y+6pt$，可得 $(x+y)q$ 和 $x+y$ 的调和平均值为

$$h = \frac{2(x+y)(x+y+6pt)}{x+y+(x+y)q}，$$ X 约束要求 $z = x+y$，然此明显与 T 法则相悖，由 T 法则知

$y < z < x+y$，于是 $h \neq \dfrac{2z(x+y+6pt)}{x+y+(x+y)q}$，由此立知 $x^p + y^p = z^p$ 无解，证毕。

6pt式、调和平均值、T法则与费马大定理的第一百三十五个初等证明

对于 $h = \dfrac{2(x+y)(x+y+6pt)}{x+y+(x+y)q}$，由 T 法则知 $y < z < x+y$，于是

$h \neq \dfrac{2(x+y)(z+6pt)}{x+y+(x+y)q}$，由此立知 $x^p + y^p = z^p$ 无解，证毕。

6pt式、调和平均值、T法则、X约束与费马大定理的第一百三十六个初等证明

对于 $h = \dfrac{2(x+y)(x+y+6pt)}{x+y+(x+y)q}$，X 约束要求 $z = x+y$，然此明显与 T 法则相悖，由

T 法则知 $y < z < x+y$，于是 $h \neq \dfrac{2(x+y)(z+6pt)}{x+y+(x+y)q}$，由此立知 $x^p + y^p = z^p$ 无解，证毕。

$6pt$ 式、调和平均值、T 法则与费马大定理的第一百三十七个初等证明

对于 $h = \dfrac{2(x+y)(x+y+6pt)}{x+y+(x+y)q}$，由 T 法则知 $y < z < x+y$，于是

$h \neq \dfrac{2(x+y)(x+y+6pt)}{z+(x+y)q}$，由此立知 $x^p + y^p = z^p$ 无解，证毕。

$6pt$ 式、调和平均值、T 法则、X 约束与费马大定理的第一百三十八个初等证明

对于 $h = \dfrac{2(x+y)(x+y+6pt)}{x+y+(x+y)q}$，X 约束要求 $z = x+y$，然此明显与 T 法则相悖，由

T 法则知 $y < z < x+y$，于是 $h \neq \dfrac{2(x+y)(x+y+6pt)}{z+(x+y)q}$，由此立知 $x^p + y^p = z^p$ 无解。

$6pt$ 式、调和平均值、T 法则与费马大定理的第一百三十九个初等证明

对于 $h = \dfrac{2(x+y)(x+y+6pt)}{x+y+(x+y)q}$，由 T 法则知 $y < z < x+y$，于是

$h \neq \dfrac{2(x+y)(x+y+6pt)}{x+y+zq}$，由此立知 $x^p + y^p = z^p$ 无解，证毕。

$6pt$ 式、调和平均值、T 法则、X 约束与费马大定理的第一百四十个初等证明

对于 $h = \dfrac{2(x+y)(x+y+6pt)}{x+y+(x+y)q}$，X 约束要求 $z = x+y$，然此明显与 T 法则相悖，由

T 法则知 $y < z < x+y$，于是 $h \neq \dfrac{2(x+y)(x+y+6pt)}{x+y+zq}$，由此立知 $x^p + y^p = z^p$ 无解。

$6pt$ 式、调和平均值、T 法则与费马大定理的第一百四十一个初等证明

对于 $h = \dfrac{2(x+y)(x+y+6pt)}{x+y+(x+y)q}$，由 T 法则知 $y < z < x+y$，

于是 $h \neq \dfrac{2z(z+6pt)}{x+y+(x+y)q}$，由此立知 $x^p + y^p = z^p$ 无解，证毕。

$6pt$ 式、调和平均值、T 法则、X 约束与费马大定理的第一百四十二个初等证明

对于 $h = \dfrac{2(x+y)(x+y+6pt)}{x+y+(x+y)q}$，X 约束要求 $z = x+y$，然此明显与 T 法则相悖，由

T 法则知 $y < z < x + y$，于是 $h \neq \dfrac{2z(z + 6pt)}{x + y + (x + y)q}$，由此立知 $x^p + y^p = z^p$ 无解。

$6pt$ 式、调和平均值、T 法则与费马大定理的第一百四十三个初等证明

对于 $h = \dfrac{2(x + y)(x + y + 6pt)}{x + y + (x + y)q}$，由 T 法则知 $z < x + y$，

于是 $h \neq \dfrac{2z(x + y + 6pt)}{z + (x + y)q}$，由此立知 $x^p + y^p = z^p$ 无解，证毕。

$6pt$ 式、调和平均值、T 法则、X 约束与费马大定理的第一百四十四个初等证明

对于 $h = \dfrac{2(x + y)(x + y + 6pt)}{x + y + (x + y)q}$，X 约束要求 $z = x + y$，然此明显与 T 法则相悖，由

T 法则知 $z < x + y$，于是 $h \neq \dfrac{2z(x + y + 6pt)}{z + (x + y)q}$，由此立知 $x^p + y^p = z^p$ 无解，证毕。

$6pt$ 式、调和平均值、T 法则与费马大定理的第一百四十五个初等证明

对于 $h = \dfrac{2(x + y)(x + y + 6pt)}{x + y + (x + y)q}$，由 T 法则知 $z < x + y$，

于是 $h \neq \dfrac{2z(x + y + 6pt)}{x + y + zq}$，由此立知 $x^p + y^p = z^p$ 无解，证毕。

$6pt$ 式、调和平均值、T 法则、X 约束与费马大定理的第一百四十六个初等证明

对于 $h = \dfrac{2(x + y)(x + y + 6pt)}{x + y + (x + y)q}$，X 约束要求 $z = x + y$，然此明显与 T 法则相悖，由

T 法则知 $z < x + y$，于是 $h \neq \dfrac{2z(x + y + 6pt)}{x + y + zq}$，由此立知 $x^p + y^p = z^p$ 无解，证毕。

$6pt$ 式、调和平均值、T 法则与费马大定理的第一百四十七个初等证明

对于 $h = \dfrac{2(x + y)(x + y + 6pt)}{x + y + (x + y)q}$，由 T 法则知 $z < x + y$，于是 $h \neq \dfrac{2(x + y)(z + 6pt)}{z + (x + y)q}$，

由此立知 $x^p + y^p = z^p$ 无解，证毕。

6pt式、调和平均值、T法则、X约束与费马大定理的第一百四十八个初等证明

对于 $h = \dfrac{2(x+y)(x+y+6pt)}{x+y+(x+y)q}$，X约束要求 $z = x+y$，然此明显与T法则相悖，由

T法则知 $z < x+y$，于是 $h \neq \dfrac{2(x+y)(z+6pt)}{z+(x+y)q}$，由此立知 $x^p + y^p = z^p$ 无解，证毕。

6pt式、调和平均值、T法则与费马大定理的第一百四十九个初等证明

对于 $h = \dfrac{2(x+y)(x+y+6pt)}{x+y+(x+y)q}$，由T法则知 $z < x+y$，

于是 $h \neq \dfrac{2(x+y)(z+6pt)}{x+y+zq}$，由此立知 $x^p + y^p = z^p$ 无解，证毕。

6pt式、调和平均值、T法则、X约束与费马大定理的第一百五十个初等证明

对于 $h = \dfrac{2(x+y)(x+y+6pt)}{x+y+(x+y)q}$，X约束要求 $z = x+y$，然此明显与T法则相悖，由

T法则知 $z < x+y$，于是 $h \neq \dfrac{2(x+y)(z+6pt)}{x+y+zq}$，由此立知 $x^p + y^p = z^p$ 无解，证毕。

6pt式、调和平均值、T法则与费马大定理的第一百五十一个初等证明

对于 $h = \dfrac{2(x+y)(x+y+6pt)}{x+y+(x+y)q}$，由T法则知 $z < x+y$，

于是 $h \neq \dfrac{2(x+y)(x+y+6pt)}{z+zq}$，由此立知 $x^p + y^p = z^p$ 无解，证毕。

6pt式、调和平均值、T法则、X约束与费马大定理的第一百五十二个初等证明

对于 $h = \dfrac{2(x+y)(x+y+6pt)}{x+y+(x+y)q}$，X约束要求 $z = x+y$，然此明显与T法则相悖，由

T法则知 $z < x+y$，于是 $h \neq \dfrac{2(x+y)(x+y+6pt)}{z+zq}$，由此立知 $x^p + y^p = z^p$ 无解，证毕。

6pt式、调和平均值、T法则与费马大定理的第一百五十三个初等证明

对于 $h = \dfrac{2(x+y)(x+y+6pt)}{x+y+(x+y)q}$，由T法则知 $z < x+y$，

于是 $h \neq \dfrac{2z(z+6pt)}{z+(x+y)q}$ ，由此立知 $x^p + y^p = z^p$ 无解，证毕。

$6pt$ 式、调和平均值、T 法则、X 约束与费马大定理的第一百五十四个初等证明

对于 $h = \dfrac{2(x+y)(x+y+6pt)}{x+y+(x+y)q}$ ，X 约束要求 $z = x+y$ ，然此明显与 T 法则相悖，由

T 法则知 $z < x+y$ ，于是 $h \neq \dfrac{2z(z+6pt)}{z+(x+y)q}$ ，由此立知 $x^p + y^p = z^p$ 无解，证毕。

$6pt$ 式、调和平均值、T 法则与费马大定理的第一百五十五个初等证明

对于 $h = \dfrac{2(x+y)(x+y+6pt)}{x+y+(x+y)q}$ ，由 T 法则知 $z < x+y$ ，

于是 $h \neq \dfrac{2(x+y)(z+6pt)}{z+zq}$ ，由此立知 $x^p + y^p = z^p$ 无解，证毕。

$6pt$ 式、调和平均值、T 法则、X 约束与费马大定理的第一百五十六个初等证明

对于 $h = \dfrac{2(x+y)(x+y+6pt)}{x+y+(x+y)q}$ ，X 约束要求 $z = x+y$ ，然此明显与 T 法则相悖，由

T 法则知 $z < x+y$ ，于是 $h \neq \dfrac{2(x+y)(z+6pt)}{z+zq}$ ，由此立知 $x^p + y^p = z^p$ 无解，证毕。

$6pt$ 式、调和平均值、T 法则与费马大定理的第一百五十七个初等证明

对于 $h = \dfrac{2(x+y)(x+y+6pt)}{x+y+(x+y)q}$ ，由 T 法则知 $z < x+y$ ，

于是 $h \neq \dfrac{2z(z+6pt)}{z+zq}$ ，由此立知 $x^p + y^p = z^p$ 无解，证毕。

$6pt$ 式、调和平均值、T 法则、X 约束与费马大定理的第一百五十八个初等证明

对于 $h = \dfrac{2(x+y)(x+y+6pt)}{x+y+(x+y)q}$ ，X 约束要求 $z = x+y$ ，然此明显与 T 法则相悖，由

T 法则知 $z < x+y$ ，于是 $h \neq \dfrac{2z(z+6pt)}{z+zq}$ ，由此立知 $x^p + y^p = z^p$ 无解，证毕。

$6pt$ 式、调和平均值、q 规则与费马大定理的第一百五十九个初等证明

对于 $h = \dfrac{2(x+y)(x+y+6pt)}{x+y+(x+y)q}$，由 q 规则知 $q < z^{p-1}$，

于是 $h \neq \dfrac{2(x+y)(x+y+6pt)}{x+y+(x+y)z^{p-1}}$，由此立知 $x^p + y^p = z^p$ 无解，证毕。

$6pt$ 式、调和平均值、q 规则、X 约束与费马大定理的第一百六十个初等证明

对于 $h = \dfrac{2(x+y)(x+y+6pt)}{x+y+(x+y)q}$，X 约束要求 $q = z^{p-1}$，然此明显与 q 规则相悖，由 q

规则知 $q < z^{p-1}$，于是 $h \neq \dfrac{2(x+y)(x+y+6pt)}{x+y+(x+y)z^{p-1}}$，由此立知 $x^p + y^p = z^p$ 无解，证毕。

$6pt$ 式、调和平均值、T 法则、q 规则与费马大定理的第一百六十一初等证明

对于 $h = \dfrac{2(x+y)(x+y+6pt)}{x+y+(x+y)q}$，由 T 法则知 $y < z < x+y$，由 q 规则知 $q < z^{p-1}$，

于是 $h \neq \dfrac{2z(x+y+6pt)}{x+y+(x+y)z^{p-1}}$，由此立知 $x^p + y^p = z^p$ 无解，证毕。

$6pt$ 式、调和平均值、T 法则、q 规则、X 约束与费马大定理的第一百六十二个初等证明

由 $(x+y)q = x+y+6pt$，可得 $(x+y)q$ 和 $x+y$ 的调和平均值为

$h = \dfrac{2(x+y)(x+y+6pt)}{x+y+(x+y)q}$，X 约束要求 $z = x+y$ 及 $q = z^{p-1}$，然此明显与 T 法则和 q 规

则相悖，由 T 法则知 $y < z < x+y$，由 q 规则知 $q < z^{p-1}$，于是 $h \neq \dfrac{2z(x+y+6pt)}{x+y+(x+y)z^{p-1}}$，

由此立知 $x^p + y^p = z^p$ 无解，证毕。

$6pt$ 式、调和平均值、T 法则、q 规则与费马大定理的第一百六十三个初等证明

对于 $h = \dfrac{2(x+y)(x+y+6pt)}{x+y+(x+y)q}$，由 T 法则知 $y < z < x+y$，由 q 规则知 $q < z^{p-1}$，

于是 $h \neq \dfrac{2(x+y)(z+6pt)}{x+y+(x+y)z^{p-1}}$，由此立知 $x^p + y^p = z^p$ 无解，证毕。

6pt 式、调和平均值、T 法则、q 规则、X 约束与费马大定理的第一百六十四个初等证明

对于 $h = \dfrac{2(x+y)(x+y+6pt)}{x+y+(x+y)q}$，X 约束要求 $z = x+y$ 及 $q = z^{p-1}$，然此明显与 T 法

则和 q 规则相悖，由 T 法则知 $y < z < x+y$，由 q 规则知 $q < z^{p-1}$，

于是 $h \neq \dfrac{2(x+y)(z+6pt)}{x+y+(x+y)z^{p-1}}$，由此立知 $x^p + y^p = z^p$ 无解，证毕。

6pt 式、调和平均值、T 法则、q 规则与费马大定理的第一百六十五个初等证明

对于 $h = \dfrac{2(x+y)(x+y+6pt)}{x+y+(x+y)q}$，由 T 法则知 $y < z < x+y$，由 q 规则知 $q < z^{p-1}$，

于是 $h \neq \dfrac{2(x+y)(x+y+6pt)}{z+(x+y)z^{p-1}}$，由此立知 $x^p + y^p = z^p$ 无解，证毕。

6pt 式、调和平均值、T 法则、q 规则、X 约束与费马大定理的第一百六十六个初等证明

对于 $h = \dfrac{2(x+y)(x+y+6pt)}{x+y+(x+y)q}$，X 约束要求 $z = x+y$ 及 $q = z^{p-1}$，然此明显与 T 法

则和 q 规则相悖，由 T 法则知 $y < z < x+y$，由 q 规则知 $q < z^{p-1}$，

于是 $h \neq \dfrac{2(x+y)(x+y+6pt)}{z+(x+y)z^{p-1}}$，由此立知 $x^p + y^p = z^p$ 无解。

6pt 式、调和平均值、T 法则、q 规则与费马大定理的第一百六十七个初等证明

对于 $h = \dfrac{2(x+y)(x+y+6pt)}{x+y+(x+y)q}$，由 T 法则知 $y < z < x+y$，由 q 规则知 $q < z^{p-1}$，

于是 $h \neq \dfrac{2(x+y)(x+y+6pt)}{x+y+zz^{p-1}}$，由此立知 $x^p + y^p = z^p$ 无解，证毕。

6pt 式、调和平均值、T 法则、q 规则、X 约束与费马大定理的第一百六十八个初等证明

对于 $h = \dfrac{2(x+y)(x+y+6pt)}{x+y+(x+y)q}$，X 约束要求 $z = x+y$ 及 $q = z^{p-1}$，然此明显与 T 法

则和 q 规则相悖，由 T 法则知 $y < z < x+y$，由 q 规则知 $q < z^{p-1}$，

于是 $h \neq \dfrac{2(x+y)(x+y+6pt)}{x+y+zz^{p-1}}$，由此立知 $x^p + y^p = z^p$ 无解。

$6pt$ 式、调和平均值、T 法则、q 规则与费马大定理的第一百六十九个初等证明

对于 $h = \dfrac{2(x+y)(x+y+6pt)}{x+y+(x+y)q}$，由 T 法则知 $y < z < x+y$，由 q 规则知 $q < z^{p-1}$，

于是 $h \neq \dfrac{2z(z+6pt)}{x+y+(x+y)z^{p-1}}$，由此立知 $x^p + y^p = z^p$ 无解，证毕。

$6pt$ 式、调和平均值、T 法则、q 规则、X 约束与费马大定理的第一百七十个初等证明

对于 $h = \dfrac{2(x+y)(x+y+6pt)}{x+y+(x+y)q}$，X 约束要求 $z = x+y$ 及 $q = z^{p-1}$，然此明显与 T 法

则和 q 规则相悖，由 T 法则知 $y < z < x+y$，由 q 规则知 $q < z^{p-1}$，

于是 $h \neq \dfrac{2z(z+6pt)}{x+y+(x+y)z^{p-1}}$，由此立知 $x^p + y^p = z^p$ 无解。

$6pt$ 式、调和平均值、T 法则、q 规则与费马大定理的第一百七十一个初等证明

对于 $h \neq \dfrac{2(x+y)(x+y+6pt)}{x+y+(x+y)z^{p-1}}$，由 T 法则知 $z < x+y$，由 q 规则知 $q < z^{p-1}$，

于是 $h \neq \dfrac{2z(x+y+6pt)}{z+(x+y)q}$，由此立知 $x^p + y^p = z^p$ 无解，证毕。

$6pt$ 式、调和平均值、T 法则、q 规则、X 约束与费马大定理的第一百七十二个初等证明

对于 $h = \dfrac{2(x+y)(x+y+6pt)}{x+y+(x+y)q}$，X 约束要求 $z = x+y$ 及 $q = z^{p-1}$，然此明显与 T 法

则和 q 规则相悖，由 T 法则知 $z < x+y$，由 q 规则知 $q < z^{p-1}$，

于是 $h \neq \dfrac{2(x+y)(x+y+6pt)}{x+y+(x+y)z^{p-1}}$，由此立知 $x^p + y^p = z^p$ 无解，证毕。

$6pt$ 式、调和平均值、T 法则、q 规则与费马大定理的第一百七十三个初等证明

对于 $h = \dfrac{2(x+y)(x+y+6pt)}{x+y+(x+y)q}$，由 T 法则知 $z < x+y$，由 q 规则知 $q < z^{p-1}$，

于是 $h \neq \dfrac{2z(x+y+6pt)}{x+y+zz^{p-1}}$，由此立知 $x^p + y^p = z^p$ 无解，证毕。

$6pt$ 式、调和平均值、T 法则、q 规则、X 约束与费马大定理的第一百七十四个初等证明

对于 $h = \dfrac{2(x+y)(x+y+6pt)}{x+y+(x+y)q}$，X 约束要求 $z = x+y$ 及 $q = z^{p-1}$，然此明显与 T 法

则和 q 规则相悖，由 T 法则知 $z < x+y$，由 q 规则知 $q < z^{p-1}$，于是 $h \neq \dfrac{2z(x+y+6pt)}{x+y+zz^{p-1}}$，

由此立知 $x^p + y^p = z^p$ 无解，证毕。

$6pt$ 式、调和平均值、T 法则、q 规则与费马大定理的第一百七十五个初等证明

对于 $h = \dfrac{2(x+y)(x+y+6pt)}{x+y+(x+y)q}$，由 T 法则知 $z < x+y$，由 q 规则知 $q < z^{p-1}$，

于是 $h \neq \dfrac{2(x+y)(z+6pt)}{z+(x+y)z^{p-1}}$，由此立知 $x^p + y^p = z^p$ 无解，证毕。

$6pt$ 式、调和平均值、T 法则、q 规则、X 约束与费马大定理的第一百七十六个初等证明

对于 $h = \dfrac{2(x+y)(x+y+6pt)}{x+y+(x+y)q}$，X 约束要求 $z = x+y$ 及 $q = z^{p-1}$，然此明显与 T 法

则和 q 规则相悖，由 T 法则知 $z < x+y$，由 q 规则知 $q < z^{p-1}$，于是 $h \neq \dfrac{2(x+y)(z+6pt)}{z+(x+y)z^{p-1}}$，

由此立知 $x^p + y^p = z^p$ 无解，证毕。

$6pt$ 式、调和平均值、T 法则、q 规则与费马大定理的第一百七十七个初等证明

对于 $h = \dfrac{2(x+y)(x+y+6pt)}{x+y+(x+y)q}$，由 T 法则知 $z < x+y$，由 q 规则知 $q < z^{p-1}$，

于是 $h \neq \dfrac{2(x+y)(z+6pt)}{x+y+zz^{p-1}}$，由此立知 $x^p + y^p = z^p$ 无解，证毕。

$6pt$ 式、调和平均值、T 法则、q 规则、X 约束与费马大定理的第一百七十八个初等证明

对于 $h = \dfrac{2(x+y)(x+y+6pt)}{x+y+(x+y)q}$，X 约束要求 $z = x+y$ 及 $q = z^{p-1}$，然此明显与 T 法

则和 q 规则相悖, 由 T 法则知 $z < x + y$, 由 q 规则知 $q < z^{p-1}$, 于是 $h \neq \dfrac{2(x+y)(z+6pt)}{x+y+zz^{p-1}}$,

由此立知 $x^p + y^p = z^p$ 无解, 证毕。

$6pt$ 式、调和平均值、T 法则、q 规则与费马大定理的第一百七十九个初等证明

对于 $h = \dfrac{2(x+y)(x+y+6pt)}{x+y+(x+y)q}$, 由 T 法则知 $z < x + y$, 由 q 规则知 $q < z^{p-1}$,

于是 $h \neq \dfrac{2(x+y)(x+y+6pt)}{z+zz^{p-1}}$, 由此立知 $x^p + y^p = z^p$ 无解, 证毕。

$6pt$ 式、调和平均值、T 法则、q 规则、X 约束与费马大定理的第一百八十个初等证明

对于 $h = \dfrac{2(x+y)(x+y+6pt)}{x+y+(x+y)q}$, X 约束要求 $z = x + y$ 及 $q = z^{p-1}$, 然此明显与 T 法

则和 q 规则相悖, 由 T 法则知 $z < x + y$, 由 q 规则知 $q < z^{p-1}$,

于是 $h \neq \dfrac{2(x+y)(x+y+6pt)}{z+zz^{p-1}}$, 由此立知 $x^p + y^p = z^p$ 无解, 证毕。

$6pt$ 式、调和平均值、T 法则、q 规则与费马大定理的第一百八十一个初等证明

对于 $h = \dfrac{2(x+y)(x+y+6pt)}{x+y+(x+y)q}$, 由 T 法则知 $z < x + y$, 由 q 规则知 $q < z^{p-1}$,

于是 $h \neq \dfrac{2z(z+6pt)}{z+(x+y)z^{p-1}}$, 由此立知 $x^p + y^p = z^p$ 无解, 证毕。

$6pt$ 式、调和平均值、T 法则、q 规则、X 约束与费马大定理的第一百八十二个初等证明

对于 $h = \dfrac{2(x+y)(x+y+6pt)}{x+y+(x+y)q}$, X 约束要求 $z = x + y$ 及 $q = z^{p-1}$, 然此明显与 T 法

则和 q 规则相悖, 由 T 法则知 $z < x + y$, 由 q 规则知 $q < z^{p-1}$, 于是 $h \neq \dfrac{2z(z+6pt)}{z+(x+y)z^{p-1}}$,

由此立知 $x^p + y^p = z^p$ 无解, 证毕。

$6pt$ 式、调和平均值、T 法则、q 规则与费马大定理的第一百八十三个初等证明

对于 $h = \dfrac{2(x+y)(x+y+6pt)}{x+y+(x+y)q}$, 由 T 法则知 $z < x + y$, 由 q 规则知 $q < z^{p-1}$,

于是 $h \neq \dfrac{2(x+y)(z+6pt)}{z+zz^{p-1}}$，由此立知 $x^p + y^p = z^p$ 无解，证毕。

$6pt$ 式、调和平均值、T 法则、q 规则、X 约束与费马大定理的第一百八十四个初等证明

对于 $h = \dfrac{2(x+y)(x+y+6pt)}{x+y+(x+y)q}$，X 约束要求 $z = x+y$ 及 $q = z^{p-1}$，然此明显与 T 法

则和 q 规则相悖，由 T 法则知 $z < x+y$，由 q 规则知 $q < z^{p-1}$，于是 $h \neq \dfrac{2(x+y)(z+6pt)}{z+zz^{p-1}}$，

由此立知 $x^p + y^p = z^p$ 无解，证毕。

$6pt$ 式、调和平均值、T 法则、q 规则与费马大定理的第一百八十五个初等证明

对于 $h = \dfrac{2(x+y)(x+y+6pt)}{x+y+(x+y)q}$，由 T 法则知 $z < x+y$，由 q 规则知 $q < z^{p-1}$，

于是 $h \neq \dfrac{2z(z+6pt)}{z+zz^{p-1}}$，由此立知 $x^p + y^p = z^p$ 无解，证毕。

$6pt$ 式、调和平均值、T 法则、q 规则、X 约束与费马大定理的第一百八十六个初等证明

对于 $h = \dfrac{2(x+y)(x+y+6pt)}{x+y+(x+y)q}$，X 约束要求 $z = x+y$ 及 $q = z^{p-1}$，然此明显与 T 法

则和 q 规则相悖，由 T 法则知 $z < x+y$，由 q 规则知 $q < z^{p-1}$，于是 $h \neq \dfrac{2z(z+6pt)}{z+zz^{p-1}}$，

由此立知 $x^p + y^p = z^p$ 无解，证毕。

第九十八章 穷举与费马大定理的初等证明

本章的证明又是一场重头戏！费马大定理的证明可以穷举吗？当然可以！

穷举与费马大定理的第一个证明

一、z^p 的演段图

当 p 为奇数时，$z^p = z \times z^{(\frac{p-1}{2})^2}$，此时 $z^p = \boxed{} + \boxed{} + \cdots + \boxed{}$ 图（A），

上式右端为 z 个正方形的面积之和；每个正方形的边长为 $z^{\frac{p-1}{2}}$，其面积为 $z^{(\frac{p-1}{2})^2}$。

二、大定理的证明

熟知 $x^p + y^p = (x+y)q$，今对 $x^p + y^p$ 的两个因子 $x+y$ 和 q 的取值情况穷举：

1. 当 $x+y$ 和 q 皆为素数时，例如 $2^3 + 3^3 = 5 \times 7$，$4^5 + 7^5 = 11 \times 1261$ 等等。

此时 $x^p + y^p = z^p$ 自然无解。

2. 当 $x + y = u \times u_1 (u < u_1)$ 时，例如 $3^5 + 5^5 = 8 \times 421$，$4^7 + 5^7 = 9 \times 10501$。

于是 $x^p + y^p$ 的演段图为 q 个小长方形或小正方形的面积之和，将此时的 $x^p + y^p$ 的演段图与 z^p 的演段图比较，由 T 法则和 q 规则知，此时 $x^p + y^p = z^p$ 也自然无解。

3. 当 $q = v \times v_1 (v < v_1)$ 时，例如 $5^7 + 9^7 = 14 \times 347221$，$5^{11} + 6^{11} = 11 \times 37420471$。

于是 $x^p + y^p$ 的演段图为 $x + y$ 个小长方形或小正方形的面积之和，将此时的 $x^p + y^p$ 的演段图与 z^p 的演段图比较，由 T 法则和 q 规则知，此时 $x^p + y^p = z^p$ 也自然无解。

其它的情况就不必要说了。由以上三种情况立知 $x^p + y^p = z^p$ 无解，证毕。

穷举与费马大定理的第二个证明

熟知 $y^p - x^p = (y - x)g$，今对 $y^p - x^p$ 的两个因子 $y - x$ 和 g 的取值情况穷举：

1. 当 $y^p - x^p$ 为素数时，例如 $3^5 - 2^5 = 211$。

此时 $y^p - x^p = z^p$ 自然无解。

2. 当 $y - x$ 和 g 皆为素数时，例如 $9^3 - 2^3 = 7 \times 103$，$5^5 - 2^5 = 3 \times 1031$。

此时 $y^p - x^p = z^p$ 自然也无解。

3. 当 $y - x = u \times u_1 (u < u_1)$ 时，请读者自己举例。

于是 $y^p - x^p$ 的演段图为 g 个小长方形或小正方形的面积之和，将此时的 $y^p - x^p$ 的演段图与 z^p 的演段图比较，由 H 法则和 g 规则知，此时 $y^p - x^p = z^p$ 也自然无解。

4. 当 $g = v \times v_1 (v < v_1)$ 时，请读者自己举例。

于是 $y^p - x^p$ 的演段图为 $y - x$ 个小长方形或小正方形的面积之和，将此时的 $y^p - x^p$ 的演段图与 z^p 的演段图比较，由 H 法则和 g 规则知，此时 $y^p - x^p = z^p$ 也自然无解。

其它的情况就不必要说了。由以上四种情况立知 $y^p - x^p = z^p$ 无解，证毕。

说几句几十年来一直想说的话

周明儒先生在小册子《费马大定理的证明与启示》中说："多年来，我国的数学教育与教学，过于偏重演绎推理和逻辑思维能力的培养；…。这不能不说是一大缺撼。一个不会发现问题，只懂得去思考别人给出问题的人，不可能有开创性的成就。在数学教育与教学中，以及在我们自己的学习和研究中，都应当注意和加强数学直觉能力的培养。"

这是一个学有所长、教有所长的数学教育工作者几十年教学心得体会之结晶，真是至理名言，作者也从事数学和计算机软件教学几十年，对此深有体会、深有同感！

事实上，借助几何直观思考复杂的数学问题，借助于数学直觉，推敲问题的来龙去脉，善于注意复杂的数学问题对应的数值例子中反应的数字特征，对于数学人才的培养，对于数学研究工作的重要性怎么强调也不为过。

钱学森先生在光明日报撰文说："科学上的创新光靠严密的逻辑思维不行，创新的思想往往开始于形象思维…"。

数学的形象思维是什么？就是复杂的数学问题的直观的几何背景，就是复杂的数学问题对应的数值例子中的反应的数字特征！

牛顿看到苹果落地，悟出了"自由落体"，人们看到了鹰击长空、鱼翔水中，悟出并制造出了飞机、火箭、导弹乃至飞船；悟出并制造出了轮船、鱼雷、潜艇乃至航空母舰，人类的文明史不就是如此吗？

形象思维往往是创新、创造的先导，由形象思维到联想到创新、创造，这才是一条完整的发明链！

一个民族只有擅长发现，富于创建——不断地发明、创新、创造才能有光明的前途，才能有光辉的希望！

第九十九章 q 的升值与费马大定理的初等证明

q 的升值与费马大定理的第一个证明

考察 $x^n + y^n = (x+y) \times q$，式中 n 表自然数：

当 $q = 1$ 时 $n = 1$，我们有 $x^1 + y^1 = (x+y)^1 \times 1$，它无条件地有解；

当 $q = x^{n-1} - x^{n-2}y + x^{n-3}y^2 - \cdots - xy^{n-2} + y^{n-1}$ 时 $n = p$，

我们有 $x^p + y^p = (x+y)q$，由于 q 为一代数素式或伪代数素式，而 $z^p = z \times z^{p-1}$ 中 z^{p-1} 是一个非代数素式，因此 $x^p + y^p = z^p$ 无条件地无解。

g 的升值与费马大定理的第二个证明

考察 $y^n - x^n = (y-x) \times g$，式中 n 表自然数：

当 $g=1$ 时 $n=1$，我们有 $y^1 - x^1 = (y-x)^1 \times 1$，它无条件地有解；

当 $g = x^{n-1} + x^{n-2}y + x^{n-3}y^2 + \cdots + xy^{n-2} + y^{n-1}$ 时 $n=p$，

我们有 $y^p - x^p = (y-x)g$，由于 g 为一代数素式或伪代数素式，而 $z^p = z \times z^{p-1}$

中 z^{p-1} 是一个非代数素式，因此 $y^p - x^p = z^p$ 无条件地无解。

n 的升值与费马大定理的第三个证明

考察 $x^n + y^n = (x+y) \times q$，式中 n 表自然数：

当 $n=1$ 时 $q=1$，我们有 $x^1 + y^1 = (x+y)^1 \times 1$，它无条件地有解；

当 $n=p$ 时 $q = x^{n-1} - x^{n-2}y + x^{n-3}y^2 - \cdots - xy^{n-2} + y^{n-1}$，

我们有 $x^p + y^p = (x+y)q$，由于 q 为一代数素式或伪代数素式，而 $z^p = z \times z^{p-1}$

中 z^{p-1} 是一个非代数素式，因此 $x^p + y^p = z^p$ 无条件地无解。

n 的升值与费马大定理的第四个证明

考察 $y^n - x^n = (y-x) \times g$，式中 n 表自然数：

当 $n=1$ $g=1$ 时，我们有 $y^1 - x^1 = (y-x)^1 \times 1$，它无条件地有解；

当 $n=p$ 时 $g = x^{n-1} + x^{n-2}y + x^{n-3}y^2 + \cdots + xy^{n-2} + y^{n-1}$，

我们有 $y^p - x^p = (y-x)g$，由于 g 为一代数素式或伪代数素式，而 $z^p = z \times z^{p-1}$

中 z^{p-1} 是一个非代数素式，因此 $y^p - x^p = z^p$ 无条件地无解。

此前，我们利用 $x^2 + y^2 = z^2$ 有条件地有解，给出 $x^p + y^p = z^p$ 无条件地无解的

一大批证明；利用 $y^2 - x^2 = z^2$ 有条件地有解，给出 $y^p - x^p = z^p$ 无条件地无解的一

大批证明，此间，我们又利用 $x^1 + y^1 = z^1(z = x+y)$ 无条件地有解，给出

$x^p + y^p = z^p$ 无条件地无解的证明；利用 $y^1 - x^1 = z^1(z = y-x)$ 无条件地有解，给出

$y^p - x^p = z^p$ 无条件地无解的一大批证明，这显然是意料之中的事。

第一百章 其它问题

本章给出的三十六个问题是在证明费马大定理的的过程中得到的"副产品"，其中有不少是至今为止仍然未被解决的所谓"世界难题"；此外，很多问题的解法与传统的、号称"经典解法"的方法大不相同，举重若轻，"四两拨千斤"，其间有作者多年来研究数论解题方法的结果，显示有很高的解题技巧，在理论和实际应用中都有相当重要的意义。

第一个问题 $(x+2)!$ 与 x^n 的前世姻缘

本章给出 $(x+2)!$ 与 x^n 之间的内在联系，结果不仅有趣，而且对于威尔逊定理实际应用有进一步的研究价值。

一、一个简单的事实：$x^3 - x = (x-1)x(x+1)$，

上式即是说，对于任意的 x，$x^3 - x$ 一定是 x 居中的三个连续数的乘积。

二、$x^3 - x$ 与 $x!$ 的前世姻缘

由上述再往下看一步，事情就有了质的变化，于是马上就知道：

$$(2^3 - 2) = 3!, \quad (2^3 - 2)(5^3 - 5) = 6!, \quad (2^3 - 2)(5^3 - 5)(8^3 - 8) = 9!,$$

$$(2^3 - 2)(5^3 - 5)(8^3 - 8)(11^3 - 11) = 12!, \quad (2^3 - 2)(5^3 - 5)(8^3 - 8)(11^3 - 11)(14^3 - 14) = 15!,$$

如此等等，当然，进一步也就有：$6! = 3! \times (5^3 - 5)$，如此等等。

以上的规律极其明显，又极其简单，剩下来的事情，就是将它的一般表示形式给出来，这就留给读者吧。

三、又一个事实

由费马小定理 $a^p - a = 0 \pmod{p}$ 于是又知道：

$$3 \mid (2^3 - 2) \text{ 即 } 3 \mid 3!, \quad 3^2 \mid (2^3 - 2) \times (5^3 - 5) \text{ 即 } 3^2 \mid 6!, \quad 3^3 \mid (2^3 - 2) \times (5^3 - 5) \times (8^3 - 8) \text{ 即 } 3^3 \mid 9!,$$

$$3^4 \mid (2^3 - 2) \times (5^3 - 5) \times (8^3 - 8) \times (11^3 - 11) \text{ 即 } 3^4 \mid 12!,$$

$$3^5 \mid (2^3 - 2) \times (5^3 - 5) \times (8^3 - 8) \times (11^3 - 11) \times (14^3 - 14) \text{ 即 } 3^5 \mid 15!$$

又由 $3! = 6$，于是进一步可知：$6 \mid 6!$，$6^2 \mid 6!$，$6^3 \mid 9!$，$6^4 \mid 12!$，$6^5 \mid 15!$，如此等等，等等。

也请读者将此事实写成一般形式。

四、$x^n - x^r$ 与 $x!$ 的前世姻缘

当 n>3 时，注意以下事实：

$2^4 - 2^2 = 2(2^3 - 2)$，$2^5 - 2^3 = 2^2(2^3 - 2)$，$2^6 - 2^4 = 2^3(2^3 - 2)$，如此等等。

以上规律明显而有趣，得到其一般形式实非难事，也请读者自己给出。

事实上，个中的文章还很多很多，例如当 $n \geq 5$，$n!$ 的尾巴有一串 "0"，能确切地知道 0 的个数吗？为什么？

五、一个值得注意、需要进一步研究的事情

文献[6]在介绍威尔逊定理时有这样的一段话："现在我们已经看出了威尔逊定理之所以重要，原来，它已完全给出了一个数是素数的一个充要条件。因此，这个定理是别的定理无与伦比的，至少，从理论上说，判定一个给定的数是否为素数的问题已经完全解决了。

不过，由于阶乘数的增长是'爆炸性的'，所以，从计算数学的观点来看，想通过威尔逊定理来判定待检数 N 是否为素数，仍然无异于痴人说梦，好有一比，指望它来解决问题，那不过是望梅止渴，远水救不了近火啊！"

当 x 增大时，$x!$ 爆炸性的增大。以上诸方法均有可能使 $x!$ 迅速减小。如果由此能够解决威尔逊定理在判素方面事实上的应用问题，就一个值得注意、需要进一步研究的事情了。果真如此，我们就能够迅速地对大素数的乘积进行快速的分解，因而也就能够对基于大素数的乘积构成的加密系统有了有效的攻击方法。当然这中间还有很多复杂、细致的麻烦事情要做。对此，作者已经有了一些结果，留待以后专门讨论。

第二个问题 关于 X 的阶乘和一个公式

一、关于 X 的阶乘

$$x^3 - x = (x-1)x(x+1)，于是 x^3 = \frac{(x+1)!}{(x-2)!} + x，于是 x^n = \frac{x^{n-3}(x+1)!}{(x-2)!} + x^{n-2}。$$

例 1. $\dfrac{(5+1)!}{(5-2)!} + 5 = 4 \times 5 \times 6 + 5 = 5^3$，2. $\dfrac{5 \times (5+1)!}{(5-2)!} + 5^2 = 4 \times 5^2 \times 6 + 5^2 = 5^4$

3. $\dfrac{5^2 \times (5+1)!}{(5-2)!} + 5^3 = 4 \times 5^3 \times 6 + 5^3 = 5^5$，4. $\dfrac{5^3 \times (5+1)!}{(5-2)!} + 5^4 = 4 \times 5^4 \times 6 + 5^4 = 5^6$

5. $\dfrac{5^4 \times (5+1)!}{(5-2)!} + 5^5 = 4 \times 5^5 \times 6 + 5^5 = 5^7$。

二、公式

显然一般情况有 $x^n = \dfrac{x^{n-3}(x+1)!}{(x-2)!} + x^{n-2}$，当 n 为奇数时，可得公式：

$$x^n + y^n = \frac{x^{n-3}(x+1)!}{(x-2)!} + \frac{y^{n-3}(y+1)!}{(y-2)!} + x^{n-2} + y^{n-2} \ 及$$

$$x^n + y^n = (x+y)q_n = \frac{x^{n-3}(x+1)!}{(x-2)!} + \frac{y^{n-3}(y+1)!}{(y-2)!} + (x+y)q_{n-2}，\ 这中间藏有大定理的多少$$

个证明啊！有趣的是可一次证得两个无解，即 $x^{n-2} + y^{n-2} = z^{n-2}$ 无解与 $x^n + y^n = z^n$ 无解，本书中已有一次证得两个无解、三个无解、四个无解的证明，十个无解的证明，这里的"两个无解"就留给有兴趣的读者吧。

第三个问题 关于三角数

Gauss 证明了每个正整数是三个三角数之和。高斯的这一发现在 1796 年 7 月 10 日的日记中以隐讳的方式记述："Eareka！ Num= $\triangle + \triangle + \triangle$"。

以上是作者在 1978 年 7 月关于 Fermat 问题的研究笔记中的相关内容，由此可见高斯的极度的兴奋心情。这是数学史上流传至今的一个美谈。

事实上，本书还得到了与三角数有关系的七个结果：

一． $mn = (\dfrac{m+n}{2})^2 - (\dfrac{m-n}{2})^2$，即当 m，n 同奇或同偶时 mn 是两个相邻的三角数的平方差。

二．连续奇数和与三角数

当 m，n 同奇或同偶时 mn 是一个连续奇数和，于是此时，两个相邻的三角数的平方差是一个一个连续奇数和。

三．连续偶数和与三角数

$1+2+3+\cdots+\cdots+2n-1 = \dfrac{(2n-1)2n}{2}$，而 $\dfrac{(2n-1)2n}{2}$ 明显地是一个三角数。

$1+3+5+\cdots+\cdots+2n-1 = n^2$，于是 $2+4+6+\cdots+\cdots+2n = \dfrac{(2n-1)2n}{2} - n^2$。

.这就是说，连续偶数和是一个三角数与完全平方数的差。

四． $x^3 = (\dfrac{x^2+x}{2})^2 - (\dfrac{x^2-x}{2})^2$，这就是说，一个立方数是两个相邻的三角数的平方差。

事实上 $x^3 = x^2 - x + 1 + \cdots + \cdots + x^2 + x - 1$ 于是 $x^3 = (\dfrac{x^2+x}{2})^2 - (\dfrac{x^2-x}{2})^2$，而 $\dfrac{x^2+x}{2}$ 与

$\dfrac{x^2-x}{2}$ 明显地是两个相邻的三角数。

五. x^n 与三角数

明显地有 x^n-x 是一个连续偶数和，于是 $x^n=\dfrac{(2n-1)2n}{2}-n^2-n$。

六. x^2 与三角数

x^2 是一个连续奇数和，于是当 x 为奇数时，x^2 也是一个三角数。

七. $x^n+y^n=(x+y)q$ 与类三角数

当 $x+y$ 为奇数时，$x^n+y^n=(x+y)q$ 是一个首项为 $x^{n-1}-x+1$ 的连续奇数和，于是此时 $x^n+y^n=(x+y)q$ 也是一个类三角数。

第四个问题 论 x^2-1

一些简单的事实，对于数论解题的作用往往功力非凡，在数学的其他分支中也是如此。然而由于思维的"惯性"，我们常常忽视它们。本章再一次说明数学解题方法的创新是何等重要。

一、一个简单的事实

熟知 $x^2=1+3+5+\cdots+2x-1$

于是 $x^2-1=3+5+\cdots+2x-1$，这就是将一个连续奇数和去掉首项，其项数减 1 而中值增 1，这就有了我们再熟悉不过的一个简单事实 $x^2-1=(x-1)(x+1)$

注意，$x-1$ 与 $x+1$ 是两个连续奇数或两个连续偶数。

二、$x^2-1=(x-1)(x+1)$ 的功力

以下三例均取自文献[32]，作者使用 $x^2-1=(x-1)(x+1)$ 方法解之，简值不费吹灰之力，而文献[32]中的解法实在是不胜其烦。需要说清楚的是，类似的题目作者在中学生数学竞赛题中不止一次见到，作者的解法就是在研究这类中学生数学竞赛题时得到的，而文献[32]中的解法也是时常可以见到的传统的、号称"经典解法"的方法（为比较起见，读者可参阅文献，为节省笔墨计，这里就不再引用文献[32]中的解法了）。

例 1. 若 x 是一个以 5 为末尾数码（个位数）的完全平方数，那么它的百位数码必为偶

422

数。

证．由 $5^2 = 25$，$(5^2)^2 - 1 = 625\cdots$，可知一个末尾数码为 5 的完全平方数，其百位数只能是 2，理由是唯有 $5^2 - 1 = 4 \times 6 = 24$，证毕。

例 2．试求一个四位的完全平方数，若已知它的前两个数码相同，后两个数码也相同。

证．由穷举可知，在 $0,1,\cdots,9$ 中唯有 $7744 - 1 = 7743 = 87 \times 89$ 于是立知 $7744 = 88^2$。注意，这里的穷举并不需要一个一个地举。

例 3．求具有下列性质的最大平方数：在抹去它的个位数码和十位数码后仍为完全平方数（被抹去的两位数不全为 0）。

证．由 $30^2 = 900, 40^2 = 1600$，故知满足条件的完全平方数只能在 $4x$，$5x$，$6x$，$7x$，$4x$，$8x$，$9x$ 中选，仍由穷举可知，唯有 $1681 - 1 = 1680 = 40 \times 42$，于是立知所求的数为 $1681 = 41^2$。

请读者推敲题目中的一句话"被抹去的两位数不全为 0"，作者以为应当改成"被抹去的两位数全不为 0"方才妥当。

例 4．证明：

（1）任何四个相邻自然数的乘积不是完全平方数，但加 1 后就是完全平方数。

（2）任何五个相邻整数的平方和不是完全平方数。

为了对比，解 1. 取自于文献，解 2. 则是本书给出的。

解 1．我们把任意取定的四个相邻自然数记为 $n-1$，n，$n+1$，$n+2$，（其中，n 是大于 1 的自然数）。则它们的乘积

$$(n-1)n(n+1)(n+2) = ((n-1)(n+2))(n(n+1)) = (n^2 + n - 2)(n^2 + n),$$

令 $n^2 + n - 2 = y$，上式变换为 $(n-1)n(n+1)(n+2) = y(y+2) = y^2 + 2y$，

因为 n 是自然数，所以 y 也是自然数，且 $y^2 < y(y+2) < (y+1)^2$，

故 $y(y+2)$，也即 $(n-1)n(n+1)(n+2)$ 不可能是完全平方数。

但 $y(y+2) + 1 = y^2 + 2y + 1 = (y+1)^2$

所以 $(n-1)n(n+1)(n+2) + 1$ 是完全平方数。

（2）解 1. 计算任取定的五个相邻整数 $n-2$，$n-1$，n，$n+1$，$n+2$，的平方和，得

$$(n-2)^2 + (n-1)^2 + n^2 + (n+1)^2 + (n+2)^2 = 5(n^2 + 2)$$ 式中 n 为整数。

如果$5(n^2+2)$是完全平方数，则n^2+2应是 5 的倍数，故它的个位数字或者取 0，或者取 5。这就要求n^2的个位数字或者取 8 或者取 3. 但是因为对于任何整数的平方，其个位数字不等于 8 或 3，所以n^2+2不可能是 5 的倍数。由此推得$5(n^2+2)$，也即五个相邻整数的平方和，不可能是完全平方数。

以上的两个解法简直是"从城中心的 A 到 B 本来只要走两步即到，却一定要从 A 开着宝马车绕外环路上高速兜上一个大圈子再下高速到 B"，如此不得要领，不胜其烦的解题方法有何可取之处？

（1）解 2. $x(x+1)(x+2)(x+3)=(x^2+3x+2)(x^2+3x)$，

于是立知$x(x+1)(x+2)(x+3)+1=(x^2+3x+1)^2$。

（2）解 2. $x^2+(x+1)^2+(x+2)^2+(x+3)^2+(x+4)^2=5(x+1)(x+3)$

于是立知$5(x+1)(x+3)$不是一个完全平方数。

有趣的是，$(x+1)(x+3)+1=(x+2)^2$。

需要指出的是以上本书中给出的所有解答，在动笔之前就一定能料知结果，只要题目没有出错的话。

例 5.（1）试证明一切形如$49,4489,444889,44448889,\cdots,(4\cdots4)(8\cdots8)9$，式中第一个刮号中有$n$个 4，第二个刮号中有$n-1$个 8 的数都是完全平方数。

例 5.（2）把$12,1122,111222,11112222\cdots$表达为二相邻正整数的乘积。

解（1）明显地有$49-1=6\times8$，$4489-1=66\times68$，$444889-1=666\times668$，$\cdots$，

由计算竖式可知一切形如$49,4489,444889,44448889,\cdots,(4\cdots4)(8\cdots8)9$，式中第一个刮号中有$n$个 4，第二个刮号中有$n-1$个 8 的数都是完全平方数。

解（2）明显地有$12=3\times4$，$1122=33\times44$，$\cdots$，剩下的事请读者完成吧。

解（2）的道理与$(x-1)(x+1)$其实是完全一样的。以上两例均取自文献[11]。

第五个问题　关于最小二乘法

高斯是一位鼎鼎大名数学大家，有"数学王子"之美称。徐品方先生在文献[12]中对高斯的一生和主要成就作了介绍。文献[12]尤其提到了"最小二乘法"，徐品方先生说："高斯

早在 1795 年发明、于 1809 年创建的最小二乘法的理论方法，现在又应用在大地测量数据处理上，实践证明了理论的无比正确。"

事实上，"最小二乘法"在"实验数据处理"的众多领域中，几乎无处不在，无时不在。然而，"百密一疏"，"智者千虑，尚有一失"。高斯对于"最小二乘法"的应用与"最大似然理论"之间的关系交代得并不清楚。因此，事情并不是徐品方先生说的那样"实践证明了理论的无比正确。"

请看文献[13]中的一个例子。

对线段

$$\begin{array}{ccccc} & \overset{x_1}{\underset{A}{|}} & & \overset{x_2}{\underset{B}{|}} & \underset{C}{|} \end{array}$$

测量，得 $AB = 15.5$ 米， $BC = 6.1$ 米， $AC = 20.9$ 米。

于是有下面的带修正值的矛盾线性方程组：

$$\begin{cases} x_1 & & -15.5 & = & r_1 \\ & x_2 & -6.1 & = & r_2 \\ x_1 & +x_2 & -20.9 & = & r_3 \end{cases}$$

在条件 $r_1^2 + r_2^2 + r_3^2 = \min$ 的前提下解得 $x_1 = 15.26666, x_2 = 5.86666$。

因为原文篇幅太长，故未曾全文照录，只是将其"最小二乘法"的计算思路以及结果摘抄叙述如上。

倘若不仔细，事情也就到此为止了，似乎就像徐品方先生所言："实践证明了理论的无比正确"。

作者进一步计算可得 $r_1 = 15.26666 - 15.5 = -0.2333$， $r_2 = 5.86666 - 6.1 = -0.2333$，

$r_3 = 15.26666 + 5.86666 - 20.9 = 0.2333$

这就奇怪了！这里闹了一个大笑话。距离 $AC > AB > BC$，怎么可能对它们进行测量时，发生的误差竟然都一样呢？一般来说，在相同的情况下，即由同样的人使用同样的仪器，在基本相同的外界环境下，对一组同样的对象进行测量，显然应当是对量值大者测量之误差应当大于对量值小者测量之误差。

这里 $r_1 = r_2 = r_3$ 显然有悖常理！据作者所知，这样的问题在"大地测量"、"天体测量"、

"气象预报"等等"平差"领域中都一直普遍存在着，这不能不说是一件令人遗憾的事。

必需说明的是本例对于"最小二乘法"的应用，显然毫无问题，而问题恰恰在于"最小二乘法"本身！问题究竟出在哪里呢？

文献[14] p227 指出："严格地说，最小二乘法作为一种最似然方法，仅在正态分布误差的情况下才成立。然而，在与正态分布差异不太大的误差分布中，以及在一切误差都相当小的任意分布中，事实上也常采用最小二乘法来处理数据"。

这里就产生了一个问题，既然"一切误差都相当小"，倒不如将所有测量对象的误差平均值作为所有误差的代表便很好了。何必要使用最小二乘法，如此大动干戈呢？

要知道，用"最小二乘法"求解一个未知量并不太多的矛盾线性方程组时，计算工作量就相当可观（例如十个未知量）；并且求解过程中所使用的"法方程式"（不少文献中也称"正规方程"或"标准方程"或"对称矩阵方程"等），其稳定性也不太好，并且未知数越多，稳定性越差。这就是说，求解"法方程式"的过程中产生的计算误差的累积是不容小视的，完全可能超过测量误差，使结果大大失真。

在对一个测量对象进行测量时，其观测值必然相差很小（愈是精密的的测量愈是如此）。可以证明，量值相差很小而测量次数较大（这其实就是正态分布的一种特征）的情况下，用"最小二乘法"求得的结果反而远不如 "求平均值"得到的结果精确。

既然如此，为什么要舍近求远，舍简单求复杂，吃力不讨好呢？作者以为，事实上"最小二乘法"没有什么应用价值，不仅于事无补，反而帮倒忙。

不知专家们是否同意作者的看法？

第六个问题　讨论一个常见问题

本章给出一个数论中常见问题的简单、便捷的解法。由此可见，数学研究中，解题方法的创新的重要性。

一、一个可以改进的解题方法

下面是文献[32] P77 中的一个例子及其解法：

试找出 7^{7^7} 及 $17^{17^{17}}$ 的个位数码。

解：由于 $7^2 = -1(\mathrm{mod}\,10)$, $7^3 = 3(\mathrm{mod}\,10)$, 所以 $7^4 = 1(\mathrm{mod}\,10)$。又因

$$7 = 3(\mathrm{mod}\,4)，\quad 7^6 = 1(\mathrm{mod}\,4)，\quad 7^7 = 3(\mathrm{mod}\,4)$$

所以 $7^7 = 4k + 3$，由此即得

$$7^{7^7} = 7^{4k+3} = (7^4)^k 7^3 = 3 \quad (\bmod\ 10),$$

$$7^{7^7} = 7^{4k+3} = (7^4)7^3 = 3(\bmod 10)$$

故知，7^{7^7} 的末尾数码为 3。

对于 $17^{17^{17}}$ 也有类似的解法。

需要指出的有三点：

1，$7^2 = -1(\bmod 10), 7^3 = 3(\bmod 10), 7^4 = 1(\bmod 10)$ 这是一望即知的事情，并不需要从 $7^2 = -1(\bmod 10), 7^3 = 3(\bmod 10)$, 推知。

2，类似的举例和解法，在众多文献和教科书中，例如文献[24]P32 等，无不如此。

3，事实上，如果只是求尾数，却有一种一望而知的简便解法。

指出文献[32]、文献[24]中一个例题的解法可以改进，决不是作者要挑剔什么。这两本书都是写的极好的，前者是作者在三十年前学习数论的入门书之一，其中大多数习题几乎都能"倒背如流"，给作者的帮助很大；后者是前几年，作者从事奥数教学时，使用的教学参考书之一，其深入浅出，通俗易懂的写作风格，透露出一股灵秀、睿智之气，实不可多得。事实上，此前作者从未怀疑过此例的解法，并且也都是照此向学生讲解的。

在写作本书的第十八章时，列出尾数周期表后，脑海里立刻浮现出此例，才想到其解法是可以改进的。

二、一个普遍适用的简单解法

1.试找出 7^{7^7} 及 $17^{17^{17}}$ 的个位数码。

解：$7^{7^7} = 7^{4+3} = 7^{7^3}(\bmod 10)$，于是立知 7^{7^7} 之个位数码为 7。

$7^{17^{17}} = 17^{289} = 7^{4k+1}(\bmod 10)$，于是立知 $17^{17^{17}}$ 的个位数码为 7。

（2）试求 $7^{17^{27}}$ 的末尾数码

解：$7^{17^{27}} = 7^{459} = 7^{4k+3} = 7^3 (\bmod 10)$，于是立知 $7^{17^{27}}$ 的末尾数码为 3。

（3）求 3^{406} 写成十进位时的个位数

本例取自文献（C）P109 的例 1.，为了使读者有一个比较，其中解 1 是文献[24]给出的，而解 2 则是本书给出的。

427

解 1. 按题意要求 a 满足

$$3^{406} = a \quad (\text{mod } 10), \quad 0 \le a \le 9$$

显然有，$3^2 = 9 = -1 (\text{mod}10)$，$3^4 = 1 (\text{mod}10)$。进而有 $3^{404} = 1 (\text{mod}10)$。

因此 $3^{406} = 3^{404} \times 3^2 = 9 (\text{mod}10)$。所以个位数是 9。

解 2. $3^{406} = 3^{4k+2} = 3^2 (\text{mod}10)$，故知各位数为 9。

三、作者解决问题的依据

作者的依据仅在于尾数周期表，即同余式 $x^{4k+r} = x^r (\text{mod}10)$。

思维中的"惯性"常常是一种"惰性"，它让我们习惯于"按老路走"。数学解题也是这样，一种方法用习惯了，就有了"惯性"，其实这往往妨碍了解题方法的创新和进步，"多想出智慧"。"常想常新"道理很简单，作者常常提醒自己时时不能忘掉这个道理。

第七个问题　破解一个"世界数学难题"

文献[6] p128 叙述了一个命题：

"若干个连续自然数的立方和可以仍然是一个立方数，最早被人们发现的事实是

$3^3 + 4^3 + 5^3 = 6^3$，由于难度很大，实例不多，已知的还有两个等式：

$$6^3 + 7^3 + 8^3 + 9^3 + \cdots + 69^3 = 180^3$$

$$1134^3 + 1135^3 + 1136^3 + \cdots + 2133^3 = 16830^3$$

要验证他们的成立都相当艰巨（对计算器而言），更不用说建立一般的理论了。"

事实上，至少还可以举出一例，作者见到文献[7] p345 中的另外一例：

$$11^3 + 12^3 + 13^3 + 14^3 = 20^3$$

作者记得，少年时期曾经读过的一篇数学科普文章中称上述命题是一个"世界难题"。

由于时过几十年，又文献[6] 也早在 1996 年就出版了，作者无法得知 1996 年至今的这多年里，全世界是否有人已经解决了这一问题，其实，这是一个很简单的问题。

一、破解一

先证一个定理。定理。$n^3 (n = 1,2,3,\cdots)$ 是连续奇数和第一个有序划分。

我们先观察一下定理所叙述的事实：

428

$$1 + (3+5) + (7+9+11) + (13+15+17+19) + (21+23+25+27+29) +$$

$$(31+33+35+37+39+41) = 1^3 + 2^3 + 3^3 + 4^3 + 5^3 + 6^3 + \cdots,$$

证。$((x+1)^2 - (x+1) + 1) - (x^2 + x - 1) = 2$，

注意到，$((x+1)^2 - (x+1) + 1)$ 是 $(x+1)^3$ 的首项，而 $x^2 + x - 1$ 是 x^3 的末项，其差为

2，这就是说不论 x 取何值，x^3 与 $(x+1)^3$ 总是一个连续奇数和，证毕。

由定理可知，将 3^3 延长 9 项即可得到 6^3。

又由"同步原理"知 $(9+9) \times (3+9) = 18 \times 12 = 6^3$

完全类似于上面的解法，由 $(36 + 2394) \times (6 + 2394) = 2430 \times 2400 = 180^3$，

注意到 $6 + 7 + \cdots + 69 = 2394$，

$$(1134^2 + 1632366) \times (1134 + 1632366) = 2198322 \times 1633500 = 16830^3,$$

又 $16830 = 1134 + 1135 + 1136 + \cdots + 2133$。

我们还留下一个例子，即 $11^2 + 12^2 + 13^2 + 14^2 = 20^3$ 作为给读者的一个练习。

由此，命题"若干个连续自然数的立方和可以仍是一个立方数"的一般规律为，求解不定方程 $(x^2 + r) \times (x + r) = y^3$。

由于 x^2 是一个幂函数，当 $x \to \infty$ 时，$x^2 \to \to \infty$（记号"$\to \to$"读作"趋于趋于"或者"更快地趋于"）。

肯定地讲还有其他更多的例子，但是其数值趋于天文数字，作者曾经用 $c++$ 语言编程，在微型计算机上搜索其他的例子，很快就发生了数据溢出的问题，因此无法得到其它例子。

二、破解二

由 $x^3 (x = 1,2,3,\cdots)$ 是连续奇数和的一个有序划分，这其中可做的文章就太多了！

显然 $x^3 + (x+1)^3 + (x+2)^3 + \cdots + (x+r)^3 = \dfrac{((x+r)^2 + (x+r))^2 (x^2 - x)^2}{4}$。

解 1。$3^3 + 4^3 + 5^3 = \dfrac{(5^2 + 5)^2 - (3^2 - 3)^2}{4} = 216 = 6^3$。

解 2。$11^3 + 12^3 + 13^3 + 14^3 = \dfrac{(14^2 + 14)^2 - (11^2 - 11)^2}{4} = 8000 = 20^3$。

其余两例，只是数据大一点，运算工作量稍大，但由于规律极其明显，求解验证不存在任何困难，也留给读者作为练习。

因此，"若干个连续自然数的立方和仍是一个立方数"之难题，又变成了不定方程

$4y^3 = ((x+r)^2 + (x+r))^2 - (x^2 - x)^2$ 的求解问题。

三、破解三

熟知 $1^3 + 2^3 + 3^3 + \cdots + r^3 = (1 + 2 + 3 + \cdots + r)^2$，于是立刻悟知：

$$r^3 + (r+1)^3 + \cdots + (r+t)^3 = (1 + 2 + 3 + \cdots + (r+t))^2 - (1 + 2 + 3 + \cdots + (r-1))^2。$$

上式右端显然是两个不相邻的三角数的平方差。

我们将四个例子都作为读者练习之用。

因此，"若干个连续自然数的立方和仍是一个立方数"之难题，又变成了不定方程

$4y^3 = (q \times (q+1))^2 - ((r-1) \times r)^2$ 的求解问题。

第八个问题　八仙过海 各显神通

文献[2]第 50 题叙述了一道题及其解法，这是一道十分浅显简单一看就知道结果的题目。此题的证法可有一千种以上。

一、文献[2]的第 50 题及其解法

设 $a > 1, n > 1$，称 a^n 为一个完全方幂，证明：当 p 是一个素数时，$2^p + 3^p$ 不是完全方幂。

证. 可以直接验证，$p = 2$ 时，$2^2 + 3^2 = 13$ 不是一个完全方幂；$p = 5$ 时，$2^5 + 3^5 = 275$ 也不是完全方幂。现设 $p = 2k + 1 \neq 5$，

有 $2^p + 3^p = 2^{2k+1} + 3^{2k+1} = (2 + 3)(2^{2k} - 2^{2k-1}3 + 2^{2k-2}3^2 - \cdots + 3^{2k})$

由于 $2^p + 3^p$ 有因数 5，故若 $2^p + 3^p$ 是完全方幂，则必须至少还有一个因数 5。

但由于 $3 = -2 (\bmod 5)$，

$2^{2k} - 2^{2k-1}3 + 2^{2k-2}3^2 - \cdots + 3^{2k} = 2^{2k} - 2^{2k-1}(-2) + 2^{2k-2}(-2)^2 - \cdots + (-2)^{2k}$

$= 2^{2k} + 2^{2k} + \cdots + 2^{2k} = (2k+1)2^{2k} = p2^{p-1} \pmod 5$，因 $p \neq 5$，p 又是素数，故 p 没有

因子 5，故 5 不能整除 $2^{2k} - 2^{2k-1}3 + 2^{2k-2}3^2 - \cdots + 3^{2k}$，由此知 $2^p + 3^p$ 不是完全方幂。

此证法中有一点疏忽，即"可以直接验证，$p = 3$ 时，$2^3 + 3^3 = 35$ 不是一个完全方幂"，

此一句话也不可缺少。

二、三十大"亮剑"

以下是三十大"亮剑"（三十种方法）对于命题的证明：

1. $2^p + 3^p$ 的上界亮剑

$3^p < 2^p + 3^p < 5^p$ 显然在 3^p 与 5^p 之间已无奇数之 z^p 存在，因此不论 p 取何值，

$2^p + 3^p$ 都不可能是一个完全方幂，证毕。

2. $2^p + 3^p$ 的尾数亮剑

不论 p 取何值 $2^p + 3^p$ 之尾数必为 5，而 4^5 之尾数并非 5，故知 $2^p + 3^p$ 不是一个完全

方幂，证毕。

3. T 法则亮剑

对于 $2^p + 3^p = (2+3)q$，由 T 法则知 $z < 2+3$，故知 $2^p + 3^p$ 不是一个完全方幂，证

毕。

4. T 法则与 X 约束亮剑

对于 $2^p + 3^p = (2+3)q$，X 约束要求 $z = 2+3$，然此明显与 T 法则相悖，由 T 法则知

$z < 2+3$，故知 $2^p + 3^p$ 不是一个完全方幂，证毕。

5. q 规则亮剑

对于 $2^p + 3^p = (2+3)q$，由 q 规则知 $q < z^{p-1}$，故知 $2^p + 3^p$ 不是一个完全方幂，证毕。

6. q 规则与 X 约束亮剑

对于 $2^p + 3^p = (2+3)q$，X 约束要求 $q = z^{p-1}$，然此明显与 q 规则相悖，由 q 规则知

$q < z^{p-1}$，故知 $2^p + 3^p$ 不是一个完全方幂，证毕。

7. 无穷递降法亮剑

考察公式 $2^p + 3^p = (2+3)q$，当 $p = 1$ 时有 $q = 1$，有 $2^1 + 3^1 = (2+3)^1$，注意 p 已无

法再降，由无穷下降法之注记二可知 $2^1+3^1=(2+3)^1$ 是不定方程 $2^p+3^p=z^p$ 之唯一解。

8. 无穷递降法、X 约束亮剑

考察公式 $2^p+3^p=(2+3)q$，当 $p=1$ 时有 $q=1$，有 $2^1+3^1=(2+3)^1$，此时 X 约束

得到满足，注意 p 已无法再降，由无穷下降法之注记二可知 $2^1+3^1=(2+3)^1$

是不定方程 $2^p+3^p=z^p$ 之唯一解，证毕。

9. 代数素式亮剑

考察公式 $2^p+3^p=(2+3)q$，若 $2^p+3^p=z^p$ 可能成立，则代数式 2^p+3^p 与代数式 z^p

应当有相同的性质，但此明显不可能。

$2^p+3^p=5q$ 中，q 为一代数素式或伪代数素式，而 $z^p=z\times z^{p-1}$ 中 z^{p-1} 决不是一个代

数素式，由此可知 $2^p+3^p=z^p$ 无解，证毕。

10. 代数素式、X 约束亮剑

考察公式 $2^p+3^p=(2+3)q$，X 约束要求 $q=z^{p-1}$，但当 $p\geq 3$ 时，此不可能。

$2^p+3^p=5q$ 中，q 为一代数素式或伪代数素式，而 $z^p=z\times z^{p-1}$ 中 z^{p-1} 决不是一个代

数素式，由此 $2^p+3^p=z^p$ 只能无解，证毕。

11. 商亮剑

考察公式 $2^p+3^p=(2+3)q$，由 q 规则知 $q<z^{p-1}$，于是 $\dfrac{q}{2+3}\neq\dfrac{z^{p-1}}{2+3}$，

由此立知 $2^p+3^p=z^p$ 无解，证毕.

12. 商、X 约束亮剑

考察公式 $2^p+3^p=(2+3)q$，X 约束要求 $z=2+3$ 及 $q=z^{p-1}$，但当 $p\geq 3$ 时，此不

可能。由 q 规则知 $q<z^{p-1}$，于是 $\dfrac{q}{2+3}\neq\dfrac{z^{p-1}}{2+3}$，由此立知 $2^p+3^p=z^p$ 无解,证毕.

13. 长方体、T 法则亮剑

从三维空间感知等式 $2^p+3^p=(2+3)q$ 可知

$5q=$ 图（A）

上式右端长方体的底面积为q而高为5。由 T 法则知$z < 5$，于是$zq \neq$图（A），

由此立知$2^p + 3^p = z^p$无解，证毕。

14．长方体、 T 法则、 X 约束亮剑

从三维空间感知等式$2^p + 3^p = (2+3)q$可知

$5q = $ ⬛━━━━━━━━━━━━━━⬛ 图（A）

上式右端长方体的底面积为q而高为5。X 约束要求$z = 5$，但当$p \geq 3$时，此不可能。由 T

法则知$z < 5$立知，于是$zq \neq$图（A），由此立知$2^p + 3^p = z^p$无解，证毕。

15．长方体、q规则、 亮剑

从三维空间感知等式$2^p + 3^p = (2+3)q$可知

$5q = $ ⬛━━━━━━━━━━━━━━⬛ 图（A）

上式右端长方体的底面积为q而高为5。由q规则知$q < z^{p-1}$，于是$5z^{p-1} \neq$图（A），

由此立知$2^p + 3^p = z^p$无解，证毕。

16．长方体、q规则、 X 约束亮剑

从三维空间感知等式$2^p + 3^p = (2+3)q$可知

$5q = $ ⬛━━━━━━━━━━━━━━⬛ 图（A）

上式右端长方体的底面积为q而高为5。X 约束要求$q = z^{p-1}$，但当$p \geq 3$时，此不可能。

由q规则知$q < z^{p-1}$，于是$5z^{p-1} \neq$图（A），由此立知$2^p + 3^p = z^p$无解，证毕。

17．长方体、 T 法则、 q规则亮剑

从三维空间感知等式$2^p + 3^p = (2+3)q$可知

$5q = $ ⬛━━━━━━━━━━━━━━⬛ 图（A）

上式右端长方体的底面积为q而高为5。由 T 法则知$z < 5$，由q规则知$q < z^{p-1}$，于是

$2^p + 3^p \neq$图（A），由此立知$2^p + 3^p = z^p$无解，证毕。

18. 长方体、T法则、q规则、X约束亮剑

从三维空间感知等式$2^p+3^p=(2+3)q$可知

$$5q = \boxed{} \quad \text{图（A）}$$

上式右端长方体的底面积为q而高为5。X约束要求$z=5$及$q=z^{p-1}$，但当$p\geq3$时，此不可能。由T法则知$z<5$，由q规则知$q<z^{p-1}$，于是$2^p+3^p\neq$图（A），

由此立知$2^p+3^p=z^p$无解，证毕。

19. 演段、T法则亮剑

从二维空间感知等式$2^p+3^p=(2+3)q$可知

$$5q = \boxed{} \quad \text{图（A）}$$

上式右端长方形的长为q而宽为5，由T法则知$z<5$，于是$zq\neq$图（A），

由此立知$2^p+3^p=z^p$无解，证毕。

20. 演段、T法则、X约束亮剑

从二维空间感知等式$2^p+3^p=(2+3)q$可知

$$5q = \boxed{} \quad \text{图（A）}$$

上式右端长方形的长为q而宽为5，X约束要求$z=5$，但当$p\geq3$时，此不可能。由T法则知$z<5$立知，于是$zq\neq$图（A），由此立知$2^p+3^p=z^p$无解，证毕。

21. 演段、q规则、亮剑

从二维空间感知等式$2^p+3^p=(2+3)q$可知

$$5q = \boxed{} \quad \text{图（A）}$$

上式右端长方形的长为q而宽为5，由q规则知$q<z^{p-1}$，于是$5z^{p-1}\neq$图（A），

由此立知$2^p+3^p=z^p$无解，证毕。

22. 演段、q规则、X约束亮剑

从二维空间感知等式 $2^p + 3^p = (2+3)q$ 可知

$$5q = \boxed{} \quad 图（A）$$

上式右端长方形的长为 q 而宽为 5，X 约束要求 $q = z^{p-1}$，但当 $p \geq 3$ 时，此不可能。由 q 规则知 $q < z^{p-1}$，于是 $5z^{p-1} \neq$ 图（A），由此立知 $2^p + 3^p = z^p$ 无解，证毕。

23. 演段、T 法则、q 规则亮剑

从二维空间感知等式 $2^p + 3^p = (2+3)q$ 可知

$$5q = \boxed{} \quad 图（A）$$

上式右端长方形的长为 q 而宽为 5，由 T 法则知 $z < 5$，由 q 规则知 $q < z^{p-1}$，

于是 $2^p + 3^p \neq$ 图（A），由此立知 $2^p + 3^p = z^p$ 无解，证毕。

24. 演段、T 法则、q 规则、X 约束亮剑

从二维空间感知等式 $2^p + 3^p = (2+3)q$ 可知

$$5q = \boxed{} \quad 图（A）$$

上式右端长方形的长为 q 而宽为 5，X 约束要求 $z = 5$ 及 $q = z^{p-1}$，但当 $p \geq 3$ 时，此不可能。

由 T 法则知 $z < 5$，由 q 规则知 $q < z^{p-1}$，于是 $2^p + 3^p \neq$ 图（A），

由此立知 $2^p + 3^p = z^p$ 无解，证毕。

25. 线段、T 法则亮剑

从一维空间感知等式 $2^p + 3^p = (2+3)q$ 可知

$$5q = \text{————————————————} \quad 图（A）$$

上式右端线段的长度为 $5q$，由 T 法则知 $z < 5$，于是 $zq \neq$ 图（A），

由此立知 $2^p + 3^p = z^p$ 无解，证毕。

26. 线段、T 法则、X 约束亮剑

从一维空间感知等式 $2^p + 3^p = (2+3)q$ 可知

$$5q = \text{————————————————} \quad 图（A）$$

上式右端线段的长度为$5q$，X 约束要求$z=5$，但当$p \geq 3$时，此不可能。由 T 法则知$z < 5$

立知，于是$zq \neq$图（A），由此立知$2^p + 3^p = z^p$无解，证毕。

27. 线段、q 规则、亮剑

从一维空间感知等式$2^p + 3^p = (2+3)q$可知

$$5q = \rule{10cm}{0.4pt} \quad \text{图（A）}$$

上式右端线段的长度为$5q$，由q规则知$q < z^{p-1}$，于是$5z^{p-1} \neq$图（A），

由此立知$2^p + 3^p = z^p$无解，证毕。

28. 线段、q 规则、X 约束亮剑

从一维空间感知等式$2^p + 3^p = (2+3)q$可知

$$5q = \rule{10cm}{0.4pt} \quad \text{图（A）}$$

上式右端线段的长度为$5q$，X 约束要求$q = z^{p-1}$，但当$p \geq 3$时，此不可能。由q规则知

$q < z^{p-1}$，于是$5z^{p-1} \neq$图（A），由此立知$2^p + 3^p = z^p$无解，证毕。

29. 线段、T 法则、q 规则亮剑

从一维空间感知等式$2^p + 3^p = (2+3)q$可知

$$5q = \rule{10cm}{0.4pt} \quad \text{图（A）}$$

上式右端线段的长度为$5q$，由 T 法则知$z < 5$，由q规则知$q < z^{p-1}$，

于是$2^p + 3^p \neq$图（A），由此立知$2^p + 3^p = z^p$无解，证毕。

30. 线段、T 法则、q 规则、X 约束亮剑

从一维空间感知等式$2^p + 3^p = (2+3)q$可知

$$5q = \rule{10cm}{0.4pt} \quad \text{图（A）}$$

上式右端线段的长度为$5q$，X 约束要求$z=5$及$q = z^{p-1}$，但当$p \geq 3$时，此不可能。由 T

法则知$z < 5$，由q规则知$q < z^{p-1}$，于是$2^p + 3^p \neq$图（A），

由此立知$2^p + 3^p = z^p$无解，证毕。

第九个问题 一个可以充满宇宙的命题链

一、一道习题及其解法

《数的整除性》（敏泉 科学普及出版社 1981年10月第一版）中的例1.及其解法如下：

若$5|a+b$，则$25|a^5+b^5$。

证．注意到二项展开式，有$(a+b)^5 = 5ab^4 + 10a^3b^2 + 10a^2b^3 + 5ab^4 + b^5$

$$= a^5 + b^5 + 5ab(a^3+b^3) + 10a^2b^2(a+b)。$$

由于已知$5|a+b$，又a^3+b^3有因子$a+b$，所以，25能整除$(a+b)^5$，$5ab(a^3+b^3)$及$10a^2b^2(a+b)$。因此按习题1第4题可知$25|a^5+b^5$。

二、与敏泉先生讨论例题的解法

当然，就此例而言，证明没有任何问题。不过，这不是一个好的方法。如果将指数换成$p=31$（注意31只不过是一个很小的素数），题目便成了若$5^{31}|a+b$，则$5^{32}|a^5+b^5$，事实上题目还是一模一样，但是二项展开式之解法显然是无能为力了。

如果p是一个天文数字大的素数，例如$p=918522549×2^{32216}-1$，它是至今为此知道的很大的Sophie Germain素数之一，它是一个10008位的天文数字大的素数，则二项展开式之解法就更是无能为力了。。

不论p如何大，作者有以下的威力无比的解法：

证．由费马大定理的第二种情况可知$a^{31}+b^{31} = (a+b)q$，当$5^{31}|a+b$时，$q|5$，由此立知若$5^{31}|a+b$，则$5^{32}|a^5+b^5$，证毕。

三、一个可以充满宇宙的命题链

对于上述的这道题及其解法，如果一读了事，事情也就到此止步了，这就是说我们了解了一道习题和它的解法。

事实上并不需要更多考虑，只要多想一步，立马可以知道这样的习题有无穷无尽、无穷无尽、无穷无尽…地多，多得可以充满宇宙！

定理。如果$p^r|a+b$则$p^{r+1}|a^p+b^p$。

定理的证明可在本书中找到。不难知道定理给出了一个可以充满宇宙的命题链。

随便给出一个例子吧：

若 $5 \mid a+b$，则 $25 \mid a^5+b^5$，若 $5^2 \mid a+b$，则 $125 \mid a^5+b^5$，若 $5^3 \mid a+b$，

则 $3125 \mid a^5+b^5$，若 $5^{9973} \mid a+b$，则 $5^{9974} \mid a^5+b^5$，注意，9973 是 10000 以内的最大素

数，又若 $5^{11999989} \mid a+b$，则 $5^{11999990} \mid a^5+b^5$，11999989 是至今为此知道的最大正规素

数。

设 $a = 918522549 \times 2^{32216}-1$，若 $5^a \mid a+b$，则 $5^{a+1} \mid a^5+b^5$，

$a = 918522549 \times 2^{32216}-1$ 是至今为此知道的大 Sophie Germain 素数，它是一个别 10008

位数。设 $a = 1706595 \times 2^{11235}-1$，若 $5^a \mid a+b$，则 $5^{a+1} \mid a^5+b^5$，

设 $a = 1706595 \times 2^{11235}+1$，若 $5^a \mid a+b$，则 $5^{a+1} \mid a^5+b^5$，注意，$a = 1706595 \times 2^{11235}+1$

与 $a = 1706595 \times 2^{11235}-1$ 是至今为此知道的最大的一对孪生素数。

设 $a = 10^{39026}+4538354 \times 10^{19510}+1$，若 $5^a \mid a+b$，则 $5^{a+1} \mid a^5+b^5$，

$a = 10^{39026}+4538354 \times 10^{19510}+1$ 是至 2001 年为此知道的最大的回文素数。

设 $a = 82960 \times 31^{82960}+1$，若 $5^a \mid a+b$，则 $5^{a+1} \mid a^5+b^5$，

$a = 82960 \times 31^{82960}+1$ 是至今为此知道的最大的形如 $k \times b^n+1$ 的素数，它有 123729 位。

设 $a = 10^{104281}-10^{52140}-1$，若 $5^a \mid a+b$，则 $5^{a+1} \mid a^5+b^5$，

$a = 10^{104281}-10^{52140}-1$ 是至今为此知道的最大的回文素数。如此等等，只要不断地加大指

数 p，这一个命题就可以充满宇宙。

此外，若 $7^a \mid a+b$，则 $7^{a+1} \mid a^7+b^7$，等等，等等的一类命题多得不计其数，它们中

的任何一个都可以充满宇宙。

"诸葛亮啊，诸葛亮，你的胆子太大了，司马懿啊，司马懿，你的胆子太小了！"

人们都说宇宙太大太大了，其实宇宙太小太小了！

第十个问题 又一个可以充满宇宙的命题链

易知，对于 $y^p-x^p = (y-x) \times g$ 而言，当 $p \mid y-x$，时，必有 $(y-x, g) = p$。

注意，本书在此前早已引用过上述事实，但却始终没有给出证明。这是因为在阅读了本

书中对当 $p \mid x+y$ 时，必有 $(x+y, q) = p$ 的证明之后，马上就能知道的事实。

于是若 $p^r \mid a-b$，则 $p^{r+1} \mid a^p - b^p$，显然，这又是一个可以充满宇宙的命题链。

第十一个问题　一个公式的证明

本章利用作者第一个发现和证明了的一个事实,证明一个众所周知的公式,本证明简单、明了，一蹴而就。

一、一个公式

熟知 $1^3 + 2^3 + \cdots + n^3 = (1+2+3+\cdots n)^2$

文献[27]中，华罗庚先生对以上公式有一个推导，推导过程比较复杂，请读者读文献。

二、公式的再证明

由本书给出的事实：$n^3(n=1,2,3,\cdots)$ 是连续奇数和的一个有序划分，立知

$1^3 + 2^3 + \cdots + n^3 = 1+3+5+\cdots+n^2+n-1 = \left[\dfrac{1}{2}n(n+1)\right]^2 = (1+2+3+\cdots n)^2$，证毕。

第十二个问题　再论 $x^2 - 1$

《论 x^2-1》后，发现读书笔记中还有两例也颇有趣，于是只好《再论 x^2-1》。

一、一个例题

文献[11]（《数学的创造》P363 中例 14）及其证法如下：

数列 $\{I_n\} = \{111\cdots 1\}$ 中，除 $I_1 = 1$ 外无完全平方数。

证．用反证法，若不然设 I_n 是完全平方数，因它是奇数则它必为某奇数的平方：

$I_n = (2k+1)^2$。展开化简后有 $4k^2 + 4k = \{111\cdots 110\}$。又 $4k^2 + 4k = 4k(k+1)$ 则

$8 \mid (4k^2 + 4k)$。但8不能整除$\{111\cdots 110\}$，矛盾！从而上设不真，题中结论成立。

注 1．本题还可证如：

又证。若设 $k^2 = 111\cdots 1$，则 k 的末尾只能是 1 或 9，故可设 $k = 10a+1$ （a 是整数）。

由是 $k^2 = 100a^2 + 20a + 1 = 10(10a^2 + 2a) + 1$

k^2 的十位数字即 $10a^2 + 2a$ 的十位数字是偶数，它显然不能是 1，矛盾！

注 2．类似地数 $22\cdots 2, 33\cdots 3, 44\cdots 4, 55\cdots 5, 66\cdots 6, 77\cdots 7, 88\cdots 8, 99\cdots 9$ 中也无完全

平方数，这只须注意到：$kk\cdots k=k(11\cdots1)$ 即可，此外也可直接由完全平方数的尾数去分析、论证。

注 3. 类似的问题还有某些数不是完全立方、甚至 n 次幂等，它们有的已不属于初等数学范畴。

二、例 14 的再证明

$111\cdots11-1=111\cdots10=111\cdots1\times10$，而 $111\cdots1$ 与 10 决非只差 2，证毕。

三、又一个例题

文献[11] P365 中例 16：n^2+1，$5n^2+3$ 不是完全平方数

文献中的证明不胜其烦，这里不再引出。

四、例 16 的再证明

$n^2+1-1=n^2=n\times n$，n 与 n 相差为 0，证毕。

$5n^2+2=2(\dfrac{5}{2}n^2+1)$，$\dfrac{5}{2}n^2+1$ 与 2 相差大于 2，证毕。

水浒第十二回《梁山伯林冲落草 汴京城杨志卖刀》中，有一段杨志的宝刀"削铁如泥"的精彩描述；此间"x^2-1 这一把宝刀削铁（证明与平方有关的问题）"不但削铁如泥，简直只要宝刀一指就立马拿下！

第十三个问题　质疑一个曾经"使数学界为之震撼"的问题

一、一个问题

文献[11] P364 中有如下的一段文字：

赛尔弗里奇（J. E. Selfridge）于 1975 年曾证明：$\displaystyle\prod_{k=r}^{r+s}k$ 不是整数的 $n(n\geq2)$ 次幂。

此结论也曾使数学界为之震撼。

二、两点质疑

作者以为对于此问题有两点非常值得质疑：

1. 问题的结论一望而知，没有任何值得震撼的地方；

2. 问题的证明方法不费吹灰之力，更谈不上令人"震撼"。

数学界真的如此容易震撼吗？数学界真的会对这样一个不值一提的问题震撼吗？

三、问题的证明

由本书的 x^n 之连续奇数和的标准分拆理论，立知 $r(r+1)(r+2)\cdots(r+s)$ 不可能是一

个 x^n 类型的表达式。

看一个例子就足够了：

$$2\times3\times4\times\cdots\times150=3\times5\times\cdots\times149\times2\times4\times\cdots\times150$$

关于问题的一般形式，读者可以毫无困难地仿照上例写出。

这里需要说明的有两点：

第一，作者无法找到赛尔弗里奇的证明，否则，本文一定会有更多的精彩。

第二，关于上述问题的一目了然的证明，其实还有很多。

第十四个问题　一道习题与Goldbach猜想的一个证明

文献[32]中有一道简单而有趣的习题：试说明三个整数 a，b，c 中至少有两个同为奇数，或同为偶数。

由抽屉原理立知，三个整数 a，b，c 中至少有两个同为奇数，或同为偶数。

抽屉原理其实就是说，将多于 n 的若干物体　图(a)　放进 n 个抽屉中，则至少有一个抽屉中有一个以上的物体。

由此立刻悟知这里隐藏了关于 Goldbach 猜想的一个证明；这道简单的习题给作者的启发大矣！

第十五个问题　问题 $x^n+y^n=z^{n+1}$ 及 $x^n+y^n=z^{n-1}$

一、问题

文献[36]有两道题：

22．证明不定方程 $x^n+y^n=z^{n+1}$ 有无穷多多组解。

23．证明不定方程 $x^n+y^n=z^{n-1}$ 有无穷多多组解。

二、问题的证明与讨论

文献[36]中给出了此两道题的两个解答；这里，作者再给出了此两道题的两个不同于文献[36]的解答，并将其推广。

看.一个图：

在图中令 $z=a^{n-1}+b^{n-1}$ 则有：

$$z^n = z \times z^{n-1} = (a^{n-1} + b^{n-1}) \times z^{n-1} = a^{n-1} \times z^{n-1} + b^{n-1} \times z^{n-1} = x^{n-1} + y^{n-1}$$

此即 $x^n + y^n = z^{n+1}$ 的证明。

在图中令 $z = a^{n-1} - b^{n-1}$ 则有：

$$z^n = z \times z^{n-1} = (a^{n-1} - b^{n-1}) \times z^{n-1} = a^{n-1} \times z^{n-1} - b^{n-1} \times z^{n-1} = x^{n-1} - y^{n-1}$$

也即 $x^n - y^n = z^{n+1}$。

又在式子 $x^n + y^n = w^{n+1}$ 中令 $w = z^{n-1}$ 则 $x^n + y^n = w^{n+1} = (z^{n+1})^{n-1}$

又在式子 $x^n - y^n = w^{n+1}$ 中令 $w = z^{n-1}$ 则 $x^n - y^n = w^{n+1} = (z^{n+1})^{n-1}$

事实上，在式子 $x^n + y^n = w^{n+1}$ 中令 $w = z^p$ 则 $x^n + y^n = w^{n+1} = (z^{n+1})^p$，

又如果，在式子 $x^n - y^n = w^{n+1}$ 中令 $w = z^p$ 则 $x^n - y^n = w^{n+1} = (z^{n+1})^p$，

若再对 x, y 加以分析讨论，则有更多情况，如此等等，等等。但是，此时必然 $(x, y) \neq 1$。

显然，这两个证明本身并不重要，重要的是这里有着大定理的两个证明，即 $x^n + y^n = z^n$ 无解及 $y^n - x^n = z^n$ 无解。

第十六个问题　E 筛法、x^3、素数表与 LI(x)

由 $(x+1)^2 - (x+1) + 1 - (x^2 + x - 1) = 2$ 可知 x^3 是连续奇数和的一个有序划分，即：

$$1+3+5+7+9+11+13+15+17+19+21+23+25+27+29+\cdots$$

$$= 1^3 + 2^3 + 3 \ + 4^3 + 5^3 + \cdots$$

作者通过计算机程序证实，$x^3(x = 1,2,3,4,5\cdots)$ 将 10000 之内的素数一网打尽，无一重复，无一遗漏，当然这是一个事先可以肯定的结果。然而有趣和令人不解的是两者个数上的差别很小，也就是说 $x^3(x = 1,2,3,4,5\cdots)$ 对 10000 之内的素数覆盖的密度之高令人大为吃惊。对于这个事实，作者考虑了很久却无法证明之。

由此及彼，自然想到"爱拉图筛法"，事实上只要在 $x^3(x = 1,2,3,4,5\cdots)$ 的取值表中去掉非素数，和 2 加在一起即得素数表。而不需要"在全体自然数中去掉 2 的倍数"这一步。

1000 之内的素数有 **168** 个，10000 之内的素数有 **1229** 个。当然，这也是一个已知的结果。

通过计算机计算，我们很方便地再次得到了下列熟知的结果：

$$\frac{1000}{\log 1000}=1.45,\frac{10000}{\log 10000}=1.45 \qquad li(1000)=1.78,li(10000)=1.246$$

$$\frac{\pi(1000)}{li(1000)}=0.94,\frac{\pi(10000)}{li(10000)}=0.98 \qquad \frac{\pi(1000)}{1000}=0.1680,\frac{\pi(10000)}{10000}=0.1229$$

以上计算让我们看到了一个事实，即素数有无穷多个，然而在整个自然数系中却又是无限稀疏的，素数真是"博大精深，深不可测"！

第十七个问题 阿尔伯特．H．贝勒先生，请你想一想

阿尔伯特。H。贝勒先生在《数论妙趣》（谈祥柏译 上海教育出版社 1998 年 1 月第一版）第十四章"不朽的三角形"中，通过公式 $x=2mn$，$y=m^2-n^2$，$z=m^2+n^2$，先定母数 m，n 后，给出了一系列的、被他自己称为"有趣的直角三角形"的例子。我们以"最小边是一个平方数"的一组例子为例讨论之。其它组的例子可如法炮制，都留给读者去讨论吧。

当 $m=5$，$n=4$ 时 9,40,41 是一个直角三角形，它的最小边 9 是一个平方数，

当 $m=13$，$n=12$ 时 25,312,313 是一个直角三角形，它的最小边 25 是一个平方数，

当 $m=25$，$n=24$ 时 49,1200,1201 是一个直角三角形，它的最小边 49 是一个平方数，

当 $m=41$，$n=40$ 时 81,3280,3281 是一个直角三角形，它的最小边 81 是一个平方数。

阿尔伯特。H。贝勒先生，请你想一想：你的这一组例子，有必要通过"母数"吗？这里如果去掉"母数"，问题将变得更加清楚。事实上，当 x 为奇数时，

由 $x^2=\frac{(x^2-1)}{2}+\frac{(x^2+1)}{2}$ 立知必有 $x^4=\frac{(x^4-1)}{2}+\frac{(x^4+1)}{2}$，例如 $x=3$，则 $x^2=9$，

于是 $3^4=\frac{(3^4-1)}{2}+\frac{(3^4+1)}{2}$，于是 9,40,41 是一个直角三角形，其它的例子自然也是如此。

说白了就是先分拆 x^2，再分拆 x^4 便了事。例如，$x=5$ 则 $5^2=25=12+13$，

$5^4=625=312+313$，于是 25,312,313 是一个直角三角形。

第十八个问题 $x^3+y^3=z^3$ 无解的证明

$x^3+y^3=z^3$ 无解的证明是费马大定理证明的艰难历程中的第一步，据说是欧拉给出

的。事实上，证明 $x^3 + y^3 = z^3$ 无解的方法很多，作者备有一千个以上。请看冰山一角：

公式 $x^3 + y^3 = (x+y)q_3$、T 法则与费马大定理的第一个证明

考察公式 $x^3 + y^3 = (x+y)q_3$，由 T 法则知 $y < z < x+y$

于是 $x^3 + y^3 \neq zq_3$，由此立知 $x^3 + y^3 = z^3$ 无解，证毕。

公式 $x^3 + y^3 = (x+y)q_3$、T 法则、X 约束与费马大定理的第二个证明

考察公式 $x^3 + y^3 = (x+y)q_3$，X 约束要求 $z = x+y$，然此明显与 T 法则相悖，由 T 法则知 $z < x+y$，于是 $x^3 + y^3 \neq zq_3$，由此立知 $x^3 + y^3 = z^3$ 只能无解，证毕。

公式 $x^3 + y^3 = (x+y)q_3$、q 规则与费马大定理的第三个证明

考察公式 $x^3 + y^3 = (x+y)q_3$，由 q 规则知 $q_3 < z^2$，于是 $x^3 + y^3 \neq (x+y)z^2$，由此立知 $x^3 + y^3 = z^3$ 无解，证毕。

公式 $x^3 + y^3 = (x+y)q_3$、q 规则、X 约束与费马大定理的第四个证明

考察公式 $x^3 + y^3 = (x+y)q_3$，X 约束要求 $q_3 = z^2$，然此明显与 q 规则相悖，由 q 规则知 $q_3 < z^2$，于是 $x^3 + y^3 \neq (x+y)z^2$，由此立知 $x^3 + y^3 = z^3$ 只能无解，证毕。

公式 $x^3 + y^3 = (x+y)q_3$、T 法则、q 规则与费马大定理的第五个证明

考察公式 $x^3 + y^3 = (x+y)q_3$，由 T 法则知 $z < x+y$，由 q 规则知 $q_3 < z^2$，于是 $x^3 + y^3 \neq z \times z^2$，由此立知 $x^3 + y^3 = z^3$ 无解，证毕。

公式 $x^3 + y^3 = (x+y)q_3$、T 法则、q 规则、X 约束与费马大定理的第六个证明

考察公式 $x^3 + y^3 = (x+y)q_3$，X 约束要求 $z = x+y$ 及 $q_3 = z^2$ 然此明显与 T 法则和 q 规则相悖，由 T 法则知 $z < x+y$，由 q 规则知 $q_3 < z^2$，于是 $x^3 + y^3 \neq z \times z^2$，由此立知 $x^3 + y^3 = z^3$ 无解，证毕。

第十九个问题 想问一问库默尔先生

文献[16]（《费马大定理的证明与启示》周明儒 高等教育出版社 2007 年 12 月第一版）中，周明儒先生写道："1840—1850 年间，费马大定理的证明取得了第一次重大突破，高斯

的学生、德国数学家库默尔（E。E。Kummer，1810—1893）用他创立的理想数理论，历史上第一次对一批指数 n 证明了费马大定理。"

周明儒先生又写道："库默尔将 $x^p + y^p = z^p$ 写成

$$y^p = z^p - x^p = (z-x)(z-\varsigma_p x)\cdots(z-\varsigma_p^{p-1}x)\cdots\cdots ",$$

如果周明儒先生的叙述没有疏漏的话，那么就有一些奇怪了：$x^p + y^p = z^p$ 是一个不可能成立的等式，自然 $y^p = z^p - x^p$ 也就是一个不可能成立的等式，怎么可能依依据

$y^p = z^p - x^p$ 再往下推理呢？

如果库默尔用的是反证法的话，至少也要加几个字，写成

"如果 $x^p + y^p = z^p$ 可能成立，则 $y^p = z^p - x^p = (z-x)(z-\varsigma_p x)\cdots(z-\varsigma_p^{p-1}x)\cdots\cdots ",$

此事作者百思不得其解，却又苦干无法找到库默尔的原著，"想问一问库默尔先生"当然只是一句笑话话而已，不过此事便成了悬案。

第二十个问题 想再问一问库默尔先生

周明儒先生在文献[16]中还写道："库默尔将 $x^p + y^p = z^p$ 写成

$$y^p = z^p - x^p = (z-x)(z-\varsigma_p x)\cdots(z-\varsigma_p^{p-1}x)\cdots\cdots ",$$ 显然库默尔是想引进复数来证明费马大定理。

事实上 $x^p + y^p = (x+y)q$，式中 $q = x^{p-1} - x^{p-2}y + x^{p-3}y^2 - \cdots + y^{p-1}$，由此给出费马大定理的一千个证明，简直不费吹灰之力，何必费尽心机，使足吃奶的力气，费那么大的劲"杀鸡用牛刀"呢？同样道理 $z^p - x^p = (z-x)g$，式中

$g = z^{p-1} + z^{p-2}x + z^{p-3}x^2 + \cdots + x^{p-1}$，由此给出费马大定理的一千个证明，也不费吹灰之力，何必费尽心机，使足吃奶的力气，费那么大的劲"杀鸡用牛刀"呢？

第二十一个问题 库默尔先生的收获

周明儒先生在文献[16]中写道："为了重建唯一分解定理，库默尔在 1844—1847 年间创立了**理想数理论**，进而严格证明了对于 100 以内除了 37，59，67 之外的所有奇素数 p 费马大定理成立。这是历史上第一次对一批指数 n 证明了费马大定理。"

作者以为库默尔先生"严格证明了对于 100 以内除了 37，59，67 之外的所有奇素数 p

费马大定理成立"这件事一点也算不了什么，周明儒先生何必如此吃惊，如此大书特书？

作者太想读一读库默尔的原著，然而却苦于无法找到。如果用公式 $x^p + y^p = (x+y)q$ 或 $z^p - x^p = (z-x)g$ 为载体，证明 $x^{37} + y^{37} = z^{37}$ 无解，证明

$x^{59} + y^{59} = z^{59}$ 无解，证明 $x^{67} + y^{67} = z^{67}$ 无解与证明 $x^3 + y^3 = z^3$

无解或者与证明 $x^p + y^p = z^p$ 无解根本就没有任何一点区别，不要说是一个证明，就是一千个证明也可以立马做到。

库默尔先生啊，就证明费马大定理而言，您老走了太多太多的弯路。本来，从巴黎的艾菲尔铁塔到爱丽舍宫并不太远，乘地铁、打的，就是跑几步都是明智的选择。可是您老却是先乘火箭上月球，再乘飞船回地球，从柏林飞到巴黎，然后从艾菲尔铁塔坐拖拉机到爱丽舍宫，只得到了一粒沙子，而且还丢三拉四地丢了 $0.3333\cdots$ 个角（三个奇素数37，59，67），您老对巴黎的费马大定理研究了那么久，几乎一无所获啊。不过话还得说回来，当然您的确有了很大的收获，那就是得到了月球上的一块宝贝（**理想数理论**）！

第二十二个问题　与周明儒先生商榷

周明儒先生的小册子《费马大定理的证明与启示》是一本极好的数学科普教材，资料翔实，难得一读。然而其中的一个观点，却是作者不能认同，并且坚决反对的。

周明儒先生说"费马的过人之处是他的数学直觉。虽然他在《算术》书边写的'我已找到了一个奇秒的证明'现在看来可能只是一个有漏洞的证明，但他的结论却是对的。"

仔细读一读这几句话，它的逻辑其实就是：大定理是对的，只不过是靠直觉，证明是不对的（有漏洞）。

如此说来，费马是一只瞎了眼睛的猫，只不过此猫的嗅觉很灵敏（过人的数学直觉），瞎猫嗅到了死老鼠的味儿，因此逮到了这个大象一般大的死老鼠，简直是天下第一大笑话！

周明儒先生，此言差矣！请看下面的证明：

费马小定理、T法则与费马大定理的第一个证明

一、公式

由费马小定理知 $x^p - x = 0 (\mathrm{mod}\, p)$, $y^p - y = 0 (\mathrm{mod}\, p)$,

于是立得公式 $(x+y)q = x + y + tp$。

例子：1。$2^3 + 3^3 = 5 \times 7 = 5 + 10 \times 3$，2。$2^5 + 3^5 = 5 \times 55 = 5 + 90 \times 3$。

一、大定理的证明

对于 $(x+y)q = x+y+tp$，由 T 法则知 $z < x+y$，于是 $zq \neq x+y+tp$，

由此立知 $x^p + y^p = z^p$ 无解，证毕。

费马小定理、q 规则与费马大定理的第二个证明

对于 $(x+y)q = x+y+tp$，由 q 规则知 $q < z^{p-1}$，于是 $(x+y)z^{p-1} \neq x+y+tp$，

由此立知 $x^p + y^p = z^p$ 无解，证毕。

事实上，此等证明即便给出一千个，又何足为奇？

先生刚刚不是说过"费马的过人之处是他的数学直觉"吗？费马小定理本来就是费马本人的杰作，难道费马大定理不正是费马本人从费马小定理中悟出来的吗？这样的可能性极大极大！"我已找到了一个奇秒的证明"，难道不正是"费马的过人之处是他的数学直觉"的最好的注释吗？作者认为本书中的很多对大定理证明，其中就有费马的那个"奇妙的证明"。

第二十三个问题 欧拉先生，在下向您请教了

周明儒先生说"欧拉证明了 $n = 3$ 时定理成立"，周明儒先生又说"但欧拉的方法当 $n = 5$ 时就银行不通了"。周明儒先生同时也说到了一点"欧拉证明了 $n = 3$ 时定理成立"的细节（作者无法读到欧拉的证明），这个证明以"无限下降法"为基础，并用到一个关键的性质：在由形如 $a+b\sqrt{-3}$ 的数组成的数系：$\{a+b\sqrt{-3}\}$（a,b 为任意整数）中，存在**唯一因子分解定理**，即每一个整数都可以分解为这个数系中素数的乘积。

原来欧拉引进复数证明了 $n = 3$ 时定理成立，引进复数的的目是为了"唯一因子分解定理"，这不能不说是一件令人遗憾的事情，应当说这个"遗憾"是费马**大**定理证明历史上的大"遗憾"！如果要"素"的话，眼前就有一个"素"，这个"素"使得 $x^3 + y^3 = z^3$ 无解，乃至于 $x^p + y^p = z^p$ 无解的证明立马可得，请看：

公式 $x^p + y^p = (x+y)q$、代数素式与费马大定理的证明

若 $x^p + y^p = z^p$ 可能成立，则代数式 $x^p + y^p$ 与代数式 z^p 应当有相同的性质，但此明显不可能。

$x^p + y^p = (x+y)q$ 中，q 为一代数素式或伪代数素式，而 $z^p = z \times z^{p-1}$ 中 z^{p-1} 决不是一个代数素式，由此立知 $x^p + y^p = z^p$ 无解，证毕。

请再看：

公式 $x^p + y^p = (x+y)q$、无理式与费马大定理的证明

$x^p + y^p = (x+y)q$ 中，q 为一代数素式或伪代数素式，于是 $\sqrt[p]{(x+y)q}$ 是一个**无理式**，而 $\sqrt[p]{z^p}$ 是一个整式，由此立知 $x^p + y^p = z^p$ 无解，证毕。

再请看：

公式 $x^p + y^p = (x+y)q$、整除与费马大定理的证明

考察 $x^p + y^p = (x+y)q$ 及 $x^p + y^p = z^p$，公式 $x^p + y^p = (x+y)q$，q 为一代数素式或伪代数素式，因此 $\dfrac{q}{x+y}$ 是一个分式；而 $x^p + y^p = z^p$ 中 $\dfrac{z^{p-1}}{z}$ 是一个整式，由此立知 $x^p + y^p = z^p$ 无解，证毕。

还是请看：

公式 $y^p - x^p = (y-x)g$、代数素式与费马大定理的证明

若 $y^p - x^p = z^p$ 可能成立，则代数式 $y^p - x^p$ 与代数式 z^p 应当有相同的性质，但此明显不可能。

$y^p - x^p = (y-x)g$ 中，g 为一代数素式或伪代数素式，而 $z^p = z \times z^{p-1}$ 中 z^{p-1} 决不是一个代数素式，由此立知 $y^p - x^p = z^p$ 无解，证毕。

请再看：

公式 $y^p - x^p = (y-x)g$、无理式与费马大定理的证明

$y^p - x^p = (y-x)g$ 中，g 为一代数素式或伪代数素式，于是 $\sqrt[p]{(y-x)g}$ 是一个**无理式**，而 $\sqrt[p]{z^p}$ 是一个整式，由此立知 $y^p - x^p = z^p$ 无解，证毕。

再请看：

公式 $y^p - x^p = (y-x)g$、整除与费马大定理的证明

考察 $y^p - x^p = (y-x)g$ 及 $y^p - x^p = z^p$，公式 $y^p - x^p = (y-x)g$，g 为一代数素式或伪代数素式，因此 $\dfrac{g}{y-x}$ 是一个分式；而 $y^p - x^p = z^p$ 中 $\dfrac{z^{p-1}}{z}$ 是一个整式，由此立知

$y^p - x^p = z^p$ 无解，证毕。

以上六个证明，其实都是利用的同一个非常明显的事实，即代数素式与非代数素式当然不可能相等。

作者以为欧拉引进复数证明了 $n=3$ 时定理成立，事实上就是舍近求远、舍简单而求繁琐，不但不值得，更重要的是欧拉先生当了一回舍近求远、舍简单而求繁琐的领头人。

第二十四个问题　狄利克雷和勒让德先生、拉梅女士，在下向您们请教了

周明儒先生说"1825 年，德国数学家狄利克雷（P。G。L。Dirichlt，1805—1859）和法国数学家勒让德（A。M。Legendre，1752—1833）分别独立地证明了 $n=5$ 的情形，他们将欧拉证明了 $n=3$ 时起关键作用的等式 $p+q\sqrt{-3}=(a+b\sqrt{-3})^3$ 延伸为

$$p+q\sqrt{5}=(a+b\sqrt{5})^5，$$ 但明智地避开了唯一因子分解定理。"

周明儒先生又说"1839 年，法国数学家拉梅（G。Laqme，1795—1870）对热尔曼的方法作了进一步的、巧妙的补充，并证明了 $n=7$ 的情形。"周明儒先生还说"狄利克雷、勒让德和拉梅的成功，都是建立在热尔曼的成果基础上的。"

由此可见狄利克雷和勒让德先生、拉梅女士的思路都是继续了欧拉的思路。

这不能不说更是一件令人遗憾的事情！欧拉先生当了一回舍近求远、舍简单而求繁琐的领头人，他把狄利克雷、勒让德和拉梅都领到了用复数为载体证明了大定理的路上，这是一条不但荆棘丛生，泥泞不堪，而且根本走不通的路！

狄利克雷、勒让德先生和拉梅女士跟随欧拉在这条荆棘丛生、泥泞不堪根本走不通的路上呕心沥血、费尽心机，只走了两步。

周明儒先生写道："在 1637—1840 年间，…二百年里，人们只证明了当 n 为 3 ，4 ，5 ，7 这些值时费马大定理成立，在那无尽头正整数的长河中只前进了四小步。"

思维的惯性，思维的堕性，使得狄利克雷、勒让德和拉梅总是跟随欧拉 $n=3$ 的证明后面亦步亦趋，如此这般，能大步向前进才怪呢！

思维的惯性，思维的堕性，太可怕，太可怕了！

四位数学家，女士们、先生们，大可不必如此啊，欧拉先生和你们不都是要一个"素"字吗？难道这个"素"字只有复数中才有吗？其实，实数中的"素"字比复数中的"素"字多得多啊！请看：

公式 $x^p + y^p = (x+y)q$ 、整除与费马大定理的证明

考察 $x^p + y^p = (x+y)q$ 及 $x^p + y^p = z^p$，公式 $x^p + y^p = (x+y)q$，q 为一代数素式或伪代数素式，因此 $q - r = 0 \pmod{x+y}$；而 $z^{p-1} - r \neq 0 \pmod z$，

由此立知 $x^p + y^p = z^p$ 无解，证毕。

再请看：

公式 $y^p - x^p = (y-x)g$、整除与费马大定理的证明

考察 $y^p - x^p = (y-x)g$ 及 $y^p - x^p = z^p$，公式 $y^p - x^p = (y-x)g$，g 为一代数素式或伪代数素式，因此当 $y - x > 1$ 时 $g - r = 0 \pmod{y-x}$；而 $z^{p-1} - r \neq 0 \pmod z$，由此立知 $y^p - x^p = z^p$ 无解，证毕。

两个公式，两个"素"字，成就了费马大定理的两个证明。

第二十五个问题　费马先生，您的无穷递降法太妙了

周明儒先生说：费马用"无限下降法"证明了 $n = 4$ 的情形；这就是说费马用"无限下降法"证明了 $x^4 + y^4 = z^4$ 无解。

作者以为既然费马能用"无限下降法"证明 $x^4 + y^4 = z^4$ 无解，当然也就一定能用"无限下降法"证明 $x^p + y^p = z^p$ 无解，因为两者之间没有任何区别。

请看：无穷递降法与费马大定理的第一个证明

熟知 $x^p + y^p = (x+y)q$，当 $p = 1$，时 $q = 1$，于是 $x^1 + y^1 = (x+y)^1$，注意此时 p 已无法再降，由无穷下降法可知 $x_0^{\,1} + y^1 = (x_0 + y)^1$ 是不定方程 $x^p + y^p = z^p$ 当 $p = 1$ 时之唯一解，证毕。

请看：无穷递降法与费马大定理的第二个证明

熟知 $x^p + y^p = (x+y)q$，当 $q = 1$ 时 $p = 1$，于是 $x^1 + y^1 = (x+y)^1$，注意此时 q 已无法再降，由无穷下降可知 $x^1 + y^1 = (x+y)^1$ 是不定方程 $x^p + y^p = z^p$ 当 $q = 1$ 时之唯一解，证毕。

费马说："我已找到了一个奇秒的证明"，难到还有什么疑问吗？**现在看来**"现在看来可能只是一个有漏洞的证明"之一说反而倒是大有漏洞了！历史从古到今都有事实与人们开玩笑的例子，"原来想走进这个房间，却走进了另外一个房间（马克斯的名言）"，摆在我们面

前的这个事实不正好就是如此吗？

第二十六个问题　高斯先生，您的话不太妙啊

周明儒先生写道：被誉为"数学王子"的高斯（K。F。Gauss，1777—1855）也考虑过费马大定理的问题，但在证明 $n=7$ 的情形失败后放弃了该课题。他的一个朋友曾写信劝他去竞争巴黎科学院为解决费马大定理的证明而设立的大奖，他回信说："我非常感谢你关于巴黎的那个奖的消息，但是我认为费马大定理作为一个孤立的命题对我来说几乎没有什么兴趣，因为我可以很容易地写下许多这样的命题，人们既不能证明它们又不能否定它们。"

高斯先生，您的话不太妙啊，有这样的命题吗？可以毫无疑问地说，一个数学命题如果为真，就一定能证明它们；一个数学命题如果不真，就一定能否定它们！在下认为，作为"数学王子"的高斯您对此不会没有体会吧；您的此一说只能是在证明 $n=7$ 的情形失败后的一种自我解嘲罢了。

请看：$x^7+y^7=z^7$ 无解第一个证明

考察 $x^7+y^7=(x+y)q_7$，由 T 法则知 $z<x+y$，于是 $x^7+y^7 \neq zq_7$，

由此立知 $x^p+y^p=z^p$ 无解，证毕。

请看：$x^7+y^7=z^7$ 无解第二个证明

考察 $x^7+y^7=(x+y)q_7$，由 q 规则知 $q<z^{p-1}$，于是 $x^7+y^7 \neq (x+y)q_7$，

由此立知 $x^p+y^p=z^p$ 无解，证毕。

高斯先生，费马大定理可不是您老说的那个"但是我认为费马大定理作为一个孤立的命题对我来说几乎没有什么兴趣，因为我可以很容易地写下许多这样的命题，人们既不能证明它们又不能否定它们"的命题吧！

第二十七个问题　怀尔斯先生，在下认为您的话不大对

怀尔斯说："判断一个数学问题是否是好的，其标准就是看它能否产生新的数学，而不是问题本身。"

怀尔斯先生，这句话的逻逻辑不大对吧。难道说数学问题有"好的"和"坏的"之分吗？难道说一个普通的数学问题，例如 $3+2=5$ 也能"产生新的数学"吗？什么叫做"而不是问题本身"？

在下在研究大定理的证明时，发现了一个大秘密：当 $n \geq 4$ 时 x^n 与 $(x+1)^n$ 之间存在有

大量的"漏孔"，并且 x 愈大，n 愈大则 x^n 与 $(x+1)^n$ 之间的奇数漏孔愈多。

例如：$7^5 = 2395 + 2397 + 2399 + 2401 + 2403 + 2405 + 2407$，

$8^5 = 4089 + 4091 + 4093 + 4095 + 4097 + 4099 + 4101 + 4103$，

显然 7^5 与 8^5 之间有连续奇数个 $2409, 2411, \cdots, 4085, 4087$，我们把这些奇数称为 7^5 与 8^5 之间的"漏孔"它们的和为：$S(7,8,5) = 2409 + 2411 + \cdots + 4087 = 3248 \times 1020 = 3312960$，又显然 $S(7,8,5) = 3312960$ 不是一个完全的 n 方方幂。由"漏孔"立马可以得到大定理的十个证明。

请问怀尔斯先生，如果是研究数学问题 $3 + 2 = 5$，可能发现"当 $n \geq 4$ 时 x^n 与 $(x+1)^n$ 之间存在有大量的漏孔，并且 x 愈大，n 愈大则 x^n 与 $(x+1)^n$ 之间的奇数漏孔愈多"这个大秘密吗？

因此怀尔斯先生的名言："判断一个数学问题是否是好的，其标准就是看它能否产生新的数学，而不是问题本身"，应当改为"判断一个数学问题是否是好的（数学问题没有坏的），其标准就是看它能否产生新的数学，问题本身太重要，太重要了！"

第二十八个问题　柯召和孙琦教授，在下认为你们的话不大对

柯召和孙琦教授在小册子《谈谈不定方程》（柯召　孙琦　上海教育出版社　1980 年 8 月第一版）中说："一般来说，初等方法只能解决费马大定理的第一种情形"。

两位教授，您俩此言不大对吧。

请看：最大公约数与费马大定理的初等证明

一、一个极其明显又极其简单的事实

设 $p = r + s (s > r)$，则对于 z^p 而言，必有 $(z^r, z^s) = z^r$ 这就是说，$(z^r, z^s) = z^r$ 是数型 z^p 的一个充分必要条件。

二、大定理的证明

由 $x^p + y^p = (x + y)q$ 可知：对于大定理的第一种情形 $(x + y, q) = 1$，对于大定理的第二种情形 $(x + y, q) = p$，由此立知 $x^p + y^p = z^p$ 无解，证毕。

再请看：最小公倍数与费马大定理的初等证明

一、一个极其明显又极其简单的事实

设 $p = r + s(s > r)$，则对于 z^p 而言，必有 $[z^r, z^s] = z^s$ 这就是说，$[z^r, z^s] = z^s$ 是数型 z^p 的一个充分必要条件。

二、大定理的证明

由 $x^p + y^p = (x+y)q$ 可知：对于大定理的第一种情形 $[x+y, q] = (x+y)q$，对于大定理的第二种情形 $[x+y, q] = \dfrac{(x+y)q}{p^{r+1}}$（当 $x+y = p^r, r \geq 1$），由此立知 $x^p + y^p = z^p$ 无解，证毕。

第二十九个问题　代数素式与伪代数素式，素数与伪素数

这里引入"伪代数素式"的定义，纠正传统的关于"代数素式"中的概念的一个缺陷。

一、一个定义

美国数学家阿尔伯特 H. 贝勒在文献[7]中有如下的一段叙述：

$$x^p + y^p = (x+y)(x^{p-1} - x^{p-2}y + x^{p-3}y^2 - x^{p-4}y^3 + \cdots - xy^{p-2} + y^{p-1})。$$

例如，　$x^7 + y^7 = (x+y)(x^6 - x^5y + x^4y^2 - x^3y^3 + x^2y^4 - xy^5 + y^5)$

括弧里头的那个长长的表达式是一个"代数素因子"（也有文献称它为"代数素式"，作者注），也就是说没有办法把它进一步分解成两个或更多个较低次数的表达式的乘积。

这里给出了"代数素因子"（即代数素式）的定义。然而这个定义中却包含了一个缺陷。

二、伪代数素式的定义

本书证明了对于 $x^p + y^p = (x+y)q$ 而言，

当 $p \mid x+y$ 时，$q = pq_1$，易知此时 q_1 是一个代数素式，由此可知，当 $p \mid x+y$ 时，q 并非代数素式，它可以分解为多项式 p 和 q_1 的乘积，我们将此时的 q 称之为"伪代数素式"。

"代数素式"与"伪代数素式"的区别，实际上对应着费马大定理的两种情形，在大定理的证明中很重要，因此我们要引入"伪代数素式"的定义。

三、"代数素式"与素数相似，"伪代数素式"与伪素数相似

本书对"伪代数素式"的取名源于伪素数。代数素式与素数有着十分相似的性质，代数素式无法进行因式分解，而素数则无法进行积分解。

"伪代数素式"与伪素数有着十分相似之处，伪代数素式可以进行特定的因式分解，而伪素数可以进行积分解。

453

例子：1. $2^3 + 3^3 = 35 = 5 \times 7$，即此时 $q = 7$，这里 q 是一个代数素式；

2. $2^5 + 3^5 = 275 = 5 \times 55$，即此时 $q = 55$ 而 $55 = 5 \times 11$，这里 q 是一个伪代数素式。

有关伪素数，专著中有大量的例子，这里就不再多说了。

第三十个问题　关于不等式与等式的互相转换

不等式与等式是一对矛盾，它们可以互相转化，一般地有两种转化办法。

1. 对于不等式 $m > n$，则必有 $m = wn - r$ $(w \geq 1,\ 0 \leq r < n)$，

事实上，如不对 w 进行约束，则不定方程 $m = wn - r$ 有无穷多个解。因此我们按例取 w 的最小值。

需要说明的是，等式 $m = wn - r$ 中，用的是"去余"的思想，即去掉 wn 对模 m 的余数 r；由此立知必有 $m = w_1 n + r_1$ 成立，这里用的是"补余"的思想，即补足 $w_1 n$ 对模 m 的余数 r_1；显然 $w_1 = w - 1$，$r_1 = n - r$。今后，为方便计，我们一般都记为 $m = wn - r$ 与 $m = wn + r$，当然等式 $m = wn - r$ 与 $m = wn + r$ 中的两个 w 是不相同的，两个 r 也是不相同的，例如 $12 > 5$，$12 = 3 \times 5 - 3$，$12 = 2 \times 5 + 2$。

2. 对于不等式 $m > n$，则必有 $m = n + r$，（显然 $r = m - n$），例如 $12 > 5$，$12 = 5 + 7$。

需要说明的是，不等式与等式互相转化的方法也并非只有以上两种，请读者考虑。

第三十一个问题　P. 里本伯姆性先生，问你一个问题

文献 [33] 《博大精深的素数》中有如下的一段叙述：满足同余式 $2^{p-1} = 1 \pmod{p^2}$ 的素数叫作 Wieferich 素数，因为 Wieferich 在 1909 年证明了如下一个困难的定理：

如果费马猜想第一种情形对于素数 p 不成立，则必有上面的同余式。

里本伯姆性先生，问你一个问题：$2^{p-1} = 1 \pmod{p^2}$ 的素数是有关二次剩余的素数，按照经验，这样的素数不可能很多。但是，这件事与"费马猜想第一种情形"何关系之有呢？更加稀奇的是，两者的关系是水火不相容的关系——"如果…不成立，则必有…"，那么，是不是"如果…成立，则必无…"呢？如今费马猜想已获证，是不是说明 Wieferich 素数不存在呢？因此本人认为你的叙述有问题。本人认为：第一，Wieferich 素数存在，第二，费马猜想成立，第三，两者之间不可能有任何关系。

本人无法与您或者与*Wieferich*先生一起讨论，本人也无法读到*Wieferich*先生的证明，因此只好在这里与你打笔墨官司了，也许此官司还得再打。

第三十二个问题　P. 里本伯姆性先生，再问你一个问题

文献[33]《博大精深的素数》中有如下的一段叙述：在 1910 年 Mirimanoff 证明了与 *Wieferich* 定理相似的以下定理：

如果费马猜想第一种情形对于素指数 p 不成立，则 $3^{p-1} = 1 (\bmod p^2)$。

里本伯姆性先生，问你一个问题：$3^{p-1} = 1 (\bmod p^2)$ 的素数也是有关二此剩余的素数，按照经验，这样的素数不可能很多。但是，这件事与"费马猜想第一种情形"何关系之有呢？更加稀奇的是，两者的关系是水火不相容的关系——"如果…不成立，则…"，那么，是不是"如果…成立，则…"呢？如今费马猜想已获证，是不是说明 Mirimanoff 证明了的素数不存在呢？因此本人认为你的叙述有问题。本人认为：第一。Mirimanoff 证明了的素数存在，第二。费马猜想成立，第三。两者之间不可能有任何关系。

本人无法与您或者与 Mirimanoff 先生一起讨论，本人也无法读到 Mirimanoff 先生的证明，因此只好在这里与你打笔墨官司了，也许此官司还得再打。

P. 里本伯姆性先生还说："这两个结果开创了攻击费马猜想第一种情形的新路线…"，真读不懂这是什么意思？费马猜想第一种情形，那里可以攻击呢？费马猜想第一种情形，那里需要攻击呢？本人对于此等问题非常、非常感兴趣，却苦于无法弄到一点一滴的相关资料，只好徒呼无可奈何啊，无可奈何。

第三十三个问题　一道波兰竞赛题

文献[6]《数：上帝的宠物》中有如下的一段叙述：

"整值多项式也是初等数论中一个不能回避的有趣课题。

现在要你证明：中项为完全立方数的三个连续整数的乘积必能被 504 整除。"

文献[6]给出了此题的一个解法，用到了关于整值多项式的一个定理、带差分的牛顿插值公式和三个 $f(x)$ 验证，"杀此小鸡用了五把牛刀"，区区小事，何必如此大动干戈？

请注意 $504 = 7 \times 8 \times 9$。

中项为完全立方数的三个连续整数的乘积就是 $f(n) = (n^3 - 1)n^3(n^3 + 1)$，

于是 $f(2)=(2^3-1)2^3(2^3+1)$，显然 $504|(2^3-1)2^3(2^3+1)$，

于是 $f(3)=(3^3-1)3^3(3^3+1)$，显然 $504|(3^3-1)3^3(3^3+1)$，

由数学归纳法立知 $504|(n^3-1)n^3(n^3+1)$，证毕。

事实上 $(n^3-1)n^3(n^3+1)=n^9-n^3$，因此，文献[2]中也有此题：

证明：$504|n^9-n^3$，其中 n 是整数。对此，文献[2]中也有一个比较麻烦的解法。

第三十四个问题　四道匈牙利竞赛题

文献[4]《匈牙利奥林匹克数学竞赛题解》中有四道竞赛题：

题 **13**．求使 2^n+1 能被 3 整除的一切自然数 n。

题 **43**．证明：如果 a 和 b 是两个奇整数，那么，在而且仅仅在 $a-b$ 能被 2^n 整除时，a^3-b^3 才能被 2^n 整除。

题 44．证明：当 $n>2$ 时，任意直角三角形的斜边的 n 次幂大于直角边的 n 次幂之和。

题 46．证明：在三个连续的自然数中，最大的数的立方不可能等于其它两个数的立方和。

作者一看这四道题，就感到太好笑了，这也能算是竞赛题吗？

当 n 为奇数时，公式 $x^n+y^n=(x+y)q$ 对于我们来说是再熟悉不过的了，因此题 **13**，题 **43**，题 **46** 都是一看即知的事实，而且都是命题的弱形式，题 44 就更简单了，也是一看即知的事实。

这四道题还需要证明吗？可笑的是文献[4]]对此四题还一本正经地大大地证明了一番，而且证明的方法也很一般。匈牙利数学竞赛题是世界公认的高水平的竞赛，然而这四道题却让人大跌眼球。

第三十五个问题　又一道匈牙利竞赛题

文献[4]中有一道 1900——1901 年的竞赛题 19：若 a，b，c，d 和 m，是这样的整数，使 am^3+bm^2+cm+d 能被 5 整除，且数 d 不能被 5 整除。证明：总可以找到这样的整数 n，使得 dn^3+cn^2+bn+a 也能被 5 整除。文献[4]给出的此题之解法大失简便，我

们另解如下：由 $5 \mid am^3 + bm^2 + cm + d$，而 d 不能被 5 整除立知 m 不能被 5 整除，于是 am^3，bm^2，cm 中必有一个不能被 5 整除，设其为 cm，于是 $5 \mid cm + d$，如此立知当 $5 \mid n$ 时，必有 $5 \mid dn^3 + cn^2 + bn + a$，证毕。

本题如果用尾数来证明，也很方便（注意，能被 5 整除的数，其尾数不是 5，就是 0 ）。

第三十六个问题　再解匈牙利竞赛题 19

由 $5 \mid am^3 + bm^2 + cm + d$，而 d 不能被 5 整除立知 m 不能被 5 整除，于是 a，b，c 中必有一个能被 5 整除，不失一般性，设其为 a，于是立知当 $5 \mid n$ 时，必有 $5 \mid dn^3 + cn^2 + bn + a$，证毕。

第三十七个问题　q、q_1 常表素数

熟知 $x^p + y^p = (x + y)q$，对于大定理的第一种情况，q 常表素数。例如：

$2^3 + 3^3 = (2 + 3) \times 7$，$7$ 是一个素数，$3^3 + 4^3 = 7 \times 13$，13 是一个素数，

$3^5 + 5^5 = 8 \times 421$，421 是一个素数，$2^7 + 3^7 = 5 \times 463$，463 是一个素数等等，对于大定理的第二种情况，$q = pq_1$，q_1 常表素数。例如：$2^5 + 3^5 = 5 \times 55 = 5 \times 5 \times 11$，$11$ 是一个素数，$1^3 + 5^3 = 6 \times 3 \times 7$，$7$ 是一个素数等等，

$y^p - x^p = (y - x)g$ 也是如此，作者关于上述的一千多个数值举例中有近九百个例子都如此，这是一个有趣和值得研究的问题。

第三十八个问题　$y^2 - x^2 = (y - x)(y + x)$ 与费马大定理的初等证明

熟知 $y^2 - x^2 = (y - x)(y + x)$，例如：$5^2 - 3^2 = (5 - 3)(5 + 3) = 4^2$，这就是说 $(y - x)(y + x)$ 有可能是完全平方数，如果 $y^p - x^p = z^p$ 可能成立，当然也应当有此类似的性质，由 $y^p - x^p = (y - x)g$ 知此不可能，由此立知 $y^p - x^p = z^p$ 无解。

事实上，由 $y^2 - x^2 = (y - x)(y + x)$ 证明 $y^p - x^p = z^p$ 无解的方法显然远非一种，请读者考虑。

第一百零一章 遊戏与费马大定理的初等证明

在本书行将封笔之时，让我们大家——作者和读者先生们一起轻松一下吧，祝读者先生永远幸运，拜拜；我们将很快再见面，在 Goldbach 猜想、孪生素数有无穷多对，奇完全数不存在的情趣和奇妙证明中，让我们豪情满怀地歌唱胜利，高高地举起酒杯，干杯，再干杯！

由本书利用演段给出的大定理的证明，读者不难知道，只要有多组合适的 x, y, p 之值就一定可以构造出以下的图，不但有趣，而且启迪思维。读者可以举一返三，构造更多的图，做一个"骑自行车上月球的旅人"，到月球上去纵横驰骋，遊戏一番，不也乐乎？

红星塔、东方明珠、公寓楼与费马大定理的第一个证明

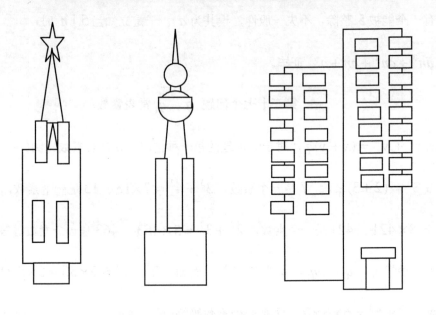

仓库与费马大定理的第二个证明

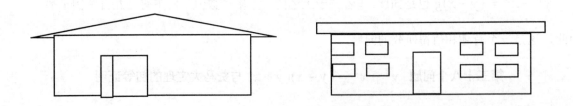

太阳、月亮、地球与费马大定理的第三个证明

机器人与费马大定理的第四个证明

卡车与费马大定理的第五个证明

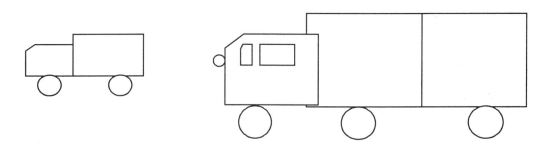

"我爱你""你爱我"与费马大定理的第六个证明

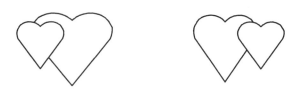

爸爸、妈妈、我与费马大定理的第七个证明

长笛与费马大定理的第八个证明

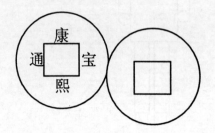

黄河远上白云间，一片孤城万仞山。羌笛何须怨杨柳，春风不度玉门关。

古钱币与费马大定理的第九个证明

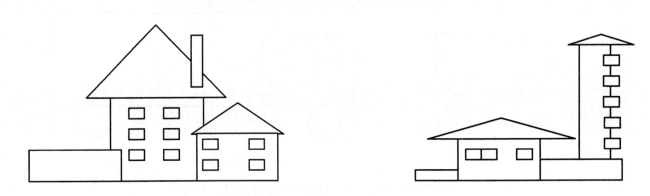

西式小木楼与费马大定理的第十个证明

人造卫星与费马大定理的第十一个证明

和珅、纪晓岚与费马大定理的第十二个证明

导弹、火箭与费马大定理的第十三个证明

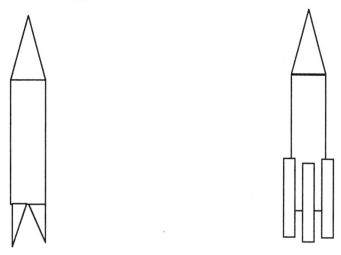

十四. 输油管线与费马大定理的初第十四个证明

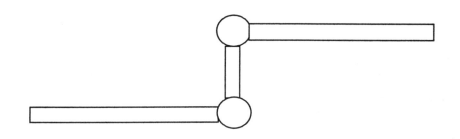

悟空的金棍子与费马大定理的第十五个证明

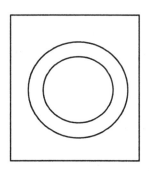

井与费马大定理的初第十六个证明

俺的铜锤与费马大定理的第十七个证明

赶面棒与费马大定理的第十八个证明

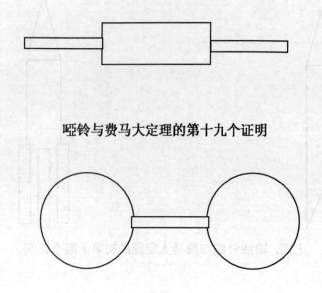

哑铃与费马大定理的第十九个证明

举重与费马大定理的第二十个证明

洒家的禅杖与费马大定理的第二十一个证明

双扛与费马大定理的第二十二个证明

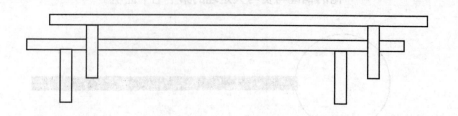

单扛与费马大定理的第二十三个证明

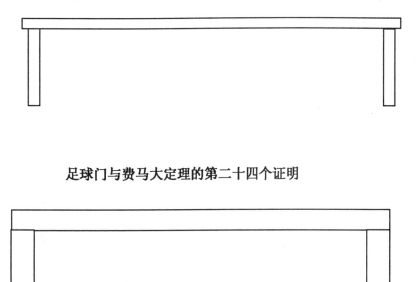

足球门与费马大定理的第二十四个证明

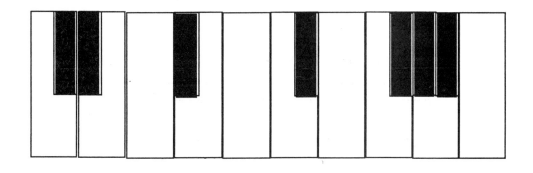

琴与费马大定理的第二十五个证明

计算器与费马大定理的第二十六个证明

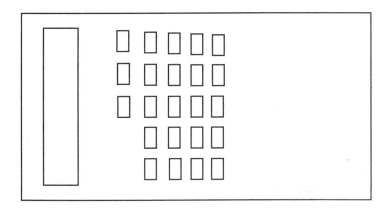

小桥与费马大定理的第二十七个证明

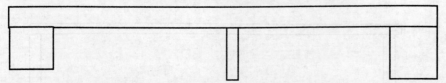

小桥流水人来去，沙岸浴鸥飞鹭。谁画江南好处，著我闲巾屦。

写字台与费马大定理的第二十八个证明

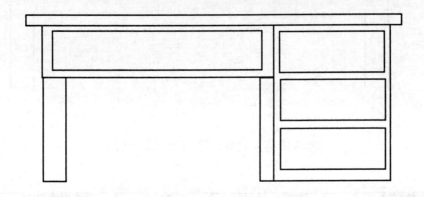

文件箱与费马大定理的第二十九个证明

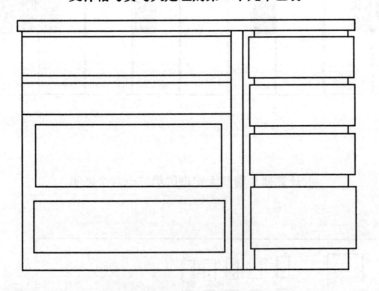

斧头与费马大定理的第三十个证明

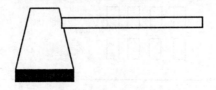

云南大烟锅与费马大定理的第三十一个证明

镰刀与费马大定理的第三十二个证明

台灯与费马大定理的第三十三个证明

衣柜与费马大定理的第三十四个证明

中秋月与费马大定理的第三十五个证明

人有悲欢离合，月有阴晴圆缺，此事古难全。但愿人长久，千里共婵娟！

朝朝暮暮与费马大定理的第三十六个证明

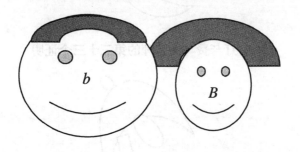

两情若是久长时，又岂在朝朝暮暮。

七弦琴与费马大定理的第三十七个证明

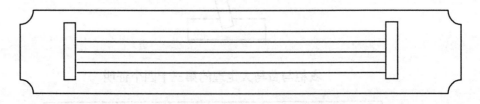

功盖三分国，名成八阵图。江流石不转，遗恨失吞吴。

岳飞的金枪与费马大定理的第三十八个证明

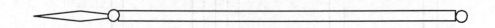

怒发冲冠，凭栏处、潇潇雨歇。抬望眼，仰天长啸，壮怀激烈。三十功名尘与土，八千里路云和月。莫等闲、白了少年头，空悲切！

靖康耻，犹未雪。臣子恨，何时灭？驾长车，踏破贺兰山缺。壮志饥餐胡虏肉，笑谈渴饮匈奴血。待从头、收拾旧山河，朝天阙。

十九军的大刀与费马大定理的第三十九个证明

大刀向鬼子们的头上砍去！

园林与费马大定理的第四十个证明

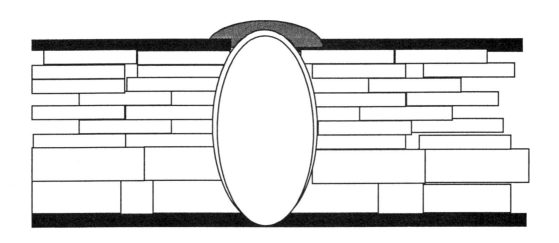

笔筒与费马大定理的第四十一个证明

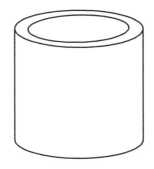

"金元宝"与费马大定理的第四十二个证明

树林与费马大定理的第四十三个证明

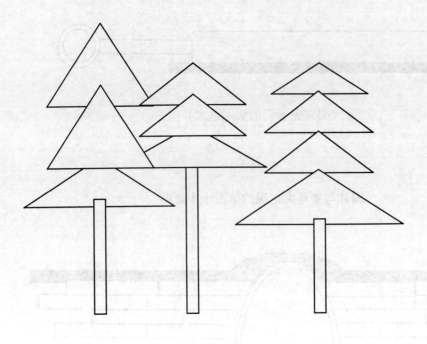

手枪与费马大定理的第四十四个证明

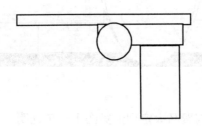

风筝与费马大定理的第四十五个证明

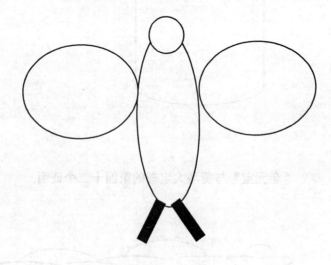

饭与费马大定理的第四十六个证明

锄禾日当午，汗滴禾下土。谁知盘中餐，粒粒皆辛苦。

红豆与费马大定理的第四十七个证明

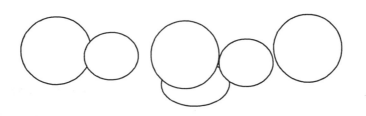

红豆生南国，春来发几枝。愿君多采撷，此物最相思。

星辰与费马大定理的第四十八个证明

危楼高百尺，手可摘星辰。不敢高声语，恐惊天上人。

怨嫁与费马大定理的第四十九个证明

嫁得瞿塘贾，朝朝误妾期。早知潮有信，嫁与弄潮儿。

万重山与费马大定理的第五十个证明

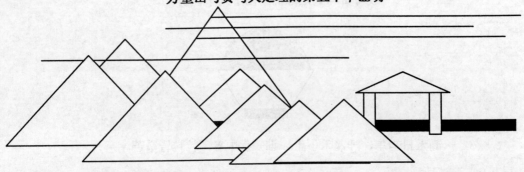

朝辞白帝彩云间，千里江陵一日还。两岸猿声啼不住，轻舟已过万重山。

西出阳关与费马大定理的第五十一个证明

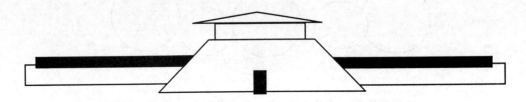

渭城朝雨浥轻尘，客舍青青柳色新。劝君更尽一杯酒，西出阳关无故人。

思故乡与费马大定理的第五十二个证明

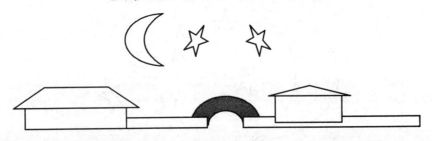

床前明月光，疑是地上霜。举头望明月，低头思故乡。

手提包与费马大定理的第五十三个证明

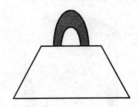

瀑布与费马大定理的第五十四个证明

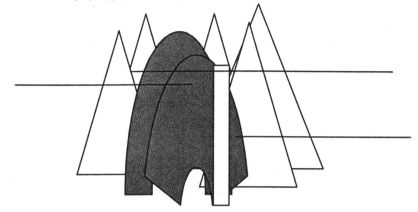

日照香炉生紫烟，遥看瀑布挂前川。飞流直下三千尺，疑是银河落九天。

喜来乐与费马大定理的第五十五个证明

李鸿章与费马大定理的第五十六个证明

金字塔与费马大定理的第五十七个证明

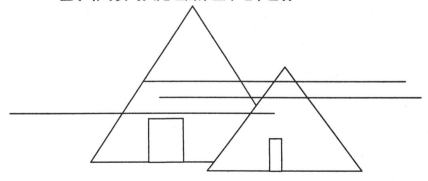

邓世昌之墓与费马大定理的第五十八个证明

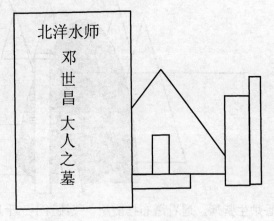

保我海疆，壮我国魂。大浪当歌，英灵不死。

"阿门"与费马大定理的第五十九个证明

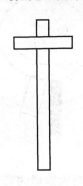

"阿门"，上帝与灵魂相伴。

书与费马大定理的第六十个证明

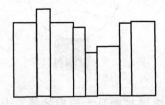

攻城不怕坚，攻书不怕难，科学有险阻，苦战能过关。

参 考 文 献

[1] 柯召、孙琦. 谈谈不定方程. 第一版. 上海：教育出版社，1980 年

[2] 柯召、孙琦. 初等数论 100 例. 第一版. 上海：教育出版社，1980 年

[3] 何以龙、刘蕴华编译. 趣味数学 400 题. 第一版. 江苏：人民出版社，1980 年

[4] 胡湘陵译. 匈牙利奥林匹克数学竞赛题解. 第一版. 北京：科学普及出版社，1979 年

[5] 华罗庚. 数论导引. 第一版. 北京：科学出版社，1957 年 7 月

[6] 谈祥柏著. 数：上帝的宠物. 第一版. 上海：教育出版社，1996 年

[7] [美]阿尔伯特.H.贝勒著 谈祥柏译.数论妙趣.第 一版.上海：教育出版社 1998 年

[8] 主编 刘培杰. 从毕达哥拉斯到怀尔斯. 第一版. 哈尔滨：哈尔滨工业大学出版社，2006
年

[9] [苏联].A.Я.辛钦著. 数论的三颗明珠. 第一版. 上海：科学技术出版社，1984
年

[10] 许纯舫著. 中算家的几何研究. 第一版. 开明书店，1952 年

[11] 吴振奎、吴旻编著. 数学的创造. 第一版. 上海：世纪出版集团上海教育出版社，2000
年

[12] 徐品方著. 数学王子——高斯. 第一版. 山东：教育出版社，2008 年

[13] 清华大学、北京大学计算方法编写组. 计算方法. 第一版. 北京：科学出版社，1974
年

[14] 张世箕编著. 测量误差与数据处理. 第一版. 北京：科学出版社，1979 年 7 月

[15] [美]M.克莱因著. 古今数学思想（第三册）. 第一版. 北京大学数学系翻译组译. 上
海：科学技术出版社，1980 年

[16] 周明儒. 费马大定理的证明与启示. 第一版. 高等教育出版社，2007 年

[17] [英]西蒙.辛格著薛密译.费马大定理———个困惑了世间智者 358 年的迷.第一版.上
海：译文出版社，1998 年 2 月

[18] 英 W.H.格伦.D.A.约翰逊著. 戴昌钧、郑学侠译. 数型. 第一版. 北京：科学
出版社，1981 年

[19] 昆明师范学院数学系. 第十九届第二十届国际中学生数学竞赛试题及解答. 第一版. 云
南人民出版社，1979 年

[20] 若书《数学教学第三期》. 费尔马大定理. 华东师范大学出版社，1982 年

[21] [美]M. 克莱因著. 古今数学思想（第二册）. 第一版. 北京大学数学系翻译组译. 上海：科学技术出版社，**1979** 年

[22] 陈景润. 初等数论. 第一版. 北京：科学出版社，1978 年

[23] [美]. 阿米尔. 艾克赛尔著左平译. 费马大定理——解开一个古代数学难题的秘密. 第一版. 上海：科学技术文献出版社，**2008** 年

[24] 王丹华、杨海文、刘咏梅编著. 初等数论. 第一版. 北京：航空航天大学出版社，**2008** 年

[25] 匡继昌著. 常用不等式. 第一版. 山东：科学技术出版社，2004 年

[26] 卢开澄著. 计算机密码学. 第一版. 北京：清华大学出版社

[27] 华罗庚. 从杨辉三角谈起. 新一版. 北京：人民教育出版社，1964 年

[28] 闵嗣鹤. 格点和面积. 新一版. 北京：人民教育出版社，1964 年

[29] 江泽涵. 多边形的欧拉定理和闭曲面的拓扑分类. 第一版. 北京：人民教育出版社，1964 年

[30] 田增伦. 函数方程. 第一版. 上海：教育出版社，1979 年

[31] 史济怀. 母函数. 第一版. 上海：教育出版社，1981 年

[32] 敏泉. 数的整除性. 第一版. 北京：科学普及出版社，1981 年

[33] [加拿大]P. 里本伯姆著孙淑玲、冯克勤译. 博大精深的素数. 第一版. 北京：科学出版社，2007 年

[34] 张焕国、刘玉珍编著. 密码学引论. 第一版. 武汉：武汉大学出版社，2003 年 10 月

[35] 胡玉濮、张玉清、萧国政编著. 对称密码学. 第一版. 机械工业出版社，2002 年

[36] 潘承洞、潘承彪著. 初等数论. 第二版. 北京：北京大学出版社，2003 年

[37] 责编段文云. 文摘周刊. 第 6 版. 云南报业集团主办，2012 年 8 月 28 日